WURANWU DE HUANJING XINGWEI JI KONGZHI

污染物的环境行为及控制

彭红波 著

化学工业出版社

·北京·

内 容 简 介

本书主要介绍了环境中主要污染物的类型和分类、污染物的吸附行为、污染物的降解行为、污染物的迁移转化、污染物的生物地球化学循环、大气中污染物的控制、水体中污染物的控制、土壤中污染物的控制、固体废物污染及控制、噪声污染及控制和辐射污染及防护等内容。内容涉及各种环境行为的过程、机理及影响因素的介绍及有关典型案例的分享等，重点介绍了有机污染物、重金属等污染物的环境行为。

本书不仅可供从事环境保护和环境污染控制技术相关专业的工程技术人员、科研人员、设计人员和管理人员阅读，也可供高等学校环境科学、环境工程、化学工程等相关专业的师生参考。

图书在版编目（CIP）数据

污染物的环境行为及控制/彭红波著.—北京：化学工业出版社，2019.9（2023.8重印）

ISBN 978-7-122-34776-3

Ⅰ.①污…　Ⅱ.①彭…　Ⅲ.①污染物-环境污染-污染防治　Ⅳ.①X5

中国版本图书馆 CIP 数据核字（2019）第 133642 号

责任编辑：卢萌萌　　　　文字编辑：向　东

责任校对：边　涛　　　　装帧设计：王晓宇

出版发行：化学工业出版社（北京市东城区青年湖南街 13 号　邮政编码 100011）

印　　装：天津盛通数码科技有限公司

787mm×1092mm　1/16　印张 20¾　字数 502 千字　　2023 年 8 月北京第 1 版第 3 次印刷

购书咨询：010-64518888　　　　售后服务：010-64518899

网　　址：http://www.cip.com.cn

凡购买本书，如有缺损质量问题，本社销售中心负责调换。

定　　价：128.00 元

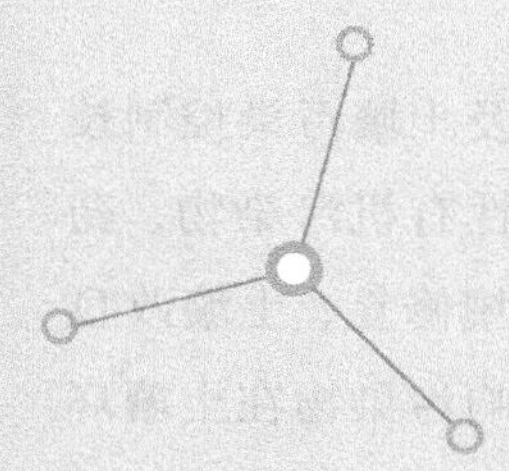

前言

21世纪以来，环境问题成为了科学家和公众关注的重大社会问题。随着社会进步和经济发展，人类利用和改造自然的能力也在加强，同时导致大量资源的消耗，水、土壤、气体废弃物的排放增多，从而使自然环境遭受到前所未有的破坏。目前，人类面临的由人类生产和生活产生的突出环境问题，包括酸雨、温室效应与臭氧层破坏、土地荒漠化和土地沙化，以及工农业生产造成的大气、水、土壤环境污染和恶化等。针对这些环境问题，本人一直在思考如何为解决某一环境问题做出相应的贡献。近几年，抗生素等药物广泛用于预防和治疗人类的传染疾病，由于其大量使用使其不可避免地进入环境中。而随着工农业的快速发展，其他污染物如多环芳烃、内分泌干扰物、农药、重金属等也大量进入地表水、地下水、土壤、沉积物等环境介质中，这些污染物在环境中引起了全球性的污染问题。很多研究已经证明这些污染物对动植物、人体有毒性。比如抗生素滥用所导致的抗药细菌的出现，使得大量抗生素药物在临床治疗中失效，极大地威胁人类的健康。这些污染物对人类和其他动植物产生危害，所以其潜在的环境风险得到大家的关注。进入水体、土壤等环境中的污染物可以和环境介质发生强相互作用，所以其环境行为和风险控制引起了科学家和公众的特别关注。因此，本书主要总结水体、大气、土壤等环境介质中污染物的环境行为，根据环境行为预测污染物的环境风险，并且针对不同环境介质中的污染物，提炼相应的污染控制方法及技术。

目前，我国政府十分重视环境保护，强调在国民经济发展的同时，也要合理开发和利用自然资源，对于生态破坏的现象及恶化趋势绝不能掉以轻心。习近平总书记强调“我们对待耕地要像对待大熊猫一样进行保护”，可见，土壤的宝贵程度可以等同于大熊猫，我们国家提出对土壤污染进行宣战，而土壤污染和水、大气污染息息相关，所以在研究土壤污染时要同时考虑水、大气污染。在综合考虑国家政策和实际的环境污染问题后，本书的主旨是从水、大气和土壤等环境介质中污染物的环境行为出发，关注环境科学与环境地球化学领域污染物的类型、污染现状、特点、来源、危害等内容，根据这些内容提出水、大气和土壤中不同污染物的控制方法和技术。撰写本书的目的是让使用该书的人员根据环境问题的实质和根源，把握各类环境介质中污染物的环境行为和风险，理论联系实际，真正掌握污染物控制的方法和技术。

本人本科和博士阶段学习的主要内容是水污染控制、大气污染控制以及土壤污染控制技术和方法。博士和博士后研究阶段，从污染物（重点关注重金属、持久性有机污染物、药物及个人护理用品、工程纳米材料等）的环境归趋行为研究入手，针对土壤修复、土壤改良中的关键科学问题展开基础性研究，以环境土壤科学为依托，系统探讨影响污染物在土壤环境中行为的环境因素，包括土壤各组分的独立作用和协同作用、环境中纳米级颗粒的存在形态等。通过10多年的学习和积累，在污染物的环境行为及控制方面有很多思考和感触，并取得较好的研究成果，在环境土壤科学领域有一定的影响力。为了反映当前环境地球化学与环境科学的发展水平，展示污染物的环境行为及控制方法，与其他多年从事环境科学、环境地球化学等教学及科研的教授和老师探讨后编写本书。在确定本书的编写大纲前，对环境污染物的环境行为及控制在环境科学以及环境地球化学中的地位，及其在培养该领域的专门人才中的作用做了调研和总结工作。在熟练掌握水、大气、土壤等环境中污染物的环境行为及污染物控制技术和方法等的背景下编著了该书。

在本书编写过程中，本人注意吸取国内外有关专著和教材的优点，并参考了近几年的相关文献。在本书编写过程中，感谢学院领导和其他老师的关心和支持，特别是昆明理工大学环境科学与工程学院的潘波教授、吴敏教授的鼓励和帮助，在此表示衷心的感谢。此外，昆明理工大学城市学院高鹏，农业与食品学院杨东、牛一帆、任欣等研究生在本书编排工作上给予了很大的帮助和支持，在此一并致谢。

限于目前的学识和视野，文中疏漏之处在所难免，恳请广大读者批评指正。

彭红波

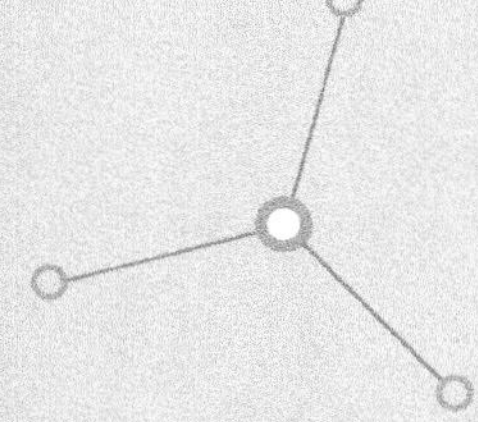

目录

第1章 绪论

1.1 环境地球化学及环境科学概述

1.1.1 环境地球化学的研究对象、内容及现状

1.1.1.1 环境地球化学的研究对象

（1）环境地球化学的概念

环境地球化学是20世纪60年代发展起来的一门新兴的交叉学科，是研究化学元素和微量物质在人类赖以生存的周围环境中的含量、分布，地球化学循环过程及其与人类健康关系的科学。主要任务是研究人类活动过程中与地球化学环境的相互作用，以地球科学为基础，综合研究元素、化合物在地、水、气、人环境系统中的地球化学行为，揭示人为系统干扰下区域及全球环境系统的变化规律，资源合理开发利用、环境质量有效控制，为人类生存和健康服务。环境有机地球化学是研究地表环境中有机物的来源、分布、地球化学循环（如迁移、转化与归宿等）以及有关全球性和区域性环境问题的学科，它是环境地学和有机地球化学的一个重要分支。

环境与生态是一个统一的整体，环境地球化学研究离不开生物地球化学研究。严格地说，环境地球化学必须延伸到环境生物地球化学领域。环境生物地球化学是一门研究生物-非生物复合系统中化学物质的生物地球化学循环的基本过程，包括迁移、转化和保留等，以及从全球各个水平上进行宏观和微观调控的学科。

（2）发展历程

环境地球化学是20世纪70年代发展起来的，它的基础是地球化学。地球化学是研究地球物质化学运动规律的学科，近代地球化学着重研究化学元素在地壳中的迁移、转化、分散和富集等问题。各种金属和非金属元素、天然的无机和有机化合物在自然界中的运动受地球化学规律支配。随着社会生产的发展，出现了环境问题。人为释放的各种金属和非金属元素、无机和有机化合物也加入到自然界原有物质循环之中，它们在自然界的运动同样受地球化学规律的支配。因此，地球化学的许多原理和方法可以应用于环境问题的研究，这样就促进了环境科学与地球化学的结合，导致了环境地球化学这门新兴边缘学科的诞生。

(3) 环境地球化学学科的特点

环境地球化学具有综合性、交叉性、实践性及多样性等特点。

① 综合性。环境地球化学来自地球化学与环境科学的相互交融。以地球科学、环境科学及数学、物理、化学为理论基础，以技术科学和实验科学为学科支柱，并涉及生物学、生态学、病理学等学科。

② 交叉性。环境地球化学体现为多学科的交叉，如生态学与地球化学、环境科学与生物地球化学、环境地学与生物化学及分子化学的交叉。

③ 实践性。该学科是为了解决全球或区域生态环境问题而设立的，因而有很强的针对性和实践性。

④ 多样性。环境地球化学涉及生物与非生物组成的复合系统，研究对象包括环境介质、污染物、动物、植物、微生物、人类等因素及其它们之间的相互关系，因此，比任何单一的学科更为多样、更为复杂。

(4) 研究对象

环境地球化学是地球化学与环境科学结合并衍生出来的一门新兴学科。能源、资源、人口、粮食和环境污染问题是目前人类所面临的直接影响人类生存和发展的主要问题。这些问题相互关联和影响，致使人类生存环境恶化。要解决这些问题，涉及自然科学和社会科学的各个领域。因此，环境已成为交叉学科衍生的新支点。地球化学的研究方法、手段和基本原理应用于环境研究，形成了环境地球化学这一边缘学科。

环境地球化学通过对生命圈层元素的分布、迁移转化、集中分散、循环规律的研究，揭示人类生存和环境之间的内在联系，并参与解决环境问题。因此，环境地球化学研究的是元素及其化合物在岩石-土壤-水-大气-植物和动物体-人体这一自然体系中的含量分布、迁移转化规律等，并根据环境的历史演变规律，预测未来全球的环境变化。为评价环境质量提供基础数据和基准，并为保持和改善这一体系的平衡，使人类与生态环境协调发展，建立最佳人类生存环境提供方法和思路。环境地球化学在环境污染的监测与防治、人体健康、发展农业等方面做出了巨大贡献，并以其学科的优势解决环境问题，就其自身的发展而言，以下几方面是环境地球化学的主要研究对象：a. 环境地球化学与农业；b. 环境地球化学与人体健康；c. 环境地球化学与环境污染。

1.1.1.2 环境地球化学的研究内容及现状

(1) 研究内容

环境地球化学主要研究人类环境的化学性质、污染物在环境中的迁移转化规律以及环境中的化学物质对生物体和人体健康的影响三个方面。从地球化学的角度，人类环境可分为五个地球化学系统，即水系统、大气系统、岩石圈系统、土壤-生物系统、技术系统。为了改善人类生存环境质量，必须深入了解这些系统的地球化学性质。近几年，人类运用强大的技术力量大规模地改变自然界的面貌，地壳深处大量的化学物质被采掘出来，自然界本来不存在的越来越多的化合物被合成出来，它们中的一部分不可避免地进入环境中。在原来环境物质循环的基础上，叠加了这些新的物质的循环，对人类环境质量产生了严重影响。

环境地球化学的重要任务之一就在于及时地研究现代环境化学变化的过程和趋势，在原来地球化学的基础上，更加深入地研究人类环境的各个系统的地球化学性质。人为因素导致进入环境中的污染物不断发生空间位置的移动和存在形态的转化。迁移转化的结果可以向着有利的方向发展，如污染物被稀释、扩散、分解，甚至消失；也可以向着不利的方向发展，如污染物在某些条件下积累起来，转变为持久的次生污染物。污染物在环境中的存在形态可以通过各种化学作用不断发生变化，如溶解、沉淀、水解、络合与螯合、氧化、还原、化学分解、光化学分解和生物化学分解等。污染物的这些环境行为都是环境地球化学研究的重点。

在一个特定的环境中，污染物的存在形态取决于环境的地球化学条件，如环境的酸碱条件、氧化-还原条件，环境中胶体的种类和数量、环境中有机质的数量和性质等。地球化学的研究表明，在地球表面上的每一特定地区都有它特有的地球化学性质，所以应用地球化学的原理和方法能够较好地阐明污染物在环境中的迁移转化规律。这方面的研究有助于评价环境质量，预测环境质量变化的趋势；有助于了解自然界对污染物的自然净化能力；有助于制定环境标准和制定改造已被污染的环境措施。

以生物-非生物复合系统中化学物质，尤其是化学污染物的生物地球化学循环及其过程为例，说明环境地球化学的主要研究内容：

① 环境生物地球化学的历史与进化。

② 环境生物地球化学循环的过程与关键反应。生物地球化学循环涉及诸如吸附与解吸、沉淀与溶解、络合与解络、生物合成与生物降解、吸收与排泄、风化与沉积、沉降与挥发等生物与非生物的全部过程及其化学反应。

③ 生物地球化学循环的影响因素分析。生物地球化学循环的全部过程及其反应受到各种复杂的外界因素的影响。这些因素包括降水与气候、岩石与风化强度、生物作用、pH值、E_h 值、有机质、铁氧化物、黏土含量、总铝、氯离子和其他化学元素，痕量有机化合物的浓度及其交互作用。

④ 生物地球化学循环之间的耦合关系或交互作用。

⑤ 生物地球化学循环与污染物迁移及其特点。

⑥ 环境地球化学变化的生态效应。

⑦ 生物地球化学循环的调控与生态环境的修复、治理。

⑧ 生物地球化学循环的动态模拟与数学模型。

毒害性有机污染物的地球化学基础研究包括有毒有害有机物分布及地球化学行为，它们在水、大气、土壤中的来源、迁移、转化、归宿规律，它们与生物大分子如腐殖酸、金属元素的相互作用等，以及它们在环境控制中的应用。

（2）研究现状

我国环境地球化学研究与国际学术界的发展基本上是一致的。随着环境污染和生态恶化的日趋严重，环境问题受到社会各界的广泛关注。20世纪80年代，保护环境被确定为我国的一项基本国策。目前，我国在区域环境研究，如区域环境分布、背景、效应及容量等方面取得了一定的进展，在环境地球化学理论问题上的进展主要表现在以下几方面：

① 对环境介质中重金属和微量物质的含量水平、分布规律、运移特征、转化机制及其对生物学效应方面开展了大量的工作；

② 在土壤植物系统污染生态学研究中，地球化学物质和能量循环原理方面获得了新的发展，并在预防污染方面取得很大的进展；

③ 环境质量变异的地球化学原理获得进一步建立；

④ 提出“环境界面地球化学”的概念，在区域性典型环境研究方面也取得一定的进展。

1.1.2 环境科学的研究内容

环境科学是一门研究人类社会发展活动与环境演化规律之间相互作用关系，寻求人类社会与环境协同演化、持续发展途径与方法的科学。环境科学涉及地理、物理、化学、生物四个学科，用综合、定量和跨学科的方法来研究环境系统。大多数环境问题涉及人类活动，因此，经济、法律和社会科学知识也可用于环境科学的研究。首先，环境科学研究人类社会发展活动与环境演化规律之间的相互作用关系，寻求人类社会与环境协同演化、持续发展的途径与方法。在宏观上，环境科学研究人与环境之间的相互作用、相互制约的关系，探索社会经济发展和环境保护之间协调的规律；在微观上，研究环境中的物质在有机体内迁移、转化、蓄积的过程及其运动规律，对生命的影响和作用机理，尤其是人类在生活和发展过程中排放出来的污染物质。其次，环境科学探索全球范围内的环境演化规律、人类活动与自然生态之间的关系、环境变化对人类生存的影响，以及区域环境污染的防治技术和管理措施。主要的研究内容是环境评价、环境质量评价、环境影响评价、环境容量、自然资源保护、环境监测、环境污染控制、环境规划、清洁生产及污染预防、环境政策、标准制定等。

环境科学的研究领域，在 20 世纪 50～60 年代侧重于自然科学和工程技术方面，近几年，已经扩大到社会学、经济学、法学等社会科学方面。运用地学、生物学、化学、物理学、医学、工程学、数学、社会学、经济学、法学等多种学科的知识对环境问题进行系统研究。

环境科学的主要任务是：

(1) 探索全球范围内环境演化的规律

在人类改造自然的过程中，为使环境向有利于人类的方向发展，就必须不断探索环境变化的过程，包括环境的基本特性、环境结构的形式和演化规律。

(2) 揭示人类活动同自然生态之间的关系

环境为人类提供生存条件，其中包括提供发展经济的物质资源。人类通过生产和消费活动，不断影响环境的质量。人类生产和消费系统中物质和能量的迁移、转化过程是异常复杂的，但必须使物质和能量的输入同输出之间保持相对平衡。这个平衡包括两项内容：一是排入环境的废弃物不能超过环境自净能力，以免造成环境污染，损害环境质量；二是从环境中获取可更新资源不能超过它的再生增殖能力，以保障永续利用，从环境中获取不可更新资源要做到合理开发和利用。因此，社会经济发展规划中必须列入环境保护的内容，有关社会经济发展的决策必须考虑生态学的要求，以求得人类和环境的协调发展。

(3) 探索环境变化对人类生存的影响

环境变化是由物理的、化学的、生物的和社会的因素以及它们的相互作用所引起的。因此，必须研究污染物在环境中的物理、化学的变化过程，在生态系统中迁移转化的机理，以及进入人体后发生的各种作用，包括致畸作用、致突变作用和致癌作用。同时，必须研究环境退化同物质循环之间的关系。这些研究可为保护人类生存环境、制定各项环境标准、控制污染物的排放量提供依据。

(4) 研究区域环境污染综合防治的技术措施和管理措施

引起环境问题的因素很多，实践证明需要综合运用多种工程技术措施和管理手段，从区域环境的整体出发，调节并控制人类和环境之间的相互关系，利用系统分析和系统工程的方法寻找解决环境问题的最佳办法。

1.2 环境污染的概述

1.2.1 环境中主要污染物的类型

当物理、化学和生物因素进入大气、水、土壤环境，而且其数量、浓度和持续时间超过了环境的自净能力，以致影响生态平衡和人体健康，此时的环境状态即被称为环境污染。

1.2.1.1 大气污染

大气污染是指由于自然的或人为的过程，改变了大气圈中某些原有的成分和增加了某些有毒有害物质，致使大气质量恶化，影响原来有利的生态平衡体系，严重威胁人体健康和正常工农业生产，以及对建筑物和设备财产等造成损坏的现象。

(1) 大气污染物的来源

① 生产性污染。这是大气污染的主要来源，包括：a. 燃料的燃烧，主要是煤和石油燃烧过程中排放的大量有害物质，如烧煤可排出烟尘和二氧化硫，烧石油可排出二氧化硫和一氧化碳等；b. 生产过程排出的烟尘和废气；c. 农业生产过程中喷洒农药而产生的粉尘和雾滴。

② 生活性污染。由生活炉灶和采暖锅炉耗用煤炭产生的烟尘及二氧化硫等有害气体。

③ 交通运输性污染。汽车、火车、轮船和飞机等排出的尾气，其中汽车排出有害尾气距呼吸带最近，从而能被人直接吸入，其污染物主要是氮氧化物、烃类、一氧化碳和铅尘等。

(2) 大气污染的类型

① 按污染源存在的形式分为固定污染源和移动污染源；

② 按污染物排放的方式分为高架源、面源、线源；

③ 按污染物排放的时间分为连续源、间断源、瞬时源；

④ 按污染物产生的类型分为生活污染源、工业污染源、交通污染源。

1.2.1.2 水体污染

水体污染是指排入水体的污染物在数量上超过了该物质在水体中的本底含量和水体的环境容量（即水体对污染物的净化能力），因而引起水质恶化，水体生态系统遭到破坏，造成对水生生物及人类生活与生产用水的不良影响。

(1) 水体污染物的来源

水体污染源主要有工矿废水、农药和生活污水，包括有毒或剧毒的氰化物、氟化物、硝基化合物、酚类等有机污染物，汞、镉等重金属，也包括某些发酵性有机物和硫酸盐、硫化物等无机物。

(2) 水体污染类型

从污染成因上看，水体污染可以分为自然污染和人为污染。从污染源来看，水体污染可分为点源污染和面源污染。从污染的性质来看，水体污染可以分为物理性污染、化学性污染和生物性污染。

1.2.1.3 土壤污染

土壤污染是指人为因素有意或无意地将对人类或其他生命体有害的物质施加到土壤中，使其某种成分的含量明显高于原有含量，并引起土壤环境质量恶化的现象。这一定义认为土壤污染是土壤中的污染物浓度增大造成的，但有的研究者认为：当土壤中因为缺少某一种物质而使污染物释放出来，成为污染源，这就造成了土壤污染。

土壤污染物的来源如下：

(1) 天然污染源

天然污染源指自然界自行向环境排放有害物质或造成有害影响的场所，如正在活动的火山（盐酸气体、蒸汽及火山玻璃颗粒形成的刺激性混合物）。

(2) 人为污染源

人为污染源指人类活动所形成的污染源，如污水灌溉、固体废弃物、农药和化肥、大气沉降等。

土壤污染的类型目前并无严格的划分，如从污染物的属性来考虑，一般可分为有机物污染、无机物污染、生物污染和放射性污染。有机物污染：抗生素、石油、有机农药等；无机物污染：重金属污染等；生物污染：细菌、真菌等；放射性污染：放射性核素等。

1.2.2 污染物的控制方法和处理措施

1.2.2.1 大气污染的控制与防治

大气污染的控制方法包括：①合理工业布局，搞好环境规划；②改变能源结构，推广清洁燃料；③提高能源利用率，改变供暖供热方式；④强化环境监督管理；⑤严格控制机动车尾气排放；⑥绿化造林，增加绿地，净化大气。

大气中颗粒污染物的治理方法主要包括以下几种：

(1) 机械式除尘

机械式除尘包括重力沉降、惯性除尘和旋风除尘，主要是去除大颗粒污染物，对小粒径的污染物效果不明显。

(2) 湿式除尘

湿式除尘利用水滴与尘粒的惯性碰撞、扩散效应、黏附、扩散飘逸、凝聚等去除污染颗粒，主要有重力喷雾洗涤、离心洗涤、自激喷雾洗涤、板式洗涤、填料洗涤、机械诱导喷雾洗涤等方法，主要用于去除粒径为 0.1～20μm 的固体和液体污染物，同时也可以脱除气态污染物。

(3) 过滤式除尘

过滤式除尘利用多孔介质分离和捕集固态和液态离子，达到除尘的目的，主要采用滤纸、玻璃纤维、砂、砾、焦炭和纤维织物为滤料。如汽车尾气除尘采用的纤维织物为滤料的袋式除尘器，对于粒径为 0.5μm 的尘埃有效去除率可达 98%～99%。

(4) 电除尘

电除尘首先使粉尘带电，然后通过电场作用使粉尘汇集在集尘板上，几乎可以捕集所有粒径在 0.01～100μm 的细微粉尘和雾状液粒。

气态污染物的治理：

(1) 吸收法

吸收法利用气体化合物中不同组分在吸收剂中溶解度的不同或化学性质的差异去除气体污染物，适用于 SO_2、H_2S、HF、HNO_x 等，可以回收再利用。

(2) 吸附法

吸附法利用多孔性固态物质表面存在的分子引力或化学键力吸附气体污染物。

(3) 催化法

催化法利用催化剂将气体污染物转化为无害或易于去除的物质。

(4) 冷凝法

冷凝法利用物质在不同温度下有不同饱和蒸气压的性质，降低系统温度或增加系统压力，使气态污染物冷凝，特别适用于处理污染物浓度较高的有机废气。

(5) 燃烧法

燃烧法通过热氧化将气态污染物转化为无害或易于去除的物质，广泛用于石油化工、有机化工、食品化工、涂料和油漆生产、造纸、动物饲养、城市废物干燥和焚烧处理有机污染物。

(6) 膜分离法

膜分离法利用混合气体在压力梯度下透过特定的薄膜时不同气体具有不同的透过速度，广泛用于石油化工、合成氨气中氨回收、天然气净化、空气中氧的富集以及 CO_2 的去除和回收。

(7) 生物法

生物法利用微生物转化气态污染物，广泛用于屠宰厂、肉类加工厂、金属铸造厂、固体废物堆肥化工厂的有机臭气处理。

1.2.2.2 水体污染的防治

水体污染防治是一项技术性和政策性的工作，水污染防治的目的是在社会、经济和环境协调发展的前提下，解决水体污染问题，应将防、管、治三者结合起来达到控制水体污染的目的。防止水体污染的关键在于严格控制污染物的排放，减少污染源排放的废水、污水量。水体污染防治主要从以下几个方面进行：

① 控制污染物排放量及减少污染源排放工业废水量，技术改造，采取先进工艺；制定用水定额；提高水的重复利用率；水的综合利用；控制水环境质量标准（水质标准和工业废水排放标准）；加强管理，杜绝浪费水资源；采用新型的技术措施，减少废水、污水的排放量。

② 建立城市污水处理系统，对水体及其污染源进行检测和管理；注意有毒有害废水的排放；监测酸性及碱性污染物的含量、悬浮物含量、BOD、COD、有毒物质的含量等。

③ 调整工业布局，充分利用水体自净作用；加强水资源规划管理，查清水资源总量；大力开展对水体污染的治理，分离出废水中的污染物或将其转化为无害物质。

1.2.2.3 土壤污染的防治

土壤污染防治是防止土壤遭受污染和对已污染土壤进行改良、修复的活动。土壤保护应以预防为主，应对各种污染源排放进行浓度和总量控制；对农业用水进行经常性监测、监督，使之符合农田灌溉水质标准；合理施用化肥、农药；利用城市污水灌溉时必须进行净化处理；推广病虫草害的生物防治和综合防治等。土壤修复改良方面，对重金属污染土壤采用排土、客土改良或使用化学改良剂，以及改变土壤的氧化还原条件使重金属转变为难溶物质，降低其有效性和活性；对有机污染物污染的土壤可采用松土、施加碱性肥料、灌水冲洗等措施加以治理。

我国土壤污染的预防措施包括：①科学地利用污水灌溉农田。污水种类繁多，利用污水灌溉农田时必须符合《不同灌溉水质标准》，否则必须进行处理，符合标准后才能用于灌溉农田。②合理使用农药，积极发展高效低残留农药。科学地使用农药能够有效地消灭农作物病虫害，发挥农药的积极作用。严格按《农药管理条例》的各项规定进行保存、运输和使用。应合理选择不同农药的使用范围、喷施次数、施药时间以及用量等，尽可能减轻农药对土壤的污染。禁止使用残留时间长的农药，如六六六、滴滴涕等有机氯农药。发展高效低残留农药，如拟除虫菊酯类农药，这将有利于减轻农药对土壤的污染。③积极推广生物防治病虫害。为了既能有效地防治农业病虫害又能减轻化学农药对土壤的污染，需要积极推广生物防治方法，利用益鸟、益虫和某些病原微生物来防治农林病虫害。

土壤修复技术很多，如植物修复、化学淋洗、生物修复等，因土壤性质、污染程度、污染物类型的不同，修复技术和方法也不同。土壤污染改良和修复的主要措施有：①生物修复方法。土壤污染物质可以通过生物降解或植物吸收而被净化。积极推广使用农药污染的微生物降解菌剂，以减少农药残留量，利用植物吸收去除污染，严重污染的土壤可改种某些非食用的植物如花卉、林木、纤维作物等，也可种植一些非食用的吸收重金属能力强的植物。②化学修复方法。对于重金属轻度污染的土壤，使用化学改良剂可使重金属转为难溶性物质，减少植物对它们的吸收。酸性土壤施用石灰，可提高土壤 pH 值，使镉、锌、铜、汞等形成氢氧化物沉淀，从而降低它们在土壤中的浓度，减少对植物的危害。③调控土壤氧化还原条件。调节土壤氧化还原状况在很大程度上影响重金属在土壤中的形态，能使某些重金属污染物转化为难溶态沉淀物，控制其迁移和转化，从而降低污染物危害程度。④改变轮作制度。改变耕作制度会引起土壤条件的变化，可消除某些污染物的毒害。研究表明，实行水旱轮作是减轻和消除农药污染的有效措施。⑤换土和翻土。对于轻度污染的土壤，采取深翻土或换无污染的客土的方法。对于污染严重的土壤，可采取铲除表土或换客土的方法。

我国开展了多个类型场地的土壤修复技术设备研发。土壤修复技术归纳起来，常用的有以下几种：①热力学修复技术，即利用热传导（热毯、热井或热墙等）或热辐射（无线电波加热等）实现对污染土壤的修复。②热解吸修复技术，即以加热方式将受有机物污染的土壤加热至有机物沸点以上，使吸附在土壤中的有机物挥发成气态后再分离处理。③焚烧法，即将污染土壤在焚烧炉中焚烧，使高分子的有害物质分解成低分子的烟气，经过除尘、冷却和净化处理使烟气达到排放标准。④土地填埋法，即将废物作为一种泥浆将污泥施入土壤，通过施肥、灌溉、添加石灰等方式调节土壤的营养、湿度和 pH 值，保持污染物在土壤上层的好氧降解。⑤化学淋洗，即借助能促进土壤环境中污染物溶解或迁移的化学/生物化学溶剂，在重力作用下或通过水头压力推动淋洗液注入到被污染的土层中，然后再把含有污染物的溶液从土壤中抽提出来，进行分离和污水处理的技术。⑥堆肥法，即利用传统的堆肥方法，堆积污染土壤，将污染物与有机物（如稻草、麦秸、碎木片、树皮、粪便等）混合起来，依靠堆肥过程中的微生物作用来降解土壤中难降解的有机污染物。⑦植物修复，即运用农业技术改善土壤对植物生长不利的化学和物理方面的限制条件，使之适于种植，并通过种植优选的植物及其根际微生物直接或间接吸收、挥发、分离、降解污染物，恢复、重建自然生态环境和植被景观。⑧渗透反应墙，是一种原位处理技术，在浅层土壤与地下水中构筑一个具有渗透性、含有反应材料的墙体，污染水体经过墙体时其中的污染物与墙内反应材料发生物理、化学反应而被净化除去。⑨生物修复，即利用生物特别是微生物催化降解有机污染物，从而修复被污染环境或消除环境中污染物的一个受控或自发进行的过程。其中微生物修复技术是利用微生物（土著菌、外来菌、基因工程菌）对污染物的代谢作用而转化、降解污染物，主要用于土壤中有机污染物的降解。通过改变各种环境条件（如营养、氧化还原电位、共代谢基质）强化微生物降解作用以达到治理目的。⑩生物炭修复，即在污染土壤中加入生物炭，生物炭与污染物发生吸附、沉淀、络合、离子交换等一系列反应，使污染物向稳定形态转化，降低迁移性和生物可利用性，或者污染物被吸附固定，减小其生物有效性。对于土壤性质，生物炭偏碱性，生物炭的加入可以中和土壤 pH 值，提高土壤有机质含量，降低氨挥发，增加有效磷、CEC，提高持水量，并增加植物的营养成分吸收，提高作物品质，提高微生物活性，促进作物生长，最终达到修复污染土壤的目的。

对于重金属污染土壤的治理，主要通过生物修复、使用石灰、增施有机肥、灌水调节土壤 E_h 值、换客土等措施，降低或消除污染。对于有机污染物的防治，通过增施有机肥料、使用微生物降解菌剂、调控土壤 pH 值和 E_h 值等措施，加速污染物的降解，从而消除污染。总之，按照“预防为主”的环保方针，防治土壤污染的首要任务是控制和消除土壤污染源，防止新的土壤污染；对已污染的土壤，要采取有效措施，清除土壤中的污染物；改良和修复污染土壤，防止污染物在土壤中的迁移转化。

第2章 污染物的吸附行为

2.1 污染物的危害

污染物通常指进入环境后能直接或间接危害人类的物质，或者进入环境后使环境组成发生变化，直接或间接有害于生物生长、发育和繁殖的物质。这类物质有自然排放的，也有人类活动产生的。环境科学研究的主要是人类生产和生活排放的污染物。

环境污染物是指由于人类的活动进入环境，使环境正常组分和性质发生改变，直接或间接危害生物和人类的物质。

对于土壤污染物，其危害主要表现在以下几个方面：①影响人体和生物健康。土壤污染物可以通过食物链影响人体健康。② 影响农产品的产量和质量。植物可从污染土壤中吸收污染物，从而引起代谢失调、生长发育受阻或导致遗传变异。③ 影响生态系统安全。通过生态系统的能量流动和物质循环影响整个生态系统。

而对于水体污染物，其危害是：①危害人的健康。水污染后，通过饮水或食物链，污染物进入人体，使人急性或慢性中毒。如砷、铬、铵、苯并芘等，还可诱发癌症。被寄生虫、病毒或其他致病菌污染的水，会引起多种传染病和寄生虫病。人饮用重金属污染的水后，会造成肾、骨骼病变等。②对水生生物的危害。含有大量氮、磷、钾的生活污水的排放，大量有机物在水中降解放出营养元素，致使水生植物大量死亡，水面发黑，水体发臭，形成“死湖”“死河”“死海”，进而变成沼泽，这种现象称为水的富营养化。富营养化的水臭味大、颜色深、细菌多，这种水的水质差，不能直接利用，水中鱼类大量死亡。③对工农业生产的危害。工农业生产不仅需要有足够的水量，而且对水质也有一定的要求。否则，对工农业会造成很大的损失，特别是工农业生产过程中使用了被污染的水后，对人类有着极大的危害。一是使工业设备受到破坏，严重影响产品质量；二是使土壤的化学成分改变，肥力下降，导致农作物减产和严重污染；三是使城市增加生活用水和工业用水的污水处理费用。④对作物的危害。水中污染物从根毛进入作物体，大部分与根部蛋白质、多糖类、核酸等形成螯合物，沉积在根部，其余部分进入作物各个部分，当作物体内累积过多的污染物时，作物就开始中毒并出现受害症状。污染物可抑制甚至破坏作物的生理生化活动，进而影响作物的生长发育以及作物的产量和品质。

此外，在环境行为研究中，研究者总结了典型的有机污染物的危害。例如，双酚 A

(BPA) 是一种典型的苯酚类物质，它也是一种内分泌干扰物。水体中浓度水平为 mg/L 的 BPA 就会引起新陈代谢的紊乱，威胁人体尤其胎儿和儿童的健康。磺胺类化合物作为抗生素类药物被广泛应用于治疗和预防人类、牲畜的疾病。磺胺类抗生素不仅对水体生物产生危害，还会对水下生物产生潜在的毒性，并通过食物链的方式进入人体，对人类健康产生危害。研究表明，磺胺甲噁唑在 mg/L 的浓度水平下，就会对一些水生生物产生急性和慢性毒性效应。

多环芳烃 (PAHs) 对人体的危害早在 100 年前就被研究者证实，煤焦油中 PAHs 对动物有致癌作用，而且 PAHs 一般是间接致癌，它在体内需要经过酶的作用后才会形成致癌物。此外，PAHs 会危害人体的呼吸道和皮肤。如果人类长期处于 PAHs 污染的环境中，容易患呼吸道及皮肤的急性或慢性病。PAHs 还会对植物产生危害，PAHs 落在植物叶片上会堵塞其呼吸孔，使其萎缩卷曲，甚至脱落，直接影响植物的健康状况和生命周期。

2.2 污染物的吸附

2.2.1 吸附的基本概念和吸附机理

2.2.1.1 吸附

有机污染物以流动态进入环境中，最终通过生物富集危害人体健康从而产生环境风险。但如果污染物能以固定态的形式吸附在固体颗粒如土壤、沉积物等表面，污染物则被生物或化学降解净化。Krickhoff 等研究表明吸附行为是一种类似固液分离的分配现象。20 世纪 70 年代的研究认为，吸附过程是一种线性的固-液分配现象，研究者试图用理想的吸附模型模拟和预测污染物在固体颗粒上的吸附行为，以固相浓度与液相浓度比值作为吸附系数 K_d，描述污染物的吸附能力，并奠定了吸附行为研究的基础。但从 Mingelgrin 和 Gerstl 开始认为线性分配不能完整地表达吸附行为，由此研究者从新的角度开始研究吸附行为。

具体来说，吸附是指污染物在气-固或液-固两相介质中，使其在液相或气相中浓度下降，在固相中浓度升高的过程，它包括一切使溶质从气相或液相转入固相的过程。在吸附中，会发生一系列的物理、化学反应，如静电吸附、化学吸附、分配、沉淀、络合及共沉淀等。在吸附过程中，用来作为载体的物质称为吸附剂，如土壤、沉积物、腐殖质、活性炭、纳米材料等，而吸附于载体上的物质如污染物是吸附质。吸附剂与吸附质之间的物理或化学作用力使两者构成了一个吸附体系。

在吸附中，随着有机物浓度的增加，有机分子之间占据吸附位点的竞争更加激烈。当所有的吸附位点均被占据，系统内部的有机物浓度不发生改变时，吸附作用就达到平衡，这个过程称为吸附平衡。吸附平衡具有统计学特征。当污染物的溶液加入固体吸附剂中，吸附达到平衡后，可以得到液相平衡浓度 (C_e) 和固相平衡浓度 (S_e)，这样的一个过程称为液-固相吸附过程。

在一个吸附体系中，污染物在固相介质上的吸附量与其液相浓度之间的关系曲线称为吸附等温线，即固相平衡浓度 S_e 随着液相平衡浓度 C_e 变化的曲线称为吸附等温线。得到吸附等温线后，要对数据进行分析和比较，因此会对吸附等温线进行模型拟合，目前广泛应用的吸附模型有线性吸附模型、Langmuir 吸附模型、Freundlich 吸附模型等。根据这些吸附模型对吸附等温线进行模型拟合后，得到相应的模型参数，并运用这些参数分析吸附的程度，可见在讨论吸附过程中模型拟合起到重要作用。

吸附剂表面的吸附分为物理吸附和化学吸附。物理吸附是指吸附剂和吸附质通过范德华力产生的吸附，其作用力包括色散力、取向力、诱导力。物理吸附一般是放热过程，不需要活化能，无选择性，吸附质在吸附剂表面上可以是单分子层，也可以是多分子层。吸附现象与吸附剂的细孔分布、表面积有密切关系。物理吸附是可逆的，被吸附的分子由于热运动离开固体表面称为解吸。物理吸附放出的热量较小，吸附速度和解吸速度都较快，易达到吸附平衡状态，一般在低温下进行。

化学吸附指吸附质与吸附剂发生化学反应，形成牢固的吸附化学键和表面络合物，吸附质分子不能在表面自由移动。吸附剂内部的原子所受的引力是对称的，使引力场达到饱和状态，而表面上的原子，尤其是超微凹凸表面上的原子，所受到的引力是不对称的，即表面分子有剩余价力（表面自由能）。剩余价力有吸附某种物质而降低表面能的倾向。这时吸附质和吸附剂之间发生电子转移或形成共用电子对。化学吸附是一种选择性吸附，且需要一定的活化能。化学吸附比物理吸附更牢固。吸附剂的表面化学性质和吸附质的化学性质直接影响化学吸附。

2.2.1.2 吸附机理

研究表明吸附过程受多种吸附机理的影响。对于非极性物质在非极性位点上的吸附，主要受范德华力的影响，即我们常说的偶极、诱导偶极和分散力，主要通过两个物质之间的距离来反映吸附力的大小。对于极性物质，主要受到极性作用的影响，如静电作用、π-π 电子供受体、氢键等。下面具体介绍一下这些作用机理的形式和能量描述。

(1) 静电作用

静电力为极性较强的分子之间发生强烈的排斥力或吸引力。静电作用是化学键-离子键形成的本质，它包括静电引力和静电斥力。离子键是原子得失电子后生成的阴阳离子之间靠静电作用而形成的化学键，离子键的本质是静电作用。由于静电引力没有方向性，阴阳离子之间的作用可在任何方向上，离子键没有方向性。只要条件允许，阳离子周围可以尽可能多地吸引阴离子，反之亦然。以土壤和沉积物为例解释静电作用。硅氧四面体的中心离子（低价阳离子）所取代的同晶置换，Si、Fe、Al 等含水氧化物、黏土矿物表面—OH 等在碱性条件下的解离，腐殖质的官能团 R—COOH、R—CH_2—OH、—OH 等的解离使土壤和沉积物胶体在多数情况下带负电。而环境中的污染物，因解离常数 pK_a 不同而带不同电性，是极性污染物，所带电性较强，常以静电作用为主要作用力与土壤、沉积物作用。研究表明，通过 Mg^{2+}/K^+ 和 Mg^{2+}/Ca^{2+} 的阳离子交换法，可以对静电的作用强弱进行精确描述。静电作用强度不同的金属对有机污染物吸附的影响也不同。对于 Cu^{2+} 来说，由于它表面的静电力较强，它表面的水合层非常紧致，与此同时，有机质表面的水合层较为疏松，导致 Cu^{2+} 与极性/非极性的有机质都可以发生位点竞争，使有机质在炭黑上的吸附力降低。同时，金属的加入还会改变溶解性有机质（DOM）的物理形态，使有机物在 DOM 上的吸附非线性变得更明显。

(2) 憎水性作用

非极性分子间或分子的非极性基团间的吸引力称为憎水性作用。官能团较少的芳香族化合物或者极性较低的脂肪族化合物，憎水性作用对其吸附能力的大小起着决定性作用。水的极性很高（10.1），而吸附剂的极性相对较低，其他的吸附质（相对于水而言，极性较低）就会在范德华力的作用下迁移到吸附剂的表面，如果吸附剂为无机矿物，则与无机矿物表面的憎水区域发生缔合。因此，憎水性作用的大小受到范德华力分散力和吸附质极性（偶极矩）的影响。有机质含量越高，由于天然有机质充当的是憎水性吸附剂，因而在分散力的作用下憎水性物质的吸附能力就越强。通常，吸附质的溶解度越低或正辛醇-水分配系数越高，吸附质在吸附剂中的吸附能力越强。

（3）π-π 作用

π-π 作用是芳香族化合物的一种特殊空间排布，指经常发生在芳香环之间的弱相互作用，存在于相对富电子和缺电子的两个分子之间，是一种与氢键同样重要的非共价键相互作用。例如，π-π 作用被用来解释有 C═C 双键或苯环的有机分子与表面含有苯环的固体颗粒如碳纳米颗粒，因为这些有机分子含有 π 电子，能与碳纳米颗粒表面的苯环通过 π-π 电子耦合相互作用。有机分子和碳纳米颗粒之间的 π-π 作用已经被一些光谱分析如拉曼、核磁共振、荧光技术等证实。此外，π-π 作用受含苯环的有机分子在六边形的碳纳米颗粒表面上的相对位置的影响。

（4）H 键

与电负性较大的原子 F、O、N、S、Cl 等成键的 H 原子，核外只有一个电子且具有较低的电负性，当遇到电负性较强的 O、N 等元素时，容易引起电子的偏移，使部分氢原子带正电，可与电负性强的原子形成静电引力，这就是 H 键：

$$X—H\cdots Y$$

其中，X、Y 是电负性强的原子（如 N、O、S、F、Cl 等）；X—H 是共价键；H…Y 是 H 键；X 是 H 键（质子）供体；Y 是 H 键（质子）受体。

H 键是一种比分子间作用力稍强的相互作用，不同强度的 H 键键长和键角如表 2-1 所列。因 H 键的形成和破坏所需的活化能较小，加之其形成的空间条件较易出现，所以在物质不断运动的情况下，H 键极易形成。在研究吸附质在固体颗粒如碳纳米管、土壤和沉积物中的吸附行为时，H 键是一个重要的作用。简单地说，H 键键能就是每拆开单位物质的量的 H…Y 键所需的能量。但有时也包括其他非共价键力，因此 H 键并非全由 H…Y 的偶极断裂所产生。另外，当 H 键的共价成分增加时，它们的 H 键作用力会增加。如三个强 H 键的键能与四个电子的共价键键能相当。一般的 H 键键能都在 6～70kJ/mol 之间。但当"X"和"Y"以"ONS"形式存在时，X—H…Y 的键角多为 180°±15°，它的键能就会非常高，不属于 H 键的范围。也就是说，要看 X 原子和 Y 原子的电负性大小，电负性越大，则这种吸附结合力越强。

表 2-1 强、中和弱 H 键的键长和键角范围

项目	强 H 键	中 H 键	弱 H 键
作用类型	强共价键	多数为静电力	静电力/分散力
键长(H…Y)/Å	1.2～1.5	1.5～2.2	＞2.2
键角/(°)	170～180	＞130	＞90

（5）π-π 电子供受体作用

π-π 电子供受体（EDA）的概念最早是由 Mulliken 提出的，由 Foster 进行深入研究并得到广泛应用，指的是一个由富电子的提供者（donors）和贫电子的接受者（acceptors）共同组成的电子供受体。一般情况下，芳香族化合物为非极性或弱极性物质，但当其空间结构或官能团改变时，芳香族化合物的极性特征也会发生变化，从而与其他物质形成 π-π 电子供受体结构。这种作用力的大小一般为 4～167kJ/mol，它的作用力比 H 键稍大，主要有三种形式：a. 不带电的单个芳香族化合物，受极性物质影响，成为富电子或贫电子结构，从而与其他物质形成 π-π 电子供受体结构；b. 含官能团的芳香族化合物，当官能团的吸电子作用比氢的吸电子作用小时，电子云发生偏移，出现更强的四极矩，且芳香族空间结构的不对称导致其显一定的电性，四极矩作用力加强；c. 多个稠环使电子不均匀，使芳香族物质极性增加。π-π 电子供受体作用示意图见图 2-1。

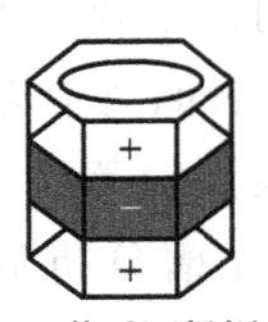

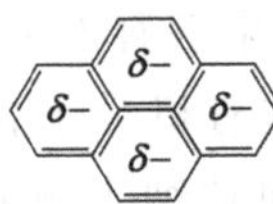

(a) 芳香四极矩　(b) 带官能团的芳环　(c) 多个稠环产生的π-π电子供受体结构

图 2-1　π-π 电子供受体作用示意图

2.2.1.3　污染物在碳纳米颗粒上的吸附机理

碳纳米颗粒是一种性能独特、应用前景广阔的新型制备材料。碳纳米颗粒对有机污染物的吸附可能影响有机污染物在环境中的风险和迁移行为。有机污染物在碳纳米颗粒上吸附的研究进展，为评价有机污染物的环境行为和碳纳米颗粒的环境风险提供重要信息。有机污染物主要的吸附机理包括憎水性相互作用、π-π 作用、H 键和静电作用等。这些相互作用可能同时存在，而吸附控制机理的不同取决于有机污染物和碳纳米颗粒的性质以及环境条件。碳纳米颗粒在环境中的形态在很大程度上影响或者控制有机污染物的吸附特征。分散的碳纳米颗粒和吸附有机污染物后的碳纳米颗粒的迁移和转化在自然水环境中可以被促进，潜在地增加了各种有机污染物的扩散及其环境风险。一般来说，研究吸附机理和影响因素对于预测有机污染物和碳纳米颗粒的环境行为和风险至关重要。

包括富勒烯（C_{60}）、石墨烯和碳纳米管（CNTs）在内的碳纳米颗粒由于其独特的结构引起了人们的广泛关注。碳纳米颗粒具有较高的机械强度、良好的电化学稳定性、较好的电子和光物理性质，使其在医学、环境修复、能源、通信等领域的应用日益广泛。因此，碳纳米颗粒将不可避免地通过制造、运输、使用和处置过程进入环境，并可能成为环境的一个重要组成部分。最近，一些研究者报道了在各种环境介质中检测到碳纳米颗粒，包括大气水、地表水、地下水、海洋、土壤、沉积物甚至饮用水。碳纳米颗粒的无处不在引起了环保人士的担忧，因为碳纳米颗粒也被证明对各种生物体有毒性。更重要的是，由于碳纳米颗粒的憎水性表面，它与各种有机污染物之间存在强相互作用，这将显著改变碳纳米颗粒和污染物的流动性、生物利用性和毒性，从而导致不可预见的健康和环境风险。显然，理解碳纳米颗粒与有机污染物之间的相互作用机制对于碳纳米颗粒与有机污染物的环境风险的建模和评估至关重要。然而，这一领域的研究尚处于起步阶段，迫切需要对碳纳米颗粒与有机污染物的相互作用机制进行论述。在此研究中，我们从三个方面总结和讨论碳纳米颗粒与有机污染物的相互作用，包括：a. 碳纳米颗粒的表面特性和形貌等性能的影响；b. 污染物分子大小、结构、官能团等性质的影响；c. pH 值、离子强度、共溶剂和天然有机质等环境条件的影响。

许多研究表明各种机理如憎水性作用、静电作用、H 键和 π-π 电子供受体作用在有机污染物在碳纳米颗粒上的吸附中占重要作用（表 2-2）。在这些作用中，由于碳纳米管的表面是憎水性的，因此利用憎水性相互作用来解释碳纳米管对憎水性有机污染物的吸附。静电作用可能是带电的有机污染物在碳纳米颗粒上吸附的控制机理，如受 pH 值影响的氟喹诺酮类抗生素（氧氟沙星和诺氟沙星）在碳纳米管上的吸附。如果化学物质和碳纳米颗粒都具有—OH、—COOH、—F 和—NH_2 等官能团，那么碳纳米颗粒和有机污染物之间就会形成 H 键。π-π 作用也被用来解释具有苯环或者有 C═C 双键的有机污染物在碳纳米颗粒上的吸附。这些机制可能同时起作用，不同的机制根据碳纳米颗粒性质的变化有不同的反应。例如，如果氢键是吸附控制机理，那么随着碳纳米颗粒氧含量的增加，有机污染物的吸附量可能会增加。然而，如果憎水性作用是主导机理，那么随着碳纳米颗粒氧含量的增加，有机污染物的吸附量可能会减少。因此，单个机理对总吸附的相对贡献对于预测污染物与碳纳米颗粒之间的相互作用至关重要。然而，目前的研究一般强调各种吸附机理同时影响有机污染物在碳纳米颗粒上的吸附，但从未区分出吸附控制机理，也未提出定量某一机理相对贡献的方法。因此，我们考虑了一些方法来揭示单个机制的相对贡献：a. 标准化吸附系数 K_d/正十六烷-水分配系数 K_{HW}（K_d/K_{HW}）可以排除憎水性作用，从而易于讨论其他机制；b. 比较不同有机污染物在同一碳纳米颗粒上的吸附系数，或某一特定有机污染物在不同官能团的碳纳米颗粒上的吸附系数，这将为某一机制的相对贡献提供重要信息；c. 在不同极性的有机溶剂中进行吸附实验，可以更深入地理解憎水性相互作用或其他吸附机制的相对贡献。

表 2-2 不同吸附机制对有机污染物在碳纳米颗粒上吸附的影响

吸附剂	吸附机理及作用	参考文献
多壁碳纳米管	静电作用和 H 键增加吸附量	Yang et al，2012
多壁碳纳米管	溶液 pH 值、离子强度和溶剂影响吸附	Liu et al，2012
单壁碳纳米管	大的比表面积增加吸附量	Zhang X et al，2010
多壁碳纳米管	H 键增加吸附量；π-π 电子供受体作用增加吸附量	Ji et al，2009

2.2.2 影响吸附的因素

2.2.2.1 碳纳米颗粒表面性质和结构对吸附的影响

（1）表面性质的影响

一般来说，对于碳纳米颗粒的所有表面特性，比表面积总是在其与有机污染物的相互作用中扮演着重要的角色。例如，碳纳米管直径的减小导致表面积增加，并导致对芘、氧氟沙星和诺氟沙星吸附量的增加。同样，研究者也观察到比表面积决定了不同碳纳米颗粒吸附菲的顺序，即单壁碳纳米管（SWCNTs）＞多壁碳纳米管（MWCNTs）＞C_{60}。一个有趣的结果是，碳纳米颗粒的比表面积普遍低于活性炭（AC），然而，一些碳纳米颗粒，如单壁碳纳米管，对有机污染物的吸附与活性炭相当甚至更高。活性炭高的比表面积是由于其多孔结构，而单壁碳纳米管的比表面积主要由其外暴露表面贡献。因此，由于孔隙堵塞效应，单壁碳纳米管对有机污染物的有效吸附高于具有孔隙堵塞作用的活性炭。然而，对于平面结构分子如苯，其平坦的表面使其更好地与碳纳米管接触，因此其对苯的吸附量随着碳纳米管直径的增大（比表面积的减小）而增加。显然，单凭比表面积不足以解释有机污染物在碳纳米颗粒上的吸附特性。吸附还受到分子结构、官能团、碳纳米颗粒形态等因素的影响。

碳纳米颗粒的—OH、—COOH、—C═O等官能团可以通过氧化法添加。此外，排放到环境中的碳纳米管可能在自然过程中被氧化。有机污染物在碳纳米颗粒上吸附的变化受氧化的影响表现在两个方面。一方面，由于含氧官能团增强了碳纳米颗粒的表面润湿性，因此氧化碳纳米颗粒比原始碳纳米颗粒更亲水，从而导致其对亲水性污染物的吸附量增加而对憎水性污染物的吸附量减少。另一方面，碳纳米颗粒的官能团可以通过氢键与水相互作用，导致水簇的形成，这降低了碳纳米颗粒表面对有机污染物的可接近性。水分子和有机污染物竞争碳纳米颗粒表面的吸附位点包括在以上的过程中。这些机制导致碳纳米颗粒与有机污染物之间的相互作用降低，特别是对于分子量较高和极性较低的污染物。然而，碳纳米颗粒的官能团和污染物官能团之间可以形成氢键，导致两者之间的相互作用增强。例如，羟基化和羧基化多壁碳纳米管可以与2-苯酚形成氢键，增强其吸附。显然，有机污染物在氧化碳纳米颗粒上的吸附与有机污染物的分子大小、官能团、极性和溶解度等性质有很大关系。

（2）形貌的影响

在这一部分中，由于碳纳米管的结构明确、表面均匀，所以选择其作为探索和阐述其形貌影响的颗粒物。碳纳米管是碳纳米材料的同素异形体，其特征是石墨烯片卷曲形成无缝管状结构，根据石墨烯片的层数可分为单壁碳纳米管和多壁碳纳米管。这些碳纳米管包含2～30个同心圆柱体，外径通常在2～50nm之间。碳纳米管的长度变化很大，通常在100nm～10mm甚至更大的范围内变化。碳纳米管的外表面作为吸附有机污染物的主要空间，而圆柱形的多壁碳纳米管的内腔（在最内层的石墨管的空间）和内壁空间（同轴管之间的空间）通常被金属催化剂或无定形碳堵塞，因此不适于有机分子进入。因此，对于单个碳纳米管，有机污染物吸附的通常可用的吸附位点是其外表面（图2-2）。

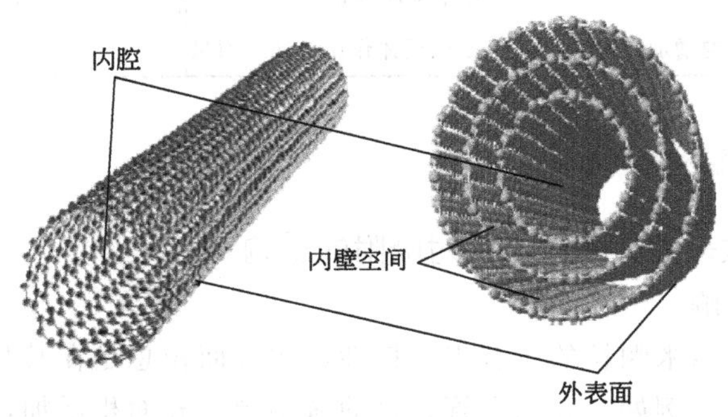

图2-2 单壁碳纳米管的结构示意图（左边）和多壁碳纳米管的结构示意图（右边）

由于范德华相互作用，碳纳米管在溶液中通常处于团聚状态。因此，碳纳米管的外表面、管的内孔、间隙孔和沟槽区域可能是碳纳米管的吸附区（图2-3）。对于有机污染物来说，由于有机污染物分子太大而不能进入这一区域，所以管道内部的孔隙不是有效的吸附位点。显然，碳纳米管对有机污染物的吸附位点的有效性取决于碳纳米管的分子几何性质和形貌。

由于碳纳米颗粒容易聚集在一起，根据氮吸附分析和理论计算结果，聚集后的碳纳米颗粒比表面积显著减小。如果能有效地分散碳纳米颗粒团聚体，则有望增加其比表面积和对有

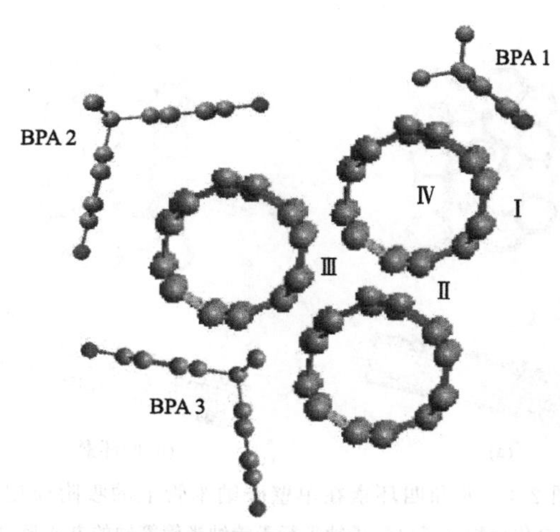

图 2-3 单壁碳纳米管吸附双酚 A（BPA）的原理图

字母Ⅰ、Ⅱ、Ⅲ和Ⅳ分别表示外表面、沟槽、间隙和内部孔隙可能的有效吸附区域

机污染物的吸附能力。Cheng 等发现在甲苯中分散的富勒烯（C_{60}）对萘和 1,2-二氯苯的吸附量要比聚集的 C_{60} 高出一个数量级。这些研究者研究了不同 C_{60} 团聚体对萘的吸附，发现 C_{60} 分散状态对萘的吸附有显著影响。萘在"C_{60} 小团聚体"上的吸附系数（$K_d=10^{4.28}mL/g$）高于"C_{60} 大团聚体"的（$K_d=10^{2.39}mL/g$）。"C_{60} 小团聚体"的比表面积比"C_{60} 大团聚体"大一个数量级，这可能是萘在"C_{60} 小团聚体"上吸附较强的原因。

2.2.2.2 污染物结构和性质对吸附的影响

(1) 分子大小和结构的影响

有机污染物的分子大小是影响其在碳纳米颗粒上吸附能力的重要因素。碳纳米颗粒的有效吸附位点主要由有机污染物的分子大小和形状决定。研究结果表明，碳纳米颗粒表面的空间位阻效应随着分子尺寸的减小而减小，并阻止了有机污染物接近碳纳米颗粒表面的某些吸附位点。显然，与较大尺寸的分子相比，较小尺寸的分子在碳纳米颗粒上有更多的可用位点，从而导致更高的吸附。

通过比较菲和四环素在单壁碳纳米管上的吸附，可以很好地说明分子结构和形貌的影响。四环素的吸附比菲的吸附高是由于四环素分子（该分子是具有大 π 电子系统的长四环分子）能更好地吸附在单壁碳纳米管表面。菲、四环素与单壁碳纳米管表面的接触模型如图 2-4 所示。显然，至少有 1 个苯环的菲分子由于其矩形结构与单壁碳纳米管弯曲的表面不能完全接触，而四环素分子由于其线形结构，更适合在单壁碳纳米管弯曲的表面上吸附。这意味着四环素有 4 个芳香环而菲只有 2.5 个芳香环可以与单壁碳纳米管表面接触。可见，菲和四环素的吸附有显著差异。1-萘酚和 2-苯基苯酚在碳纳米管上的吸附也得到了类似的结果。1-萘酚有 2 个融合在一起的苯环，但 2-苯基苯酚的 2 个苯环是分开的。融合苯环比分离苯环能更好地排列在碳管表面，这使 1-萘酚在碳纳米管上的吸附更高。

(2) 分子官能团的影响

不同官能团的有机污染物与异质性的碳纳米颗粒的相互作用不同。例如，由于 4-正壬基酚（4-NP）与多壁碳纳米管之间有很强的氢键作用，因此其吸附比全氟辛烷磺酸盐的高。

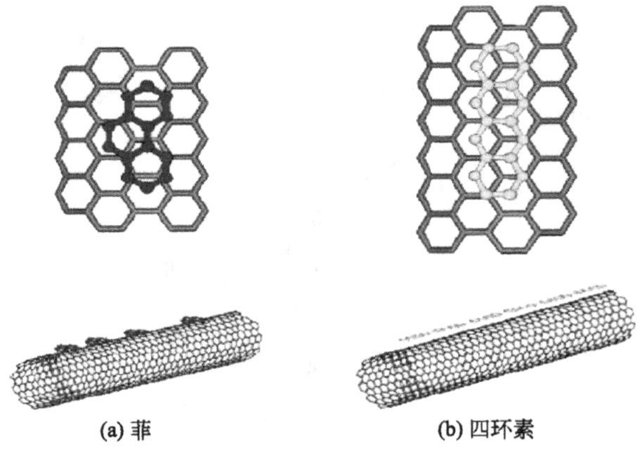

图 2-4　菲和四环素在单壁碳纳米管上的吸附模型
假设化合物分子以分子轴平行于碳纳米管管轴的方式吸附

其他研究表明对于给定的碳纳米管，吸附亲和力的增加顺序为非极性脂肪族＜非极性芳香族＜硝基芳香化合物。环己烷不能和碳纳米颗粒形成 π-π 作用和氢键，因为它没有官能团。人们普遍认识到分子官能团一般通过 π-π 电子供受体（EDA）作用吸附在碳纳米管上。EDA 相互作用的强度在很大程度上取决于有机污染物苯环上的官能团。之前的研究发现 2-萘酚在碳纳米管上的吸附量高于 2,4-二氯苯酚，因为 2-萘酚与碳纳米管的 EDA 相互作用更为显著。2-萘酚的强 EDA 相互作用可能有两个原因：首先，2-萘酚（无氯原子）苯环中的电子密度大于 2,4-二氯苯酚（2 个氯原子）；其次，和具有一个苯环的 2,4-二氯苯酚相比，2-萘酚的两个苯环具有更强的共轭 π-电子潜能。

具有—OH 和—COOH 官能团的有机污染物在碳纳米颗粒上的吸附可能通过氢键而增强。Yang 等指出苯酚或苯胺在碳纳米颗粒上的吸附亲和力随着取代基在给定位置的增加而增强，由于形成氢键的能力不同，按顺序排列为：硝基官能团＞氯离子官能团＞甲基官能团。氢键的形成能力也受到官能团数量和位置的影响。例如，苯酚、邻苯二酚和邻苯三酚在碳纳米管上的吸附随着羟基数量的增加而增加，羟基取代苯酚在间位上的吸附高于取代苯酚在邻位或对位上的吸附。

有机污染物的极性在很大程度上由分子官能团决定，而碳纳米颗粒与极性或非极性污染物之间的主导作用存在显著差异。例如，极性有机污染物的吸附随着碳纳米颗粒氧含量的增加而增加，因为增加了氢键或 π-π 电子供受体（EDA）作用。然而，由于憎水性作用的降低，非极性有机污染物的吸附随着碳纳米颗粒氧含量的增加而降低。

2.2.2.3　环境条件对吸附的影响

以前的研究认为有机污染物在碳纳米颗粒上的吸附可能同时存在多种吸附机理。值得注意的是，环境条件或因素会“楔入”这些机制，从而改变有机污染物在真实环境中的行为。因此，应考虑影响碳纳米颗粒吸附有机污染物的环境因素的变化。

（1）pH 值的影响

离子型有机污染物的形态随着 pH 值的改变而改变，导致了其在碳纳米颗粒上的表观吸附特征和机理的变化。例如，除草剂、间苯二酚等有机污染物的溶解度和离子化程度随着 pH 值的增加而增加，由于憎水性降低导致其在碳纳米颗粒上的吸附量降低。此外，静电吸引或排斥作用对于受 pH 值影响的有机污染物的吸附很重要。在零点电荷 pH_{zpc}（碳纳米颗粒的等电点）＞pH＞pK_a（离子型有机污染物），由于带负电荷的污染物和带正电荷的碳纳米颗粒之间的静电吸引作用，使有机污染物表现出高的吸附量。另外，在 pH＞pK_a 和 pH_{zpc} 或 pH＜pK_a 和 pH_{zpc} 时，由于吸附质和吸附剂之间的静电斥力使污染物在碳纳米颗粒上的吸附量较低。例如，在 1.8＜pH＜11.0 时，全氟辛酸（PFOA）（pK_a＝−0.5）的吸附较弱，这是因为带负电荷的 PFOA 分子与碳纳米颗粒之间的静电排斥力较强。在 pH 值为 5.0 或 6.0 时，氧氟沙星或诺氟沙星的吸附能力最强，可能是由于带负电荷的碳纳米颗粒与带正电荷的氧氟沙星或诺氟沙星分子之间的静电吸引作用。Zhang 等研究了 pH 值对磺胺甲噁唑在碳纳米管上吸附的影响，并在不同 pH 值下发现了不同的主导机制（图 2-5），同样的讨论也可以应用并推广到其他有机污染。

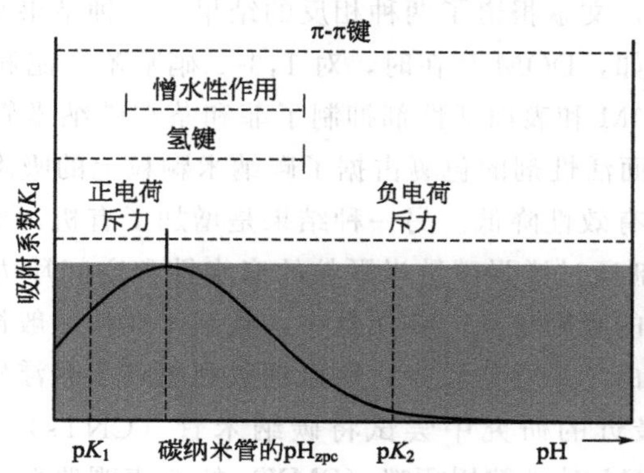

图 2-5　磺胺甲噁唑在不同 pH 值下在碳纳米管上可能的吸附机理

图 2-5 中，在 pH＞pH_{zpc} 时，吸附系数（K_d）随 pH 值的增大而减小；在 pH＜pH_{zpc} 时，由于静电排斥作用，K_d 随 pH 值的减小而减小；pH 值在 pH_{zpc} 附近时，各种吸附机理（如憎水性作用、π-π 键和氢键）共同作用于磺胺甲噁唑的整体吸附。

(2) 水-有机共溶剂的影响

有机污染物的形态、溶解度、流动性在不同的有机溶剂或共溶剂中是不同的。共溶剂可以增加有机污染物的溶解度。溶解度的增加导致污染物的吸附量降低。因此，研究有机污染物在有机溶剂或共溶剂中在碳纳米颗粒上的吸附，可以为理解污染物的吸附机理提供新的研究视角。

甲醇是一种类似于水的极性有机溶剂，在大多数研究中它是一种常见的共溶剂，因为它与水可以完全混溶。以前的研究对氧氟沙星和诺氟沙星在水-甲醇共溶剂中的溶解度和在碳纳米管上的吸附进行了研究。研究者发现，随着甲醇体积分数（f_c）的增加，氧氟沙星的溶解度降低，氧氟沙星或者诺氟沙星的吸附量随 f_c 的增加而降低。人们普遍认为可以用对数线性共溶剂模型来描述憎水性污染物在共溶剂中的吸附，这也适用于描述共溶剂对氧氟沙星吸附的影响。然而，该模型和溶解度的变化趋势不能用来描述诺氟沙星的吸附。因此，对数线性共溶剂模型不能作为描述共溶剂效应对所有有机污染物吸附的通用模型。

(3) 金属离子的影响

金属离子的存在使有机污染物的环境行为更加复杂，因为它们可以与污染物和碳纳米颗粒的官能团相互作用。金属离子（Cu^{2+}、Pb^{2+}、Cd^{2+}）可能与碳纳米管的含氧官能团形成表面络合物，从而抑制莠去津、2,4,6-三氯苯酚等有机污染物在碳纳米管上的吸附。在其他研究中，由于 Pb^{2+} 在碳纳米管表面形成了较大的 Pb^{2+} 水化膜，因此 Pb^{2+} 抑制了敌草隆和敌草腈在碳纳米管上的吸附。然而，由于 Cu^{2+} 与碳纳米管之间存在阳离子桥接作用，因此 Cu^{2+} 增强了四环素在碳纳米管上的吸附。显然，随着环境条件的不同，可以观察到金属离子的加入会导致有机污染物吸附量的增加和降低。净效应是增加和减少效应之间的平衡。此外，碳纳米颗粒的聚集可能随着离子强度的增加而增多。其结果是，有机污染物的在高度致密聚集结构的碳纳米颗粒上的吸附量降低。

(4) 溶解有机质或表面活性剂的影响

由于碳纳米颗粒的排放增加和溶解性有机质（DOM）的普遍存在，两者在环境中的共存将会广泛发生。DOM 的存在可能改变碳纳米管的聚集状态，进而改变有机污染物的有效吸附位点数量。综上所述，文献报道了两种相反的结果。一种结果是减少了有机污染物在碳纳米颗粒上的吸附量。例如，DOM 存在时，对 1,3-二硝基苯、芘和 1,3,5-三硝基苯在碳纳米管上的吸附量降低。DOM 和表面活性剂抑制了菲和萘在碳纳米管上的吸附。吸附量降低的原因一般是 DOM 或表面活性剂的包裹占据了碳纳米颗粒上的吸附位点，导致碳纳米颗粒表面对有机污染物吸附的有效性降低。另一种结果是增加了有机污染物在碳纳米颗粒上的吸附量。DOM 和表面活性剂通过增强碳纳米颗粒的亲水性和空间斥力从而有效分散碳纳米颗粒，从而暴露出更多有效的吸附位点。在文献中，碳纳米颗粒一般被认为是一个整体，从而不会被悬浮和聚集分散，由于悬浮量较少，所以覆盖和忽略了悬浮碳纳米颗粒对有机化合物吸附的贡献。因此，在最近的研究中尝试将碳纳米管（CNTs）分为悬浮 CNTs 和聚集 CNTs。这个结果表明 DOM 对磺胺甲噁唑（SMX）的总表观吸附有抑制作用，但 SMX 在 DOM-悬浮 CNTs 上的吸附系数要比聚集 CNTs 的高两个数量级。虽然悬浮 CNTs 的质量分数很低（通常低于 1%），但它们对 SMX 吸附的贡献高达 20%。显然，文献的相反结果是由于忽略了悬浮碳纳米管对吸附的贡献。换句话说，如果悬浮碳纳米管暴露吸附点增加导致有机污染物吸附量增加超过 DOM 包裹导致的吸附量的减少，则表观总吸附量增加，反之亦然。显然，悬浮的碳纳米颗粒对环境的影响可能更大，比如增加了有机污染物的流动性、迁移性，可能还会暴露在有机污染物中，因此更应该关注悬浮的碳纳米颗粒。

有机污染物和碳纳米颗粒之间主要的相互作用有憎水性作用、静电作用、氢键和 π-π 作用。这些相互作用及它们的强度受碳纳米颗粒表面性质和形态以及有机污染物的分子大小、结构和官能团的影响。对于给定的碳纳米颗粒，各种机理可以同时控制有机污染物在碳纳米颗粒上的吸附过程，而不同环境条件下的吸附控制机理是不同的。因此，以后研究主要吸附机理或不同吸附机理对整个吸附过程的相对贡献是十分必要的。尽管用正十六烷-水分配系数（K_{HW}）标准化吸附系数可以排除憎水性作用，比较各种有机污染物在给定碳纳米颗粒上的吸附可以为不同吸附机理的贡献提供重要信息，其他机理如氢键和 π-π 作用对整体吸附的相对贡献仍不清楚，需要更多的实验研究和理论模拟来量化这些机理对碳纳米颗粒吸附有机污染物的相对贡献。

外表面、间隙空间和沟槽是碳纳米颗粒吸附有机化学物质的可能有效区域。这些可能的吸附区域的有效性可以通过化学物质的表面改性、碳纳米颗粒表面官能团和悬浮来改变。人们普遍认为碳纳米颗粒团聚体的分散可以暴露出更多的吸附位点，从而增加有机化合物在碳纳米颗粒上的吸附量。常用的促进碳纳米颗粒分散的方法是用 DOM 或表面活性剂对碳纳米颗粒进行表面改性。然而，由于吸附的 DOM 或表面活性剂与有机污染物竞争吸附位点，从而导致吸附量降低，因此，这种方法可能不是增强碳纳米颗粒表面吸附位点的可行方法。因此，需要探索新的方法来暴露碳纳米颗粒的有效吸附位点，如选择不与有机化合物竞争碳纳米颗粒表面吸附位点的分散试剂。此外，当碳纳米颗粒释放到环境中时，分散的碳纳米颗粒可能比未分散的碳纳米颗粒有更高的环境和健康风险。在不同的环境条件下，碳纳米颗粒的悬浮性能对有机污染物吸附特性的影响还有待深入研究。

2.2.3 抗生素的吸附研究

抗生素是指由细菌、真菌等在生长过程中产生具有杀灭和抑制病原体的微生物产物。这类化合物用于治疗、预防人类和牲畜的疾病已经有超过 100 年的历史。抗生素在人类医学、兽类医学及水产养殖中用来抑菌或者杀菌，所以在治疗和预防人类和牲畜的疾病中起到重要作用，也可以作为动植物添加剂，提高饲料转化效率，促进动植物的生长等。抗生素从人工合成成功开始就大量用于人们的生产和生活中，为人类的健康和社会的发展做了很大贡献。然而，抗生素广泛和持续的应用近几年引起了人们的关注，总体来说，抗生素被人类和牲畜使用后吸收率很低，50%～90%的抗生素都是作为代谢物或者母源化学物质排出体外。

田间施用的抗生素在降雨过程中会被淋滤和冲刷，从而污染地表水和地下水。此外，各种抗生素不可避免地通过医疗废弃物、兽药废水、过期药品的处理、生活污水的排放以及作为原始或代谢产物的形式排泄进入水体和土壤环境中（图 2-6）。然而，目前的水处理技术并不能完全去除环境中的抗生素，因此，抗生素在地表水、地下水、污水处理系统、饮用水、底泥和土壤等环境介质中被检测到。

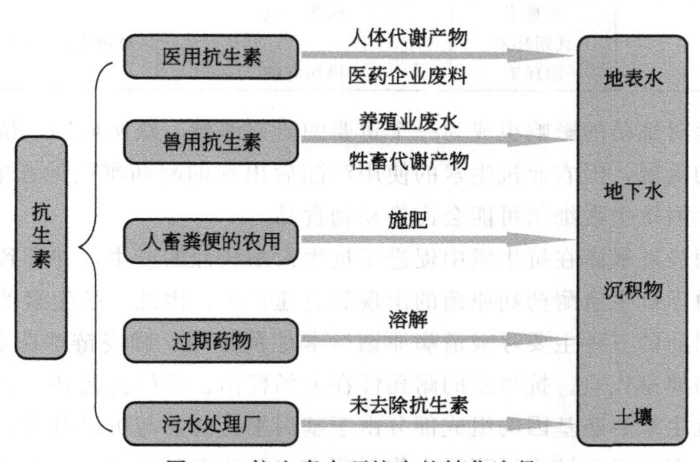

图 2-6 抗生素在环境中的转化途径

由于抗生素的广泛使用和不可避免地大量进入环境中，其环境行为和风险近几年引起了人们的广泛关注。因此，抗生素在环境中产生的健康风险是一个重要的研究热点。

抗生素对植物和水生生物有毒性，抗生素最终通过食物链和饮用水进入人体中。对于植物，红霉素、环丙沙星、磺胺甲噁唑显著降低了淡水藻类的生长速率、叶绿素含量、光合速率和羧化酶活性。对水生生物来说，克林沙星和恩氟沙星会影响某些鱼类的生长和繁殖，甚至会导致它们的死亡。Isidori 等研究了红霉素、土霉素、磺胺甲噁唑、氧氟沙星、林可霉素、克拉霉素等抗生素对水生生物的生态毒性。他们建议抗生素急性毒性的浓度范围在 mg/L 级，而慢性毒性的浓度是抗生素的生物活性范围，即 μg/L 级，主要针对的是藻类。藻类是目前发现的最敏感的物种，半致死浓度 EC_{50} 值在 0.002～1.44mg/L 之间。对于人类，抗生素能抑制皮肤呼吸，青霉素能引起过敏反应，奥拉辛多能引起光过敏反应和慢性光敏性皮炎。关于抗生素对植物、水生生物或人类的毒性，如抑制生长、引起死亡、过敏反应、肾毒性和关节病等的详细说明列于表 2-3 中。

表 2-3　对人类、植物或水生生物具有毒性的抗生素

类别	抗生素	对人类的毒性作用	对植物、水生生物的毒性作用
氨基糖苷类	庆大霉素	具有神经毒性	—
	卡那霉素	具有神经毒性	—
	新霉素	损伤听觉器官、肾脏	—
	紫苏霉素	损伤肾脏	—
	奇放线霉素	损伤听觉器官、肾脏	—
β-内酰胺:青霉素类	阿莫西林	引起过敏反应	—
	青霉素 G	引起过敏反应	—
头孢菌素类	头孢氨苄	与β-内酰胺具有交叉过敏反应	—
喹诺酮类	环丙沙星	引起关节疾病	抑制鱼类生长和繁殖
	氧氟沙星	引起关节疾病	对藻类、轮虫类、鱼类具有毒性作用
林可酰胺类	克林霉素	引起胃肠问题	
	洁霉素		对藻类、轮虫类、鱼类具有毒性作用
磺胺类	对氨基苯磺酰胺	损伤肾脏	
	磺胺甲噁唑	损伤肾脏	对藻类、轮虫类、鱼类具有毒性作用
	磺胺吡啶		降低光合作用率
	磺胺噻唑	损伤肾脏	
四环素类	金霉素	损伤肝脏	
	氧四环素		对藻类、轮虫类、鱼类具有毒性作用
	四环素	损伤肝脏	

另外，抗生素对细菌的影响也成为一个重要的研究课题。众所周知，抗生素的使用促进了抗生素耐药性的发展，但农业抗生素的使用对随后出现的耐药细菌的影响存在很大争议。研究人员还指出，耐抗生素细菌可能会污染动物食品。

环境中的细菌长期暴露在抗生素中促进了抗生素耐药性的产生，并导致了抗生素在临床治疗中的失败。由于抗生素耐药病原菌的出现和迅速扩大，因此，抗生素的耐药性引起了人们的广泛关注。耐药的三种主要呼吸道病原菌（卡他莫拉菌、肺炎链球菌和流感嗜血杆菌）为抗生素耐药菌的典型代表。抗生素的耐药性在大肠杆菌、沙门氏菌和弯曲杆菌对四环素及磺胺类中增加。抗生素耐药基因的组成部分由于基因平台的参与可以有效地促进这些耐药基因的活化和持续，因此可以被应用到微生物群落中和影响人类活动。根据这些讨论，有一类离子型有机物的环境行为和风险在人类和环境中引起了公众和科学界的关注，它们更多的是引起了研究者的关注。如图 2-7(a) 所示，最近 10 年，有关于抗生素的文章从 17073 篇增加到 31093 篇［该数据来自于 Web of Science，检索关键词是“antibiotic（抗生素）”］。在这些文章中，和环境相关的文章从 803 篇增加到 2577 篇［关键词是“antibiotic＋environment（抗生素＋环境）”］，包含环境行为和风险评估。

在这些抗生素中，氟喹诺酮类抗生素也广泛用于预防和治疗人类、兽类的多种传染疾

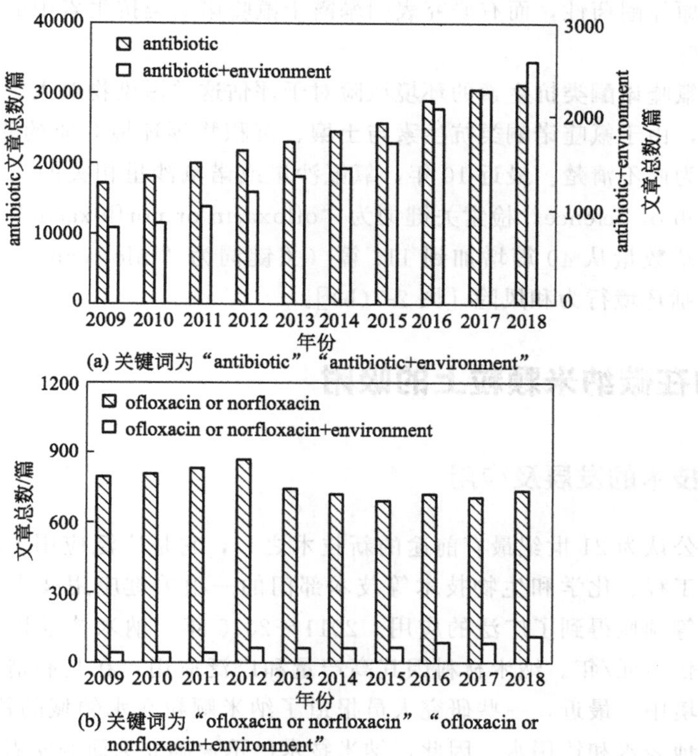

图 2-7　在 Web of Science 中关键词为“antibiotic（抗生素）”“antibiotic＋environment（抗生素＋环境）”与“ofloxacin or norfloxacin（氧氟沙星或诺氟沙星）”“ofloxacin or norfloxacin＋environment（氧氟沙星或诺氟沙星＋环境）”的文章总数

病。氧氟沙星和诺氟沙星是最常用的氟喹诺酮类抗生素之一，是一种有效的广谱口服抗生素。氟喹诺酮类抗生素是一种相对较新的、完全人工合成的非甾体类抗生素/抗菌剂。它们通过杀死有害细菌或阻止其生长来治疗身体许多部位的感染。氧氟沙星和诺氟沙星因其对人体的特殊治疗特性以及在农业和兽医治疗，包括泌尿系感染和呼吸道感染中的广泛应用而引起人们的关注。例如，氧氟沙星和诺氟沙星能有效对抗大多数革兰氏阴性和革兰氏阳性好氧菌、厌氧菌、衣原体和一些相关的生物，如分枝杆菌。许多研究已在很多国家的环境介质，包括污水厂废水、地表水、地下水、海水、沉积物和土壤中检测到氧氟沙星和诺氟沙星。氧氟沙星和诺氟沙星在污水处理厂中的去除率只有 13%～80%左右，这和其他的抗生素相比是比较低的。这是一类目前的水处理技术无法完全去除的化学物质，因此它们不可避免地进入环境中。环境中发现了大量的抗生素，这类抗生素通过不同的途径进入污水处理厂，通常在国内和医院的废水中检测到的浓度从 ng/L 到 mg/L 不等，但制药企业的废水浓度较高，浓度可达 mg/L。此外，许多研究报道了氧氟沙星和诺氟沙星的环境风险。例如，这些化学物质也作为特定的细菌抑制剂应用于遗传科学。抗生素广泛应用的潜在风险引起了人们的极大关注，如促进耐药基因的发展。另外，人们担心长期暴露在低水平的这些化合物中会导致人类病原体对抗生素产生耐药性。也有人担心氧氟沙星和诺氟沙星可能抑制植物的光合作用。此外，氧氟沙星和诺氟沙星的毒性、在体内残留并产生致畸性已经在动物体内检测到。对人类而言，食用动物中抗生素的存在增加了人们对人体健康的担忧，因为它会诱导人类对临床药物产生病原体耐药性，而有研究表明暴露于氟喹诺酮类抗生素中的幼儿中枢神经系统也会产生不良反应。

因此，了解氟喹诺酮类抗生素的环境风险对于评估这类污染物对人类和生态健康的影响至关重要。然而，由于氟喹诺酮类抗生素与土壤、沉积物等环境介质的相互作用机制复杂，因此，其环境行为尚不清楚。最近10年，氧氟沙星或诺氟沙星相关的文章总数从795篇增加到836篇（Web of Science，检索关键词为“ofloxacin or norfloxacin”）。在这些文章中，和环境相关的文章数量从40篇增加到111篇（关键词为“ofloxacin or norfloxacin＋environment”），包括环境行为和风险［图2-7(b)］。

2.3 污染物在碳纳米颗粒上的吸附

2.3.1 纳米技术的发展及应用

纳米技术被公认为21世纪最有前途的新技术之一，它是广泛应用于制造业、材料、电子、光学科学、工程、化学和生物技术等技术部门的一项关键应用技术，在医学、环境修复、能源、通信等领域得到了广泛的应用。2011～2015年，纳米技术相关产品的潜在市场价值高达10000亿美元/年。纳米材料因其高产量和广泛应用，在其制造、运输、使用和处置过程中进入环境中。最近，一些研究人员报道了纳米颗粒在水领域的检测，包括大气水、地下水、海洋、地表水和饮用水。因此，纳米技术已迅速确立为研究实践的重中之重，并引起了科学家的关注。

2.3.2 碳纳米颗粒的环境风险

随着新型纳米材料快速成功的生产、相关工业产品和应用的增加，其环境风险已成为环境健康与安全研究中又一个新兴的热点问题。纳米材料通过许多方式对人类健康产生潜在影响，对人类健康的潜在毒性影响是一个主要问题。在各种工业应用中使用工程纳米材料可能导致其环境暴露。例如，一些纳米材料已经被证实可能是有毒的，因此会导致过敏反应、中毒，甚至导致人类或其他生物的死亡。

因此，纳米材料对人类的潜在环境风险日益引起人们的关注。最近10年，纳米技术相关论文总量从40033篇增加到58802篇［Web of Science，检索关键词为“nano（纳米）”］，表明纳米技术作为21世纪最有前途的新技术正在迅速发展［图2-8(a)］。在这些论文中，环境相关论文从1164篇增加到3156篇［检索关键词为“nano＋environment（纳米＋环境）”］，涵盖了环境行为和风险。这些结果表明，纳米技术的环境风险评估越来越受到重视。

碳纳米管（CNTs）是一类具有纳米结构的碳同素异形体，是一种由石墨烯片卷曲形成的无缝管状结构，根据石墨烯片层数的不同可分为单壁碳纳米管（SWCNTs）和多壁碳纳米管（MWCNTs）。两种主要类型的碳纳米管包含2～30个同心圆柱体，外径通常在2～50nm之间（图2-9）。碳纳米管的长度变化很大，通常在100nm～10μm之间。这种独特的一维结构使碳纳米管具有机械强度高、比表面积大、导电性和导热性好、电化学稳定性好、电子和光物理性能好等特点。因此，碳纳米管在锂离子电池、超级电容器和燃料电池、水净

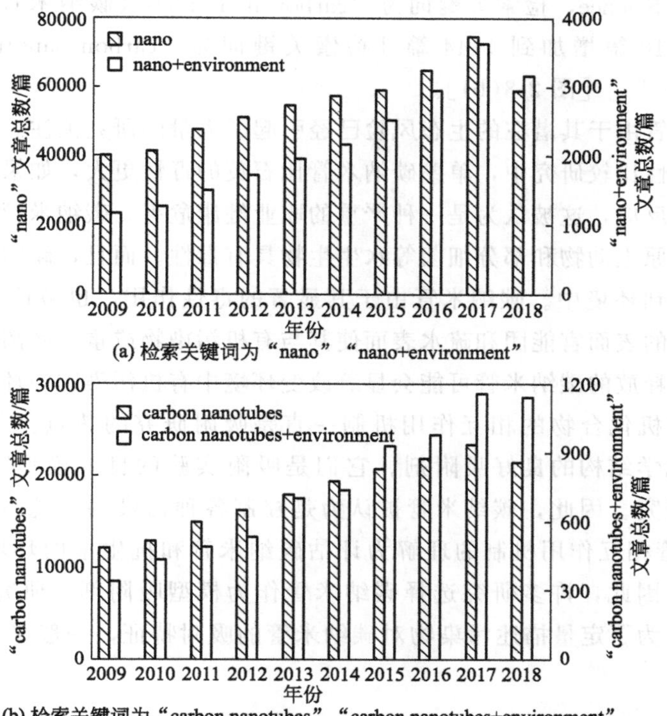

(a) 检索关键词为"nano""nano+environment"

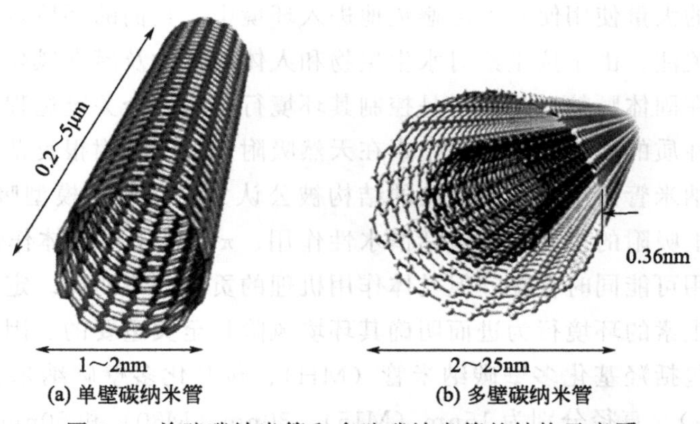

(b) 检索关键词为"carbon nanotubes""carbon nanotubes+environment"

图 2-8 在 Web of Science 中检索关键词为"nano（纳米）""nano＋environment（纳米＋环境）"和"carbon nanotubes（碳纳米管）""carbon nanotubes＋environment（碳纳米管＋环境）"的文章总数

(a) 单壁碳纳米管 (b) 多壁碳纳米管

图 2-9 单壁碳纳米管和多壁碳纳米管的结构示意图

化和生物技术等储能设备等方面的应用得到了广泛的研究。它们也被用作高分子或金属复合材料的活性成分、防腐涂层、透明导电薄膜，或用于场效应晶体管、薄膜晶体管和非易失性存储器等微电子器件。特别是其独特的电子、电化学和光学特性，为基于电、电化学或光学信号输出的化学传感器和生物传感器的发展提供了独特的平台。碳纳米管因其广泛的应用和存在于环境中而受到了广泛的研究关注。一些研究表明，碳纳米管释放到各种介质，如空气、水、土壤和沉积物中，其潜在的后续风险、环境归趋、转化、环境释放途径成了研究的主题。最近 10 年，碳纳米管相关论文总量从 12037 篇增加到

21435篇［Web of Science，检索关键词为“carbon nanotubes（碳纳米管）”］。其中与环境相关的论文从340篇增加到1144篇［检索关键词为“carbon nanotubes＋environment（碳纳米管＋环境）”］［图2-8(b)］。

此外，碳纳米管由于其潜在的生态风险已经引起了大量的研究关注。在小鼠给予同等重量的试验材料的毒性比较研究中，单壁碳纳米管比石英的毒性更大，如果长期吸入超细炭黑将显示出最小的肺反应，这被认为是一种严重的职业健康危害。碳纳米管对鱼类、藻类、水蚤、两栖类幼虫、原生动物和部分细菌等水生生物具有毒性。而且，碳纳米管在广泛应用的过程中可能会进入到环境中。碳纳米管由于其显著的毒性作用，也被认为是一种新兴污染物。由于碳纳米管的表面官能团和疏水表面使其与有机污染物或重金属离子有很强的相互作用，在工程应用中释放的碳纳米管可能会显著改变环境中有机污染物的环境风险。

碳纳米管与有机化合物的相互作用机制一直是吸附研究的热点。此外，碳纳米管被描述为具有独特化学结构的良好吸附剂。它们是吸附实验的良好模型吸附剂，已成功应用于吸附机理的研究。因此，碳纳米管被认为是控制各种污染物环境行为的有效吸附剂。对抗生素-碳纳米管相互作用机制的理解为评估碳纳米管和抗生素的环境风险和潜在应用提供了重要信息。因此，许多研究选择碳纳米管作为模型吸附剂，研究碳纳米管-抗生素体系的相互作用。为了定量描述污染物对碳纳米管的吸附特征，一般采用批量吸附实验的方法进行研究。

2.3.3 典型污染物——抗生素在碳纳米管上的吸附机理研究

2.3.3.1 抗生素的环境风险及研究其在碳纳米管上吸附的意义

抗生素类物质的大量使用使其不可避免地进入环境中，它们的环境行为和风险评价引起了科研人员的特别关注。由于抗生素对水生生物和人体的毒性及潜在风险，其成为全球性的污染问题。抗生素在固体颗粒上的吸附是控制其环境行为的一个关键过程。然而，抗生素的形态变化及吸附剂性质的复杂性导致抗生素在天然吸附剂上的吸附很复杂。作为工程纳米材料的重要一员，碳纳米管由于完美而规则的结构被公认为是良好的模型吸附剂。研究发现，抗生素在碳纳米管上吸附的主要机理包括憎水性作用、π-π电子供受体作用、阳离子交换和静电作用。这些作用可能同时存在，但具体作用机理的贡献并不明确。定量描述这些控制机理的贡献对预测抗生素的环境行为进而明确其环境风险是至关重要的。因此，选取官能团化的多壁碳纳米管，包括羟基化多壁碳纳米管（MH）、羧基化多壁碳纳米管（MC）、石墨化多壁碳纳米管（MG），直径分别为15nm（M15）、30nm（M30）和50nm（M50）的多壁碳纳米管；官能团化的单壁碳纳米管，包括羟基化单壁碳纳米管（SH）、羧基化单壁碳纳米管（SC）、纯化单壁碳纳米管（SP）以及活性炭（AC）作为吸附剂（表2-4）。同时，选取氧氟沙星和诺氟沙星作为抗生素类物质的代表，研究其在碳纳米管上的吸附机理。

抗生素用于治疗和预防人类和牲畜疾病已经超过一百年，然而，抗生素的大量和持续使用引起了公众的广泛关注。总的来说，抗生素应用于人类和牲畜只有少量被吸收，大概50%～90%的抗生素都作为代谢产物或原始化合物被排出。而目前的水处理技术不能有效地去除抗生素，因此，大量抗生素不可避免地进入环境中。此外，过度地使用抗生素以及过期药物的丢弃导致抗生素在环境中的增加。这些抗生素在环境中引起了全球性的抗生素污染问题。因此，抗生素的环境风险成了环境科学家的重要研究课题。很多研究已经证明抗生素对水生生物和人体是有害的。尤其是抗生素滥用所导致的抗药细菌的出现，使得大量抗生素药物在临床治疗中失效，极大地威胁了人类的健康。

表 2-4 选择的碳纳米管的性质

名称	外径/nm	元素分析 原子比/%				XPS 原子比/%		官能团化的表面碳/%	SSA①/(m^2/g)
		N	C	H	O	C	O		
M15	8～15	0.22	97.5	1.97	0.29	98.8	1.2		174
M30	20～30	0.14	97.3	2.27	0.30	98.7	1.3		107
M50	30～50	0.16	96.2	3.32	0.28	99.1	0.9		94.7
SP	1～2	0.17	96.3	1.98	1.58	97.5	2.5		553
SC	1～2	0.18	96.3	1.35	2.15	96.4	3.6	1.89	569
SH	1～2	0.21	95.1	2.96	1.69	97.4	2.6	2.64	541
AC	—	0.30	88.2	5.23	6.30	92.2	7.8		800
MG	8～15	0.19	100	1.49	<0.05	99.3	0.7	<0.70	117
MC	8～15	0.21	96.7	2.65	0.45	95.8	4.2	2.19	164
MH	8～15	0.18	94.2	2.66	2.93	95.9	4.1	4.28	228

①比表面积。

吸附是控制抗生素在固体颗粒上的环境行为和风险的一个关键过程。因此，许多研究重点讨论抗生素和土壤/沉积物之间的相互作用。对于传统的憎水性污染物，研究者尝试建立土壤/沉积物性质和吸附系数之间的相互关系。一般认为吸附系数和有机碳之间存在正相关关系，这表明憎水性作用是抗生素吸附的重要机理。然而，其他的研究者观察到用碳标准化吸附系数（K_{OC}），对于给定的化合物，在不同位置采集的土壤/沉积物中的 K_{OC} 变化很大。这些研究暗示了憎水性对于抗生素的吸附不是一个很好的解释。变化的 K_{OC} 可以从以下两方面解释：①土壤/沉积物颗粒的不均匀性。土壤/沉积物颗粒中包含不同化学组成和性质的有机质，以及具有亲水性表面的无机矿物颗粒，所有的组分都可能会对总的吸附有贡献。②抗生素在不同 pH 值范围内存在不同的形态。不同形态的抗生素可能通过不同的机理吸附在土壤/沉积物中。抗生素在土壤/沉积物中的吸附有许多机理，如阳离子交换、阳离子桥接、表面络合、氢键和憎水性作用。因此，抗生素在土壤/沉积物中的吸附是由许多机理组成的。理解不同机理的贡献对于理解抗生素的环境行为和风险有很大的提高。

以前的许多研究指出憎水性作用对于两性形态的分子很重要，因此，可研究两性分子形态的抗生素和它们的憎水性质的关系。氧氟沙星和诺氟沙星作为喹诺酮类抗生素被大量用于生产和生活中，它们是全球应用最广泛的抗生素之一。诺氟沙星和氧氟沙星被选为吸附质，这两种抗生素的化学结构相似但物理化学性质不同，如氧氟沙星比诺氟沙星多一个—C—O—和 CH_3 官能团，且它们在水中的溶解度相差一个数量级。此外，氧氟沙星和诺氟沙星在水、土壤和城市污水处理厂的进水、出水中都检测到，它们对人类和其他动物产生危害，所以其潜在的环境风险得到大家的关注。

正如以上讨论的，抗生素在土壤/沉积物中的吸附比较复杂，因为是由多种机理贡献的，而且土壤的组分不同。因此，由于碳纳米管清晰和规律的结构，此研究选择其作为模型吸附剂。不同的碳纳米管，包括不同直径、不同官能团和不同类型（单壁和多壁）的碳纳米管被用于研究碳管性质对氧氟沙星和诺氟沙星吸附的影响。此外，活性炭由于和碳纳米管有相似的碳基结构而结构完全不同，也用于研究对这两种抗生素的吸附。

2.3.3.2 吸附等温线的拟合

将批量吸附实验的吸附系数进行定量以后，不同的吸附特征才可以进行比较。研究中吸附等温线模型分析用 SigmaPlot 10.0 这个软件，而统计分析用 SPSS 17.0。在此，吸附等温线主要用 Freundlich 模型、Langmuir 模型和 Polanyi-Mane 模型进行拟合，三种吸附模型的公式分别为：

Freundlich 模型（FM）：
$$\lg S_e = \lg K_F + n\lg C_e \tag{2-1}$$

Langmuir 模型（LM）：
$$S_e = S_L^0 bC_e/(1+bC_e) \tag{2-2}$$

Polanyi-Mane 模型（PMM）：
$$\lg S_e = \lg S_0 + Z[RT\ln(C_s/C_e)]^a \tag{2-3}$$

式中，S_e 为固相平衡浓度，mg/kg；C_e 为液相平衡浓度，mg/L；K_F 为 Freundlich 模型吸附系数；n 为非线性指数；S_L^0 为 Langmuir 模型吸附容量，mg/kg；S_0 为 Polanyi-Mane 模型吸附容量，mg/kg；Z 和 a 为 Polanyi-Mane 模型拟合系数；R 为通用气体常数 [R=8.314J/(mol·K)]；T 为温度，K；C_s 为室温下溶质在水相中的溶解度。

通过计算单点吸附系数（K_d，L/kg）来比较不同吸附等温线的吸附特征，公式为：

$$K_d = S_e/C_e \tag{2-4}$$

衡量拟合结果的拟合可决系数（r^2）会受到数据点的数量和拟合参数数量的影响，因此，以上三种拟合模型的拟合效果用可调可决系数（r_{adj}^2）进行比较，r_{adj}^2 计算过程为：

$$r_{adj}^2 = 1 - r^2 \times (m-b)/(m-1) \tag{2-5}$$

式中，m 为用于拟合的数据的个数；b 为拟合方程中的参数个数。通过这样的计算可以使有不同拟合点数和不同参数个数的方程的拟合效果进行比较。

PMM 模型拟合的吸附等温线在图 2-10 中展示。FM 和 LM 模型拟合对于等温线上的大多数点都有明显的偏差。此外，从表 2-5 中可以得到，和其他两种模型相比，PMM 模型表现出较低的 SEE 值。因此，表 2-6 中只列出 PMM 模型的拟合结果，并用于进一步的比较和计算。用 t 检验分析得到 PMM 模型的参数 Z 和 a 的 P 值在 0.6 左右，说明对于一些吸附等

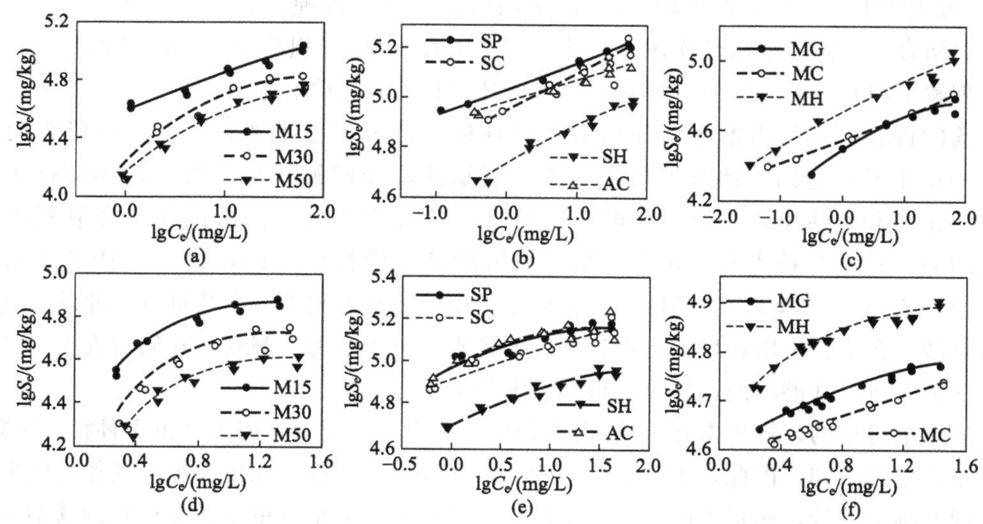

图 2-10 氧氟沙星［图（a）～图（c）］和诺氟沙星［图（d）～图（f）］在不同类型碳纳米管上的吸附等温线

这些曲线都是 PMM 模型拟合的结果。S_e 为固相平衡浓度，mg/kg；C_e 为液相平衡浓度，mg/L

温线，参数 Z 和 a 与 0 没有显著差异。既然这样，Z 和 a 对于理解吸附机理没有提供有用的信息。此外，S_0 是一个超出浓度范围的外推值，所以要避免直接比较。因此，吸附系数（K_d）在实验浓度范围内基于 PMM 模型的拟合参数计算并列于表 2-6 中。基于溶解度计算的 K_d 在液相平衡浓度为 $0.01C_s$（OFL：34mg/L；NOR：3.2mg/L）和 $0.1C_s$（OFL：340mg/L；NOR：32mg/L）下计算，而基于浓度计算的 K_d 在液相平衡浓度为 100mg/L 和 10mg/L 下计算。以下的讨论都是基于这些方式计算的吸附系数。

表 2-5 氧氟沙星和诺氟沙星用不同模型拟合的结果比较

选择的碳纳米管		r_{adj}^{2}①			SEE②/(10^3mg/kg)		
		FM	LM	PMM	FM	LM	PMM
OFL	M15	0.9932	0.9833	0.9999	6.2	9.8	5.5
	M30	0.9628	0.9741	0.9997	9.3	7.8	6.9
	M50	0.9812	0.9793	0.9998	5.4	5.6	4.5
	SP	0.9942	0.9788	1.0000	10.6	20.2	9.6
	SC	0.9942	0.9826	1.0000	9.9	17.3	8.9
	SH	0.9962	0.9867	1.0000	4.8	8.9	4.2
	AC	0.9907	0.9772	1.0000	11.9	18.7	15.3
	MG	0.9895	0.9839	0.9999	5.0	6.2	3.8
	MC	0.9963	0.9666	1.0000	2.8	8.4	8.3
	MH	0.9884	0.9554	0.9999	7.8	15.3	7.6
NOR	M15	0.9905	0.9959	1.0000	5.9	3.9	3.5
	M30	0.9780	0.9890	0.9999	6.3	4.4	3.9
	M50	0.9833	0.9923	0.9999	4.4	2.9	2.3
	SP	0.9934	0.9932	1.0000	10.3	10.5	8.4
	SC	0.9928	0.9879	0.9999	9.9	12.9	9.5
	SH	0.9865	0.9857	0.9999	8.9	9.2	7.9
	AC	0.9850	0.9873	0.9999	15.8	14.5	13.3
	MG	0.9994	0.9994	1.0000	1.2	1.3	0.9
	MC	0.9998	0.9991	1.0000	0.7	1.4	0.6
	MH	0.9983	0.9990	1.0000	2.9	2.2	2.1

①拟合可决系数。
②标准估计误差。

表 2-6 氧氟沙星和诺氟沙星在不同吸附剂上的 PMM 模型拟合和计算结果

选择的碳纳米管		PMM 模型拟合结果				基于溶解度计算的 K_d				基于浓度计算的 K_d			
		$\lg S_0$	SD①	Z	a	$\lg K_d$		$\lg(K_d/K_{ow})$		$\lg K_d$		$\lg(K_d/K_{ow})$	
		C_e				$0.01C_s$	$0.1C_s$	$0.01C_s$	$0.1C_s$	100	10	100	10
OFL	M15	5.20	0.168	-7.20×10^{-3}	1.53	3.38	2.57	3.73	2.92	3.01	3.79	3.36	4.14
	M30	4.87	0.059	-5.90×10^{-6}	4.01	3.24	2.33	3.59	2.68	2.83	3.62	3.18	3.98
	M50	4.80	0.037	-3.51×10^{-5}	3.39	3.14	2.26	3.49	2.61	2.75	3.52	3.10	3.88
	SP	5.46	0.245	-4.81×10^{-2}	0.74	3.64	2.75	3.99	3.10	3.22	4.12	3.57	4.47
	SC	5.38	0.185	-1.56×10^{-2}	1.13	3.61	2.74	3.96	3.09	3.20	4.07	3.55	4.42
	SH	5.08	0.083	-3.00×10^{-3}	1.64	3.39	2.50	3.74	2.85	2.98	3.85	3.33	4.20
	AC	5.52	0.518	-1.28×10^{-1}	0.49	3.57	2.69	3.92	3.04	3.15	4.00	3.50	4.40
	MG	4.81	0.064	-3.00×10^{-4}	2.38	3.18	2.26	3.53	2.61	2.76	3.64	3.11	4.00
	MC	5.23	0.321	-1.21×10^{-1}	0.59	3.19	2.36	3.54	2.71	2.80	3.65	3.15	4.00
	MH	5.16	0.125	-9.70×10^{-3}	1.31	3.40	2.54	3.75	2.89	3.00	3.84	3.35	4.20
	$r^{②}$					0.85	0.82	0.85	0.82	0.83	0.88	0.83	0.88
	P					0.0018	0.0038	0.0018	0.0038	0.0028	0.0009	0.0028	0.0009

续表

选择的碳纳米管		PMM模型拟合结果				基于溶解度计算的 K_d				基于浓度计算的 K_d			
		$\lg S_0$	SD①	Z	a	$\lg K_d$		$\lg(K_d/K_{ow})$		$\lg K_d$		$\lg(K_d/K_{ow})$	
		C_e				$0.01C_s$	$0.1C_s$	$0.01C_s$	$0.1C_s$	100	10	100	10
NOR	M15	4.87	0.022	-6.30×10^{-6}	4.65	3.90	3.35	4.50	3.95	2.87	3.75	3.47	4.35
	M30	4.73	0.023	-2.27×10^{-6}	5.26	3.48	3.20	4.08	3.80	2.73	3.56	3.33	4.16
	M50	4.61	0.022	-3.80×10^{-6}	5.00	3.45	3.09	4.05	3.69	2.61	3.45	3.21	4.05
	SP	5.18	0.024	-6.00×10^{-4}	2.39	4.48	3.64	5.08	4.24	3.17	4.08	3.77	4.68
	SC	5.19	0.058	-9.50×10^{-3}	1.34	4.44	3.59	5.04	4.19	3.15	4.03	3.75	4.63
	SH	4.98	0.037	-2.60×10^{-3}	1.89	4.23	3.41	4.83	4.01	2.96	3.83	3.56	4.43
	AC	5.17	0.022	-7.92×10^{-5}	3.15	4.50	3.65	5.10	4.25	3.17	4.10	3.77	4.70
	MG	4.79	0.010	-1.00×10^{-3}	2.16	4.10	3.25	4.70	3.85	2.79	3.69	3.39	4.29
	MC	4.79	0.027	-1.23×10^{-2}	1.16	4.08	3.20	4.68	3.80	2.75	3.65	3.35	4.25
	MH	4.90	0.011	-8.89×10^{-5}	3.22	4.18	3.37	4.78	3.97	2.89	3.81	3.49	4.41
	r②					0.91	0.92	0.91	0.92	0.92	0.92	0.92	0.92
	P③					0.0003	0.0002	0.0003	0.0002	0.0002	0.0001	0.0002	0.0001

①标准偏差。

②吸附系数（K_d）和比表面积（SSA）（表2-4）之间的相关系数。

③t 检验中零假设（$r=0$）的伴随概率。

注：表中 S_0 的单位为mg/kg，K_d 的单位为L/kg。

2.3.3.3 碳纳米管的比表面积和直径对吸附的影响

选择的碳纳米管的性质见表2-4。氧氟沙星和诺氟沙星的吸附量随着碳纳米管比表面积的增大而增加。统计分析指出比表面积（SSA）和吸附系数（K_d）之间有显著的关系。如表2-6所列，对于氧氟沙星和诺氟沙星，碳纳米管比表面积和吸附系数（K_d）之间的相关系数分别为0.82和0.91。而所有的伴随概率（P）都小于0.01，说明比表面积和吸附系数之间呈正相关关系。这个结果表明大多数吸附系数 K_d 的变化都贡献于不同吸附剂的比表面积。一般来说，碳纳米管的氧含量反映的是官能团的量，这表明吸附剂和吸附质之间存在特定位点的相互作用（如氢键）。对于氧氟沙星和诺氟沙星在碳纳米管上的吸附，碳纳米管的氧含量和吸附系数之间没有关系，说明憎水性作用比特定位点相互作用占优势。

对于多壁碳纳米管M15、M30和M50，氧氟沙星和诺氟沙星的吸附量随着碳管直径的减小而增加，这个趋势和氧氟沙星、诺氟沙星不同的吸附系数是一样的。基于ChemBioOffice 2008空间能量计算得到，氧氟沙星和诺氟沙星在组成上没有明显差异。因此，碳管表面的曲率发生变化并没有引起两者吸附量的变化。而应该注意到的是碳纳米管直径的增加会导致其比表面积降低，因此，氧氟沙星和诺氟沙星在M15、M30和M50三种碳纳米管上的吸附量增加是由增加的比表面积所致的。

和碳纳米管相比，活性炭AC的比表面积最大。然而，氧氟沙星和诺氟沙星在活性炭上的吸附量并不是最高的。单壁碳纳米管表现出和活性炭可比的或者稍微高一点的吸附能力。活性炭高的比表面积是由其多孔结构所贡献的。可以注意到的是用于测量比表面积的 N_2 分子比氧氟沙星和诺氟沙星分子小很多，因此，用 N_2 方法测到的活性炭的表面对于氧氟沙星和诺氟沙星的吸附并不完全有效。然而，碳纳米管的比表面积大部分表示的是它们暴露出来的外表面，所以碳纳米管对于氧氟沙星和诺氟沙星的吸附有效的表面比活性炭的高。

2.3.3.4 碳纳米管官能团对吸附的影响

元素分析提供了基于总质量的元素组成，而XPS分析呈现的是表面元素组成。如表2-4

所列，XPS 检测出的氧含量比元素分析检测出的氧含量高，表明碳纳米管的官能团在碳管表面。对于多壁碳纳米管，氧氟沙星和诺氟沙星的吸附顺序是 MH＞MG＞MC。MH、MG、MC 的比表面积大小是 SSA_{MH}＞SSA_{MC}＞SSA_{MG}，因此，这个吸附结果可以用碳纳米管的比表面积解释。然而，MC 和 MG 的比表面积相差比较大，吸附量相差也大，这说明其他因素控制着氧氟沙星和诺氟沙星的吸附。

碳纳米管的官能团和它们接受、供给电子的能力有关系。π-π 电子供受体作用有许多研究用于解释有机物在碳纳米管上的吸附。由于诺氟沙星的分子结构包含氟官能团，具有很强的电子受体能力，因此它是强 π 电子受体化合物。MH 由于苯环上有羟基，因此它是 π 电子供体，而 MC 由于苯环上有 π 电子受体，一个 π 电子供体化合物和一个 π 电子受体化合物之间的相互作用比两个 π 电子供体化合物、两个 π 电子受体化合物之间的相互作用强。因此，π-π 电子供受体作用导致氧氟沙星和诺氟沙星在碳纳米管上的吸附是 MH＞MG＞MC。然而，MC 上的官能团可能和诺氟沙星形成氢键，因此，从某种程度上补偿了诺氟沙星整体在 MC 上低的吸附量。这可能是 MG 和 MC 吸附相似的原因。

值得注意的是，对于单壁碳纳米管，羟基官能团的引入并没有像多壁碳纳米管一样增加氧氟沙星和诺氟沙星的吸附量。对于 π-π 电子供受体作用机理的预测，氧氟沙星和诺氟沙星在单壁羟基化碳纳米管 SH 并没有表现出比 SC 的吸附量高。这个现象表明除了 π-π 电子供受体作用机理外，其他的机理应该考虑。对于高曲率的表面，碳纳米管电子受体和电子供体的行为可能和平面的结构不一样。

2.3.3.5　氧氟沙星和诺氟沙星之间吸附特征的不同

吸附质的物理化学性质标准化吸附系数是广泛用于比较不同吸附剂之间吸附的方法。因此，为了比较氧氟沙星和诺氟沙星在不同碳吸附剂上的吸附机理，它们的憎水性系数（如溶解度和正辛醇-水分配系数 K_{ow}）被检测并列于表 2-7 中。氧氟沙星的 K_{ow} 比诺氟沙星的高，表明氧氟沙星有更高的憎水性。但是氧氟沙星的溶解度比诺氟沙星的高一个数量级，这可能是氧氟沙星和水分子之间的一些相互作用导致的。

表 2-7　选择的氧氟沙星和诺氟沙星的化学性质

名称	摩尔质量/(g/mol)	溶解度①/(mg/L)	pK_{a1}/pK_{a2}	摩尔体积/(cm^3/mol)	K_{ow}①	化学结构
氧氟沙星	361	3400±141②	6.10/8.28	311	0.446±0.025②	HOOC, O, F, N, O, N, N, H_3C, CH_3
诺氟沙星	319	320±16②	6.23/8.55	285	0.251±0.016②	HOOC, O, F, N, N, NH, C_2H_5

①在 25℃下检测。
②标准误差。

氧氟沙星和诺氟沙星的吸附系数用 $\lg K_d$ 和 lgSSA 比较（图 2-11）。基于溶解度计算的吸附系数，氧氟沙星和诺氟沙星之间的 K_d［图 2-11(a)］表现出一个数量级的差异。而

K_{ow} 标准化 K_d [$\lg(K_d/K_{ow})$] 后并没有明显降低这种差异 [图 2-11(b)]。基于浓度计算的吸附系数，K'_d[图 2-11(c)] 对于两种化合物来说相似。诺氟沙星和氧氟沙星之间的吸附系数只有很小的差异，可能是因为哌嗪结构对于吸附是一个关键的因素，而小取代基—CH_2CH_3 对吸附的影响很小。然而，K_{ow} 标准化 K'_d[$\lg(K'_d/K_{ow})$] 表现出很大的不同 [图 2-11(d)]。这个结果表明憎水性可能不能区分氧氟沙星和诺氟沙星在碳纳米管上吸附的不同。

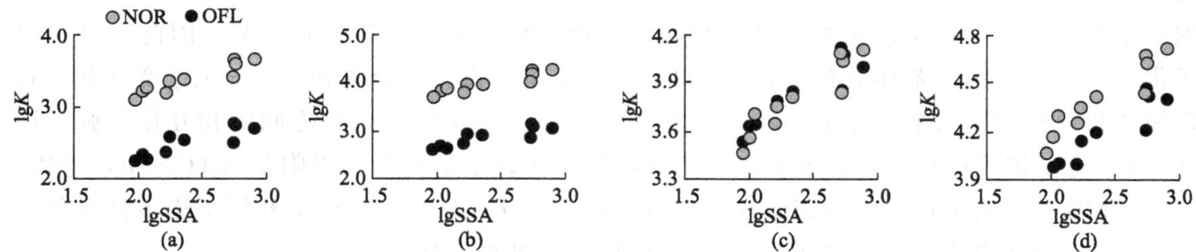

图 2-11 单点吸附系数和比表面积 SSA 的相互关系

单点吸附系数是在 $0.01C_s$ (OFL：34mg/L，NOR：3.2mg/L) [K_d，(a)] 和 10mg/L [K'_d，(c)]；这些吸附系数用 K_{ow} 标准化 [(b)：$\lg(K_d/K_{ow})$ 和 (d)：$\lg(K'_d/K_{ow})$]；K_d 或者 K'_d 和 SSA 表现出显著的关系；统计分析结果列于表 2-6 中

比较氧氟沙星和诺氟沙星的 3D 结构（用 ChemBioOffice 2008 计算得到），和诺氟沙星相比，甲基和甲氧基官能团的引入并没有导致氧氟沙星分子的构型发生变化，π 电子系统也没有变化。因此，π-π 作用在憎水性的表面应该是一个主导机理。比较氧氟沙星和诺氟沙星的吸附发现，被溶解度（基于溶解度计算的吸附系数）或者 K_{ow} 标准化的吸附系数可能会引起一些变化，因为吸附质和溶剂之间的相互作用。吸附系数和比表面积（高憎水性）之间的正相关关系表明憎水性作用可能很重要，但是氧氟沙星和诺氟沙星基于浓度计算的吸附系数相似说明它们的结构影响着吸附。

不同的吸附剂有不同的憎水性是合理的。然而，不同碳纳米管的表面憎水性质不能被表征，因此在目前的实验设计下不能被比较。Gotovac 等用有机溶剂中的吸附实验屏蔽憎水性作用，研究证明吸附系数和碳纳米管的比表面积之间没有关系。因此，预测吸附机理的进一步关于有机溶剂中的吸附实验应该进行，这可能会为理解氧氟沙星和诺氟沙星的吸附机理提供新的视角。

2.3.3.6 吸附剂在吸附前和吸附后的红外光谱分析

吸附剂在吸附前和吸附后的红外光谱见图 2-12。有一个明显和较宽的峰在 $3400cm^{-1}$ 出现，应该是—OH 官能团的贡献，可能是大气中的水分与吸附剂紧密结合的结果。一些值得注意的峰在 $2860cm^{-1}$ 和 $2930cm^{-1}$ 附近出现，这可能是 C—H 弹性振动峰。在 $1100cm^{-1}$ 的峰可能是 C—O 官能团的振动，在 $1640cm^{-1}$ 和 $1580cm^{-1}$ 的峰可能分别和 C═O 弹性振动、C═C 双键峰有关。

氧氟沙星吸附的固体颗粒上在 $1460cm^{-1}$ 有一个清晰的不同的峰，这可能是—CH_3 的振动。然而，这个峰在诺氟沙星吸附的吸附剂和没有溶质吸附的固体颗粒上相对较弱。—CH_3 的缺乏表明原始的吸附剂（碳纳米管和活性炭）并不包含—CH_3 官能团。这些边缘—CH_3 官能团很容易在生产、纯化和官能团化过程中被氧化。诺氟沙星有一个—CH_3 官能团，而氧氟沙星包含两个—CH_3，这个在 $1460cm^{-1}$ 红外光谱中的结构差异导致它们吸附的不同。

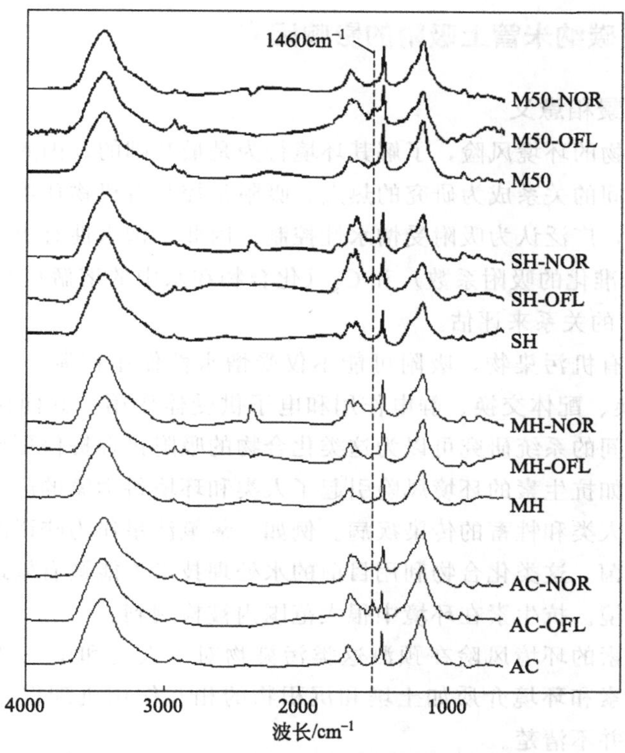

图 2-12 氧氟沙星和诺氟沙星在不同吸附剂上吸附前后的红外光谱

虽然氧氟沙星和诺氟沙星的溶解度相差一个数量级，但它们基于浓度计算的单点吸附系数相似，而溶解度或者 K_{ow} 标准化的吸附系数增加了它们吸附的不同。因此，诺氟沙星和氧氟沙星憎水性的不同并没有导致它们在碳纳米管上吸附的不同。氧氟沙星和诺氟沙星相似的结构表明它们在碳纳米管上的吸附是一个结构控制过程。抗生素的吸附特征对于控制它们的环境行为和风险是很重要的因素，因此，这方面的研究值得广泛关注。

比较氧氟沙星和诺氟沙星在碳纳米管上的吸附发现，氧氟沙星和诺氟沙星在碳纳米管上的吸附受其结构和憎水性质的控制。虽然氧氟沙星和诺氟沙星的结构相似，但其溶解度相差一个数量级。氧氟沙星和诺氟沙星在碳纳米管上的单点吸附系数和碳纳米管的比表面积呈正相关关系，而和其含氧量没有关系，说明位点特异性对吸附不重要，而憎水性作用对两者在碳纳米管上的吸附很重要。但是溶解度标准化的吸附系数增加了它们吸附的不同，表明憎水性作用不是控制两者在碳纳米管上吸附不同的主要因素。它们的化学结构显示了两种化合物都能通过电子供受体机理和碳纳米管相互作用。这个机理证实了两者在官能团化的多壁碳纳米管（羟基化、羧基化和石墨化碳纳米管）上的吸附差别。这些结果表明，氧氟沙星和诺氟沙星在碳纳米管上的吸附系数和比表面积呈正相关关系，憎水性作用是主导吸附机理，由于两者结构相似所以憎水性作用不是区分两者在碳纳米管上吸附不同的主要因素。红外光谱分析结果表明氧氟沙星吸附的碳纳米管上比原始和诺氟沙星吸附的碳管上有明显的—CH_3 峰，这些结果说明氧氟沙星和诺氟沙星的吸附受两者的结构和憎水性作用控制。当然，需要更深入地研究不同吸附机理对吸附的贡献，这样才能为理解有机化合物在固体颗粒上的吸附机理提供有价值的信息。

2.3.4 污染物在碳纳米管上吸附的影响因素

2.3.4.1 研究的背景和意义

为研究有机污染物的环境风险，了解其环境行为是最基础的。因此，环境行为和有机物的物理、化学性质之间的关系成为研究的热点。吸附是控制有机物环境行为的重要过程。对于憎水性有机污染物，广泛认为吸附受憎水性控制。因此，憎水性有机污染物的吸附行为通常用 K_{OC}（有机碳标准化的吸附系数）和 C_s（化合物在水中的溶解度）或者是 K_{ow}（正辛醇-水分配系数）之间的关系来评估。

然而，对离子型有机污染物，吸附可能不仅受憎水性作用控制。一般来说，许多机理（如氢键、阳离子交换、配体交换、静电作用和电子供受体作用）共同作用。对离子型有机物，溶解度和吸附之间的系统研究可以为这类化合物的吸附机理提供更好的证据。

离子型有机物，如抗生素的环境风险引起了人类和环境科学家的广泛关注。喹诺酮类抗生素被广泛用于治疗人类和牲畜的传染疾病。例如，氧氟沙星作为喹诺酮类抗生素用于对抗革兰氏阳性菌和阴性菌。这类化合物利用目前的水处理技术不能被有效地去除，从而通过不同的途径大量进入环境。抗生素在环境中很大范围内被检测到。

因此，理解抗生素的环境风险在预测这类污染物对于人类和生态健康的影响是很重要的。然而，由于抗生素和环境介质如土壤和沉积物的相互作用机理很复杂，所以到目前为止，它们的环境行为并不清楚。

前面的研究表明，碳纳米管由于其均一稳定的结构可以用作模型吸附剂。此外，碳纳米管的广泛应用也使其大量进入环境。碳纳米管由于其毒性较大而被认为是新型污染物。许多研究表明，由于碳纳米管表面官能团和憎水性的表面，碳纳米管和重金属或者有机物之间存在很强的相互作用。因此，碳纳米管被认为是用于控制许多污染物环境行为的有效吸附剂。明确抗生素和碳纳米管的相互作用机理可以为碳纳米管和抗生素的环境行为和潜在的应用提供重要信息。因此，碳纳米管在此研究中用作模型吸附剂。

此研究的主要目的是氧氟沙星在不同 pH 值和不同配比甲醇中的溶解度及其在碳纳米管上的吸附。水溶液条件下，在不同 pH 值（氧氟沙星的形态变化）和不同配比甲醇（共溶剂）中，研究了氧氟沙星溶解度和吸附的关系，并和憎水性有机物做了比较。根据前面的分析得到氧氟沙星在碳纳米管上可能的吸附机理。

2.3.4.2 pH 值对氧氟沙星溶解度的影响

有机物的溶解度一般是指在一定温度下，该物质在溶剂中达到饱和状态时所溶解的溶质的总浓度。然而，对于化合物的不同形态，总的溶解的浓度对理解化合物的性质只能提供局限的信息。由于氧氟沙星有两个 pK_a，这就很好地证明了随着 pH 值的变化，氧氟沙星存在不同的形态。因此，在不同的 pH 值下检测氧氟沙星的浓度能更好地研究不同形态氧氟沙星的溶解度变化。

氧氟沙星在不同的 pH 值下存在三种形态（阳离子、两性分子和阴离子），pH 值导致的形态变化是控制抗生素吸附的关键因素。吸附行为和抗生素物理、化学性质或其他影响因素之间的关系是研究抗生素环境风险的基础。溶解度和吸附之间的负相关关系常用于预测憎水性污染物的环境行为，但这个关系对于抗生素不适用。因此，在该部分讨论 pH 值对氧氟沙星吸附的影响，以及在抗生素-碳纳米管-pH 体系中，氧氟沙星在多壁碳纳米管（MG、MC 和 MH）上的吸附主导机理。

6<pH<8 时，氧氟沙星是分子形态。如图 2-13 所示，氧氟沙星的溶解度在这个 pH 值范围内是最低的。这个结果可以用不同形态化合物的憎水性解释。在高或者低 pH 值下，氧氟沙星分别带负电荷或正电荷。带电分子之间的静电排斥作用可以提高其在水相中的稳定性，从而使氧氟沙星的浓度在 pH 值高于 9 或者低于 6 时增加。系统检测不同 pH 值下的浓度可以用于计算氧氟沙星不同形态的溶解度。$C_s = C_s^+\delta^+ + C_s^0\delta^0 + C_s^-\delta^-$ 这个方程适用于这个计算，计算结果见表 2-8。分子形态的氧氟沙星的溶解度为 $(2.55\pm0.22)\times10^3$mg/L，在检测水平 $P<0.01$ 的范围内低于阳离子形态 [C_{sOFL}^+，$(4.31\pm0.14)\times10^3$mg/L] 和阴离子形态 [C_{sOFL}^-，$(3.67\pm0.15)\times10^3$mg/L] 的氧氟沙星的溶解度（表 2-8）。阳离子形态的氧氟沙星的溶解度比阴离子的高，可能是因为它们不同电荷的官能团，这需要进一步研究。

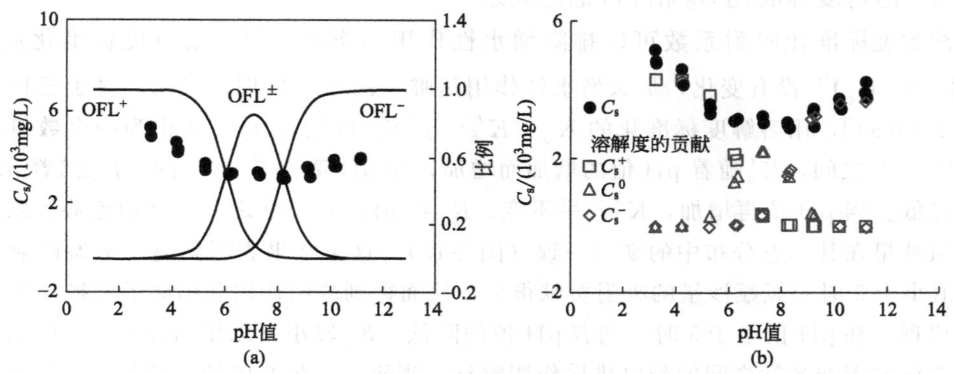

图 2-13 溶解度和 pH 值的关系（黑色圆点）

阳离子形态（OFL$^+$）、分子形态（OFL$^\pm$）以及阴离子形态（OFL$^-$）的氧氟沙星在水溶液中的形态分布通过 pH 值和氧氟沙星的 pK_a 值（pK_{a1}=6.1，pK_{a2}=8.28）计算得到 [图（a）]；图（b）是氧氟沙星不同形态的溶解度和 pH 值的关系图

表 2-8 氧氟沙星的物理化学性质

名称	C_s^+① /(10^3mg/L)	$C_s^0$① /(10^3mg/L)	C_s^-① /(10^3mg/L)	C_s(水，pH=7)/(mg/L)	C_s(甲醇)/(mg/L)	K_{ow}	pK_a
氧氟沙星	4.31±0.14②	2.55±0.22②	3.67±0.15②	3400③ 3230	1210③	0.446③ 0.407	6.10/8.28

①根据图 2-13 计算得到。
②标准误差。
③在 25℃下检测。

2.3.4.3 氧氟沙星在不同 pH 值下在碳纳米管上的吸附

图 2-14 为氧氟沙星在三种不同官能团的碳纳米管上的吸附系数 K_d 随着 pH 值的变化。对于三种碳纳米管，K_d 在 pH 值为 5 时最大。值得注意的是最高的吸附系数不是在溶解度最低时，表明憎水性作用不是控制机理。这个表述需通过比较以下两个结果做进一步的讨论。

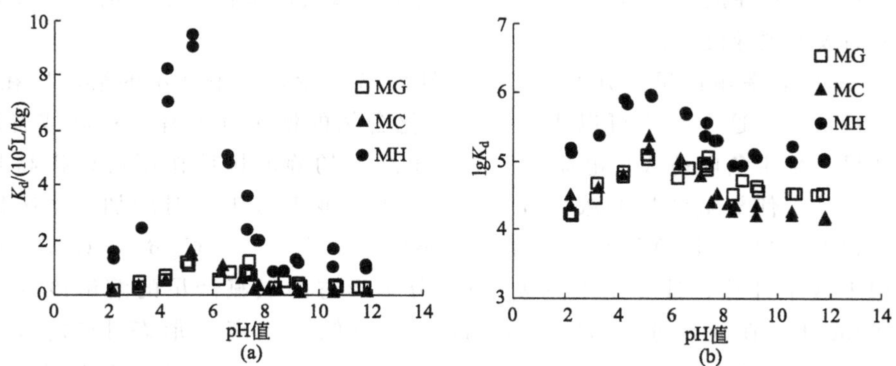

图 2-14　氧氟沙星在不同 pH 值下在碳纳米管上的吸附系数

图（a）是 K_d-pH，图（b）是 lgK_d-pH

2.3.4.4　溶解度标准化 K_d 和 pH 值的关系

用溶解度标准化吸附系数可以排除憎水性作用的影响，如果溶解度标准化后的 K_d [$K_d=lg(S_e/C_e)$] 没有变化，那么憎水性作用是唯一的作用机理。然而，对于三种碳纳米管 [图 2-15(a)]，用溶解度标准化的 K_d {$K'_d=lg[S_e/(C_e/C_s)]$} 变化为一个数量级。在 pH 值为 2～5 之间，K'_d随着 pH 值的增加而增加，在 pH 值为 5～9 之间，K'_d随着 pH 值的增加而降低。当 pH 值再增加，K'_d几乎不变。K'_d在 pH 值 5～9 之间降低的趋势和阳离子形态的氧氟沙星在其形态分布中的变化一致（图 2-13)。这个结果表明阳离子形态的氧氟沙星在 pH 值小于 9 时对氧氟沙星的吸附贡献很大，从而得到静电作用和阳离子交换作用是主要的吸附机理。在 pH 值小于 5 时，随着 pH 值的降低，K'_d较小可以用阳离子形态的氧氟沙星和带负电荷的碳纳米管之间的静电排斥作用解释。当氧氟沙星和碳纳米管的官能团在 pH 值超过 10 时完全解离，溶液的 pH 值再增加也不会引起吸附的任何变化。很高的吸附 [lgK_d 在 pH 值为 4～5 范围内，图 2-14(b)] 在这个 pH 值范围内被观察到，可能是憎水性作用导致的。

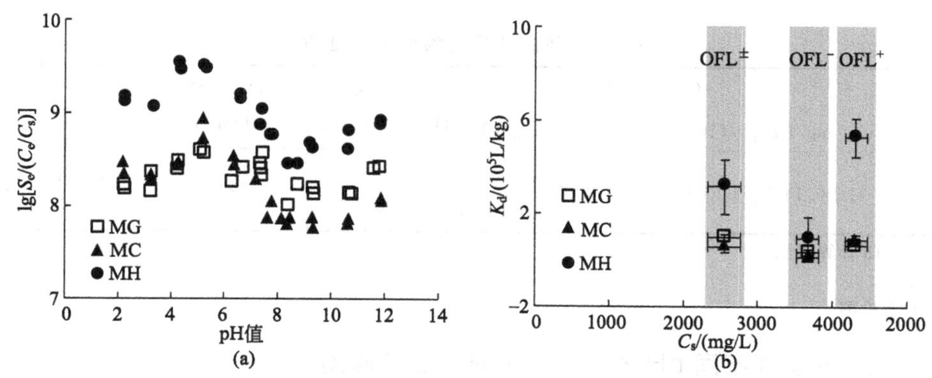

图 2-15　氧氟沙星溶解度标准化的吸附系数和 pH 值的关系图 [图(a)] 及不同形态的氧氟沙星的 K_d 和 C_s 的关系图 [图(b)]

2.3.4.5　K_d 和不同形态的溶解度之间的关系

分析不同憎水性有机物（上百种不同的化合物）的溶解度和吸附系数之间的关系是一种

讨论憎水性化合物的吸附机理的有效手段，但这种方法不适用于此研究。不同形态的氧氟沙星由于其不同的性质被认为是不同的化合物，因此，不同形态的氧氟沙星的溶解度和吸附系数在图 2-15(b) 中描述，没有相反的关系（如憎水性有机物）在这个图中观察到。例如，带正电荷的分子的溶解度很大，与此同时该分子的吸附量也很高。阳离子形态的氧氟沙星吸附量高，说明阳离子交换是氧氟沙星在碳纳米管上吸附的一个重要机理。阳离子交换的位点可能是碳纳米管的含氧官能团（如羧基)。阳离子交换作用已经被认为是喹诺酮类抗生素在无机矿物和土壤上吸附的重要机理。如图 2-14 所示，氧氟沙星的吸附量在 pH 值为 5.0 时达到最大，此时阳离子形态的氧氟沙星占总形态的 80%左右（图 2-13)。相应地，阳离子交换作用参与了吸附过程，因为氧氟沙星阳离子的哌嗪官能团会和碳纳米管表面的 H^+ 发生交换作用。这个机理可以用 pH 值为 5.0～9.0 范围内，氧氟沙星吸附后溶液的 pH 值降低来证实（数据没有显示)。

不同官能团的碳纳米管对氧氟沙星具有不同的吸附性质。从图 2-14 和图 2-15 中可以观察到，MH 的吸附总是比其他两种碳纳米管的高。氧氟沙星由于其含氟官能团具有很强的电子接受能力，是 π 电子受体。苯环上的羧基使 MC 成为 π 电子受体，而苯环上的羟基使 MH 成为 π 电子供体。因此，氧氟沙星在 MH 上的吸附量高是因为一个 π 电子供体和一个 π 电子受体之间的相互作用比两个 π 电子供体或 π 电子受体的作用强。

2.3.4.6 甲醇配比对氧氟沙星溶解度的影响

甲醇是一种被广泛应用于学术研究和工程中的有机溶剂。某一种有机化合物在甲醇中的溶解度决定于它的物理化学性质和它的应用策略。因此，氧氟沙星在甲醇和甲醇-水的混合液中的溶解度被检测。基于不同甲醇配比的氧氟沙星的溶解度结果见图 2-16。

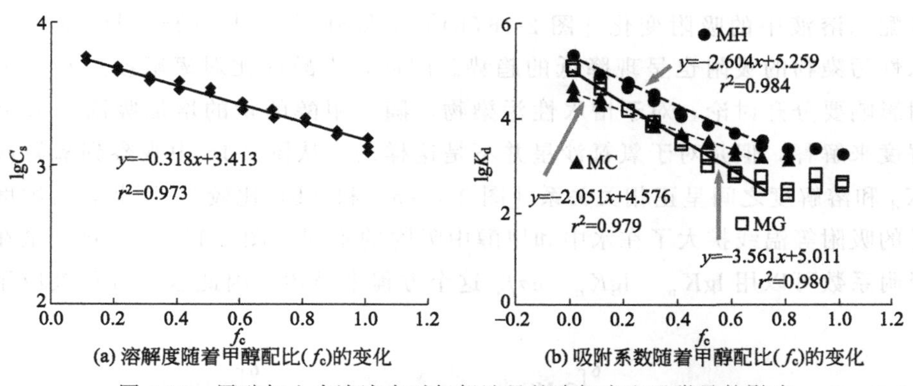

图 2-16 甲醇加入水溶液中对氧氟沙星的溶解度和吸附量的影响

（C_s 的单位为 10^3mg/L，K_d 的单位为 L/kg)

氧氟沙星的溶解度随着甲醇配比的增加而逐渐降低，这个现象和憎水性有机物在甲醇-水的混合液中的溶解度变化趋势不同。用 SPARC（http：//ibmlc2. chem. uga. edu/sparc/）这个软件计算得到，菲在水中的溶解度是 1.21mg/L，而在甲醇中的溶解度增加了 600 倍，为 7080mg/L。在实验室中检测菲在甲醇中的溶解度比在水中的增加四个数量级。憎水性有机物的溶解度随着甲醇的增加而增大，可以用溶剂的憎水性随着甲醇量的增加而增加来解释。然而，氧氟沙星的溶解度随着甲醇的加入而降低，和憎水性有机物呈相反的趋势。如图 2-16 所示，氧氟沙星的溶解度从甲醇配比为 0 到 1.0 逐渐降低。Park 等的研究表明，水和氧氟沙星的极性官能团之间的分子间作用（如氢键）比甲醇和氧氟沙星的相互作用强，降低的溶剂-溶质相互作用使溶解度降低。

另一个氧氟沙星的溶解度随着甲醇配比的增加而降低的可能解释是介电常数。介电常数描述的是电容在充满溶剂时的电容量与真空电容的电容量之比。换句话说，介电常数定义的是溶剂排除和溶质分子之间的静电作用的能力。在 pH 值为 7 左右，两性分子态的氧氟沙星分子之间通过相反电荷彼此相互作用。水的介电常数是 78.54F/m，比甲醇的介电常数（32.63F/m）大，甲醇的加入降低了溶液的介电常数。因此，水分子可以阻碍氧氟沙星分子之间的吸引从而使氧氟沙星更容易溶解。随着甲醇的增加，由于降低的介电常数，氧氟沙星分子之间的相互作用降低，从而导致氧氟沙星的溶解度降低。

Park 等观察到氧氟沙星在水中的荧光发射光谱强度比在甲醇中的强。此外，还观察到和水溶液相比，氧氟沙星在甲醇中有一个明显的红移波段。结合实验和理论计算，这些作者认为氧氟沙星在水中存在中性的两性分子形态，但是在甲醇中只有分子形态。两性分子形态和分子形态的氧氟沙星都可能通过憎水性作用、氢键、电子供受体作用吸附在碳纳米管上。而且，两性分子形态的氧氟沙星的正电荷位点在 pH 值为 7 左右通过静电吸引作用吸附在带负电荷的碳纳米管上。但是对于分子态的氧氟沙星不存在静电吸引作用，因此，氧氟沙星在水中（两性分子形态）的吸附比在甲醇中的高（分子形态）。

2.3.4.7 氧氟沙星（水-甲醇的混合溶剂中）在碳纳米管上的吸附

氧氟沙星的吸附随着甲醇的增加而明显降低，从图 2-16(b) 中观察到氧氟沙星的吸附系数 K_d 降低了两个数量级。氧氟沙星从水和甲醇中在碳纳米管上的吸附等温线见图 2-17。因此，和水相比，氧氟沙星在甲醇中的吸附降低用吸附等温线（图 2-17）和在不同甲醇配比溶液中的吸附变化［图 2-16(b)］都得到了证明。随着甲醇加入到水溶液中，憎水性污染物的吸附也呈现降低的趋势。因此，甲醇配比对氧氟沙星和憎水性有机物的吸附影响要分开讨论。对于憎水性污染物，随着甲醇的量的增加吸附降低可以用增加的溶解度来解释，但是对于氧氟沙星并不是这样的。从图 2-16 中观察到氧氟沙星的吸附系数 K_d 和溶解度之间呈正相关关系［图 2-16(a) 和 (b) 比较］。因此，溶解度标准化氧氟沙星的吸附等温线扩大了在水中和甲醇中吸附的不同（图 2-18）。氧氟沙星在混合溶液中的吸附系数可以用 $\lg K_m = \lg K_d - \alpha\sigma f_c$ 这个方程来描述，因此这个方程被应用于该研究中。

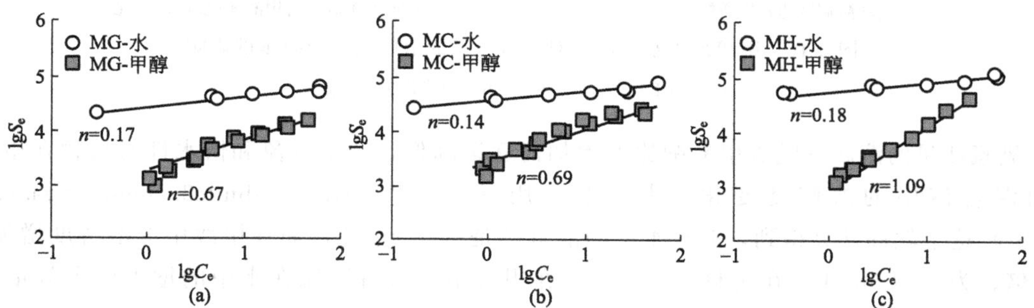

图 2-17 氧氟沙星于水和甲醇中在 MG、MC 和 MH 上的吸附

S_e(mg/kg) 和 C_e(mg/L) 为固相和液相平衡浓度，吸附等温线是 Freundlich 模型 ($\lg S_e = \lg K_F + n\lg C_e$) 的拟合结果

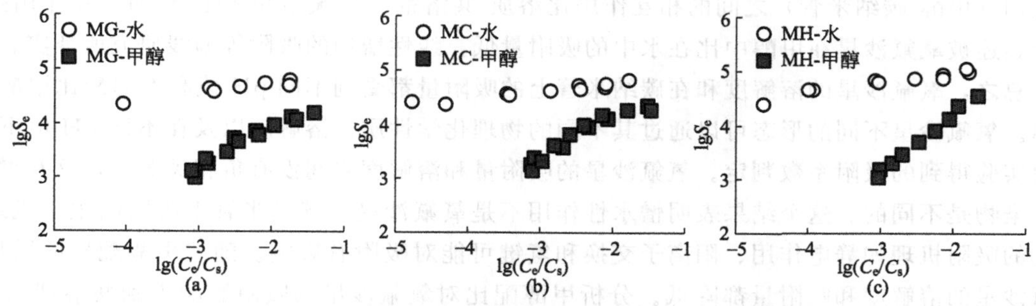

图 2-18 溶解度标准化氧氟沙星的液相平衡浓度

氧氟沙星于水和甲醇中在 MG、MC 和 MH 上的吸附，C_s 是氧氟沙星在溶剂中的溶解度（水和甲醇），S_e 的单位为 mg/kg

氧氟沙星的溶解度和水-甲醇配比（f_c）之间的关系在图 2-16(a) 中显示。$\lg C_s$-f_c 的回归分析，r^2 为 0.973，而斜率（$\sigma=-0.318$）表示的是氧氟沙星在甲醇中的溶解能力。在 $\lg K_d$ 和 f_c 这个图中，$f_c<0.7$ 时，$\lg K_d$ 随着甲醇配比 f_c 的增加而线性地降低。随着 f_c 继续增加，$\lg K_d$ 不再有明显的变化。显然，当 $f_c>0.7$ 后，$\lg K_m$-f_c 的线性回归不再适合（$\lg K_m=\lg K_d-\alpha\sigma f_c$）。因此，用该方程做数据分析的是 $f_c\leqslant 0.7$ 的点。回归分析的结果列于图 2-16(b) 中，r^2 的值大约为 0.98。从 $\lg K_m=\lg K_d-\alpha\sigma f_c$ 这个方程中得到 $\lg K_m$-f_c 的斜率是通过 α 和 σ 得到的。对于 MG、MC 和 MH，α 值分别是 11.2、6.4 和 8.2。大的 α 值相对于 σ 值说明共溶剂-吸附剂（甲醇-碳纳米管）的相互作用强于溶质-共溶剂（氧氟沙星-甲醇）的相互作用。强的甲醇-碳纳米管的相互作用可以用于解释氧氟沙星在水和甲醇中的吸附等温线。

氧氟沙星的吸附等温线用 Freundlich 模型拟合（图 2-17）。由 n 值（0.14～0.18）可以看出，氧氟沙星在水中的吸附是很强的非线性吸附。低的 n 值说明对于氧氟沙星在三种碳纳米管上的吸附，高的非均匀位点能分布。但在甲醇中，随着 n 值的增加（0.69～1.09）吸附量降低，这个现象和竞争吸附一致。换句话说，甲醇和碳纳米管的相互作用占据了高能量的吸附位点，从而导致氧氟沙星非均匀位点能分布（高 n 值）。因此，随着溶剂的变化，氧氟沙星非线性的吸附变化为强的甲醇-碳纳米管相互作用提供了证据。

该研究进行的实验中甲醇配比范围（图 2-16）比文献中的宽。有趣的是当甲醇配比>0.7 时，氧氟沙星的吸附量随着甲醇配比的增加没有明显的变化。目前的实验对这一现象不能提供解释，需进行进一步的研究。

氧氟沙星在碳纳米管上的吸附通过溶解度、pH 值和共溶剂的影响进行研究。在此研究中，系统检测了氧氟沙星在不同 pH 值和不同配比甲醇（甲醇-水的混合溶液）中的溶解度和在三种多壁碳纳米管上的吸附。基于不同 pH 值下溶解度的分析得到氧氟沙星不同形态的溶解度。分析表明，阳离子和阴离子形态的氧氟沙星的溶解度比中性分子的氧氟沙星的溶解度高。最高的吸附量不是在氧氟沙星溶解度最低时被观察到，表明憎水性作用不是主导吸附机理。吸附量在 pH 值为 5～8 这个范围内降低，这和阳离子的氧氟沙星形态分布一致，说明阳离子交换作用起到重要作用。随着甲醇比例的增大，氧氟沙星的溶解度和吸附量均降低，这个现象和憎水性有机物不同。分析不同配比甲醇中氧氟沙星的吸附量表明，共溶剂-

吸附剂（甲醇-碳纳米管）之间的相互作用比溶质-共溶剂（氧氟沙星-甲醇）的相互作用强，这个表述被氧氟沙星在甲醇中比在水中的吸附量低，线性增加的吸附等温线研究所证实。

总之，氧氟沙星的溶解度和在碳纳米管上的吸附量都受到不同 pH 值和不同配比甲醇的影响。氧氟沙星不同的形态可以通过其不同的物理化学性质、溶解度以及在不同 pH 值下的吸附实验得到的吸附系数判定。氧氟沙星的吸附量和溶解度之间没有负相关关系，这和憎水性污染物是不同的。这个结果表明憎水性作用不是氧氟沙星在碳纳米管上吸附的主导机理。其他的吸附机理如静电作用、阳离子交换和氢键可能对吸附有影响。随着甲醇配比的增加，氧氟沙星的溶解度和吸附量都降低。分析甲醇配比对氧氟沙星的吸附影响得到共溶剂-吸附剂（甲醇-碳纳米管）的相互作用强于溶质-共溶剂（氧氟沙星-甲醇）的相互作用。溶解度和吸附量之间的负相关关系常用于预测憎水性污染物的环境行为，但以上的结果表明对于氧氟沙星这样的抗生素，其环境行为不能像憎水性污染物一样简单描述。

2.4 污染物在生物炭上的吸附

2.4.1 生物质的来源

生物质指一切生命体中所包含的有机物质。从广义上讲，生物质包括所有的植物、微生物、动物及其产生的废弃物。从狭义上讲，生物质是指农林业生产过程中除粮食、果实以外的秸秆、树木等木质纤维素，农产品加工业下脚料，农林废弃物以及畜牧业生产过程中的禽畜粪便和废弃物等物质。生物质的特点是分布广、可再生、低污染。生物质的来源主要包括以下几个方面：

(1) 薪柴

薪柴生物质包括木材加工剩余物、森林采伐剩余物、清林育林剪枝剩余物以及专门提供薪柴的薪炭林。许多国家生物质资源利用的来源均以林业废弃物和薪炭林为主。制定长期林业规划，合理、有计划地进行砍伐与造林，将这些薪柴生物质资源化利用有利于解决供需矛盾及生态污染问题。

(2) 秸秆

中国拥有丰富的农业废弃物生物质资源，如云南省 2004 年农作物秸秆资源总量超过 2000 万吨，其中玉米秸的数量最多，占秸秆资源总量的 42.06%，其次是稻草，占秸秆资源总量的 31.59%。大量的秸秆资源，如果不合理利用将会带来严重的环境问题，影响农业生态系统的稳定。云南省农作物秸秆资源利用的总体水平仍然较低，大部分地区停留在传统利用的层面。只有少数农作物秸秆用于畜牧饲料和直接还田，大多数秸秆直接燃烧获取生活能源，或者被堆放在田间地头和道路旁焚烧。秸秆资源利用率低，浪费非常严重，而且造成环境污染。若将这些农业秸秆炭化加以利用，不仅能实现资源回收，还能减轻其对环境的污染。目前，秸秆除少量用于传统燃料、垫圈、喂养牲畜，部分用于堆沤肥外，大部分都作废弃物烧掉。秸秆在柴灶上燃烧，转换效率仅为 10%～20%。如今许多地区废弃秸秆量逐年增大，已占秸秆产量的 60%以上，加快秸秆的优质化转换利用势在必行。

(3) 禽畜粪便

禽畜粪便是一种重要的生物质能源，经干燥可直接燃烧供应热能，还可与秸秆混合作为沼气的发酵原料。2007 年畜禽粪便实物量为 1.25×10^9t，可开发量为 8.84×10^8t，其中主要来源分别为牛、猪、鸡，其粪便量可折算年产能 1.10×10^8t 标煤。

(4) 城镇垃圾及工业有机废弃物

城镇垃圾是居民生活垃圾、商业和服务业垃圾以及少量建筑垃圾等废弃物构成的混合物，成分比较复杂，其直接燃烧可产生热能，或经热解处理制成燃料使用。食品/农产品加工业的有机废水废渣和城市污水是重要的有机物污染源，也是生物质原料资源。有资料估计，中国农产品加工生产的有机废弃物可产生 $5.0\times10^{10}m^3$ 沼气，相当于 3.5×10^7t 标煤的产能。2007 年我国工业和城市污水每年排放总量为 5.57×10^{10}t，所含化学需氧量总量接近 2.0×10^7t，可产沼气 $1.10\times10^{10}m^3$。

2.4.2　生物炭的定义及制备

生物炭（biochar）是生物质在缺氧或无氧条件下热解（一般<700℃）形成的含碳材料。最近几年，生物炭在固定碳、吸附土壤中的污染物、修复污染土壤、改良土壤并提高土壤肥力和持水能力等方面有重要应用前景，因此受到广泛关注。由于生物炭具有多芳香环、大量的孔洞结构及巨大的表面积，使其表现出高度的生物化学和热稳定性，对水、土壤或沉积物中的重金属及有机污染物有很强的吸附能力。生物炭独特的物理化学性质使其在实现碳封存的同时，也影响着土壤生态系统的功能，如维持与改良土壤结构、净化与修复被污染土壤等。因此，利用生物炭对污染土壤进行修复已成为研究热点。大量研究表明，炭质材料如生物炭施入土壤后不仅可以有效固定大气中的二氧化碳，还可以改善土壤质量，提高土壤肥力和农作物产量，起到固碳减排和提高农业生产力的多重效果，对于农业可持续发展具有十分重要的意义。

生物炭的制备：收集木屑、花生壳、玉米秸秆、水稻秸秆等农业生物废弃物，作为制备生物炭的生物质。生物质在自然环境下风干并磨成粉过 0.83mm 的筛子。磨成粉的生物质在氮气环境下在马弗炉中热解 4h，热解温度一般为 200℃、300℃、400℃、500℃和 600℃。热解得到的生物炭用蒸馏水洗很多次直到 pH 值为 6.0 左右。这些生物炭在 60℃下烘干，磨细过 0.2mm 的筛子，根据增加的热解温度标记并储存在棕色瓶中待用。

2.4.3　生物炭的物理、化学性质

针对生物炭性质受制备温度的影响已经有非常深入的工作，研究者普遍认为生物炭的炭化程度和表面性质（比表面积、官能团等）依赖于热解过程，特别是热解温度。比如，在相对高的热解温度（>500℃）下制备的生物炭 H/C（原子比）低，比表面积高，表现出高的炭化程度。但是，生物炭的元素组成和表面特征不仅和制备温度有关系，还和用于热解的生物质类型及组分含量有关。

所有的植物生物质主要由纤维素、半纤维素和木质素组成，纤维素在较低温度（<400℃）分解，而木质素在较高温度范围（160～900℃）内分解，较高温度制备的生物炭主要来源于木质素的分解，而在同一温度下制备的木质素生物炭的炭化程度比纤维素生物炭的低，这些研究说明木质素比纤维素稳定，更耐炭化。除炭化程度外，有研究认为纤维素和木质素在炭化过程中比表面积差异较大。比如，研究者发现松针和木材生物炭的比表面积在

热解温度为100～300℃时增加缓慢（6～200m^2/g），当温度高于400℃时，木质素脂肪烷基、酯C═O官能团完全破坏，从而使生物炭的比表面积大幅度增加（200～500m^2/g）。然而，对于橘子皮生物炭，比表面积在热解温度为150～600℃范围内变化规律和松针、木材生物炭不一样，可能是由于橘子皮缺乏木质素组分。橘子皮生物炭在700℃时的比表面积为201m^2/g，比木材生物炭的比表面积小，可能是因为橘子皮主要含纤维素，其在炭化过程中结构疏松，不易形成孔隙。

由于生物炭特殊的组成和表面性质常被认为是许多环境污染物如重金属、芳香族化合物、农药和医药品的良好吸附剂。生物炭原料来源和制备条件引起的结构和表面特征变化对生物炭吸附污染物的特性有很大影响，Beesley等证实了由生物质原料决定的生物炭的巨大比表面积和阳离子交换容量使得有机和无机污染物吸附在其表面。而对于不同类型的污染物，生物炭的原料来源也能决定其对污染物的吸附容量。如果以硬木材作为来源，高温条件下制得的生物炭适用于固定有机污染物，而以草类作为来源，低温条件下制得的生物炭可以作为无机污染物的吸附剂。可能是因为硬木材高温制备的生物炭芳香性高，而草类生物质低温制备的生物炭阳离子交换量较大，因此生物质组分含量不同，制备的生物炭对污染物的吸附强度有很大区别。

在较低温度下，纤维素生物炭的比表面积比木质素生物炭的大，木质素生物炭的炭化程度低，而两种生物炭对硝基苯的吸附相差不大，可以推断木质素生物炭对总的吸附贡献较高。有研究者认为污染物主要吸附在生物炭的微孔和中孔上，污染物和生物炭表面官能团的特异性相互作用机理对生物炭在修复土壤和保持土壤肥力等方面起到关键作用。文献中总结了比表面积和孔径分布对生物炭吸附污染物的影响，但由不同母源生物质（木质素和纤维素含量不同）制备的生物炭的其他性质如碳含量和结构、芳香特性、表面官能团、表面带电量等如何影响污染物在生物炭上的吸附并不清楚，从而限制了对生物炭和污染物的相互作用机理的理解。

研究者证明，在温带气候的生态系统中，多数的碳在有机肥料应用中会被快速分解从而在短时间内以CO_2的形式释放，而碳以生物炭的形式进入土壤后可能使土壤有较高的碳固定能力。研究者表明，有机材料不完全燃烧得到的炭化材料如生物炭除具有固碳作用外，还可以提高土壤质量、增加土壤肥力、促进植物生长和提高作物产量。例如，生物炭通过提高阳离子交换量（CEC）、隔离有毒重金属和不断释放限制性营养物质而作为土壤改良剂和肥料。生物炭存在于土壤中在很大程度上增加了土壤结合营养物质的能力，改善土壤的物理和生物性质，如提高土壤pH值和持水能力等。此外，生物炭主要由C组成，也包含O、H、N和灰分（Ca、K和P等），这些元素可以为植物提供营养元素，促进植物的生长，从而提高作物产量。

不同母源物质生物质制备的生物炭对土壤性质的改善及调节功能不同，例如，具有高芳香成分的生物炭由于其稳定特性适合长期固定碳，由有机原料在高温（400～700℃）条件下得到的生物炭在聚缩合芳香结构中有大量的C，但由于脱水和脱碳酸基使其含有受体的离子交换官能团，从而限制了其保持土壤营养成分的作用。因此，可以根据生物炭修复土壤的目标，针对具体的土壤问题调整生物质原料和热解条件制备合适的生物炭。目前，在生物炭改良土壤应用中缺乏适当的技术分离土壤中的生物炭，从而限制了生物炭对土壤性质、土壤中有机污染物的吸附影响的理解。有研究者认为生物炭具有很大的比表面积，比表面积是控制生物炭改良土壤效果的主要因素。

2.4.4 污染物在生物炭上的吸附机理

2.4.4.1 污染物在生物炭上的吸附机理研究

鉴于生物炭大的比表面积，以及其他性质如碳含量和结构、芳香特性、表面官能团、表面带电量等，生物炭不仅能吸附污染物如重金属等，还具有氧化还原性质，所以该研究除探索生物炭对重金属的吸附外，还探索生物质和生物炭对金属离子的还原过程及机理。

重金属广泛存在于自然环境中，包括自然水体、农业土壤和大气，重金属含量过高就会对人类和其他生物造成危害，因为重金属不仅不能被生物降解，还会通过生物链的累积富集使重金属含量逐级放大，其危害也就会随之显著升高，而且这种危害是长期的、不可逆的，加之当代工农业的迅猛发展，促使冶金、电镀、金属采矿、城市垃圾和农业化肥等的快速发展，导致重金属不可避免地通过多种形式进入到环境中，也可以转移到未被污染的环境中，如地下水和被植物吸收，并通过食物链的方式对水生生物和人体造成危害。

因此，对重金属的治理已经是迫在眉睫。关于重金属污染的治理技术，目前大都采取沉淀、离子交换、膜分离、生物处理、氧化还原和吸附。沉淀法通常通过加入絮凝剂和碱使重金属沉淀，但是会造成 pH 值偏高和二次污染；离子交换法常利用离子交换剂（比如离子交换树脂），但回收利用和投资管理都是问题，使用高分子薄膜材料作为介质进行膜分离，包括微滤、超滤、反渗透、电渗析等，目前还没有形成规模；微生物处理法通常利用微生物对重金属的吸附作用来去除重金属，然而，微生物菌环境敏感度高、专一性强等缺点限制了微生物处理技术的应用。吸附法大都采用加入吸附剂的方法，常用的吸附剂比如活性炭、树脂、矿石等，其中生物炭由于来源广、成本低廉、多孔性等特点而被广泛应用在重金属的吸附上。

铜（Cu）由于能在环境中富集而危害植物、动物和人体健康，许多有效的技术已经被用于去除铜，包括化学沉淀、离子交换、反渗透、电化学处理和吸附等。镉（Cd）是一种对生物体包括植物、动物和人体有很高毒性的重金属，在环境中 Cd 很容易被富集。镉通过污染水和食物链进入人体和其他生物体而对它们造成损害。吸附被证实为有效且简单的去除铜和镉的方法，而许多材料如活性炭、天然黏土矿物、合成纳米材料和生物炭等被发展为去除铜和镉的吸附剂。在这些材料中，生物炭被认为是经济且环保的去除铜和镉的吸附剂。

重金属吸附在生物炭上经常通过阳离子交换以及生物炭含氧官能团和重金属之间的络合作用。此外，沉淀也经常发生在重金属离子和生物炭释放的磷酸盐、氢氧根和其他阴离子之间。其他研究者总结得到重金属在生物炭上的吸附主要有以下吸附机理：①生物炭的表面含氧官能团如—OH、—COOH 和—R—OH 与重金属离子之间的表面作用（离子交换、络合）；②生物炭的无机组分和重金属离子形成沉淀；③重金属离子和生物炭 C 上的 π 电子（C═C）作用。这些不同的作用机理可能贡献于生物炭的多种性质，主要依赖于生物质的种类和热解温度。

此外，有研究表明由于重金属与生物炭的原料不同，生物炭吸附去除重金属离子的机理也不相同。其去除机理主要包括物理吸附、金属阳离子与生物炭表面负电荷之间的静电作用、金属阳离子与酸性炭表面的电离质子的离子交换作用、金属离子与生物炭上的矿物质或官能团（羧基、醇、羟基、内酯、羰基等）作用生成沉淀或络合物等。Dinesh Mohan 等用木材或树皮快速热解制得的生物炭吸附 Pb(Ⅱ)、Cd(Ⅱ) 和 As(Ⅱ)，表明生物炭对这些金属离子的吸附主要是离子交换作用，此外沉淀反应和物理吸附作用对重金属离子也有一定的去除作用。Liu 和 Zhang 等发现松木生物炭和稻壳生物炭含有大量的含氧官能团，这些官能团对于吸附去除 Pb(Ⅱ) 起着至关重要的作用。在 pH 值适宜的条件下，官能团失去质子与金属离子发生作用使吸附量增大，表明该种生物炭对重金属离子的吸附机理主要是离子交换。Dong 等研究了甘蔗渣生物炭吸附 Cr(Ⅵ)，研究表明：在酸性条件下由于静电引力的作用，首先，带负电的 Cr(Ⅵ) 向带正电荷的生物炭（羧基、醇、羟基官能团失去质子）表面迁移；然后，生物炭作为电子供体，由于 H^+ 的作用将 Cr(Ⅵ) 还原成 Cr(Ⅲ)；最后，部分 Cr(Ⅲ) 与生物炭上的官能团发生络合反应。Gibber 等研究脱脂番木瓜种子去除重金属离子时发现，对生物炭吸附重金属离子起主要作用的是生物炭表面的官能团，从而在重金属离子和生物炭之间形成了络合物。Cao 等研究奶牛粪生物炭去除 Pb(Ⅱ) 时发现，对 Pb(Ⅱ) 的吸附主要是由于牛粪生物炭上的官能团（如羧基）与 Pb(Ⅱ) 发生络合反应生成沉淀。

对于有机污染物，研究表明氢键、憎水性作用、π-π 作用等是其在生物炭上的主要吸附机理。Zhang 等研究了西玛津、甲磺隆、四环素等有机污染物在玉米秸秆制备的生物炭上的吸附特性，结果表明高温烧制的生物炭对三种污染物的吸附强，这可能是由憎水性作用、π-π 作用和孔隙充填机制引起的。这些化合物对所有生物炭的吸附能力顺序为西玛津＞四环素＞甲磺隆，说明憎水性较强的中性分子更容易被生物炭吸附。

2.4.4.2 生物炭的改性方法

生物炭是一种具有多孔结构、物理化学性质特殊的富碳材料，是未来环境领域和农业领域的潜在应用者。生物炭的特殊结构和性质主要表现在：具有强稳定性，半衰期可达数千年；具有丰富的表面含氧官能团；孔隙结构丰富；比表面积较大。因此，生物炭除能用作吸附剂，对重金属离子等有很高的吸附容量外，其表面官能团能有供电子能力，可能会改变金属离子的迁移转化行为，如把重金属离子还原等。但是，在制备生物炭过程中存在一定的缺陷，如生物炭制备过程粗犷，原料来源差异大，表面官能团的种类和性质有限、难分散等，因此，需要通过一些改性方法来提高生物炭的某些结构和性质，以满足某些应用性能。Gurgel 等用三乙烯四胺对甘蔗渣进行改性，改性后制备的生物炭用来吸附 Cu(Ⅱ)、Cd(Ⅱ) 和 Pb(Ⅱ) 等重金属。三乙烯四胺的氨基活性官能团与重金属可以发生螯合作用，所以改性生物炭对重金属的吸附效果非常好。此外，Deng 等利用聚乙烯亚胺对生物质进行化学改性，并用于 Cu(Ⅱ)、Pb(Ⅱ) 和 Ni(Ⅱ) 等重金属的吸附，该研究还利用聚丙烯酸改性生物质来对重金属 Cu(Ⅱ) 和 Cd(Ⅱ) 进行吸附，结果表明改性后的生物炭比原始生物炭吸附量高。目前，改性生物炭的研究是一个热点，受到科学研究者的广泛关注，改性生物炭在未来应对环境污染治理、气候变化和农业应用等方面会表现出巨大的潜力和明显的优势。

目前，有效的改性生物炭的方法有以下几种：①用天然赤铁矿磁化；②用氮气流或蒸汽物理活化；③用氢氧化物或酸化学活化。在这些方法中，探索一种提高重金属的吸附容量的有效的改性方法是必需的。用物理活化或磁化的方法改性的生物炭性质变化较小，甚至用磁化的方法改性的生物炭比表面积通常会变小。其他研究表明，用化学方法改性的生物炭的比表面积是会增加的。在这些化学改性的方法中，氢氧化钾、氯化锌和磷酸是广泛应用的化学试剂。下面具体介绍一下常用的物理改性和化学改性生物炭的方法。

① 物理改性。物理改性过程通常在很高的热解温度下采用蒸汽、CO_2 等对生物炭进行活化，该方法污染小、操作简单。蒸汽改性被广泛用于在 800～900℃温度范围内提高生物炭的多孔结构，并通过去除不完全燃烧的有机组分改变了生物炭的性质。在该过程中的主要反应使生物炭的碳结构与蒸汽发生反应生成 H_2、CO、CO_2 等气体，这些混合气体的释放可能对生物炭的孔隙结构有一定的贡献。气体活化改性生物炭也是改善多孔结构的重要途径。Xiong 等报道了 CO_2 改性的生物炭具有丰富的微孔结构和较高的吸附能力。

② 化学改性。化学改性一般是通过添加酸、碱或金属盐/氧化物等改性剂达到改性目的的，包括一步改性和两步改性过程。Rajapaksha 等对生物炭化学改性的相关科学工作进行了系统的讨论。他们总结了酸处理可以增加生物炭表面的羧基等酸性官能团，从而使对重金属的吸附增强。无机酸广泛应用于生物炭的改性。磷酸是一种常用的化学改性的活化剂。磷酸改性的生物炭在环保和成本方面比氯化锌等危险试剂具有更大的优势。由于硝酸或硫酸是强酸，具有腐蚀性，因此用它们改性会导致微孔的减少，而盐酸改性可以通过酸洗有效地去除矿物成分而增加生物炭中更多的非均质孔隙。

2.4.4.3　磷酸改性生物炭的机理

原始生物炭和改性生物炭的元素、比表面积、XPS、FTIR 和 Zeta（ζ）电位表征结果见表 2-9。碳和氧是生物炭的主要元素，对于原始生物炭和改性生物炭，随着热解温度升高，碳含量增加但是氧含量降低。除 200℃外，其他温度的改性生物炭的碳含量都比原始生物炭低，而氧含量比原始生物炭高。生物炭的比表面积随着热解温度的增加而增大。200℃和 350℃的改性生物炭的比表面积比原始生物炭的比表面积高两个数量级。对于 500℃和 650℃的生物炭，改性生物炭的比表面积比原始生物炭的比表面积分别大 5 倍和 2 倍。

表 2-9　生物炭的物理化学性质

生物炭	有机元素组成					SSA① /(m^2/g)	灰分 /%	ZP② /mV	XPS				
	C/%	O/%	N/%	H/%	S/%				C/%	O/%	N/%	P/%	Si/%
P200	52.4	39.9	0.18	0.53	0.08	1.06	5.52	−29.3±0.6③	76.8	22.4	0.50	0.05	0.23
P350	75.7	18.9	0.31	0.88	0.04	1.68	6.31	−25.3±1.2③	81.4	17.8	0.25	0.00	0.94
P500	81.5	10.9	0.30	0.03	0.03	162	7.41	−20.7±0.9③	87.1	11.7	0.73	0.00	0.46
P650	85.3	8.23	0.29	0.41	0.05	408	9.82	−13.9±0.6③	88.6	9.6	0.73	0.09	0.85
PM200	55.4	36.7	0.25	0.78	0.02	599	6.91	−34.4±1.2③	77.3	21.9	0.08	0.42	0.32
PM350	57.5	34.2	0.37	0.12	0.04	636	7.70	−28.8±0.8③	77.0	20.8	0.04	0.50	0.68
PM500	61.5	31.8	0.43	0.82	0.08	821	8.42	−24.7±1.1③	80.0	17.4	0.90	0.69	0.95
PM650	63.0	27.1	0.29	0.26	0.25	900	11.6	−23.0±1.1③	85.7	13.2	0.00	0.69	0.42

①比表面积。
②Zeta 电位。
③标准误差。

Zeta 电位对重金属的吸附很重要，因为它会影响重金属和生物炭之间的相互作用。如表 2-9 所列，所有生物炭的 Zeta 电位的数值都在－35～－10mV 之间。Zeta 电位的数值为负值，说明生物炭的表面带负电。对于改性生物炭，Zeta 电位的负值比在同一温度下的原始生物炭的大，因此其所带的负电荷的量多。

生物炭的表面元素组成用 XPS 分析。原始生物炭和改性生物炭的 XPS 的表面元素组成见表 2-9。在 285eV 处的峰是 C—C 键，其他在 286.5eV、287.3eV、288.2eV 和 289.5eV

处的峰分别是 C—OH、C—O—C、C ═O、O ═C—OH 键。为了定量 XPS 分峰的量，C—OH、C—O—C、C ═O 和 O ═C—OH 键相对于 C—C 键的峰面积见表 2-10。在同一温度下，改性生物炭 C—OH、C ═O 和 O ═C—OH 的组成含量比原始生物炭的高。

表 2-10 生物炭 XPS C 1s 分峰拟合结果（C—OH、C—O—C、C ═O、O ═C—OH 和 C—C 键的峰面积的比值） 单位：eV

结合能	C1(286.5)	C2(287.3)	C3(288.2)	C4(289.5)
官能团	C—OH	C—O—C	C ═O	O ═C—OH
P200	0.63	0.15	0.08	0.09
P350	0.22	0.05	0.04	0.09
P500	0.19	0.04	0.09	0.08
P650	0.15	0.02	0.05	0.06
PM200	0.34	0.03	0.10	0.14
PM350	0.29	0.05	0.18	0.18
PM500	0.25	0.01	0.16	0.13
PM650	0.17	0.08	0.07	0.08

生物炭的含氧官能团在热解过程中可以和磷酸作用形成水蒸气，这些水蒸气和生物炭的碳作用时会形成内部孔隙结构。Sun 等研究表明生物炭含氧官能团上的石墨气凝胶热解不稳定，它们会在磷酸活化后分解成水蒸气和二氧化碳而形成孔结构。磷酸分子和 C 作用的反应过程是：$4H_3PO_4 + 10C \longrightarrow P_4 + 10CO + 6H_2O$，因此，C 和磷酸反应后在石墨片层中产生大量的孔。经过硝酸氧化后，活性炭更多的含氧官能团被固定在中孔壁上，进而使微孔的量降低。在这个过程中，一些中孔由于孔壁损失而被破坏，这些中孔转化为微孔。相似地，被磷酸催化导致的氧化发生在生物炭的改性过程中，导致一些含氧官能团被固定在孔壁上，从而使孔的尺寸降低或者中孔转化为微孔，因此，改性生物炭的比表面积增加（表 2-9）。固定在生物炭表面的含氧官能团的数量增加是改性后生物炭含氧官能团增加的原因。XPS 的拟合结果证实了磷酸改性增加了—COOH 和—OH 的数量（表 2-10）。这和其他的研究结果一致，这导致含氧官能团的增加，尤其是羧基（—COOH）。

此外，红外光谱（FTIR）的结果显示在磷酸改性过程中一些新的官能团如 P ═O 或 P ═OOH 形成。全元素分析和 XPS 分析结果证实了改性生物炭的 O 和 P 含量比原始生物炭的高（表 2-9）。Guo 和 Rochstraw 也总结了含磷官能团（P ═O、P ═OOH 和 P—O—P）和含羰基的官能团在用磷酸改性的活性炭改性过程中形成或者增加。在生物炭的活化过程中，稳定结构如 C ═C 键或者芳香环结构由于破坏了不饱和的键而形成。红外结果显示改性生物炭的芳香 C ═C 键的数量增加。

2.4.4.4 热解温度对 Cu（Ⅱ）和 Cd（Ⅱ）吸附的影响

Freundlich 模型是经典的描述重金属吸附等温线的模型。Cu(Ⅱ）和 Cd(Ⅱ）在松木屑上的吸附等温线和在磷酸改性的生物炭上的吸附等温线都用 Freundlich 模型拟合。对于所有的生物炭，可调可决系数都在 0.943～0.994 之间，说明 Freundlich 模型是该研究吸附等温线最好的选择。Freundlich 模型非线性形式被用于该研究。用 SigmaPlot 10.0 软件做模型拟合，拟合方程如下：

$$\text{Freundlich model (FM)}: S_e = K_F C_e^n$$

式中，S_e(mg/g) 和 C_e(mg/L) 分别为固相和液相平衡浓度；K_F 为 Freundlich 吸附

系数，(mg/g)/(mg/L)^n；n 为 Freundlich 非线性指数。在液相平衡浓度范围内的表观吸附系数 K_d 根据 Freundlich 拟合参数计算后列于表 2-11，便于后续比较吸附的高低使用。

表 2-11　Cu(Ⅱ) 和 Cd(Ⅱ) 在原始生物炭和改性生物炭上吸附的 Freundlich 模型拟合结果

项目	生物炭	$\lg K_F$		n		r^2_{adj}②	K_d/(L/g)	
		K_F/(mg/g)/(mg/L)^n	SEE①		SEE		C_e=0.5mg/L	C_e=5mg/L
Cu(Ⅱ)	P200	0.44	0.02	0.51	0.02	0.975	0.62	0.20
	P350	0.25	0.01	0.56	0.02	0.985	0.34	0.12
	P500	0.12	0.00	0.76	0.02	0.990	0.14	0.08
	P650	0.74	0.02	0.47	0.02	0.982	1.07	0.31
	PM200	18.7	0.39	0.30	0.02	0.966	30.4	6.05
	PM350	20.7	0.30	0.30	0.01	0.984	33.8	6.68
	PM500	18.2	0.16	0.26	0.01	0.993	30.3	5.52
	PM650	15.7	0.11	0.22	0.00	0.994	27.0	4.47
Cd(Ⅱ)	P200	0.70	0.04	0.98	0.04	0.981	0.71	0.67
	P350	0.20	0.02	1.22	0.06	0.980	0.17	0.28
	P500	0.21	0.03	0.94	0.07	0.943	0.22	0.19
	P650	1.12	0.05	0.90	0.03	0.984	1.20	0.94
	PM200	9.47	0.21	0.52	0.02	0.984	13.2	4.36
	PM350	9.51	0.16	0.48	0.01	0.990	13.6	4.14
	PM500	9.15	0.16	0.48	0.01	0.990	13.2	3.93
	PM650	4.10	0.12	0.80	0.02	0.992	4.71	2.96

①SEE 为标准误差。
②r^2_{adj} 为可调可决系数。

对于原始生物炭，P650 对 Cu(Ⅱ) 和 Cd(Ⅱ) 的吸附最高，P650 的比表面积在所有生物炭中是最大的，因此比表面积是导致其吸附最高的原因之一。当热解温度低于 500℃时，Cu(Ⅱ) 和 Cd(Ⅱ) 的吸附随着温度的升高而降低（图 2-19）。对于 Cu(Ⅱ) 和 Cd(Ⅱ) 在原始生物炭上的吸附，和初始 pH 值 4.0±0.1 相比，吸附后 pH 值增加到 4.5±0.1。增加的 pH 值可能主要是由生物炭碱性官能团的缓冲性质导致的。Chen 等指出生物炭可以被表面酸、碱基团缓冲到不同的 pH 值，生物炭的缓冲性质受这些基团的解离控制。我们可以推测 Cu(Ⅱ) 和 Cd(Ⅱ) 低温（≤500℃）在原始生物炭上的吸附不受比表面积控制，其他的原因如官能团可能对重金属的吸附贡献得多。

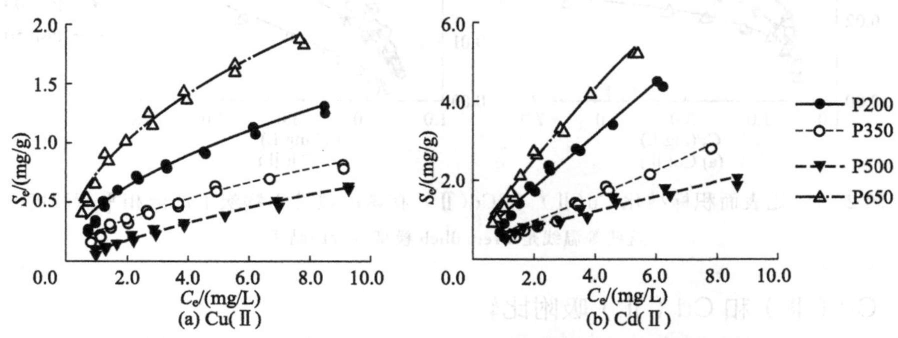

图 2-19　Cu(Ⅱ) 和 Cd(Ⅱ) 在原始生物炭上的吸附等温线

这些等温线是 Freundlich 模型拟合的结果

对于改性生物炭，Cu(Ⅱ) 和 Cd(Ⅱ) 的吸附在高浓度时随着热解温度的增加而降低，而在低浓度（C_e<1mg/L）时，两者的吸附没有明显的不同（图 2-20）。根据线性正相关关系，Gamby 等指出由于微孔体积增加会导致比表面积的增加。PM650 的比表面积是改性生物炭中最大的（表 2-9），但是其对 Cu(Ⅱ)/Cd(Ⅱ）的吸附量不是最高的。改性生物炭在高温下有最大的比表面积可能是由于随着热解温度增加使微孔增加。然而，比表面积标准化后吸附能力的顺序是 PM200>PM350>PM500>PM650（图 2-21）。这个结果说明对于不同温度下 Cu(Ⅱ）和 Cd(Ⅱ）在改性生物炭上的吸附，除比表面积外，应考虑其他的原因。

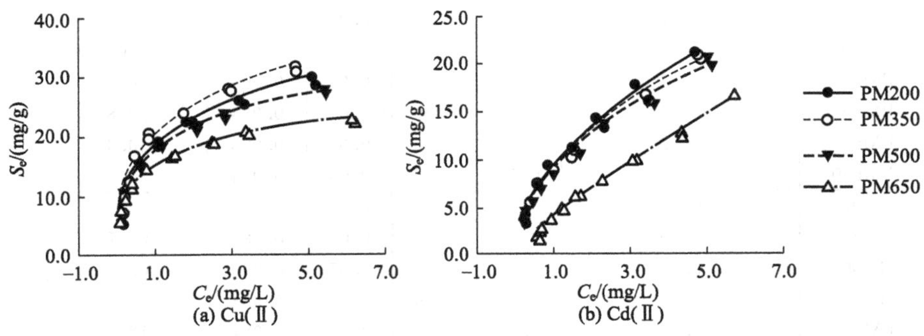

图 2-20　Cu(Ⅱ）和 Cd(Ⅱ）在磷酸改性生物炭上的吸附等温线

这些等温线是 Freundlich 模型拟合的结果

磷酸在生物炭改性过程中可以和生物炭上的碱性官能团作用，而改性生物炭碱性官能团的缓冲作用有可能减少或者消失。因此，Cu(Ⅱ）和 Cd(Ⅱ）被改性生物炭吸附后，溶液的 pH 值从 5.0±0.1 降低到 4.5±0.1。生物炭的官能团—COOH/—OH 和重金属离子的络合经常能增加它们的吸附。这个结果证实了生物炭的含氧官能团可以为重金属离子的吸附提供吸附位点，这和其他的研究结果是一致的。络合可能对 Cu(Ⅱ)/Cd(Ⅱ）的吸附很重要，细节的讨论将在后面详述。

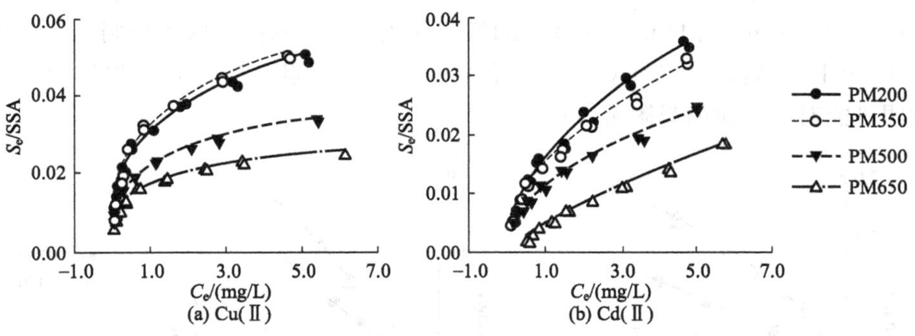

图 2-21　比表面积标准化 Cu(Ⅱ）和 Cd(Ⅱ）在磷酸改性生物炭上的液相平衡浓度

这些等温线是 Freundlich 模型拟合的结果

2.4.4.5　Cu（Ⅱ）和 Cd（Ⅱ）吸附比较

Cd(Ⅱ）在原始生物炭上的吸附量比 Cu(Ⅱ）的吸附量高（图 2-22）。相比较下，对于改性生物炭，Cd(Ⅱ）的吸附量要比 Cu(Ⅱ）的吸附量低（图 2-23）。Cu(Ⅱ）和 Cd(Ⅱ）在两种不同种类的生物炭上的吸附趋势不同，说明重金属和生物炭的种类对重金属在生物炭上的吸附中都起到重要作用。其他作者指出消化后的甜菜制成的生物炭去除重金属离子的顺序

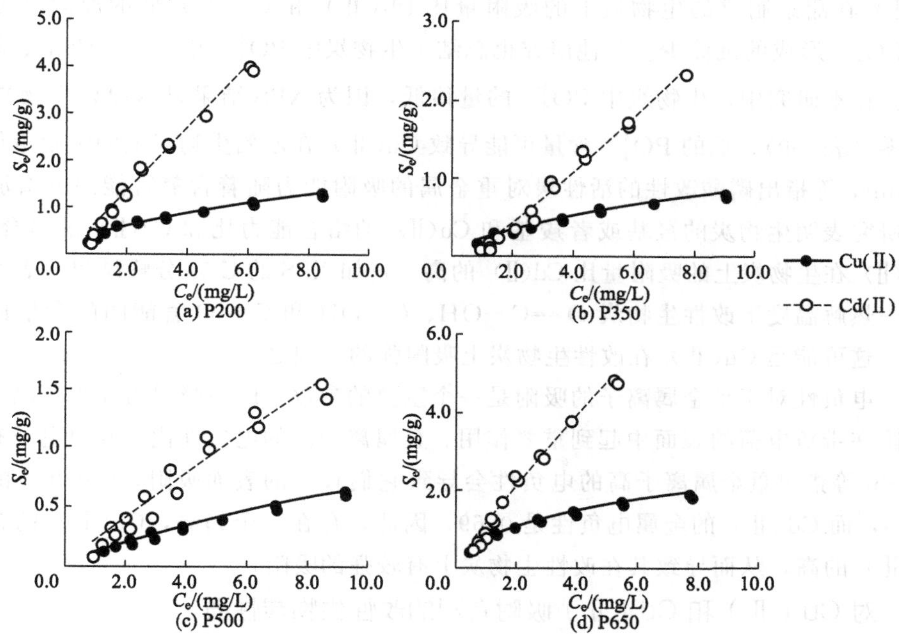

图 2-22　Cu(Ⅱ) 和 Cd(Ⅱ) 在原始生物炭 P200、P350、P350 和 P650 上的吸附比较

这些等温线是 Freundlich 模型拟合的结果

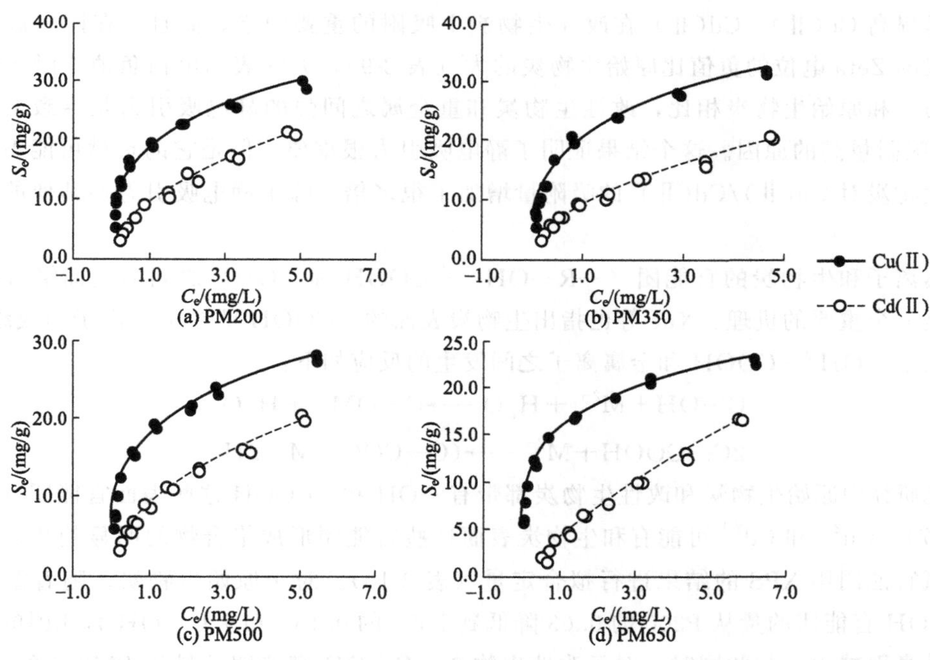

图 2-23　Cu(Ⅱ) 和 Cd(Ⅱ) 在改性生物炭 PM200、PM350、PM500 和 PM650 上的吸附比较

这些等温线是 Freundlich 模型拟合的结果

是 Cd(Ⅱ) >Ni(Ⅱ)>Pb(Ⅱ)>Cu(Ⅱ)，但消化乳制品制成的生物炭去除重金属离子的顺序是 Pb(Ⅱ)>Cu(Ⅱ)>Cd(Ⅱ)>Ni(Ⅱ)。

Cu(Ⅱ)在甜菜制成的生物炭上的吸附量比 Pb(Ⅱ)和 Cd(Ⅱ)低的原因有可能是和 PO_4^{3-} 和 CO_3^{2-} 形成的沉淀少。其他研究也总结了生物炭中 PO_4^{3-} 和 CO_3^{2-} 能和重金属离子形成沉淀。在本研究中，生物炭中 PO_4^{3-} 的量很低，因为 XPS 结果显示原始生物炭的 P 含量几乎为零（表 2-9）。低的 PO_4^{3-} 含量可能导致 Cu(Ⅱ)在原始生物炭上的吸附量低。

Uchimiya 等指出磷酸改性的活性炭对重金属的吸附能力随着含氧官能团的增加线性增加。其他研究表明生物炭的羟基或者羧基和 Cu(Ⅱ)的络合能力比和 Cd(Ⅱ)的络合能力强，因此，Cu(Ⅱ)在生物炭上的吸附量比 Cd(Ⅱ)的高。正如 XPS 的 C 1s 分峰结果（表 2-10）显示，在同一热解温度下改性生物炭 O═C—OH、C—OH 和 C═O 官能团的含量比原始生物炭的大。这可能是 Cu(Ⅱ)在改性生物炭上吸附强的原因之一。

此外，电负性对于重金属离子的吸附是一个重要的参数，因为吸引力在带正电荷的重金属离子吸附在带负电荷的表面中起到重要作用。金属离子高的电负性代表其对电子有很强的吸引力。Shi 等指出重金属离子高的电负性会导致它们较强的表面吸附，Cu(Ⅱ)的金属电负性是 1.9，而 Cd(Ⅱ)的金属电负性是 0.69，因此，存在一个趋势，Cu(Ⅱ)的金属电负性比 Cd(Ⅱ)的高，从而导致其在改性生物炭上有较强的吸附。

2.4.4.6 对 Cu(Ⅱ)和 Cd(Ⅱ)吸附有利的改性生物炭性质

和原始生物炭相比，Cu(Ⅱ)和 Cd(Ⅱ)在改性生物炭上的吸附量分别是在原始生物炭上吸附的 12～44 倍和 4～13 倍（图 2-25 和图 2-26）。如上面提到的改性生物炭的比表面积比原始生物炭的比表面积大。改性生物炭大的比表面积为重金属提供大量的吸附位点，因此，这是提高 Cu(Ⅱ)/Cd(Ⅱ)在改性生物炭上吸附的重要因素。而且，在同一温度下改性生物炭的 Zeta 电位的负值比原始生物炭的大（表 2-9），大的表面电荷负值贡献于强的静电吸引力，和原始生物炭相比，改性生物炭和重金属之间强的静电吸引力是导致 Cu(Ⅱ)/Cd(Ⅱ)吸附量高的原因。这个结果证明了静电吸引力很重要，但是它的贡献可能不大，因为改性生物炭对 Cu(Ⅱ)/Cd(Ⅱ)的吸附量增加了很多倍，除了静电吸引力外其他的因素也该考虑。

金属离子和生物炭的官能团（—R—OH、—COOH 和—OH）之间的表面络合在吸附过程中是一个重要的机理。Xue 等也指出生物炭表面的—COOH 能和金属离子形成络合物。他们总结了—OH/—COOH 和金属离子之间发生的反应如下：

$$C—OH+M^{2+}+H_2O \longrightarrow C—OM^{+}+H_3O^{+}$$

$$2C—COOH+M^{2+} \longrightarrow (C—COO)_2M+2H^{+}$$

在此研究中原始生物炭和改性生物炭都带有—OH 和—COOH 这些表面官能团（图 2-24 和图 2-27）。Cu^{2+} 和 Cd^{2+} 可能有和生物炭表面这些官能团形成络合物的明显趋势。生物炭上的含氧官能团用 XPS 的结果进行拟合定量（表 2-10）。对于原始生物炭，随着温度的升高，C—OH 官能团的量从 P200 的 0.63 降低到 P650 的 0.15，O═C—OH 官能团的量随着温度的升高而减少。与此同时，对于改性生物炭，C—OH 官能团的量从 PM200 的 0.34 降低到 PM650 的 0.17，而 O═C—OH 官能团的量从 PM200 的 0.18 降低到 PM650 的 0.08。因此，含氧官能团的量在热解过程中是降低的。低温生物炭和 Cu(Ⅱ)/Cd(Ⅱ)形成络合物的能力比高温生物炭的强。我们可以总结得到表面官能团（—OH 和—COOH）对于重金属的吸附很重要，因为它们会和 Cu(Ⅱ)/Cd(Ⅱ)形成表面络合物。这可能是低温（200℃和

350℃）下比表面积标化后 Cu(Ⅱ)/Cd(Ⅱ) 在原始生物炭和改性生物炭上的吸附量高的原因（图 2-25 和图 2-26）。

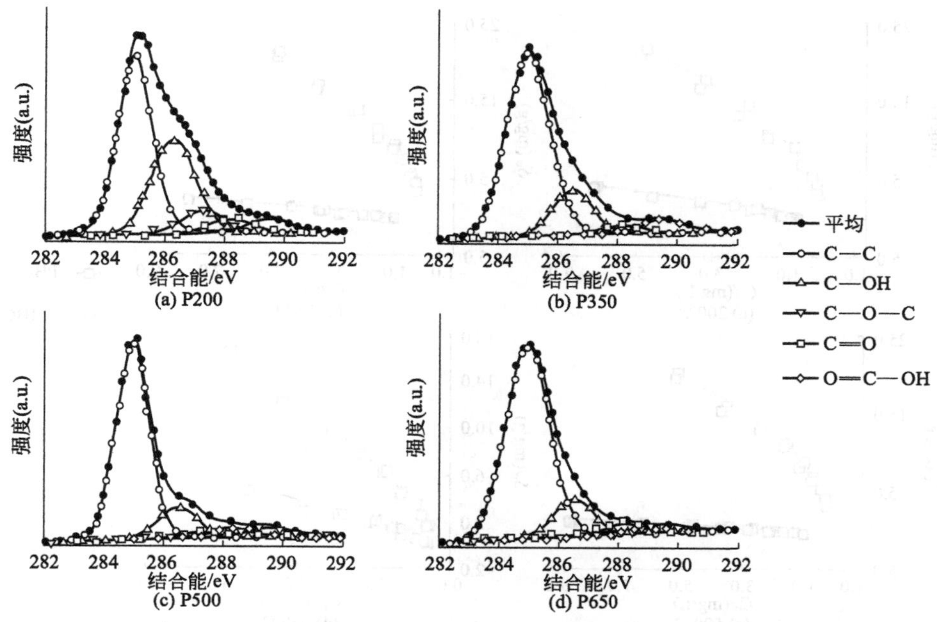

图 2-24 生物炭 P200、P350、P500 和 P650 的 XPS C 1s 分峰

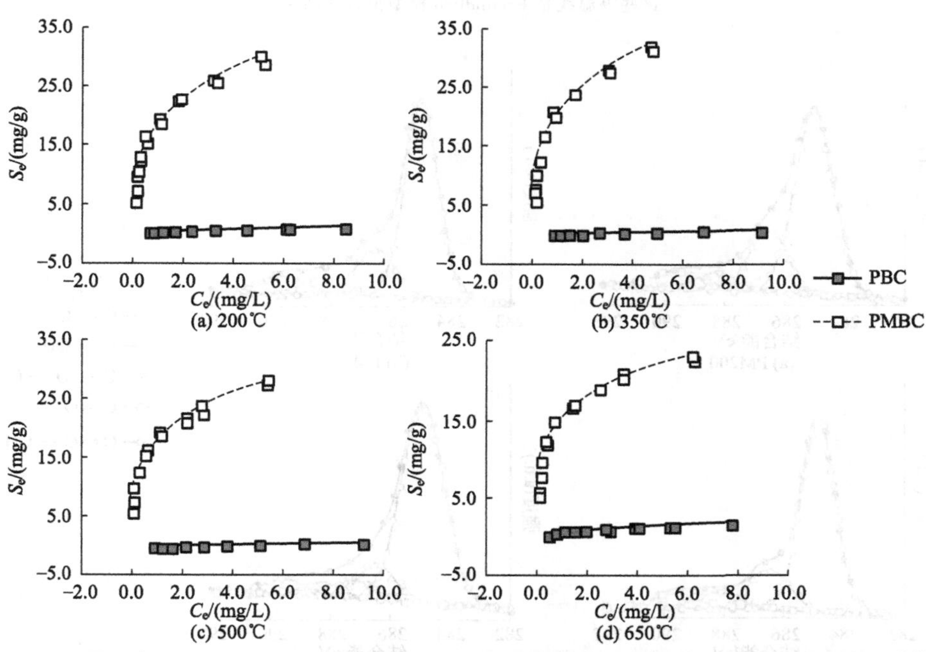

图 2-25 Cu(Ⅱ) 在 200℃、350℃、500℃和 650℃的原始生物炭和改性生物炭上的比较吸附等温线

这些等温线是 Freundlich 模型拟合的结果

我们也观察到改性生物炭—OH 的量（除 200℃样品外）和—COOH 的量在同一温度下比原始生物炭的高（表 2-10）。改性生物炭和 Cu(Ⅱ)/Cd(Ⅱ) 形成络合物的能力比和原始

生物炭的强。这些结果和 Pb^{2+} 在 MnO_x 改性的生物炭上吸附的结果一致，Fahee 等研究者报道，他们也说明了—COOH 和—OH 官能团能和重金属离子在生物炭表面形成络合物。

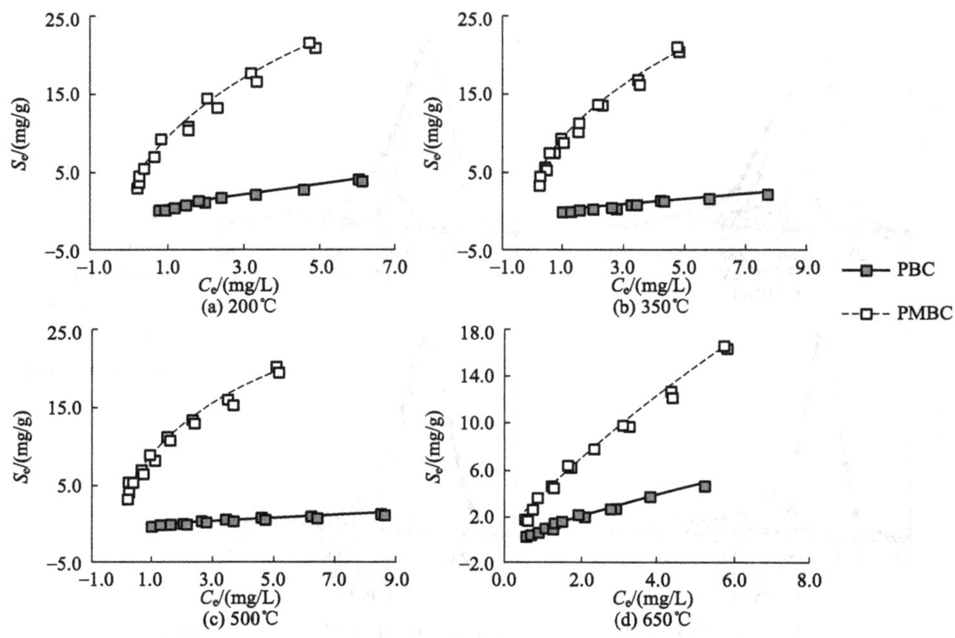

图 2-26　Cd(Ⅱ) 在 200℃、350℃、500℃和 650℃的原始生物炭和改性生物炭上的比较吸附等温线

这些等温线是 Freundlich 模型拟合的结果

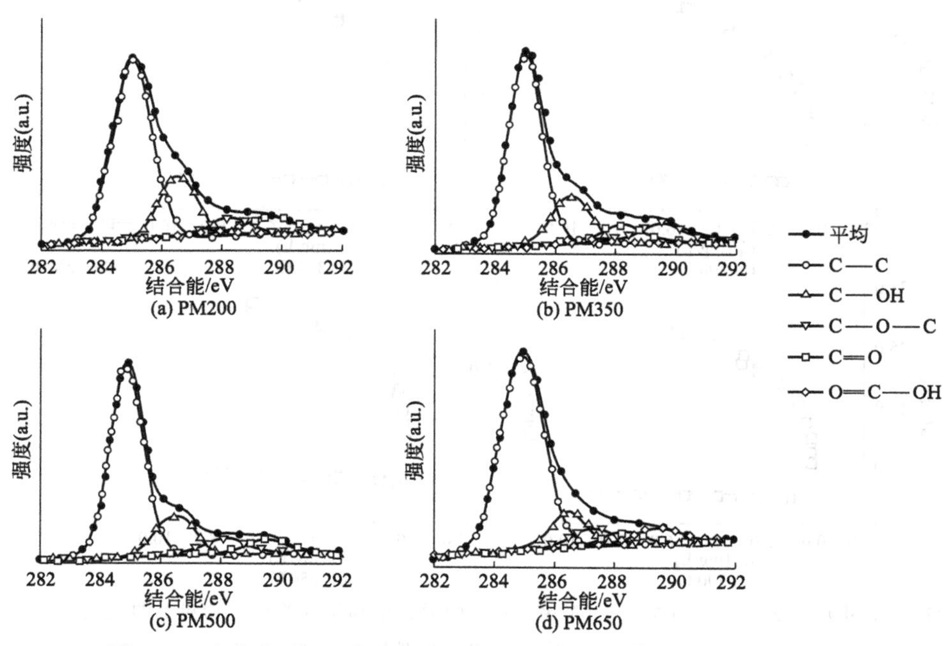

图 2-27　生物炭 PM200、PM350、PM500 和 PM650 的 XPS C 1s 分峰

所有原始生物炭和改性生物炭的 FTIR 光谱都是基于溴化钾压片的方法得到的（图 2-28）。所有光谱在 $3444cm^{-1}$ 处都有一个宽的吸收峰，这是—OH 峰。而位置在 $2360cm^{-1}$ 处的峰

是C—O，吸收峰在1720cm^{-1}处是—COOH的贡献。1616cm^{-1}处是羧基上的C═O基团或者是苯环上的C═C键，而1385cm^{-1}处是脂肪族C—H键。大约在1220cm^{-1}处的峰可能是P═O键，P—O—C键或者P═OOH键。在1070cm^{-1}处可能是P^+—O^-的贡献（磷酸酯）或者P—O—P链（多磷酸盐），667cm^{-1}处经常是S—O键拉伸的贡献。

Harvey等指出生物炭上的芳香环结构在金属离子吸附过程中可以作为π电子供体，官能团如C═C对于重金属的吸附很重要，因为它们可以和金属发生金属-π作用。其他研究也指出金属阳离子-π作用经常发生在金属阳离子和富含电子的双键或三键中。改性后，生物炭在1616cm^{-1}处芳香C═C峰比原始生物炭的峰更加明显（图2-28）。改性生物炭C═C的电子密度可能比原始生物炭的高，因此，Cu^{2+}/Cd^{2+}-π作用可能增强，从而导致Cu^{2+}/Cd^{2+}在改性生物炭上的吸附量高。此外，和原始生物炭相比，在同一温度下的改性生物炭在贡献于含磷化合物的大约在1220cm^{-1}处的峰相对强度增加，这表明含磷的结构在改性生物炭的表面形成。Puziy等报道了大量的Cu(Ⅱ)能通过形成表面复合物吸附在磷酸改性的活性炭的含磷官能团上。改性生物炭的含磷官能团如P═OOH可能和重金属离子形成复合物，从而增加Cu(Ⅱ)和Cd(Ⅱ)在改性生物炭上的吸附量。因此，这些官能团对于重金属在改性生物炭的吸附过程中起到重要作用。

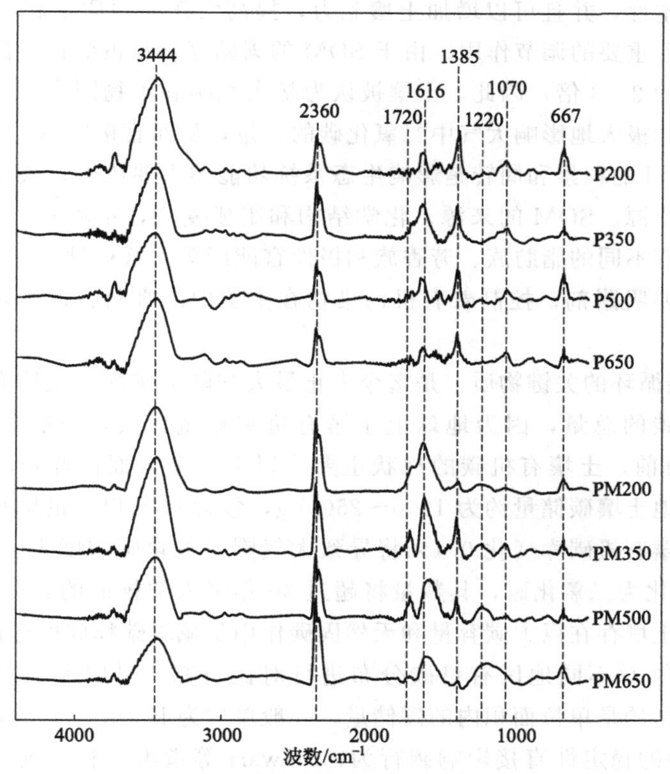

图2-28 原始生物炭和改性生物炭的FTIR谱图

磷酸改性是制备对重金属离子吸附很强的生物炭的有效方法。和原始生物炭相比，改性生物炭的含氧官能团和比表面积都增加。此外，Cu(Ⅱ)和Cd(Ⅱ)在改性生物炭上的吸附量明显比在原始生物炭上的高。比表面积对Cu(Ⅱ)和Cd(Ⅱ)在高温生物炭上的吸附重要，它也导致了这两种重金属在改性生物炭上的吸附量比在原始生物炭上的吸附量高。对于不同热解温度的改性生物炭，由于—OH 和—COOH 官能团数量的增加导致其和 Cu(Ⅱ)/Cd(Ⅱ) 形成络合物的能力强，从而增加了两种重金属的吸附。新形成的含磷官能团，如 P═O 和 P═OOH，在磷酸改性后也增加了 Cu(Ⅱ)/Cd(Ⅱ) 的吸附，因为在重金属和改性生物炭之间形成了更多的络合物。这些结果表明重金属和改性生物炭的含氧官能团之间形成的表面络合是重金属在改性生物炭上吸附的主要吸附机理。

2.5 污染物在有机-无机复合体上的吸附

2.5.1 土壤有机质（SOM）

2.5.1.1 土壤有机质在碳行为中的作用

土壤有机质（SOM）是植物、微生物及动物残体在经过不同氧化程度阶段下生成的非均质混合物。反之，SOM 的数量和质量的变化不可避免地影响生物生产力、生物多样性和土壤肥力等陆地生态系统功能。它保留了生物体必需的水分和营养物质，改善土壤质量，提高土壤团聚体的稳定性，并且可以增加土壤肥力，提高农作物的质量和产量。另外，SOM 对全球气候变化有着重要的调节作用。由于 SOM 的碳储存含量占到世界陆生生态系统中的 80%，是大气碳库的 2～3 倍，因此，土壤被认为是大气圈和生物圈中最大的碳汇和源。其含量的微小变化可能极大地影响大气中二氧化碳的含量，从而直接影响区域气温变化，甚至全球气温变化。SOM 的积累和周转是影响生态系统功能的重要因素，决定着土壤是否是全球碳循环中的碳汇或源。SOM 的来源、化学结构和组成复杂，不均一，而且 SOM 具有不同的性质，比如具有不同的脂肪族、芳香族和极性官能团等。这些性质使得 SOM 成为土壤中有机污染物的重要吸附剂，控制着有机污染物在土壤中的吸附、迁移转化、降解等环境行为。

SOM 是全球碳循环的关键物质，是迄今为止最大的陆地碳库。土壤有机碳是一定面积和深度土体中有机碳的总量，因为地球上土壤有机碳储量巨大，一般单位用 t、Mt 或者 Tg、Pg 来表示。目前，土壤有机碳的现状主要为以下三个方面：首先，土壤有机碳储量大，研究者估算陆地土壤碳储量约为 1200～2500Pg，包含 60%以上的陆地碳；其次，土壤碳库活跃度大，土壤有机碳库变化 0.1%将导致大气圈二氧化碳浓度 1mg/L 的变化，全球土壤有机碳 10%转化为二氧化碳，其数量将超过 30 年来人类排放的二氧化碳总量；最后，土壤固碳潜力大，土壤存在巨大碳容量和天然固碳作用是减缓碳释放可选择的最为经济有效途径之一。为了能够对不同地区有机碳分布进行对比研究，引用了土壤碳储量有关的概念——碳密度，它指的是单位面积内的碳储量，一般单位为 kg/m^2、t/km^2 等。

SOM 在环境中的稳定性直接影响碳行为，Stewart 等指出当有机碳达到饱和时，土壤碳的存储效率将会下降。而 Kleber 和 Sollins 等认为，在有机碳达到饱和的状态下，土壤碳存储效率的下降可能归因于土壤有机质稳定性的减弱，这是有机质和无机矿物与加入的有机质相互作用使得有机组分类型、作用强度和周转时间发生改变的结果。也就是说，由土壤有机质稳定区域模型所建议的那样，碳（C）浓度和 C 负载的增加，有机质与无机矿物表面之间的弱相互作用变得比它们之间的强相互作用更丰富。近年来，大量的研究者认为随着矿质土壤颗粒密度的增加，$\delta^{13}C$、$\delta^{15}N$ 和 ^{14}C 的平均滞留时间增加，C/N 的值减小，说明微生物驱动下的有机质转化作用和有机质在无机矿物表面的物理复合作用同时发生。

SOM 的不均匀分布使有机碳总体分布也呈不均一状态。土壤是在气候、母质、生物、地形、时间和人为作用等众多因素影响下形成的。有机碳含量与土壤类型、生态系统、土地利用方式等有关，还取决于净生物输入量、耕作方式和有机碳稳定性等众多因素。有研究认为，中国土壤总有机碳库约占全世界的 1/30，表层土壤碳密度相当于世界平均水平。国内外科学家多年来针对土壤有机碳储量问题开展了大量研究工作，主要研究的方法有土壤类型法、植被类型法和模型法等，取得许多积极进展，但是，由于土壤类型复杂，变化多样，不确定因素多，数据误差较大，这些方法仍有待提高。因此，准确测定土壤有机碳储量和进行土壤碳循环研究成为科学界关注的重要课题。通过对 SOM 实施多目标区域地球化学调查，研究者们取得大量高刻度和高精度土壤有机碳数据资料，为准确系统地计算土壤碳库和研究碳密度分布特征及空间变化提供基础数据。

关于土壤有机碳时空分布和变化规律的研究表明，我国东北平原随着纬度带上升，从北部到南部，由寒温带向温带暖温带过渡，土壤有机碳在空间分布上，表层土壤碳密度呈逐渐下降趋势，表层土壤有机碳也有所降低，说明土壤有机碳不单是以二氧化碳形式释放，侵蚀作用和水土流失也是造成土壤碳损失的原因之一。研究者指出，增强土壤有机质的稳定性，从而加大土壤固碳作用，为土壤保护的重要战略措施。

SOM 是全球最大的有机碳库之一，大约有 1500Gt 的碳分布在 1m 的土层内，是大气碳库的 2 倍，是陆地生物量的 2～3 倍，是陆地表层系统参与全球碳循环并影响全球变化的主要碳储库。目前，全球土壤碳库和大气碳之间的碳循环平衡遭到破坏，大量土壤有机碳被氧化并以 CO_2 等形式释放到大气中，加剧了温室气体的排放，由温室气体排放导致气候变暖已成为人们关注的热点问题。研究者指出，增加土壤有机碳的固定是减少温室气体排放的一个有效并具有中长期利益的措施，因此，土壤有机质的固碳作用及其机理的研究成为陆地生态系统碳循环的一个主要科学问题，在全球变化研究中具有重要战略意义，受到了国内外广大研究者的关注。重要有机碳存储研究表明有机质与多种无机矿物之间的相互作用在保护有机质不被降解的过程中起到重要作用，有研究指出土壤有机质在无机矿物表面的吸附是其稳定的最有效方式。有机质通过改变无机矿物表面的理化性质，影响有机质在矿物表面的吸附、溶解和在土壤中的分散迁移、凝聚沉淀等过程，也控制一些营养元素、污染物在土壤中的化学过程和生物有效性，同时无机矿物通过表面吸附或表面催化作用促进有机质的化学分解与聚合，从而影响有机质在土壤中的迁移转化过程。可见 SOM 和无机矿物的相互作用以及它们结合后结构性质的变化控制着土壤界面的活性，同时影响着土壤的物理、化学、生物过程，成为决定土壤形成转化过程和土壤质量的内因。此外，它们间的相互作用影响 SOM 的稳定性，对全球碳汇效应也有重要贡献。有机质在无机矿物表面复合形成的有机-无机复合体，通过多种作用机制共同影响污染物的吸附行为。

溶解有机质（DOM）在无机矿物表面的吸附是 SOM 在环境中保留的一个重要过程，原因是 DOM 与土壤无机矿物间形成了有机-无机复合体而不被微生物降解，有人认为矿物-生物-有机质的相互影响增大了沉积物的凝聚力，降低了沉积物的渗透性，使有机质的降解速率明显变慢，从而保护了有机质。土壤中的有机质有 50%～90%与无机矿物形成了复合体。对天然土壤中存在的有机-无机复合体的研究表明，土壤有机-无机复合度为 50%～

90%，复合体的含碳量占全部土壤的50%～80%，其中，氮占60%～90%，磷占50%～75%，集中和保持了土壤的有机肥力。此外，有机质在无机矿物表面的覆盖降低了矿物颗粒之间的内聚力，增大了土壤孔隙，从而使其持水力大大增强。Lalonde等指出，铁和有机碳在地球化学循环中是紧密相连的，沉积物中有（21.5±8.6）%的有机碳直接与活性铁结合。因为活性铁在地质时间尺度上是亚稳定状态，研究者认为活性铁给有机碳提供了一个有效的汇，是有机碳长时间储存的一个关键因素，从而为全球碳、氧和硫的循环做出了贡献。研究者进一步估计，由于有机碳与铁的结合，全球有（19～45）×10^{15}g的有机碳被保护在海洋沉积物表面。Henneberry等指出，DOM-Fe(氢)氧化作用产生稳定的复合体使得DOM无法释放回溶液中，并且这种稳定状态不受pH值、Fe与DOM比率和添加的还原剂类型的影响。据报道，纳米颗粒的大量生产和广泛应用，使得纳米颗粒进入到环境中，目前使用较多的纳米颗粒主要是纳米金属，如纳米氧化铁、纳米银、纳米锌和纳米钛，尤其在现有的沉积物中，活性铁通常是纳米针铁矿，纳米金属颗粒在土壤中的行为将控制它们对于土壤有机物质的迁移和生物有效性。土壤中颗粒大小不均，包含各种形态大小的无机矿物组分，除纳米颗粒以外，微米颗粒及层状结构矿物也占一定比例，因此有必要系统地探讨土壤/沉积物有机质与纳米级、微米级无机矿物的相互作用。

2.5.1.2 土壤有机质的性质及其稳定性

SOM为天然土壤环境中含碳有机化合物的总称，分为腐殖质和非腐殖质。腐殖质是土壤中的动植物残体经土壤微生物的分解而形成的一类性质稳定、成分和结构极其复杂的高分子化合物，其在环境中的积累和它的质量组成一方面取决于高等植物和微生物的共同作用，另一方面取决于岩石和土壤的矿化作用。SOM具有高度不均匀性和复杂性。SOM呈现从腐殖酸到炭黑，化学结构更加致密，性质更加稳定，有机质缩合程度更高，芳香性和还原性更强，极性逐渐减弱的变化趋势。SOM是组分结构复杂的组合体，其组分主要包括胡敏酸（HA）、富里酸（FA）、胡敏素（HM）、干酪根和炭黑类物质等。

在自然环境中，腐殖质、氧化物和黏土矿物广泛存在于土壤、沉积物、水体和空气中，是土壤和沉积物中重要的组分（占其质量的95%以上）及吸附载体。土壤中参与碳循环的有机质往往不是独立存在的，有机质通过与活性无机矿物相互作用使其大量积累，Rota Wagai认为，碳和氮循环地通过微生物对有机物的转化过程中，有机质大量转移到土壤当中，并存储为有机-矿物复合体。有机-无机复合体形成的过程中，SOM与无机矿物以不同形式和紧密程度，通过各种力的作用相互结合，从而成为决定土壤理化性质和生物性质的主要物质基础，并对土壤和水环境中有害物质的降解或消除起着至关重要的调节作用。Kleber等在研究土壤有机质与矿物相互作用的过程中，提出了有机质的分子片段在无机矿物表面自行组织形成分带结构的模型，认为有机质与矿物表面相互作用会改变有机质的部分形状，按照其主要特征可划分为接触带、疏水反应带和动力带。由于有机质在无机矿物表面吸附存在独特分级过程和结构重组现象，有机-无机复合体是最复杂的环境格局之一。Kalbitz和Kaiser等指出，SOM在无机矿物表面上的吸附是SOM在环境中保留和稳定的重要途径。有机物质与矿物的结合减弱了微生物降解，这可能是因为有机分子与无机矿物表面形成较强的化学作用或有机分子吸附进入矿物分子尺寸孔隙（<10nm）内而使微生物和酶无法接近。O'Loughlin等发现，复杂的SOM抑制针铁矿的还原溶解，这一现象归因于结合竞争阴离子形成于复合物内层，如SOM，不容易被生物和非生物还原体所取代。根据土壤有机质的性

质及其多种稳定机理对土壤碳行为的影响，Lützow 等和 Torn 等提出了 4 种主要的土壤有机质稳定机制：一是通过有机质与矿物（如氧化物、黏土矿物）表面的相互作用形成的物理稳定；二是选择性保护耐降解的有机质（如稳定性强的组分）；三是由于物理保护作用，微生物等在空间上难以接触有机质而抗降解；四是外界环境条件的稳定性（如较少的含氧量、较低的温度、淹水的土壤等）。这不但补充了 Kalbitz 等研究者提出的有机-无机复合体保护机制，而且也说明了有机质的稳定性受多种因素影响。因此，对复合体形成的模拟研究是探讨 SOM 稳定性的基本依据，为便于研究，在实验室中往往把环境介质简化为组成相对单一的 DOM（如单宁酸等模型化合物或提纯的胡敏酸和富里酸）和相对纯的无机矿物（比如蒙脱石、高岭土、氧化铁颗粒、伊利石、蛭石、二氧化硅等）。研究表明，SOM 的稳定性除了受其本身和矿物表面的活性基团类型、含量、分布以及 SOM 分子量大小和疏水性等因素的影响外，还受溶液 pH 值、离子强度和其他阳离子等外界环境条件的影响。因此，对影响 SOM 稳定性的主要因素归结为：

（1）腐殖质的性质

腐殖质含有许多带羟基、羧基、羰基和氨基等官能团的组分，其中以羧基和酚羟基最重要。大量研究表明，腐殖质是分子量范围跨度几个数量级的混合物，其在无机矿物表面上的吸附存在组分分级现象。不同研究对象观察到的现象也有所不同，主要有以下三个方面：①在优先吸附脂肪族物质还是芳香族物质的问题上，有研究表明 DOM 的芳香性组分优先吸附在氧化铝、氧化铁、黏土矿物等表面，而另一些研究认为腐殖质的脂肪族组分优先吸附在黏土矿物上；②在优先吸附大分子组分还是小分子组分的问题上，研究者认为土壤有机质中的大分子组分优先吸附在氧化铁、高岭土和蒙脱土表面，而其他研究得出小分量和羧基含量较高的组分更容易吸附在针铁矿上；③在优先吸附疏水性物质还是亲水性物质的问题上，Gu 等观察到土壤有机质的亲水组分（包括羧基和羟基组分）优先吸附在无机矿物上，而另一些研究观察到憎水性组分优先吸附在无机矿物表面。这些不同性质的有机质组分在无机矿物表面的优先吸附对有机质的稳定性有显著的影响。Kalbitz 等指出，有机质在无机矿物表面的强吸附和被吸附有机质本身的稳定特性对有机质在土壤中的吸附保护都起到了重要作用。Mikutta 等发现，SOM 的大分子芳香族组分在矿物表面的吸附保护了有机质抵抗生物降解，生物降解控制了有机质的矿化速率，由被吸附有机质组分的结构性质主导的有机质与无机矿物之间相互作用比这些组分自身的稳定性更为重要。

此外，腐殖酸的平衡浓度对其在无机矿物上的吸附也有较大影响，有机质与铁的共沉淀作用强烈抑制了铁（氢）氧化物的还原结晶作用。Meier 和 Pefferkom 等研究发现，高岭土对腐殖酸的吸附量与溶液中的腐殖酸平衡浓度有较大的关系，随着腐殖酸平衡浓度的增大，高岭土对腐殖酸的吸附量呈线性上升。通过分析腐殖质、铝离子、高岭土复合体的动电电位（ζ 电位）发现，当反应体系中高岭土浓度高时，腐殖质团聚体以平铺或单分子层形式附着于高岭土表面；当反应体系中高岭土浓度低时，腐殖质团聚体以多分子层形式附着于高岭土表面。因此，腐殖质在无机矿物表面的吸附可能受多种因素的影响，不能单一地从有机质的性质来解释。这些关于腐殖质在高岭土表面的吸附研究更多地关注于吸附现象的描述，未涉及两者所形成复合体的碳稳定。2014 年，有研究者在 HA 在高岭土表面吸附稳定研究中观察到 HA 的芳香性组分更倾向于吸附在高岭土表面，并且 HA-高岭土有机复合体的抗氧化性碳比例（30％～70％）在实验末期大部分都高于 HA 中抗氧化性碳的比例，说明被高岭土吸附的有机质组分的稳定性更强。

已有大量关于SOM与纳米颗粒作用的研究，通常情况下，SOM的浓度越高，纳米颗粒的稳定性越好，SOM在纳米颗粒上的吸附增加，产生静电排斥（由于带负电荷的羧酸酯基团）和高分子组分的静电斥力。另外，SOM可以通过电荷中和作用使得纳米颗粒不稳定（对于带正电荷的纳米颗粒）或与二价阳离子发生桥接作用。大分子和芳香性物质常常被优先吸附，提供了更好的稳定性，从而抑制了纳米颗粒的聚合。Deonarine等发现，纳米颗粒的增加和聚合与SOM的芳香性、特定的UV吸附和平均分子量有较强的相关性。Nason等在纳米金属颗粒上也观察到类似的现象，富里酸在SOM浓度较低时提供了比预想更好的稳定性，但在高浓度时聚合作用增强。

（2）pH值

无机矿物对腐殖酸的吸附量随着pH值的升高而降低。Yoon等用了宏观吸附和微观ATR-FTIR技术研究了富里酸在勃姆石上的吸附，观察到无机矿物对富里酸吸附的饱和吸附容量在低pH值时最大，随pH值增大而降低。Murphy和Feng等也报道了类似的结果，并且Murphy等认为，在低pH值时，羧酸盐位点的质子化程度和矿物表面形成氢键的可能性都会增大，腐殖质和带负电的高岭土间的斥力减小，从而促进了腐殖质在矿物表面的吸附。也有研究者认为，这是因为矿物终端—OH易发生质子化，质子化的表面羟基更容易与有机质配位，从而使得低pH值下更有利于配位反应的进行，同时也会导致加入的H^+有所消耗。大量研究表明，胡敏酸受pH值的影响比较大，当pH＞5时，胡敏酸是溶于水的，这时胡敏酸由表面配位吸附起主导作用，同时还有疏水性作用和金属离子的“桥接”作用；当pH＜5时，胡敏酸聚沉作用逐渐增强，表面吸附逐渐减弱；当pH值降至1.5时，胡敏酸凝聚沉淀析出。在H^+浓度较高的溶液中，胡敏酸分子容易发生卷曲；而在H^+浓度较低的溶液中，胡敏酸分子伸展。因此，胡敏酸在不同pH值溶液中的形态变化可能会影响其在矿物表面吸附的结构。Goldberg和Glaubig认为，为了减少聚沉作用对吸附的影响，更准确地研究腐殖质与无机矿物间的作用机理，实验条件中的DOM的pH值应控制在6.5左右。王强等在研究pH值和有机碳浓度对Fe_2O_3、MnO_2和Al_2O_3固体吸附剂对胡敏酸和富里酸的吸附影响中发现，在酸性条件下，氧化物表面羟基呈Lewis碱的特征越明显，越易与氢离子结合，越容易发生配位交换作用，同时吸附量和吸附亲和力越大。常春英等对氧化铁吸附腐殖质的研究中观察到，在pH＝5的条件下，氧化铁腐殖酸形成的有机-无机复合体，经过中性和碱性解吸后，被吸附的腐殖酸解吸量为总吸附量的60％；在pH＝7和pH＝8条件下，腐殖酸在氧化铁表面吸附形成的氧化铁-腐殖酸复合体，经过解吸过程，解吸量不到20％；而在pH＝9条件下，形成的氧化铁-腐殖酸复合物不发生解吸；得到的结论是在pH为7、8和9条件下，氧化铁与腐殖酸形成的氧化铁-腐殖酸复合体比较稳定，主要以化学吸附为主。

（3）离子强度

DOM通过多价阳离子作用达到沉淀目的是有机碳重要的生物地球化学循环。无机矿物对腐殖酸的吸附量随着离子强度的增加而升高，具有一般聚合电解质的界面吸附规律。Murphy等也观察到，相对于高离子强度，在低离子强度中，胡敏酸占了两倍面积的矿物表面。然而，有研究者认为，随离子强度的增大而增大，相对Na离子而言，Ca离子增大了胡敏酸的吸附量。在钠饱和的蒙脱石悬浮液中，添加与其阳离子交换量相当的钙离子，吸附胡敏酸的量可增加 10 倍左右，因为 Ca^{2+} 在蒙脱石与胡敏酸间作为“桥”键以及胡敏酸钙在蒙脱石表面沉淀。事实上，溶液中的形态是其结合态的决定性因素，如 pH 值和离子强度都因为影响了 DOM 在溶液中的形态而产生了其在无机矿物上吸附的不同特征。对于吸附在矿物表面的腐殖质的结构，研究者将其受到的影响因素归结为：①腐殖质在溶液中的形态；②腐殖质与矿物质结合的位点数以及腐殖质上羧酸基和羟基位点的离子化程度；③羧基位点的密度、分布和反应性，以及表面的其他微形态。研究表明，在较强的离子强度下，有机质吸附在无机矿物表面的稳定性比低离子强度下的吸附稳定性强。

从分子尺度上看，溶解有机质在无机矿物上的吸附对其具有保护作用，而 SOM 通过多种作用机理与无机矿物形成有机-无机复合体。因此，区分现有异形异质混合物形成的多种机理，成为了土壤和沉积物有机质研究中的一个主要挑战。研究者认为，有机质在矿物表面的作用机理主要包括库仑力（配体交换、阴离子和阳离子交换、氢键、阳离子桥键）和非库仑力（范德华力）作用。Mikutta 指出，在自然环境中，与有机-无机复合体的形成最相关的作用机理主要为：①矿物表面羟基与有机质官能团的交换作用（如配体交换作用）；②有机质与硅氧烷表面永久负电荷、层状硅酸盐和金属氧化物羟基的阳离子桥键作用（阳离子桥键作用）；③范德华力作用。并对不同作用对有机质在无机矿物上的吸附贡献做了比较，发现库仑力配体交换作用使有机质抑制矿化最强，其次为离子桥接作用，范德华力最弱。Yoon 等认为在内层库仑力占主导（配体交换），而在外层范德华力是主要控制机理。Fang 等在不同 pH 值、离子强度和离子价态下，对比 NOM 在高岭土和蒙脱土上的吸附研究中发现，在所有作用机理中，配体交换作用对吸附的贡献占到 33%，阳离子桥键作用的贡献率为 40%，范德华力作用占 22%。通过红外光谱、核磁共振和微热量分析显示，针铁矿与胡敏酸、富里酸之间的相互作用主要是腐殖质表面的羟基或羧基官能团与无机矿物表面的羟基发生的配体交换（DOM 与阴离子的竞争作用），然而通过配位和电荷分布理论模型的理论计算，富里酸与针铁矿之间的相互作用主要是静电吸附。在有机质与矿物之间的传统吸附稳定研究中，通过有机质在黏土表面的直接吸附而提出黏土颗粒对有机质的保护作用，极少能够准确描述总体有机质在沉积物上的稳定机制。

研究表明，当 DOM 负荷低时，有机-无机复合体表现出显著的非线性，而当 DOM 负荷高时，非线性减弱。这两种现象与 DOM 在无机矿物上复合的分级现象基本一致，说明 DOM 吸附时，分级既表现了分子组成结构上的差异，又有吸附性能上的差别。有研究表明，当有机质负荷弱时，被覆盖有机质的无机矿物的比表面积变化较大，而随着有机质负荷的增强，比表面积变化较小，可见，DOM 在无机矿物上的吸附存在多层覆盖现象。有机质在矿物表面复合形成各种性质有机-无机复合体对土壤结构、颗粒大小和密度产生较大影响，从而对有机碳的稳定也起到了重要的作用。Wagai 等发现，SOM 在高密度的土壤矿物颗粒上的复合更趋于稳定。因此，利用快速和可靠的方法提供的 SOM 的化学稳定性评价是非常有必要的。

2.5.2　无机矿物的性质

无机矿物是土壤的主要成分，包括金属氧化物和黏土矿物。黏土矿物主要是铝硅酸盐及其氧化物，由高岭土、蒙脱石、伊利石以及有关的混层结构矿物等组成。研究表明，金属氧化物表面主要由羟基官能团组成，而黏土矿物（硅铝酸盐）除了羟基官能团外，还有可交换功能的离子及离子团，研究者发现，HA 和 FA 的吸附受氧化物中金属离子的结构的影响，根据静电学原理，电荷与半径的比例愈大的金属与腐殖酸形成的键愈强。因此，不同金属氧化物和黏土矿物因其构型不同，对 SOM 和有机污染物的吸附能力也各不相同。不同粒径大小分布的矿物组分可以用来解释不同类型的碳库。在粗矿物颗粒上的有机质结构与在细矿物颗粒上的有明显的差别。Feng 等发现，不同类型矿物对土壤有机质的不同组分进行选择性吸附。因此，有机-无机复合体的有机质类型取决于矿物类型及其组分颗粒大小分布。在有机-无机复合体形成过程中，有机质在无机矿物表面的吸附主要受阳离子交换容量、表面电荷、形态、粒径大小、比表面积等的影响。胡敏酸在蒙脱石上的吸附，在 Fe 饱和状态下的吸附要强于 Al 饱和状态。不是所有矿物表面吸附相等量的土壤有机质时无机矿物的形态对腐殖质的吸附影响较大，如蒙脱土的吸附位点可以被各种尺寸的有机质分子覆盖，而高岭土往往优先吸附大分子物质。可见，2：1 型硅铝酸盐矿物在溶液中会被水分子或其他分子和离子支撑开，使其层间距增大，暴露出更多的吸附位点（图 2-29），其中层内带有较多的负电荷，使得其对阳离子吸附能力强，同时阳离子交换容量大，一般可达 80～150meq/g。研究发现，干燥的蒙脱土层间距大约为 1nm（层内主要存在着可交换阳离子），但当它浸在水溶液中湿润时，层间距就会被支撑开，达到 3nm 或者更大（层内则主要存在可交换的水合阳离子）[图 2-29(b) 和 (c)]。此时，尺寸较为适合的分子（如四环素等离子型化合物）可进入层内补充新位点。Schnitzer 和 Kodama 认为 FA 会进入蒙脱石的层间，吸附不仅作用于矿物质外表面，晶层间的内表面也有重要的贡献，也有研究者认为有机质不会进入蒙脱石的层间。关于胡敏酸能否进入蒙脱石层间的问题尚有争议，由于所用的方法不同，结论也不一致。在酸性条件下，蒙脱石边面正电性的$>AlOH_2^{+0.5}$能与胡敏酸的阴离子发生配体交换作用，是吸附胡敏酸的主要活性位点。

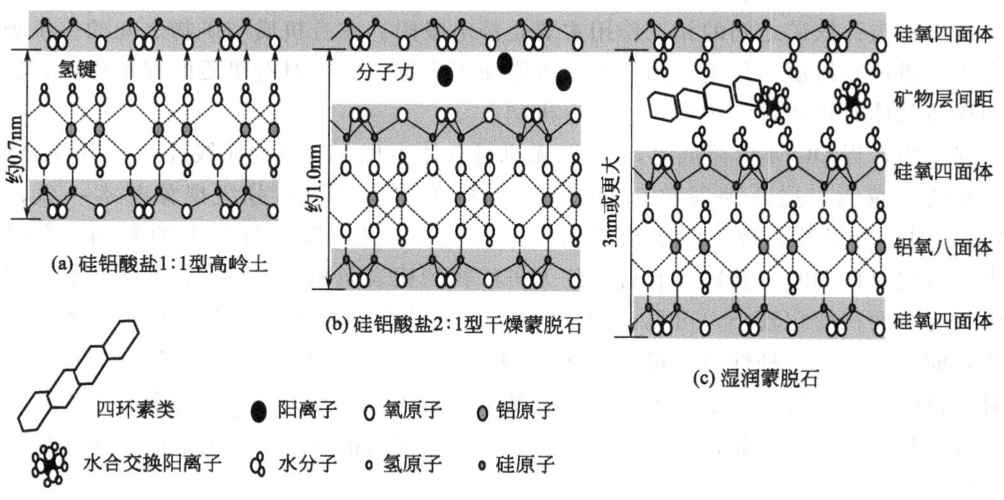

图 2-29　在干湿不同条件下无机矿物层状结构比较图

无机矿物的比表面积和粒径对有机质吸附有显著影响。对于同一矿物而言，其比表面积越大或粒径越小，吸附越强，因为大的比表面积与小的粒径增加了吸附位点，尤其对于硅铝酸盐矿物来说，较大的比表面积或较小的粒径，其破碎面会增多，则其位点密集程度也会增高。在高岭土体系中，富里酸的吸附量与高岭土的表面积正相关。然而有研究者观察到，表面积大的蒙脱石吸附的有机质反而比表面积小的高岭土更少。此时，无机矿物表面对有机质的选择性吸附可以解释这一现象。反过来，DOM 通过改变氧化物与黏土矿物表面的化学性质，影响它们在环境中的分散迁移、凝聚沉积以及矿物表面的吸附、溶解、结晶等过程。腐殖质在无机矿物表面的吸附行为也会影响矿物颗粒的比表面积，如在 pH=5 的 0.01mol/L $CaCl_2$ 中，腐殖质在云母上是环状的结构（环的直径为 30～70nm，平均 49nm；厚度为 1～10nm，平均 4nm)。也有研究者在蒙脱石吸附富里酸的研究中观察到，低 pH 值条件下，氢质蒙脱石吸附富里酸可使层间距明显增大，蒙脱石吸附的富里酸大部分置换出层间阳离子所持的水分子而进入层间。Christi 和 Kretzschmar 也发现，当反应体系中存在 Cu^{2+} 时，对赤铁矿吸附富里酸的影响不明显；但富里酸的存在可显著影响赤铁矿对 Cu^{2+} 的吸附，尤其是在 $pH<6.0$ 时，与纯赤铁矿体系相比，可使 Cu^{2+} 的吸附量增加 40%，而当 $pH>6.0$ 时，富里酸的存在会导致赤铁矿对 Cu^{2+} 的吸附量减少。此外，普遍认为 DOM 的有机碳含量和有机-无机复合体的比表面积呈正相关关系，然而有机质含量过高时，这种关系就会颠倒，即呈负相关关系，可能是有机质的覆盖使得 N_2 无法进入一些内部空隙，或者是小的矿物颗粒在有机质的作用下聚集成了大的颗粒。研究表明，铁氧化物及其水化物具有较大的比表面，其“边面”可变电荷可直接与带负电的腐殖酸胶体发生配位交换反应，向溶液释放羟基。这些不同无机矿物表面性质结构的差异，也决定了它们选择性吸附有机分子后的稳定性，研究者在对针铁矿、有机质的吸附稳定研究中发现，有机质吸附量呈现针铁矿＞叶蜡石＞蛭石的顺序，并且指出针铁矿主要通过配体交换作用吸附有机质，叶蜡石则是范德华力和离子桥键作用，蛭石是离子桥键作用，它们的复合体表现稳定性强弱顺序为针铁矿＞叶蜡石＞蛭石。衡利沙等认为，土壤中稳定的有机碳与铁铝氧化物量成正相关关系。同样，土壤有机质稳定性研究的文献表明在不饱和的始成土的表层土中抗氧化性碳量与总铁氧化物呈正相关，而在普通灰壤的表层土中抗氧化性碳量与黏土矿物含量呈正相关。

2.5.3 有机-无机复合体的制备和表征

土壤有机质被无机矿物吸附存在分级现象，有机-无机复合体的制备首先要分离和制备胡敏酸，然后用 DOM 与不同类型的无机矿物在一定固液比范围内复合形成不同性质的有机-无机复合体。由于该分级现象，所以有机-无机复合体的制备用程序吸附法，如图 2-30 所示。程序吸附法的具体操作步骤为：将无机矿物放入一定浓度的 DOM 中，并浸泡在离心瓶内，放入振荡器中振荡 3d 达到平衡（目的是让无机矿物与有机质充分结合），离心后移出的上清液再与新投入的无机矿物复合，如此循环下去，直至 DOM 上清液的有机质被无机矿物吸附完全。利用 DOM 在无机矿物上的分级现象，在每个程序里，程序吸附法所制得的复合

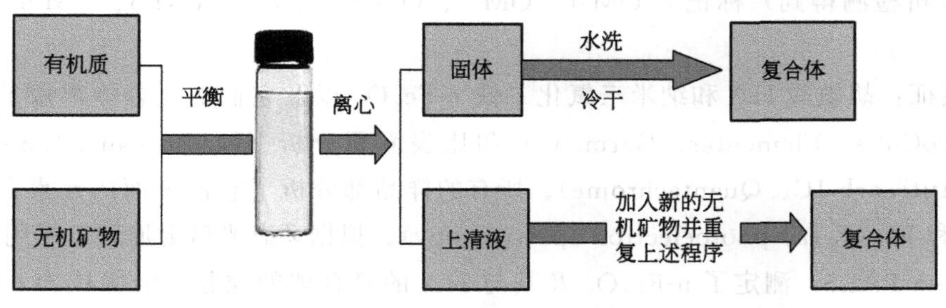

图 2-30 程序吸附法实验流程

体的性质都有所不同，所以能更好地揭示环境中无机矿物-有机质-有机污染物三者之间的作用机理。

以下为有机-无机复合体制备和表征具体过程的一个实例。

有机质来源于泥炭土，采自云南省昆明市滇池水域附近，位于 N25°02′19.22″，E102°39′52.16″。滇池共占地 2920km^2，平均水深为 5.3m，水域面积约 309.5km^2，海岸线长达 163km，能够承载的水体容量为 $1.56\times10^9 m^3$。滇池盆地周围富含泥炭土，其有机质含量较高，且有机质主要由水生、湿生植物凋落高度腐殖化形成，易与土层中的纳米氧化铁、微米氧化铁和高岭土等黏土矿物形成稳定的有机-无机复合体。泥炭土是随滇池水体移动并最终成为存在于水底下的一层固体微粒，其受流动水体的影响而成为不均体。采用混合土样的方法来有效地控制采样误差，采样点远离耕作区，采集化肥农药含量较低的混合土样。采集的泥炭土经自然风干后，挑出植物残体和石块，并碾碎过 2mm 筛。使用碱提取法分离泥炭土中的有机质组分胡敏酸（HA）作为制备有机-无机复合体的原材料。

HA 的提取过程：根据胡敏遇碱溶解遇酸沉淀的特性，取制备胡敏素时分离出来的黄褐色上清液（HA 和富里酸的混合液），将 0.1mol/L 的 NaOH 和 0.1mol/L 的 $Na_4P_2O_7$ 与土壤颗粒混合，按照国际腐殖质学会常用的碱性提取方法提取腐殖酸 HA。混合溶液用盐酸调节 pH 值为 1.0，并在 40℃下水浴加热 2h，静置过夜，通过 12h 平衡后，混合溶液在 2000r/min 下离心 15min，去上清液（去除富里酸）。沉淀的胡敏固体胡敏酸用 HF（HF∶HA=1∶3）清洗 3 次（每 6h 清洗一次），然后，用去离子水反复洗至接近中性，上清液用 $AgNO_3$ 测试，确定无沉淀生成后，将其冷冻干燥，过筛制成粉末（粒径<500μm）备用。

制备溶解性有机质（DOM）：称取 5g 提取出来的 HA，用 100mL NaOH（0.5mol/L）溶解（需要过夜），加入 200mg/L NaN_3 溶液至 1000mL，用 0.45μm 滤膜过滤，制为 TOC 约 5g/L 的 DOM 储备液，然后用 0.1mol/L 的 NaOH 或 0.1mol/L 的 HCl 溶液调节 pH 值至 6.5。

有机-无机复合体制备：将纳米三氧化二铁（n-Fe_2O_3，30nm，纯度为 99.5%）与配制好的 5g/L DOM 溶液分别以 1∶100、1∶50、1∶20 的固液比（质量比），通过程序吸附法（图 2-30）将 DOM 分别与纳米三氧化二铁复合 3 次，每次复合振荡 3d 达到平衡。然后将离心瓶放入离心机中，以 7600r/min 的转速使固液分离，上清液倒出，做标记，并取适量上清液于高效液相色谱的小瓶中，备测。剩余固体用背景水反复清洗，直至上清液测 TOC 有机碳含量小于 5%，冷冻干燥。制得的有机-无机复合体根据有机碳含量的增加（元素分析检测得到）标记为 OM-1、OM-2、OM-3、OM-4、OM-5、OM-6、OM-7 和 OM-8。

样品表征：胡敏酸 HA 和纳米三氧化二铁 n-Fe_2O_3 以及它们的复合体都做了元素组成分析（MicroCube、Elementar、Germany）和比表面积分析（N_2 Brunauer-Emmett-Teller method、Autosorb-1C、Quantachrome）。所有的样品都分析了它们表面的元素含量，包括 C、O、N 和 Fe（X-ray photoelectron spectroscopy）。根据动态光散射原理，采用 Zeta 电位分析仪（Zeta PALS）测定了 n-Fe_2O_3 及其与 HA 的复合体的粒径。液固比为 800∶1，与吸附实验的液固比一致，检测时间为 0.5min。

2.5.4 有机质和无机矿物的相互作用过程

2.5.4.1 有机质在无机矿物上的作用机理

Wang 等通过研究表明蒙脱石选择性吸附有机质中的烷基和羧基化合物，在这个过程中，疏水键和离子键桥接作用可能是导致有机-无机复合的主要机制。别的研究还证明了在纳米级无机矿物体系中，除以上作用机理外，有机-无机复合体的形成还存在水化或疏水相互作用。而另一种新型的非键作用阳离子-π 作用也被认为是有机质在无机矿物上作用的机理，在某些体系中还存在空间斥力和磁力。在实际的土壤中，土壤矿物表面经常被铁、硅、铝氧化物或氢氧化物胶膜所覆盖，而这些膜大部分为正电荷，所以带负电荷的有机质分子可以通过静电作用与无机矿物结合。有机无机相互作用在多组分体系中的现象更为复杂，Mortland 将有机无机复合机理归纳为若干键的合力，而 Greenland 又将这些键合力总结为氢键合、阳离子桥接、阴离子交换和配位体交换等作用机理。最近几年，有研究者提出阳离子-π 作用，即一种存在于阳离子和芳香体系之间的相互作用。与一些经典的作用如氢键，阴、阳离子键相比，阳离子-π 作用被认为是一种新型的非键作用，研究表明金属离子和有机物质的作用过程通常由阳离子-π 作用控制。当土壤中有较多的高价位金属离子存在时，这些金属离子与土壤中有机质之间势必也存在 π 键作用。此外，除 pH 值极低的土壤外都可产生配位体交换作用，有机阴离子可穿入氢氧化物表面铁或铝原子的配位层，而结合为表面氢氧层。因此，有机-无机复合体的形成可能同时存在多种作用机理。

有研究表明胡敏酸大分子组分优先吸附在无机矿物氧化铁表面主要是由于配体交换作用和库仑力。当 pH 值低于零点电位（pH_{zpc}）时，库仑力和配体交换作用对溶解有机质吸附在纳米氧化铁表面起到关键作用。研究者已证实憎水性物质、芳香族组分和高分子有机组分优先吸附在无机矿物表面。而胡敏酸与 Si—OH 产生氢键的可能性很小，也就是说胡敏酸表面的羟基（—OH）、羧基（—COOH）官能团与高岭石表面的 Al—OH 形成氢键，从而相互结合，同时，胡敏酸表面的—OH 或—COOH 还能与氧化铁、高岭石表面的—OH 发生配位体交换作用。在胡敏酸与无机矿物发生作用时，其表面的—OH、—COOH 等亲水基团以氢键或者配位体交换的方式参与反应，使得原本的亲水性减弱、疏水性增强。此外，可以用表面憎水角表征有机质疏水性的高低，其值越大，疏水性越强。有机-无机复合体随着复合次数的增多，表面憎水角减小，复合体上的有机质极性增强，说明氧化铁和高岭土表面优先吸附胡敏酸中极性较弱、芳香性较强的组分。Gu 和 Murphy 等认为，氧化铁和高岭土表面上的—OH 对 H^+ 具有较高的亲和力，能够与 H^+ 发生质子化作用，质子化的表面—OH 或脱去水分子的金属离子更易与有机质配位，胡敏酸更容易结合到这两种矿物表面。综上所述，表面—OH 的质子化作用也是氧化铁、高岭土与胡敏酸相互作用的一个重要机理。

2.5.4.2 有机-无机复合体形成的影响因素

(1) 有机质性质的影响

研究认为，有机质的不同性质是导致有机-无机复合体中有机物质分解速率不同的重要因素。土壤中的无机矿物颗粒与有机物质形成有机-无机复合体，这有利于形成较大的土壤团聚体，在土壤水分、养分的吸附、储存与释放过程中起着重要的协调作用。溶解有机质在无机矿物表面的分级吸附，证明两者有很强的相互作用，更重要的是，溶解有机质与无机矿物颗粒的相互作用在土壤中碳稳定以及成土过程中起到关键作用。有研究者认为土壤有机质中的腐殖酸是影响土壤胶体稳定性的主要物质，但具体的过程和原理有所差异。有机质的性质如官能团直接影响其与无机矿物结合的紧密程度。因此，在土壤腐殖质的提取过程中，根据其提取的难易程度，把腐殖质分为吸着联结态腐殖质、游离松结态腐殖质和紧结态腐殖质，而且腐殖质可能进入黏土矿物晶面间。此外，结合态的胡敏酸与富里酸多数以复合体的形式存在。因此，影响土壤有机质含量的因素都直接或间接影响土壤有机-无机复合体的形成过程。

(2) 金属离子种类和浓度的影响

金属离子由于与其他离子容易发生相互作用，从而对有机-无机复合体的形成过程起到重要的作用，尤其是高价金属离子“桥接”作用。从文献中可以了解到土壤胶体颗粒的凝聚与否受电解质影响，其原因在于胶体悬液体系中的表面电位和双电层厚度会受到影响，导致双电层排斥势垒发生变化。通常用临界絮凝/聚凝浓度反映不同电解质对某一胶体分散体系的聚沉能力。临界絮凝/聚凝浓度值增大，表明胶体的稳定性增加；反之，则胶体不稳定，易聚凝。Tian 等研究表明不同种类的二价阳离子对可变电荷表面土壤胶体复合的过程有影响，他们发现 Cu^{2+} 在引发土壤胶体复合凝聚的过程中有扩散控制凝聚力。其他研究者也指出不同种类的阴离子的吸附随电解质浓度的增加而减小，因此，阴离子在土壤胶体表面的吸附也影响土壤胶体的复合过程。

(3) pH 值和温度的影响

土壤胶体表面的电位、电荷密度和类型都受到 pH 值的影响，进而影响土壤有机和无机组分之间的相互作用如静电作用力、化学键等，从而对复合过程产生不同的影响。特别是对可变电荷表面的影响更显著。pH 值变化还会导致阳离子体系中的 H^{+} 发生变化，从而使阳离子的浓度改变，双电层受压缩而导致胶体凝聚。另外，复合的强弱程度也受 pH 值与电荷零点大小关系的影响。

对于温度，温度的升高既促进颗粒的布朗运动，从而增大了颗粒间碰撞而发生凝聚，但又使颗粒双电层厚度增加、排斥力增大，从而阻碍相邻颗粒之间的凝聚，所以温度对于复合体形成的影响是双重的。

2.5.5 有机污染物在有机-无机复合体上的作用机理

2.5.5.1 研究有机污染物和有机-无机复合体相互作用的意义

有机质与矿物颗粒之间的相互作用因其在碳稳定、土壤形成和元素循环等方面的独特作用而日益受到研究者的关注。以前的研究也表明，污染物在有机-无机复合体上的吸附大大改变了污染物的环境行为和风险。考虑到在矿物表面有机质的组分存在分馏和构象重排的特殊过程，有机-无机复合体被认为是最复杂的环境介质之一。

研究者探索了有机质负载对有机污染物在有机-无机复合体上的吸附影响。结果表明，对于憎水性有机污染物，当有机碳含量高于 0.1%时，吸附作用受有机质控制，这是因为修复的有机质具有高憎水性，而且覆盖上的有机质胡敏酸的物理构象会发生改变。然而，对于离子型的有机污染物，已经被报道了研究结果是多样的。一些研究者认为由于覆盖的有机质和离子型有机污染物之间的竞争作用，或者由于覆盖的有机质和带负电荷的离子型有机污染物之间的静电排斥作用，使覆盖的有机质抑制了离子型污染物的吸附。然而，相反的结果也有报道。与矿物颗粒相比，离子型有机污染物对有机-矿物复合物的吸附促进作用可以通过其与有机官能团之间的特殊相互作用（如氢键）来解释。Hou 等收集和分析了文献数据，表明磺胺甲噁唑在土壤中的吸附在低有机碳含量时受到抑制，而随着有机碳含量的增加，促进了吸附。有机质的构象随着有机碳含量的变化和离子型有机污染物吸附相关的概念模型被提出。然而，离子型有机污染物在包裹的有机质上吸附的正负转折点可能取决于矿物的类型和化合物的性质。

在文献中发现的离子型有机污染物的吸附受有机质在矿物表面负载影响的结论是矛盾的。离子型有机污染物的环境行为和风险评估受到阻碍。因此，进一步的研究需得到保证。对于不同的憎水性污染物，离子型污染物在有机-无机复合体上的吸附、在矿物颗粒上的吸附不能被忽略。因此，分开覆盖的有机质和暴露的矿物表面对吸附的贡献很重要。为了这个目的，以前的几个概念已经被应用。一些研究者直接从有机-无机复合体的总吸附中减去纯矿物颗粒的吸附。这个简单的复合模型没有考虑矿物颗粒在有机-矿物复合物中吸附贡献的变化，从而大大低估了覆盖的有机质的贡献。在矿物颗粒吸附高于有机质吸附的情况下，这种方法是不成立的。

另一组研究者假设原始有机质和吸附了的有机质的表面积相似，从而他们通过复合体和有机质的比表面积和有机碳含量计算出表面覆盖率。然而，这一假设并不是有效的，因为在有机矿物配合物-无机复合体形成过程中涉及有机质的溶解和吸附分馏过程。其他一些研究者利用 Langmuir 方程，根据预测的吸附最大值计算了表面覆盖率。计算假定所吸附的有机质的吸附性能与溶液中的有机质的相同。在有机-无机复合体的形成过程中，了解了有机质分馏或物理重构后，这一假设也不成立。

上述方法在评价覆盖有机质在吸附中的作用时都存在一定的局限性，迫切需要一种改进的方法来评价。由于有机污染物在矿物颗粒中扩散是不可能的，所以有机污染物在有机-无机复合体中在暴露的矿物表面的吸附与矿物颗粒暴露的表面积成正比。因此，通过对暴露的矿物表面的测量，可以很容易地从有机-无机复合体的整体吸附中扣除矿物颗粒所贡献的吸附量，这将为覆盖的有机质提供更准确的吸附估计值。因此，一般使用高比表面积的均相纳米氧化铁（n-Fe_2O_3）颗粒（纳米颗粒可以保证高的有机质负载）。氧氟沙星和诺氟沙星作为新兴的污染物，由于它们在微生物中耐药性的演变和土壤微生物群落的破坏，近年来引起了公众的广泛关注。目前在自然地表水、城市污水处理厂和土壤中广泛检测到氧氟沙星和诺氟沙星两种化合物，因此，采用这两种化合物作为离子型有机污染物的代表。研究的主要目的是确定覆盖的有机质对有机-无机复合体中氧氟沙星和诺氟沙星吸附中的真实贡献。

2.5.5.2 有机质表面覆盖率以及有机质吸附贡献率的计算

在 n-Fe_2O_3 表面覆盖的有机质用以下方程计算表面覆盖率：

$$SC(\%)=100\times\left(1-\frac{P_{\text{Fe-complex}}}{P_{\text{Fe-n-Fe}_2\text{O}_3}}\right) \tag{2-6}$$

式中，$P_{\text{Fe-complex}}$ 和 $P_{\text{Fe-n-Fe}_2\text{O}_3}$ 分别为有机-无机复合体表面的 Fe 含量和纯 n-Fe_2O_3 表面的 Fe 含量。

氧氟沙星和诺氟沙星平衡的固相浓度贡献于吸附的有机质量（S'_e，mg/kg），并用以下方程计算：

$$S'_e = S_{e(complexes)} - \frac{S_{e(n\text{-}Fe_2O_3)} \times (100 - SC)}{100} \tag{2-7}$$

在这个方程中，$S_{e(complexes)}$（mg/kg）和 $S_{e(n\text{-}Fe_2O_3)}$（mg/kg）分别为氧氟沙星/诺氟沙星在有机-无机复合体和纯 n-Fe_2O_3 表面的固相平衡浓度。

2.5.5.3 胡敏酸（HA）在纳米三氧化二铁（n-Fe_2O_3）的表面覆盖

在不同液固比条件下制备了 HA-n-Fe_2O_3 复合体，目的是获得不同性质的有机-无机复合体。(N+O)/C、O/C 和 C/H（原子比）的计算如表 2-12 所列。这些复合体的有机元素组成是由吸附的 HA 在纯 n-Fe_2O_3 颗粒中无法检测到的有机成分所贡献的。我们观察到 (N+O)/C、O/C 值随着有机碳含量的增加而降低，而 C/H 值随着有机碳含量的增加而增加。因此，HA-n-Fe_2O_3 复合体的极性和亲水性随有机质负载的增加而降低。以前的研究表明，HA 的脂肪族组分优先吸附在固体颗粒上，我们的结果与该结果一致。

表 2-12 选择的吸附剂的物理化学性质

样品	有机元素组成					(N+O)/C①	O/C①	C/H①	A_{surf}②	XPS				SC③ /%	粒径 /nm
	C/%	O/%	N/%	H/%	S/%					C/%	O/%	N/%	Fe/%		
OM-1	0.38	3.33	0.07	0.62	0.23	6.73	6.57	0.05	45.1	11.7	46.8	0.87	40.7	11	1859
OM-2	0.41	2.77	0.08	0.65	0.40	5.23	5.07	0.05	41.9	14.7	44.8	0.80	39.7	13	1825
OM-3	0.80	4.04	0.09	0.65	0.25	3.88	3.79	0.10	41.6	20.0	46.5	1.11	32.4	29	1850
OM-4	0.83	4.30	0.09	0.63	0.20	3.98	3.89	0.11	40.9	20.9	47.2	0.94	31.0	32	1868
OM-5	0.90	2.84	0.08	0.70	0.52	2.44	2.37	0.11	40.4	21.2	46.9	0.99	30.9	32	1876
OM-6	1.37	5.11	0.12	0.69	0.27	2.87	2.80	0.17	41.4	22.0	46.5	0.86	30.7	33	1873
OM-7	1.41	4.92	0.12	0.68	0.22	2.69	2.62	0.17	41.2	22.4	46.9	0.77	30.0	34	1852
OM-8	1.60	2.95	0.14	0.71	0.23	1.46	1.38	0.19	40.9	23.2	46.4	1.30	29.1	36	1869
HA	46.9	35.5	3.36	4.42	0.61	0.63	0.57	0.88	2.1				—	—	—
n-Fe_2O_3	—	—	—	—	—		—	—	44.5	5.6	48.0	0.78	45.6	—	1803

①原子比。

②比表面积。

③根据方程式（2-6）计算的 HA 的表面覆盖率（SC）。

HA 在 n-Fe_2O_3 表面的覆盖也得到了红外光谱（FTIR）的证实（图 2-31）。HA 表现出典型的天然有机质红外光谱特征。在 $3430cm^{-1}$ 附近出现明显的峰可能与—O—H 的伸缩振动有关。$2927cm^{-1}$ 和 $2856cm^{-1}$ 附近的两个峰值来自脂肪族或脂环—C—H 的拉伸振动。$570cm^{-1}$ 处的峰可能来自—O—Fe 官能团的振动。和 HA 相比，有机-无机复合体和 n-Fe_2O_3 的红外信号在 $1620cm^{-1}$ 处（芳香—C ═C 信号）比 HA 的低。芳香环上的—CH_2OH 官能团与 n-Fe_2O_3 的相互作用可能导致 n-Fe_2O_3 与 HA 结合后—COOH 官能团从 $1370cm^{-1}$ 这个峰轻微移动到 $1365cm^{-1}$ 处。有机-无机复合体的—C—O 在 $1220cm^{-1}$ 处有一个明显的峰移动到 $1048cm^{-1}$，这可能是苯环上的—COOH 与 n-Fe_2O_3 强相互作用的结果。

有机质在矿物表面的表面覆盖度是控制化学物质在有机-无机复合体上吸附特性的重要参数。为避免前面讨论的间接计算，使用了 XPS 检测得到 HA 覆盖前后的无机矿物表面暴露的 Fe 含量。由于不涉及表面积和吸附特性的假设，我们认为该测量提供了更多关于 HA 覆盖的更直接的信息。表 2-12 显示，根据复合体和 n-Fe_2O_3 的表面铁含量计算表面覆盖率。虽然总的碳含量在 0.38%～1.60%之间（元素分析仪测定），但表面碳含量要高得多，在

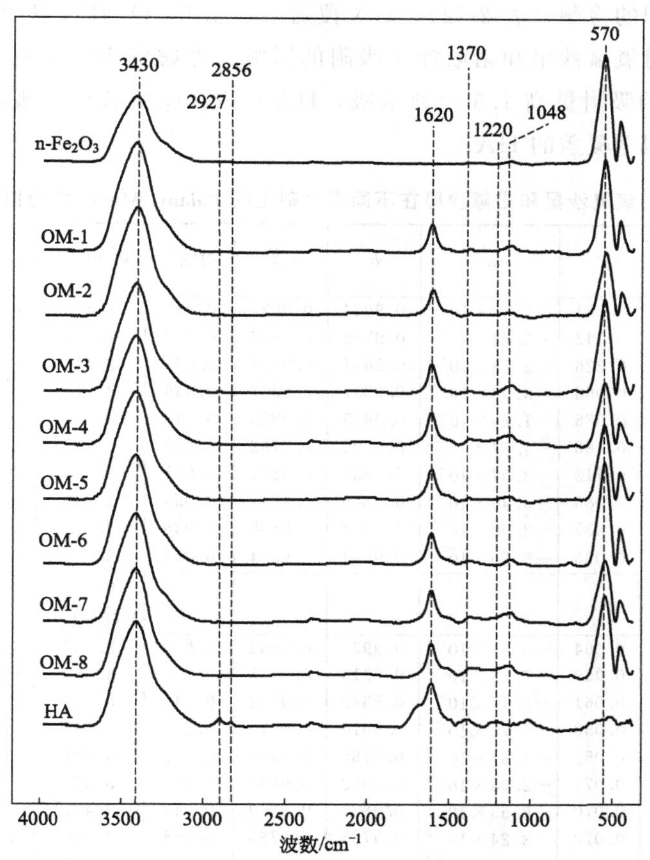

图 2-31 HA、n-Fe_2O_3 和它们的复合体的红外光谱图

$3430cm^{-1}$：—O—H；$2927cm^{-1}$ 和 $2856cm^{-1}$：脂肪族或脂肪—C—H；$1620cm^{-1}$：芳香族—C═C；$1370cm^{-1}$：—COOH；$1220cm^{-1}$ 和 $1048cm^{-1}$：—C—O；$570cm^{-1}$：—O—Fe

11.7%～23.2%之间（XPS 测定）。这个结果表明覆盖的 HA 大多数分布在 n-Fe_2O_3 表面，很难到达 n-Fe_2O_3 团聚体形成的内孔中。我们还注意到有机碳含量 f_{OC} 在 0.8%左右时，表面覆盖率急剧增加到 30%左右，即使 f_{OC} 增加到 1.6%时，表面覆盖率也保持在 40%以下。表面 C 含量也在 20%～23%的小范围内变化，这一结果可以从 HA 在 n-Fe_2O_3 表面的多层吸附来理解。

2.5.5.4 氧氟沙星和诺氟沙星在 HA、n-Fe_2O_3 及它们的复合体上的吸附

根据用不同的模型拟合吸附等温线并比较得到，PMM 模型比 Freundlich 模型拟合参数更优，主要是用 r_{adj}^2（PMM 模型的可调可决系数为 0.965～0.993，而 Freundlich 模型的可调可决系数为 0.918～0.985）和标准估计误差（PMM 模型：0.034～0.078；Freundlich 模型：0.034～0.078）。所有吸附等温线如图 2-32 所示，PMM 模型拟合结果见表 2-13。根据 PMM 拟合参数计算实验浓度范围内的吸附系数（K_d），并将拟合结果和定量比较的 K_d 值列于表 2-13 中。

HA-n-Fe_2O_3 复合体对氧氟沙星和诺氟沙星的吸附高于 n-Fe_2O_3（图 2-32）。Liu 等报道了 HA 覆盖后纳米颗粒团聚体会分散，因此重金属吸附的有效比表面积增大。根据我们对

粒径分布和比表面积的检测（表 2-12），HA 覆盖后的 n-Fe_2O_3 团聚体状态没有明显增加。因此可以排除粒径对氧氟沙星和诺氟沙星吸附的影响。考虑到 HA 对这两种化学物质的吸附量均比 n-Fe_2O_3 的吸附量高 1.5 个数量级，HA-n-Fe_2O_3 复合体的吸附比 n-Fe_2O_3 颗粒的吸附增加可能归因于覆盖的 HA。

表 2-13　氧氟沙星和诺氟沙星在不同吸附剂上的 Polanyi-Manes 模型拟合结果

样本		$\lg S_0$	SE①	a	b	r^2_{adj}②	SEE③	$0.005C_s$	$\lg K_d$		
									SE	$0.01C_s$	SE
OFL	OM-1	4.038	0.061	-5.50×10^{-3}	0.9924	0.9924	0.036	2.452	0.017	2.256	0.019
	OM-2	4.480	0.342	-5.74×10^{-2}	0.9732	0.9732	0.059	2.404	0.029	2.246	0.035
	OM-3	4.233	0.226	-2.58×10^{-2}	0.9654	0.9654	0.073	2.476	0.035	2.293	0.041
	OM-4	4.028	0.068	-3.90×10^{-3}	0.9857	0.9857	0.046	2.519	0.020	2.302	0.023
	OM-5	4.071	0.088	-1.20×10^{-2}	0.9825	0.9825	0.046	2.505	0.021	2.286	0.025
	OM-6	4.775	0.386	-1.77×10^{-1}	0.9792	0.9792	0.055	2.617	0.027	2.436	0.032
	OM-7	4.288	0.112	-3.07×10^{-2}	0.9881	0.9881	0.041	2.613	0.020	2.402	0.023
	OM-8	4.248	0.083	-3.40×10^{-3}	0.9845	0.9845	0.054	2.738	0.027	2.523	0.031
	n-Fe_2O_3	3.606	0.035	-2.00×10^{-4}	0.9888	0.9888	0.038	2.238	0.013	1.995	0.018
	HA	5.343	0.096	-5.60×10^{-3}	0.9834	0.9834	0.058	3.767	0.028	3.567	0.032
f_{OC}	r							0.910		0.871	
	P							1.68×10^{-3}		4.88×10^{-3}	
NOR	OM-1	4.217	0.064	-9.98×10^{-2}	0.9932	0.9932	0.034	3.089	0.014	2.945	0.013
	OM-2	4.120	0.059	-7.26×10^{-2}	0.9915	0.9915	0.036	3.088	0.015	2.941	0.014
	OM-3	4.145	0.061	-5.17×10^{-2}	0.9882	0.9882	0.045	3.217	0.018	3.060	0.017
	OM-4	4.166	0.053	-5.78×10^{-2}	0.9910	0.9910	0.036	3.315	0.015	3.133	0.014
	OM-5	4.078	0.051	-1.61×10^{-2}	0.9789	0.9789	0.059	3.407	0.023	3.221	0.023
	OM-6	4.156	0.071	-2.05×10^{-2}	0.9662	0.9662	0.078	3.506	0.031	3.307	0.032
	OM-7	4.304	0.070	-6.53×10^{-2}	0.9879	0.9879	0.047	3.427	0.019	3.245	0.019
	OM-8	4.307	0.072	-3.24×10^{-2}	0.9785	0.9785	0.068	3.580	0.027	3.388	0.028
	n-Fe_2O_3	3.957	0.044	-3.85×10^{-2}	0.9916	0.9916	0.040	2.962	0.017	2.838	0.016
	HA	5.474	0.078	-4.67×10^{-2}	0.9884	0.9884	0.052	4.442	0.021	4.319	0.021
f_{OC}	r④							0.950		0.954	
	P⑤							2.95×10^{-4}		2.31×10^{-4}	

①标准误差。
②可调可决系数。
③标准估计误差。
④有机-无机复合体的吸附系数 K_d 和有机碳含量 f_{OC} 之间的相关系数。
⑤t 检验零假设"$r=0$"的伴随概率。
注：S_0 的单位为 mg/kg，K_d 的单位为 L/kg。

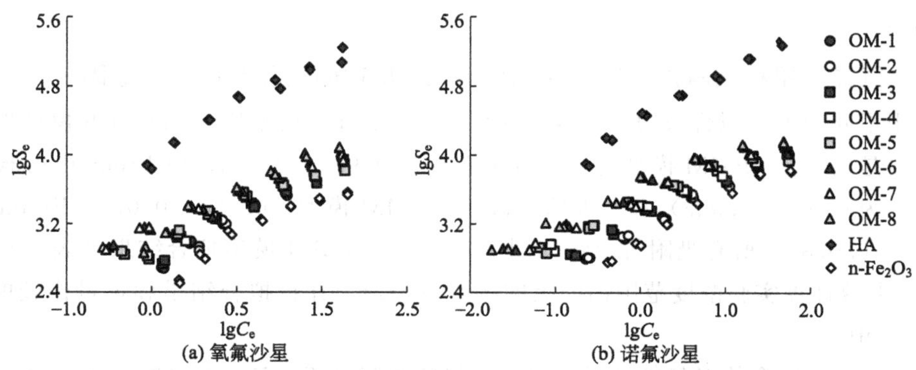

图 2-32　氧氟沙星和诺氟沙星在 HA、n-Fe_2O_3 及它们的复合体上的吸附等温线

S_e（mg/kg）是固相平衡浓度，而 C_e（mg/L）是液相平衡浓度

氧氟沙星和诺氟沙星都包含一个哌嗪基（阳离子）官能团和一个羧基（阴离子）官能团，根据溶液中的 pH 值，两种化合物存在三种形态（阳离子、阴离子和两性分子）。氧氟沙星和诺氟沙星分子的阳离子（正电荷）和带负电荷的 HA［电动电势＝(－38.99±0.68) mV］在实验条件 pH＝5.8±0.2 下能发生静电吸引作用。氧氟沙星和诺氟沙星在 HA 上的吸附最高可能是由该静电吸引作用导致的。

n-Fe_2O_3 和 HA 的比表面积分别为 44.5m^2/g 和 2.1m^2/g，所有有机-无机复合体的比表面积在 40～45m^2/g 范围内轻微变化（表 2-12）。HA 对诺氟沙星和氧氟沙星的吸附量最高，说明比表面积（N_2 吸附量法检测）可能不是控制氧氟沙星和诺氟沙星在 HA 上吸附的主要因素。因此，我们没有讨论基于 PMM 拟合的吸附机理，主要考虑的是和表面或孔隙相关的吸附机理。接下来的讨论主要集中在计算的吸附系数 K_d 上。

2.5.5.5 通过表面覆盖率计算吸附的 HA 对吸附的贡献

氧氟沙星和诺氟沙星的吸附系数 K_d 与有机碳含量 f_{OC} 之间的相关系数 r 值均在 0.87～0.95 之间（表 2-13），所有的伴随概率（P）均小于 0.01，说明 K_d 与 f_{OC} 之间存在显著的正相关关系。这证明了有机-无机复合体中的有机碳可能是氧氟沙星和诺氟沙星吸附的重要因素。通过这个相似的观察，研究者一般采用 f_{OC} 标准化 K_d 处理，以更好地与文献数据进行比较。这种标准化假设了矿物组分的吸附贡献是可以忽略不计的。然而，这种假设并不总是正确的。为了了解 HA 在复合体上的吸附，需要仔细排除暴露颗粒表面的贡献。根据上一节的讨论，HA 在 n-Fe_2O_3 表面的覆盖率为计算暴露的 n-Fe_2O_3 表面的贡献提供了一个有用的参数。这个计算结果见图 2-33 和图 2-34。

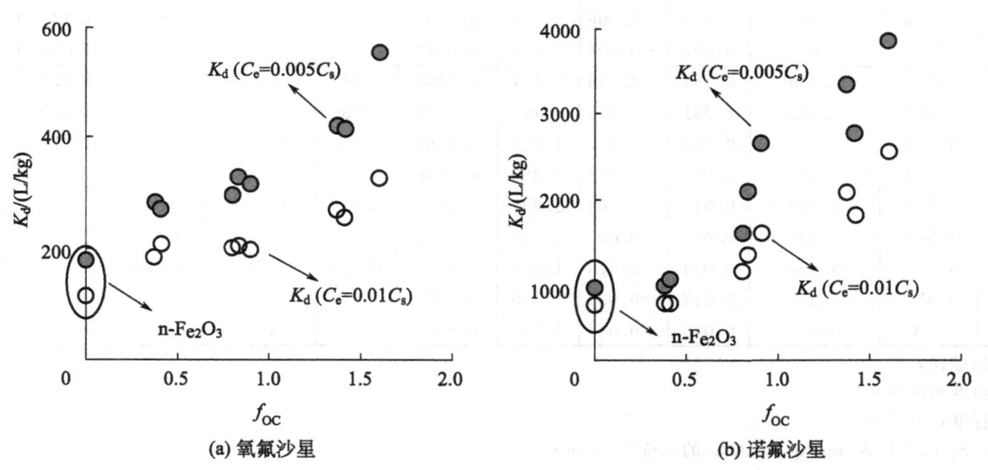

图 2-33　氧氟沙星和诺氟沙星的吸附系数 K_d 与有机碳含量 f_{OC} 之间的相互关系

吸附系数在 0.005C_s（OFL：17mg/L；NOR：1.6mg/L）和 0.01C_s（OFL：34mg/L；NOR：3.2mg/L）下计算得到

仔细排除暴露的 n-Fe_2O_3 表面对吸附的贡献后，得到的固相浓度用有机碳含量标准化。与原始 HA 相比，所有覆盖的 HA 对诺氟沙星和氧氟沙星的吸附都高（表 2-14）。之前的研究表明在矿物表面覆盖 HA 可能导致 HA 分子的重组，这可能是因为诺氟沙星和氧氟沙星提供额外的吸附位点/区域。

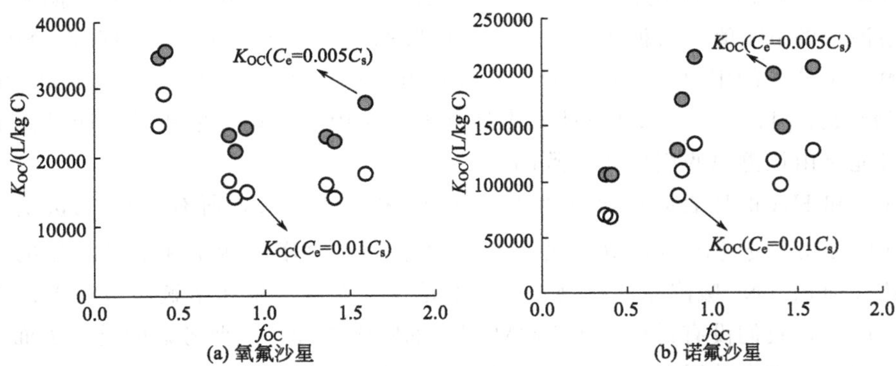

图 2-34　吸附 HA 的吸附系数（K_{OC}）与有机碳含量（f_{OC}）之间的相互关系

表 2-14　有机碳标准化后的氧氟沙星和诺氟沙星在 HA 结合后的有机-无机复合体、原始 HA 上的吸附 Polanyi-Manes 模型拟合结果

样本		$\lg S_0$	SE①	a	b	$r^{2②}_{adj}$	SEE③	$\lg K_{OC}$			
								$0.005C_s$	SE	$0.01C_s$	SE
OFL	OM-1	6.640	0.330	−0.098	1.319	0.9779	0.056	4.526	0.025	4.374	0.030
	OM-2	7.626	1.136	−0.388	0.941	0.9721	0.078	4.536	0.036	4.452	0.045
	OM-3	6.917	0.386	−0.334	0.832	0.9934	0.027	4.349	0.012	4.195	0.015
	OM-4	6.018	0.043	−0.013	2.169	0.9965	0.016	4.304	0.059	4.130	0.041
	OM-5	6.136	0.092	−0.070	1.225	0.9958	0.013	4.366	0.006	4.150	0.008
	OM-6	10.378	2.822	−3.419	0.204	0.9980	0.012	4.343	0.005	4.178	0.006
	OM-7	6.315	0.105	−0.156	0.946	0.9981	0.009	4.329	0.224	4.122	0.222
	OM-8	5.989	0.016	−0.006	2.393	0.9993	0.008	4.434	0.003	4.226	0.004
	HA	5.672	0.097	−0.006	2.473	0.9834	0.058	4.096	0.028	3.896	0.032
NOR	OM-1	9.280	6.585	−2.946	0.194	0.9468	0.079	5.005	0.018	4.813	0.016
	OM-2	6.842	1.281	−0.773	0.448	0.9232	0.080	5.006	0.035	4.805	0.032
	OM-3	5.978	0.056	−0.067	1.389	0.9889	0.029	5.095	0.013	4.914	0.011
	OM-4	5.997	0.053	−0.068	1.268	0.9878	0.024	5.230	0.010	5.020	0.009
	OM-5	5.832	0.014	−0.004	2.609	0.9900	0.018	5.318	0.009	5.112	0.008
	OM-6	5.780	0.013	−0.007	2.237	0.9926	0.014	5.284	0.006	5.062	0.006
	OM-7	5.999	0.034	−0.079	1.247	0.9961	0.015	5.163	0.006	4.963	0.006
	OM-8	5.949	0.013	−0.025	1.730	0.9977	0.010	5.297	0.004	5.093	0.004
	HA	5.804	0.083	−0.047	1.725	0.9885	0.052	4.766	0.021	4.644	0.021

①标准误差。

②可调可决系数。

③标准估计误差。

注：S_0 的单位为 mg/kg C，K_{OC} 的单位为 L/kg C。

为了理解 HA 和 n-Fe_2O_3 颗粒对氧氟沙星和诺氟沙星在 HA-n-Fe_2O_3 复合体上吸附的相对重要性，我们计算并比较了包裹的 HA 和暴露的 n-Fe_2O_3 表面的吸附贡献，如图 2-35 所示。对于这两种化学物质，表面覆盖率超过 13%，f_{OC} 略高于 0.4%时，HA 的吸附高于 n-Fe_2O_3 的吸附。包裹的 HA 的吸附量随表面覆盖率的增加而增加，而且吸附量占总吸附量的 80%以上，此时表面覆盖率为 36%，f_{OC} 为 1.6%。和憎水性污染物 HOCs 相比，当 f_{OC} 高于 0.1%时，吸附被有机质抑制，无机矿物颗粒对土壤吸附离子型有机污染物 IOC 的重要贡献不容忽视。

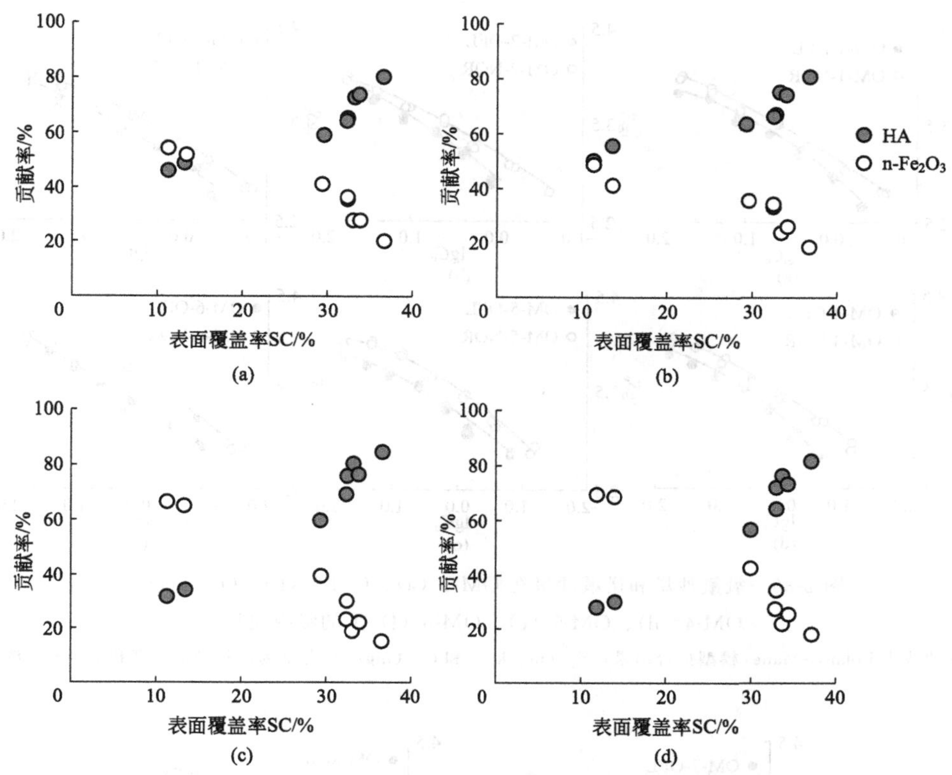

图 2-35　包裹的 HA 和 n-Fe_2O_3 对氧氟沙星和诺氟沙星在有机-无机复合体上吸附的贡献率与表面覆盖率 SC 之间的相互关系

吸附系数 K_d 在 0.005C_s（OFL：17mg/L；NOR：1.6mg/L）[图（a）和图（c）] 和 0.01C_s（OFL：34mg/L；NOR：3.2mg/L）[图（b）和图（d）] 下计算得到

2.5.5.6　氧氟沙星和诺氟沙星的吸附比较

比较氧氟沙星和诺氟沙星在不同吸附剂上的吸附发现（图 2-36 和图 2-37），诺氟沙星在 HA、n-Fe_2O_3 及其复合体上的吸附都比氧氟沙星的高。之前的研究表明，氧氟沙星和诺氟沙星的结构相似，但诺氟沙星的溶解度比氧氟沙星的低一个数量级。诺氟沙星高的吸附可能是因为其疏水性比氧氟沙星高。

具有强吸电子能力的官能团可以从苯环上移动 π 电子，从而减少苯环上的电子密度。电子诱导可能会削弱 π-π 作用或 π-π 电子供受体的相互作用，并明显地减少吸附。氧氟沙星和诺氟沙星分子都有一个苯环和一个氟原子。苯环是一个强 π 电子受体，因为它和一个具有强电子接受能力的氟官能团相连。根据自然键轨道（NBO）分析，氧氟沙星的苯环上转移的电子为 0.49e，而诺氟沙星苯环上转移的电子为 0.05e，表明氧氟沙星苯环上转移的电子几乎比诺氟沙星高一个数量级。因此，氧氟沙星和包裹的 HA 之间的 π-π 相互作用远远弱于诺氟沙星与包裹的 HA 之间的 π-π 相互作用。这可能是氧氟沙星在有机-无机复合体上的吸附低于诺氟沙星的原因。

还需要注意的是，氧氟沙星的 K_{OC} 值随着 f_{OC} 的降低而降低，当 f_{OC} 高于 0.8%时变化不大 [图 2-34(a)]。然而，诺氟沙星的 K_{OC} 值随着 f_{OC} 的增加呈上升趋势 [图 2-34

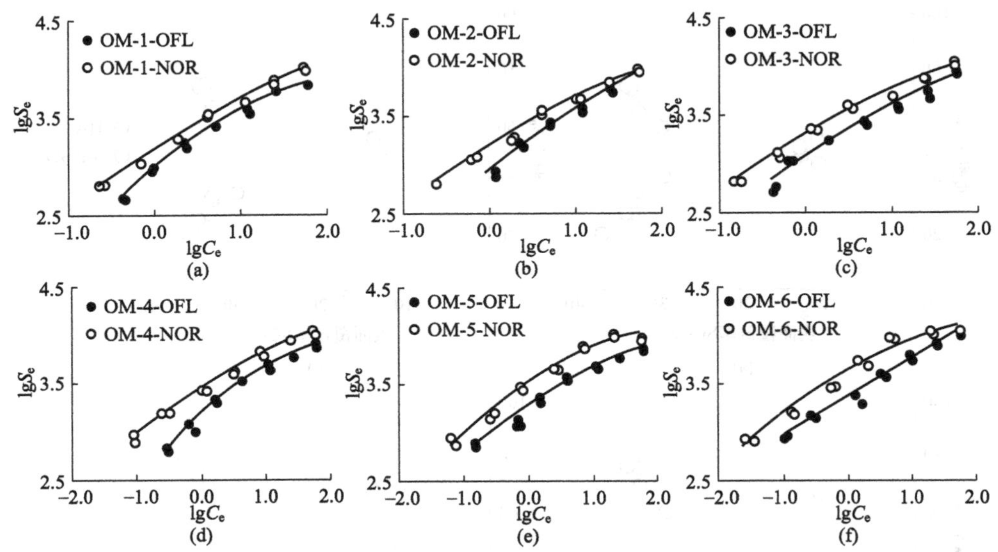

图 2-36　氧氟沙星和诺氟沙星在 OM-1（a）、OM-2（b）、OM-3（c）、OM-4（d）、OM-5（e）、OM-6（f）上的吸附比较

图中曲线为 Polanyi-Manes 模型拟合结果，S_e（mg/kg）和 C_e（mg/L）分别为固相平衡浓度和液相平衡浓度

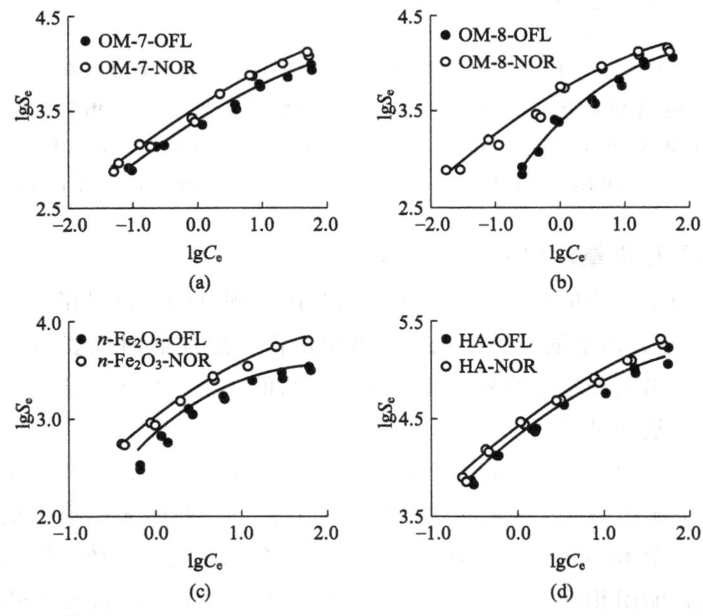

图 2-37　氧氟沙星和诺氟沙星在 OM-7（a）、OM-8（b）、n-Fe_2O_3（c）和 HA（d）上的吸附比较

图中曲线为 Polanyi-Manes 模型拟合结果，S_e（mg/kg）和 C_e（mg/L）分别为固相平衡浓度和液相平衡浓度

(b)]。由于氧氟沙星的疏水性较弱，所以其在吸附过程中涉及的特异性位点相互作用强于诺氟沙星。包裹可能暴露了一些特定的氧氟沙星吸附位点，但随着 f_{OC} 的增加，这些位点在 HA 多层形成过程中被覆盖。当 f_{OC} 高于 0.8%时，HA 在 n-Fe_2O_3 表面覆盖几乎不增加，这可以作为 HA 多层包裹的证据。而且，诺氟沙星分子的渗透在 HA 多层包裹时形成

了憎水性区域，这对诺氟沙星的吸附更重要，也导致了随着 f_{OC} 的增加诺氟沙星的吸附呈增加趋势（K_{OC}）。

有机污染物在有机-无机复合物上的吸附已经得到了广泛的研究，但在计算有机碳标准化的吸附系数 K_{OC} 之前，矿物颗粒对有机污染物的吸附贡献还没有得到很好的解决，尤其是对于离子型的有机污染物。我们在一系列合成的有机-无机复合体上检测了胡敏酸在纳米三氧化二铁上的表面覆盖率。当表面覆盖率为 36%和有机碳含量为 1.6%时，胡敏酸在胡敏酸-纳米三氧化二铁复合体中对氧氟沙星和诺氟沙星的吸附贡献率超过 80%。所有的覆盖上的胡敏酸对氧氟沙星和诺氟沙星的吸附都比原始的胡敏酸的吸附高，表明在形成有机-无机复合体过程中胡敏酸发生了分流或者物理再构象。多层覆盖中有机碳标准化的吸附系数 K_{OC} 的降低表明位点特异性对于氧氟沙星吸附的重要性，而多层覆盖中 K_{OC} 的增加可能表明疏水性位点对于诺氟沙星的吸附很重要。

在直接测定 HA 在 n-Fe_2O_3 表面覆盖的基础上，成功地测定了包裹的 HA 的吸附贡献。当 f_{OC} 增加超过 0.8%时，表面覆盖无明显增加，说明 HA 为多层包裹。这种多层包裹对诺氟沙星和氧氟沙星吸附有不同的影响。氧氟沙星的 K_{OC} 随着包裹的增加而降低，表明特异性位点相互作用对氧氟沙星吸附的重要性。随着多层包裹的增加，诺氟沙星的 K_{OC} 增加，这可能说明疏水区域的分散作用对诺氟沙星吸附的重要性。虽然包裹的 HA 对诺氟沙星/氧氟沙星吸附的作用不如憎水性污染物 HOCs 明显，但在 f_{OC} 仅为 1.6%时，包裹的 HA 的吸附量占表观吸附量的 80%以上。本研究强调了暴露的矿物颗粒的表面积对于理解有机-无机复合体的吸附机理是很重要的，特别是对包裹的有机质具有重要意义。由于有机-无机复合体在环境介质中普遍存在，这一研究方向将为理解离子型有机污染物的环境风险提供新的视角。

2.6 污染物在土壤中的吸附

2.6.1 土壤的组成及类型

(1) 土壤的定义及组成

地球表层约 30～40km 厚度的底壳称为岩石圈，岩石圈中储藏着丰富的化学物质，其表面风化壳是土壤的母质，在母质、地形、气候、生物和时间的综合作用下，通过成土过程形成土壤圈。因此，土壤是发育于地球陆地表面能够生长植物的疏松多孔结构表层。这个定义阐述了土壤的功能、所处的位置和物理状态，也表明了土壤是一个独立的历史自然体，有它发育、形成的自然过程。土壤由固相、液相与气相三相组成，而土壤无机矿物、有机质和微生物共同构成固体物质，土壤水分是土壤中主要的液体物质，气体则主要存在于土壤孔隙中。这三类物质在土壤中构成了相互联系、相互制约的统一体。

土壤矿物作为土壤的重要成分，占 95%以上。土壤矿物成分对土壤性质起着重要作用。研究表明土壤矿物组分可以分为硅铝酸盐类与氧化物类，而三氧化物类又是硅铝酸盐类矿物彻底风化后的产物。硅铝酸盐类矿物普遍有伊利石、蒙脱石和高岭土等。例如云南典型土壤中主要以硅铝酸盐类矿物为主，含有少量氧化物矿，经调查研究硅铝酸盐类矿物普遍占到 90%左右，这些硅铝酸盐矿物中，石英石、白云母、高岭土和蒙脱石又占土壤的 80%以上，成为土壤的骨架。

土壤组分复杂，其普遍的研究方法是根据土壤组分的酸碱溶解性不同来分离。将原始土壤分离为两个大的组分，即有机物和无机物。其中有机组分包括富里酸（FA）、胡敏酸（HA）和胡敏素（HM）；无机组分包括干酪根和炭黑、无机矿物类物质。有机物中富里酸（FA）为土壤中平均分子量最小，在弱酸性弱碱性条件下都可溶的浅黄色物质，主要以酚羟基和甲氧基官能团的形式存在，成为天然环境中溶解有机质（DOM）的重要组成部分，是环境中污染物迁移转化的重要载体。除富里酸外，土壤组分都以固体形态存在，具体包括以下几种形式。

胡敏酸（HA）为土壤中分子量在400～100000之间、易溶于碱、不溶于酸、具有胶体特性的棕至暗褐色的腐殖酸。其内部由芳香环、杂环和多环化合物组成芳香核，外部由碳链或键桥连接成疏松的网状结构。芳香核是胡敏酸的结构基础，使其分子核具疏水性。而其侧链具亲水性，其量决定整个胡敏酸的亲水性或疏水性。外表面官能团如羟基、酚羟基、甲氧基、酰氨基等，决定胡敏酸的酸度、吸收容量及与无机物形成有机-无机复合物的能力。

胡敏素（HM）为腐殖质中与土壤矿物质结合最紧密的组分，分子量小，呈黑色的惰性腐殖质。由于它的惰性，对于形成土壤团粒结构也不起胶结剂的作用，因而认为胡敏素在土壤中的积累对土壤无益。然而这种稳定结构却可以使污染物以固定态的形式存在于环境中，在污染物的固定和分解方面发挥了重要作用。

炭黑（BC）是土壤中以单质碳的形式存在的那部分碳。研究表明，炭黑对于多环芳烃在土壤中的固定起了重要作用。另有研究表明，炭黑对于菲有很强的吸附作用，当菲的液相浓度 $C_e=0.5C_s$ 时，它的 $\lg K_{OC}$ 可以达到5L/kg左右。

无机矿物（IM）即土壤中存在的大量颗粒小于0.002mm的次生矿物，一般把这些矿物称为黏粒矿物，它们都具有规则的层状结构，是土壤中性质最活泼的矿物质，对土壤的许多物理性质、化学性质、物理化学性质有深刻的影响。主要的土壤矿物类型有蒙脱石类、伊利石类、高岭土类。多数研究表明，当有机碳含量达到0.1%时，无机矿物对HOCs的吸附作用就可以忽略。但对于极性有机污染物，无机矿物上丰富的极性位点可能会与极性污染物发生强烈的吸附作用。

(2) 中国主要土壤的类型及分布

中国土壤分类是根据各种土壤之间成土条件、成土工程、土壤属性的差异和内在联系，通过科学的归纳和划分，把自然界的土壤进行系统排列，建立土壤分类系统，使人们能更好地认识、利用、改良、保护现有的土壤资源。

我国土壤主要有红壤、棕壤、褐土、黑土等系列。红壤系列土壤是中国南方热带、亚热带地区的重要土壤资源，自南而北有砖红壤、燥红土、赤红壤、红壤和黄壤等类型。棕壤系列土壤是中国东部湿润地区发育在森林下的土壤，由南至北有黄棕壤、棕壤、暗棕壤和漂灰土等土类。褐土系列土壤包括褐土、黑垆土和灰褐土，这类土壤在中性或碱性环境中进行腐殖质的累积，石灰的淋溶和淀积作用较明显，残积-淀积黏化现象均有不同程度的表现。黑土系列土壤是中国温带森林草原和草原区的地带性土壤，包括灰黑土（灰色森林土）、黑土、白浆土和黑钙土，以强烈的腐殖质累积过程为特点。以下列举了几种主要的土壤特性和分布气候条件：

① 砖红壤：发育于热带湿润雨林或季雨林气候条件下，富铝化过程和生物富集作用最

强的铁铝土，属于强酸性土壤，土壤呈砖红色，有机质含量高，但缺乏速效养分。

② 赤红壤：发育于南亚热带湿热季雨林气候条件下，富铁铝与生物积累相互作用形成的土壤，土壤酸性到强酸性。

③ 红壤：发育于中亚热带湿润季风气候下，生物富集和脱硅富铁铝化作用下形成的地带性铁铝土，土壤呈红色或棕红色，酸性，有机质含量较高，核块状结构。

④ 黄壤：发育于暖热阴湿气候下，氧化铁高度水化形成针铁矿，使土壤产生“黄化”过程明显，土壤呈鲜黄色，强酸性，有机质含量高，开垦后迅速下降。

⑤ 黄棕壤：发育于北亚热带湿润季风气候、落叶阔叶混交林下的淋溶型地带性土壤，土壤呈黄棕色，弱酸性。

⑥ 褐土：发育于暖温带半湿润大陆季风气候下，在碳酸钙的淋溶积淀作用、黏化作用和腐殖质作用下形成的土壤，土壤呈暗棕色或棕褐色，弱碱性，养分含量较高。

⑦ 黑土：温带湿润、半湿润季风气候下形成的淋溶土壤，呈微酸性，具有深厚的腐殖质层，有机质含量很高，土壤肥沃。

⑧ 风沙土：是干旱和半干旱地区砂性母质上形成的幼年土，地表植被稀疏，处于土壤发育初级阶段，成土过程微弱。

⑨ 紫色土：亚热带湿润气候下，发育于紫色砂页岩母岩上的岩成初育土，岩石易风化，与土壤侵蚀交叠进行，养分含量较高。

⑩ 石灰土：发育于石灰岩母质上，交叠发生岩石风化淋溶和土壤侵蚀的土壤，土层薄，岩石碎屑多，细土物质黏粒含量高。

⑪ 盐土：大陆季风型干旱、半干旱和半湿润地区，土壤蒸发量大于降水量，土壤中的可溶性盐类含量高到使作物不能生长的土壤，可溶盐在土壤中的分布呈表聚型。

⑫ 高山草原土：高原亚寒带半干旱草原植被下形成的具腐殖质表层和明显钙积层的土壤，具腐殖化和钙积过程。

2.6.2 土壤的性质

土壤的性质可大致分为物理性质、化学性质和生物性质。土壤的物理性质主要指土壤的形态特征，包括土壤颜色、质地、结构、干湿度、孔隙度等。土壤的化学性质是指有机质的化学组成、土壤胶体、土壤溶液、土壤电荷特性、土壤吸附性能、土壤酸度、土壤的离子交换性、土壤缓冲性、土壤氧化还原性等，它们之间相互联系、相互制约。生物性质是指土壤中含有巨大数量的微生物群体，能把进入土壤的动植物残体矿物化和腐殖质化。以下列举了土壤的几种重要理化性质。

(1) 土壤 pH

土壤 pH 是土壤性质的一个重要指标，其值的大小会导致土壤中元素的有效性发生变化，但土壤在长期的演变过程中 pH 值在短时间内变化是很小的，除非有外界强大的酸碱作用。土壤中存在着大量的磷酸、碳酸、腐殖酸、硅酸、有机酸及其他盐类，这些酸和盐构成了许多缓冲对，可以缓冲非强性酸或碱的作用，使土壤的 pH 值保持平衡。我国土壤 pH 值多数在 4.5～8.5 范围内，并且由北向南 pH 值有递减的规律性，如西南、华南地区广泛分布着黄壤和红壤，其 pH 值多数在 4.5～5.5 之间；长江以北多数土壤以中性或碱性为主，且土壤里含量较多的 $CaCO_3$ 也会增加土壤的碱性。

(2) 土壤电荷零点 (pH_{zpc})

土壤主要存在两种电荷，即永久负电荷与可变电荷。永久负电荷不受土壤介质 pH 值的影响，是一种表面恒电荷。而可变正电荷与可变负电荷则随着土壤介质 pH 值的变化而变化，是一种两性表面电荷。当 pH 值在某一值时，土壤介质中的正电荷量与负电荷量相等，此时的 pH 值就是该土壤的电荷零点（pH_{zpc}），即等电点，它不受电解质浓度的影响，但受环境因素的影响。研究表明有些砖红壤的等电点为 pH 4.7，但去除土壤中的腐殖质后，等电点升高到 pH 5.6，再去除土壤中游离的氧化铁等物质，那么等电点又降到 pH 4.2。土壤的等电点根据土壤所在区域不同而表现出较大差异，同时土壤农业耕作类型与管理方式也会影响等电点。

(3) 土壤阳离子交换量 (CEC)

一般情况下，土壤胶体都带负电，所以在其表面常常吸附着许多阳离子。土壤胶体表面所吸附的离子，大部分都可以和另一种离子交换，这种能相互交换的阳离子称为交换性阳离子，这种交换作用称为阳离子交换作用。土壤阳离子交换量（CEC）表示在土壤胶体内所能吸附的各种阳离子总和。它是评价土壤活化能力强弱的重要指标，同时体现土壤保肥的能力与其吸收养分强弱的能力，对土壤酸碱缓冲起到重要作用。而不同土壤类型，其离子交换能力又有明显差异。有研究者指出，我国土壤阳离子交换量由西向东、由南向北呈逐渐增加的趋势，东西土壤阳离子交换量的差异主要与西部土壤较为轻质有关，而南北则主要因为土壤矿物组成不同而存在较大差异。

(4) 土壤粒径

土壤颗粒包括各种形状的显微结晶体、超微纳晶体和微结晶体，以及土壤中一些非结晶体的零散碎片和碎屑等。土壤中不同大小的土壤颗粒的理化性质都不一样，而且影响土壤肥力和农作物生长，而且农业耕作对土壤颗粒的影响也很大。我国土壤颗粒地域性差异较大，研究者指出我国土壤粒径从北到南、从西到东有逐渐变小的趋势。例如在北方地区，黄土及黄土状母质层作为当地的土壤结构，使该地土壤中的细黏粒和粗黏粒含量较少，而粗粉粒、砂粒和砾质颗粒较多。

2.6.3 影响有机污染物在土壤中吸附的因素

研究表明土壤组分复杂，因此土壤组分、土壤物理化学性质（如粒径、比表面积、有机质含量、土壤阳离子交换容量等）会对有机污染物在土壤中的吸附产生影响。而有机污染物的性质如官能团含量、π 电子系统、环境条件（如温度、pH 值、离子强度等）也会对污染物在土壤中的吸附产生影响。

(1) 土壤粒度分布及表面积的影响

土壤颗粒表面与有机污染物表面如果有相同的双电层结构，两者结合时就会形成公共反离子层，若二者粒径和质量相差较大，公共反离子层对其吸引力足以使有机污染物黏附在土壤颗粒表面，土壤颗粒的表面积越大吸附的有机污染物越多，土壤粒径越小，单位质量中的颗粒越多，比表面积和粒径成反比，因此土壤粒径越小，其对有机污染物的吸附量越大。这也可以推测比表面积和土壤对有机污染物的吸附成正相关关系。

(2) 土壤有机质含量的影响

前面的讨论提到土壤有机质是一种结构复杂的天然高分子化合物的混合体，含有多种憎水性、亲水性的官能团，对有机污染物的吸附过程起到重要的作用。土壤腐殖质的主要成分为胡敏酸、富里酸和胡敏素，前两者合称腐殖酸，可溶性腐殖质分子在水溶液中可以凭借憎水性作用和氢键组成规则的集合体，该集合体内的憎水区域是最佳的吸附位点。研究表明，土壤中有机质含量越高，越容易吸附有机污染物。

(3) 土壤阳离子交换容量（CEC）的影响

土壤阳离子交换容量（CEC）是评价土壤性质和肥力的重要指标，同时也能体现土壤对酸雨的反应程度。研究表明，CEC 作为土壤的基本特性和主要肥力影响因素之一，可直接反映土壤保蓄、供应和缓冲阳离子养分的能力，同时影响土壤的其他理化性质，因而 CEC 可以作为土壤资源质量的评价指标和土壤施肥、改良的主要依据。土壤有机质和土壤中黏土矿物的类型与数量对土壤阳离子交换容量的影响最大。不同地区的土壤，阳离子交换量差别很大，这与其组成、性质和结构密切相关，因而 CEC 是土壤的一个很重要的化学性质。Carrasquillo 等讨论了环丙沙星在土壤中的吸附，发现土壤阳离子交换容量越高，环丙沙星的吸附越高。这可以说明阳离子交换容量越大，有机污染物和土壤的作用越强，因此，CEC 是影响有机污染物在土壤中吸附的重要因素。

(4) 温度的影响

温度是改变有机污染物溶解度的主要因素，高温时有机污染物分子更易于脱离吸附剂。吸附一般是放热过程，温度升高会抑制吸附反应，这也是导致高温时吸附量降低的另一个原因。有机污染物在土壤中的吸附包括物理作用和化学作用，在探讨温度对吸附的影响时应考虑其吸附是物理吸附还是化学吸附。化学反应往往需要一定的活化能，温度的升高能增大有机物分子的平均能量，所以能促进其化学反应的进行，从而可以得到结论，温度升高可以促进吸附反应的进行。

(5) pH 值的影响

由于 pH 值会影响土壤表面性质和有机污染物的形态，因此，有机污染物在土壤中的吸附量会随 pH 值的变化而发生改变。在碱性条件下，土壤表面负电荷较多，对带负电荷的有机污染物吸附相对较弱；在酸性条件下，土壤中的酚羟基和羧基的含量都比在碱性条件下高，土壤颗粒表面正电荷较多，对带负电荷的有机污染物吸附增加。水相中 pH 值的改变将影响有机污染物的构型，从而影响其吸附。刘维屏等研究农药在土壤中的吸附时指出 pH 值降低，农药的吸附量升高，尤其对于离子型和有机酸农药，pH 值的影响更大。当 pH 值接近农药的 pK_a 值时，吸附达到最强。雷志芳等研究者探索了苯胺在水体悬浮颗粒物上的吸附特征时也表明溶液的 pH 值是决定苯胺质子化程度的重要因素，因此对其吸附产生很大影响。总之，pH 值影响有机污染物的性质、形态以及土壤表面性质如带电量等，从而对土壤吸附有机污染物产生影响。其他研究表明酸性溶液中有机污染物能与土壤中腐殖质的羧基和酚羟基形成氢键，从而增加有机污染物的吸附。此外，pH 值增加，有机污染物被解离，氢键作用削弱，其离子态具有极强的亲水性，比分子态难以被吸附。

(6) 离子强度的影响

离子强度的变化对有机污染物的构型和土壤腐殖质的溶解产生影响，从而影响有机污染物在土壤中的吸附行为。研究表明芦苇盐碱地土壤的离子强度较高，经废水灌溉冲洗后，盐分会有不同程度的下降，导致离子强度下降。低离子强度的土壤对有机污染物的吸附量高于高离子强度土壤的吸附量，因此，可以推测土壤盐分含量与土壤对有机污染物的吸附能力之间具有一定的负相关关系。

离子强度也会影响溶解腐殖质和颗粒表面有机污染物的构型。水中的自由离子与腐殖质中的羟基或羧基的结合能降低了腐殖质分子间的排斥力，导致“闭合”或“卷曲”聚合体结构的形成，随着离子强度的进一步增加，溶解腐殖酸聚合体将絮凝。Murphy 曾报道，低离子强度下腐殖酸呈容易接近的“开放”或“直线”结构，有机污染物在已吸附腐殖酸的矿物质上的吸附容量大。朱达引分析了离子强度对土壤吸附有机污染物所产生的 3 个影响：①离子强度导致土壤与有机污染物之间的竞争吸附，使有机污染物的吸附量下降；②破坏了土壤腐殖质类胶束体系，产生絮凝现象，改变溶解腐殖质含量，进而改变土壤对有机污染物的吸附量；③影响有机污染物的溶解度，进而影响其在土壤中的分配系数。

(7) 有机污染物性质的影响

有机污染物分子的大小和形态是吸附质很基本的性质之一，有机物分子的大小和形态往往决定了土壤这一复杂体系可利用的吸附位点的位置及数量。一般有机污染物的吸附能力与其分子量大小呈正相关关系。而有机污染物的形态对其在土壤中的吸附主要表现在带正电荷或者负电荷上。前面的讨论表明土壤一般带负电荷，那么，由于土壤和有机污染物的静电吸引作用，带正电荷的有机污染物肯定比带负电荷的有机污染物在土壤中的吸附高。

此外，有机物本身的官能团对吸附的影响主要是官能团在很大程度上决定了有机物的极性。非极性分子间或分子的非极性官能团间的吸引力称为憎水性作用，对官能团较少的芳香族物质或是极性较低的脂肪族物质，疏水作用对其的吸附能力的大小起着决定性作用。研究者对菲（PHE）、9-菲酚（PTR）和 9,10-菲醌（PQN）在土壤中的吸附进行了考察，发现在土壤中的吸附强弱顺序是 PTR＞PHE＞PQN，而这三种污染物溶解度的大小顺序为 PTR＞PQN＞PHE，这一现象并不符合憎水性作用的解释。对于这三种污染物在土壤中的吸附，PTR 所含的—OH 可以和土壤形成 H 键从而导致其吸附最高。

2.6.4 典型土壤对有机污染物的吸附机理研究

土壤的重要组分无机矿物对抗生素的吸附是影响抗生素环境风险的一个主要过程，有机污染物在土壤中的吸附往往受憎水性作用、阳离子交换作用、阳离子桥接、H 键等机制的控制。研究者对有机污染物如抗生素在土壤中的吸附机理进行了讨论，表明氟喹诺酮类抗生素的羧基与土壤矿物表面的多价阳离子之间的静电作用以及该类抗生素与土壤中天然有机质之间的氢键作用是影响吸附的重要机理。此外，阳离子交换作用对氟喹诺酮类抗生素在土壤中的吸附也很重要。研究者也对西玛津、二甲磺隆、四环素在土壤中的吸附进行了研究，表明土壤组分黏土在吸附过程中起着重要作用。他们的结论是，由于四环素与黏土的高吸附亲和力，所以土壤对其吸附量较高，这些有机污染物在土壤中的吸附受憎水性作用、H 键等吸附作用的影响。

除草剂在土壤中的吸附涉及多种物理和化学机理，它们可以单独作用，也可以一起对除草剂的吸附产生影响。氢键、范德华力和憎水性作用是常见的吸附机理，Senesi 认为阿特拉津也可以通过离子键吸附在土壤的腐殖酸上。Barriuso 等的研究表明，土壤中的蒙脱石主要通过相对较弱的范德华力或氢键吸附阿特拉津。Piccolo 等报道了电荷转移是阿特拉津在土壤腐殖酸上吸附的一种特殊机制。

除以上提到的吸附机理外，对于含有电子供体或电子受体官能团的有机污染物，还可能和土壤形成 π-π 电子供受体（EDA）作用。EDA 理论最早是由 Mulliken 提出的，由 Foster 进行深入研究并得到广泛应用。π-π 电子供受体作用在吸附体系中指的是一个 π 电子供体物质和一个 π 电子受体物质之间的相互作用比两个 π 电子供体、两个 π 电子受体物质之间的相互作用强。因此，包含 π 电子的有机污染物分子都有可能与土壤体系形成 π-π 电子供受体作用，进而影响吸附特征。因此，EDA 机理是由于官能团影响有机污染物在土壤中吸附的重要机理。

第3章 污染物的降解行为

3.1 污染物降解的基本概念和降解类型

降解通常是指由气候、热、光、氧、射线等作用引起的大分子链断裂或化学结构发生有害变化的反应。例如，有机化合物中的碳原子数目减少、分子量降低的过程，塑料的降解，高分子化合物的大分子被分解为较小的分子。降解的最终目的是降解物被分解成水和二氧化碳，且这样才能称为完全意义上的降解。

生物圈中存在着各种各样的降解过程，主要的降解类型有物理降解、化学降解、光降解和微生物降解。其中，物理降解主要是高分子化合物在外力的作用下发生变软、破裂、发脆、丧失力学强度等无规则的变化，使其链发生无规则的断裂、分子量下降以及在水环境中污染物被稀释、凝聚、沉淀等；化学降解可分为水解、电化学降解、取代反应和氧化等；光降解主要是直接光降解、间接光降解和催化光降解；微生物降解主要有生长代谢模式和共代谢模式两种。

3.2 污染物的几种典型降解过程及机理

3.2.1 污染物的化学降解

(1) 介质阻挡放电技术

介质阻挡放电技术是指绝缘介质插入放电空间的一种非平衡态气体放电，又被称为介质阻挡电晕或无声放电，一般工作电压为10～10000V，电源频率范围为50Hz～1MHz。主要原理是在两个放电电极之间充满某种工作气体，并把其中一个或两个电极用绝缘介质包裹，当两电极间施加足够高的交流电压时，电极间的气体会被击穿而产生放电，即产生了介质阻挡放电。介质阻挡放电一般是由正弦波型的交流高压电压驱动，随着供给电压的升高，系统中反应气体的状态会经历三个阶段的变化，从由绝缘状态逐渐到放电，最后发生击穿。在国内外也有很多人对此方法进行研究。吴玉萍研究了常压下利用技术降解流动态苯乙烯，结果表明反应15～20min就能达到稳定，产物主要是水、二氧化碳和一氧化碳。何正浩应用高频介质阻挡放电技术处理甲醛气体，发现降解效率能够达到85%，且在尾气中检测发现臭氧的浓度远低于国家规定的标准，没有对环境造成影响。程喜梅利用介质阻挡放电技术降解废水中的硝基苯，在最好的条件下，30min 后降解率平均可以达到 96.46%。Snyder 比较了在不同氧气含量下介质阻挡放电技术对氯苯的降解效率，实验结果显示降解效率随着氧气含量的增加而降低。高文立用介质阻挡放电技术在最优条件下再生的 Pd/AC 进行催化臭氧氧化反应，硝基苯的降解率为 87%。

（2）Fenton 法

1984 年，法国科学家 Fenton 首次发现了酒石酸在 H_2O_2 和 Fe^{2+} 的混合溶液中可以被迅速氧化，将 H_2O_2 和 Fe^{2+} 的混合液命名为 Fenton 试剂。Fenton 试剂拥有很强的氧化能力是因为 H_2O_2 被 Fe^{2+} 催化产生了 $\cdot OH$，主要的反应机理如下：

$$Fe^{2+} + H_2O_2 \longrightarrow Fe^{3+} + OH^- + \cdot OH$$

$$Fe^{3+} + H_2O_2 \longrightarrow Fe^{2+} + H^+ + HO_2$$

$$HO_2 + H_2O_2 \longrightarrow H_2O + O_2 + \cdot OH$$

Fe^{2+} 在反应中起催化作用，促进反应持续进行，不断产生 $\cdot OH$，一直到 H_2O_2 消耗殆尽。Fenton 法降解有机污染物的主要原理是 $\cdot OH$ 与有机物发生反应。1964 年，加拿大科学家 Eisenhaner 首次将 Fenton 法应用到水处理中，发现通过 Fenton 法处理后的 ABS 废水的去除率高达 99%。这种方法的优点是反应快、成本较低、反应条件缓和且没有二次污染。越来越多的人对此方法进行研究并改进，从而出现了改型 Fenton 法、光-Fenton 法、电-Fenton 法、超声-Fenton 法等。简单地说，改型 Fenton 法就是除可以加 Fe^{2+} 外，加入其他一些过渡金属离子如 Mn^{2+}、Cu^{2+} 等也可以起到 Fe^{2+} 的作用。光-Fenton 法就是在体系中引入紫外线，反应中起主导作用的仍然是羟基自由基，紫外线的作用是可以提高有机污染物的处理效率和降解程度。紫外照射下，紫外线和 Fe^{2+} 对 H_2O_2 的催化分解有协同作用，而且在体系中 Fe^{2+} 和 Fe^{3+} 保持高效良好的循环反应，克服了 Fe^{3+} 向 Fe^{2+} 转化速率过低的问题。电-Fenton 法是在原 Fenton 法的基础上加上了电化学方法。超声-Fenton 法是通过超声辐射产生的空化效应，使 H_2O_2 和溶解在水中的 O_2 发生裂解反应生成大量的 $\cdot OH$、$HOO\cdot$ 等高活性的自由基，从而对污染物进行降解。这种方法可以加快产生 OH^-，也就加快了有机污染物的降解速率。肖羽堂利用 Fenton 法处理二硝基氯化苯，发现去除率达到 70%左右，脱色率在 91%以上，可生化值从 0.068 上升到 0.86 以上。宋军对西咪替丁制药废水进行 Fenton 法处理，COD 去除率达到 50%以上，并且通过控制反应物浓度、反应温度、pH 值等确定了最佳的反应条件。Burbano 利用 Fenton 法对甲基叔丁基醚进行降解，发现反应 1h 后降解率为 90%～99%，大部分反应物是在反应开始的 3～5min 内就完成降解。Barbeni 利用 Fenton 法对氯酚进行降解，发现增大 Fe^{2+} 的浓度可以增加降解能力，将 Fe^{2+} 替换为 Fe^{3+} 时发现氯酚无法降解。

（3）电化学降解

电化学降解有电化学氧化降解和电化学还原降解两种方法。电化学氧化可以分为直接氧化和间接氧化两种形式。直接氧化是指在阳极上，污染物直接失去电子而被氧化。间接氧化是指体系中的某些介质在阳极上产生一些拥有强氧化性的反应中间产物，从而使污染物在反应中间产物的作用下被氧化，最终它们都会形成脂肪类化合物或者彻底被氧化为无机物。电化学直接氧化降解的反应机理：主要是利用阳极的高电势，通过污染物与阳极的直接电子传递，从而达到氧化降解污染物的结果。在氧化的过程中，不同污染物的降解程度不同，有些污染物降解后的产物可能是无毒害的，也有可能比原来毒性大，或者是从原来的不可生化处理的污染物降解为可生化处理的污染物，因此有利于进一步对污染物的处理。而有一些有机物被完全氧化为 CO_2、H_2O 等无机物。有机物在阳极上被氧化的具体反应机理比较复杂，它会随着反应材料的变化而改变。Comninellis 等采用不同的阳极材料对有机污染物的降解进行了研究，发现当采用 Pt、Ti-/IrO_2、Ti-/RuO_2 等作为阳极材料时，氧化反应类型倾向于电化学转化，最终产物为脂肪酸，电流效率较低；当采用 Ti-/SnO_2 作为阳极材料时，反应类型倾向于电化学燃烧，反应的最终产物是 CO_2 这一类无机物，并且伴随着较高的电流效率。

目前，相关研究提出了如下的有机污染物在金属氧化物电极上的反应机理。该研究认为，有机物在金属氧化物电极上的氧化机理及其降解产物同阳极金属氧化物的价态和电极表面的氧化物种类有关。在金属氧化物的阳极上会生成较高价的金属过氧化物，有利于有机物选择性氧化。在较高价过氧化物的阳极上生成的羟基自由基，则有利于有机物降解为二氧化碳等无机物。在实际的应用中，为了节约成本，一般只需要把污染物氧化为可以降解的物质即可。Chiang 等提出了为提高电化学转化效率，阳极表面上氧化物晶格中氧空位的浓度要足够高，但吸附羟基自由基的浓度要尽量接近零，即反应主要取决于电极材料、有机污染物的浓度以及活性。电化学间接氧化降解的机理主要可以分为三种类型，即间接阳极氧化、间接阴极氧化和阳极阴极协同氧化降解。这三种电化学间接氧化降解方式的本质是一样的，即在电解过程中最终生成寿命极短、氧化性极强的中间产物，这些中间产物是 $\cdot O_3$、$\cdot OH_2$、$\cdot O_2^-$、$\cdot O$ 等自由基，它们可以很高效地分解污染物，且此过程不可逆。间接阳极氧化降解是在阳极上发生氧化反应形成氧化性极强的氧化剂，从而把有机污染物氧化降解。间接阴极氧化降解是在合适的电位条件下，阴极经过还原反应产生 H_2O_2 或 Fe^{2+}，然后通过外加合适的试剂发生类 Fenton 反应。间接阴极氧化法通过电化学的途径产生 Fenton 试剂，它改进了传统 Fenton 法处理有机废水成本过高的缺点，但同时也存在一些缺点。比如，在碱性条件下，有利于 H_2O_2 的生成，但不利于 Fenton 反应的发生；而在酸性条件下，介质 O_2 既可生成 H_2O_2 又可以生成 H_2O，这在一定程度上降低了 H_2O_2 的产率。阳极阴极协同氧化降解是在阳极氧化、阴极还原的条件上，通过设计电催化反应系统来提高效率。DO 等通过 SnO_2-PdO-RuO_2-TiO_2 为阳极，以极化处理后的石墨烯材料为阴极，对含有 Cl^- 的酚类废水进行降解，发现该法比单一的阳极或阴极间接氧化降解效率分别提升了 178%和 56%。

电化学还原降解机理：电化学还原降解方法主要是针对卤代有机污染物和重金属离子。卤代有机污染物的毒性主要与分子中的卤素含量呈正相关关系，电化学还原降解主要是卤代有机物在电化学反应系统的阴极表面直接获得电子，然后有机物中的卤原子得到电子形成卤离子而脱去，还有一种是反应体系中的一些中间物质在阴极周围获得电子形成还原性强的物质，然后再与卤代有机物作用，进一步使污染物还原脱卤。电化学还原降解也可依据其原理的不同分为电化学还原降解和电化学间接还原降解两种方式：①电化学直接还原降解是阴极表面的电子穿过亥姆荷茨溶液层，进攻溶液中的卤代有机物从而发生的还原脱卤反应，此过程中是两个电子、一个质子和一个卤代有机物在阴极表面同时参加反应，没有经过可降低还原脱氯化能的中间吸附态，所以一般情况下，电化学的阴极电位会变得更加负。对于在水环境中的卤代有机污染物电化学还原降解，析氢反应是主要的副反应，这需要拥有较高析氢电位的阴极材料。②电化学间接还原降解，一种是在电化学过程中，有机卤代化合物首先在阴极表面形成中间态吸附，然后再接受电子的攻击而进行脱卤降解；另一种是在电化学降解的过程中，会生成一些氧化还原的中间物质，从而使得污染物进行还原脱卤降解。

此外，根据降解原理的不同还可以把电化学间接还原降解分为电催化还原、电催化加氢还原和有机媒介质电化学还原：①电催化还原降解，主要原理是先在电极表面上吸附，然后形成中间吸附态，通过此过程后会大大降低有机卤化物脱卤的反应活化能，电子再攻击电极表面的中间吸附态物质，从而实现 C—X 键的断裂。②电催化加氢还原降解，在反应体系中的水分子或者是氢离子在电极表面获得电子而转化为氢原子，然后吸附在电极表面，再与电极表面的有机卤化物发生还原反应，形成加氢产物，此过程主要在于阴极表面所产生的吸附氢，且该过程一般需要在过渡金属催化剂的作用下才更容易进行。因为过渡金属的外层电子结构含有 d 电子和空的 d 轨道，这样水解产生的氢原子就较容易吸附在过渡金属的表面，因为它在一定程度上削弱了 C—X 键的键能，还有利于电极表面金属氢氧化物活性氢进攻 C—X 键中带正电荷的碳原子并发生还原反应，从而使得有机卤化物降解。③有机媒介质电化学还原降解，主要原理是利用电解过程中生成的一些氧化还原介质作为还原剂而进行电化学还原反应。Rusling 等研究了二氯联苯的降解过程。在此过程中，有机媒介物在阴极周围获得电子而转化为还原态，然后再攻击附近的有机卤代物，把自身的电子转移到卤代有机物中，有机卤代物获得电子后不稳定，最终会分解为氯离子和羟基自由基而达到降解。一些国内外研究者对此方法进行了相关研究。徐文英等使用伏安法研究了不同种类的卤代芳烃、卤代烷烃在铜电极上的电化学行为，发现大部分卤代烃都可以获得电子而被直接还原，其中卤代烷烃更容易被直接还原降解，还发现卤代烃卤原子数目的增加在一定程度上也会增强其还原性，这种现象的根本原因在于共轭效应使卤代烃中的卤原子电负性大幅度降低。Mallat 等认为，在单一金属表面镀上另一种还原电位高的金属形成双金属系统可以提高有机卤代物的降解效果。Farwell 等用乙腈作为反应体系溶剂，以 Pt 为阴极，以 Zn 为阳极，在电流密度为 $6060mA/cm^2$ 时，氯酚可以实现电化学直接还原降解，此研究还发现在不同的有机溶剂中，有机卤代物的降解速率差别很大。赵淼使用电泳法制备的钯金属修饰的石墨烯电极对 2,2′,4,4′-四溴联苯醚（BDE-47）进行电催化还原降解，在 0.05mol/L 硫酸作支持电解质、工作电压为−0.8V 的条件下，对初始浓度为 10mg/L 的 BDE-47 模拟废水电解 3h 后，降解率可以达到 96%。赵世岩使用化学气相沉积法制备得到铂碳纳米管电极管（Pt/CNTs/Ti）和钯碳纳米管电极（Pd/CNTs/Ti），在该反应条件下对 4-氯联苯进行电化学催化还原降解，去除率能够达到 84%～90%。

(4) 污染物的水解、氧化、离子化等化学降解

水解反应是有机物与水之间的一个很重要的反应，它通常是化合物的官能团和水中的 OH^- 发生的交换反应，一般可以表示为 $RX+H_2O \rightleftharpoons ROH+HX$，有机物通过水解反应改变了它的化学结构。水解作用改变了反应物的分子结构，有时会生成比原化合物毒性更低的物质，有时也可能会是毒性更高的物质。水解产物比原化合物可能更容易挥发也可能更难挥发，大多数水解产物都比原化合物更容易生物降解。一般反应生成一个或多个中间产物。化学氧化是指环境中的容易被氧化的污染物在遇见体系中分子氧、羟基、过氧化物等氧化剂时被氧化降解。陈建军等利用臭氧和过氧化氢氧化降解硝基苯时发现，由于它的结构可知其具有吸电子作用，会使得苯环上的电子云密度降低，不利于臭氧直接亲电攻击，只能在硝基间位进行臭氧分子的攻击，形成不稳定的中间产物。有人在研究过氧化氢和紫外线复合降解2,4-二硝基甲苯时观察到受硝基影响的甲基容易受到羟基自由基攻击，被氧化成醛基、羧基，最后脱离苯环。这种支链氧化的现象也被其他研究者发现。有研究表明，硝基芳香化合物更容易被羟基自由基氧化，反应通常从支链氧化开始。还有一种降解过程有可能是硝基的碳原子直接被羟基自由基攻击，导致硝基的脱离产生苯酚，且苯酚可能被臭氧直接氧化，也有可能与羟基自由基形成络合物后开环，会被更快地降解。此外，土壤中农药的化学降解涉及水解、氧化、离子化等反应。

3.2.2 污染物的光降解

有机污染物的光降解是真正的分解过程，它不可逆地改变了反应分子。光降解是很多有机污染物在水环境中最主要的降解途径之一。污染物的光降解可分为直接光降解和间接光降解。有机污染物的直接光降解是指污染物分子在吸收光子后发生光分解。有机污染物分子在吸收紫外光能后，会从基态跃迁到激发态，从而破坏化学键，导致分子结构重新排列，进一步改变它的性质。不过直接光降解的速率非常缓慢，降解效果有限。有机污染物的间接光降解主要是指污染物与其他组分或氧化物自由基的激发态反应来诱导转化，反应中产生的有机基团与自由基会引发一系列的降解氧化反应，最终导致污染物完全矿化为二氧化碳和水。在间接光降解反应过程中，有水环境中存在的光敏化物质像羟基、碳酸根等吸收光能，然后处于激发态的光敏物质将其所吸收的能量传递给基态的有机污染物分子，有机污染物分子就会变为激发态，还会发生改变其分子结构的分解反应。当光敏物质又重新回到开始的基态的时候，又会起着类似的催化作用。

(1) 直接光降解

直接光降解是水环境中发生的最简单的光化学过程。一些有机污染物直接光降解能生成许多中间产物。水环境中光的吸收作用是以拥有能量的光子与物质作用，污染物分子能够吸收作为光子的光，如果光子的相应能量变化允许分子间隔能量级之间的迁移，则光的吸收就是可能的。所以说光子被吸收的可能性随着光的波长变化而变化。通常来讲，在紫外-可见光波长范围的辐射作用能够提供有效的能量给光反应。水环境中污染物光吸收作用仅仅来自太阳辐射可以利用的能量，太阳发射几乎是恒定强度的辐射和光谱分布，但是在地球表面上的气体和其他物质通过散射和吸收作用，改变了原来的太阳辐射强度，阳光与大气的相互作用改变了太阳辐射的光谱分布。太阳辐射到水环境表面的光强度随波长变化而变化，尤其是近紫外（290～320nm）区的光强度变化很大，但是这部分紫外线通常是很多有机污染物发生光降解的重要部分。3,4-二氯苯胺直接光降解会生成2-氯-5-氨基苯酚，产率大致为80%。在光解过程中，由激发单重态形成一个芳基碳正离子中间体。在无氯酚的直接光降解过程中，存在这一系列的竞争，开始时·OH对Cl发生亲核取代，生成邻二羟基化合物、间二羟基化合物、对二羟基化合物。其中，邻二羟基化合物氧化为二元羧酸，并且伴随开环反应发生。过渡金属元素离子络合物也会发生直接光降解，比如：

$$\text{Fe(Ⅲ)-OH 络合物} + h\nu \longrightarrow \text{Fe(Ⅱ)} + \cdot\text{OH}$$

$$\text{Fe(Ⅲ)-有机络合物} + h\nu \longrightarrow \text{Fe(Ⅱ)} + CO_2$$

有研究指出，当用313nm和366nm的光照射纯水溶解的多环芳烃（PAHs）溶液时，许多PAHs分子被破坏。这可以说明POPs（持久性有机污染物）分子在光照下可以发生直接光降解，POPs 分子吸收 UV 光能，由基态跃迁到激发态，破坏化学键，导致分子结构重新排列，从而改变其性质。

(2) 间接光降解

水环境中的间接光降解过程分布是非常广泛的，而且特别重要，因为此过程能够使原来水环境中很多不能发生光降解的污染物发生光降解。在间接光降解中一些污染物并不直接吸收光。但是在水环境中有其他的能诱导其发生降解的物质，如艾氏剂农药，当水环境中含有 μmol/L 级的 H_2O_2 时，它也能迅速被光氧化降解为其他物质。也有一个光吸收分子可能将其过剩的能量转移到其他分子，导致接受的分子发生反应。2,5-二甲基呋喃就是在蒸馏水环境中将它暴露在阳光中没有反应，但是在含有天然腐殖质的水环境中降解就很快，据研究发现是由于腐殖质能够强烈地吸收波长小于 500nm 的光，并且将其部分能量转移到 2,5-二甲基呋喃，才引起了它的降解反应。间接光降解反应过程中，像水环境中存在一些光敏物质，例如羟基自由基、氧分子、碳酸根等，它们都可以吸收光能，然后处于激发态的光敏物质会把它们吸收的光能传递给激态的 POPs 分子，随之就会成为激发态并且会发生改变它分子结构的分解反应。

农药也是可以分为直接光降解和间接光降解，按其机理可以分为光氧化、光还原、光水解、光异构化、分子重排、光核取代等。它们一般可降解为水、二氧化碳、硫酸根、硝酸根等无毒的有机物，不过也有一些农药很难无机化，如 S-三杂除草剂在经历了一系列脱卤素、脱烷基和脱氨基等反应后，降解产物是毒性很小的氰尿酸。也有一些农药光解产物比原母体产物的毒性还大，比如硫磷可以氧化成毒性更高的氧磷，还有二烷基胺三氮苯光解的中间产物也比本身的毒性更大，只有脱氨基和环破裂才会转化成无毒的物质。有机磷农药的 P—O 键和 P—S 键的键能比较低，容易吸收太阳光，形成激发态的分子，使 P—O 键和 P—S 键断裂，从而发生光化学反应，在氧气充裕的环境中，如果有光照，很多有机磷农药都比较容易发生光氧化反应，如对硫磷、杀螟松等就容易发生氧化反应降解为倍硫磷亚砜、3-甲基-4 甲基硫酚等。很多酯键或醚键类的农药在紫外线照射下，且还有水存在的条件下时，很容易发生水解反应，水解一般发生在酸性酯基上，像对硫磷和苯硫磷就会水解生成硝基苯。光异构化总是会形成对光更加稳定的异构体，一些有机磷农药在光照下就会发生异构化现象，分子由硫逐型（P ═S）转化为硫赶型（P—S）。比如对硫磷的芳基和乙基在光照下就容易发生异构化。异构化使农药的化学结构发生变化，进一步影响农药的毒性。

抗生素在环境中发生的光降解机理主要是抗生素分子吸收光能变成激发态从而引起的各种降解反应，其光降解也可以分为直接光降解和间接光降解。进入到环境中的抗生素发生降解反应后，其代谢及降解产物跟母体抗生素相比，通常活性降低，但是毒性不一定，可能增强也可能降低。抗生素的降解按其类型大致可分为光氧化、光还原、光异构化、分子重排和光核取代等。杨凯等研究了两种不同光源照射条件下，噁唑烷酮类抗生素发生脱氟、脱氢、光致水解、光氧化等光化学反应过程。发现在紫外线照射下，利奈唑酮脱氟生成的最主要光解产物Ⅰ，光致水解生成了产物Ⅲ，而在模拟日光照射下则检测到了产物Ⅰ和产物Ⅱ。光源或光强不同，光解产物也有所不同（图 3-1）。Rapháel 等研究了水中土霉素的直接光降解过程及其产物，发现土霉素在光照射条件下，因为 N—C 较低的键能，以 P1、P2 为中间产物，脱去 *N*-甲基和氨基生成产物 P3；Dalmázio 等进一步研究发现 P3

继续降解脱去羟基得到产物 P4；Zhan 等又进一步研究得出 P4 脱去 *N*-甲基得到产物 P5，而 P6 则是由—OH 取代了土霉素苯环上的 1 个 H 生成，然后再脱去 1 个 *N*-CH_3 和 1 个 —NH_2 得到产物 P7（图 3-2）。

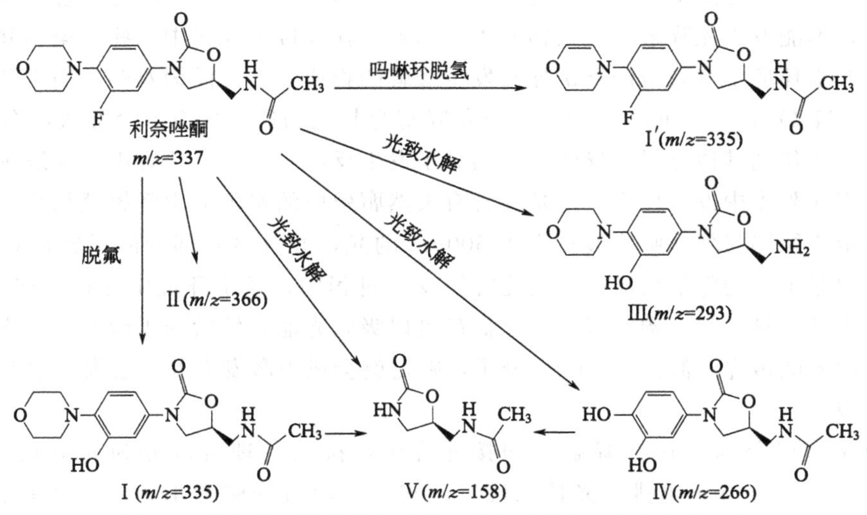

图 3-1 紫外线和模拟光照下水中利奈唑酮的光解产物和过程

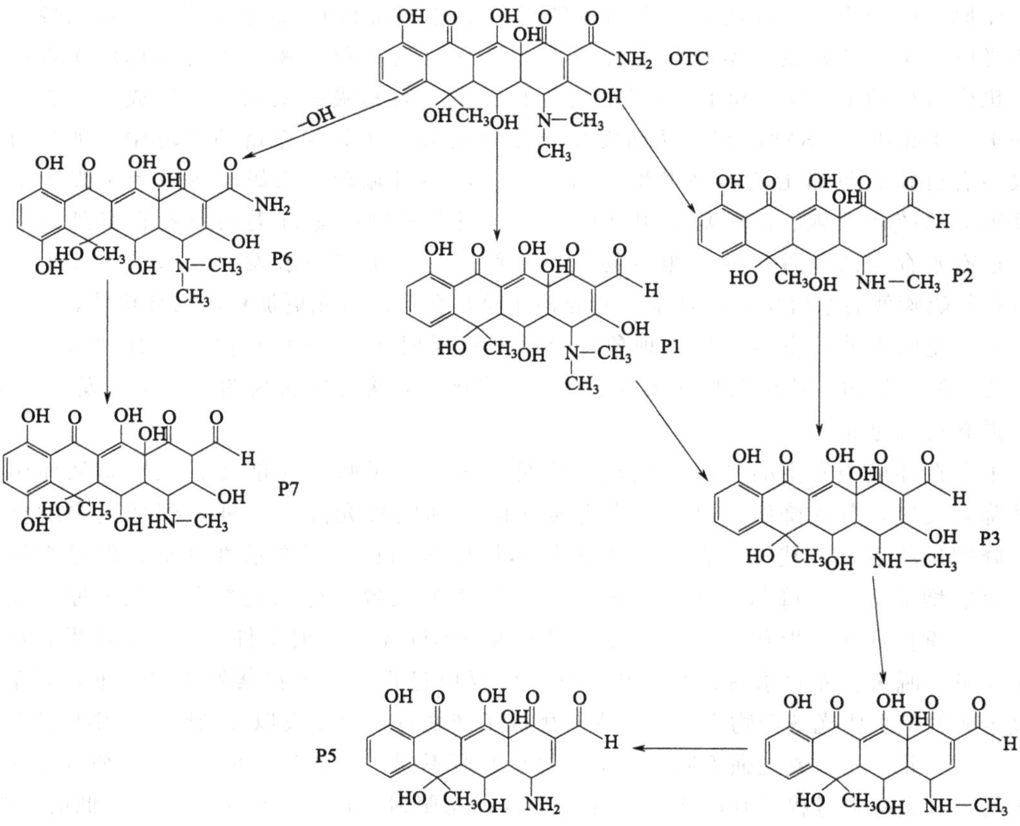

图 3-2 水中土霉素的光降解过程

催化剂可以改变农药的光稳定性，加速或是延缓农药的光降解，一般为了加速残留农药在环境中的分解，所以选择合适的［O_2］可以加速催化农药光降解。像一些持久性污染物光降解比较困难，需要在催化剂存在的条件下才容易发生光降解。比如氯代酚类污染物，祝华等提出将 TiO_2 固定于玻璃螺旋管内壁的光降解装置上，在此条件下，水溶液中苯酚及对氯苯酚可迅速降解并遵守动力学一级反应，向溶液中增加 O_2 或加入 H_2O_2 及少量铜离子都能提高两者的光降解速率。许宜铭等用铂修饰 TiO_2 进行氯苯酚类的光降解研究，在 TiO_2 和 Pt/TiO_2 催化作用下水溶液中苯酚、对氯苯酚、2,4-二氯苯酚和 2,4,6-三氯苯酚都可以发生光降解，在反应器内壁的薄层 Pt/TiO_2 催化作用下，这些化合物的光降解均呈现一级反应动力学，表观反应速率常数的相对大小为苯酚＜对氯苯酚＜2,4-二氯苯酚＜2,4,6-三氧苯酚，少量 H_2O_2 能提高这些化合物的光降解速率。

3.2.3 污染物的微生物降解

微生物对污染物的降解是环境中污染物迁移转化的最重要的环境过程之一。它主要依赖于环境中微生物的酶催化作用。微生物降解是在微生物的作用下，使复杂的化合物结构破坏且分解成简单物质的过程，此过程可以在有氧环境中进行，也可以在无氧环境中进行。当在有氧环境中进行时最终的产物主要有二氧化碳、水、硝酸盐、硫酸盐等，在无氧环境中进行时最终的产物是氨、硫化氢和有机酸等。微生物降解涉及水、土壤环境中有机污染物、重金属、农药等的残留。有机污染物的微生物降解一般分为两种，即生长代谢和共代谢。生长代谢是指某些有机污染物可以作为微生物生长的碳源，微生物可以对有机污染物进行比较完全的降解和矿化。微生物共代谢是指菌群和底物之间相互作用的高级代谢现象，是多种因素之间相互作用的结果，是一个很复杂的过程。在共代谢过程中，底物不能为微生物细胞的生长提供碳源和能量因此称其为非生长基质。在共代谢作用中实际上是一些酶起着关键的作用，微生物在利用生长基质进行生长繁殖的时候，此时非专一性酶被诱导，微生物就能降解非生长基质。微生物与底物之间的相互作用也是共代谢模式。菌种群间的相互作用即微生物之间的协同作用，彼此提供生长因子和代谢刺激物或彼此的降解产物。不同菌种群间的协同作用不仅利于代谢中间产物的利用还有效降低了有毒产物的积累，防止酶活性遭到破坏。

3.2.3.1 有机污染物、有毒物质的微生物降解

(1) 烃类有毒物质的微生物降解

环境中烃类微生物降解大多数是以有氧氧化条件为主。碳原子数大于 1 的正烷烃，它的降解主要有三种途径：①通过烷烃的末端氧化；②次端氧化；③双端氧化。之后逐步生成醇、醛以及脂肪酸，然后经过 β-氧化进入 TCA 循环，最终降解成二氧化碳和水。其中以烷烃末端氧化最常见。很多微生物都可以降解碳原子数大于 1 的正烷烃，但是可以降解甲烷的是一群专一性的微生物，如好养型的甲基孢囊菌、甲基球菌、甲基杆菌、甲基单胞菌等。烯烃类有毒物质的微生物降解主要是通过烯烃的饱和末端氧化，然后再经正烷烃相同的途径成为不饱和的脂肪酸；或是烯烃的不饱和末端双键环氧化成为环氧化物，再经开环所成的二醇至饱和脂肪酸。然后，脂肪酸通过 β-氧化进入 TCA 循环，最终降解为二氧化碳和水。烯烃中的乙烯是一种主要的大气污染物。大量的乙烯进入大气环境中，好在环境中也有一些微生物有转化降解乙烯的能力，比如蜡小球菌、铜绿色板毛菌等。

(2) 苯及其衍生物的微生物降解

苯及其衍生物的微生物降解过程虽然各有不同，但是也有着一定的共性：①在降解前期，带侧链芳香烃通常会从侧链开始分解，并且在单加氧酶作用下使芳环羟基化形为双醇中间产物。②形成的双酚化合物在高度专一性的双加氧酶作用下，环的两个碳原子上各加一个氧原子，使环键在邻酚位或间酚位分裂，形成相应的有机酸。③得到的有机酸会逐渐转化为乙酰辅酶A、琥珀酸等，从而进入TCA循环，最终降解为二氧化碳和水。苯系化合物通常可以被假单胞菌、分枝杆菌、不动杆菌、节杆菌、芽孢杆菌、诺卡氏菌等氧化降解。萘、蒽、菲等二环和三环芳香化合物，它们的微生物降解是先经过包括单加氧酶作用在内的一系列步骤生成双酚化合物，再经过双加氧酶作用逐步开环成侧链，然后再按照直链化合物方式转化，最后分解成二氧化碳和水。一般可以分解二、三环芳香化合物的微生物有气单胞菌、假单胞菌、棒状杆菌等。总的来说，从一到数十个碳原子的烃类化合物，只要条件合适，一般都可以被微生物降解。其中，烯烃类最容易被降解，烷烃类也较容易，芳烃类就比较难，多环芳烃类也很难，脂环烃类是最难的。在烷烃类中，正构烷烃类比异构烷烃类更容易降解，直链烷烃比支链烷烃容易降解。在芳香烃类中，苯比烷基苯和多环化合物难降解。

(3) 耗氧性有机污染物的微生物降解

在环境中耗氧性有机污染物是指生物残体、废水和废弃物中的糖类、脂肪和蛋白质等容易被生物降解的有机物质。耗氧性有机污染物的微生物分解在水环境和土壤环境中普遍存在。涉及的主要反应式如下：

$$[CH_2O]+O_2 \xrightarrow{\text{微生物}} CO_2+H_2O$$

一些水环境中有机物质比较少时，反应耗氧量就不会超过水环境中氧的补充量，因此溶解氧就会一直保持在一定的水平，此时主要进行有氧氧化，产物是 H_2O、CO_2、NO_3^-、SO_4^{2-} 等。此时，水环境有自净能力，通过一段时间的有机物分解，水环境能够恢复到初始状态。当水环境中有大量的有机物质输入时，水环境中溶解氧会很快下降并且不能迅速补充上，因此这时有机物就是缺氧分解。主要的产物通常是 NH_3、CH_4、H_2S 等，而且这些物质会进一步恶化环境。糖类一般分为单糖、二糖和多糖。它们的微生物降解通常是单糖降解为丙酮酸，微生物降解方式是酵解，比如木糖、阿拉伯糖、葡萄糖、果糖等；二糖通常降解为单糖，微生物降解方式是水解，比如蔗糖、乳糖、麦芽糖等；多糖一般降解为二糖和单糖（主要以葡萄糖为主），微生物降解方式也是水解，比如淀粉、半纤维素、纤维素等。主要的反应如下：

$$C_6H_{12}O_6+2NAD^+ \longrightarrow 2CH_3COCOOH+2NADH+2H^+$$

脂肪是由脂肪酸和甘油合成的酯。脂肪在常温下呈固态的，大多来自动物，一般呈现液态的是油，大多来自植物。脂肪在降解过程中主要有四个重要的步骤：①脂肪水解为脂肪酸和甘油；②甘油转化为丙酮酸；③有氧条件下饱和脂肪酸通过酶促 β-氧化过程变为脂酰辅酶A和乙酰辅酶A；④脂酰辅酶A和乙酰辅酶A最终氧化为二氧化碳和水，并使辅酶A复原。如果是在无氧环境下，脂肪酸通过酶促反应，通常会以它转化的中间产物作为受氢体不会被完全氧化，会转化为低级的有机酸、醇和二氧化碳等。

蛋白质是一类由氨基酸通过肽键连接成的大分子化合物，其中 α-氨基酸有20多种。在蛋白质中，一般由一个氨基酸的羧基与另一个氨基酸的氨基脱水形成的酰胺键，称为肽键。

微生物降解蛋白质通常是蛋白质由胞外水解酶催化水解形成氨基酸，氨基酸在有氧或者无氧的条件下，脱氨脱羧形成脂肪酸，主要的反应如图 3-3 所示。

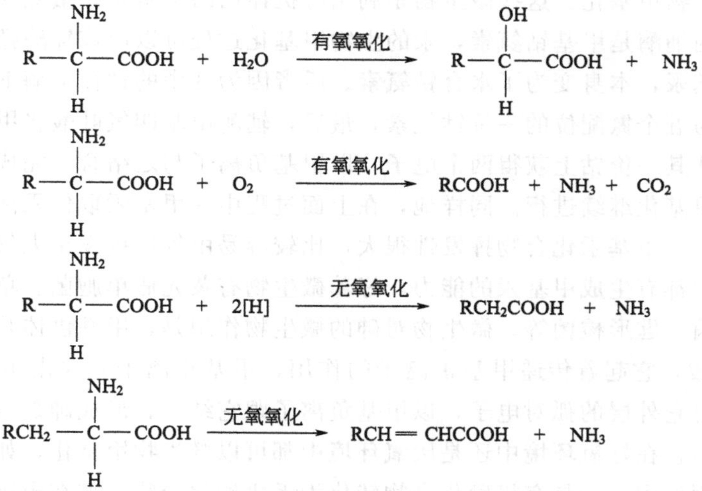

$$R-CH(NH_2)-COOH + H_2O \xrightarrow{有氧氧化} R-CH(OH)-COOH + NH_3$$

$$R-CH(NH_2)-COOH + O_2 \xrightarrow{有氧氧化} RCOOH + NH_3 + CO_2$$

$$R-CH(NH_2)-COOH + 2[H] \xrightarrow{无氧氧化} RCH_2COOH + NH_3$$

$$RCH_2-CH(NH_2)-COOH \xrightarrow{无氧氧化} RCH=CHCOOH + NH_3$$

图 3-3　氨基酸脱氨脱羧形成脂肪酸

在无氧条件下，糖类、脂肪、蛋白质都能够在产酸菌的酸性发酵作用下不完全降解为简单有机酸、醇等化合物。一般当环境条件合适时，这些化合物还会继续在产氢菌和乙酸菌作用下转化为乙酸、甲酸、氢气、二氧化碳等，然后经过甲烷菌作用产生 CH_4。这一复杂的有机物质降解过程叫作甲烷发酵或沼气发酵。在甲烷发酵中，通常是糖类的降解率和降解速度最高，然后是脂肪，蛋白质是最低的。

3.2.3.2　农药的微生物降解

很多农药跟某些天然化合物类似，一些微生物具有降解它们的酶系。它们可以作为微生物的营养物质来源从而被微生物分解利用，生成无机物、水和二氧化碳等。矿化作用是比较理想的降解方式，因为这种方法基本上会把农药降解为无毒无害的无机物。但是有些合成的农药很难被微生物降解，不过如果有另一种可供碳源能量辅助基质同时存在时，它们也是可以被分解的，这种作用通常称为共代谢作用。农药被微生物降解的主要途径：①酶促作用下，农药分子或者它其中的某部分分子作为微生物利用的碳源和能量，会被微生物立即利用，或者是先通过产生特殊的酶后再被降解；两种或两种以上的微生物通过共代谢作用降解某些结构复杂难以降解的农药；还有微生物不是从农药中获取营养物质和能量，而是为了保护自己的生存不被农药毒害，从而为了解毒而实现的农药降解。②非酶促作用，微生物活动会使环境中 pH 值发生变化从而引起农药的降解，或者是产生某些辅助因子和化学物质参与农药的降解，主要包括脱烃作用、卤代作用、胺及酯的水解、氧化作用、还原作用、环裂解、缩合或共轭形成等。

像 2,4-D 类氯代苯氧型农药能被微生物降解，通常作用较强的微生物是假单胞菌、无色杆菌等。马拉硫磷是一种含硫、磷的人工合成农药，它可以有效地被微生物降解，对它作用比较强的微生物主要是霉菌。DDT 也是一种使用很广泛的有机氯杀虫剂。因为其分子中特定位置上的氯取代而变得特别稳定，如果分子中的氯被取代生物降解性也会增加。DDT 在无氧条件下比在有氧条件下更容易脱氢还原。可以降解 DDT 的微生物种类很多，比如放线菌、真菌、细菌。

在好养或者是厌氧环境中，某些微生物可以使二价无机汞盐转变为甲基汞和二甲基汞，此过程称为汞的生物甲基化。这些微生物是利用有机体内的甲基钴氨蛋氨酸转移酶来实现汞甲基化的。该酶的辅酶是甲基钴氨素，汞的生物甲基化过程可以由该辅酶把甲基负离子传递给汞离子形成甲基汞，本身变为了水合钴氨素。后者因为其中的钴被辅酶 FADH2 还原，并且失去水而转变为五个氮配位的一价钴氨素，最后，辅酶甲基四氢叶酸将甲基正离子转给五配位钴氨素，并从其一价钴上获得两个电子，以甲基负离子与之络合，完成甲基钴氨素的再生，就能使汞的甲基化继续进行。同样地，在上面过程中一甲基汞取代汞离子的位置，就能够形成二甲基汞，二甲基汞化合物挥发性很大，比较容易由气体挥发至大气中。很多好养微生物和厌氧微生物都有生成甲基汞的能力，好养微生物有荧光假单胞菌、草分枝杆菌等，厌氧微生物有甲烷菌、匙形梭菌等。微生物对砷的微生物作用是，甲基供体是相应转移酶的辅酶 S-腺苷甲硫氨酸，它起着传递甲基正离子的作用，甲基正离子先攻击由砷酸盐还原得到的亚砷酸盐，获得它外层的孤对电子，以甲基负离子跟它结合，形成砷是五价的一甲基胂酸盐。环境中的砷不管在好氧环境中还是厌氧环境中都可以微生物甲基化，如帚霉菌、甲烷杆菌等。微生物对硒作用：一是有机硒化合物转化为无机硒化合物，如在土壤环境中植物残体释放的硒蛋氨酸和硒-甲硒半光氨酸，都可以被一些微生物转变为硒酸盐或者是亚硒酸盐；二是硒化合物甲基化，最主要的产物是二甲基硒和三甲基硒离子，比如土壤以及一些淤泥中的亚硒酸、硒酸盐、硒蛋氨酸等无机和有机硒化合物，都可以被某些微生物转变为挥发性高的二甲基硒被挥发至大气中；三是被还原成单质硒，像土壤中某些微生物可以将硒酸盐还原成单质硒；四是单质硒的氧化，例如光合紫硫细菌可以把单质硒氧化为硒酸盐。

3.2.4 污染物的其他类降解

生物圈中存在着各种各样的降解类型，其中主要的降解类型有物理降解、化学降解、光降解和微生物降解，物理降解主要是高分子化合物在外力的作用下发生变软、破裂、发脆、丧失力学强度等无规则的变化，使其链发生无规则的断裂、分子量下降以及在水环境中污染物被稀释、凝聚、沉淀等。同时施加超声和光降解会使污染物的微生物降解更加有效，结果表明经过光降解产生的羟基自由基是导致降解的主要因素，与光降解相比超声降解的贡献比较少。但与单独的光降解相比，超声和光降解的联合使得降解速率更快、矿化程度更高，超声引起了矿化程度的增加。·OH 主要引起脱色反应、羧基化、氧化以及键的断裂作用。在反应体系中加入盐，可以增强超声光降解中的脱色动力学和 TOC 去除的程度。电解质的离子强度对这种增强有很大的影响，因为它增强了污染物分子与水之间的疏水相互作用，会使这些物质在气泡界面处得到进一步的降解。Singh 等通过脉冲电晕放电产生的等离子体来降解双氯芬酸、卡马西平和环丙沙星。对于 1mg/L 浓度的这几种物质可以在 48min 内实现完全降解，随着浓度的增加，需要的时间也会增加，而且降解速率随着电压和频率的增加而增加。在降解过程中，酸性条件下有利于降解，而碱性和腐殖酸的存在会降低降解的效率。

也有研究者利用一些仪器装置，例如 Li 等利用新型圆柱形多柱光催化反应器对阿莫西林、3-氯苯酚等进行光催化降解，大大提高了降解的速度。研究者在一项新的研究中，从污染的海洋沉积物中分离出一种新的烃类和杀虫剂降解细菌。根据形态学和遗传表征发现，此新菌株与苏云金芽孢杆菌的相似性最高，进一步的研究还发现它对菲和吡虫啉可以达到高水平的降解。以此建立了两种污染物的合理降解途径，研究结果显示，苏云金芽孢杆菌具有巨大的潜力，可以矿化多种新型污染物，如多环芳烃和杀虫剂。环境中石油烃类污染物属于顽固化合物，属于优先污染物，它们由于反应性低而抗降解。生物修复已经成为利用天然微生物的降解活性修复石油烃污染环境的主要方法。利用微生物的石油烃普遍存在于环境中，它们自然地被微生物降解，从而将污染物除去。通过施用亲油性微生物（单独的微生物分离物/聚生体）从环境中去除石油烃污染物是生态且经济的。微生物对石油烃污染物的生物降解是利用微生物的酶催化活性来提高污染物降解速率，亲油微生物用于消除环境中的烃类污染物。据报道，细菌、真菌、藻类等微生物具有降解烃类污染物的能力，细菌是石油污染物降解的主要降解剂和活性剂。研究发现，由三株芽孢杆菌、两株铜绿假单胞菌和一株微球菌组成的联合体 2 比由一株芽孢杆菌和两株假单胞菌组成的联合体 1 更能有效地清除被柴油污染的土壤中的中链和长链烷烃。目前已经确定了许多脂肪族和芳香族石油烃污染物以及来自不同群落的微生物对石油污染物降解的途径，添加生物表面活性剂产生微生物可以有效地解决烃的不可用性。纳米氧化铈是用于污染物降解的有效光催化剂，其中高度分散的 Ce(Ⅲ) 离子作为促进反应的建议活性物质，而 Ce(Ⅳ) 物质不表现为催化活性。为了研究铈基光催化剂的机理，研究者进行在紫外线照射下有机污染物降解的简单铈离子 Ce(Ⅲ) 和 Ce(Ⅳ) 在水溶液中的比较，选择橙Ⅱ(AOⅡ)、甲基橙和对硝基苯酚作为目标污染物，详细研究了活性氧的形成和贡献，Ce(Ⅳ) 光还原和 Ce(Ⅲ) 光氧化的动力学以及溶液 pH 值的影响，发现在低 pH 值下 Ce(Ⅳ) 离子对 Ce(Ⅲ) 离子的羟基自由基产生和 AOⅡ 降解的活性较高，这可归因于其对 Ce(Ⅲ) 的快速还原速率。然而，当溶液 pH 值增大时，其活性急剧下降，并且受污染物类型的强烈影响，而 Ce(Ⅲ) 在高 pH 值范围内表现出对所有测试污染物都有较高的降解效率。许多含氟有机化合物具有毒性和持久性，并且在温和条件下实现其有效降解是目前的挑战，因此有研究者提出一种新型的电化学加氢脱氯系统，用于降解氟代芳烃污染物，在温和条件下（室温、水介质、空气气氛、不使用危险试剂等）形成非氟化有机物和 F^-，该研究为含有 FA 污染物的废水的实际处理提供了一种新的有前途的替代方案。

3.3 影响污染物降解的因素

3.3.1 自然条件的影响

（1）自然条件对污染物光降解的影响

① 光照强度和光照时间。它们直接影响污染物吸收光能量的多少，吸收的能量太少污染物分子就不能光降解或者降解的程度很低，光照强度/光照时间和气候季节以及地区有很大的关系。污染物周边环境也会影响光照的强度和时间，如果在树林、房屋等遮挡物周围，那么太阳光也会被遮挡住。当在水环境中时，环境中的藻类、悬浮物等也会影响污染物的光降解，因为藻类在光照条件下会生成过氧化氢和单线态氧等活性氧物质，从而会引发污染物的光氧化反应。悬浮物是因为它不仅能够增加光的衰减作用，还能改变吸附在其上面的化合物的活性。环境中的分子氧也会影响污染物的光降解，因为分子氧在一些化学反应中的作用类似猝灭剂，它会减少光量子产率，在某些特殊情况下甚至还参与到反应中。

② 自然条件对光催化降解的影响。这里主要涉及 pH 值对催化剂的影响，比如当 TiO_2 作催化剂的时，pH 值较低，TiO_2 表面会发生质子化，从而使其表面带正电荷，所以对光生电子往 TiO_2 表面转移有利；当 pH 值呈中性时，水分子会与光生空穴反应，形成·OH 和质子；当 pH 值较高的时候，OH^- 会使 TiO_2 表面带负电荷，有利于空穴从物质内部转移到物质表面。所以，光催化降解通常在 pH 值较高或较低的环境中反应速率更快。Ren 等以 8W 的 LZC-UV 灯（在 356nm 处有发射峰）作为光源，研究了不同 pH 值条件下 17α-乙炔基雌二醇（EE2）的光降解，EE2 水溶液的 pH 值范围为 3.0～11.0。在 pH 值为 11.0 的条件下，大部分的 EE2 被去质子化，此时的光降解率比较低的 pH 值的光降解率要高得多。有研究指出，在强碱性条件下持续性有机污染物的降解比在酸性、弱酸性等条件下更容易降解。催化剂晶粒结构、存在状态和表面性质等对光催化降解都有一定的影响，催化剂的用量也对光催化降解有影响，主要是催化剂的量必须在一个最佳范围内，当大于或小于这一范围时，它的降解速率都会变慢。反应体系中的水和空气也会影响污染物的光催化降解，因为·OH 活性自由基的数量和羟基数目直接与水相关，且氧也能参与电子反应，生成活性基团。研究指出，随着空气流量的增加，污染物的光催化降解速率也增加，当达到一定值的时候，降解速率达到稳定。此外，空气的通入还会强化传质，消除 TiO_2 表面的滞留边界层。梁菁等利用不同光源研究光源对污染物光降解的影响，发现农药在高压汞灯照射下的光解最快，紫外灯照射下次之，太阳光下最慢，主要是因为光强度的不同，光强度越高则光解越快。褚明杰等研究在氙灯和高压汞下，各种水环境中苯噻草胺的光解半衰期顺序是稻田水＞江水＞湖水＞河水＞重蒸水。这主要是因为水越纯对光的吸收与传导的阻碍作用就越小，但是在稻田水等其他几种水环境中，都不同程度地含有一些溶解性有机质。主要原因是这些物质本身可能与苯噻草胺相互作用，阻滞了其光降解过程，还有一个原因是这些水环境中的溶解性有机质或者是其他杂质等可能会对光的吸收和传导产生阻碍作用。杨仁斌等对三唑酮的研究也表明，其在各种类型水中光解速率顺序为纯水＞井水＞河水＞池塘水，也是由于类似的原因。

（2）自然条件对污染物化学降解的影响

在空气和水中，自由基是引起污染物氧化降解的重要因素，在自由基电子壳外层有一个不成对的电子，对外来的电子有很强的亲和力，可以起到强氧化剂的作用，所以环境中的自由基对污染物的降解影响很大。自然条件对污染物电化学降解的影响主要取决于电极材料的选择以及在电极间的介质，还有一些是与催化剂、反应温度等有关。在有电解质参与的电化学降解中，电解质也有很重要的影响，一般来说溶液中离子的数量和种类越多溶液的电导率就越高，会促进污染物的降解。也有研究者提出仅在恒流情况下，电解效率才会提高；在恒压情况下，电解质浓度越高反而使槽电压升高，电解效率反而降低。还有研究者指出，当电压超过某临界值时，电子不会再经过电极就直接流向溶液而导致电流效率下降。不同的电解质也会对污染物的降解产生影响，如果电解质溶液中含有硫酸钠类的惰性电解质时，仅仅起到导电的作用，如果溶液中有氯离子存在时，它不仅有直接氧化的作用，还有间接氧化的作用。自然条件对污染物水解的影响主要有温度、pH 值、反应介质等。温度主要影响水解的反应速率，随着温度的升高，反应速率逐渐增加。在温度一定的情况下，pH 值对水解的影响是很大的，通常分为酸性催化、中性催化和碱性催化，一般水解速率可以表示为：

$$R_H = K_{hc} = (K_A[H^+] + K_N + K_B[OH^-])_c$$

式中，K_A、K_N、K_B 分别表示在酸性催化、中性催化和碱性催化过程中的二级反应水解常数。反应介质的影响是指环境中反应介质的溶剂化能力对水解反应的影响，离子强度和有机溶剂量的改变都可能会改变水解速率。

(3) 自然条件对污染物微生物降解的影响

环境条件关系到微生物的生长、代谢等生理活动，对微生物降解污染物的速率也有很大的影响，主要涉及环境的温度、溶解氧、pH 值、共存物等。各类种群的微生物都有它们自身合适的生长温度范围，当温度超过这一范围的时候，对微生物的生长不利，甚至有可能死亡，也就导致污染物的微生物降解速率下降。但是如果是在适合的温度范围内适当地升高温度，会增加反应的活化能，则可以加速污染物的降解速率。同样，微生物也有合适的生长 pH 值范围，一般为 5～9。很明显，当 pH 值超过这个范围的时候，污染物的降解速率会下降，但是微生物生长的合适 pH 值范围不一定会是微生物的作用酶催化使污染物降解的合适 pH 值范围。过高或过低的 pH 值对微生物表面的电荷都会产生影响。湿度对污染物微生物降解也有影响，因为湿度是微生物生存的一个很重要的环境因素，微生物的生命活动需要水，且湿度还能控制环境中氧的水平。溶解氧对污染物的微生物降解也有一定的影响，因为好氧、厌氧以及兼性厌氧微生物对溶解氧的需求是不一样的。通常用氧化还原电位来求得相应的溶解氧浓度，因为有时无法直接测得较低的溶解氧浓度。通常好氧微生物在氧化还原电位值是＋0.1V 以上时都可以生长，一般在＋0.3～＋0.4V 时为最佳。厌氧微生物就只能在＋0.1V 以下时才能生长。而兼性厌氧微生物则是在＋0.1V 左右都能够生长。环境中其他与污染物共存的物质，通常也会不同程度地影响污染物的微生物降解，比如存在的重金属离子、对微生物危害的物质和污染物竞争的物质等。不同的微生物种群对环境中污染物的代谢快慢也不同。微生物种群的浓度对污染物的降解也有一定的影响，具体是取决于微生物对污染物降解时间的长短，如果微生物对污染物的降解时间较长，则微生物浓度的影响不大，但如果是微生物对污染物的降解时间很短，那么微生物浓度的影响就会很显著。

3.3.2 污染物性质的影响

污染物的性质、结构对其降解有着非常重要的作用，不同种类的污染物，它们的主要降解方式也有区别。通常来说，污染物的结构越复杂，它就越难降解，分子量大的污染物比分子量小的污染物更难降解。

(1) 污染物的性质、结构对其光降解的影响

光降解的污染物尤其是有机污染物按照它们的性质可以分为以长碳链为主的烷烃类和含有苯环的芳香族化合物。大量实验研究表明在光催化降解实验中，芳香族有机污染物吸附到催化剂表面的速度小于烷烃类有机污染物，但是烷烃类的有机污染物降解速率并不快，而芳香族有机污染物因为其结构中的苯环容易受到·OH 的攻击，因此降解反而快一些。而其他研究表明对于不同甲酸的降解速率为邻苯二甲酸＞邻硝基苯甲酸＞邻氯苯甲酸＞苯甲酸，芳香羧酸的光降解与其苯环上的取代基关系很大。张天永等用 TiO_2 降解几种工业染料，发现单偶氮类染料容易降解，单偶氮键容易断裂，蒽醌类稍微难降解，因为蒽醌类的结构不容易被破坏，酞菁类染料是最难降解的，因为酞菁类的杂环结构很稳定，这几种染料在 TiO_2 催化剂表面上吸附能力大小是酞菁类＞蒽醌类＞单偶氮类，即研究者指出降解与它们在催化剂上的吸附有关，吸附太强的比较难降解。污染物中离子种类也是影响污染物光降解的因素，特别是有机污染物中含的 Cl、N、S 对光降解有一定的影响。Abdullah 等研究污染物中离子种类对降解效率的影响时发现硝酸根离子的影响不明显，但是磷酸根离子、氯离子和硫酸根离子的影响比较大，尤其是在浓度大于 3～10mol/L 时，效率明显下降了 20%～70%，这可能是因为不同离子的竞争吸附效应。

(2) 污染物的性质对污染物微生物降解的影响

有机物的种类对其微生物降解影响很大，环烃类比链烃类更难微生物降解，饱和烃类比不饱和烃类更难微生物降解，多环芳烃比单环烃更难微生物降解，短链比长链更难微生物降解。当主链上的碳原子被其他元素取代的时候会增加对生物氧化的抵抗力，碳支链对代谢作用也有一定的影响，取代基的种类、位置、数量等以及碳链的长短都会影响其微生物降解。污染物的分子结构越复杂，则其微生物降解越困难，因为分子结构越复杂胞外酶就越难以接触到容易降解的部分，支链越多也会影响到它的微生物降解。含氧有机物类，通常是醇类比较容易降解，醛类也比醇类稍难生物降解，酯类化合物和有机酸类与醛、醇类相比更容易微生物降解。酚类中的一羟基或二羟基酚、甲酚通过驯化作用能够得到很高的降解性。但卤代酚非常难生物降解。与醛、醇、酸和酯相比，酮类较难于微生物降解，但较醚容易降解。醚类虽然不易生物降解，但只要进行长时间的驯化就能提高它的微生物可降解性。胺类化合物中仲胺、叔胺和二胺都是难降解的，但通过驯化方法有可能降解。二乙醇胺、乙酰苯胺在低浓度时可以被微生物降解。有机腈化合物经过长时间的驯化后也有可能被降解，腈类会被分解成氨，从而被氧化为硝酸。在表面活性剂中，阳离子表面活性剂的苯基位置越靠近烷基的末端，则它的微生物降解性越好，同时烷基的支链越少，它的微生物降解性也越好。苯环上磺酸基和烷基如果是处于对位比在邻位降解性好。阴离子表面活性剂中直链烷基苯磺酸盐的微生物降解速率随磺基和烷基末端距离的增加而加快，在 C_6～C_{12} 范围内较长者降解速率快，支链化的影响则与非离子型表面活性剂的规律类似；非离子表面活性剂中聚氧乙烯烷基苯乙醚的微生物降解性会受到氧化乙烯链的加成物质的量和烷基的直链或支链结构的影响，直链烷基的置换位置对其微生物降解也有影响。

(3) 污染物的性质对污染物化学降解的影响

污染物的性质如果越稳定它就越难化学降解，有机污染物如果是比较稳定的、不容易发生取代反应的，它就不容易发生水解反应，像烷基卤、酰、胺、环氧化物、磷酸酯、硫酸酯、腈、氨基甲酸酯、羧酸酯、磺酸酯等官能团就容易发生水解。一些污染物不容易失去电子，很难被氧化，也不容易被化学降解。

3.3.3 其他因素的影响

当污染物被其他物质吸附或者以其他方式形成了络合物的时候，很难被降解。当环境中存在很多污染物时，各种污染物的结合增加了它们被降解的难度，还会存在各种污染物竞争的现象，就会导致一些污染物难以被降解。人类活动对污染物的降解也有一定的影响，首先有时会影响环境中动植物以及微生物的生存繁殖，其次是人类的活动对污染物的干扰，例如一些污染物在水环境或土壤中时，它正处于降解的阶段，但是人类的活动打破了当时的条件，导致降解不能继续进行。还有像水环境中的污染物还会受到河流、池塘等的水文特征的影响，例如流量、流速、含沙量、河宽等。通常来说水的流量越大，污染物被稀释、被降解的程度也越容易，水环境中的泥沙对污染物也有一定的吸附作用。对于光降解来说环境中存在的金属离子也会对污染物的光降解造成影响，例如环境中 Fe^{3+} 就是很普遍的存在，它有良好的光化学活性，在光照情况下 Fe^{3+} 能够吸收太阳光，它的络合会经过配体-金属电荷转移从而发生光降解产生 Fe^{2+} 和 · OH。反应体系中存在 Fe^{2+} 和 $Fe(OH)_2$ 这两种主要的光活性物质，它们都可以吸收光能，控制着体系中 · OH 的产生。与此同时，反应过程中生成的 Fe^{2+} 也不稳定，它可以再次被氧化成 Fe^{3+}，因此 Fe^{2+} 和 Fe^{3+} 会形成一个循环，从而不断地产生 · OH，促进污染物的光降解。早在 20 世纪 50 年代人们就对 Fe^{3+} 的光化学活性进行过研究。1953 年，Bates 研究指出，在紫外线的照射下，酸性条件的 Fe^{3+} 可以氧化有机芳香化合物。Peng 等也报道过类似的结论，表明 Fe^{3+} 的存在能够促进壬基酚（NP）的光降解。Wang 等同样也有过类似的研究，他们对 Fe^{3+} 诱导壬基酚聚乙氧基化低聚物在水溶液中的光降解进行了毒性评估，结果发现在 500μmol/L 的 Fe^{3+} 存在的情况下，壬基酚聚乙氧基化低聚物的光降解速率显著提高了，紫外线照射条件下，60％的壬基酚聚乙氧基化低聚物在 48h 内被降解，壬基酚聚乙氧基化低聚物的光解速率常数为 $0.018h^{-1}$。

第4章 污染物的迁移转化

4.1 污染物迁移和转化的概念

4.1.1 污染物的迁移

污染物在各类环境介质中发生的空间位移及引发的分散、富集和消失的过程称为污染物的迁移。在水、大气和土壤环境中污染物的迁移方式不一样，不同类型的污染物的迁移方式也有一定的差别，很多污染物的迁移是多种方式的结合。

污染物在大气环境中不可能无限期地停留，不然全球的大气污染将不敢想象，因此研究污染物的迁移过程非常重要。大气污染物主要来源于工业企业、交通运输工具、火力发电厂，还有家庭生活的排放。在大气环境中的迁移主要是空气的运动导致由污染源排放到大气中的污染物的传输和分散的过程。大气环境中污染物的迁移本身是一种自我净化的表现。进入大气环境中的污染物可以通过风力、气流、干湿沉降等方式在水平或者垂直方向进行动力迁移。

水环境中污染物的迁移主要是以下几个方面：污染物随着水体流动发生的迁移，与此同时还发生了扩散和稀释；污染物吸附在水环境中的颗粒上而发生物理性重力沉降或者胶体颗粒沉降；污染物通过挥发进入大气环境中。

由于土壤环境本身是一种很复杂的多介质体系，其中包括矿物质、生物群落、水、空气和有机质等。所以它具有复杂的化学和生物性能，污染物在土壤中也就有了复杂的迁移过程。主要有如下几个迁移过程：挥发进入大气环境中；吸附在土壤固相表面或有机质中；通过地表径流迁移污染附近的地表水；随雨水或灌溉水冲刷向下迁移，通过土壤剖面形成垂直分布，渗透到地下水中，污染地下水；生物或非生物降解；作物吸收等。

4.1.2 污染物的转化

污染物的转化是指污染物在环境中通过物理、化学、生物的作用改变其存在形态或转变为不同物质的过程。污染物的转化与迁移不同，迁移只是空间位置的变化。但是环境中污染物的转化和迁移经常是伴随着进行的，所以污染物的迁移和转化是密切相关的。

4.2 污染物迁移和转化的类型

4.2.1 污染物迁移的类型

污染物的迁移类型主要有三种，即物理迁移、化学迁移、生物迁移。物理迁移主要是污染物在环境中的机械运动，例如随着水流、气流的运动和扩散，在重力作用下的沉降等。化学迁移一般都包含着物理迁移，生物迁移又都包含着化学迁移和物理迁移。化学迁移是污染物经过化学过程发生的迁移，主要包括溶解、离解、氧化还原、水解、络合、螯合、化学沉淀、生物降解等。生物迁移是污染物通过有机体的吸收、新陈代谢、生育、死亡等生理过程发生的迁移。

4.2.1.1 物理迁移

(1) 大气中的物理迁移

大气中的物理迁移主要有风力扩散、气流扩散、干沉降、湿沉降等。风力扩散是指大气中的污染物在各种气象因子影响下具有自然的扩散稀释和浓度变为均一的倾向，很显然风力越大污染物的扩散越快。气流扩散指垂直方向流动的空气，污染物随着气流在垂直方向的扩散迁移，气流越剧烈，污染物的扩散越快。干沉降指的是大气中的污染物通过重力沉降或者被地面的建筑物、树木等障碍物阻拦从而沉淀在地面的过程，或者是进入人体或其他动物呼吸道（器官）并留存下来的过程。湿沉降是指大气中所包含的污染物、其他微粒物质随着降水过程（雨水、雪等）降落并积留在地表的过程。湿沉降是大气中污染物被消除的重要过程，但同时有可能造成土壤、水环境的污染。

大气中流体的层结构对于流体在大气中的运动有着重要的影响。一般来说密度大的流体在密度小的流体下面，则这种结构就稳定，反过来就是不稳定的。但是对于空气来说，尽管其密度随高度增加而减小但是不一定是稳定的，因为它还受到温度的影响。锋面是温度、湿度等物理性质不同的两种气团的交界面。较重质量的大气污染物会随着空气的流动而向下迁移，在锋面体系下，冷暖气团相互运动，风速逐渐减小，气团所携带的污染物呈现出不断沉降和累积的状态，锋面体系实际上是区域重质量大气污染物累积体系。在锋面系统下，重质量大气污染物在锋面处会因为风力减弱而逐渐沉降，冷暖气团就不断地把污染物输送到锋面区，锋面区持续地累积重质量大气污染物，并不断增高，锋面区重质量大气污染物浓度不断增加，厚度也不断增大，重质量污染物将会在锋面区向两侧进行重力扩散，即主要特点是重质量大气污染物浓度从锋面区向冷暖气团两侧递减。

背风区的形成与地形、风向、风速等有关，而背风环流主要是由于近地面风向与高空风向相反，然后是因为背风区的温度较高。一旦背风环流形成，背风区域因为环流的作用会使污染物不断增加，特别是一些难降解的颗粒物，从而进一步加重了背风区的污染。它会在重力的作用下不断向背风区的两侧扩散，并不断地向地势较低的地方扩散，但是由于环流有些污染物又会重新回到背风区，所以背风区的污染物迁移由于扩散力不足和环流的作用，它的主要迁移方式是沉降。根据调查华北地区由于受冷暖气团锋面系统、背风区和背风环流的综合影响，重质大气污染物的迁移存在一定的特殊性。重质大气污染物先随空气的流动而迁移到锋面区，然后因为受冷暖气团锋面系统影响，加速了锋面区重质大气污染物的沉降和累积，随着重质大气污染物的不断增加，污染物由锋面区向两侧重力传输，在传输过程中重质大气污染物优先选择风力较弱和地势较低的区域进行传输，华北地区背风区提供了天然的优势传输通道，重质大气污染物由优势通道向北传输，部分停留在背风区，部分与北部的冷气团相遇，随冷气团会再次迁移到锋面区。

(2) 水环境中的物理迁移

水环境中的污染物特别是一些大颗粒重金属等它们的物理迁移依赖于水的流动性，污染物在水体中随着水的流动进行迁移，有的进入土壤，有些污染物在水体环境中聚集而沉淀也是一种物理迁移方式，有的污染物还会随着水的蒸发迁移到大气环境中。水体环境中的物理迁移大多是从水中转移到其他水域中，或者进入土壤、地下水，或者是沉降到河底，还有随着水蒸发到大气中。

(3) 土壤环境中的物理迁移

土壤是一种包含多种物质，如有机质、矿物质、水、空气等组分的复杂体系。土壤可以大致划分为四“相”，即空气、水溶液、固体、生物体，污染物在土壤中会受到这四部分的制约。土壤中污染物的物理迁移方式主要有扩散和淋溶。扩散指的是污染物在土壤中自发地由浓度高的地方扩散到浓度低的地方的过程。污染物在土壤中主要的扩散形式有两种：第一种为气态的扩散；第二种为非气态的扩散。非气态扩散可以发生在溶液、气-液和液-固界面上。土壤淋溶是土壤中污染物污染地下水的主要原因。土壤淋溶作用指的是土壤上层中的一些矿物或者有机质等通过雨水的渗透或者人工灌溉水的冲刷淋洗将其移到土壤中比较深的下层土壤中的作用。而对土壤中的污染物来看即是土壤中比较上层的污染物被雨水或者人工灌溉水的冲刷淋洗将其移往土壤中较深的地方，从而将会污染到地下水。一般来讲，污染物的水溶性越大，被水带入到土壤深层的可能性越大。另外看土壤的性质，如果是比较砂质的土壤，因为其吸附容量较小，所以当污染物在其中时会随着土壤的间隙而垂直向下运动渗透到较深的土层中，而当土壤是黏质时污染物在其中会因为其较强的吸附力不会轻易随着水的冲刷而随土壤间隙向下渗透到较深的土层中。

4.2.1.2 化学迁移

化学迁移在土壤和水中体现得最多，土壤中污染物的化学迁移主要有矿化作用、硝化作用、反硝化作用、吸附作用、离子交换、静电作用、发生氧化还原等。水环境中也有离子交换、静电作用、氧化还原、光解、水解、络合等等。而在大气环境中主要是光照引起的降解、物质混合引起的反应。

4.2.1.3 生物迁移

生物迁移主要也是在土壤和水环境中比较多，比如水环境中通过植物的呼吸作用、新陈代谢、微生物的分解。同理，在土壤中也存在这些生物迁移，但在大气环境中主要的生物迁移就是通过动植物、人类的呼吸作用完成的。

4.2.2 污染物转化的类型

污染物的转化可以分为物理转化、化学转化和生物化学转化。物理转化包括相变、凝聚以及放射性元素的蜕变；化学转化主要有光化学转化、氧化还原、络合和水解等作用，化学转化一般发生了原来化学键的断裂和新化学键的生成；生物化学转化是指通过生物的呼吸和代谢等生理作用而发生的变化。

4.3 污染物迁移转化的过程和途径

4.3.1 有机污染物的迁移转化

有机污染物在环境中的迁移转化主要取决于有机污染物自身的性质以及环境条件，这里主要以有机污染物在水环境中为例讲述有机污染物的迁移转化。有机污染物在水环境中一般通过吸附作用、分配作用、水解作用、挥发作用、光解作用、生物富集和生物降解等方式在水环境中进行迁移转化。这些作用一般都包含物理、化学、生物的变化过程。这比无机污染物在水中的迁移转化更加复杂。

4.3.1.1 吸附作用

有机污染物从水环境中迁移的一个重要方式就是被水环境中的悬浮颗粒物或者底泥等所吸附，而且悬浮的颗粒物最后也要沉积到水体底部，形成底泥。因为水环境中有机污染物的种类很多，所以化学性质也有很大差别，因此它们的吸附机理也各有不同。下面介绍几种主要的吸附机理。

(1) 疏水作用

疏水作用主要是有机物含疏水性基团，它们在水环境中有强烈离开水相进入有机相的趋势。当有机污染物遇到疏水性的固体物质时，就会聚集在固体表面，这种现象就是疏水作用吸附。疏水作用吸附一般与固体中的成分有关，就是与蜡、树脂、腐殖质、脂肪等中的脂肪链以及极性官能团较少的木质素衍生物成分有关，因为这些成分都有很强的疏水性。水中各类非离子型有机污染物在固体上的吸附主要就是疏水作用。疏水作用吸附可以看作是有机污染物在水和固体中的有机质的分配过程。

(2) 分子间作用力

分子间作用力吸附是固体表面与吸附质之间通过分子间作用力而引起的吸附，通常也叫表面吸附。分子间作用力有诱导偶极、永久偶极和色散力引起的各种分子之间的相互作用，它们大都存在于所有的吸附过程中，虽然它们能在大多的吸附过程中见到，但是一般情况下它们很微弱，与其他的机理相比显得微不足道。通常在其他吸附机理不明显或者不起作用的情况下，分子间作用力吸附才有可能是主要作用。

(3) 离子交换

因为大多数的环境介质中都有带负电荷的物质，而强碱性的有机污染物在水环境中会以阳离子的形式存在，而有些弱碱性的有机污染物分子会在偏酸性的环境中质子化从而带正电荷，因而，污染物就可以通过阳离子的离子交换作用被吸附。同理，环境中还存在很多带负电荷的物质，因此也存在阴离子的离子交换作用使污染物被吸附。

(4) 配位作用

有些有机污染物可以通过和环境中其他物质一起成为某种金属离子的配位体从而形成配合物，也就实现了被环境中物质吸附的目的。

(5) 氢键

氢键是一种特殊的偶极-偶极间的相互作用。它是氢原子充当了两个电负性原子之间的桥梁。水环境中的悬浮物、底部的沉降物的主要成分是黏土矿物和有机胶体，它们含有丰富的羰基、氨基和羟基等官能团，它们都可以和有机分子以氢键结合。但是在水环境中，存在水分子的竞争，它抑制了有机分子与胶体直接形成氢键，所以有机分子经常利用羰基与水分子形成氢键，而且这个水分子抗原与胶体表面的可交换性的阳离子以离子-偶极键相连。

总的来说，有机污染物的吸附机理很多，不同的环境、不同的有机分子的吸附机理都有差异，一般来说某种有机分子在固体表面的吸附是多种机理共同作用的结果。

4.3.1.2 分配作用

分配理论认为，土壤或者沉积物对有机物的吸着主要是溶质的分配过程（溶解），即有机化合物通过溶解作用分配到土壤有机质中，并经过一定时间达到分配平衡。此时有机化合物在土壤有机质和水中含量的比值称为分配系数。有机物在土壤中的吸着存在两种机理：①分配作用：在水溶液中，土壤有机质对有机物的溶解作用，且在溶质的整个溶解范围内，吸附等温线都是线性的，与表面吸附位无关，只与有机物的溶解度相关。②吸附作用：在非极性有机溶剂中，土壤矿物质对有机物的表面吸附作用或干土壤矿物质对有机物的表面吸附作用。前者主要是因为范德华力，后者则主要是化学键的作用，如氢键、离子偶极键、π键作用等。它的吸附等温线是非线性的，而且存在着竞争吸附，在吸附过程中经常放出大量热来补偿反应中熵的损失。

4.3.1.3 挥发作用

水环境中有机污染物的挥发作用主要是由水环境中的溶解态转变成气态进入大气的过程。对于有机污染物在水环境中迁移这是一个重要的途径。影响挥发的主要因素有污染物的性质、环境和气象条件等。对于挥发，一般要考虑许多有毒物质的挥发。有毒物质如果挥发性很高，那么它在环境中的挥发作用将会是它迁移转化很重要的一个过程，而且即使有毒物质的挥发性比较小，也不能忽略。

4.3.1.4 水解作用

水解作用是有机污染物与水环境之间很重要的一个作用，而且水解作用也是有机污染物从环境中被清除的一个重要的途径，它影响着有机污染物在环境中的停留时间，而且对有机污染物的毒性也产生影响。在反应步骤中还包括一个或多个中间体的形成，水解反应改变了有机物原来的化学结构。一般主要能发生水解的官能团有胺、氨基甲酸酯、羧酸酯、烷基卤、环氧化物、腈、磷酸酯、硫酸酯等。水解产物的挥发性、毒性和降解性等都有可能会发生改变。水解产物可能比原来的物质更容易或者更难挥发，与 pH 值有关的离子化水解产物的挥发性可能是零，且水解产物一般比原来的物质更容易被生物质降解，但也有少数例外。水解机理可以解释为一个亲核基团（水或 OH^-）进攻亲电基团（C、P 等原子），同时取代一个离去的基团（Cl^-、苯酚盐等）的过程，也叫亲核取代反应。根据动力学的特点，亲核取代反应可以进一步划分为单分子亲核取代和双分子亲核取代。影响水解的因素主要有温度、pH 值和反应介质。一般随着温度的升高，有机物的水解速率增大；在一定的温度条件下，pH 值对水解的影响是很大的。由于不同物质的化学性质不同，水解机理也不同，所以 pH 值对水解的影响也有很大的区别。一般来讲，大多数的有机污染物在碱性条件下都更容易发生水解反应；反应介质的溶剂化能力对水解反应的影响也很大，所以环境中离子强度和有机溶剂量的改变都会影响水解反应速率。

4.3.1.5 光解作用

光解作用是真正意义上的有机物分解过程，它改变了有机物分子的结构且是不可逆的，在很大程度上影响着水环境中很多有机污染物的迁移转化。越来越多的研究指出，有机污染物在水环境中的光化学分解即光解作用是其迁移转化的一个很重要的方式。但是，某些有机污染物在水环境中的光解产物可能毒性减小，也可能还是有毒性的，所以光解也不能等同于去毒。有机污染物的光解速率与很多因素有关，如环境介质、光照强度、有机物的化学性质等。光解过程一般主要分为三种，即直接光解、敏化光解和光氧化反应。

(1) 直接光解

直接光解是有机污染物直接吸收太阳能而进行的化学分解反应，它是最简单的光化学反应。研究指出，只有那些吸收了光子的有机分子才会进行光化学反应，能进行反应的前提条件是有机污染物的吸收光谱能与太阳发射的光谱在水环境中可被利用的那部分辐射相适应。水环境中所有光化学反应和光生物反应的基础就是太阳辐射。影响直接水解的主要因素是太阳辐射量、光谱特性和时空分布。想要了解水环境中有机污染物的直接光解就必须了解水环境中有机污染物对光子的平均吸收率，进而必须了解水体对光的吸收作用。光以具有能量的光子与物质作用，物质分子可以吸收作为光子的光，倘若光子的相应能量变化允许分子间隔能量级之间的迁移，即说明光的吸收是有可能的。所以，光子被吸收的可能性的大小随着光的波长变化而变化。一般地，在紫外-可见光波长范围内的辐射作用能够提供有效的能量供给最初的光化学反应。由于大气层对太阳辐射的吸附，所以到达地表的太阳光的波长主要在290～800nm之间，且到达地面的太阳光的强度又会随着波长、大气中的臭氧以及气溶胶的含量变化而变化。当太阳光到达水环境表面时，会有一部分太阳光在水环境的表面发生反射，一般反射部分的光的量比较少，而另外一部分光会穿过水面进入水环境内部，因此就会被水环境中的悬浮颗粒物、可溶性物质和本身所散射，导致光进入水环境后发生折射。地表的水能够吸收太阳光的主要原因是水环境中有大量的溶解性天然有机质和浮游植物。但是不同的水环境的成分也有差别，所以它对太阳光的吸收程度也有区别。虽然所有光化学反应都吸收光子，但并不是每一个被吸附的光子都会诱导产生一个化学反应，除了化学反应外，被激发的分子还有可能产生荧光、磷光等的再辐射，光子能量转换为热能。环境条件会影响光量子产率，环境中的分子氧在一些化学反应中起着猝灭剂的作用，减少光的量子产率，在其他情况下，它可能不影响光量子产率甚至可能参加反应，因此在任何情况下都需要考虑到水环境中溶解氧的浓度。悬浮的沉积物也会影响光解速率，它们不仅仅是增加光的衰减作用，而且能改变吸附在其上的化合物的活性。

(2) 敏化光解

敏化光解又被称作间接光解。发生光解的物质其实是很少的，而敏化光解（间接光解）是水环境中最常见的一种光解，所以它对研究光解作用来讲是特别重要的。敏化光解就是指水环境中存在的某一些可以直接吸收太阳光的物质（光敏剂），在吸收太阳光后会把能量传递给污染物分子，使污染物发生光解。而光敏剂本身在反应前后是不发生改变的，相当于起着一个桥梁传递的作用。水环境中存在很多光敏剂，比如叶绿素，某些染料和有机化合物也是光敏剂，比如孟加拉玫瑰红、蒽醌、二苯甲酮等。其他类的半导体催化剂也有类似的作用，它们的作用原理是用能量大于半导体禁带宽度的能量的光子照射时，半导体内的电子会从价带跃迁到导带，就会产生电子-空穴对。电子具有还原性，空穴具有氧化性，也可认为是空穴将周围环境中的 OH^- 转化为·OH，作为强氧化剂把有机物矿化为最终的二氧化碳。

(3) 光氧化反应

水环境中存在的某些物质经太阳辐射后，它们又能与溶解氧或者其他物质作用，然后生成氧化性极强的单重态氧、烷基过氧自由基、烷氧自由基或羟自由基。这些自由基虽然也是光化学反应后的产物，但是它们与基态的有机物是可以作用的，属于自己的氧化过程，所以把它放在了光化学反应之外，单独看作是氧化反应的一类。这些氧化性的中间体使有机污染物氧化分解的过程就是有机污染物的光氧化分解。大量研究指出，单重态氧是水环境中有机污染物的重要反应对象。

4.3.1.6 生物降解作用

有机污染物在水环境中的降解主要有化学降解、生物降解、光化学降解。其中，最重要的是由生物降解引起的有机污染物的迁移转化，它是把有机污染物转化为简单的有机物和无机物最重要的环境过程之一。在水环境中有机污染物的生物降解主要是通过微生物酶催化的反应实现的。有机污染物的生物降解有两种方式：一种是生长代谢方式；另一种是共代谢方式。这两种代谢方式的降解存在很大的差异：①生长代谢。很多有毒物质也可以像有机污染物那样作为微生物生长的基质，只需要判断这些有毒物质是否作为微生物生长的唯一碳源就能确定其是否属于生长代谢。在生长代谢的过程中有毒物质可能会被微生物完全降解或者矿化，所以是解毒生长基质。②共代谢。一些有机污染物不能作为微生物的唯一能量来源和碳源，必须有其他化合物的存在提供给微生物能量和碳源时，此有机污染物才可以被降解，这种现象叫作共代谢。但是它对某些难降解的化合物的代谢过程起着重要的作用。

影响有机污染物生物降解的主要因素是：①有机污染物的浓度，太高或者太低都影响；②溶解度，通常说溶解度低的有机污染物的生物降解速率一般都比较慢，原因是它们都很难到达微生物细胞中反应的地方；③分子结构，大量研究表明有机污染物的生物降解与它的结构特征有着一定的关系，微生物种群和数量都对有机污染物的生物降解起着重要的作用；④环境条件，如温度、pH 值、营养物、溶解氧等也会对有机污染物的生物降解产生一定的影响。

4.3.1.7 生物富集作用

生物富集是生物通过非吞食方式，从周围环境（土壤、大气、水环境等）蓄积了某种元素或者难降解的物质，让这些物质在机体内的浓度超过了周围环境浓度的现象。生物圈中很多的生物体都会通过食和被食的关系导致自身身体发生病变，也就是生物体通过食物链的方式紧密联系。食物链的重要属性之一就是其对于生物体不可以利用、代谢的有毒有害的物质都有生物富集作用。从生态学来讲，生物富集对动植物以及人的身心健康都有很重要的影响。生物富集对于说明元素或者物质在生物圈中的迁移转化规律、评估和预测有机污染物进入环境中后可能造成的危害以及利用生物对环境进行检测和净化等都有非常重要的意义。水生生物对水环境中物质的富集过程是极其复杂的。但是像这种较高脂溶性和较低水溶性的物质，以被动扩散的方式通过生物膜的难降解有机质，可以简单地归为这种物质在水环境中和生物脂肪组织之间的分配作用。

4.3.2　重金属的迁移转化

4.3.2.1　重金属在水环境中的迁移转化

重金属是组成地壳的元素，在自然环境中的分布极其广泛，存在于各种环境体系中，经过雨水的冲刷、风化、火山喷发等过程，这些元素在自然环境中迁移循环，这也使得重金属元素广泛分布于土壤、大气、水环境中。而且重金属可以通过各种渠道进入人体，还可以通过遗传和母乳进入人体。重金属不仅不会被降解，而且会通过食物链在生物体和人体内蓄积，在生物体内与生物大分子如酶、蛋白质、核糖核酸等发生很剧烈的反应，造成中毒，危害到人体的生命。

(1) 吸附过程

水环境中有很多源于矿物沉淀（如铁、铝、氧化锰、碳酸盐、磷酸盐等）、岩石和矿物碎片、生物胶体和一些自然有机物成分形成的胶体。胶体是很多分子和离子的结合物。按照胶粒与分散介质之间的亲和力的强弱，胶体可以分为亲液胶体和疏液胶体。当分散介质是水环境的时候，就叫作亲水胶体和疏水胶体（憎水胶体）。亲水胶体表面有某些极性基团，和水分子的亲和力很大，可以使水分子直接吸附到胶核表面形成一层水膜。比如腐殖酸就是一种带负电荷的高分子弱电解质，它的形态结构与官能团的解离度有关。在碱性溶液中或者离子强度较低的情况下，羧基和羟基一般都会解离，就会顺着高分子表现负电性的方向相互排斥，亲水性强，结构伸展，所以容易溶解。当在酸性环境中时，或是在金属氧离子浓度较高的环境中时，各种官能团都很难解离而电荷减少，高分子容易缩成团，亲水性变弱，进一步变成沉淀或凝聚。而富里酸由于分子量比较低而受构型的影响小，所以容易溶解，腐殖酸则是变成不溶的胶体。疏水胶体吸附层中的离子直接与胶层接触，水分子不能直接接触胶核。比如铁、铝、锰等金属水合氧化物在水环境中都以无机高分子和胶体的形态存在。胶体微粒与水之间的水化作用很弱，因此它们与水之间有比较明显的界面，所以溶胶是一个微多相分散系统，它的结构很不稳定。由于胶体物质的微粒小、质量小，它的比表面积大，所以它的表面具有很大的吸附能力，经常是吸附着很多的离子而带电。由于胶体具有很大的比表面积和表面能，因此固-液面存在表面吸附作用，表面积越大，它的表面吸附能力也就越大，胶体的吸附作用就越强。在水环境中胶体的吸附作用一般可以分为表面吸附、专属吸附和离子交换吸附。专属吸附就是指吸附过程中，除化学键的作用外，尚有加强的憎水键和范德华力或者氢键在作用，专属吸附作用不但可以使表面电荷带电性改变，而且可以使离子化合物吸附在同电性电荷的表面上。在水环境中，配合离子、有机离子、有机高分子和无机高分子的专属吸附作用非常强。水合氧化物胶体对重金属离子的吸附有很强的专属吸附，这种吸附作用一般发生在胶体双电层的 Stern 层中，被吸入到 Stern 层中的重金属离子不能被通常提取交换性阳离子的提取剂提取，只可能被亲和力更强的其他金属离子取代，或者在强酸性条件下解吸。专属解吸的另一个特点是它中性的表面或者是在与吸附离子带相同电性电荷的表面也可以进行吸附作用。比如水锰矿对碱金属（K、Na）以及过渡金属（Cu、Co、Ni）的离子吸附特性就很不同。对于碱金属离子在低浓度时，如果体系的 pH 值在水锰矿等电点以上时，会发生吸附作用，这就表明吸附作用属于离子交换。但是对于过渡金属（Cu、Co、Ni）吸附就不相同，当体系的 pH 值在等电点处及其以下时都可以进行吸附作用，这说明水锰矿不带电荷或者带有正电荷时都能吸附过渡金属元素。

在水环境中，硅、铝等的氧化物和氢氧化物是水环境中悬浮沉积物的主要成分，这类物质作为表面吸附剂可以吸附多种污染物。尤其是对金属离子的吸附，曾有人提出了表面配合模式，这一模式的基本点就是把氧化物表面对 H^+、OH^-、金属离子等的吸附都看作是一种表面配合反应。金属氧化物表面都含有 MeOH 基团，这是因为其表面离子的配位不饱和，在水环境中与水配位，水发生解离吸附而生成羟基化表面。表面羟基在水中能发生质子迁移，质子迁移平衡有相应的酸度常数，也叫作表面配合常数。表面 MeOH 基团在溶液中能够与金属离子和阴离子结合生成表面配位物，会表现出两性表面特性及相应的电荷变化。

表面配合反应使电荷随之增减变化，平衡常数则能反映出吸附程度即电荷与溶液 pH 值和离子浓度的关系。当能算出平衡常数的数值时，就可以根据溶液 pH 值和离子浓度求得表面的吸附量和对应的电荷。表面配合模式其实就是一种聚合酸，其中大量的羟基能发生表面配合反应，但是在配合平衡的过程中得将邻近基团的电荷影响考虑到，以此区别于溶液中的配合反应。

因为胶体粒径小，有很大的比表面积，污染物对胶体比固体物质表现出更高的亲和性。胶体作为污染物的载体，胶体微粒的吸附和聚沉能使地下环境中的污染物迁移。如氧化物、黏土矿物或是含碳化合物等无机胶体能够吸附污染物。胶体的存在不仅会促进污染物的迁移，且因为胶体的粒径和所带电荷电性的影响，胶体吸附污染物后，迁移速率和迁移距离影响很大，特别明显地影响到低溶解度污染物在地下水中的迁移。通常来说影响到胶体对污染物吸附和聚沉的主要因素是胶体粒度特征和胶体表面所带电荷的电性，其次还有水环境的化学组成、pH 值、离子强度、光照等因素。

(2) 沉淀和溶解过程

沉淀和溶解是很多污染物在水环境中迁移转化的重要途径。通常金属化合物在水环境中的迁移能力大小，可以用溶解度很直观地来衡量。即溶解度小的，迁移能力弱；溶解度大的，迁移能力强。但是，溶解反应一般是一种多相化学反应，在固-液平衡体系中，需要用溶度积来表示溶解度。金属氢氧化物沉淀有好几种形态，在大多数情况下是“无定形沉淀”或者是有无序晶格的细小晶体具有很高的活性，这类沉淀在漫长的时间下逐渐老化，转化为稳定的非活性物质。这些金属氧化物或者氢氧化物可以与羟基金属离子配合。

金属硫化物是一类比氢氧化物溶度积更小的更难溶的沉淀物，其在中性条件下是最难溶的，在盐酸中 Fe、Mn、Zn 和 Cd 的硫化物都是可溶的，而 Ni 和 Co 的硫化物是难溶的，Cu、Hg 和 Pb 的硫化物只能在硝酸中才能溶解。

碳酸盐比氧化物、氢氧化物更稳定，且与氢氧化物不同的是，它不是由 OH^- 直接参与沉淀反应，与此同时二氧化碳的存在还会造成气相分压。所以，碳酸盐沉淀实际上是二元酸在三相中的分布平衡问题。

(3) 氧化还原过程

氧化还原平衡对水环境中污染物的迁移转化极其重要。一般水环境中的氧化还原的类型、速率和平衡与水环境中主要溶质的性质有关。这种平衡实际上在水环境中大多数都是几乎不可能实现的，因为很多氧化还原反应非常慢，少有可以达到平衡的。即使能够达到平衡，通常也只是在局部范围内的平衡，比如在海洋或者湖泊中，在接触大气中氧气的表层与沉积物的最深层它们的氧化还原就有很明显的差别。在这两层中间还有很多个局部区域，它们是因为混合或者扩散不均匀以及各种生物活动造成的。所以，在实际情况下水环境中存在几种不同的氧化还原反应的混合行为。酸碱反应和氧化还原之间有相似性，在概念上讲，酸和碱是用质子给予体和质子接受体来解释的。还原剂和氧化剂可以定义为电子给予体和电子接受体。电子活跃度 pE 可衡量溶液中接受或者给出电子的相对趋势，在还原性强的水环境中，它的趋势是给出电子，pE 越小，水环境中的电子浓度越高，体系给出电子的趋势就越强，当 pE 越大时就是电子浓度越低，体系接受电子的趋势就越强。在天然水环境中，表层水富含氧，但是底部水体还处于还原状态。在天然的水环境中有不同的氧化还原区域，一些区域氧化作用起主要作用，就像水环境的表层水，而还有一些区域还原作用起主要作用，就像水环境底部的水。比如当水环境中的 H^+ 活度很高时，相当于有很高的电子活度，Fe^{2+} 是铁的主要存在形态。在低酸度的氧化环境中时 $Fe(OH)_2$ 固体是主要的存在形态，在碱性环境中时 H^+ 活度比较低，固体的 $Fe(OH)_2$ 是最稳定的。重金属在高 pE 水环境中时，将从低价态氧化成高价态或较高价态，而在低的 pE 水环境中时将会被还原成低价态。

(4) 配合作用

配合作用对于重金属污染物来说也是非常重要的，因为大部分重金属以配合物形态存在于水体中，它的迁移、转化及毒性等都与配合作用有重要的联系。在迁移过程中，大多数重金属在水环境中的可溶态都是配合态，会随着环境条件的改变而改变和运动。配合物改变了水环境中的金属物种，通常来说它改变了自由金属离子的浓度，同时与自由金属离子浓度有关系的各种作用和性质都被改变了，像金属的溶解度、毒性、固体表面性质等。而毒性，自由铜离子的毒性大于配合铜，甲基汞的毒性大于无机汞。而且还发现一些有机金属配合物增加了水生生物的毒性，也有一些减少了毒性，所以，配合作用最重要的问题是哪种污染物的结合态更容易被生物利用。天然水环境中有很多阳离子，它们中一些阳离子是配合物中心体，很多配合物中心体可以接受电子对，还有一些阴离子作为配体则是提供电子对。一个或者几个中心体与围绕着它们的一定数量的离子或者分子配体键合组成配合物。天然水环境中比较重要的无机配体有 OH^-、Cl^-、S^{2-}、CN^-、CO_3^{2-}、NO_3^- 等，在水环境中很容易与硬酸进行配合，优先与一些是中心离子的硬酸结合然后形成羧基配合离子或氢氧化物沉淀，但是像 S^{2-}、CN^- 这种软碱则更容易与软酸 Hg^{2+}、Cu^{2+}、Ag^+ 等形成多硫配合离子或者硫化物沉淀。因为大多数金属离子都可以水解，其水解过程就是羟基配合过程，它在很大程度上影响着重金属难溶盐的溶解度。水环境中的 Cl^- 与重金属的配合作用主要是形成不同价态的配合体，两个关键因素是 Cl^- 的浓度和重金属对 Cl^- 的亲和力。

有机配体与重金属离子的配合作用比较复杂，因为有机配体自身就比较复杂。天然水环境中有很多难降解物，其中有动植物的组织如糖、氨基酸、腐殖酸等，以及生活废水中的清洁剂、洗涤剂、农药和一些大分子化合物等。这些有机物很多都具有配合能力。有研究者将海洋有机物分为七大类，即氨基酸、糖、芳香烃、维生素、脂肪酸、腐殖质、尿素，这些物质大部分都含有未共用电子对的活性基团，是很典型的电子供给体，容易与一些金属形成稳定的化合物。天然水环境对水质影响最大的有机物质是腐殖质，它是由生物体物质在土壤、水体和沉积物中转化而来的，它是有机高分子物质，依据它在碱性和酸性条件下的溶解度可以分为三类：①腐殖酸，即能溶于稀碱溶液但不可以溶于酸的部分，它的分子量是数千至数万；②富里酸，即可以溶于酸也可以溶于碱的部分，它的分子量是数百至数千；③腐黑物，即不能被酸和碱提取的部分。研究表明，很多重金属在水环境中以腐殖酸的配合形式存在。

重金属与水环境中的腐殖酸形成的配合物的稳定性会因为不同腐殖酸组分而有所差别。有研究表明 Hg 和 Cu 有较强的配合能力。

腐殖酸与金属配合作用对重金属在环境中的迁移转化有很重要的影响，尤其是在颗粒物吸附和难溶物溶解度方面。腐殖酸本身的吸附能力很强，这种吸附能力有时都不受其他配合作用的影响。研究发现，腐殖质的存在极大地改变了镉、铜和镍在水合氧化铁上的吸附，发现形成的溶解性的铜-腐殖酸配合物的竞争影响铜的吸附，这是因为腐殖酸也非常容易吸附到天然颗粒物上，就会改变颗粒物的表面性质。腐殖酸对水环境中重金属的配合作用还将影响重金属对水生生物的毒性。水环境中共存的金属离子和有机配体常常会形成金属配合物，这种配合物可以改变金属离子的特征，进一步对重金属的迁移产生很大的影响。

4.3.2.2 重金属在土壤环境中的迁移转化

土壤自身本就均匀地含有一定量的重金属元素，因为植物的生长发育需要一定量的微量元素比如 Mn、Cu、Zn 等，而超标的重金属元素和一些有毒性的重金属元素比如 Cd、As、Hg 等对植物的生长、动物、人体都是不利的。土壤中重金属的超标主要是因为工业污水、城市污水的乱排放以及进入田地，还有矿渣、炉渣和其他一些固体废弃物的任意处置，往往会随着水流淋溶到土壤里。重金属大多数都是多价态的元素，在土壤中的迁移转化都与它的存在形态有关。重金属很容易与环境中的有机、无机配体结合形成配合物，能够被土壤颗粒吸附，但是很难被水淋溶，也不容易被微生物降解。重金属进入土壤后，能以可溶性自由态或者配合离子的形式存在于土壤中，它主要被土壤颗粒吸附，还有以各种难溶化合物的形态存在。不同的重金属的环境化学行为都有所不同，同种重金属的环境化学行为也与它的存在形态息息相关。下面介绍几种主要的重金属在土壤中的迁移转化。

(1) 汞

汞在自然界中的含量很低，岩石圈含量约为 0.1mg/kg，土壤中汞的背景值含量为 0.01～0.15mg/kg。汞除了来自岩石圈以外，主要是源于含汞农药的施用，还有含汞污水的随意排放等。汞进入土壤表层，因为土壤胶体和有机质的强吸附作用，汞在土壤中的移动性就很小，通常会积累在表层土壤中，在土壤中不会均匀分布。土壤中的汞不容易随水流失，但是容易挥发到大气中。土壤中的汞根据它的化学形态可以分为金属汞、无机汞和有机汞。无机汞分为难溶性的如 HgS、HgO、$HgCO_3$ 等和可溶性的如 $HgCl_2$、$Hg(NO_3)_2$ 等，有机汞主要是甲基汞、二甲基汞、乙基汞、苯基汞等，还有土壤腐殖质与汞形成的配合物。

在一般情况下，土壤中的汞是以零价的单质形式存在的。在一定的条件下，各种形态的汞可以相互转化。在通气良好的土壤中，汞能够以任何形式存在。阴离子态汞容易被土壤吸附，很多汞盐如磷酸汞、碳酸汞等的溶解度都低，在还原条件下，金属汞能被硫酸还原细菌转化为硫化汞，在氧气充足的时候，硫化汞也会逐渐氧化为亚硫酸盐和硫酸盐。阴离子存在的汞也容易被带正电的氧化铁、氢氧化铁等吸附。汞在土壤中含量过高时也会被植物吸收累积在植物体内，会对植物产生毒害。一般来说，有机汞、无机汞和蒸气汞都会造成植物中毒。植物吸收汞的量是由土壤的汞含量和汞的有效性决定的。汞进入植物体内主要有两种方式：一是由植物的根系吸附土壤中的汞离子，在一些特殊情况下也能够吸收甲基汞或者金属汞；二是喷洒在叶面的汞、飘尘或者雨水中的汞，还有日夜温差作用下土壤释放出来的汞蒸气，都能从叶片进入植物体或者是通过根系吸收。由叶片进入植物体内的汞能够被运输到植物体内的其他部位，但是通过植物根系吸收的汞通常与根系中的蛋白质发生反应而沉积在根系上，很少有向上转移的。

（2）镉

镉在地壳中的含量为 5μg/g，土壤中镉的背景值通常为 0.01～0.7μg/g，土壤中镉的主要来源为镉污水排放、镉冶炼、工业废气、汽车尾气等。土壤中镉通常可以划分为难溶性镉、水溶性镉和吸附态镉。水溶性镉主要是以二价镉离子的形式或者是有机和无机可溶性配位化合物的形式存在，容易被植物吸附。难溶性镉主要是以镉的沉淀存在，不会轻易被植物吸收。吸附态镉主要是指腐殖质或黏土吸附交换的镉。土壤中的镉还能被胶体吸附，主要与 pH 值相关，被吸附的镉能被水溶出而迁移。镉对于植物的生长发育是有害的，当镉的浓度比较低的时候，对植物的危害一般从外观上观察不明显，但是它能通过食物链危害到人类以及其他动物的健康。当土壤的镉浓度大于一定量的时候，不仅会在植物体内残留，还会对植物的生长发育产生非常明显的危害，如植株变矮、发生病变等。植物对镉的吸收是由土壤中镉的形态和含量以及土壤的活性和植物的种类决定的。同一植物，镉在它体内的分布是不均匀的，含量一般为根＞茎＞叶＞果实。

（3）铅

铅在地壳中的含量为 12.5μg/g，土壤中铅的平均背景值一般为 15～20μg/g。土壤中铅的主要来源是铅冶炼污水和烟尘的排放、汽油的燃烧、汽车尾气、矿山和降水等。土壤中铅的主要形态是难溶性的化合物，如 $Pb(OH)_2$、$PbCO_3$、$PbSO_4$ 等固体形式，可溶性的铅含量非常低，所以土壤中的铅不会轻易被淋溶，迁移能力也就比较弱，虽然铅主要沉积在土壤的表层中，但是生物效应很低。当土壤的 pH 值较低时，一部分被吸附的铅能够释放出来，使得铅的迁移力提高，生物有效性也随之增加。进入土壤中的 Pb^{2+} 很容易被有机质和黏土矿物等吸附，不同的土壤对铅的吸附能力是：黑土（771.6μg/g）＞褐土（770.9μg/g）＞红壤（425.0μg/g）；腐殖质对铅的吸附能力显著大于黏土矿物。铅还能与配位体形成稳定的金属配合物和螯合物。土壤中铅进入植物体内主要是通过两种方式，一种是被植物本部吸收，还有一种是被植物的叶面吸收。土壤环境的不同对植物吸收铅也有很大区别，在酸性条件的土壤中植物对铅的吸收比在碱性环境中大。在植物的吸收过程中，土壤中其他元素还会与铅形成竞争。在一些特殊条件下植物更容易吸收其他元素，如在石灰性的土壤中，钙更容易被植物根系吸收。被植物吸收的铅主要集中在植物的根部。因为铅不是植物生长发育的必需元素，铅进入植物主要是靠被动地非代谢性地进入到植物体内，少量的铅对植物的生长发育不会有危害。

（4）铬

地壳中的铬含量为 200μg/g，铬的土壤背景值一般为 20～100μg/g，但是不同的土壤含量差别也非常大。土壤中铬的来源主要有电镀、印染冶炼等的污水、烟尘等的乱排放以及含铬化肥的使用。土壤中铬的主要价态有两种：一种是三价铬离子（Cr^{3+}、CrO_2^- 等）；另一种是六价铬离子（CrO_4^{2-} 和 $Cr_2O_7^{2-}$）。其中三价的铬是比较稳定的，而六价铬离子毒性很高。土壤中可溶性的铬非常少，只占到了总量的 0.01%～0.4%。三价铬进入土壤后，90%以上会迅速被土壤吸附固定，形成铬和铁氧化物的混合物或者被封闭在铁氧化物中，所以土壤中的三价铬难以迁移。土壤中三价铬的溶解度主要是由土壤中溶液的 pH 值决定的。当 pH 值大于 4 的时候，三价铬的溶解度会降低；当 pH 值大于 5.5 的时候，会全部沉淀。当在碱性条件中的时候会形成多羟基化合物。如果是在 pH 值很低的情况下则会形成铬的有机配合物，迁移能力会变强。土壤胶体对三价铬的吸附与pH值呈正相关，黏土矿物吸附三价铬的能力大概是六价铬的30～300倍。六价铬进入土壤后大部分都会游离在土壤溶液中，只有8.5%～36.2%被土壤胶体吸附固定。不同的土壤和黏土矿物对六价铬的吸附能力大小为红壤>黄棕壤>黑壤>黄壤，黄岭石>伊利石>蛭石>蒙脱石。土壤中的有机质越多，负电性就越强，对六价铬离子的吸附力就更强。氧化还原条件对土壤中铬的迁移影响很大。铬进入土壤后，其中三价的铬会被土壤胶体吸附固定，与此同时六价的铬会很快被有机质还原成三价的铬然后被土壤胶体吸附固定，从而导致铬的迁移能力降低，造成土壤中累积大量的铬。

植物在生长发育过程中能够从环境中吸收一部分铬，主要是通过根部和叶子进入体内。植物中铬的残存量与土壤中铬的含量是正相关的，体内铬的含量因植物的种类还有土壤类型的不同也会有很大的差别。植物从土壤中吸收的铬大部分都集中在根部，然后是茎叶，最少的是果实和籽粒。土壤胶体对三价铬有很强烈的吸附固定作用，在酸性或者中性的条件下对六价铬也有很强的吸附固定作用，而且土壤有机质具有吸附或者螯合作用，可以使可溶性六价铬还原成难溶的三价铬。

(5) 铜

岩石圈中铜的含量为70μg/g，土壤中铜的含量为2～200μg/g。在我国土壤中铜的含量比这个数值略高，为3～300μg/g。含铜元素较多的矿物有黑云石、正长石、角闪石、辉石、斜长石等。因为铜是亲硫元素，它通常以黄铜矿（$CuFeS_2$）、赤铜矿（CuO）、辉铜矿（CuS）和蓝铜矿［$Cu_3(OH_2)(CO_3)_2$］等矿物的形式存在。铜污染的主要来源有铜矿的开采、工业粉尘、冶炼厂“三废”的乱排放、城市污泥、污水灌溉等。铜在土壤中的存在形态主要有可溶性铜、难溶性铜、交换性铜和非交换性铜等。可溶性铜的含量非常小，只占到总量的1%，主要是一些可溶性铜盐，比如$Cu(NO_3)_2 \cdot H_2O$、$CuCl_2 \cdot 2H_2O$、$CuSO_4 \cdot 5H_2O$。难溶性铜主要是指不溶于水但能溶于酸的化合物，比如CuO、Cu_2O、$CuCO_3$、$Cu(OH)_2$等。交换性铜主要是指可以被土壤有机胶体、无机胶体吸附，能被其他阳离子交换出来的铜。非交换性铜指的是被有机质紧密吸附的铜和原生矿物、次生矿物中的铜，不能被中性盐置换。土壤中腐殖质能与铜离子形成螯合物。土壤中有机质和黏土矿物对铜离子也有较强的吸附作用。对铜离子吸附能力的强弱大致为腐殖质>蒙脱石>伊利石>高岭土，不同土壤类型吸附铜离子的强弱是黑壤>褐壤>红壤。土壤pH值对铜离子的迁移转化有较大的影响，游离的铜与土壤pH值呈现出负相关，有研究指出在酸性的土壤中，铜更容易发生迁移转化。

(6) 锌

锌在岩石圈中的含量为80μg/g，在土壤中锌的含量为10～300μg/g。锌污染的主要来源是矿的开采、含锌“三废”的乱排放、农田施用污染废渣等。锌会以Zn^{2+}和配合离子［$Zn(OH)^+$］、［$ZnCl$］$^+$等形态进入土壤中，会被土壤胶体吸附沉积。有的形成氢氧化物，有的是碳酸盐、硫化物和磷酸盐等沉淀，或者还会与土壤中有机质结合。锌主要集中在土壤的表层，土壤中锌大部分是以结合态的形式存在，主要是有机复合物和各种矿物，通常都不容易被植物吸收，一般植物只能吸收可溶性锌和交换态的锌。土壤中锌的迁移与pH值有很大的关系。当土壤是酸性的时候，被矿物黏土吸附的锌比较容易解吸，不溶性氢氧化锌可以与酸作用转化为Zn^{2+}，因此锌在酸性土壤中更容易发生迁移。当土壤中的锌主要是Zn^{2+}

时，容易淋失迁移或者被植物吸收。如果是在碱性的环境中时，Zn^{2+} 往往会转化成 $Zn(OH)_2$ 絮状沉积物，迁移能力下降很多。锌是植物生长发育必不可少的元素，不过过量的锌会损害植物的根系，土壤中酸性过强会加重植物对锌的吸收，从而有可能导致植物吸附过多的锌。

(7) 砷

砷虽然不是重金属，但是它也具有重金属类似的性质，故也称其为准金属。地壳中砷的平均含量大概为 2μg/g，土壤中砷的含量通常为 0.2～40μg/g。土壤中砷的主要来源有煤的燃烧过程中砷的粉尘的沉降、岩石的风化、矿山开采、含砷污水的排放和含砷农药的使用等。砷是变价元素，在土壤中主要有三价的砷和五价的砷。它在土壤中的形态可以分为可溶性砷、难溶性砷和吸附交换态砷。可溶性砷主要有 AsO_4^{3-}、AsO_3^{3-}、$HAsO_4^{2-}$、$H_2AsO_4^{2-}$ 等阴离子，通常可以占到总量的 5%～10%。难溶性砷主要是铝、铁、镁和铁等离子形成的难溶的砷化合物，也能与氢氧化铝、氢氧化铁等胶体产生共沉淀被固定而难以迁移。吸附交换态砷指的是土壤中胶体可吸附的，比如 AsO_4^{3-}、AsO_3^{3-}。像带正电荷的氢氧化铝、氢氧化铁和硅酸盐、铝酸盐等都能够吸附含砷的阴离子，不过有机胶体对砷没有明显的吸附作用。几种类型土壤对砷的吸附能大小顺序为：红壤＞砖红壤＞黄棕壤＞黑壤＞碱性土＞黄壤。

土壤中吸附态砷能够转化为溶解态的砷化合物，影响这个转化过程的主要因素是氧化还原电位、微生物种类和 pH 值。通常土壤中的砷主要以 AsO_4^{3-} 和 AsO_3^{3-} 两种盐的形式存在。在碱性环境中，土壤胶体的正电荷会变少，对砷的吸附能力也就会下降，可溶性砷的含量增加。一般 AsO_4^{3-} 比 AsO_3^{3-} 更容易被土壤吸附固定，倘若土壤中砷大多都以 AsO_3^{3-} 的形式存在，则土壤中砷的溶解度会增加。AsO_4^{3-} 和 AsO_3^{3-} 之间的转化主要由氧化还原条件决定，当在旱地环境中处于氧化状态时，AsO_3^{3-} 能够被氧化为 AsO_4^{3-}，在水田中处于还原状态时，大多数的砷都是以 AsO_3^{3-} 形式存在的，砷的溶解度增加，还可能导致砷的毒性增加。

土壤中的微生物也可以促进砷形态的变化。像氧化细菌能把 AsO_3^{3-} 氧化成 AsO_4^{3-}，而厌氧微生物砷霉菌则会把高价的砷化物还原为 AsH_3 等形态从土壤中气化跑出，而且土壤中的微生物还可以把无机砷转为有机砷化合物。磷化合物与砷化合物存在很多的相似性，所以土壤中磷化合物的存在可能会影响到砷的迁移，通常土壤对磷的吸附比砷要强，因此磷可能会占据砷在土壤中被固定吸附的位置。低浓度的砷对大多数植物的生长发育都有一定的促进作用，高浓度的砷就会有危害作用。砷进入植物的主要方式是根部、茎叶的吸收。植物的根部能够从土壤中吸收砷再迁移到其他各个部位。有机态的砷被植物吸收后，能够在植物体内慢慢转为无机态砷，而且会进一步通过食物链进入动物和人类体内。

4.3.3 其他污染物的迁移转化

农药是指农用药剂的总称，它包括杀虫剂、除草剂、杀菌剂、防治啮齿动物的药物和动植物生长调节剂等。土壤中农药的迁移转化主要是指农药挥发到大气中的移动以及在土壤中和吸附在土壤颗粒上的扩散、迁移，涉及的主要方式有扩散、吸附、挥发淋溶和降解等。几种典型的农药：①有机氯类农药，这种农药是含氯的有机化合物，大多是含有一个或者几个苯环的衍生物。主要特点是化学性质稳定，不会轻易降解，残留时间较长，很容易溶于脂肪并在其中蓄积。主要的品种有DDT和六六六，然后是狄氏剂、异狄氏剂和艾氏剂等。②有机磷类农药，这类农药是含磷的有机化合物，大多是磷酸的酯类或酰胺类化合物，有的还含有硫、氮元素。主要的结构可以分为磷酸酯、硫代磷酸酯、膦酸酯和硫代膦酸酯类、磷酰胺和硫代磷酰胺类。主要的品种有敌敌畏、乐果、敌百虫、二甲硫吸磷等。主要的特点是易分解，有剧毒性，在环境中残留的时间比较短。对昆虫、哺乳动物都有毒性，会破坏神经细胞分泌酰胆碱，阻碍传送技能的生理作用。③氨基甲酸酯类农药。这类农药具有苯基-*N*-烷基甲酸酯的结构，比如仲丁威、速灭威、甲奈威等。主要的特点是在环境中残留时间不长，容易被分解，在动物体内也可以很快被分解，且产物的毒性很低。④除草剂。最常用的除草剂有2,4-D(2,4-二氯苯基乙酸)、2,4,5-T（2,4,5-三氯苯氧基乙酸）等。它们具有选择性，只杀除杂草，不伤害作物，可以杀除很多阔叶草，但是对很多狭叶草没有作用。有些非选择性的药剂能将接触到的植物都杀死，有的则是只对药剂接触到的部分起作用，不会在植物体内转移、传导。

土壤中农药的主要迁移转化方式如下。

(1) 吸附

土壤中农药的吸附可以分为物理吸附、离子交换吸附、氢键吸附和配位吸附。

① 物理吸附。土壤对农药的物理吸附主要是土壤胶体内部和附近的农药离子或者是极性分子之间的偶极作用，即吸附质与吸附剂之间分子间作用力的吸附。物理吸附能力的大小主要由土壤胶体的比表面积决定。

② 离子交换吸附。离子型农药进入到土壤后，有些会解离为阳离子，能够被带负电荷的物质如有机、无机胶体等吸附。也有些会解离产生带负电荷的阴离子，它们则会被带正电荷的一些胶体所吸附。影响离子交换的主要因素是土壤的pH值。

③ 氢键吸附。土壤和农药中的—NH、—OH基团或者是N、O元素形成的氢键，是非离子型极性农药分子被土壤胶体或者黏土矿物等吸附的一种方式。农药能够与黏土表面的氧原子、羟基和土壤有机质的含氧官能团、氨基等以氢键的方式结合。有些交换性阳离子与极性有机农药分子也能够通过水分子以氢键结合。

④ 配位吸附。主要机理是农药分子置换了土壤胶体中一个或几个配位体而被土壤所吸附，配位结合对于农药在土壤中的环境行为非常重要。可以发生配位体交换反应的必要条件是农药分子被置换的配位体具有更强的配位能力。

(2) 扩散

扩散是因为热能引起分子的不规则运动而导致物质发生迁移的过程。分子的不规则运动使分子不均匀地分布在系统中，所以会使分子从浓度高的地方转移到浓度低的地方。扩散能够以气态的形式发生，也可以以非气态的形式发生。影响农药在土壤中扩散的主要因素有土壤水分含量、吸附、空隙度、温度和农药本身的性质等。

(3) 挥发和淋溶

进入土壤中的农药不仅会被吸附，有的还会挥发到大气中，或是因为水的淋溶随地表径流进入水环境中。农药挥发指的是在自然条件下农药从植物表面、水面和土壤表面通过挥发的作用进入大气环境中的过程。蒸气压大、挥发作用强的农药在土壤中挥发是其主要的迁移形式。不同的农药蒸气压差异很大，有机磷和一些氨基甲酸酯的蒸气压比较高，所以挥发性就比较强。农药淋溶是农药在土壤中会随着水流的作用向下移动。如果农药的吸附作用很强，那么它的淋溶作用就弱，淋溶作用是农药在水和土壤颗粒之间的吸附-解吸或者是分配的综合作用。

(4) 降解

农药作为化合物在土壤中还能被各种生物或者化学作用分解，转化为小分子或者更简单的分子化合物，最终会形成水、二氧化碳、氮气等简单的无机物质。不同结构的农药在土壤中降解的快慢不同，快的可能只需要几个小时，而有一些慢的需要数年时间，而且降解过程产生的一些中间产物可能会给环境带来危害。有的土壤是一个湿润并且有一定透气性的环境，在其干旱的时候表层的土壤相对湿度可能会下降到 90％以下，当气候温和的时候相对湿度大多都在 90％以上。农药在这种环境下可能会发生氧化反应和水解反应，还可能因为渍水厌氧等条件发生还原反应。土壤中很多降解反应都是在水分存在时进行的，有的反应产物就是水。因为土壤具有很大的比表面积和很多活性位点，会影响到农药的降解反应。农药与土壤中有机分子的活性基团以及自由基都可能发生反应，农药的化学反应可被黏粒表面、金属离子、金属氧化物和有机质等催化。土壤还具有种类繁多的微生物群落，它们对微生物的降解起着非常重要的作用，各类微生物可以协同农药降解。土壤中还有无脊髓动物如蚯蚓等，对农药的降解也起着一定的作用，同样有些农药被植物吸收到体内后会被代谢降解。总的来说，农药在土壤中的降解机制可以分为化学降解、光化学降解、微生物降解和化学氧化等，而且各类降解反应可以单独发生，也可以同时作用于农药。

① 化学降解。农药在土壤中的化学降解包括水解、氧化、离子化等反应，金属离子、氢离子、矿物胶体表面、氢氧离子和有机质等在这些反应中通常有催化作用。土壤中化学降解大多数发生在水溶液中，水解是农药最主要的降解过程。农药在土壤中的水解与在其他环境中的水解有显著区别，因为其在土壤环境中能够起非均相催化作用。研究表明，化学水解在土壤中氯代均三氮苯类除草剂的降解中起着非常重要的作用。在 pH 值较低和有机质丰富的环境中，氯代均三氮苯类除草剂都有较高的水解反应速率。很多农药如林丹、狄氏剂、艾氏剂等在臭氧氧化或者是曝气的环境下都可以被去除。有研究表明，在土壤无机成分作为催化剂的催化作用下，可以使艾氏剂氧化成狄氏剂，还有锰、铁、钴等的碳酸盐和硫化物也可以起催化作用。

② 光化学降解。光化学降解是土壤表面接受了太阳的辐射能和紫外光谱等能量而引起农药的分解。农药分子在吸收相应波长的光子后会发生化学键的断裂，形成中间产物自由基，自由基可以与其他物质发生反应，引起氧化，如脱烷基、水解、异构化和置换反应等，最终得到光解产物。很多农药都可以发生光解反应，尤其对稳定性较差的农药作用非常明显，不同类型的农药光解速率大致如下：有机磷类＞氨基甲酸酯类＞均三氮苯类＞有机氯类。农药光解后形成的产物毒性可能比原来下降，也有可能更高。像辛硫磷光解后，产生的中间产物硫醇式毒性就变大了，磷酸酯类农药发生光解反应后就会产生毒性更小的中间产物。有机氯农药光解的主要过程有两种：一种是脱氯的过程；另一种是分子的重排，形成与原化合物相似的同分异构体。

③ 微生物降解。土壤中微生物群落种类繁多，它们对农药起着直接或间接的降解作用，且微生物对土壤中农药的降解是比较彻底的，但是土壤中农药与微生物的降解反应是极其复杂的。目前了解的主要机制有氧化作用、还原作用、脱烷基作用、脱氯作用、苯环破裂作用

和水解作用等。

a. 氧化作用：氧化作用是微生物降解农药的一种酶促反应，有很多种形式，比如脱烷基、脱羧基、环氧化、醚键开裂、芳环开裂等。

b. 还原作用：一些农药在土壤中处于厌氧条件下时可以发生还原反应。像有机磷农药甲基对硫磷经还原反应将硝基还原为氨基，降解为甲基氨基对硫磷。

c. 水解作用：水解作用主要是土壤中有机农药的磷酸酯、氨基、烷基卤、环氧化物等官能团能够发生水解反应。水解反应主要是生物酶引起的，但是也有单纯的化学作用引起的。马拉硫磷在土壤中的水解主要就是化学降解，而且还受到碱的催化。一些氯化均三氮苯类农药，比如西玛津、阿特拉津、扑灭津等农药的水解都是纯化学的，且都受到土壤有机质的催化。

d. 苯环破裂作用：很多土壤中的微生物如细菌和真菌都可以使芳香环破裂。比如农药西维因在微生物的作用下就逐渐被分解为二氧化碳和水。

e. 脱氯作用：很多有机氯农药在土壤中微生物还原脱氯酶的作用下会脱去取代基氯。DDT 因为其分子中特定位置上的氯原子，它的化学性质比较稳定。它在微生物作用下脱氯和脱氯化氢是主要的降解方式。

f. 脱烷基作用：农药分子中有的烷基与氮、氧或者硫原子连接在一起，在微生物的作用下会进行脱烷基降解，比如三氮苯类除草剂在微生物的作用下就容易发生脱烷基。

④ 化学氧化。农药分子再进入土壤中后不管是处于有氧还是无氧条件下，大多都会发生氧化还原反应。因为自然环境中不管是水中还是土壤中，或是其他环境中，都存在分子氧这种氧化剂，它可以慢慢地氧化一些苯胺类和酚类农药，其他氧化剂也可以氧化，如锰氧化物和铁氧化物等固体氧化剂。在工业上经常使用氧化剂如铬参与到氧化还原反应，铬能够以高毒性和高溶解性的铬阴离子出现。研究发现，铬酸盐能够以良好的速率氧化烷氧基取代酚和烷基取代酚，特别是在 pH 值较低的时候，效果更明显。土壤中的一些有机质在吸收太阳光辐射后能够产生过氧烷基、分子氧、羟基等自由基和烷基过氧化物、过酸和过氧化物等氧化剂，它们均能氧化很多有机污染物。

4.4 影响污染物迁移转化的因素

4.4.1 影响大气污染物迁移转化的因素

大气环境中的污染物在迁移转化过程中受到很多因素的影响，主要有天气状况、地理地势和下垫面状况等。

(1) 气象因素对大气污染物迁移转化的影响

影响大气污染物的气象因素主要有气象动力因子和气象热力因子两个方面。气象动力因子主要有风和大气湍流，气象热力因子主要有大气温度层结和大气温度。风能够使大气环境中的污染物向下风向扩散。浓度梯度也能使污染物发生质量扩散。大气中任一气团既能做规则运动，也能做无规则运动，且它们还可以同时存在。风向决定了污染物扩散的大致方向；风速是单位时间内空气在水平方向移动的距离，它决定了污染物扩散的速率和距离。风对污染物有输送、稀释和扩散的作用。通常来说，污染物在大气环境中的浓度与污染物的总排放量成正比。大气环境中除了有规则的水平运动外，还有无规则的不同于主导方向的运动，这就造成了大气湍流。大气湍流与大气热力因子、近地表的风速及下垫面的状况有关，不稳定的大气会有强烈的上下对流运动，然后形成热力湍流。近地表因为地面的树木、建筑物等高矮不同的地形，使风向、风速都会不断地变化而形成机械湍流。这两种湍流的综合作用形成了大气湍流。当污染物进入大气环境中时，高浓度部分会因为湍流作用不断地被清洁的空气混入，而且又不规则地分散到各个风向，污染物就会被不断稀释。大气中污染物的转化主要有光化学氧化和光催化氧化，因此影响它们的转化因素主要是大气环境中的温度、太阳光辐射的强度。

(2) 气象热力因子对大气污染物迁移转化的影响

在靠近地表的周围，气温的变化受到很多因素的影响，在一定高度范围下气温垂直递减速率的值可能大于零、小于零，也可能等于零。当大于零的时候，说明气温随高度增加而下降；当小于零的时候，说明气温随高度的增加而增加，称为逆温层；当等于零的时候，说明气温随高度的变化而不变，称为等温层。在距离地面越远，大气压力越小，气团在干绝热垂直上升运动时，体积会逐渐膨胀对外做功，内部温度会下降。大气稳定度即大气在垂直方向上的运动状态，它与大气污染物的迁移密切相关。当大气处于稳定状态时，云朵在上下方向摆动非常大，扩散的速率比较快。此时污染物在垂直方向的扩散速率会很快，还会造成在污染源附近的地区污染物落地浓度较高。当大气处于弱不稳定状态时，云朵往四周扩散即上下左右扩散的速率差不多，此时污染物会迁移得比较远，在污染源附近的地区落地浓度会比较低。当大气处于逆温层的时候，大气处于稳定状态，大气没有垂直对流运动，污染物会被迁移得很远，在污染源附近的地区落地浓度会较低，在逆温层下的污染物浓度比较大。

(3) 下垫面对大气污染物迁移转化的影响

下垫面主要是指地面的地形和状况。下垫面的情况将会影响到地区的气象条件，下垫面的粗糙程度对近地表的大气湍流有很明显的影响，如果下垫面的粗糙程度大，近地表的大气湍流会明显增强，反之如果下垫面比较平坦，那么近地表的大气湍流就可能比较弱。

城市下垫面对污染物迁移的影响：城市人口多，工业密集，汽车尾气排放量大，地表主要是高低不同的建筑、纵横交错的街道等，这些建筑吸附快但热容量又小，在同样的太阳辐射下，它们比自然条件下的下垫面升温快，它表面的温度就高于自然下垫面。城市中车辆排放的尾气，以及工业排放的气体还有大量的人类活动导致大量的二氧化碳、粉尘、一氧化氮、二氧化氮等气体产生，它们也会进一步吸收环境中的热量，还可能产生温室效应，从而又引起城市温度的升高。因为城市的温度很高，就会高于周边郊区的温度，从而形成“郊城风”，这种现象会加剧城市污染物的聚集，使污染加剧。而且高低不同、形状各异的建筑会对气流有阻挡作用，使气流的速率减小，使得污染物在城市中的迁移缓慢。

山区下垫面对大气污染物迁移的影响：山区的地形很复杂，它们影响污染物迁移的主要因素有山谷风和气流。气流过山峰时，山坡迎风面会使气流上升，山脚下会形成反向旋涡，但在背风面会使气流下沉，从而在山脚形成回流区。当污染物源在风向的上方时，污染物会随着气流运输，在迎风坡会造成污染，在背风面污染物将会随着气流下沉到地面，还有可能在回流区内蓄积，容易引发严重的污染。在山谷白天的时候，山坡接受太阳光辐射热比较多，其空气也会增温，但在山谷上空的时候，因为高度较高离地面较远，所以温度增加很少。所以山坡上的暖空气不断上升，谷底的空气则沿山坡向山顶补充，空气从谷底上层下沉到谷底，这就在山坡与山谷间形成了一个热力环流。下层风从谷底到山坡，称为“谷风”。当到了夜间，山坡上的空气会因为山坡辐射变少的影响，空气降温非常快，而此时谷底上空因为同样的原因所以降温也会比较慢。所以山坡上的冷空气因为密度大，会顺着山坡流入谷底，而谷底的热空气上升，并会从上面向山顶上空流去，形成了和白天相反的热力环流。在山区只要没有特殊天气的出现，一般都会有山谷风，在天气晴朗温度高的情况下山谷风较强烈。山谷风在转换时通常会造成较严重的空气污染，尤其是夜间，冷空气会沿山坡下滑，在谷底积累，造成逆温，而且会因为山区地形的原因，如山谷、河谷高低不同的山峰等会更有利于逆温的形成。因此，如果在山区、谷底等地方有大量的污染源的时候，如果污染物出现在逆温层后将会很难扩散迁移，严重的情况下污染物将会在谷底聚集，造成严重的污染事件。

(4) 海陆风对大气污染物迁移转化的影响

海陆风是指滨海地区风向发生规律性变化的风系，产生的原因是海面和陆面热力性质差异。由于水的热容量较大，白天在太阳辐射下海面升温幅度小于陆地，陆地表面的空气温度会高于海面上空空气的温度，陆地表面的空气会因为受热而膨胀上升，导致海面低层的空气流向陆地补充，海面上层的空气会下沉，陆地上空的空气又流向海面上空，就会在海陆之间形成一个完整热力环流圈。当到了夜晚，陆面的降温要比海面快得多，陆面温度会低于海面，就导致陆面上空的空气冷缩沉降，海洋上空的空气流向陆地上空，而陆地低空的又流向海洋，因此就形成了一个与白天相反的热力环流圈。海陆风对大气污染物迁移的影响主要有：一是如果污染源在大气海陆的环流中，那么可能会使污染物不断蓄积，导致污染物加重；二是当在海陆风周围高空排放污染物时，一部分污染物可能会被带回到地面；三是当处于海陆风交替时，原本由陆地吹向海洋的污染物又会被海洋风带回到陆地；四是在温度低的时候大气由海洋吹向陆地表面，在冷暖空气的交界面上会形成逆温层，不利于污染物的迁移扩散。

4.4.2 影响水环境中污染物迁移转化的因素

(1) 胶体微粒对水体污染物迁移转化的影响

因为胶体颗粒粒径比较小，具有很大的表面积，污染物对胶体表现出更明显的亲和性。胶体作为污染物的载体，如黏土矿物、碳化合物、氧化物等无机胶体都能吸附污染物。胶体的存在对水环境中的污染物不仅仅是迁移转化，而且受到胶体颗粒所带电荷电性的影响以及胶体粒度特征的影响。

胶体粒度特征的主要影响是：因为胶体体系比较分散，它们的粒径大小不均匀，一般是分散度越大，胶体颗粒越细，单位体积内的颗粒数就更多。比表面积越大，它的表面能就越大，吸附能力就越强。

胶体表面电荷电性的影响：胶体所带电荷的电性一般用 ζ 电位和电泳淌度的大小来表示。电泳淌度是胶体在单位时间间隔内和电位电场移动的距离，单位是 cm/(μs·V)。不同胶体的 ζ 电位和电泳淌度越高，吸附能力越强，原因是 ζ 电位越高，胶体的稳定性就越好，所以与污染物接触的机会就更多，也就更容易吸附污染物。实际上，胶体的其他很多因素也会影响污染物的迁移，比如胶体的表面性质（亲水性和疏水性）、胶体的稳定性、溶液的 pH 值、离子强度和光照等等。

（2）水环境中有机配体对污染物迁移转化的影响

水环境中一些金属离子和有机配体会结合在一起形成金属配合物，而且这种配合物还可以改变金属离子的特征所以会进一步影响水环境中重金属的迁移转化，主要影响到重金属两个方面的迁移转化：①影响颗粒物对重金属的吸附。因为有机配体会和金属离子形成配合物，配位体还可能会与金属离子争夺表面的吸附位置，从而使吸附点变少，金属离子的吸附受到抑制。如果配位体可以形成弱配合物，且它对固体表面亲和力很小，则吸附量可能会减少；如果配位体可以形成强配合物，且对固体表面有较强的亲和力，则吸附量可能会增加。配体对金属吸附量的影响主要是通过配体自身的吸附行为。配体是否是可吸附的，如果配体自身不可吸附，或者金属配合物是不能吸附的，就会因为配体与固体表面争抢金属离子而造成金属吸附受到抑制。如果是配体的浓度比较低，那么金属和配体结合就比较弱或者说不容易结合，则配体的加入对金属的吸附行为影响将会很小，甚至忽略不计。当配体被吸附，且还有一个强的配合官能团在溶液中时，会显著提高颗粒物对金属的吸附。②影响重金属化合物的溶解度。重金属和羟基的配合作用提高了重金属氢氧化物的溶解度。同样的废水、污水中会因为配体的存在使管道和重金属沉积物中的重金属重新溶解。

（3）其他因素对水环境中污染物迁移转化的影响

在分配作用中颗粒物对分配系数的影响：细颗粒物（直径小于50μm）对有机污染物的分配作用比较大，粗颗粒物对有机污染物的分配能力大约只有细颗粒物的20%。在有机污染物的水解过程中影响其水解的主要因素有：①温度，温度与水解速率相关，随着温度的升高，有机污染物的水解速率增加。②pH值，在温度一定的情况下，pH值是另一个对有机污染物水解影响较大的因素，通常情况下水解速率是碱性条件＞酸性条件＞中性条件，也就是大多数的有机污染物更容易在碱性条件下发生水解。③反应介质，反应介质的溶剂化能力对有机污染物的水解有一定的影响，离子强度和有机溶剂的量的变化会影响水解的速率。环境体系中的普通酸、碱和痕量金属都有可能对有机污染物的水解过程起催化作用。

此外，影响有机污染物光解的因素：悬浮的沉积物，因为它能增加光的衰减作用，还会改变吸附在其上面化合物的活性；吸附化学作用也会影响光解速率，分子氧在某些光化学反应中起着猝灭的作用，会减少光量子产率，而且它还有可能直接参与反应。

影响有机污染物生物降解的因素：①有机污染物自身的影响，有机污染物自身的浓度过低或者过高都有可能会抑制有机物生物降解；溶解度越低生物降解速率越慢，因为有些有机污染物很难到达微生物细胞中反应的位置，所以有机污染物的生物降解速率慢。②有机污染物自身的结构特征也影响着它的生物降解，分子中含碳原子数目的多少对有机污染物也有影响，有一些有机污染物是含有的碳原子越多就越容易发生生物降解，还有一些有机污染物的分子结构支链越多，则越难生物降解。有机污染物分子结构的取代基的数目和种类对生物降解也有一定的影响，通常是—OH和—COOH的数目越多，有机污染物越容易发生生物降解，反之，$—NH_2$、$—NO_2$等的数目越多，则有机污染物越难生物降解，而且取代基所在的位置也对有机污染物的生物降解有一定的影响。有机污染物分子结构的复杂性，一般有机物的结构越复杂，它的生物可降解性就越低，人工合成的高分子聚合物如聚乙烯、尼龙等就属于难降解的有机物。③生物体的影响：不同的微生物种群对有机污染物的代谢作用是不一样的。微生物浓度对有机污染物的影响分为两种，如果是微生物对有机污染物降解时间比较长的，那么微生物的浓度对其影响不大，如果是降解时间较短的一种，那么微生物的浓度就会有显著的影响。微生物种群之间的相互作用也有可能会影响到有机污染物的降解。还有其他一些影响到有机污染物生物降解的因素，如温度、营养物、pH 值、溶解氧等等。

4.4.3 影响土壤环境中污染物迁移转化的因素

(1) 土壤的理化性质

土壤的理化性质主要通过影响重金属在土壤中的存在形态从而影响重金属的生物有效性，影响土壤的固氨、固氮等能力，还会影响农药在土壤中的扩散等。土壤的理化性质主要有：土壤质地、pH 值、土壤中有机质的含量、土壤的氧化还原电位等。

① pH 值。pH 值的大小将会影响土壤中重金属的存在形态和土壤对重金属的吸附量。通常，土壤的 pH 值越低，重金属被解吸得越多，所以增加了土壤中的重金属往生物体内迁移的数量。但是对于某些主要以阴离子形式存在的金属来讲，结果就相反。土壤 pH 值对土壤中铵固定的影响是随着 pH 值增加铵的固定趋于增加，通常在强酸性条件下氨的固定较少。pH 值对土壤中有机磷矿化的影响：在酸性土壤中，磷酸离子主要是以 $H_2PO_4^-$ 的形式存在，一般会与活性铁、铝或者是交换性铁、铝还有赤铁矿等化合物作用，形成溶解度比较低的化合物，如磷酸铁铝、盐基性磷酸铁铝等；如果是在碱性土壤中时，磷酸主要以 HPO_4^{2-} 的形式存在，通常与土壤中可交换性 Ca^{2+} 作用形成 Ca-P 化合物。在不同的 pH 值下，土壤中的农药会解离成阳离子或者有机阴离子，能被带负电荷或者正电荷的胶体吸附。pH 值决定了农药解离和组合的程度，进一步影响分子、阳离子或者阴离子形态的化合物被土壤吸附的程度。

② 土壤质地。土壤质地影响土壤颗粒对重金属的吸附，因为质地黏重的土壤对重金属的吸附能力强，即土壤黏性越强对重金属的吸附能力就越强。通常随土壤黏度的增加，土壤表层土的固氨能力比下层土壤的固氨能力低。土壤质地对农药在土壤中迁移的影响主要是，农药在土壤中存在气态和非气态两种迁移方式，主要由土壤中水分含量决定，水分含量在 4%～20%的时候气态迁移占 1/2 以上，当水分含量超过 30%时，则主要是非气态迁移。土壤的紧实程度直接影响土壤的孔隙率等参数，土壤紧实程度越高，则对于以蒸气形式迁移的农药来讲就降低了它的迁移。土壤质地还会影响农药在土壤中的淋溶迁移，当农药在吸附性能较小的砂性土壤中时容易淋溶迁移，但是在黏度较大的土壤中时淋溶迁移就很难。

③ 土壤的氧化还原电位。土壤的氧化还原电位主要影响土壤中重金属的存在形态，进一步影响土壤中重金属的化学行为。通常在还原条件下，很多重金属容易产生难溶性的硫化物；在氧化条件下，溶解态和交换态增加。

④ 土壤中有机质的含量。土壤中有机质含量会影响土壤颗粒对重金属的吸附以及重金属的存在形态，有机质含量越高的土壤对重金属的吸附能力越强。土壤中有机质、黏土矿物含量越高对土壤中农药的吸附能力越高，土壤中有机质含量增加，则农药在土壤中渗透的深度减小。

(2) 土壤中污染物的种类、浓度以及它的存在形态

① 土壤中的重金属。重金属对植物的危害大小主要由重金属的存在形态决定，然后才是它的数量。对于不同种类的重金属来讲，因为它们的物理化学性质和其生物有效性的不同，所以在土壤中的迁移也有一定的差别。总体来看，土壤中重金属含量增加，植物体内重金属的含量也会随之增加。土壤中重金属的存在形态主要有交换态、碳酸盐结合态、铁锰氧

化物结合态、有机结合态和残渣态，其中交换态的重金属迁移能力最强。

② 土壤中的农药。农药有很多种，大致可分为有机氯类农药、有机磷类农药、除草剂、氨基甲酸酯类农药。不同类型的农药有着自身主要的迁移方式，如一些有机磷和某些氨基甲酸酯类农药挥发性极强，所以它们通过蒸气挥发的形式迁移占了很大一部分。非离子型农药有有机氯的一些农药如 DDT、艾氏剂，有机磷类的对硫磷、地亚农等，它们进入土壤后通常被解离为阳离子，所以很容易进行离子交换吸附。非离子型极性农药分子很容易被黏土矿物和有机质胶体吸附，一般为氢键吸附。有的农药在土壤中的溶解度大，则它在土壤中的淋溶迁移就比较强，如涕灭威、呋喃丹等。还有一些农药稳定性比较差，所以光降解对它们的作用非常明显，如有机氯类和氨基甲酸酯类。总之，不同种类的农药由于自身化学性质、结构的差异，它们在土壤中的主要迁移都不同。对于农药在土壤中的浓度来说，农药在土壤中的浓度越高，它就越难彻底被迁移转化消除。

(3) 其他因素对污染物在环境中迁移转化的影响

土壤中的重金属进入土壤后，除了自身的物理化学性质外，土壤中的植物对重金属的迁移也起着重要的作用，植物的根系会吸收一部分土壤中的重金属，且植物的生长发育也需要一些少量的金属元素，不过过量吸附会导致植物发生病变，不同种类的植物对重金属的吸收也有差别，且在植物不同的生长阶段对重金属的吸附也有差别。在土壤中重金属与重金属之间以及其他污染物如农药等相互之间的复合污染也会影响到土壤中污染物的迁移转化。元素之间联合作用如协同、竞争、加和等也会影响污染物在土壤中的迁移。土壤中施肥也会改变土壤的理化性质，还能改变重金属的存在形态，因此会影响重金属的迁移转化。土壤中施肥后改变土壤的肥沃程度。当施加过量的磷肥、钾肥、氮肥等后，会造成土壤结构破坏、土壤板结、生物化学性质恶化，影响到农产品的质量和产量，从而进一步影响到土壤中污染物的迁移，且过量的未被植物吸收利用的元素还会进入土壤、地下水等环境中，又造成环境的污染。

第5章 污染物的生物地球化学循环

5.1 污染物的生物地球化学循环过程及机理

5.1.1 污染物生物地球化学循环的基本概念

污染物生物地球化学循环是指生物的合成作用和矿化作用所引起的污染物周而复始的循环运动过程，即污染物参与到了岩石、土壤、生物、大气和海洋之间的循环过程中。和自然界中的碳循环一样，污染物也可以通过食物链来进行流动，富集在生物体内的污染物最后会随着生物体被微生物分解，从而重新回到环境中去。也就是说污染物具有了流动循环的性质，称为污染物的生物地球化学循环，或者称作污染物的地质大循环。图 5-1 为碳的生物地球化学循环。

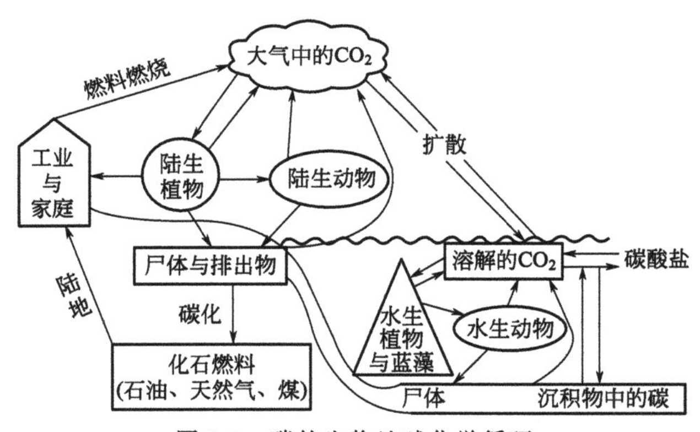

图 5-1 碳的生物地球化学循环

与地球上的化学元素的循环过程相似，污染物也是广泛分布在岩石、矿物、土壤、水、大气和生物体内，且它们大多数是以有机化合物的形式存在，同时还伴随着迁移、转化、分散、富集等过程。污染物的生物地球化学循环过程可以分为三个重要的物质转化部分：①循环过程中的合成作用，又称生产过程，它是指生物体（主要是指可以进行光合作用的绿色植物）将环境中的化学物质吸收后转变为各种形式的有机物质，然后储存在自身体内，供自身消耗使用；②循环过程中的生物体内物质分解过程，是一种生物体的物质消费过程，即通过合成作用形成的有机物质被生物体以呼吸作用的方式分解为 CO_2 和 H_2O，最后以排泄物的形式重新回到环境中去；③微生物的分解过程，生物体排泄出的有机物质或生物体死亡后被微生物分解成其他形式的无机物质或简单的有机物重新回到环境中去。

地球上的污染物质种类多种多样，存在形式也各不相同，如典型的持久性有机污染物质（POPs）多氯甲苯、多环芳烃和有机氯农药等，重金属汞、铅、铬等。它们作为环境中的一大类特殊性化学物质，是生物地球化学循环过程中的重要组成部分，与人类的生活息息相关。从生物地球化学循环过程到人类-生物地球化学循环的进化过程在世界工业化出现以来就已经形成，这是一个新的地球进化阶段。由于人类的参与，地球化学循环过程不断被加速，污染物循环的出现就是很好的证明。污染物循环也是一种新的生物地球化学循环形式，深刻影响着生物地球化学循环的平衡，给人类的生存环境带来了很大的改变。如环境中的污染物可以通过食物链进入到人体，然后再逐渐富集到体内，由于人体的承受能力有限，但污染物又无法及时排出体外，所以就造成了各种各样的健康疾病，如水俣病。污染物生物地球化学循环是人类-生物地球化学循环带来的新问题，已经给地球上所有生物体的生存带来了巨大的挑战。

5.1.2　污染物的循环过程

5.1.2.1　典型持久性有机污染物生物地球化学循环

持久性有机污染物（persistent organic pollutants，POPs）一般是指那些可以比较长时间存在于环境中，不易被分解，半衰期很长，并且能够进行长距离大气扩散、生物地球化学循环的一类有机化学物质。其具有特殊的物理性质，如高毒性、蓄积性、亲脂性、半挥发性等性质。通常比较常见的 POPs 包括多氯联苯（PCBs）、多环芳烃（PAHs）和有机氯农药（OCPs）、新出现的持久性有机污染物以及一些其他取代苯等。POPs 因其可以长时间不被分解、能够远距离迁移、生物累积性和对生物的潜在不利影响而成为人们关注的主要环境问题。它还可以通过食物链生物富集到生物体内，对环境和人的健康造成危害。环境中的 POPs 主要是来源于工业中心、城市中心和农业地区生产和使用的持久性有机污染物。

为了应对持久性有机污染物造成的全球挑战，2001 年通过并于 2004 年生效的《斯德哥尔摩公约》要求签署国采取措施减少和消除持久性有机污染物向环境中的释放。作为最大的发展中国家，中国在过去的十几年里经历了快速的社会经济增长，然而在此期间，一些 POPs 也不可避免被生产、使用和释放到了环境中。作为《斯德哥尔摩公约》的签署国和最大的发展中国家，中国在履行公约和减少直至最终消除 POPs 的排放方面发挥了非常重要的作用。自《斯德哥尔摩公约》从 2004 年实施以来的十几年中，中国政府开展了一系列活动去减少和最终消除 POPs 的生产、使用和排放。经过十几年的不懈努力，已经在 POPs 的研究领域取得了很大的成绩。下面主要介绍几种典型的 POPs 的性质、危害及其生物地球化学循环。

（1）多氯联苯的生物地球化学循环

多氯联苯（PCBs）是一组由多个氯原子取代联苯分子中的氢原子而形成的氯代芳烃类化合物。PCBs 由两个以共价键相连的苯环所组成，根据氢原子被氯原子所取代的位置及数目不同，一共可以分为 209 种 PCBs 系列物。由于 PCBs 具有很好的理化性质，如热稳定性高、低挥发性、低水溶性、高度的化学惰性、较高的正辛醇-水分配系数、抗强酸强碱腐蚀等，因而用途非常广泛。但是由于其本身毒性较大，如果泄漏进入环境中则不易被降解，还会对环境造成严重的污染，所以多氯联苯已经成了全球性的环境污染物，引起了世界上很多国家的关注。

1965～1974年期间，中国总共生产了大约1万吨多氯联苯，其中9000t为三氯联苯，1000t为五氯联苯。中国于1974年禁止多氯联苯的生产和使用。据统计，生产的1万吨多氯联苯中45.2%分布在中国东部，35.7%在中国中部被使用，还有19.1%在中国西部。尽管我国禁止生产和使用含有多氯联苯的商品已有40多年，但是现在环境中仍可检测到多氯联苯的残留。

生活中PCBs的应用十分广泛，尤其是在商业和工业生产中最为常见。如用作电容器内的绝缘流体、增塑剂等。由于人为燃烧石油能源、工业原料的泄漏、工业废品的倾倒和填埋等活动而使得多氯联苯进入了环境中。

PCBs一旦进入生物圈后，就可以通过多种方式进行生物地球化学循环。如燃料燃烧和增塑剂产生的PCBs挥发进入大气后，既可以吸附在大气颗粒物上，然后随着大气颗粒物沉降到地面，又可以通过大气降雨的形式降落到地面和水体中。由于PCBs的挥发性较低，且在水中的溶解度较小，因此不易扩散到大气中去，即使有少量的PCBs进入了大气环境中，一般在大气中也不会停留太长时间，很快就会随着生物地球化学循环回到陆地或海洋中。

由于人为因素泄漏到土壤环境中的PCBs，一般先进入土壤内部进行循环，然后再通过挥发作用或生物转化的方式进入大气和其他的环境介质中去。土壤是PCBs主要的存在场所，由于PCBs具有稳定的化学性质且不易被降解，故PCBs在土壤中的滞留期可以达到很长的时间。

水体中的PCBs一部分是来自于人类工业产生的废弃物的排放，另一部分则是来自于大气中PCBs的沉降和土壤中PCBs的迁移。其中由于大气的沉降作用带来的PCBs在水体中所占的比例较大。进入水体中的PCBs通常会被水中的悬浮颗粒物所吸附而附着于它们表面，被吸附的PCBs一部分可以随水中的悬浮物而漂流迁移到其他地方，另一部分则会同悬浮颗粒物一起沉降到水底，以沉积物的形式积蓄起来。吸附在沉积物上的PCBs通常不易解吸，大部分仍然会以沉积物的形式滞留在水体底部，最后可能会通过食物链的方式转移到生物体中。

PCBs通过各种吸收途径被生物体吸收后，由于PCBs本身高度的亲油性，所以不易在生物体内被代谢分解，致使大部分PCBs富集在生物体内，少量PCBs可以通过排泄的方式排出体外继续循环。另外，PCBs由于其本身稳定的化学性质，所以一直是环境中的持久性污染物，很难被降解，一般只会在微生物的作用下或者通过光化学分解的方式从生态圈中消失。PCBs的生物地球化学循环使得其在生物圈中的分布非常广泛，特别是在生物体中富集的PCBs浓度很高，明显超出了土壤、大气和水体中的PCBs浓度。多氯联苯的结构式如图5-2所示。

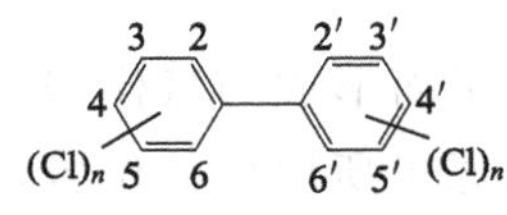

图5-2　多氯联苯的结构式

(2) 石油烃类污染物的生物地球化学循环

石油烃是指多种烃类（正烷烃、支链烷烃、环烷烃、芳香烃等）和少量其他有机物如硫化物等的混合物，其成分十分复杂，并且来自不同原油成分的石油烃的性质也会有很大的不同。石油烃根据其结构和性质的不同，一般可以分为饱和烃（直链烷烃、环烷烃和支链烷烃）和不饱和烃（多环芳烃、单环芳烃、烯烃和炔烃）两类。

石油是一种被广泛使用的重要能源，由于石油的大量开采、运输和使用，不可避免地使石油烃泄漏到环境中造成污染。目前，石油烃已经成为了环境中广泛存在的几种有机污染物之一。大量的石油烃一旦被泄漏到环境中，就会给周围的生态环境带来很大的破坏，如：土壤板实、产量下降；水体中大量的鱼类生物死亡；污染地下水源，影响人们的正常用水；被人体吸收后产生毒害作用等。石油烃带来的环境问题已经引起了人们的密切关注，因此深入了解并掌握石油烃的生物地球化学循环具有重要的现实意义。

石油烃在水体中的污染十分常见，进入水环境中的石油烃由于其水溶性很低，溶解度很小，一般都会漂浮在水面上以小油滴的形式做水平移动或者吸附到水体中的难溶颗粒物上，随着颗粒物的沉降作用沉积到水体底部。石油烃除了会漂浮在水面或者沉降到水底外，还会发生扩散、漂移、挥发、溶解、光化学氧化、分散、乳化、降解等行为。另外，水体中的石油烃也会受到水中微生物的作用，水中的微生物可以将其用来维持自身的生长繁殖，从而把它代谢转化为其他形式的物质。通常由于石油烃在水中的溶解量非常低，难以维持微生物自身生长繁殖的需求，所以微生物会通过一些特殊的手段来达成自己的目的，如微生物可以通过菌毛或在细胞膜上形成疏水表面来附着于油滴上，从而接触到更多的石油烃，也可以释放乳化剂将水中油滴乳化为大量的小油滴，通过增大接触面积的方式将石油烃降解。

与其他的有机污染物类似，石油烃的另一个比较重要的循环是在生物体内的循环。如石油烃首先被生物体吸收进入体内，然后经过生物体内部的代谢转化为其他物质，一部分富集在体内，另一部分则随着生物体的排泄排出体外继续进入生物地球化学循环。

(3) 多环芳烃的生物地球化学循环

多环芳烃（PAHs）是指两个或两个以上苯环连在一起的烃类以及由它们衍生出的各种化合物的总称。PAHs 在常温条件下通常是一种无色或黄色的结晶，溶沸点较高，难溶于水，易溶于有机溶剂，而且其化学性质不活泼，很难发生转化。

PAHs 按照苯环连接的方式可以分为稠环型和非稠环型两种。稠环型是指两个苯环之间相连的碳原子为两个苯环所共有，无单独的碳原子连接，如萘、蒽、苯并芘等；非稠环型是指苯环和苯环之间各由一个碳原子相连，如联苯、联三苯等。几种多环芳烃的结构式如图 5-3 所示。

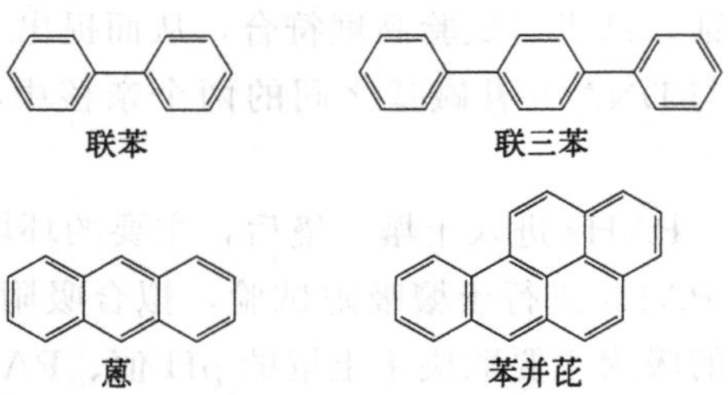

联苯　联三苯

蒽　苯并芘

图 5-3　几种多环芳烃的结构式

物质的结构决定物质的性质，一般 PAHs 中苯环的排列方式与其性质有很大的关系。如苯环排列方式呈线形分布的 PAHs（如蒽）的化学性质都不太稳定，易于发生化学反应，而且这种性质的活泼程度与 PAHs 结构中的苯环数量呈正相关关系；苯环排布方式呈角状排列的 PAHs（菲、苯并蒽等）的化学性质不如苯环呈直线排列的 PAHs 活泼，但也存在一些比较特殊的部位，如中间键性质活泼，可以发生多种反应。

PAHs 是一种在环境中分布较为广泛的有机污染物，它既可以在自然条件下产生，又可以来源于人类生产活动。自然条件下产生的 PAHs 主要是来源于陆地和海洋植物、微生物的生物代谢转化合成、火山活动以及一些森林引起的自然火灾等。一般认为人为源是环境中

PAHs的主要来源，如汽车、船舶等交通工具排放的废气，化工、石油工业、炼钢炼铁等工业活动中排放出的PAHs，煤、石油、天然气、木材等其他含碳有机物不完全燃烧时产生的PAHs。另外，平常生活中常吃的烤制类或烟熏类食品中也会有一定量的PAHs，如烤肉等。除此之外，日常生活中经常接触的生活用品也含有PAHs，如家用电器、塑料制品等。可见PAHs广泛分布在我们生活的方方面面，时刻让我们的生活环境充满着威胁和挑战。

由于PAHs本身就是一种有毒物质，且多数具有致癌性和致突变性，所以一旦进入环境中就会和环境中的各种生物接触，其毒性作用可能会对生物造成伤害。如PAHs可以和大气中的NO_2反应生成含氮多环芳烃（*N*-PAHs），*N*-PAHs的毒性（致癌性和致突变性）比PAHs要强很多。另外，目前关于多环芳烃的结构和致癌性是研究热点，科研工作者已经进行了大量的研究，也从中得出了不少的理论，其中影响较大的有“K区理论”“湾区理论”和“双区理论”。现对这三种理论简述如下：

① K区理论。通过研究发现，PAHs分子中具有致癌性的那一部分大都与菲环结构有关，其显著特征是PAHs结构中与菲9、10位相似的区域有明显的双键性，即具有很大的电子密度。所以得出的结论是这个区域的电子密度大小很可能影响到PAHs致癌性的概率。人们将这个区域命名为K区。

② 湾区理论。湾区理论是1969年由两位科学家在实验室中发现的，他们通过试验研究证明了苯并［*a*］芘、苯并［*a*］蒽在生物体内经过肝微粒体酶系的代谢作用后，生成的二氢二醇环氧化物是具有致癌活性的致癌物，即说明PAHs本身可能并不具有致癌性，不是直接的致癌物。它不经过在生物体内的代谢活化，并不能与生物体内的DNA结合。所以科学家基于这个研究事实，将PAHs分子中结构的不同位置划分为“湾区”、A区、B区和K区，提出了“湾区理论”，即认为PAHs分子中存在的“湾区”是其具有致癌性的主要原因。

③ 双区理论。科学家在总结“湾区理论”和“K区理论”的基础上，以PAHs在生物体内的代谢试验数据为依据，通过计算得出了K值与PAHs致癌性的关系，并进行了试验验证，结果与试验高度符合，从而提出了“双区理论”，即认为PAHs分子中的两个亲电中心与DNA互补碱基之间的两个亲核中心进行了横向交联，引起了移码型突变，致使癌症发生。

PAHs进入土壤环境后，主要的环境行为有吸附、迁移以及微生物降解。研究人员通过对PAHs进行土壤吸附试验，拟合吸附等温线，分析试验结果后得出结论：PAHs在土壤中的吸附主要取决于土壤的pH值、PAHs的理化性质、土壤中有机质的含量以及土壤的理化性质等，而影响PAHs在土壤中迁移的因素主要是土壤性质、PAHs的理化性质以及PAHs的浓度等。通常PAHs的理论迁移深度在表土以下30cm左右。由于PAHs是一种很难被降解的有机污染物，通常可以在环境中存留很长的时间。但是自然界中仍然存在某些微生物可以将其降解，这种微生物降解PAHs的方式主要可以分为两类，其中一种是微生物利用PAHs作为自身生长的唯一营养物质来将其降解消耗，另一种则是把PAHs和其他的有机物一起作为自身的营养物质来源进行降解消耗，也称为共代谢。

科研工作者通过大田试验研究发现植物体中的PAHs迁移循环最为显著，而且大多数农作物的根系不吸收PAHs。植物对PAHs的吸收主要是受到植物种类和土壤中PAHs的浓度影响，一般是土壤中PAHs浓度与PAHs的吸收速率成正比关系。另外，有研究表明

PAHs 在植物体内除了迁移外，还可以进行部分代谢。

PAHs 主要来源于人类生产活动中矿石燃料等烃类的不完全燃烧和自然界中天然物质的燃烧。燃烧产生的 PAHs 大部分首先会随着烟尘颗粒物等进入大气中，通过和大气中固态颗粒悬浮物或气溶胶结合滞留在大气中，在大气环流的作用下可以进行全球循环，最后又会以沉降的方式或随着降雨落回地面，进入水体和土壤中，继续新的循环过程。

PAHs 除了可以被环境中的微生物降解外，还可以在紫外线的作用下发生光氧化降解。光氧化降解是 PAHs 消散的重要途径。有研究发现 PAHs 在波长为 300nm 的紫外线照射下极易被光解和氧化，如大气中的苯并［*a*］芘在波长为 300nm 的紫外线照射下会被降解为 1,6-醌苯并芘、3,6-醌苯并芘和 6,12-醌苯并芘。

(4) 表面活性剂的生物地球化学循环

表面活性剂（SSA）是一种能够显著降低分散系表面张力的物质，它的主要结构特征是同时具有亲水性基团和疏水性基团，具有很好的乳化、润湿、起泡等性质。SSA 中的疏水基团主要是含碳氢键直链烷基、支链烷基、烷基苯基以及烷基萘基等。通常表面活性剂按照其亲水基团结构和类型的不同可以分为四种，分别是阴离子表面活性剂、阳离子表面活性剂、两性表面活性剂以及非离子表面活性剂。

表面活性剂的结构决定其性质。一般来说，SSA 中亲水基团的性质和亲水基团在 SSA 中的相对位置、SSA 分子中的疏水基团即亲油基团的性质都会极大地影响 SSA 本身的性质。如亲水基团在分子中间比亲水基团在分子末端的润湿性强，但去污能力却不如后者。SSA 的分子大小也会影响到其本身的性质。一般来说，SSA 分子量小，其润湿性、渗透性比较好；分子量大，则其洗涤作用、分散作用较强，适合用作洗涤剂。另外，在 SSA 的种类相同、分子量大小相同的情况下，SSA 分子中疏水基团则在其性质方面起着决定性的作用。SSA 中的疏水基团不同，其分子的亲脂能力会出现很大的差异，一般的规律是脂肪族烷烃的亲脂能力最强，而带亲水基团羟基的亲脂能力较弱。

由于表面活性剂（SSA）具有很好的乳化、润湿、渗透或反润湿、起泡、稳泡和增加溶解力的作用而被广泛用作乳化剂、助悬剂、增溶剂、润湿剂、起泡剂和消泡剂、去污剂等。SSA 因大量的使用不可避免地会随着废水、废物的排放而进入水体、土壤等环境中去。

目前，SSA 已经是水体中最普遍、最大量的污染物之一。因为其本身具有很强的亲水性，所以不但其本身极易溶于水中，还会使其他不溶于水的物质长期分散于水中。SSA 在水中的环境行为主要是会随水流迁移，从而扩散到更远的水域中去，并且吸附到水中的悬浮颗粒物上后，形成的结合体依靠重力沉降到水体底部。SSA 在环境中难于降解，特别是在水环境中，它的消除主要是依靠水中的微生物来降解。

5.1.2.2　典型金属的生物地球化学循环

随着人类现代工业化进程的快速发展，人类在利用自然、改造自然的同时使大量未达标的工业废弃物被排放到了环境中，对环境造成了极大的危害。重金属是环境中重要的污染物之一，它一旦进入环境中很难被微生物分解掉。而且被生物体吸收的重金属富集在生物体内后，会经过生物体内代谢转化为毒性更强的金属-有机化合物，从而对生物体造成更大的毒害作用。20 世纪 50 年代，日本出现的骨痛病和水俣病就是重金属污染的典型事件。

重金属一般是指对生物有极大毒害作用的金属。常见的重金属有汞、镉、铅、锌、砷、钡、钴、铬等。目前，在环境中比较常见且危害比较大的几种金属是汞、砷、铬、铅等。下面主要介绍几种典型重金属的性质危害及其生物地球化学循环。

(1) 汞的生物地球化学循环

汞，俗称水银，常温下呈银白色液体状，分子量为 200.6，常温下可挥发，熔点为 38.9℃，沸点为 356.0℃，在常温下（25℃）纯水中的溶解度是 60μg/L。其化学性质比较稳定，难溶于水和各种强酸，而且不易被氧化，是一种在环境中对生物体危害很大的有色金属。

汞在自然界中虽然含量很少，但是分布极广。一般以单质、有机态和无机态三种形式存在，汞的离子形式主要有两种，即一价汞和二价汞。Hg(Ⅱ) 在水中的溶解度很高，化学性质也相对比较活泼，可以与环境中的各种物质发生反应生成结合物。自然界中的有机汞主要是以甲基汞的形式存在，甲基汞是一种对人体有害的神经毒素，可以影响人类和野生动物的发育和健康。甲基汞通过食物链的方式富集到生物体内，对环境中的生物体有较大的毒害作用。一般来说，无机汞的挥发性不如有机汞强，无机汞中又属碘化汞的挥发性最强，硫化汞的最小，而甲基汞和苯基汞又是有机汞中挥发性最强的。在毒性大小方面，有机汞的毒性大于无机汞。

汞是一种可以长期存在于地球生态圈中的重金属元素，数百年来人类不断进行的工业活动如采矿和燃烧化石燃料等使得陆地-大气-海洋系统中元素的数量越来越多，汞污染也变成了一个全球性的环境问题。由于汞及其化合物十分容易挥发，所以无论是可溶的汞化合物还是难溶的汞化合物，都会有一部分挥发到大气中去。至于汞化合物挥发程度的大小则取决于其化合物的形态、溶解度、表面吸附、大气中相对湿度等因素。零价态的汞是大气中汞的主要形式，并且由于零价汞不易与大气中的氧气反应，所以它可以在大气中存留较长的时间。

汞以其单质态形式被排放到大气中后，在被氧化和沉积到土壤或水体生态系统之前，汞会在生态圈中不断地进行生物地球化学循环。当汞通过重力沉降或降雨的方式沉到土壤和水体中后，就会以沉积物的形式滞留下来，沉积物中一部分汞可以通过食物链或食物网进入生物体内转化为有毒的甲基汞，另一部分汞还可以重新挥发到大气中，并在陆地-大气-海洋系统中继续循环几个世纪到几千年，最终再次以沉积物的形式沉积下来。汞在进行生物地球化学循环的过程中有时会出现不确定性转化，即多种形式的变化。一般其发生不确定性变化的过程主要可能发生在大气中的氧化过程、陆地-大气循环过程、海洋-大气循环过程以及海洋中的甲基化过程中。

汞进入土壤后，由于土壤中含有的黏土矿物和有机质含量较高，可以对汞产生很强的吸附作用，所以大约 95%以上的汞可以被迅速吸附而固定到土壤中。汞与土壤中的有机质结合后形成螯合物，再加上土壤表层的吸附阻力，使得汞向下迁移受到了阻碍，因此大多数的汞被阻留积累到了土壤表层。汞在土壤中除了发生迁移外，还可以进行价态的转化，即发生氧化还原反应，如二价的汞、一价的汞和金属汞之间都可以进行化学转换。

由于汞及其汞化合物的挥发性较强，所以土壤中的汞易于通过蒸腾作用挥发进入大气中。自然界中的汞通过一些地质活动，如火山喷发等，以气态单质的形式自然释放到大气-海洋-陆地系统中，由于气态汞可以很好地与大气混合到一起，因此汞在大气中的生物地球化学循环周期都比较长，一般有半年到一年的时间。大气中的汞也可以通过沉积的方式回到陆地和海洋系统之中，同样沉积到陆地和海洋系统中的汞又随时可以再次挥发到大气中去。

大气中汞的来源主要是自然和人为两个方面。其中自然源方面主要是森林火灾、火山喷发、土壤和水体表面挥发、植物的蒸腾作用等。自然方面汞的来源途径多种多样，且很大程度上会受到自然气候条件的影响。据不精确估计，大自然每年要向大气中贡献 1000～4000t 汞，而且主要是气态单质汞。人为方面汞的排放主要有化石燃料的燃烧、废弃垃圾、金属冶炼和氯碱、水泥制造等工业活动。人们通过对汞排放的大量研究，得出了一个较为准确的汞年均排放量数据（2100t），其中又以气态单质汞为主，颗粒汞次之。另外，近年来的一些研究还发现了一个重要的大气汞排放源，即大气汞沉降后的再释放。大气中的汞化合物（主要是 Hg^{2+}）吸附在空气中的颗粒物上，依靠重力沉降到地面。大量沉降回地面的汞在太阳光或紫外线的辐射以及一定的环境反应条件下，可以被还原成单质汞，然后单质汞又会重新挥发进入大气环境中去。据相关模型计算，每年以这种途径进入大气的汞占到了地面沉降汞的 1/2 左右。

汞除了广泛存在于水、大气、土壤等环境中外，还会通过食物链或食物网的方式富集到生物体内。汞是一种公认的对植物和人体有毒的化学元素，近年来，随着人类生产活动的频繁进行，环境中的汞含量有所增加。一般来说，进入生物体内的汞化合物会和体内的高分子结合，形成稳定的有机汞络合物，很难被排泄出体外。汞一旦在体内积累过多，就会导致人体汞中毒，例如水俣病就是体内的甲基汞积累过多引起的。

（2）砷的生物地球化学循环

砷，一种灰色类金属，难溶于水和强酸。在自然条件下广泛分布于我们生活的周围环境中，砷在人体中作为一种非必需的微量元素，当其含量很少时不会对人体造成伤害。一旦人体内砷吸收过多时，就会积累在人体的各个器官内，从而引起人体慢性砷中毒。人体中砷的主要摄入途径是饮用水，且大部分是无机态的。砷被人体吸收后，经过肝脏的甲基化代谢，最后通过尿液排出体外。无论自然条件下的砷还是人为因素产生的砷都是我们饮用水的污染源。目前，在世界各地的饮水中都出现了不同程度的砷污染，对人类健康构成了严重的威胁。在一定的物理化学环境条件下，某些砷化合物具有很高的可溶性，极易溶于水，因而对人类的饮水安全造成很大的危害。印度和孟加拉国是世界上饮用水砷污染最严重的地方，据不完全统计，当地已经有 5 亿多居民的饮用水遭到了砷污染。

砷的毒性主要取决于其存在形态。一般来说，砷的有机形态中亚砷酸盐［As(Ⅲ)］和砷酸盐［As(Ⅴ)］是毒性最大的，同样也是水中含量最高的。砷的微生物转化主要包括还原（包括异化还原）、氧化和甲基化三个过程，而且是砷生物地球化学循环中的主要过程，无论是在水体系统中还是陆地系统中都非常普遍。Oremaland 等认为砷酸盐［As(Ⅴ)］被还原为亚砷酸盐［As(Ⅲ)］的微生物转化过程促进了砷在水中的溶解，是导致饮水砷污染的一个重要原因。另外，微生物的氧化作用还可以使三价砷转化为五价砷，三价砷的毒性高于五价砷，溶解性也高于五价砷。高溶解性高毒性的三价砷由于可以较易被人体吸收，所以其危害也会比低毒性难溶解的五价砷大。砷除了能在生物体内造成危害外，长期暴露或接触砷环境的人体也会受到很大的影响，如有研究发现无机砷可以影响人的染色体，造成肝功能异常等。

环境中的砷主要有自然和人为两个来源。在自然条件下砷主要以无机态分布于金属矿物中，如砷黄铁矿（FeAsS）、雄黄矿（As_4S_4）以及雌黄矿（As_2S_3）等。除此之外，地壳中和某些地下水源中的砷含量也较高，也是环境中砷的重要来源。砷的人为来源方面，首先是含砷金属矿物的开采和冶炼过程中，大量含砷的废物进入土壤和水环境中，造成了严重的砷污染。如在进行硫化铁矿的冶炼过程中会产生含砷量极高的废液，这些废液不经处理就排放到环境中，会导致地下水中砷含量严重超标，给当地的居民造成不同程度的慢性危害。其次，砷的另一个重要的来源是以砷化物为主要成分的农药，如农业生产中经常使用的除莠剂的成分就是甲胂酸和二甲胂酸。

目前，人们的研究主要是集中在砷在土壤和水体环境中的生物地球化学循环，即属于一个砷的生物小循环。砷在水体中通常是以无机态的五价或三价存在，即以 $H_2AsO_4^-$、$HAsO_4^{2-}$、H_3AsO_3、$H_2AsO_3^-$ 的形式。一般情况下，碱性水体中（pH＞12.5）砷主要是以五价的无机态 $H_2AsO_4^-$ 和 $HAsO_4^{2-}$ 的形式存在；而在酸性环境下，则主要是以三价的 H_3AsO_3 和 $H_2AsO_3^-$ 形式存在于水体中。由于这些砷均是溶于水的无机态形式，所以砷在水体中的环境行为主要是迁移，可以随水体迁移到其他的土壤环境中去进行生物地球化学循环。

进入土壤中的砷主要是以离子态（砷酸盐和亚砷酸盐）和有机结合态两种形式存在。由于受到土壤条件的影响，如土壤的 pH 值、E_h 值、湿度、温度以及农业作物的耕作方式等，砷的形态也会发生不断的变化。土壤中的砷既可以在土壤内部发生转化和循环，又可以通过迁移到地下水中或依靠土壤中的植物传递到人和动物体内，进而通过生物富集的方式影响环境中的生物体。

(3) 铅的生物地球化学循环

铅（Pb），一种灰白色有毒重金属，相对密度为 11.34g/cm^3，熔点为 327.5℃，沸点为 525℃，是地壳中重金属含量最高的一种元素。Pb 的化学性质非常稳定，一般在常温空气湿度低的环境中不会发生任何化学变化，但是当空气中湿度高且 CO_2 的浓度较大时，其表面会逐渐失去光泽，变成灰暗色，这是因为 Pb 和空气中的水、CO_2 发生化学反应生成了碱式碳酸铅 [$3PbCO_3 \cdot Pb(OH)_2$]，覆盖在了铅的表面形成了一层保护膜，可以阻止铅的进一步氧化。另外，铅在加热的条件下可以和空气中的氧气发生氧化反应生成铅的氧化物，当加热到 400～450℃时，铅会以气态的形式扩散到空气中，形成高分散度的气溶胶状态而污染环境。

铅是我们生活中常见的重金属元素之一，在自然界中分布广泛。由于铅具有较强的亲氧性，所以自然界中很少可以看到单质铅或纯金属态的铅。大多数铅是以二价或四价的无机化合物形式存在于自然界中，如硫化物、硫酸盐、磷酸盐以及砷酸盐等。随着现代工业的不断发展，人类在进行生产活动的同时，不可避免地要向环境中排放大量的重金属污染物。铅是一种毒性很强的污染物，在人类活动以及工业不断发展的同时，铅的环境污染日渐加重。环境中铅污染的来源主要是自然和人为两个方面，其中人为因素是环境中铅的主要来源。自然界中的铅主要是来自于石岩风化，而人为方面的来源主要是矿山开采、金属冶炼、汽车废气等。铅在岩石圈、生物圈、水圈、大气圈和土壤圈中的循环如图 5-4 所示。

(4) 钒的生物地球化学循环

钒（V）广泛地分布于自然界中，是一种在地球上储量相对丰富的微量金属元素，其在地壳中的平均浓度（97mg/kg）是镍和铜的两倍多。在现代社会中，大多数 V 被用来提高钢的强度和耐蚀性。同样其也可以作为电子和电池中的一种特殊金属，而且因此受到了人们极大的关注。除此之外，V 也是原核生物化学中必不可少的一种微量元素，且被发现在固

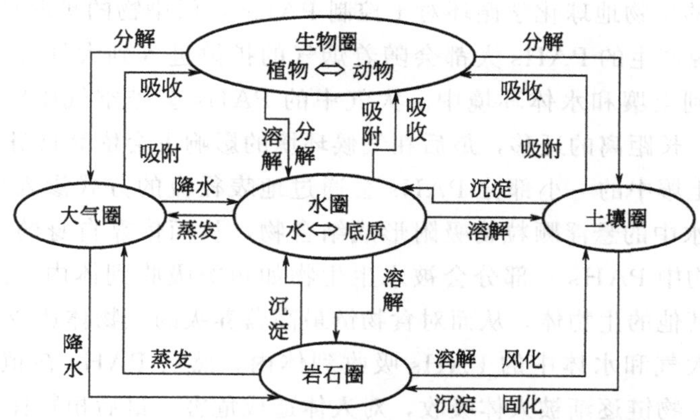

图 5-4　铅的生物地球化学循环

氮酶的分子结构中可以作为钼替代物。它还是海藻中形成溴化物和甲基溴的酶结构中的重要成分，因此也被认为是导致平流层臭氧消耗的主要原因。钒在动物和高等植物体内虽然都有存在，且目前已有证据表明钒在高等生物体内发挥着重要的作用，但是关于其对动物和高等植物来说是否是不可或缺的微量元素仍未可知。表 5-1 为地壳中几种常见不同来源金属元素在大气中的含量。

表 5-1　地壳中几种常见不同来源金属元素在大气中的含量

元素	陆地尘埃	海雾	火山喷发	燃烧生物质	自然挥发	人为挥发	化石燃料
V	155	0.52	7	5	3.7	4.1	—
Hg	0.12	0.01	0.5	0.6	—	—	—
Pb	32	5	4.1	38	—	—	32
Cu	50	14	9	27	—	—	43
Zn	100	51	10	147	—	—	88
Ag	2.3	0.01	0.01	1.2	—	—	0.44
Fe	55000	200	8800	830	—	—	641
Al	96000	810	4500	2125	—	—	397

注：所有数据以每年 10^9g 为单位。

地壳中 V 的平均浓度约为 97mg/kg，钒主要是通过化学风化进入地球表面生物地球化学循环。自然界中钒主要是以三种氧化状态存在，其中在 pH 值接近中性的水环境中主要是以五价的 $H_2VO_4^-$ 形式存在。大气环境中的钒污染物通常是由燃烧煤炭和石油而被释放到空气中的。虽然目前已有数据表明大气中的钒污染已经不容忽视，但钒污染仍然没有像其他金属污染那样受到人们的普遍关注，也没有被视为一种对环境危害严重的污染物，然而高浓度的钒却同样可以像其他重金属那样对人体和其他生物的健康造成巨大的威胁。

5.1.3　污染物的循环机理

5.1.3.1　典型持久性有机污染物的循环机理

(1) 多环芳烃的生物地球化学循环机理

多环芳烃（PAHs）作为一种典型的持久性有机污染物，是一大类广泛存在于环境中的有机污染物。目前，PAHs 已经成为了人们重点关注的典型有机污染物。因此，深入研究各类 PAHs 在环境中的生物地球化学循环对于控制 PAHs 类污染物的扩散具有重要的意义。

人为源和自然源产生的 PAHs 大都会随着烟气的扩散进入到大气环境中去，还有一小部分 PAHs 会进入到土壤和水体环境中。大气中的 PAHs 会被空气中的悬浮颗粒物吸附，从而结合到一起进行长距离的迁移，最后在气候环境的影响下会依靠自身的重力沉降落回地面或水体中。进入土壤中的一小部分 PAHs 会通过地表径流的方式渗入到水体中去。进入水体中的 PAHs 被水中的悬浮颗粒物吸附形成结合物，从而依靠自身的重力沉降到水体底部沉积起来。沉积物中 PAHs 一部分会被水生生物如鱼类吸收到体内，然后再通过食物链的方式生物富集到其他的生物体，从而对食物链最高营养级的生物体造成危害。土壤中的植物也可以将土壤、大气和水体中的 PAHs 吸收到体内，然后 PAHs 在植物体内进行迁移、代谢和积累，再由食物链逐渐被人体吸收，对人体造成危害。最后植物体自身死亡腐烂后又会被土壤中的微生物降解，使得 PAHs 又重新回到环境中。

PAHs 在生物圈中不断迁移、转化和循环的同时也会进行着消散和降解，主要的途径包括挥发、光氧化、化学氧化、生物积累、土壤吸附和微生物降解等。其中微生物降解是 PAHs 生物地球化学循环过程中主要的消散途径。自然界中很多的微生物都具有降解 PAHs 的能力，如白腐真菌等。微生物降解 PAHs 的方式主要有两种：一种是微生物将 PAHs 作为自身生长的营养物质消耗吸收；另一种是以共代谢的方式进行降解。

(2) 化学农药的生物地球化学循环机理

农药是一种有机化学物质等或多种化学物质的混合物，其作用是为了驱赶、控制或杀死有害生物（如昆虫、杂草、螨和老鼠等）。一般农药主要包括杀虫剂、除草剂、杀真菌剂、杀鼠剂和用于控制不同目标害虫的其他物质。与大多数环境污染物不同的是，农药具有很好的生物活性，并且是人类有意大量释放到环境中去的化学物质。我国是世界上人口最多的国家，有近 14 亿人，但人均耕地面积却不足 $0.1hm^2$/人。农药的使用对于保证我国的农业作物的高产量具有十分重要的意义，对维护我国人口的粮食安全发挥着巨大的作用，但是农药的大量使用对环境和人民的健康造成了巨大的危害。因此，如何平衡农药使用的效益和风险一直是一个巨大的难题。

自 20 世纪 40 年代以来，化学农药被广泛应用于农作物保护，也就是从那个时候开始，农药在农业中的使用量开始逐渐增加。并且在第二次世界大战之后，有机氯农药（organochlorine pesticide，OCPs）成为了农业领域中使用的主要农药。1962 年以后，越来越多的人开始广泛关注使用有机氯杀虫剂对环境造成的危害。美国在十年后颁布了法令宣布禁止使用有机氯农药 DDT，并加强了对农药使用的管制。对大多数有机氯农药来说，其共同的特征是可以在环境中持续存在，不易被降解，并且可以通过食物链或食物网进行生物积累，可以进行远距离迁移，这一点在北极野生动物的体内得到了证明。

在过去的 30 年里，中国的农药生产和使用一直在快速增长，目前中国已经是世界上最大的农药生产国和消费国之一。有研究表明中国人体内的 DDT 积累浓度非常高，尤其是在中国南方（珠江三角洲），这里一直被认为是我国环境中农药浓度较高的地区之一。目前已经在人体母乳中检测出高含量的 DDT 存在，这一现象尤其是在许多大城市十分普遍。研究人员认为中国人体内的高含量农药浓度与食品污染导致的高膳食摄入量有关，具体验证还有待将重点放在比较敏感的人群上进行，如经常食用大量鱼类的沿海居民。

由于化学农药被广泛应用于农业生产活动中，在保障了农业生产高产高效的同时，也不可避免地污染了环境，对环境以及环境中的生物体造成了危害。有机氯农药是一种化学性质稳定、半衰期长、进入环境后不易降解的有机持久性污染物，在 20 世纪 80 年代被广泛地用于农业，后来由于有机氯农药对环境的危害很大，已被我国多次禁止使用。有机氯农药 DDT 是一种在农业生产中使用非常广泛的杀虫剂。与其他的有机氯农药性质一样，DDT 的化学性质稳定、半衰期长、残留期长、不易降解、难溶于水和有机溶剂。虽然我国已经于 20 年前禁止使用有机氯农药，但是由于有机氯农药难于降解的特性，致使现在环境中检出的有机氯农药仍然超标。而且农药通过食物链富集在生物体内的含量远远超过了土壤、大气、水等环境中的农药含量，对食物链中的生物体造成了很大的危害，时刻威胁着人类的健康。

DDT 在土壤中的循环主要是通过挥发、淋溶与微生物降解等方式来实现的，其中微生物降解是 DDT 在土壤中消除的主要途径。在好氧的条件下 DDT 可以在土壤中好氧微生物的作用下被转化为 DDE，在缺氧的条件下则会被厌氧微生物转化为 DDD。

由于 DDT 大量地被应用于农业，在使用过程中它可以通过多种形式进入到环境中。研究表明，使用的 DDT 的 50%是分布在土壤环境中，剩下的 50%则是分布在水体环境和大气环境中。DDT 以气态、颗粒状或悬浮状等形式进入大气环境中后，大部分会在风或其他天气因素的影响下向更高处的大气环境中不断扩散和稀释。在向高空扩散过程中一部分 DDT 会被空气中的氧气或臭氧氧化，或者在太阳光的照射下发生光化学反应被光降解。当大气中的水分含量较高即空气湿度大时 DDT 还有可能被水解。DDT 经过大气环境中的循环后最终会在重力的作用下沉降回到地面水环境和土壤中去。

水环境中的 DDT 主要来自于土壤中农药的淋溶、大气中农药的沉降以及其他污染源的排放。DDT 进入水环境中后，一部分会吸附到水中的悬浮物中，然后再依靠重力的沉降作用落回到水底；另一部分则会被水解或在水中微生物的作用下被降解成其他物质溶解于水体中，沉降到水体中的 DDT 被水中的生物吸收利用后，仍然可以通过食物链的方式重新返回到大气或土壤环境中，重新进行生物地球化学循环。

5.1.3.2　典型金属污染物的循环机理

(1) 砷的生物地球循环机理

砷（As）作为一种易致癌致畸的类重金属元素，广泛分布于土壤、大气和水环境中。目前，砷已经成了一个重要的环境污染物，引起了世界上很多国家的关注。因此，探究砷的生物地球循环机理对于控制砷的环境污染迁移具有重要的意义。

在土壤中，适量的砷可以促进一些作物的生长，从而实现农作物的增产，但是当砷的含量过高时植物会因为吸收大量的砷而受到损害。土壤中的砷主要是与铁、铝氧化物以胶体结合的形态存在，也就是说砷的水溶态含量极少，大部分是呈结合态。土壤中的砷酸盐（AsO_4^{3-}）以及亚砷酸盐（AsO_3^{3-}）易被带正电荷的土壤胶体所吸附，同时 AsO_4^{3-} 和 AsO_3^{3-} 也可以和土壤中铁离子（Fe^{3+}）、铝离子（Al^{3+}）、钙离子（Ca^{2+}）发生化学反应生成难溶的化合物。当土壤中氧化铁和氧化铝的含量较高时，砷被固定的量增多，减少了砷在土壤环境中的迁移和转化。所以土壤中砷的固定与土壤中游离的 Fe^{3+}、Al^{3+} 和 Ca^{2+} 的含量有着直接的关系。除此之外，土壤中的氧化还原电位（E_h）和 pH 值对土壤中砷的溶解度也有很大的影响。当土壤中的 E_h 值降低和 pH 值升高时，五价的砷（AsO_4^{3-}）被还原为三价（AsO_3^{3-}）。土壤中胶体所带的正电荷减少，从而降低了对砷的固定能力，致使游离态的砷变多，砷的迁移转化循环加快，更容易被土壤中的植物吸收或迁移到水环境中去。

Tang 等的研究指出，水体中的蓝藻水华有机质降解会显著增加湖泊水体和大气砷暴露的风险，蓝藻有机质降解会迅速形成厌氧的沉积物-水界面，促使挥发性砷形成并释放进入大气。挥发态的砷能在大气中稳定存在数个小时至数周，增加其对环境的潜在健康风险，因而砷挥发是富营养化水体不可忽略的重要的砷迁移途径。同时，大量的溶解性砷短期可以快速释放进入上覆水体，五价的砷可以转化为甲基砷和毒性更强的三价砷，即蓝藻水华有机质降解可以促进沉积物-水体界面砷的还原和甲基化微生物的活性，抑制砷的氧化微生物的活性，导致界面附近发生砷的还原和甲基化过程。水体环境中的蓝藻等天然有机质的降解能够形成厌氧或缺氧环境，促进表层沉积物砷的还原和释放，同时还可以再次固定释放的 As(Ⅲ)。总之，水体中的有机质对砷的固定有着重要的影响，深入探究砷的循环机理对于控制环境中的砷污染有着重要的意义。

砷在生物体内的甲基化和还原反应也是砷另一个重要的循环过程。砷在厌氧条件下与甲烷菌或甲基钴胺素发生甲基化反应，可以生成二甲基砷，而在好氧的条件下则会生成三甲基砷。具体甲基化反应过程如图 5-5 所示。

$$AsO_4^{3-} \xrightarrow[-O]{2e^-} AsO_3^{3-} \xrightarrow{CH_3^+} CH_3AsO_3^{2-} \xrightarrow[-O]{2e^-} CH_3AsO_2^{2-} \xrightarrow{CH_3^+} (CH_3)_2AsO_2^-$$

$$\xrightarrow[-O]{2e^-} (CH_3)_2AsO^- \xrightarrow{CH_3^+} (CH_3)_3AsO \xrightarrow[-O]{2e^-} (CH_3)_3As$$

图 5-5　砷的甲基化反应过程

(2) 汞的生物地球循环机理

汞属于一种毒性比较大的重金属元素，虽然汞在地壳中的含量不高，但是在自然界中分布却极广。由于汞理化性质的特殊性，如容易挥发、常温下以零价态存在、易于生物转化等，导致汞在环境中不易被固定下来，其生物地球化学循环比其他金属都要迅速且广泛。汞可以在大气中进行长距离的迁移，并且在环境中不易被降解，因此可以持久地存在于环境中。除此之外，汞还可以通过食物链富集到生物体内，对人体健康造成不利的影响。目前，汞也是一种需要重点关注的环境污染物。

分布在土壤中 95%以上的汞是处于被土壤固定或吸附的状态，这是因为土壤中的有机质和黏土矿物具有强烈的吸附作用。一般情况下，大部分被固定的汞都是累积在土壤的表层，并且其分布量随着土壤深度的增加而减少。汞易于和土壤中表层的有机质结合形成螯合物，从而阻止了其向土壤内部的深层次迁移。汞除了可以在土壤中迁移之外，还可以发生价态之间的转化，如一价态、二价态或零价态的汞之间都可以互相进行化学转化，有机汞与无机汞之间也可以相互转化。

汞的氧化还原过程和甲基化过程是汞的生物地球化学循环过程中的重要组成部分。汞可以在甲基钴胺酸转移酶的作用下发生甲基化反应，其中甲基钴胺素（CH_3CoB_{12}）为汞甲基化过程中提供甲基基团，反应产物为水合钴胺素（H_2OCoB_{12}）和甲基汞。具体反应式如下所示：

$$CH_3CoB_{12} + Hg^{2+} + H_2O \longrightarrow H_2OCoB_{12} + CH_3Hg^+$$

与金属砷的甲基化反应类似，汞的甲基化反应既可以在厌氧条件下发生，又可以在好氧条件下进行。厌氧条件下的产物主要是二甲基汞，好氧条件下的产物以一甲基汞为主。二甲基汞和一甲基汞之间的性质有很大的差别。二甲基汞难溶于水，挥发性高，容易扩散到大气中，而且不稳定，极易被光解后重新转化为汞。一甲基汞与二甲基汞的性质截然不同，其为易溶性物质，而且可以很容易地通过食物链富集到生物体内。

水体中汞主要是以无机态的形式存在。进入水环境中的汞大部分会被水中的悬浮颗粒物所吸附固定下来，然后富集在水体底部的黏土或底泥沉积物上，只有剩下的一小部分汞是以离子态的形式溶解在水体中。一般情况下，汞离子首先会和水体中的腐殖质或者非腐殖质上的 S^- 或 HS^- 结合，如果水体中的 S^- 或 HS^- 较少，汞则会被吸附到矿物颗粒物表面。固定在悬浮颗粒物上的汞的迁移会受到河流系统的影响，随着水流迁移或者沉淀到水体底部。沉积在水体底部的汞也不是一成不变的，水体中环境的变化又可以再次释放沉积物中的汞，使其再次悬浮到水环境中。

5.2 污染物在生物体内的转运和转化

5.2.1 污染物的生物转运概念及转运方式

外源性化学物质即污染物在生物体内的吸收、分布和排泄称为生物转运。污染物在生物体内转运的过程中要不断地通过各种生物膜，如细胞膜、质膜或细胞内膜（叶绿体膜、线粒体膜、高尔基体膜、核膜等)，根据污染物通过各种膜的方式不同，可以将生物转运的方式分为三类，即被动转运、特殊转运、胞吞和胞吐。以下主要介绍人体中污染物的转运和三种转运方式。污染物的生物转运过程如图 5-6 所示。

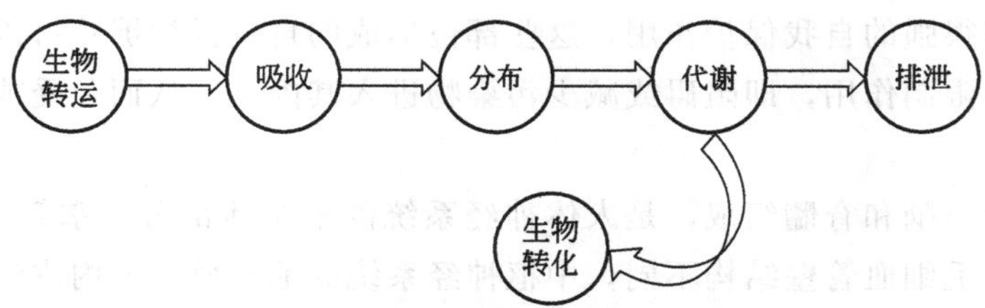

图 5-6 污染物的生物转运过程

5.2.1.1 吸收

吸收是外源性化学物质从接触部位（机体的外表面或内表面的各种生物膜）进入到机体内血液循环的过程。人体主要的吸收途径是消化管、呼吸道和皮肤，另外还存在一些其他吸收途径，如皮下注射、静脉注射和肌内注射等。具体内容见“5.2.2 污染物在生物体内的吸收”部分。

5.2.1.2 分布

分布是指外源性污染物质通过各种途径被机体吸收进入血液或体液后，在血液或体液的转运下流经全身组织各处，分散到人体不同部位的过程。由于各种污染物的性质、机体各部位的血流量和浓度存在差异，以及污染物在机体不同部位的亲和力不同，所以致使外源性污染物在人体内的分布并不是均匀的。人体某些组织部位的污染物浓度积累过多时，可能就会对该部分产生很强的毒害作用，如硅肺病（硅沉着病）。

血流量是影响污染物分布的重要因素。与血流量较少的部位相比，血流量丰富的组织和器官处的污染物浓度比较高，且分布速度也很快。例如体内的肺、肝、肾等器官的血液供应比较多，所以聚集分布在这几处器官的污染物浓度也相对较高，同时受到污染物的毒害作用也会比较强。

污染物在人体内的分布可以大致分为两个过程。第一个过程称为初始分布过程，即发生在污染物以被动扩散的方式刚进入血液循环时，这时污染物在机体内的分布主要受各个组织和器官血流量的影响，即血流量供应丰富部位的污染物浓度大。但是当血液中污染物浓度足够高即饱和时，这时对污染物的分布起主导作用的是污染物过膜速率以及污染物与器官组织的亲和力强弱。

进入机体内的污染物大部分是以结合态的形式存在于机体内。大部分污染物会与血液中的血红蛋白结合后，再被运输到机体的各个部分。污染物与血红蛋白的结合属于一种可逆的结合，即污染物也可以从血红蛋白中再次解离出来。随着进入血液中的污染物浓度逐渐升高，与血红蛋白这种结合也会达到一个动态平衡状态。污染物进入机体后与血红蛋白结合的程度会直接影响到后续污染物在组织内的分布情况，这是因为不同的污染物与血红蛋白的结合率不同。一些结合率很高的污染物几乎完全可以与血红蛋白发生结合，再通过血液的运输，便可以分布到机体组织的各个位置。相反，与血红蛋白结合率低的污染物在机体内的分布则不会太广。同时，由于一些其他的外源性污染物或机体内的代谢物质也会与血红蛋白结合，那么几种污染物之间便构成了结合竞争关系，已经被结合的污染物还可以被结合能力更强的污染物所取代，致使原来结合的污染物被解离出来。由于存在以上的这些结合竞争关系，所以可以间接地影响污染物在机体组织内的分布。

污染物在机体内的吸收大多是以被动扩散的方式进入各组织和器官，但由于人体内某些特殊部位天生具有很强的自我保护作用，这些部位形成的自我保护屏障可以对外源性污染物的扩散起到很强的限制作用，即阻碍或减少污染物进入其内部，从而免受或减轻污染物的毒害作用。

中枢神经系统由脑和脊髓组成，是人体神经系统的最主体部分，掌管着人的思维活动。与其他器官组织的毛细血管壁结构不同，中枢神经系统的毛细血管壁内皮细胞间互相紧密连接，很少有空隙，脑细胞毛细血管内皮细胞无胞饮作用，内皮细胞间小洞和裂隙少。再加上毛细血管的外围有大量连接紧密的星形胶质细胞存在，且星形胶质细胞可产生糖胺聚糖类物质，分泌到内皮细胞和星形胶质细胞之间，增加了黏合性。这些天然的地理屏障很好地抵制了污染物的入侵，所以即使是浓度很高的污染物也很少可以渗透进中枢神经系统。血脑屏障如图 5-7 所示。

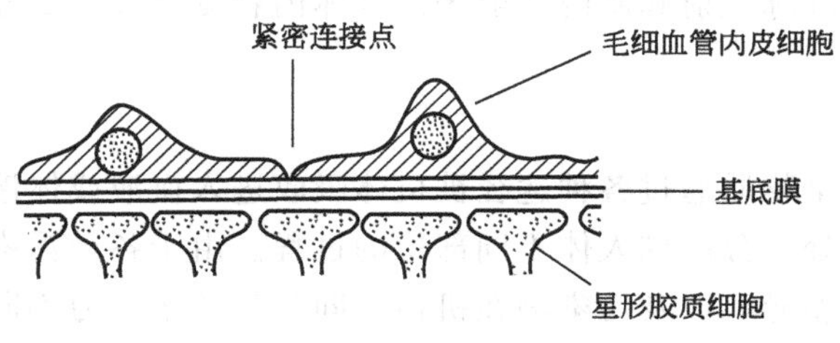

图 5-7 血脑屏障

人体中另一个对污染物有很强屏蔽功能的组织是进入母体胎儿中的胎盘。母体血液循环系统与胎盘之间有多层细胞隔绝，污染物由母体转运到胎儿体内的过程中，会受到数层生物膜的阻隔，即胎盘屏障。这些胎盘与母体间的生物膜对污染物过膜通透性有很大的限制，所以可以很好地保护新生胎儿正常发育，免受或减轻污染物的毒害作用。关于胎盘屏障目前还有明确的结论：一些毒物可以通过胎盘进入胚胎，如致畸物可以通过胎盘引起胎儿畸形；致癌物也可以通过胎盘屏障使胎儿致癌等。胎盘屏障如图 5-8 所示。

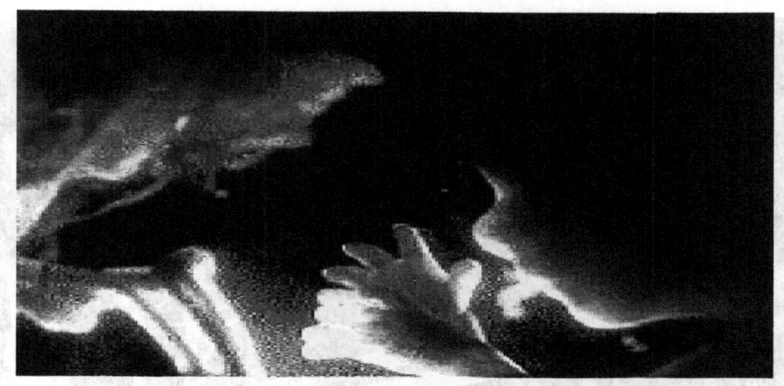

图 5-8　胎盘屏障

污染物是否可以通过生物屏障受到很多因素的制约和影响，如污染物分子量的大小、污染物质的脂/水分配系数、污染物解离程度和极性以及与血浆蛋白的结合能力等。

环境中污染物被人体吸收后，通过血液和体液的运输可以被分布到人体的各个组织和器官。由于污染物在人体内的分布并不均匀，故有的部位污染物浓度高，有的部位则很低。污染物浓度积累比较高的部位一般会受到较强的毒害作用，但是也有例外，如人体一些部位虽然积累了很高浓度的污染物，但是在短时间内并未显示出毒害作用，只是起到了储存污染物的作用，即将所有污染物收集到了一起。在人体中可以储存污染物的器官组织有血浆蛋白、肝、肾、脂肪组织和骨骼组织等。

5.2.1.3　排泄

排泄是体内污染物及其代谢产物向体外转运的过程，也是污染物生物转运的最后一个过程。人体的排泄器官主要是肾、肝胆、肺、肠及外分泌腺等，其中肾脏排泄是最主要的排泄途径，通过肾脏随尿液排出的代谢产物超过了人体排泄物总量的 1/2。除了上述所列的主要排泄途径之外，人体还有一些其他特殊的排泄代谢物的途径，如乳汁排泄、分泌液排泄等。

(1) 污染物经肾脏排泄

肾脏排泄是指污染物通过肾而随尿液排出的过程，主要包含肾小球滤过、肾小管重吸收和肾小管分泌三个过程。肾脏排泄过程如图 5-9 所示。肾小球属于肾小体内的一个毛细血管团，其毛细血管壁上有较多的膜孔，且膜孔直径较大，因此大多数分子量较小的污染物均可以通过肾小球滤出，但是污染物一旦与血液中血红蛋白结合后，分子量变大，则不能通过肾小球滤出。

污染物从肾小球滤出后，向下经过肾小管及集合管时，又会被肾小管重吸收而回到血液中。污染物重新被吸收回血液中的过程是通过被动转运和主动转运两种方式来完成的，且主要是被动转运。大部分被重吸收的物质主要是维持人体正常生理功能的各种营养物质和有机盐离子，如氨基酸、葡萄糖、钾离子、氯离子、钠离子等。这些物质的重吸收可以使它们重新参与到机体的新陈代谢中去，为人体提供能量。由于肾小管膜等具有大多数生物膜的类脂特性，所以相对于其他物质来说，脂溶性物质更容易被重吸收回血液中。肾小管的重吸收可以将从肾小球中过滤出的99%的污染物重新吸收回血液中去，因此重吸收作用实际上会使血液中的污染物浓度增高，使其在人体内的停留时间延长，不利于污染物的排泄和人体的健康。

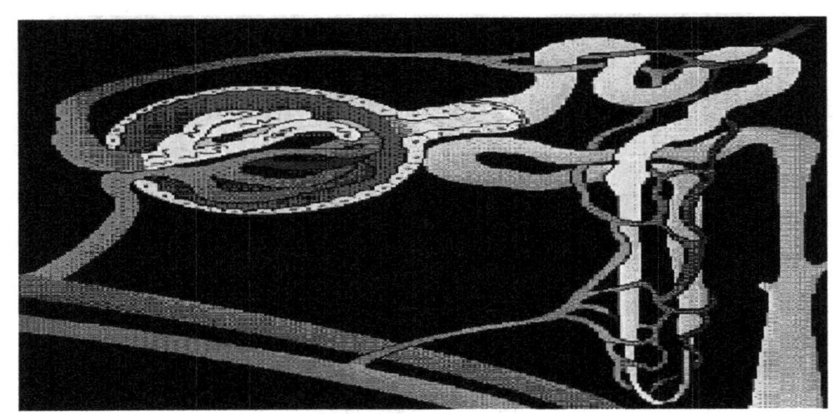

图 5-9　肾脏排泄过程

肾的近曲小管是肾小管主动分泌污染物及其代谢产物的主要场所，具有分泌有机酸和有机碱两种主动转运系统，可以将无法从肾小球过滤出的污染物直接以主动转运的方式排泄到肾小管中，所以即使是与血红蛋白结合的污染物也可以通过这种方式从血液中排泄出来。有机酸是通过尿酸、磺酸、羧酸等的分泌系统排出的，而有机碱是通过胆碱、组胺的分泌系统排出的。总的说来，肾脏排泄污染物主要是以这三种方式来进行的，这三种方式的排泄效率也直接影响到肾脏排泄的总体效果，例如婴儿的肾脏功能尚未发育完全，排泄速度慢，因此污染物在婴儿体内的毒害作用会更大。

(2) 污染物经肝胆排泄

肝胆系统的胆汁排泄是人体第二大排泄途径，仅次于肾脏排泄。胆汁排泄是指污染物通过消化管、呼吸管和皮肤等途径吸收后，再经血液转运被分布在肝脏，之后再经过肝脏的代谢转化后，部分代谢产物被肝细胞直接排入胆汁，随胆汁一起分泌至小肠后随人体粪便排出的排泄方式。一般来说，污染物或其代谢物随胆汁分泌至小肠后，最终一部分是以粪便的形式被排出体外，而另一部分则会被小肠重吸收，再经转运后重新返回肝脏，然后再次被生物转化后随同胆汁进入小肠。如此往复循环，这个过程被称为肝肠循环。肝肠循环对人体有利有弊，利的一面是可以使一些对人体有用的营养物质得到充分利用，不利的一面是使污染物重新回到了血液之中，延长了污染物在血液中的停留时间，加大了对人体的毒害作用。肝肠循环过程如图 5-10 所示。

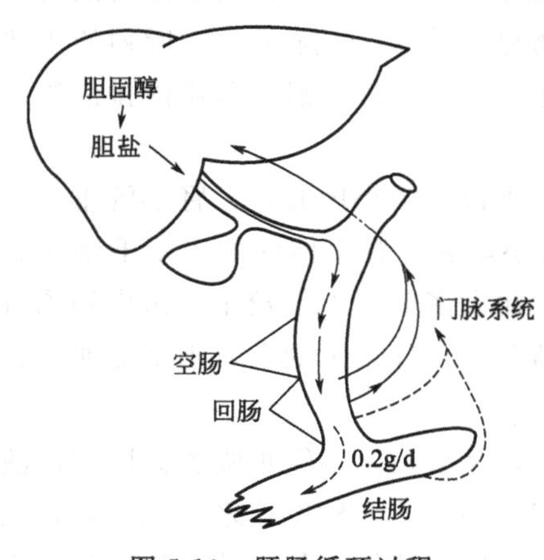

图 5-10　肝肠循环过程

(3) 污染物经肺排泄

大气中的污染物经呼吸道进入肺泡后，可以以被动扩散的方式经肺随同呼出气体排出体外，如一氧化碳（CO）气体、挥发性有机化合物（VOCs）等均可以通过这种方式排泄。影响肺排泄速度的因素主要包括血液中的气体溶解度、肺泡内的血流速度以及人体的呼吸速度等。

(4) 经其他途径排泄

除了以上的排泄方式外，人体还有一些其他的排泄方式，如随乳汁等分泌液排泄。这种排泄方式最常见的例子有母体通过乳汁哺乳婴儿，从而将污染物转给婴儿，婴儿的肾脏功能尚未发育完全，所以对污染物极其敏感。另外，牛通过牛乳排泄污染物，人喝了牛奶后，也会被牛体内的污染物侵入机体。

5.2.1.4 生物转运方式

污染物的生物转运即反复通过生物膜的过程，按照污染物过膜方式的不同，可以将生物转运方式主要分为三类，即被动转运、特殊转运、胞吞和胞吐。

(1) 生物膜

生物膜是细胞膜和细胞器膜或细胞内膜的总称，主要由蛋白质、脂质和糖类三部分组成。其基本结构是连续排列的磷脂双分子层，磷脂双分子层结构的内外表面是一些由磷酸和碱基组成的亲水的极性基团，双分子层中央有一个由两条疏水的脂肪链构成的疏水区。整个膜结构是一个流动镶嵌模型，具有流动性，膜蛋白和膜质都可以向外侧流动。膜上镶嵌的蛋白质一部分附着在磷脂双分子层表面，称为表在蛋白；另一部分则深埋或贯穿在磷脂双分子层中，称为内在蛋白。无论是表在蛋白还是内在蛋白，其亲水端均暴露在双分子层的外表面。另外，膜的外表面还存在一些膜糖，它们大多数都会和膜上的脂质和蛋白质结合，形成糖脂和糖蛋白，分布在膜的外表面。除了这些主要的特征外，生物膜上还有许多小的孔道，可以使许多直径小于膜孔的小分子物质滤过。

膜的功能在很大程度上取决于膜上的蛋白质。这些蛋白质既可以充当物质转运的载体，又可以作为化学物质的受体。有的还是具有催化作用的酶和提供能量的能量转换器等。

生物膜的基本功能是将细胞与外界隔离开来，从而保证了细胞内有一个稳定代谢的胞内环境。同时，细胞膜还为体内许多生化反应和生命活动提供了场所。膜的选择性交换功能是内外物质交换的屏障。生物膜脂质双分子层结构如图 5-11 所示。

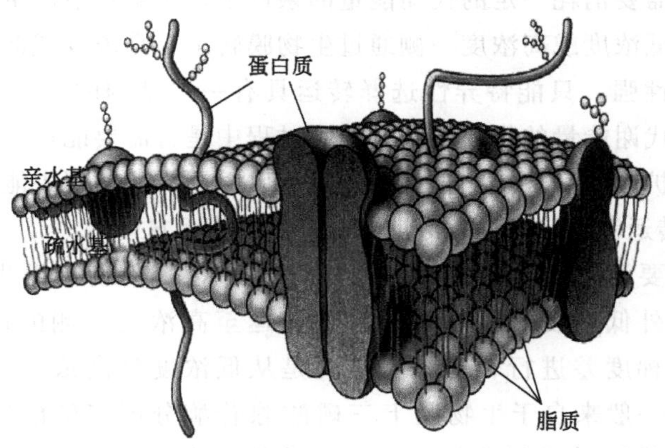

图 5-11 生物膜脂质双分子层结构

(2) 被动转运

污染物的被动转运是一种纯粹的物理过程，不借助生物膜上的载体和运载系统，只是利用膜两侧的浓度梯度差和膜的孔道结构来完成。所以被动转运的方式可以分为被动扩散和膜孔滤过两种。

被动扩散也称简单扩散，是膜外高浓度侧向膜内低浓度侧扩散的一个过程，也是大部分外源性污染物在生物体内转运的主要方式。其特点是转运时不需借助膜上的载体和运载系统，也不消耗代谢能量，无特异性选择、竞争性抑制及饱和现象。扩散速率服从费克定律：

$$dQ/dt = -DA(\Delta c/\Delta x)$$

式中，dQ/dt 为物质膜扩散速率，即 dt 间隔时间内垂直方向通过膜的物质的量；Δx 为膜厚度；Δc 为膜两侧物质的浓度梯度；A 为扩散面积；D 为扩散系数。

以上公式的扩散系数（D）与过膜污染物的种类和膜的性质有关，一般脂/水分配系数越大，分子越小，解离越少的物质扩散系数越大，越容易被动扩散通过生物膜。

影响被动扩散的因素一般有：①膜两侧的浓度梯度。浓度梯度越大，被动扩散的速率越快。②扩散系数。扩散系数越大，越容易扩散通过生物膜。③污染物的脂/水分配系数（脂相中的浓度与水相溶解度的比值），即脂溶性。一般脂/水分配系数越大，越有利于通过被动扩散进入细胞，如葡萄糖、氨基酸、钾和钠离子等。但是脂溶性过强的物质则容易滞留在膜上，不易通过生物膜。④外源性污染物的解离度。非离子态的物质（不带电荷的极性分子）脂溶性高，比较容易通过生物膜。因此物质在体液中的解离度越大，越难以被动扩散的方式通过生物膜。⑤体液中的 pH 值。体液中的 pH 值可以影响物质的解离度，从而间接地改变污染物以被动扩散的方式通过膜的速率。如体液中的 pH 值降低时，抑制了弱酸类污染物（苯甲酸）的解离，所以更容易被动扩散通过生物膜。

膜孔是生物膜中带极性、常含有水的微小孔道。直径小于膜孔的水溶性物质借助膜两侧的静水压及渗透压经膜孔通过生物膜的过程称为膜孔滤过，是小分子物质通过生物膜的重要途径之一，如水（H_2O）、尿素、二氧化碳（CO_2）、氧气（O_2）等分子。

(3) 特殊转运

特殊转运是指在需要消耗一定的代谢能量的条件下，污染物借助生物膜上的特殊转运系统和特殊载体从膜外低浓度或高浓度一侧通过生物膜转运至高浓度或低浓度一侧的过程。特殊转运的特点是选择性强，只能特异性选择转运具有一定结构的物质，需要膜上的载体参与，且转运过程需要代谢能量的供应。按照转运过程中是否需要能量支持，可以将特殊转运分为主动转运和易化扩散两种方式。主动转运还可以根据转运过程中能量利用方式的不同分为由 ATP 直接供能转运和由 ATP 间接供能转运两种转运方式。

主动转运指在需要消耗一定的代谢能量的条件下，污染物借助生物膜上的特殊转运系统和特殊载体从膜外低浓度一侧通过生物膜转运至高浓度一侧的过程。其具有的特点是：①污染物逆浓度梯度差进行转运，实现的是从低浓度到高浓度的转运。②需要消耗代谢能量，代谢能量一般来自于生物膜上三磷酸腺苷酶分解三磷酸腺苷（ATP）生成二磷酸腺苷（ADP）和磷酸时所释放的能量。③需要生物上的载体参与，载体一般是由生物膜上的蛋白质来充当。蛋白载体可以与被转运的污染物特异性结合，形成转运复合体，当复合载体通过生物膜到达膜的另一侧时，载体再将污染物释放出来。转运前后载体构型会发生改变，但是其组成成分不会改变。转运完成后污染物立即恢复原有构型，准备下一次的转运。④蛋白载体对转运的污染物具有特异选择结合性，即只识别具有某种特定结构的污染物。而且原先即使可以被转运的污染物一旦其结构稍有改变，如果不能被蛋白载体识别出来，那么将失去被这种蛋白载体转运的机会。⑤蛋白载体由于自身结构的原因，所以对可以转运的污染物有一定的容量限制。一旦载体达到自身所能够承载的容量极限，就会饱和，那么剩余的污染物便不能被结合转运。⑥在极少数情况下，外源性污染物之间或外源性污染物与某内源性污染物之间会出现结构相似的情况，这时，这两种污染物都可以用同一种蛋白载体来转运，即出现了竞争转运的情况。

主动转运是人体内极其重要的一种特殊转运方式，在外源性污染物及其代谢物排出、体内营养物质的吸收以及重吸收、维持人体细胞内正常浓度等方面具有十分重要的意义。如人体处于正常的生理条件下，细胞膜外介质中的钾离子（K^+）浓度远远低于细胞膜内的浓度，而钠离子（Na^+）浓度则相反。而通过主动转运可以实现细胞内外钠离子和钾离子的平衡，从而维持了细胞质内外的离子浓度的正常。

易化扩散又称为载体扩散或被动易化扩散，是指不易溶于脂质的外源性污染物利用特异性蛋白载体由高浓度向低浓度扩散的过程。被动易化扩散中由于污染物是从高浓度向低浓度扩散，不需要逆浓度差进行移动，所以不会消耗人体代谢能量。例如血浆进入血红细胞、葡萄糖由胃肠进入血液中等。被动易化扩散与主动扩散类似，需要借助膜上的特异性蛋白载体。另外，被动易化扩散由于受到膜上特异性载体种类及其数量的制约，因而呈特异性选择，类似物质竞争抑制和饱和现象。被动转运过程如图 5-12 所示。

(4) 胞吞和胞吐

当外源性污染物与膜接触后，与膜上某种蛋白质特异性结合，从而引起这部分膜的表面张力改变，致使这部分细胞膜内陷，包住膜上的污染物，形成小囊泡进入胞内，这种转运方式就称为胞吞或者称为吞噬作用。如果转运的污染物是液态的，那么这一转运过程称为胞饮。胞吞作用形成的小囊泡包裹着污染物进入细胞内后，随后将污染物运输到目的地，逐渐靠近细胞膜并与其融合，最终将污染物释放到胞外的这个过程即称为胞吐。胞吞和胞吐作用是细胞完成大分子与颗粒物质跨膜运输的重要方式，与细胞膜的流动性密切相关，是一种跨膜运输。如人体的白细胞吞噬侵入机体的细菌、细胞碎片以及清除衰老的红细胞等。胞吞和胞饮过程如图 5-13 所示。

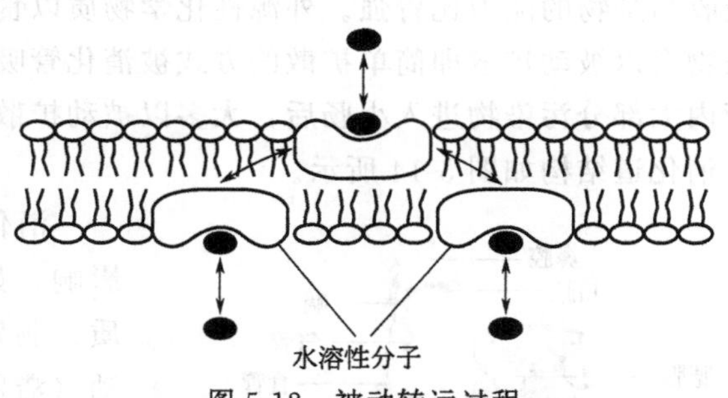

图 5-12　被动转运过程

污染物在生物体内一般是通过以上几种方式进行转运的。但是在每一次具体的转运过程中究竟会以何种方式来通过生物膜，还要取决于机体各组织器官生物膜的特性、体液环境以及污染物的结构组成、理化性质、分子大小、解离度、脂溶性等因素。大多数污染物是以被动扩散的方式通过生物膜，而维持人体正常生命活动所需的营养物质及其代谢产物的转运则绝大部分是依靠被动易化扩散和主动转运的方式来完成的。另外，膜孔滤过和胞吞、胞吐对污染物在生物体内的转运也发挥着重要的作用。

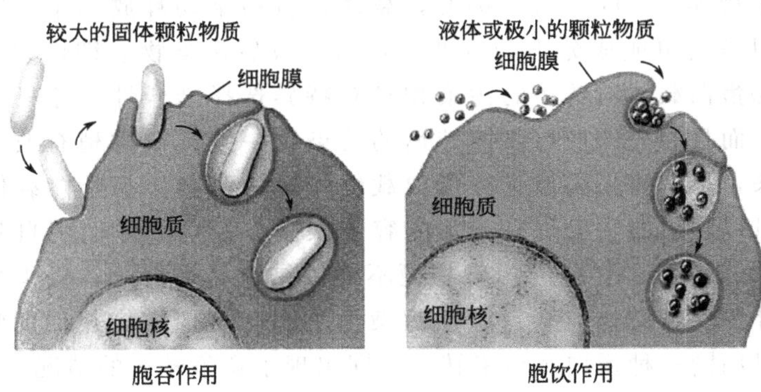

图 5-13　胞吞和胞饮过程

5.2.2　污染物在生物体内的吸收

吸收是外源性化学物质从接触部位（机体的外表面或内表面的各种生物膜）进入机体内血液循环的过程。人体主要的吸收途径是消化管、呼吸道和皮肤。另外还存在一些其他吸收途径，如皮下注射、静脉注射和肌内注射等。

(1) 经消化管吸收

消化管是外源性化学物质进入机体最常用且最主要的吸收途径。消化道吸收即从口腔到直肠的各个部位均可以吸收外源性化学物质，其中主要的两个吸收场所是小肠和胃，小肠内黏膜上有较多的绒毛，大大增加了小肠的吸收面积，再加上两侧的血流速度较快，所以小肠吸收污染物的能力比胃强。外源性化学物质以食物或水为载体从口腔进入生物体，大多数污染物会以被动扩散即简单扩散的方式被消化管吸收。小肠作为消化管主要的吸收部位，消化管内大部分污染物进入小肠后，大多以被动扩散的方式通过小肠黏膜进入血液循环之中。人体消化道结构如图 5-14 所示。

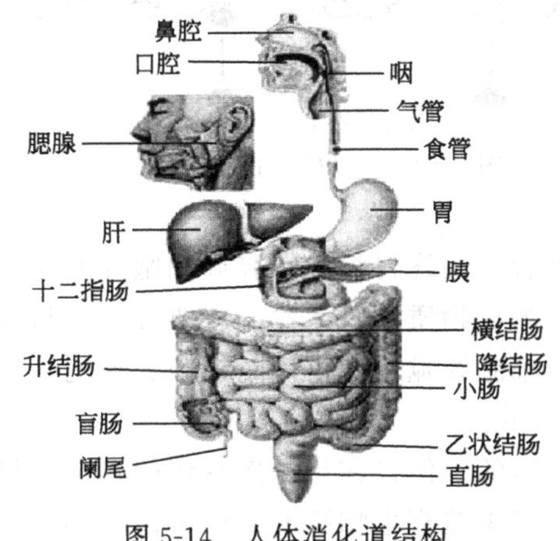

图 5-14　人体消化道结构

消化管对外源化学物的吸收会受到许多因素的影响，如血流速度、外源化学物质本身的理化性质、肠胃液的 pH 值（胃液和胆汁分泌）、胃肠蠕动（滞留时间）、胃肠道内食物的理化性质、肠内菌群等。

血管内血流速度是影响生物体内消化管对污染物吸收的重要因素之一。一般血流速度越快，小肠黏膜内外两侧的浓度差也就越大，污染物以被动扩散的方式通过小肠黏膜的速度也就越快，从而生物体对外源性物质的吸收速度也就越快。

胃肠液内 pH 值一般是小于 7.0 的，即呈酸性。小肠液的 pH 值约为 6.6，而胃液的 pH 值约为 2.0，可见小肠液的酸性明显低于胃液的酸性。大多数酸、碱性有机化学物质在不同的 pH 值条件下，它们的解离度也是不一样的。通常弱碱性有机污染物在小肠内主要是以未解离型存在，而在胃液中主要是以解离型存在。未解离型比解离型易于以被动扩散的方式通过黏膜，所以在小肠内的有机弱碱比在胃中吸收快。酸性有机污染物在小肠内主要是以解离型存在的，故难以被小肠吸收，但是因为小肠内的吸收面积和膜侧血流速度远远大于胃中的吸收面积和血流速度，所以无论是对弱酸性有机污染物还是对于弱碱性有机污染物来说，小肠都是消化管主要的吸收部位。

（2）经呼吸道吸收

与消化道不同，呼吸道是大气中的外源性化学物质进入机体的主要途径。呼吸道吸收即从鼻腔到肺泡的各个部位均可以吸收污染物，而且由于呼吸道各部位的结构不同，所以各个部位对污染物的吸收能力也就会有差异。一般对人体来说，呼吸道的深部即肺泡部位接触面积比较大，污染物经过此处时停留时间相对较长，所以肺泡吸收污染物的能力也就相对较强。人体中大约有三亿个肺泡，总面积大约是人体皮肤面积的 50 倍，而且肺泡外围布满了众多纵横交错的毛细血管，毛细血管与肺泡之间的壁膜极薄，非常有利于气态污染物的吸收，特别是一些挥发性气态物质如溶胶硫酸烟雾、苯等。肺泡是呼吸道中吸收污染物最多的部位，吸收速度也最快，仅次于静脉注射。

大气中的污染物经人体鼻腔吸入呼吸道，到达肺泡后以被动扩散的方式通过毛细血管膜从而进入血液循环系统之中。在呼吸道吸收大气污染物的整个过程中，存在很多的影响因素可以直接影响呼吸道的吸收速度，如肺泡和血液中物质的浓度（分压）差、血气分配系数、气体在血液中的溶解度、肺的通气量、血流速度和血流量等。

被动扩散是利用生物膜两侧的浓度差来转运大气污染物的扩散方式，生物膜两侧浓度差越大，大气污染物转运速度越快。肺泡内的大气污染物浓度与血液中物质浓度的浓度差越大，大气污染物越容易被吸收，但是随着肺泡内大气污染物吸收量逐渐增加，浓度差（分压差）逐渐变小，肺泡内大气污染物的吸收量减小。所以肺泡和血液中物质的浓度（分压）差对肺泡内的大气污染物的吸收有很大的影响。

血气分配系数是指气体在血液内的浓度（饱和浓度）与其在肺泡空气中的浓度之比。血气分配系数越高，肺泡内的大气污染物越容易被血液吸收。肺泡内的大气污染物种类不同，血气分配系数也就不同，比如氧气（O_2）、二氧化碳（CO_2）、乙醇等的血气分配系数比较高，它们相较于其他气体的吸收速度也就更快。

呼吸道是大气污染物进入人体的主要入口，人体吸入过量的污染物会导致肺部呼吸疾病。人体的呼吸道主要分为胸外、气管、肺泡三个区域，一般被人体吸入的 PM 会分布在人体哪个区域取决于 PM 颗粒物的直径大小。PM 直径大于 10μm 会沉积在胸外区；PM 直径大于 5μm 而小于 10μm，主要分布在气管和支气管区域；而 PM 直径小于 2.5μm 则会沉积到肺泡内。具体分布见表 5-2。美国环保局按照大气中 PM 的直径不同将 PM 分为四个等级，具体见表 5-3。

表 5-2　不同大小颗粒污染物在人体呼吸道的分布

不同大小粒径颗粒	分布位置
直径＞10μm 的颗粒	大部分沉积在上呼吸道
直径 5～10μm 的颗粒	大部分阻留在气管和支气管
直径 1～5μm 的颗粒	可以到达呼吸道肺部，部分到达肺泡
直径＜1μm 的颗粒	在肺泡内沉积

表 5-3 美国环保局（EPA）不同大小粒径 PM 规定标准

等级名称	颗粒尺寸
超大颗粒	d[①]>10μm
粗颗粒	2.5μm<d≤10μm
细颗粒	0.1μm<d≤2.5μm
极细颗粒	d≤0.1μm

①空气动力颗粒粒径。

对于进入呼吸道的颗粒物如肺泡内沉积的颗粒物，机体呼吸系统会对它们进行清除，最终：一些颗粒物被吸收进入血液系统；另一些随黏液由喉咙咳出；还有一些被人体免疫系统所带走，进入淋巴系统；剩下的颗粒物长期存留在肺泡内，危害人体健康，长期积累下来就会导致肺泡灰尘病或结节。

硅肺病是一种危害十分严重的尘肺病（肺尘埃沉着病），是人体长期或大量吸入含游离二氧化硅粉尘引起的，属于一种职业病。患者往往呼吸短促，胸口发闷或疼痛，咳嗽，体力减弱，常并发肺结核病。到目前为止，该病仍然没有找到完全治愈的办法，而且潜伏期比较长，所以死亡率很高。

(3) 经皮肤吸收

人体皮肤属于人体的免疫系统，包在身体表面，直接同外界环境接触，是人体抵抗外界污染物进入机体最有效的屏障。一般外源性化学物质不容易被皮肤吸收进入血液循环系统，但是也有不少污染物可以通过皮肤吸收进入机体从而对人体造成毒害。如来自环境中的某些农药接触人体皮肤后会被吸收进入血液循环系统，从而对人体造成毒害作用。

一般外源性污染物常以被动扩散的方式通过人体的皮肤表皮，然后再通过毛细血管壁膜进入血液之中。污染物的分子量影响其吸收率，通常分子量大于 300、水溶性差、脂溶性低的污染物不易通过皮肤，那么也就不易被皮肤吸收。相反，分子量小于 300、易溶于水、呈非极性的脂溶性污染物最容易进入皮肤，从而可以很快地被皮肤吸收。常见的易于被皮肤吸收的污染物有苯胺、酚、尼古丁等。

皮肤的构造和通透性随人体部位的不同会有很大的差异。一般来说，腹部和额部的皮肤对污染物的通透性和吸收性较好，而手掌和脚掌处的皮肤则对污染物的通透性和吸收性较差。皮肤组织结构如图 5-15 所示。

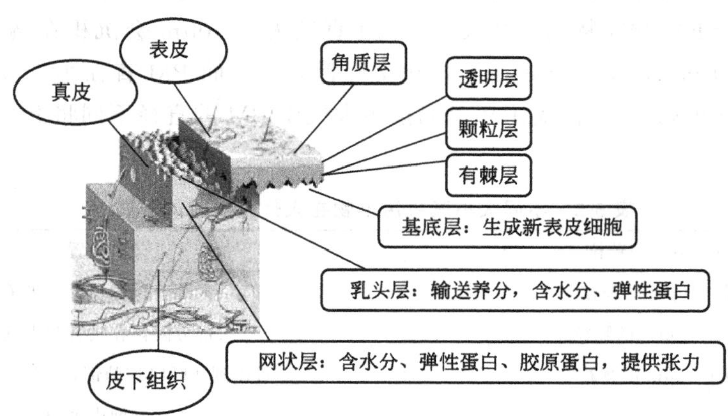

图 5-15 皮肤组织结构

皮肤的干燥程度对外源性污染物的吸收也有很大的影响，通常皮肤在潮湿时更有利于污染物的吸收，而在干裂时则有利于脂溶性物质的吸收。除此之外，一些其他的因素也会对污染物的吸收造成很大的影响，如血液和细胞间液体运动、污染物与皮肤表皮或真皮的相互作用等。皮肤吸收过程如图 5-16 所示。

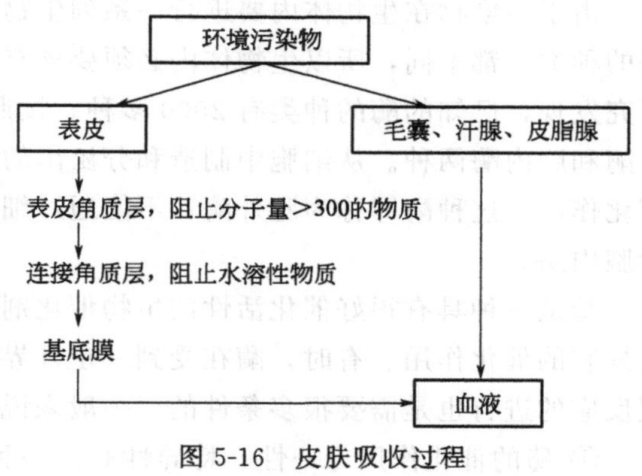

图 5-16　皮肤吸收过程

(4) 经其他途径吸收

除了以上所列的三种途径之外，还有一些污染物吸收的其他途径，如在毒理学实验中有时也采用腹腔注射、皮下注射、肌内注射和静脉注射而感染等，而且腹腔注射污染物的吸收速率较快。

5.2.3　污染物在生物体内的转化

污染物在生物体内经过一系列酶促反应转化为代谢物的过程称为生物转化。生物转化是机体对外源性污染物处理的重要环节，是机体维持稳态的重要机制。

(1) 外源性污染物的生物转化过程

环境中的外源性污染物通过各种吸收途径进入生物体后，在一系列酶的介入下发生一系列的化学变化后，生成许多分解产物即代谢物。整个生物过程一般可以分为两个阶段，即Ⅰ相反应阶段和Ⅱ相反应阶段。

① Ⅰ相反应阶段是指生物转化过程中的第一阶段，主要包括氧化反应、还原反应和水解反应。在Ⅰ相反应阶段中，外源性污染物的分子结构中将被引入一些极性官能团，如羟基（—OH）、羧基（—COOH）、氨基（$—NH_2$）等，借助这些引入的官能团，可以使外源性污染物易于进行下一步反应，并生成极性较强的亲水性化合物，从而易于将污染物及时排出体外。

② Ⅱ相反应阶段主要为结合反应，是任何污染物第二阶段都必须发生的化学反应，即外源性污染物经Ⅰ相反应所形成的中间代谢产物与某些内源性化学物质的中间代谢产物相互反应生成结合物的过程。这些可以与Ⅰ相产物结合的内源性化学物质的中间代谢产物主要包括葡萄糖醛酸、谷胱甘肽、氨基酸等。

一般外源性污染物的生物转化反应均是在各种酶的参与下发生的，所以称为酶促反应，而且这些酶促反应发生的场所主要是在生物体内的肝脏中，因此肝脏是机体内最重要的污染物代谢器官。另外，生物体中的其他器官组织如肺、肾、小肠、皮肤等也可以进行污染物的生物转化，对于降低污染物在体内的毒害作用以及维持机体内的稳态具有一定的意义。

(2) 参与生物转化的酶

污染物生物转化中的绝大多数反应是在酶的参与下进行的，所以说酶是污染物进行生物转化必不可少的条件。酶来源于细胞，是一种以蛋白质为主要成分的生物催化剂，其具有很好的催化活性。生物体进行新陈代谢中发生的所有化学反应几乎都离不开酶的参与。其中，酶催化反应中的主要反应物称为底物或基质，这种由酶介入的催化反应称为酶促反应。

由于污染物在生物体内要进行一系列生物转化反应，酶的专一性极高，参与每种反应的酶的种类大都不同，所以生物体内必须要求有足够数量不同种类的酶来催化生物转化反应。研究发现，已知的酶的种类有2000多种。按照酶促反应发生的场所不同，可以将酶分为胞外酶和胞内酶两种。从细胞中制造和分泌出的酶，一些可以通过细胞膜对细胞外的底物进行催化作用，这种酶即称为胞外酶；不能通过细胞膜，只能留在细胞内发挥催化作用的酶被称为胞内酶。

酶是一种具有很好催化活性的生物催化剂，但并不是在任何条件下酶都可以如此稳定地发挥它的催化作用。有时，酶在受到一定外界条件的影响下会变质而失去催化效能，所以酶促反应的进行也是需要很多条件的。一般来说，酶催化的特点可以归为以下几点：

① 酶的催化作用专一性、特异性高。一种酶只催化一种化合物、一种底物或一定的化学键结构，只促进一定的反应，只生成一定的代谢产物。如脲酶只能催化尿素，底物如果换成了与尿素结构非常相似的甲基尿素，那么脲酶对该反应就不会再有催化效能。类似的例子还有蛋白酶只能催化蛋白质水解，而对淀粉却一点作用也没有。

② 酶的催化效率极高。据一些文献报道，酶催化的化学反应速率是普通人造催化剂的$10^7 \sim 10^{13}$倍。如蔗糖酶催化蔗糖水解的速率是强酸催化速率的2×10^{12}倍。

③ 由于酶是以蛋白质为主要成分的物质，所以很多的外界因素对酶的活性有很大的影响。如在高温、强酸、强碱、剧烈振荡、紫外线照射等条件下，酶的蛋白质结构容易被破坏，从而使酶变质失去催化效能。因此，酶促反应的进行需要温和的外界条件，如常温、常压、适合的酸碱度等。

酶可以催化的反应类型有很多种，一般按照催化反应类型的不同，可以将酶分为六大类，即催化氧化还原反应的氧化还原酶、催化化学基团转移反应的转移酶、催化水解反应的水解酶、催化底物分子某些键非水解性断裂反应的裂解酶、催化异构反应的异构酶以及催化两种底物结合反应的合成酶。

酶还可以按照组成成分的不同分为单成分酶和双成分酶两大类。单成分酶是只含蛋白质的一种酶，如蛋白酶、脲酶等。双成分酶则是既含有蛋白质又含有其他非蛋白质成分的酶，其中的蛋白质成分被称为酶蛋白，非蛋白质成分称为辅基或辅酶。辅酶的主要成分是金属离子、含金属的有机化合物或小分子的复杂有机化合物。生物体内的辅酶有30多种，数量较少，且辅酶可以结合不同的酶蛋白，组成不同种类的双成分蛋白酶，催化多种底物。辅酶在酶促反应中起着传递氢、传递电子、传递原子或化学基团等作用，辅酶的类型决定着酶促反应的类型。辅酶和酶蛋白结合才能构成一个完整的整体，发挥出酶的催化活性，如果两者分离，各自单独存在时则均会失去它们的功能。

(3) 几种生物转化重要辅酶的功能

① 细胞色素酶系的辅酶。细胞色素酶系属于催化底物氧化的一类酶系，包括细胞色素b、c_1、c、a、a_3等几种。这几种细胞色素酶的主要成分是蛋白质和其他非蛋白物质。但它们的酶蛋白部分各不相同，辅酶都是铁卟啉，当这些酶参与到酶促反应中起催化作用时，辅酶中铁卟啉中的铁获得电子被还原成二价铁，随后在后续的反应中又失去电子被氧化为三价铁，在整个过程中扮演着传递电子的角色，如此不断往复循环进行着氧化还原反应。铁卟啉的结构式如图5-17所示。

② 辅酶Q。辅酶Q又称为泛醌，常简写为COQ，是一种常见的氧化还原辅酶，其主要

存在于生物体的线粒体中。在参与酶促反应时，辅酶 Q 的活性结构部分醌环发挥作用，主要是在酶与底物之间进行传递氢的作用。辅酶 Q 的结构式如图 5-18 所示。

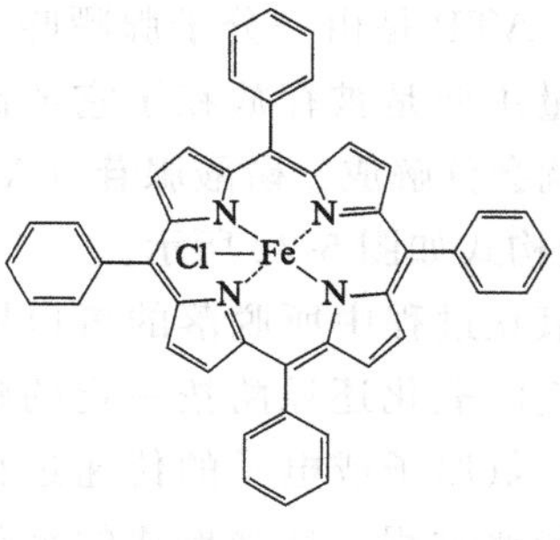

图 5-17　铁卟啉的结构式

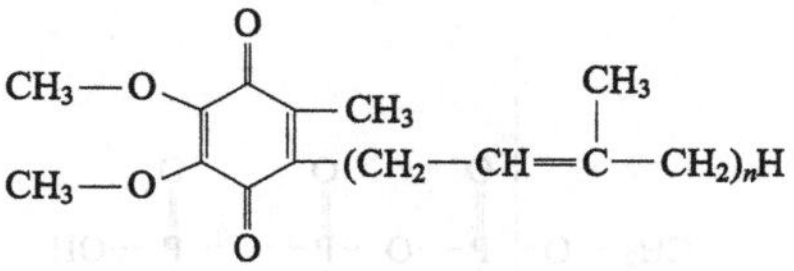

图 5-18　辅酶 Q 的结构式

③ 辅酶 A。与辅酶 Q 类似，辅酶 A（COA）也是一种广泛存在于生物体中的转移酶的辅酶。其参与酶促反应时，主要是在反应中起到传递酰基的作用。辅酶 A 的结构式如图 5-19 所示。

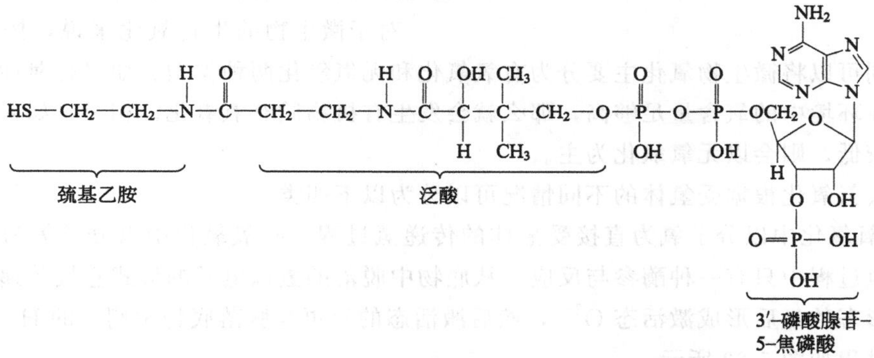

图 5-19　辅酶 A 的结构式

④ 黄素单核苷酸（FMN）和黄素腺嘌呤二核苷酸（FAD）。FMN 和 FAD 都是生物体内重要的氧化还原酶的辅酶，类似于辅酶 Q，其在酶促反应中起着传递氢的作用。FMN 和 FAD 都属于核黄素的衍生物，结构中有活泼的碳碳双键和碳氧双键，因此可以进行氧化和还原反应。FMN 和 FAD 的结构式如图 5-20 和图 5-21 所示。

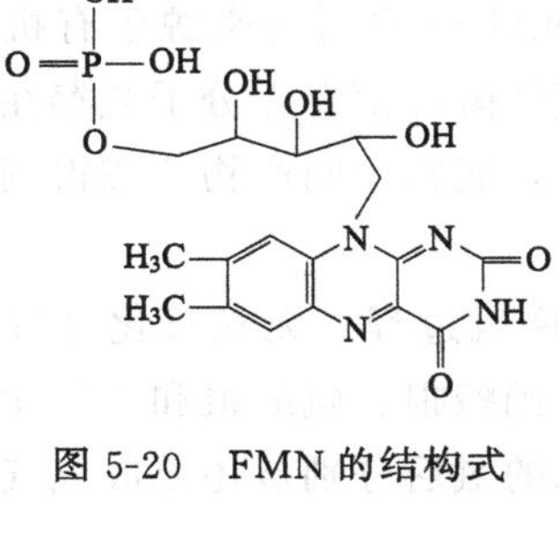

图 5-20　FMN 的结构式

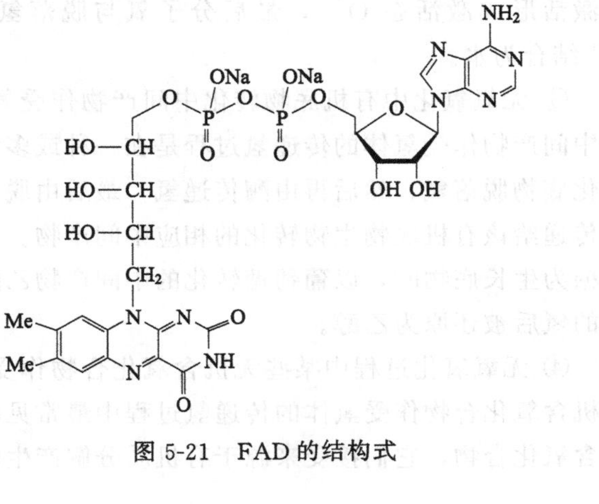

图 5-21　FAD 的结构式

(4) 生物氧化中的氢传递过程

生物氧化是指有机物质在生物体内被细胞氧化分解为二氧化碳和水，氧化过程释放的能量被暂时存放在合成的三磷酸腺苷（ATP）中的过程。ATP是由一分子腺嘌呤、一分子核糖和三个相连的磷酸基团构成的，氧化过程释放的能量主要是被存放在了它的高能磷酸键中。当机体中发生吸能反应，需要能量供应时，ATP就会分解成二磷酸腺苷（ADP），断开高能磷酸键，释放出能量供机体使用。三磷酸腺苷的结构式如图5-22所示。

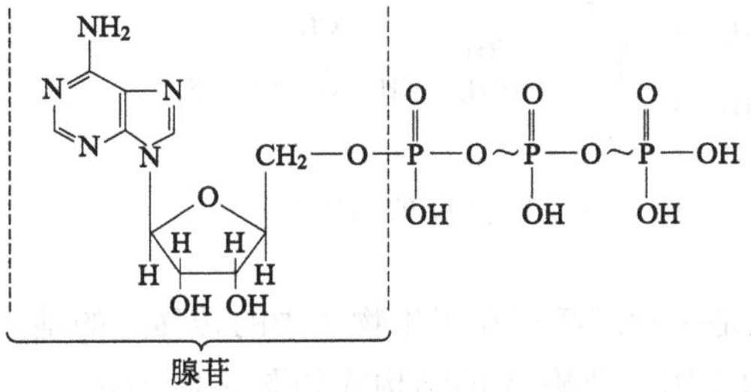

图5-22　三磷酸腺苷的结构式

生物氧化过程中所脱落的氢以原子或电子形式由相应的氧化还原酶按一定的顺序传递至受体。这一氢原子或电子的传递过程称为氢传递或电子传递过程，这种形式的氧化称为去氢氧化，大部分的生物氧化多为这种形式的氧化。去氢氧化过程中接收氢或电子的受体称为受氢体或电子受体。按照受氢体的不同可以将去氢氧化分为有氧氧化和无氧氧化两种。

对于微生物的生物氧化来说，按照微生物的类型不同可以将微生物氧化主要分为有氧氧化和无氧氧化两种类型。如果是兼性厌氧微生物，且所在环境中的氧含量足够高，那么就会发生有机物质有氧氧化；相反，如果环境中的氧含量比较低，则会以无氧氧化为主。

生物去氢氧化根据受氢体的不同情况可以分为以下四类：

① 有氧氧化中以分子氧为直接受氢体的传递氢过程。有氧氧化中以分子氧为直接受氢体的传递氢过程中只有一种酶参与反应。从底物中脱落的氢以电子的形式直接传递给氧，氧得到电子形态的氢后形成激活态O^{2-}，然后激活态的氢再与脱落底物中剩下的H^+化合形成水。具体过程如图5-23所示。

② 有氧氧化中以分子氧为间接受氢体的传递氢过程。有氧氧化中以分子氧为间接受氢体的传递氢过程中是由多种酶参与发挥作用的。氢传递过程中，首先由第一种酶催化底物脱落氢，然后再由其余的酶按顺序传递，一直传递到最后，把氢以电子的形式传给细胞内的分子氧，分子氧被激活形成激活态O^{2-}，最后分子氧与脱落氢中剩下的H^+结合为水。

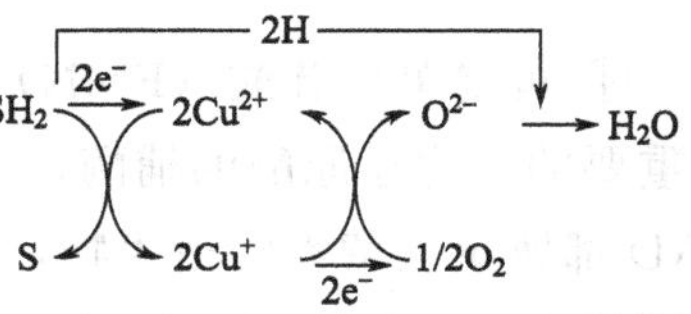

图5-23　分子氧作为直接受氢体的氢传递过程

③ 无氧氧化中有机底物转化中间产物作受氢体的传递氢过程。无氧氧化中有机底物转化中间产物作受氢体的传递氢过程是在一种或多种酶参与下进行的。氢传递过程中，首先酶催化底物脱落氢，然后再由酶传递氢，最后由脱氢酶辅酶NADH将所有来源于有机底物的氢传递给该有机底物生物转化的相应中间产物。如兼性厌氧的酵母菌在无分子氧存在下以葡萄糖为生长底物时，以葡萄糖转化的中间产物乙醛作为受体，底物中间产物乙醛得到电子形式的氢后被还原为乙醇。

④ 无氧氧化过程中某些无机含氧化合物作受氢体的传递氢过程。无氧氧化过程中某些无机含氧化合物作受氢体的传递氢过程中最常见的受氢体是硝酸根、硫酸根和二氧化碳等无机含氧化合物，它们接受来源于有机质分解产生的电子形式的氢后分别被还原成氮气、硫化

氢和甲烷。

（5）外源性污染物生物转化类型

从环境中通过各种吸收途径进入生物机体内的有毒有机污染物，在经过一系列的酶促反应后被生物转化为各种代谢物质排出体外。人体中可以对外源性污染物进行生物转化的部位有很多，其中最主要的代谢污染物的部位是肝脏，肝脏可以转化代谢体内绝大多数的外源性污染物，对维持机体内的稳定发挥着重要的作用。另外，生物体内的其他器官，如肾、肺、小肠、血浆等中也含有很多酶，可以对很多有机毒物有一定的生物转化功能。生物体通过对外源性污染物的生物转化，可以减轻大多数污染物对人体的毒害作用，同时还会使体内有机污染物的水溶性和极性增加，从而更加有利于它们被排出生物体内。

生物体内有机污染物的转化途径虽然多种多样，但是所有转化反应类型却只有四类，分别是氧化反应、还原反应、水解反应和结合反应。前三种反应主要发生在生物转化的第一阶段，主要是在外源性污染物的分子结构中引入一些极性官能团，使之能与机体内某些内源性物质发生结合反应，转化为水溶性更高的结合物，从而使污染物更容易排出体外。结合反应是生物转化第二阶段必不可少的反应，主要是将第一阶段生成的产物与某些内源性化学物质的中间代谢产物相互反应生成结合物。以下将具体阐述四个主要的生物转化反应。

（1）氧化反应类型

① 混合功能氧化酶系催化的氧化反应。混合功能氧化酶（microsomal mixed function oxidase，MFO）又称单加氧酶，是一种广泛分布于生物体内的氧化类酶，在人体内呈不均匀分布，但大多数存在于肝脏细胞内质网膜上的微粒体中。相对于其他的酶来说，这种酶的特异性非常低，因此几乎可以催化氧化进入体内的大多数外源性污染物。

混合功能氧化酶基本的催化氧化反应机理是需要细胞中氧分子的参与，氧分子中的一个氧原子用于和催化底物结合，另一个氧原子则会去和氢原子结合生成水。以细胞色素P450酶为例，它属于混合功能氧化酶的组成成分之一，其主要的催化活性部分是铁卟啉的铁原子，铁原子的价态主要是二价和三价，且在二价和三价之间不断地转换。P450酶的具体催化氧化机制可以分为以下七步：

a. 首先，氧化性细胞色素P450的催化活性部位（Fe^{3+}）与底物（RH）结合形成复合物（$Fe^{3+}RH$）。

b. 第一步结合形成的复合物（$Fe^{3+}RH$）在细胞色素P450还原酶-NADPH的作用下，通过NADPH提供一个电子将其还原，还原反应得到的产物称为底物-还原型P450结合物（$Fe^{2+}RH$）。

c. 第二步反应得到的底物-还原型P450结合物（$Fe^{2+}RH$）和一个氧分子结合形成含氧复合物（Fe^{2+}-O_2RH）。

d. 然后第三步得到的含氧复合物（Fe^{2+}-O_2RH）接受还原型辅酶NADPH传来的第二个电子，使结合的氧被还原为阴离子形式，然后再结合一个H^+转变为水及含氧底物（Fe^{2+}-O_2RH）。

e. 上一步得到的含氧复合物再结合第二个H^+，裂解形成水和FeO^{3+}-RH复合物。

f. FeO^{3+}-RH复合物将氧原子转移到底物上，生成产物（ROH）。

g. 释放产物（ROH），此时三体结合物P450(Fe^{2+})又恢复为P450(Fe^{3+})，继续下一轮催化底物的氧化。

混合功能氧化酶可以催化氧化的反应类型很多，主要包括脂肪族和芳香族的氧化反应、双键的环氧化反应、脱烷基反应、杂原子氧化等。

② 脂肪族氧化反应。脂肪族化合物的氧化一般是在碳链右侧的第一个或第二个碳原子上加羟基氧化。如丁烷、戊烷和己烷等直链烷烃的氧化，其氧化产物为相应的醇类，如正己烷的氧化。

③ 芳香族的氧化反应。芳香族化合物芳香环上的氢被氧化成羟基，形成酚类，如苯被氧化成苯酚、萘被氧化成萘酚等。萘氧化过程如图 5-24 所示。

④ 环氧化反应。在微粒体混合功能氧化酶的催化下，一个氧原子在外源性污染物的两个相邻碳原子之间搭成一桥式结构，形成环氧化物。环氧化是大多数外源性污染物在生物体内代谢转化的主要途径，但生成的环氧化物大多数不稳定，容易继续分解，如外源性污染物苯并芘的氧化。

⑤ 脱烷基反应。

a. N-脱烷基反应：反应中将由 N 上脱去一个或两个烷基，如烟碱脱去甲基形成甲烟碱，如图 5-25 所示。

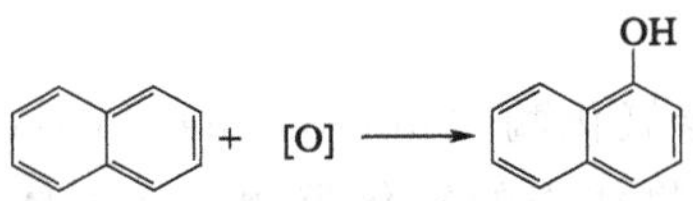

$$\text{萘} + [O] \longrightarrow \text{1-萘酚(OH)}$$

图 5-24　萘氧化过程

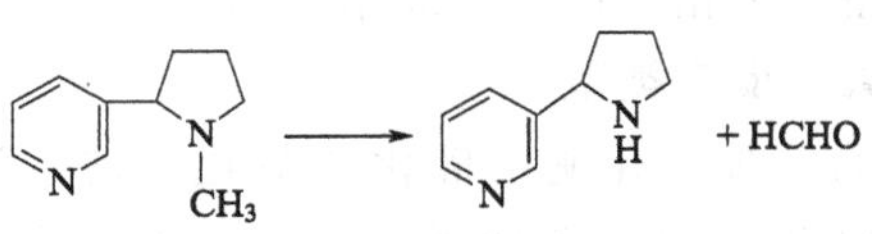

$$\text{烟碱(N-}CH_3\text{)} \longrightarrow \text{(N-H)} + HCHO$$

图 5-25　烟碱脱甲基过程

b. O-脱烷基反应：反应中将由 O 上脱去一个或两个烷基，如一些有机磷农药可在 O-脱烷基反应中分别脱去一个乙基或一个甲基，如图 5-26 所示。

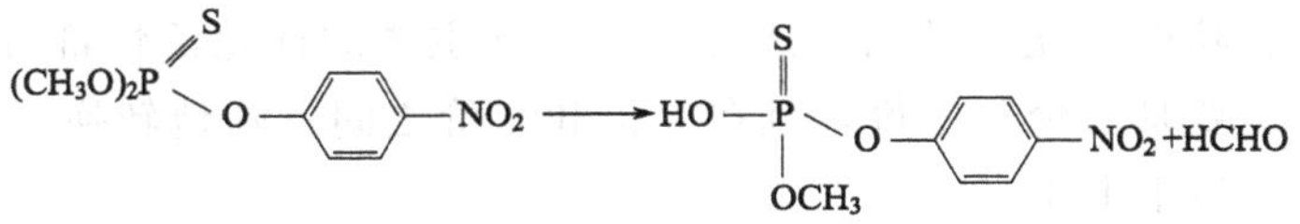

$$(CH_3O)_2P(=S)-O-C_6H_4-NO_2 \longrightarrow HO-P(=S)(OCH_3)-O-C_6H_4-NO_2 + HCHO$$

图 5-26　甲基对硫磷 O-脱甲基反应

c. S-脱烷基反应：反应中将由 S 上脱去一个或两个烷基，如药物甲巯嘌呤在反应中脱去 S 上的甲基，形成含巯基的代谢产物和甲醛（图 5-27）。

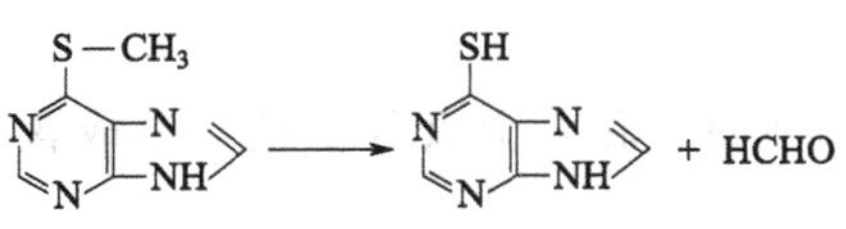

$$\text{(S}-CH_3\text{)} \longrightarrow \text{(SH)} + HCHO$$

图 5-27　药物甲巯嘌呤脱甲基过程

⑥ 杂原子（S-、N-）氧化。

a. S-氧化反应：一般硫醚类化合物常发生此类反应，代谢产物为亚砜或砜。如含有硫醚键（—C—S—C—）的有机磷化学毒物，在混合功能氧化酶的催化下进行 S-氧化反应，转化代谢为亚砜或砜，且氧化产物的毒性大大增强。反应过程如图 5-28 所示。

$$R-S-R' \xrightarrow{[O]} R-SO-R' \xrightarrow{[O]} R-SO_2-R'$$

图 5-28　S-氧化反应

b. N-氧化反应：一般指化合物的氨基（$—NH_2$）上的一个氢与氧结合的反应。如苯胺经过 N-氧化反应可以形成 *N*-羟基苯胺，形成的苯基羟胺的毒性与苯胺相比更高，可使血红蛋白氧化为高铁血红蛋白。反应过程如图 5-29 所示。

(2) 还原反应类型

① 硝基还原。一般是指硝基基团在催化硝基化合物还原的酶类的作用下被还原为相应的胺类。如硝基苯，在还原过程中先生成亚硝基苯，再转化为苯羟胺，最后被还原为苯胺，如图 5-30 所示。硝基还原反应中常用的酶主要是微粒体 NADPH（还原型辅酶Ⅱ）依赖性硝基还原酶、胞液硝基还原酶、肠菌丛细菌的 NADPH 硝基还原酶等。

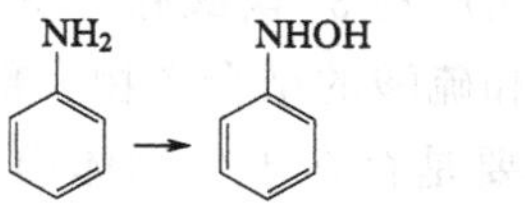

图 5-29 苯胺的 N-氧化反应

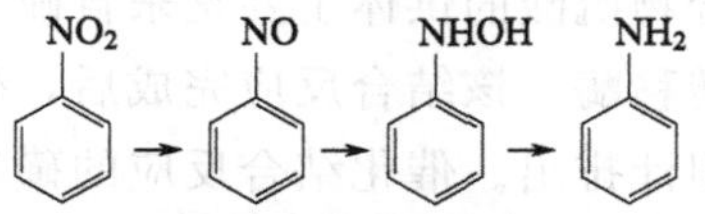

图 5-30 硝基苯的硝基还原过程

② 偶氮还原。通过偶氮还原酶能使偶氮化合物被还原成两分子的胺。脂溶性的偶氮化合物主要是在肝脏的微粒体以及肠道中被还原，而水溶性的偶氮化合物主要是在肠道中被肠道菌还原（图 5-31）。

③ 羰基还原。羰基还原主要是酮类和醛类化合物发生的还原反应，在醇脱氢酶的参与下被还原为伯醇和仲醇。如乙醛在醇脱氢酶催化下被还原为乙醇。

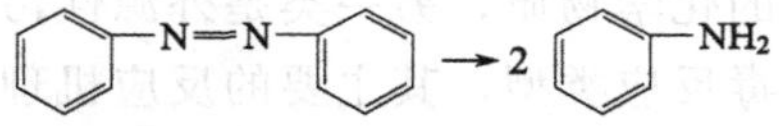

图 5-31 偶氮还原过程

(3) 水解反应类型

外源性污染物的水解反应是在水解酶的催化下，通过与水反应而发生的分解反应。参与水解反应的水解酶主要是酯酶、酰胺酶、肽酶和环氧水化酶等。根据污染物发生的水解反应机理不同以及反应中参与酶的种类不同，水解反应可以分为以下几种类型：

① 酯酶参与的酯类水解反应。这类反应指酯类化学物质在酯酶的催化下被分解为对应的醇和酸。如乙酸乙酯发生水解反应生成乙醇和乙酸：

$$CH_3COOC_2H_5 + H_2O \longrightarrow CH_3COOH + C_2H_5OH$$

② 酰胺酶参与的酰胺类水解反应。酰胺酶是一种特异性很高的酶，可以特异性催化酰胺类物质的水解。一般水解产物是酸和胺。如有机磷农药乐果在酰胺酶的作用下被水解为乐果酸和甲胺。

③ 肽酶参与的肽类水解反应。肽酶主要参与大分子蛋白质的水解，可以分解肽链或肽类物质。肽酶的种类有很多种，主要分布在血液和组织中。

④ 环氧水化酶参与的环氧化物水解反应。环氧化酶主要是催化环氧化物的水解，如苯并芘代谢过程中环氧化物的水化过程。

(4) 结合反应类型

结合反应是外源性污染物被人体吸收后，参与第Ⅰ相中的水解反应或氧化还原反应，结构上已经引进了一些羟基、羧基、氨基等极性基团之后，与某些内源性物质或基团进一步结合的反应。无论外源性污染物是否进行第Ⅰ相中的三类反应，进入第二个阶段后必须要发生结合反应，然后再通过生物体内的排泄途径排出体外。因此，结合反应也被称为第Ⅱ相反应。一般按照外源性污染物在结合反应中结合的内源性化学物质的不同，可以将结合反应分为以下几类。

① 葡萄糖醛酸结合反应。葡萄糖醛酸结合反应是第Ⅱ相反应中最普遍且最常见的一类结合反应，也是代谢过程中最重要的一种结合反应。该反应主要是在肝脏细胞的微粒体中进行。葡萄糖醛酸的供体主要是来自胞液的尿苷二磷酸葡萄糖醛酸，葡萄糖醛酸和外源性底物的羟基、氨基、羧基等极性基团在葡萄糖醛酸基转移酶的催化下发生结合反应。结合产物是易溶的β-葡萄糖醛酸苷，然后再通过尿液和胆汁排出体外。

② 硫酸结合反应。硫酸结合反应是指外源性污染物中的醇类、酚类、胺类化合物及其代谢产物与内源性物质硫酸在磺基转移酶的催化作用下发生酯化反应，结合生成硫酸酯的过程。内源性结合物硫酸的供体主要是来自硫氨基酸的代谢产物3′-磷酸腺苷-5′-磷酸硫酸，催化酶是硫酸基转移酶。该结合反应完成后，外源性物质和硫酸的结合产物大部分通过尿液排出，少部分经胆汁排出。催化结合反应的磺基转移酶主要是存在于生物体内肝脏、肾、肠、肺等组织的细胞液中。与葡萄糖醛酸结合反应相比，3′-磷酸腺苷-5′-磷酸硫酸与外源性物质的结合能力更强，但是由于3′-磷酸腺苷-5′-磷酸硫酸的前体——游离半胱氨酸的数量有限，3′-磷酸腺苷-5′-磷酸硫酸在细胞液中的生理浓度较低（仅为葡萄糖醛酸的1/5），因此3′-磷酸腺苷-5′-磷酸硫酸的结合数量有限，结合容量低。

③ 氨基酸结合反应。外源性化学物质中有两类物质可以和氨基酸结合，一类是含有羧基的化学物质，另一类是外源性污染物中的芳香羟胺类物质。羧酸物质和氨基酸的结合属于解毒反应类型，其主要的反应机理是肽式反应。如苯甲酸在乙酰辅酶的参与下与甘氨酸结合生成马尿酸。

另一种芳香羟胺类物质与氨基酸的结合反应属于活化反应，反应机理是酯化反应。如芳香羟胺与氨基酸的羧基发生反应，生成酯类化合物质。

④ 甲基结合反应。甲基化反应是指发生在内源性甲基物质与外源性污染物金属元素之间的结合反应，主要是在生物的作用下，转化为带有甲基的有机金属化合物的过程。外源性金属元素物质通过甲基化后更容易挥发，脂溶性增加，致使进入体内的金属污染物在体内积累，不易被排出，对人体的毒害作用加强。如常见的汞、铅、铬等重金属元素都可以与内源性甲基物质结合而积累在体内。

甲基化反应不是外源性化学物质在体内发生的主要结合反应，其供体主要是来自S-腺嘌呤蛋氨酸。另外，按照外源性化学物质与甲基的结合部位不同可以分为N-、S-、O-三种甲基化结合方式，结合后的产物水溶性一般都会降低，但是对生物体的毒性效能却会减弱，即起到了一定的解毒效果。

⑤ 乙酰基结合反应。乙酰基的供体是乙酰辅酶，在乙酰转移酶的催化下，乙酰基与含伯胺、羟胺等的外源性化学物质结合，生成结合产物排到体外。

⑥ 谷胱甘肽结合反应。谷胱甘肽转移酶是一种存在于肝脏、肾细胞的微粒体和细胞液中的可诱导酶。其在细胞中的含量很高，最高可以占到细胞总蛋白的10%。一般，外源性化学物质中的环氧化物、卤代芳香烃类化合物以及有毒重金属都可以在谷胱甘肽转移酶的催化作用下与谷胱甘肽结合。结合反应的产物毒性与原物质相比大大减弱，即该反应对外源性有毒污染物也起到了解毒的效果，同时结合产物的极性和水溶性也得到了增强。最后通过人体的排泄作用，结合产物经胆汁排到体外。

5.2.4 影响污染物在生物体内转运和转化的因素

（1）影响消化道吸收的因素

① 肠胃道内 pH 值、解离度和脂溶性。

② 肠胃道内污染物质的种类和数量、排空时间及蠕动状态。

③ 溶解度和分散度。

④ 消化道中的多种酶类和菌丛，可使某些污染物转化为新的代谢物质，减轻其毒性。

（2）影响皮肤吸收的因素

① 外源性污染物的分子量大小。

② 脂水分配系数接近 1.0 的容易被表皮途径吸收。

③ 种属差异。不同的动物种类，其吸收速率也不同。如老鼠和兔子的皮肤通透性好，猪和猴的皮肤通透性与人相近。

④ 外部环境、皮肤的温度和湿度。

⑤ 角质层厚度和完整性、血液流量等。

⑥ 汞等一些金属及化合物，可以经过毛囊、皮脂腺和汗腺直接进入血液。

（3）影响肺泡对气态污染物吸收的因素

① 肺泡内外分压差和污染物血/气分配系数。

② 血液中溶解度和分子量，特别是与两者的比值有关。

③ 肺的通气量和血流量。

（4）影响污染物过膜转运的因素

① 生物膜两侧的浓度梯度差。一般对于简单扩散来说，膜两侧的浓度差越大，污染物过膜的速率越快。同理，膜两侧的浓度差越小，越不利于污染物的过膜转运。对于主动转运和易化扩散来说，它们通过生物膜必须要借助膜上的载体或运载系统来完成。而且主动转运为逆浓度差进行跨膜运输，还必须消耗一定的代谢能量。因此，影响特殊转运的因素主要是膜上的载体数量、种类以及载体自身的容量，膜两侧的化学物质浓度差，代谢产生的能量和污染物质的结构等。

② 污染物的脂水分配系数。一般来说，化学物质的脂水分配系数越大，越容易通过生物膜，反之亦然。如葡萄糖、氨基酸、钠和钾离子属于水溶性化合物，它们的脂水分配系数过低，所以不易通过简单扩散进入细胞。

③ 污染物的解离度和体液的 pH 值。大量的污染物在体液中解离度高时，体液中的离子态也就较多。由于离子态的物质脂溶性较低，不易通过生物膜，所以污染物在体液中解离度较高时很难通过生物膜。另外，体液的酸碱性可以影响污染物在体内的解离度，从而间接地控制着污染物的过膜速率。当体液中 H^+ 较多时，抑制了弱酸性污染物的解离度，弱酸性物质的非离子态增加，脂溶性高，可以较容易地简单扩散通过生物膜。相反，弱碱类污染物在 pH 值较低的体液环境中的解离得到了促进，离子态数量增加，脂溶性低，很难通过生物膜。体液 pH 值较高时，则情况完全相反。

（5）影响污染物在生物体内转化过程中的因素

① 环境因素：昼夜和季节变化、天气因素，如温度、湿度等。

② 内部因素：有毒污染物质对催化酶的诱导以及抑制等。

③ 生理因素：生物体的年龄、性别、营养状况、肝肾功能等。

④ 遗传因素：物种差异、群体或个体差异等。

5.3 污染物在生物体内的累积-放大

5.3.1 生物富集与生物积累

生物富集又称生物浓缩，是指有机体仅通过呼吸和皮肤表面从周围环境吸收化学物质的过程，且饮食过程中的化学物质的吸收不被包括在内，即是指生物通过非吞食方式，从周围环境（大气、土壤、水）中吸收某种元素或不易降解的化合物，不断积累在体内，使在生物体内该元素（或化合物）超过周围环境中浓度的现象。它是呼吸表面化学吸收率和化学消除（包括呼吸交换、粪便调节、母体化合物的代谢转化和生长稀释）相互竞争的净结果。生物富集程度的大小常用生物浓缩系数或生物富集因子表示，即：

$$\mathrm{BCF}=C_b/C_e \tag{5-1}$$

式中，BCF 为生物浓缩系数；C_b 为达到平衡时，某种元素或难降解污染物质在生物体内的浓度；C_e 为达到平衡时，某种元素或难降解的污染物质在生物体外环境中的浓度。

生物富集因子（BCF）是一个表示外源性污染物质在生物体内富集程度大小的重要指标。它的数值大小不固定，最小可以小到个位数，最大可以达到万位级以上。BCF 值的大小只能在受控的实验室条件下测量，而且从食物中吸收的化学物质不计算在内。

通常用溶剂萃取法测量的水相中总的化学物质浓度（C_{WT}）由两部分组成，分别是水中自由溶解的化学物质浓度（C_{WD}）和吸附在水中微粒或有机物上的化学物质的浓度。基本的理论知识告诉我们，只有水中自由溶解的物质才可以透过生物膜，也就是说这部分化学物质可以被生物体所吸收，而在水中以结合态存在的化学物质则不能透过生物膜，因此也不能被有机体所吸收。我们把在水相中实际可以被有机体所吸收的那部分化学物质所占的比例用 ϕ 表示，$\phi=C_{WD}/C_{WT}$。实际情况中另一个应用较为广泛的系数是生物富集终点（BCF_{fd}），它与水中有机物的存在无关，用水相中自由溶解的化学浓度表示为 $\mathrm{BCF}_{fd}=C_B/C_{WD}$，$C_B$ 为有机体内化学物质的浓度。目前，精确测量水中自由溶解的化学物质的浓度仍然是一个技术上的难题。

一般来说，影响生物富集因子大小的因素主要是污染物质本身理化性质及结构特征与所在环境中的条件，具体可分为以下几个方面。

① 污染物本身理化性质方面的因素主要有水溶性、降解性、脂溶性。通常脂溶性越高、降解性越小、水溶性越低的污染物，其生物富集因子就越高。

② 生物体结构特征方面的影响因素主要是不同的生物类型、生物体的性别及年龄、个体发育大小及程度、生物体不同部位的器官。

③ 生物体所处环境条件方面的影响因素有温度、盐度、水硬度、pH 值、氧含量和光照状况等。如翻车鱼对多氯联苯的生物浓缩系数受鱼所处的水温的影响，水温越高，富集因子越大。

通常情况下，生物富集因子比较大的一些物质是重金属元素、大部分的氯化烃类、稠环、杂环等有机化合物。除此之外，有研究发现，不同种类的生物对同一种污染物的生物富集因子存在显著差异，同一种生物对不同种类的污染物富集程度也不同。如虹鳟鱼对 2,2′,4,4′-四氯联苯的富集因子是 12400，而对四氯化碳的富集因子仅为 17.7，差距非常大。

生物积累是指生物体通过接触、呼吸和吞咽等所有可能的途径，从周围环境中吸收某种元素或难降解的化合物，不断积累在体内，致使该物质在生物体内的浓度超过周围环境中浓度的现象。生物积累是有机体通过呼吸表面和饮食吸收化学物质的过程与有机体进行化学消除过程（包括呼吸交换、粪便调节、母体化合物的代谢转化和生长稀释）相互竞争的净结果。与生物富集一样，生物积累的程度大小用生物积累因子（BAF）表示，计算公式与生物富集因子的公式相同。有机化学物质的生物浓缩和生物积累能力常用正辛醇-水分配系数（K_{ow}）来表示。K_{ow} 代表着一种化学物质的亲脂性和疏水性以及它在水相和有机相之间的热力学分布。一般认为 K_{ow} 和溶解度（C_s）是呈负相关的，并且对于疏水性很强的化学物质，其 K_{ow} 的测量和估计值的不确定度通常会增加。

5.3.2 生物放大

生物放大是指在同一条食物链上的生物之间，由于高营养级生物不断吞食低营养级生物而造成某些元素或难降解的物质在高营养级生物体内不断积累，最终致使高营养级生物体内该元素或难降解物质的浓度超过生物体与周围环境平衡时所应有的浓度的现象。

与生物富集的生物富集因子类似，生物放大也有一个专门的表征系数——生物放大因子（BMF）。

$$BMF=C_B/C_D \tag{5-2}$$

式中，BMF 为生物放大因子；C_B 为有机体内化学污染物质的浓度；C_D 为处于稳定状态的饮食中的浓度。

生物放大因子是指在一个特定的营养级水平的生物体内积累的污染物的浓度与低于该营养级水平的生物体内污染物积累浓度的比值。该值越大，表明该条食物链上生物放大的程度越高。污染物生物放大作用既可以在野外条件下测定，也可以在实验室的条件下测定。而且浓度值也可以用湿重或干重来表示，如 BMF_{WW} 和 BMF_{DW}。但是因为比值的形式可以更加直接地反映出生物富集的程度大小，所以 BMF 优先采用比值的形式表达。

生物放大的最终受害者是处于食物链顶端的最高营养级，一般高营养级生物体内的污染物积累浓度均会超过周围环境中的浓度，而且这种生物放大现象最高可以达到上万倍之多。如 20 世纪有人报道过，美国图尔湖和克拉斯南部自然保护区内生物群落受到了农药 DDT 的污染，位于食物链顶端的水鸟体内的 DDT 浓度比周围湖水中的 DDT 浓度高出了上万倍之多。

进入环境中的污染物即使是十分微量的，但是通过食物链逐级传递，不断放大，最终对处于食物链顶端的高营养级生物的危害也将是巨大的。由于生物放大受到环境中各种因素的影响，所以生物放大并不一定会在所有的条件下都发生，一些污染物只能沿着食物链传递，并不会放大。有些污染物则不能沿着生物链传递，所以更不会产生生物放大。

生物富集、生物积累和生物放大三者之间既有联系又有区别，三者的区别在于：生物放大一般用来描述具有食物链关系的生物体内污染物的积累程度，而生物富集和生物积累通常是用来解释不存在生物链关系的生物体内的污染物积累程度。无论是生物富集还是生物放大均属于生物积累，只是适用的范围不同而已。通过对三者之间关系的研究，可以从不同的侧面探讨环境中污染物质的迁移、积累，以及利用生物积累、富集、放大为环境中污染物的监测和净化提供科学的指导和预测，对评价污染物对环境的生态毒害和人体的健康威胁具有十分重要的意义。

5.4 生物对污染物在环境行为中的影响

生物污染（biological pollution）是指一些有害的微生物、寄生虫等病原体以及微生物的有毒代谢物污染环境（土壤、水、大气等）和影响生物产量、质量，对生物体的健康造成危害的污染。常见的生物污染有以下几类。

5.4.1 环境中的病原微生物

病原微生物（pathogenic microorganism）是指可以通过环境介质能使生物体致病的微生物。一般情况下，微生物主要是通过环境介质（水、土壤、空气）来感染生物体，从而侵入生物机体内使其致病。常见的微生物病原体有沙门氏菌、霍乱弧菌、肠道病毒、甲型肝炎病毒等。

(1) 水体的富营养化

水体富营养化（eutrophication）是指湖泊、水库、缓慢流动的河流以及某些近海水体中的氮、磷等营养物质过量而引起的水中藻类等大型浮游生物旺盛繁殖、大量生长，出现水质恶化、水中溶解性氧耗竭、透明度降低、水中生物大量死亡等情况，进而破坏水体生态平衡的现象。

水体富营养化在自然条件下是一个非常缓慢的自然过程，一般要经过很长时间的演变才能形成。但是水体的富营养化过程如果受到了人为干预，即水体生态平衡被打破，那么水体的富营养化过程所需要的时间就会被大大缩短，从而在短期内引起水体的富营养化。如生活污水和工业废水中都含有大量的 N、P 等其他营养元素，废水被排放到水体中后，水体中的 N、P 等营养物的含量增加。水中的绿色植物得到充足的营养供给后，生长繁殖加快，尤其是一些生长周期比较短的藻类植物的数量猛增，很快就会布满整个河流湖泊区域。随着水体富营养化程度的加重，水体中藻类的数量会猛增，但水生植物的种类却逐渐下降，最后发展为以绿藻和硅藻或蓝藻为主的植物布满整个水域。同时，水中的溶解氧会下降，致使水中的鱼类大量死亡，死亡的水生生物被好氧或厌氧微生物分解，分解出来的营养物质再次被释放到水体中，继续被水中的生物吸收利用，一直进行恶性循环。水体一旦形成富营养化状态，那么在短时间内很难得到净化和恢复。

(2) 微生物代谢产物产生的污染

环境中的病原微生物不仅其本身可以造成生物污染，而且它们代谢的产物也会给环境生物带来危害。常见的微生物代谢产物有以下几种。

① 硫化氢：主要是反硫化细菌还原硫酸盐或异养微生物分解有机硫化物时产生的。当产生的硫化氢浓度较低时，扩散到空气中就会产生难闻的气味，但是当反硫化细菌产生的代谢产物硫化氢浓度较高时，被人体吸收后会引发急性中毒。

② 酸性矿水：是指含硫矿山在开采过程中，所含的硫及硫化物被化学氧化和耐酸微生物氧化成硫酸而产生的酸性水。这种酸性矿水随雨水径流或渗透至地下，可以危害自然生物

群落，毒害鱼类，影响人们的健康。这也是矿区的一个严重的污染问题。

③ 硝酸和亚硝酸：亚硝酸盐在人体内可同蛋白质代谢产物胺类发生反应生成致癌物。

④ 微生物毒素：是指微生物在其生长、代谢过程中产生的毒素，可以污染食品和环境，危害人类健康，如黄曲霉素、葡萄球菌肠毒素、藻类毒素等。

5.4.2　金属的生物转化

重金属进入环境中后主要通过微生物的作用进行生物的转化。微生物通过改变重金属离子的活动性来影响金属离子的生物有效性。重金属离子在微生物的作用下，一般通过氧化还原作用、甲基化作用和脱羟作用来进行生物转化，代谢产物再以排泄的方式被排到体外。

(1) 金属的毒性

金属元素是人们平时在工作和生活中接触得比较多的一类物质。一般金属元素铬、汞、铅被公认是对人体毒性最强的重金属元素。但实际上，许多平时我们经常接触却不加重视的金属元素对人体的危害也是不容忽略的。如金属铝是人们生活中应用最为广泛的一种金属元素，据报道，从事铝加工的人群中患老年痴呆的发病率是其他职业的 29 倍。

金属元素的毒性作用与金属的浓度以及存在状态息息相关。如金属元素六价铬的毒性比三价铬的毒性要高；甲基汞的毒性比其他汞化合物的毒性大很多；有机锡的毒性超过了无机锡等。

(2) 金属元素的生物甲基化

金属元素的生物甲基化是指金属元素在生物酶的催化作用下，通过结合反应生成带有甲基的有机金属化合物的过程。一般情况下，金属甲基化后，其物理和化学性质会发生很大的变化，如金属元素的挥发性变高，脂溶性增加，特别是毒性普遍提高。金属的甲基化对生物体来说是一个不利的过程，因为金属脂溶性的增加使得金属不易被排到体外，长期积累在体内，且甲基化后的毒性增强，对生物体有很大的危害作用。

① 汞的甲基化。汞是一种在环境中存在最为普遍的重金属元素之一，在自然界中以有机态和无机态两种形式存在。有机汞是汞和有机基团形成的一类化合物，一般是通过与碳原子形成共价键的方式连接在碳原子上所形成的。自然界的无机汞一般指的是零价的金属汞与一价或二价的汞盐。无机汞中零价汞和一价汞盐几乎不溶于水，但二价的汞盐除硫化汞和碘化汞外大部分均可溶解。

汞是一种重金属元素，所以和大多数重金属元素一样，它也具有毒性。但是，根据它的溶解性的不同，其毒性也有差异。一般来说，难溶性的汞，生物吸收比较困难，毒性较小；易溶性的汞，容易被吸收，其毒性也比较强。如甲基汞是含汞元素的物质中毒性较强的化合物，它很容易被生物体吸收进入体内。汞可以通过食物链的方式积累到人的体内，如果不断食用受汞污染的食物，当体内汞的浓度达到很高的一个水平时，生物体就会出现汞中毒的情况，中毒严重的生物神经系统会受到损害，神经麻痹以致最终导致死亡。如世界八大公害事件之一的日本水俣病就是因食用甲基汞污染的鱼引起的。当时，由于当地的氮生产工厂排放了大量含汞废水污染了当地的水源，水中的生物吸汞后，汞在生物体内被转化为甲基汞，然后再通过食物链逐渐进入到生物体内，被肠胃吸收后，侵入生物体的其他部位，进入脑部的甲基汞会损害神经系统，严重时可以致人死亡。

汞的甲基化是一个生物介导的过程。它发生在缺氧环境中，硫酸盐还原细菌（以及潜在的其他细菌）是参与汞甲基化的主要微生物。不同的生态系统对生物的甲基化过程有着重要的影响，如湿地系统和湖泊中的沉积物是最易发生生物甲基化的地方。汞元素在生物体内甲基化转化为甲基汞富集在生物体内，当甲基汞污染的生物被更高级的营养级动物捕食后，甲基汞就可以通过食物链进一步生物放大，最终以更高浓度积累到高营养级动物体内。

影响汞甲基化的生物地球化学循环和特征的因素主要包括硫循环、生态系统 pH 值、有机质、铁、汞的生物可利用性以及参与汞甲基化的细菌活性等。特别是汞和硫在生态系统中有着密切的联系。硫酸盐还原菌是汞甲基化的“催化剂”，生态系统中硫酸盐的增加可以大大促进汞的甲基化过程。同理，生态系统中硫酸盐水平的下降也会导致甲基汞含量的减少。与此相反，当硫化物增加（硫酸盐还原细菌的产物）时，则会对汞的甲基化起到抑制作用。

除了甲基汞外，其他金属如铅和锡通过与甲基发生结合反应生成的有机金属化合物也可以从食物链中转移至人体，不断地通过食物链积累到生物体内。但是有的金属甲基化后也会出现毒性减小的情况，从而更有利于从生物体内排出到体外。

汞的甲基化是指在好氧或厌氧的条件下，某些微生物利用生物体内的甲基钴氨蛋氨酸转移酶将二价无机汞盐转化为甲基汞和二甲基汞的过程。甲基钴氨蛋氨酸转移酶的辅酶是一种甲基钴胺素，属于三价钴离子的一种咕啉衍生物，其中钴离子位于由四个氢化吡咯相继连接成的咕啉环的中心。它有六个配位体，即咕啉环上的四个氮原子、咕啉 D 环支链上二甲基苯并咪唑（Bz）的一个氮原子和一个甲基负离子（CH_3^-）。甲基钴胺素的结构式如图 5-32 所示。

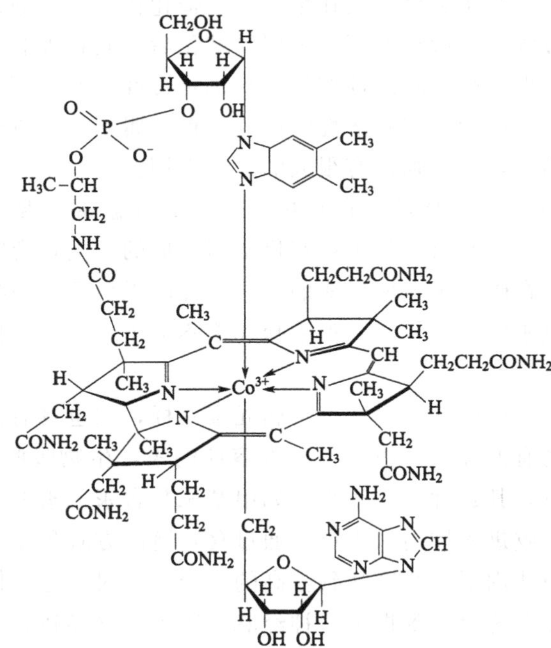

图 5-32　甲基钴胺素的结构式

汞的甲基化过程可以分为以下几个步骤：

a. 首先，辅酶甲基钴胺素把负甲基离子传递给汞离子，使其形成甲基汞（CH_3Hg^+）。辅酶甲基钴胺素本身则失去负甲基离子后变为水合钴胺素。

b. 水合钴胺素的钴被辅酶 $FADH_2$ 还原，同时失去水转变为五个氮配位的一价钴胺素。

c. 最后，辅酶甲基四氢叶酸将正甲基离子转移给五配位的钴胺素，并从一价钴上得到两个电子，以负甲基离子与之络合，实现甲基钴胺素的氧化再生。然后再开始下一轮的汞甲基化过程。

上述过程中，如果用甲基汞取代汞离子的位置，就可以形成二甲基汞［$(CH_3)_2Hg$］。与甲基汞相比，二甲基汞是一种挥发性很大的物质，极易挥发。而且在缺氧条件下，甲基汞的生成速率很快，相反，二甲基汞的生成速率要慢很多。

汞的甲基化是一个微生物作用的反应，所以离不开微生物的参与。常见的可以催化汞甲基化的微生物包括厌氧微生物和好氧微生物两类。厌氧菌有甲烷菌和匙形梭菌等；好氧菌则包括荧光假单胞菌和草分枝杆菌等。另外，除了存在能够使汞甲基化的微生物外，还有一些抗汞微生物，即可以将甲基化的汞再还原成金属汞。其主要是以还原作用的方式将甲基汞或二甲基汞还原成金属汞，该过程是一个汞甲基化的逆过程，一般被称为生物去甲基化。

汞的甲基化和去甲基化通常是处于一个动态平衡的状态，从而保证了环境中的汞浓度维持在一个较低的水平。但是在汞污染比较严重、pH 值较低的环境条件下，甲基汞的形成和释放被加快，对生物的危害较大。这种危害一方面是甲基汞溶于水被水中的生物吸收后，再通过食物链的方式进入更高营养级的生物体内，从而对高营养级的生物造成危害；另一方面，金属甲基化后形成的甲基汞和二甲基汞挥发性更强，更加容易扩散进大气中，进一步造成大气污染。

② 砷的生物甲基化。砷，一种毒性很强的重金属元素，也是一种公认的人体致癌物。它广泛分布于水、空气、土壤等环境中。目前，由于砷污染引起的砷中毒已经成为了威胁世界人民健康的疾病。世界上已经约有 2 亿人因长期饮用含砷量较高的水源健康受到威胁，我国也属于世界上的砷污染、砷中毒重灾区。时至今日，我国饮水型砷中毒已经成为严重危害我国人民群众的健康病。砷在饮用水中主要以无机盐离子的形式存在，人体饮用含砷的水后，砷被吸收进肝脏内进行甲基化代谢，代谢产物再通过人体的尿液排泄方式被排到体外。

砷在环境中主要以无机态和有机态的形式存在，主要的存在形态是五价无机砷化合物、三价无机砷化合物、胂胆碱、胂甜菜碱以及砷甲基化后的各种代谢产物。不同形态之间的砷化合物的毒性也存在很大的差异，如三价砷（As^{3+}）的毒性＞五价砷（As^{5+}）的毒性＞甲基胂化合物的毒性。以前的一些研究表明，无机砷（As^{3+}、As^{5+}）的毒性要比有机砷（胂甜菜碱、胂胆碱、胂糖）要大，即认为砷的甲基化过程是一个解毒的过程。最近的有关研究又证实了一些具体物质的毒性，毒性大小的基本规律是 $As_2O_3 \gg CH_3AsO(OH)_2 \approx (CH_3)_2AsO(OH) > (CH_3)AsO \approx (CH_3)_3As^+CH_2COO^-$，即随着砷化合物甲基数的增加，其毒性相应减小。但是其中间转化产物中也存在例外的情况，表明砷在体内的代谢过程不是一个完全解毒的过程。

无机砷在机体内的甲基化步骤如下：

a. 首先，五价的砷酸盐化合物被还原成三价的亚砷酸盐。

b. 辅酶 *S*-腺苷甲硫氨酸的转移酶提供甲基供体，并传递正甲基离子。

c. 正甲基离子得到电子后以负甲基离子的形式与亚砷酸盐结合，形成砷为五价的一甲基胂酸盐。

d. 重复以上过程，依次甲基化生成二甲基胂酸盐和三甲基胂酸盐。

与汞的甲基化和去甲基化过程类似，甲基化砷也存在着去甲基化的过程。一些研究发现微生物能将胂甜菜碱［$(CH_3)_3As^+CH_2COO^-$］转变为二甲基胂酸盐［$(CH_3)_2AsO(OH)$］或一甲基胂酸盐［$CH_3AsO(OH)_2$］，这也在一定程度上证明了胂的去甲基化过程是可以实现的。

砷在生物体内的甲基化代谢过程受到很多因素的影响。已经有大量的研究表明，影响生物体内的甲基化代谢过程的主要因素有年龄、性别和砷暴露水平等个体因素和吸烟、饮酒及营养状况等环境因素。一般在年龄方面来说，暴露于相同浓度的饮水砷条件下，成人体内的二甲基化率明显低于儿童。而在性别方面来说，台湾的一项研究已经表明，女性体内甲基化率显著高于男性。但是也有其他地方的研究显示生物体内的砷甲基化率与性别无关。另外一些地方的研究还显示水中砷的暴露水平与砷中毒引起的皮肤病有很大关系，水中砷的暴露水平越高，皮肤病变的程度越严重。

除了以上的个体因素对砷造成的影响外，环境中的一些其他因素对砷甲基化程度也有着很大的影响，如不良的吸烟、饮酒等生活方式。有研究表明，体内的一种营养物质——叶酸可以作为辅酶参与嘌呤和胸腺嘧啶的合成，进一步参与甲基化反应的过程。因此，研究叶酸在砷甲基化过程中的具体作用以及对砷毒性的影响，可以为处于砷暴露中的人们提供降低砷中毒风险的建议，预防砷中毒现象的发生。

与汞和砷相似，其他的一些重金属也普遍存在着甲基化的现象。一般来说，甲基化的重金属毒性普遍提高，如硒、铅、锡、镉、锑等。

金属在微生物的作用下发生生物转化后，其本身的理化性质会发生很大的变化，从而会影响到其与环境中生物的一些相互关系。在通常情况下，微生物通过分泌作用或呼吸作用排出形成的转化代谢产物，是微生物对外源性污染物解毒的一种方式。但是，一些金属在生物体内代谢转化后可能会比其原形态具有对生物更大的毒害作用。另外，微生物还可以参与金属的氧化还原反应，将化合态的金属还原为金属单质，这样可以暂时将金属从生物体的环境中清除出去，维持生物体内部机制的稳态。

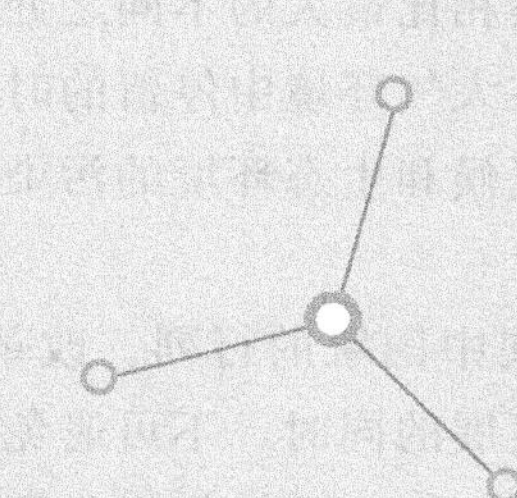

第6章 大气中污染物的控制

6.1 大气污染

6.1.1 大气污染概况

人类活动和自然过程中产生的某种物质进入大气中，并能够在大气中保持较长的时间且对环境和人类的健康造成了危害的现象称为大气污染。人类活动包括人类的生活活动和生产活动两个方面，而生产活动又是造成大气污染的主要原因。自然过程则包括森林火灾、火山喷发、海啸、土壤和岩石的风化等。由于大自然环境具有自净能力，所以一般自然界自然过程中产生的污染不会超过大自然的净化能力。目前，我们关注的污染的核心仍然是人类活动对大气所造成的污染。

大气污染从本质上讲，它主要是大气中人类活动排放的污染物在大气环境中经过一系列复杂的物理、化学和生物的变化，对人类身体和生活环境所造成的危害。它来自于人类的日常生活、娱乐活动、工业生产等所排放出的一些废物，这些废物进入大气后，经过一系列复杂的循环、反应和积聚后形成复合物，最终又反过来影响生活在大气环境下的人类。所以大气污染状况和人类的生活息息相关，它会不断地影响着人类的一切生产生活活动。

与土壤环境和水环境相比，由于大气具有很强的流动性特点，所以大气环境具有不同于土壤环境和水环境之处。大气中的污染物也就表现出影响范围广、不受边界约束、难以控制、强度大、全球性等特殊的污染特性。基于这些特殊的污染特性，大气污染相比较于土壤和水污染而言会更加难以控制和治理。

大气中的污染物由于在大气环境中具有较强的流动性和持续时间长的特点，所以大气污染物往往从污染源处产生后，便开始不断扩散传播到数千米范围外的地方，甚至最远可以扩散至地球的每个地方，就好像“蝴蝶效应”一样。当然在扩散过程中，随着扩散距离远近的不同、各地的地理环境的变化、天气气象的影响，污染物在各个地方的污染强度大小也会不一样。一般距离污染源比较近的地方，人们受到污染物的影响也就会比其他比较要大一些，而距离污染源比较远的地方则受到的影响要轻一些。这是因为污染物在传播过程中随着传播距离的变长，它的污染强度不断衰减。

大气污染无国界，这也是大气污染与土壤污染和水污染相比最大的不同之处。大气污染物一旦形成，它便会不断地向外扩散和迁移转化。污染物在大气环境中停留的时间越长，其形成二次污染物的可能性也就会越大，从而造成影响全球气候和生态环境的污染问题，如温室效应、臭氧层破坏、酸雨等重污染。

我国是一个有着十几亿人口的大国，目前仍然属于发展中国家的行列。改革开放以来，我国通过大力发展重工业提高生产力，拉动国民经济迅猛发展的同时，不可避免地对环境造成了很多的破坏。特别是 20 世纪 70 年代和 80 年代期间，许多工厂产生的大量烟尘、二氧化硫、氮氧化物等污染物未经处理就直接排放到了大气环境中去，致使我国南方很多城市遭受到了严重的酸雨危害。这段时期大气中的污染物是以燃煤排放的烟尘和二氧化硫为主，属于煤烟型污染。一直到 20 世纪 90 年代后，随着机动车数量的增多，汽车排放的尾气成为了一个重要的大气污染物来源，汽车尾气中的氮氧化物、CO 被大量排放到大气环境中，这些尾气污染物进入大气中后发生一系列化学反应，形成了危害性更大的光化学烟雾，使得空气质量更加恶化，对人们的身体健康也造成了很大的危害。这种污染物是来源于石油的燃烧，故又称为石油性污染物。近些年来，随着大气中污染物种类的增多，污染情况也变得更加复杂，大气中不仅仅只有一种或几种污染物存在，而是变成了复合型多种污染物的混合。如 SO_2 及其氧化产物硫酸盐、氮氧化物及其氧化产物硝酸盐、重金属粉尘及其金属氧化物等与大气中的悬浮颗粒物的结合，造成了严重的大气危害，我国东部沿海地区的灰霾污染天气就是属于这种混合型污染。

有研究表明，世界上人口的发病率和死亡率与大气污染之间存在着一定的关系。根据全球疾病组织（GBD）公布的数据，2015 年中国因大气污染导致的死亡人数为 160 万，占到了全球因大气污染死亡人数的 37%左右。最近一项研究也表明，2015 年因大气中 $PM_{2.5}$ 污染死亡的人数占到了全部死亡人数的 15.5%。大气污染已经对我国人民的生命财产安全造成了严重的威胁，给我国的可持续发展带来了巨大的挑战。

随着环境污染的不断加重，大气环境污染逐渐引起了人们的普遍关注，我国政府也意识到了环境污染的严重性，为了防止空气进一步恶化，减轻大气污染给我国人民带来的巨大的生命财产损失，开始采取一系列措施来进行环境保护工作，如进行的燃煤发电厂的脱硫和选择性催化还原（SCR）系统的安装，同时在许多城市实施了改进车辆燃料和禁止旧污染汽车进入市区的措施等。

从 20 世纪 70 年代以来，我国政府就加强了大气环境保护方面的工作力度，如颁布了大气污染法、采取了一定的大气污染治理措施。这些措施的实施对大气污染起到了一定的预防效果，但从总体形势上来看不容乐观，大气环境污染加重的趋势虽然被遏制住了，但仍然没被完全控制住。如尽管近几年空气质量有所改善，但冬季大气中的 $PM_{2.5}$ 污染却正在恶化，尤其是北方地区。当前我国大气环境中的 PM 污染物和 O_3 污染形成的复合型污染成了危害我国人民健康的新问题，特别是在人口密集的大城市中更为突出。从改善 PM 对大气的污染方面来讲，在我国北方、中部以及西南地区控制 NO_x 会比控制 SO_2 的作用更加显著。目前，在全球性大气污染的大背景下，我国的大气环境污染治理面临着前所未有的挑战，治理工作仍然任重道远。图 6-1 为大气污染，图 6-2 为大气污染物的来源。

图 6-1　大气污染

图 6-2　大气污染物的来源

6.1.2　主要污染物的性质和危害

近年来，中国经济迅速发展，每年国内生产总值（GDP）年增长率接近 10%，同时城市化进程和工业化进程不断加快，城市人口越来越多，能源消耗量急剧增加。自 20 世纪 70 年代末以来，我国的能源消耗量惊人，已从 1978 年的 5.71 亿吨煤大幅增加到 2015 年的 43 亿吨。煤炭作为我国主要的消耗能源，每年的消耗量占到总能源消耗的 70%左右，同时燃煤也成了大气环境中污染物的主要来源，如大气污染物二氧化硫（SO_2）、氮氧化物（NO_x）和烟尘等。另外，根据 2015 年中国汽车环境管理年度报告，2015 年我国汽车保有量已经达到 2.79 亿辆，汽车尾气的排放也成为了大气中氮氧化物（NO_x）和一氧化碳（CO）的主要污染源。

目前大气环境中以 PM 和 O_3 为主要的污染物所造成的区域性复合空气污染成了我国主要的环境问题之一。自 2013 年以来，复合型大气污染事件频频发生，全国 3/4 的城市和大约 800 万人都受到了霾污染的影响，对我国人民的健康造成了很大的威胁，严重制约着我国社会的可持续发展。

大气质量的好坏与人类的身体健康息息相关，空气中的污染物可以引起各种健康问题。已经有研究表明，如果人体经常暴露在高浓度的 PM 大气环境中就会大大增加死亡率或发病率，如我国许多煤矿工人，他们经常在含有高浓度 PM 的井下工作，每天要吸入大量的灰尘，久而久之，就会患上一种严重的职业病——硅沉着病。同样，大气中 O_3 含量过高也会引起人体呼吸道疾病，如哮喘，破坏肺功能等；长期暴露于高浓度的 NO_x 大气环境下可增加儿童患哮喘、支气管炎的概率；人体吸入高浓度的 SO_2 也会刺激呼吸道，感染肺部疾病等。20 世纪的世界八大公害环境事件中的伦敦烟雾事件和美国洛杉矶光化学烟雾事件就是由大气中的这些污染物造成的，在当时由于大气污染造成了很多人死亡，给世界上许多环境污染严重的国家和人民带来了巨大的生命和财产损失。

人类在进行生产活动的过程中不可避免地要向大气中排放各种各样的有害物质，这些有害物质进入大气中后不会立即消散或转移，而是会在大气中持续存在一段时间。当这些有害物质的浓度积累到一定程度，超出了环境和人类的承载范围时，便会对生态环境和人类身体健康造成危害，这些对环境和人类健康造成危害的物质就称为大气污染物。

目前，人们从大气环境中已经检测到的人为大气污染物超过 2800 种，其中有机化合物占到 90%以上，而无机污染物不到 10%。石油、天然气、煤炭等化石燃料的燃烧和机动车尾气排放到大气中的污染物超过了 500 多种。虽然已经监测到的大气污染物种类很多，但是真正测定的污染物却很少，人类对绝大多数污染物的性质和危害仍然不太了解。

危险性的化学物质一旦进入环境中，就有可能对环境和人类健康造成不利的影响。从 20 世纪开始，人类大量使用化石燃料致使大气环境中的组分发生了很大的变化。许多大气污染物如 CO、SO_2、NO_x、VOCs、O_3、重金属和可吸入颗粒物（$PM_{2.5}$ 和 PM_{10}）在大气中的含量急剧增加，由于这些大气污染物在化学组成、反应性质、辐射能、环境中残留时间和扩散距离长短的能力方面有着很大的差异，所以它们对大气环境的危害程度也截然不同。大气污染物是人类健康的潜在“杀手”，人体如果长期暴露在大气污染物的环境中，就会对人体系统和器官造成很大的损害，如儿童急性呼吸道感染、肺癌、成人慢性支气管炎和心脏病等。另外，短期或长期暴露在大气污染物的环境中也会引起过早猝死或寿命减少。目前，关于大气污染物对人类健康的危害还有待进一步的研究和探讨。

目前，已知的大气污染物的种类虽然已经超过了 2800 种，但按照它们的化学组分、反应性质、环境中残留时间、扩散距离长短的能力以及来源的不同大致可以分为三类，分别是气态微粒污染物质（如 SO_2、NO_x、CO、臭氧、挥发性有机污染物、$PM_{2.5}$、PM_{10} 等）、持久性有机污染物（如多氯甲苯、化学农药等）、重金属（如铅、汞等）。

6.1.2.1 气态微粒物质

一般根据气态微粒物质的尺寸大小、理化性质以及来源的不同，可以将其分为以下几类：

① 悬浮颗粒物（粉尘、烟、飞灰、黑烟、雾、烟雾、灰尘、$PM_{2.5}$）；

② 含硫化合物（SO_2 及其氧化产物 SO_3、硫酸盐）；

③ 含氮化合物（NO、NO_2、N_2O、N_2O_3、NH_3、HNO_2、HNO_3 及其盐类等）；

④ 无机碳化合物（CO、CO_2）；

⑤ 卤素及其化合物（Cl_2、HCl、F_2、HF 等）；

⑥ 氧化物（如臭氧、过氧化氢、各种自由基、过氧乙酰硝酸酯等）；

⑦ 烃类及其衍生物（烃类、卤代烃类、醛、酮、羧酸、酯等）；

⑧ 其他放射性物质（如氡气、铀等）。

(1) 悬浮颗粒类污染物

根据悬浮颗粒污染物的存在状态、物理性质和来源的不同，将其分为以下几类：

① 粉尘（dust）。粉尘是指存在于大气中的细小固体颗粒，可以悬浮于空中，也可以沉降到地面上，是由于某种固体物质发生破碎或风化等过程形成的。粉尘可以分为降尘（粒径在1～200μm之间，且可以靠重力沉降到地面）和飘尘（粒径小于10μm且能飘浮在空中）两类。飘浮在大气环境中的粉尘往往含有许多有毒成分，如铬、锰、镉、铅、汞、砷。当人体吸入粉尘后，其深入肺部，易引起中毒性肺炎或硅肺，有时还会引起肺癌。粉尘和其他物质一样具有一定的能量，在特定的条件下会发生粉尘爆炸。

② 烟（fume）。烟一般是指冶金过程中形成的固体粒子的气溶胶，粒径一般为0.01～1μm。发生氧化反应后，熔融物质挥发冷凝后的最终产物即为烟。

③ 飞灰（fly ash）。飞灰通常指一种产生于燃烧过程中随烟气飘出的较细小的灰分成分。

④ 黑烟（smoke）。黑烟一般指燃料不完全燃烧的产物，一种可见气溶胶，粒径大小在0.05～1μm之间。

⑤ 雾（fog）。雾通常是指由液体发生物理反应雾化、液化或水蒸气凝结以及发生化学反应等形成的液体悬浮物。

⑥ 烟雾（smog）。烟雾一般是指固液混合态气溶胶，烟和雾同时结合的产物。当大气环境中的烟雾浓度较大时，就可以对人们的健康造成较大的危害，如著名的伦敦烟雾事件。

⑦ $PM_{2.5}$和PM_{10}。$PM_{2.5}$和PM_{10}分别指空气动力学直径小于2.5μm和10μm的固体小颗粒。由于$PM_{2.5}$和PM_{10}可以长期飘浮在空气中，对人类健康、空气质量和能见度、生态系统和气候改变都有极大的影响。此外，这两种微粒物质粒径小、面积大、活性强，易附带有毒、有害物质，在空气中停留时间较长，传播距离远，因而对人体健康和大气环境质量的影响很大。$PM_{2.5}$和PM_{10}是我国主要的大气污染物，也是形成新型灰霾大气污染物的代表。

(2) 含硫化合物

造成大气环境污染的含硫化合物主要包括一次含硫化合物［二氧化硫（SO_2）、硫化氢（H_2S）］和二次含硫化合物［硫酸（H_2SO_4）、三氧化硫（SO_3）和硫酸盐（MSO_4）等］。

① 二氧化硫（SO_2）。SO_2是一种无色、有刺激性气味的气体，易溶于水。SO_2进入大气中被人体吸入后可以损伤人体的呼吸道，从而引起鼻炎、气管炎、支气管哮喘等呼吸道疾病。高浓度的SO_2还可能损伤植物的叶组织，长期接触高浓度的SO_2的植物会患有缺绿病和黄萎。除此之外，SO_2还可以加强致癌物苯并芘的致癌作用。

SO_2主要来自煤和石油等含硫燃料的燃烧，而且它进入大气中不稳定，易被氧化成毒性更大的三氧化硫（SO_3）、硫酸（H_2SO_4），以及经过其他的化学反应生成硫酸盐（MSO_4）。而硫酸盐和硫酸可以形成硫酸烟雾和酸雨。SO_2是大气环境中主要的污染物，由于它与硫酸烟雾和酸雨的形成具有密不可分的关系而受到了广泛的研究与关注。

② 硫化氢（H_2S）。H_2S是一种无色酸性气体，低浓度时有臭鸡蛋气味，易燃，遇明火、高热能引起燃烧爆炸。其主要来源于天然的排放，如火山活动、沼泽中的生物作用、动植物体的腐烂等。

③ 硫酸（H_2SO_4）和硫酸盐（MSO_4）。硫酸和硫酸盐是SO_2在大气中的化学氧化反应

产物，是形成硫酸烟雾和酸雨的主要物质。

④ 三氧化硫（SO_3）。SO_3 是 SO_2 在大气中的氧化产物，是严重的大气污染物，是形成酸雨的主要来源之一。

(3) 氮氧化合物（NO_x）

① NO 和 NO_2。NO 和 NO_2 是形成光化学烟雾和酸雨的“元凶”。NO_2 是棕色具有刺激性气味的气体，比 NO 的毒性更大，人体暴露在较高浓度的 NO_2 中会有很大的健康危险，因为它可以严重地刺激呼吸系统，硝化血红蛋白，最终可能致人死亡。NO 是一种无色无味气体，它的毒性虽不及 NO_2，但是可以和人体血液中的血红蛋白作用，降低血液的输氧能力，从而危害人体健康。

② N_2O。N_2O 俗称笑气，是一种无色气体，可应用于医疗麻醉剂。N_2O 主要来源于大自然，产生于以下还原反应：$2NO_3^- + 4H_2 + 2H^+ \longrightarrow N_2O + 5H_2O$。由于其化学性质不活泼，在大气中很难被氧化，所以一般不是污染气体。

③ NH_3。NH_3 是一种无色、有强烈刺激性气味的气体。NH_3 主要来自于动物废弃物、土壤腐殖质、肥料、工业排放、燃煤等。大气中的 NH_3 可以被氧化为 NO_3^- 和硝酸盐类。

(4) 含碳的化合物

大气环境中的含碳污染化合物主要是 CO、CO_2 和烃类。

① 一氧化碳（CO）。CO 是一种无色、无味的气体，毒性极强，可以和人体血液中的血红蛋白结合使人中毒，同时也是大气中排放量最大的污染物之一。CO 主要来源于燃料的不完全燃烧，是一种导致温室效应的温室气体，同时还能参与光化学烟雾的形成，所以对大气环境的污染影响较大。

② 二氧化碳（CO_2）。CO_2 是一种无毒、无味的气体，主要来源于煤、石油、天然气等矿物燃料的燃烧，动植物的呼吸作用、腐败作用以及生物物质的燃烧。由于一方面燃料燃烧产生的二氧化碳量很大，另一方面人类活动破坏了大量的地球植被，破坏了自然界碳的正常循环，大气中二氧化碳（CO_2）浓度升高，造成了温室效应。二氧化碳（CO_2）是导致温室效应的主要温室气体。

③ 烃类（HC）。烃类（HC）是大气环境中主要的污染物之一，包括各种烃类及其衍生物如烷烃（甲烷）、烯烃（乙烯、丙烯、苯乙烯、丁二烯）、炔烃（乙炔）、芳香烃（单环芳烃和多环芳烃）。一般把烃类分为甲烷（CH_4）和非甲烷烃两类。HC 进入大气中会影响人体的健康。如多环芳烃苯并芘就是一种毒性很强的致癌物。

a. 甲烷。甲烷为无色气体，是一种重要的温室气体，在大气中的浓度仅次于二氧化碳（CO_2），但它的温室效应是 CO_2 的 20 倍。它主要来源于化石燃料的燃烧、生物质燃烧、反刍类家禽、水田、湿地、废弃物填埋等，其中水稻田和牲畜反刍是排放量比较大的来源。大气中的 CH_4 主要与羟基自由基（·OH）发生反应而被消除，反应式为：$CH_4 + HO\cdot \longrightarrow \cdot CH_3 + H_2O$。

b. 非甲烷烃。大气中的非甲烷烃大部分来自于大自然，自然界植物释放的非甲烷烃达到了 367 种。人为来源主要包括燃料燃烧、焚烧、溶剂蒸发、废物提纯、石油蒸发和运输损耗等。非甲烷烃在大气中主要也是通过和羟基自由基发生化学反应而被去除。

(5) 卤素类化合物

卤素类化合物在大气中主要包括有机的卤代烃和无机的氯化物两类。以下简单介绍两种主要的卤素类化合物。

① 卤代烃。卤代烃天然形成，主要来自海洋，是简单的甲烷衍生物，如CH_3Br、CH_3I、CH_3Cl、氟氯烃类（CFCs）等。其中对环境影响最大的是氟氯烃类，如一氟三氯甲烷（CFC-11或F-11）和二氟二氯甲烷（CFC-12或F-12）等，它主要来自于冰箱和空调的制冷剂、泡沫灭火剂等。进入大气环境中的氟利昂都是人为因素造成的，是导致臭氧层破坏和温室效应的主要污染物。

② 氟化物。大气污染物中主要的氟化物包括氟化氢（HF）、四氟化硅（SiF_4）、氟硅酸（H_2SiF_6）、六氟化硫（SF_6）、氟（F_2）等。大气中的氟化物主要来自于火山喷发、铝的冶炼、钢铁冶炼、煤炭燃烧等过程。大气中氟化物主要是气体和含氟飘尘，去除氟化物主要依靠降水和植物的吸收。

(6) 光化学氧化剂

造成大气污染的光化学氧化剂主要是臭氧（O_3）、过氧乙酰硝酸酯（PAN）、醛类、过氧化氢（H_2O_2）等。人为排放的氮氧化物和烃类是光化学氧化剂的主要来源。

6.1.2.2 持久性有机污染物和重金属污染物

(1) 持久性有机污染物

持久性有机污染物（persistent organic pollutants，POPs）是指可以较持久地存在于环境中，不易被降解，半衰期很长，并且能够进行长距离迁移、生物地球化学循环的一类有机化学物质。持久性有机污染物本身就是一种含有毒性的化学物质。一般情况下它们在环境中很难被分解，可以在自然界中存在较长的时间。一旦其被环境中的生物吸收，就可以沿着食物链向更高级的营养级传递，最后富集在较高营养级生物体内。人类处于食物链的最高营养级，当这些难降解的有机物通过食物链被人体吸收后，逐渐在体内被积累到较高的浓度时人体又无法将其排出体外，就会对人体产生很强的毒害作用。

二噁英是一种由一组多氯取代形成的平面芳烃类化合物，属于氯代含氧三环芳烃类化合物。其包含多氯代二苯并二噁英（PCCDDs）和多氯代二苯并呋喃（PCDFs）。而且多氯联苯（PCBs）由于在毒性方面与二噁英类化合物十分类似，所以也被称为二噁英类化合物。

二噁英是由含有氯的材料的不完全燃烧形成的，如塑料燃烧。燃烧产生的二噁英进入大气环境中后，可以持续存在很长时间，并且当其在大气中的浓度逐渐积累到较高时，就会成为威胁大气环境的污染物。因为二噁英不可能一直存在于大气中，其最后的归宿往往是沉积在土壤和水中，但又由于它不溶于水，所以不会污染地下水源。

(2) 重金属污染物

重金属一般是指铅、汞、镉、银、镍、钒、铬、锰等基本金属元素，其在地壳中占有较大的比例，是地壳的天然组成部分。与持久性有机污染物的性质十分类似，重金属进入环境中后也不易被降解或破坏掉。大气中的重金属元素可以较稳定地存在很长的时间，它们中的一部分可以与空气中的颗粒悬浮物结合后沉降到地面上，再通过迁移进入水体中或被环境中的生物吸收后进入到人类的食物链中，还有一部分重金属则会在大气中各种环境因素的影响下发生迁移，扩散到更远的地方去。

大气中重金属的来源主要包括可燃物质的燃烧、废水排放和工厂中的工业制造等活动。人体中也会含有微量的重金属元素，而且这些微量的重金属元素对于维持人体正常的新陈代谢活动起着重要的作用。但当人体中的这些微量金重属元素浓度过高（尽管相对较低）时，会对人体产生毒害作用。对于人体来说大多数的重金属元素都是具有危险性的，因为它们十分容易通过食物链生物富集到体内，而且难以被排泄出体外，即积累的速度远远超过了排泄的速度。

重金属汞是一种典型的大气污染物，对大气环境和人类健康都有着巨大的危害。目前，汞污染已经对环境和人类健康构成了巨大威胁，如1950年发生在日本的水俣病就是由于当地的人食用了被甲基汞污染的鱼造成的。汞是一种可以在自然条件下以单质态存在于环境中的重金属元素，环境中的汞既有自然来源也有人为来源，但由于人类活动排放到环境中的汞是汞的主要污染源。人类的一些生产活动如燃煤、采矿、金属冶炼等产生的汞会使陆地、大气和海洋之间的汞循环量增加三倍。

6.2 大气中主要污染物的控制

6.2.1 大气污染物的污染现状

目前大气中的污染物有很多种类，在不同的地区、不同时段污染物的种类和污染程度也不相同。区域性的大气污染物主要是 SO_x、NO_x、C_mH_n、CO_x 等，而在全球大范围下的污染物主要是 SO_2、CO_2、NO、飘尘、重金属、有机氯农药等。全球性比较严重的大气污染问题如温室效应、臭氧层破坏、光化学烟雾等就是由几种主要的大气污染物造成的。

(1) 国外大气污染物现状

国外发达国家的工业化进程开始得非常早，一些西方的老牌资本主义国家在20世纪就已经开始了工业革命，它们在发展本国工业的同时不可避免地产生了许多大气污染物。20世纪50年代以前，煤炭是主要的使用能源，所以大气中主要的污染物是燃煤引起的烟尘和二氧化硫（SO_2），如1952年的英国伦敦烟雾事件就是大量燃烧煤造成的。随着能源结构的不断发展，石油开始使用，汽车出现，大气中主要的污染物变成了由汽车尾气和燃油造成的氮氧化物和烃类，以及由此生成的二次污染物，如1943年美国洛杉矶发生的光化学烟雾事件就是由于汽车尾气和工业废气的排放造成的。20世纪60年代以后，发达国家政府开始意识到保护环境的重要性，开始采取措施来治理环境，如美国联邦政府1956年推出的首部大气污染控制法、德国的法兰克福采取的产业机构大调整、日本执行改燃煤为燃低硫油的能源替代政策等。经过治理以后大气环境问题得到了显著的改善，大多数城市的空气质量逐渐变好。但是近些年来由于能源结构的变动和机动车数量的增加，许多环境问题又开始重新出现。

(2) 国内大气污染物现状

我国虽然工业化进程比国外发达国家要晚，但同样由于发展工业而极大地破坏了大气环境，例如最近几年来一二线城市的雾霾现象和其他城市遭受的沙尘暴恶劣天气等。目前，我国由于仍然处在工业经济快速发展的时期，大工业生产的中小企业环保技术不强，能源结构不够丰富，人民环保意识淡薄，政府环保力度不大等，所以我国环境问题一直不容乐观。

我国作为世界上最大的发展中国家，目前紧要的任务是发展生产力，发展国民经济，实现综合国力的提升和解决我国生产力发展不均衡不充分的问题。我国到21世纪中叶要实现人均国民生产总值达到中等发达国家水平，基本实现现代化，实现民族复兴的任务离不开发展生产力。当前我国大气污染类型是混合型污染，大气污染物主要是煤炭、石油和各种矿石燃料燃烧产生的污染物与和机动车尾气排放出的污染物混合在一起形成的污染物质。如 SO_2 及其氧化产物硫酸盐、氮氧化物及其氧化产物硝酸盐、重金属粉尘及其金属氧化物等与大气中的悬浮颗粒物的结合，造成了严重的大气危害，我国东部沿海地区的灰霾污染天气就属于这种混合型污染。

目前，我国实施的《环境空气质量标准》（GB 3095—2012）规定了 10 项污染物不允许超过浓度限值，分别是二氧化硫（SO_2）、总悬浮颗粒物（TSP）、可吸入颗粒物（PM_{10}）、氮氧化物（NO_x）、二氧化氮（NO_2）、一氧化碳（CO）、臭氧（O_3）、铅（Pb）、苯并［*a*］芘（B*a*P）、氟化物。

2004 年环境状况公报表明，全国空气质量总体上与上年变化不大，部分污染较重的城市空气质量有所改善，劣三级城市比例下降，但空气质量达到二级标准城市的比例也在下降。总悬浮颗粒物（TSP）或可吸入颗粒物（PM_{10}）是影响城市空气质量的主要污染物，部分地区二氧化硫污染较重，少数大城市氮氧化物浓度较高，酸雨区范围和频率保持稳定，酸雨面积约占国土面积的 30%。

我国 2008 年发布的城市空气质量报告数据可以表明：空气质量达到一级标准的城市有 21 个，占到了 4.0%；空气质量达到二级标准的城市有 378 个，占到了总数的 72.8%；而空气质量标准达到三级标准的城市为 113 个，占到了总城市数量的 21.8%；最后劣于三级的标准城市仅仅 7 个，占 1.4%。通过简单分析以上数据，可以看出我国大部分的城市空气质量处在二级和三级标准水平，仅仅有少数城市处在一级或劣于三级标准水平，总体的大气环境形势不是太好，只是中等水平。

随后在 2009 年发布的《2008 年中国环境状况公报》中可以看出，我国的大气质量相对 2004 年来说大气环境恶化的总体趋势被遏制住了，总悬浮颗粒物（TSP）和可吸入颗粒物（PM_{10}）仍然是主要的城市空气污染物。二氧化硫在局部城市是主要的大气污染物。氮氧化物在较少数城市浓度较高，污染严重。除此之外，城市中主要的环境问题如酸雨污染也是频频发生。

我国的大气污染主要是以 $PM_{2.5}$ 和 PM_{10} 为主要污染物的复合型污染。减少污染物的排放在一定程度上可以缓解我国的空气污染状况，但是不能从根本上解决大气污染的问题。从 2015 年的全国城市环境监测数据来看，全国仍有 77.5%的城市 $PM_{2.5}$ 超过了我国《环境空气质量标准》（Chinese National Ambient Air Quality Standard，CNAAQS），65.4%的城市 PM_{10} 超过了 CNAAQS。在 2013～2015 年期间，O_3 的年平均浓度呈上升趋势。而且从 2015 年的统计数据来看，我国有 16%的城市 O_3 浓度未达到 CNAAQS，说明 O_3 带来的大气污染不容忽视。除了 PM 和 O_3 这些大气污染物外，还有一些其他的污染物如 SO_2、NO_x 等也会对大气质量构成威胁，但是其含量超过 CNAAQS 是不太常见的。

我国的大气污染物分布具有十分鲜明的地域性，因此南北方的大气污染情况也存在着差异。北方地区是煤炭的重要产区，许多工业生产和日常活动都离不开煤炭的供应。尤其是北方冬季比较寒冷，城市和部分农村的供暖要消耗大量的煤炭，再加上大部分农村地区使用煤炭炉灶做饭和取暖，因此每年北方的冬季大气污染是非常严重的。北方地区空气中 $PM_{2.5}$、PM_{10}、SO_2 等污染物的含量都远远高于南方，总体空气质量也不如南方。NO_x 在南北方都是主要的污染物，北方京津冀地区和南方长三角地区都是 NO_x 污染的高发地。二次污染物的形成和汽车尾气都是城市中 $PM_{2.5}$ 的主要来源，PM_{10} 主要是由空气中的粉尘形成的。对于 O_3 来说，在不同的地区其形成也是不同的，在城市地区 VOCs 是其主要的影响因素，但是在非城市地区则是主要由 NO_x 来限制。表 6-1 为我国《环境空气质量标准》(GB 3095—2012）和世界卫生组织（WHO）空气标准的对比。

表 6-1 我国《环境空气质量标准》(GB 3095—2012）和世界卫生组织（WHO）空气标准的对比

污染物	取值时间	一级 GB/($\mu g/m^3$)	二级 GB/($\mu g/m^3$)	WHO AQG/($\mu g/m^3$)
$PM_{2.5}$	年平均	15	35	10
	日平均	35	75	25
PM_{10}	年平均	40	70	20
	日平均	50	150	50
SO_2	年平均	20	60	—
	日平均	50	150	20
	1 小时平均	150	500	200
NO_2	年平均	40	40	40
	日平均	80	80	—
	1 小时平均	200	200	200
O_3	日最大 8 小时平均	100	160	—
	1 小时平均	160	200	—
CO	日平均	4000	4000	—
	1 小时平均	10000	10000	—

6.2.2 主要生产工艺及污染物分类

大气环境的污染和破坏主要是人类的生产和生活活动所造成的，其中生产过程中由于生产工艺不当而产生的大气环境污染物非常多。下面列举几种主要的生产工艺以及它们产生的污染物。

(1) 煤低温干馏生产工艺及污染

我国是当今世界上最大的煤炭生产国，也是最大的煤炭消费国。以我国的煤都榆林市为例，全市煤炭资源探明储量为 1460 亿吨，占全国探明储量的 15%。其生产的煤质具有热量高和杂质少等特点，2005 年全市煤炭产量首次突破亿吨大关，煤炭工业产值首次突破百亿元。

煤在隔绝空气下加热，受热分解为生产半焦、低温煤焦油和煤气等物质的过程称为煤的低温干馏，也称为煤的焦化。目前，煤低温干馏工艺按照干馏炉加热方式的不同分为内热式和外热式两种。外热式加热是指加热介质不与原料直接接触的加热方式，热量通过炉壁传导；内热式是指加热炉介质直接与原料接触。其中内热式加热又可以根据加热介质的不同分为气体热载体加热和固体热载体加热两种。王晓云等通过对三种煤干馏工艺的综合对比，已经得出了结论：气体热载体内热式炉投资成本小且使用技术成熟，便于大规模使用，而固体热载体内热式炉和外热式炉具有较好的环保优势，即产生的污染少。因此，煤低温干馏工艺是一项亟待改善的生产工艺，如何做到环保且成本低仍然是目前面临的一道难题。

目前低温干馏是最大的煤转化工业，其主要工艺过程是：首先将原料煤加入干馏炉，煤经过预热后开始干馏燃烧，干馏阶段完成后，下部成品干馏煤落入水封槽冷却，再排出；干馏过程中产生的荒煤气在干馏室内沿料层上升，经过煤气收集罩、上升管、桥管，先后经文氏管塔、旋流板塔洗涤，最终煤气在风机的作用下回炉加热，剩余部分放散；干馏过程中产生的焦油先进入沉淀池脱水，然后集中在焦油池进行静置恒温加热和二次脱水，脱水后的焦油即为成品油，整个干馏过程基本完成。

整个低温干馏工艺所用主要设备低温干馏炉炉体构造简单，属于简易型机械化炼焦炉，所以在干馏工艺过程中会存在许多不足之处，如出炉煤气热值低，难以符合工业和民用要求，对后续的进一步加工造成很大的影响。采用的水封冷却出焦方式会排放大量的有毒有害气体到大气中。半焦干燥耗费大量燃料。干馏炉规模较小，限制了大规模生产。原煤料入炉前需要粉碎和筛分，且干馏后的产物产率不高，导致干馏成本较高。加料过程产生了大量粉尘，进入大气环境中。

整个低温干馏过程工艺简单，干馏设备相对落后，所以干馏过程中产生了许多废水、废气、废渣等污染物。其中主要的废气污染物分为：①粉尘，包括煤尘和焦尘，主要产生于存煤场和储焦场以及运煤区。②H_2S、CO、苯系烃、氰化物、NO_2、SO_2等，主要产生于炉体泄漏、荒煤气燃烧。其中煤气燃烧产生的有害污染物主要是SO_2，由于现在常用的是湿式氧化法脱硫工艺，这种工艺脱硫的效率直接影响着SO_2的产生量，因此改善煤气脱硫工艺，从源头上消除大气污染物才是保护环境的长久之策。

(2) 半导体制造业工艺及废气污染

半导体工业是技术较为先进的高新技术产业，但在生产过程中产生工业废气的污染对环境造成了破坏，已经引起了各个国家的极大关注。在半导体制造过程中会使用一些有毒气体如磷化氢（PH_3）、四氟化硅（SiF_4）、硅烷、三氯甲苯、氯化氢等，而且生产过程中也会产生一些有毒气体如NH_3、砷化氢（AsH_5）、三氟化氮（NF_3）等。这些有毒气体排放到大气中不仅会污染环境和影响人们的身体健康，而且是半导体制造过程中污染气体的主要来源。

半导体制造工艺是一个物理、化学等复杂过程的结合，主要包括光刻、氧化、刻蚀、掺杂、金属化等工序。其工艺流程包括：外来研磨后的硅片→清洗→氧化→均胶→光刻→显影→湿法、干法刻蚀→扩散、离子注入→CVD（化学气相沉积）→CMP（化学机械抛光）→金属化等。

半导体制造过程的各个工序中都会产生很多有害气体污染物，如：清洗工序中产生的H_2SO_4、H_2O_2、HNO_3、HCl等；光刻工序中产生的Cl_2、甲苯、HF、NO、HBr、H_2S等；化学机械抛光中产生的NH_4Cl、NH_4OH、KOH等；化学气相沉积产生的SiH_4、SiH_2Cl_2、$SiHCl_3$、$SiCl_4$、SiF_4等；扩散、离子注入产生的BF_3、AsH_3、PH_3、H_2、SiH_4等；金属化工序产生的SiH_4、BCl_3、BF_3、AlF_3等。因此，半导体制造行业必须将环保放在首位，控制和处理好使用的气体原料以及产生的废气污染物，积极做好废气处理工作，努力完善和提高自身的生产工艺和治污技术来达到国家的排放标准。

(3) 五氧化二钒的生产工艺及污染物

五氧化二钒（V_2O_5）为两性氧化物，但以酸性为主；是许多有机和无机反应的催化剂；为强氧化剂，易被还原为各种低价氧化物；微溶于水，易形成稳定的胶体溶液。钒在自然环境条件下一般以五价和三价两种状态存在于矿石中。大多数岩石中都含有钒，所以生产的原料很多，其生产方法也各不相同，目前主要从钒钛磁铁矿中制取。五氧化二钒作为我国的基础工业，被广泛应用于冶金工业中优质合金钢的生产制造，而且还可以用作合成氨工业脱硫脱碳和硫酸生产的催化剂等。

含矾的铁矿种类繁多，因此制备五氧化二钒要根据不同的矿物种类需要，用不同的方法来处理。传统常用的制备五氧化二钒的方法可以分为三类，即碱法、酸法、氯化焙烧法。

碱法的传统生产工艺路线如下：采矿→选矿→矾精矿＋纯碱→混料→焙烧→浓缩→澄清→沉淀（加硫酸）→压滤→包装→成品。

其中涉及的化学反应如下：

$$4(Fe \cdot V_2O_5)+4Na_2CO_3+3O_2 \longrightarrow 2Fe_2O_3+8NaVO_3+4CO_2\uparrow$$

$$NaVO_3+NH_4Cl \longrightarrow NH_4VO_3+NaCl$$

$$2NH_4VO_3 \longrightarrow V_2O_5+H_2O+2NH_3\uparrow$$

碱法工艺中基本物质转化为：钒铁矿→偏钒酸钠→偏钒酸铵→五氧化二钒。

盐法的工艺路线如下：矾精矿＋NaCl→成球→焙烧→破碎→水浸→浓缩(加硫酸)→沉淀→过滤→烘干→包装→成品。盐法生产中涉及的化学反应为：

$$4(Fe \cdot V_2O_5)+8NaCl+5O_2 \longrightarrow 2Fe_2O_3+4Cl_2\uparrow+8NaVO_3$$

$$NaVO_3+NH_4Cl \longrightarrow NH_4VO_3+NaCl$$

$$2NH_4VO_3 \longrightarrow V_2O_5+H_2O\uparrow+2NH_3\uparrow$$

物质的转化过程：钒铁矿→偏钒酸钠→偏钒酸铵→五氧化二钒。

三种制备方法产生的废气各不相同，碱法中由于加入了碳酸盐（Na_2CO_3），所以其主要产生的废气污染物是 CO_2，对人的身体健康和周围的环境危害不是太大。采用酸法（HCl）和氯化焙烧法（NaCl）的废气主要是氯气（Cl_2）和氯化氢（HCl）气体，对环境和人体健康的危害性较大，难以去除和治理。所以一般从环保的角度建议采用碱法来制备五氧化二钒。

(4) 己二酸生产工艺及污染物

己二酸［adipic acid，分子式 $HOOC(CH_2)_4COOH$］又称肥酸，白色，晶体型无臭固体；易溶于醇、醚，可溶于丙酮，微溶于环己烷和苯；在一定氧气条件下由于静电可能会着火，同时己二酸粉尘在一定的空气条件下也会发生爆炸。己二酸是一种非常有应用价值的酸，它主要用于生产合成尼龙 66（盐）、聚氨酯和增塑剂，也可以用于高级润滑油、食品添加剂、医药中间体、香精香料控制剂等的生产。

己二酸的生产工艺已经有很多种，此处主要介绍一种产生废气最多的工艺，即苯完全氢化 KA 油硝酸氧化法。该工艺主要分为三步：①苯加氢制环己烷。苯加氢制环己烷可分为 IFP 法和富士制铁法。IFP 法指采用悬浮状镍催化剂（$NiPS_2$）在 180～200℃、2.7MPa 条件下悬浮液相苯加氢生成环己烷。富士制铁法是指苯分别在高温（200～250℃）和低温（160℃）条件下两步催化加氢合成环己烷。②环己烷空气氧化制 KA 油有三种方法。钴盐催化氧化法，环己烷在钴催化剂、160℃和 1MPa 条件下经未稀释的空气氧化得含 KA 油的混合物，混合物经精馏分离得 KA 油；硼酸催化氧化法，环己烷在硼酸催化剂、155～175℃、0.8～1MPa 的条件下经空气氧化得含 KA 油的混合物；无催化剂氧化法，在 165～195℃和 1.6～2MPa 条件下用含氧量 11%～15%的空气在没有催化剂的情况下氧化环己烷形成的环己基过氧化氢在 70～160℃、30kPa 和铬酸叔丁酯催化剂存在下分解生成 KA 油。③KA 油硝酸氧化制己二酸，以醇酮为原料，以铜钒为催化剂，用硝酸作氧化剂，在常温常压下将环己醇和环己酮混合物氧化为己二酸。经结晶和分离后得到工业级己二酸，再经活性炭脱色，结晶，干燥后得精己二酸。

在制备己二酸的第③步硝酸氧化 KA 油的过程中从反应器中排放的亚硝气中含有 N_2O、NO、NO_2 等污染气体。一般要把这些气体通入吸收塔进行回收处理，将污染气体转化为 HNO_3 再回收使用。废气 N_2O 是一种危害性极大的气体，它既可以导致温室效应又可以破坏臭氧层，而且据文献记载 N_2O 的温室效应是 CO_2 的 310 倍。

(5) 制砖工艺及主要污染物

砖瓦制造业作为最主要的建筑材料生产行业之一，在建筑领域发挥着不可替代的作用。到目前为止，由于还未找到既经济又环保的建筑材料，所以最经济实用的建筑材料仍然是砖。随着现代社会对建筑材料的需求日益增加，世界上各地的砖瓦制造业都得到了迅速的发展。但是与此同时，由于烧砖而导致的环境问题也困扰着世界上的很多国家。世界上每年因烧砖而产生的污染物给大气环境带来了不小的压力，已经成为国际社会需要迫切关注的环境问题之一。“Overview on Brick Kiln”报告的统计数据显示全球每年砖生产量为 15000 亿块，其中：亚洲地区产砖量总和为 13000 亿块，占到了全球的 86.67%；中国产砖量为 10000 亿块，占世界总产砖量的 66.67%，位居世界首位；印度的产砖量为 2000 亿块，占全球总产砖量的 13.33%，仅次于中国。具体见表 6-2。

表 6-2 全球砖生产量（1.5 万亿块/年）

国家	生产量占比/%	产量/10^9 块
中国	66.67	1000
印度	13.33	200
巴基斯坦	3.00	45
越南	1.67	25
孟加拉国	1.13	17
尼泊尔	0.40	6
其他亚洲地区	0.47	7
亚洲全部地区总和	86.67	1300
美国	0.53	8
英国	0.37	4
澳大利亚	0.13	2
		186
世界其他地区总和	12.30	
世界总生产量	100.00	1500

煤炭是烧砖过程中使用的主要燃料，根据世界科学与环境中心 2015 年发布的统计数据来看，全亚洲的砖窑每年要消耗 1.1 亿吨煤炭，其中中国的煤炭消耗量为世界之最，大约为 5000 万吨/年。由于使用不同的砖窑类型，其能源利用效率也会不同，平均煤炭消耗量为 11～70t/10 万块砖。除了煤炭资源外，烧砖使用的原料黏土的消耗量也是十分巨大的，中国原料黏土消耗量为 10 亿立方米/10 万块砖，印度为 3.5 亿吨/10 万块砖，孟加拉国为 4500 万吨/10 万块砖。

作为世界上最大的发展中国家，同时也是世界上最大的砖瓦生产国，我国目前有砖窑8万座，其中约90%的砖窑采用的是传统的制砖工艺。2012年砖产量为3400亿块/年，占全球总产量的44%；2015年砖产量为10000亿块/年，占到了世界总产量的66.67%。具体见表6-3。

表6-3　一些主要制砖国家的生产情况

国家	砖窑类型	砖窑数量/块	砖产量/(10^9块/年)	工人数量/人	平均每人产量/块
中国	霍夫曼窑 隧道窑	8万 —	1000 —	500万	20万
印度	FCBTKs Clamp	>1万 0	200 —	1000万 —	2万 —
巴基斯坦	Clamps MCBTKs	— 12000	45 —	900万 —	5000 —
越南	隧道窑 VSBKs	— 1万	25 —	— —	— —
孟加拉国	FCBTKs zigzag	— 8000	17 —	100万 —	17000 —
尼泊尔	Clamps BTKs	— 700	6 —	14万 —	42857 —

印度作为世界上第二大砖瓦生产国，无论是砖窑数量还是砖产量都位居世界前列。目前在印度已经有超过10万座砖窑，年均砖产量达到了2500亿块，从事制砖工业活动的工人数量达到了1000万人，煤炭消耗量年均2500万吨。在印度，实心黏土砖是一种十分常见的建筑材料，由于它的主要原料黏土来源广泛，而且制作过程较简单，所以成为了应用最为广泛的建筑材料。印度本地生产这种实心黏土砖的企业大多是镇上或村里小规模的工厂或作坊，无任何营业执照或排污的环保措施，它们的生产过程缺乏有效的监督管理，所以往往会产生更多的污染物危害环境。印度有70%的土地仍然需要去建设，居民住宅地、办公楼、工厂等都需要大量的建筑材料。据估计，从2005年到2030年，印度的建筑数量将以每年6.6%的速度增长。在此期间，建筑库存预计将增加五倍，这将导致对砖和其他建筑材料的需求持续增加。

通常，制砖的工艺过程主要分为四步：①原料的获取和处理，实心黏土砖的原材料主要是黏土，黏土的来源十分广泛，一般为使制砖的原料达到工艺要求，往往要将从地里挖回来的原料黏土进行粉碎至2mm以下，使其具备一定的颗粒级配。②原料的陈化处理，主要是使原料的塑形等各种综合性能达到制砖的基本要求。③成型，通过铸模的方式将原料铸成砖块模型。④干燥后焙烧。制砖工艺过程中的第四步烧砖是产生大气污染物的主要污染源。烧砖过程中所产生的大气污染物的种类在很大程度上取决于砖窑的类型、制砖工艺和所使用的燃料的种类。煤炭作为主要的使用燃料，也就在很大程度上决定了砖窑污染物必然是以SO_2、悬浮颗粒物（SPM）和NO_x为主的污染物质。另外，除了煤炭可以作为烧砖过程中使用的燃料外，一些其他的生物质也可以被用作燃料使用，如木柴、干粪、稻壳、蔗渣和其他类的农业残渣等。因此，砖窑的污染排放物主要包括细粒尘埃、烃类、SO_2、氮氧化物、氟化物、一氧化碳和少量致癌物二噁英。另外，砖窑产生的烟尘也会增加当地大气表面O_3的含量；砖窑结构的设计不合理也会对排出的气体污染物有很大的影响，一般由于砖窑原因而排出的大量烟气中都含有大量的CO、CO_2和NO_x等污染物质，同时这些气体也是臭氧形成的污染源。

传统制砖厂和制砖工艺的存在势必将会一直是一个最大的环境污染源，而且砖窑工人和当地的动植物都会是其最大的受害者。长此以往，环境问题将会愈演愈烈。据有关数据报道，在孟加拉国的大达卡地区每年生产35亿块砖要排放大约23300t的$PM_{2.5}$、15500t的SO_2、302000t的CO、6000t的黑炭（BC）和180万吨CO_2。平均每生产1000块砖要排放大约6.35～12.3kg的CO、0.52～5.9kg的SO_2以及0.64～1.4kg的PM。目前，制砖过程中产生的二氧化硫（SO_2）、氮氧化物（NO_x）和悬浮颗粒物（SPM）是造成发展中国家大气污染的主要污染物，对当地的气候和环境改变都有着重要的影响。

6.2.3 大气污染的防治方法

大气污染的主要污染源是化石燃料的使用和机动车的尾气排放。从控制污染源的角度来治理大气污染的方法：采用洁净的天然气、生物柴油、燃料乙醇等来减少化石燃料的使用，同时也减少了有害气体如NO、NO_2、SO_2等的排放；开发新能源，提高绿色能源如风能、太阳能、核能、生物燃料等在能源结构中的占比，减少煤、石油等化石燃料的使用；研究新型电动汽车，提倡人们绿色出行等。由能源和机动车引起的大气污染状况是十分复杂的，采取以上措施虽然可以在一定程度上减轻污染，但面对全球性的环境问题仍然是远远不够的。由于大气环境污染的复杂性，目前世界上不存在任何一种单独的技术手段可以完全治理和控制大气污染，也就是说治理大气污染需要根据不同地区的实际污染程度而采取多种不同的方法来联合控制大气污染物才能奏效。

不同地域的大气环境污染程度也不尽相同，所以要采用不同的大气污染物控制方法来应对。每个地区由于它当地的能源结构和交通状况的不同，它们的大气环境中所含的主要污染物的种类也大不一样。各个区域应该在充分了解本地的大气污染状况后制定相应的污染物优先控制等级，优先治理当地主要的大气污染物。如北方一些发展工业基地的地区可能属于典型的煤烟型污染，所以这些区域首先处理的是控制二氧化碳（CO_2）、二氧化硫（SO_2）、氮氧化物（NO_x）等的排放。然而对于一些工业发展不是太发达的地区，由于当地地处沙漠地区、气候干旱少雨、气候多大风天，可能注重的是一些其他的污染物如烟尘、颗粒物、扬尘等的污染控制。

实际情况中每个地区的大气质量都是由许多因素影响的，不可能由某一个单一的因素来决定。一个城市的大气污染状况一般是由它的经济发展状况、自然污染源、人为污染源、地理位置及气象条件共同影响的。这些影响因素在很大程度上可以决定一个地方的大气环境状况。

大气环境污染源一般分为自然和人为两个方面。从人为因素方面来讲，一个地方的大气环境质量由当地的城市规划、城市污染管理措施、城市经济发展状况及污染治理技术等几个方面控制。但是随着社会的发展，一个区域的大气质量控制方面已经有了新的变化，出现了新的控制方面，如能源结构调整、交通规划、居民环保意识增强等。

大气污染的治理方法主要可以从两个方面来入手。一方面是从法律的角度，指利用法律的强制手段来控制人为造成的污染物的排放和扩散。我国第一部大气污染方面的立法是1987年颁布的《中华人民共和国大气污染防治法》（以下简称《大气污染防治法》），这部法律的颁布对于改善我们国家的生态环境，保障人民的生活环境和身体健康发挥了重要的作用。为了适应我国不断变化的环境状况，这部《大气污染防治法》又分别于 1995 年、2000 年、2015 年、2018 年进行了修正。可以说环境立法一直是一个国家大气环境最强有力的保障。如在 20 世纪，随着现代工业的到来，极大地促进了汽车工业的兴起，英国的大气污染问题已经成为了社会性的公害，为此，英国加强了环境立法，如 1926 年颁布《公共卫生（烟害防治）法》和 1932 年的《道路交通法》。1952 年英国爆发了伦敦烟雾事件，随后《大气清洁法》应运而生，这部控制大气的法律对有害气体排放作了详细的规定，起到了很好的控制大气污染物的效果。一直到 20 世纪 90 年代，英国的环境立法已经渐成气候，大气环境得到了明显的改善，首都伦敦也成为了世界上空气最清洁的城市之一。所以健全和完善环境保护方面的法律对于我国的环境防治来说也是一项重要的举措。

另一方面从理论上来讲，减少污染物产生是最好的污染控制措施。但是由于实际情况中污染物的污染情况往往是更加复杂的，所以无论通过什么手段，大多数污染物都不可能完全消灭在萌发阶段，所以只能尽量减少污染物的排放，并且采取可行的手段和措施来遏制大气污染物的扩散。

(1) 工业生产活动中污染物的防治方法

工业污染是我国大气的重要“贡献者”，如许多的煤炭和化工企业在进行生产活动时，不可避免地要产生大量的污染物，由于工厂企业技术设备和管理制度的限制，不可避免地要向大气中排放有害的气体，这些气体进入环境中后会发生一系列的转化，形成的有害气体物质会对环境和人体造成严重的危害。

① 工厂污染物产生阶段的控制方法。大部分的污染物都不可能完全消灭在产生阶段，所以能做到的只是尽量减少其产生量。从改进生产工艺的角度来讲，可以采取的方法有：最大化地使用清洁能源和生产材料；改良优化生产工艺如采用更好的生产、反应、制造条件来使反应物或生产物充分反应加工，这样既能提高生产率又不会留下未充分反应剩余的污染物；尽量采用湿法作业、创造密闭生产条件；经常检查各个环节的生产设备，保证生产设备正常运行，无泄漏、扰动现象发生。

② 污染物扩散、传播阶段的控制方法。目前，由于我国生产力和经济发展水平的制约，现有的生产工艺中仍然存在着许多弊端，所以很难灭绝所有污染物于产生阶段，只能尽量减少污染物的产生，然后再采取措施去控制其扩散。常用的控制污染物扩散的方法有两种：一种是在生产设备中及时将产生的污染物进行转化去除，如在有粉尘发生的设备内部空间构造高压电场，以设备外壳作集尘极捕集粉尘，又如向炉膛喷射还原剂，将烟气中的氮氧化物还原；另一种是对难以封闭的设备，用气流引导并收集其散发的污染物，再进行处理。

(2) 交通污染物的防治方法

由于交通污染物属于移动性污染物，所以机动车污染物的控制一直都是一项非常复杂的工作。汽车、火车、飞机、轮船等交通工具产生的废气也是大气中重要的污染物，而且许多尾气中还含有有毒的物质，一旦被人体吸收会对人体的健康造成巨大的危害。

交通污染物的防治主要可以通过加强交通管理、采用清洁燃料和改进发动机设计等措施来实现。

① 交通污染物产生阶段的控制方法。对于如机动车这样的移动污染源的控制，可以从加强交通立法和宏观管理、完善交通系统规划建设和车辆检查维护制度等几个方面考虑。正确有效的交通法规和适度合理的交通调度、指挥可以保证交通运输的正常进行，避免机动车

处于频繁的怠速和减速状态，从而减少机动车交通污染物的排放；建设城市地铁交通系统和地面轨道交通系统可以有效缓解城市的交通压力；通过征收燃油税和停车费等措施可以减少机动车的空载率；加强交通运输能力，减少城区交通流量；在一些人口居住较多的城市中心区域限制污染物排放较高的机动车辆。

② 污染物扩散阶段的防治方法。汽车尾气是汽车排放的主要污染物，在汽车尾气进入大气前将其进行净化具有重要的意义。目前，汽车尾气净化常用的方法是三效催化转化。这种方法是利用排放尾气自身的温度及气体组成，在催化剂的作用下将有害物质 HC、CO 及 NO_x 转化为无害的 H_2O、CO_2、N_2。尾气在被催化转化过程中，其中的有害物质 HC、CO 作为还原剂被氧化为二氧化碳（CO_2）和水（H_2O），NO_x 作为氧化剂被还原为氮气（N_2），该氧化还原反应中用到的三效催化剂一般为贵金属（Pt、Ru）催化剂、金属氧化物（CuO、Fe_2O_3、Cr_2O_3、Mn_2O_3）催化剂、合金（Cu-Ni）催化剂和钙钛矿型复合氧化物（ABO_3）催化剂。目前，国外采用的催化剂主要是贵金属催化剂，而我国由于贵金属资源匮乏，稀土储量丰富，所以主要采用的是自主研发的钙钛矿型复合氧化物三效催化剂。

（3）扬尘类大气污染物的防治方法

除了机动车和工业排放的污染物之外，各类扬尘如 $PM_{2.5}$、PM_{10} 对大气环境也有重要的影响。由于扬尘类污染源具有规模大、条件复杂等特点，所以对其进行防控十分困难。目前，对于地面扬尘来说，进行地面的铺砌和绿化是最主要的控制措施。而对于一些散料堆场的扬尘而言，可以采取物料加湿、减风防尘、种植树木、增设构筑物和挡风网等方法来有效控制扬尘。

（4）燃煤污染的防治方法

目前，煤炭仍然是大部分城市和农村居民经常使用的生活燃料，而且大量的民用锅炉和生活炉灶每年要产生大量的煤烟型污染物，大量的燃煤产生的污染物排放到大气中会对大气环境产生不可忽视的危害。

对于煤炭型污染，首先应该合理地调整能源结构，如在大部分城市和农村普及天然气的使用，代替燃煤的民用锅炉和生活炉灶。其次，应该加强对煤炭企业违法排污行为的监管，对于违法排污企业严肃处理，绝不姑息。环保部门应该加强环保执法力度，各级政府要加大对环保部门监管执法人员的培训力度，努力提高他们的业务水平和执法能力。同时，还应该给他们提供更多技术和资金的支持，帮助他们更好地行使监管的权利。除此之外，环保部门还应该加强自身的监管能力，加大监督检查力度，对待污染企业或环保不合格工厂绝不手软，为大气环境保驾护航。

6.2.4 采取的大气污染控制主要措施

大气环境是人们赖以生存的自然环境，人体时时刻刻都在受到大气环境的影响。大气质量的好坏直接影响着人们的日常生活和工作，严重的还可以影响人们的身心健康。面对大气环境污染物对我们赖以生存的环境的日益威胁，人们的生存环境和身心健康都受到了极大的挑战，为了应对每时每刻都有可能发生的环境危机，我们必须采取最有效和最合理的大气污染治理措施来治理大气污染物。下面结合现有的治污措施从几个方面来总结一下主要的污染控制措施。

（1）减少化石燃料的燃烧，合理改善能源结构

大气污染物的主要来源是大量使用化石燃料。我国社会能源结构不合理，过度依赖化石燃料来发展工业经济，清洁能源利用率不高，这一直是一个亟待解决的难题。所以为了我国社会经济的可持续发展，同时应对即将到来的化石能源枯竭的问题，我们首先应该改革我国社会经济发展中的一些弊端，对一些污染比较严重的企业的生产活动进行改造升级，促进企业自我的不断优化，实现低能耗、高效能的生产。其次减少煤炭、石油等化学燃料的使用，大力开发新能源如风能、太阳能、核能、生物质能等，提高清洁能源在能源结构的占比。同时加大力度研究高新技术装备，加强对大气污染物的检测和去除。这样既可以从源头上防治污染物的产生，又能够极大地遏制它的扩散传播。另外，我们还可以借鉴西方一些发达的工业国家如英国、美国等在治理环境方面的先进经验，在与我国的基本国情结合起来后，运用到环境治理上去，进而推动我国的环境建设进程。

（2）研究新型的空气净化装置

大气污染物的两个主要的有害物质分别是可吸入颗粒物与有害气体，所以针对这两个主要的污染物来研制一套净化装置是十分必要的。如我们可以在汽车尾气排放的位置加上一个尾气净化装置，这样从汽车内燃机排放出来的污染物首先要经过净化装置，然后净化装置将其中的可吸入颗粒物和有害气体过滤、吸收、转化为无害或危害程度较小的物质后再排放，这样就会比直接排放对环境造成的危害更小，从而减轻机动车这一主要移动污染源对大气造成的环境污染破坏。

（3）植树造林，绿化环境

相较于上面提到的机械式的空气净化装置来讲，绿色植物是一种天然的净化系统，对于净化大气环境中的污染物有着天然优势。首先，绿色植物不光可以绿化环境，美化家园，使人赏心悦目，而且植物在进行光合作用和呼吸作用的同时也净化了空气中的污染物。可以说植物对环境中污染物进行的净化是一种最理想、最经济和最环保的方式，因为它不用投入任何运营成本，更不需要后期维护，最重要的是不会对环境产生二次污染。

（4）充分利用自然气象条件，合理规划污染物的排放

众所周知，大气环境本身就具有自动净化大气污染物的功能，即自净功能。一个地区污染的严重程度和污染物的数量有时是会受到当地的气象条件影响的，特别是极端天气。可以说气象条件对大气环境污染是有很大影响的，既可以帮助我们治理大气污染物，又可能影响我们治理大气污染物。所以我们应该更加积极主动地去探究大气污染物和自然气象之间的关系，正确认识并利用这一规律有助于指导我们进行污染物的排放和治理。

（5）增强企业的创新发展，优化企业生产结构

许多大气污染物来自企业的不合理排放，如化工企业、钢铁企业、煤炭企业、建材企业等。这些企业往往因为一味地只追求本企业经济效益，而忽视了环境保护。也有可能是企业的治污技术和设备落后而造成了大量污染物的排放。所以企业首先应该增强自身的环保意识，树立起健康的环保理念，积极研发先进治污技术和设备，加强自身的创新和发展，实现企业的环境效益和经济效益的良好可持续发展。

（6）提高环保意识，提倡绿色消费

改革开放以来，我国经过几十年的经济大发展，人民的经济消费能力不断增强，加强对环境保护的宣传，引导人们绿色消费、绿色出行，使生活在现代的人们认识到环境保护的重要性，提高环保意识具有重要的意义。提倡绿色消费和低碳消费，降低能源消费在消费结构中的比重，进行价格调控，提高能源价格，降低公共交通的价格等，可以有效地改善能源消费结构。

(7) 完善健全环保法律制度，加强环保监管力度

环境保护是一项非常复杂的治理工程，需要很多环节方面的配合和保障。首先应该做好的是环境保护方面的立法工作。大气环境污染的情况每天都在不断地发生着变化，每天都会有新的污染物出现，以前老的环保法已经不能完全适应和配合现在的环保治理工作，所以为了更加适应目前大气污染防治工作的时刻需要，应该加强法律方面的更新换代，对新出现的污染物的法律也应该尽快地颁布。另外，还要完善环境诉讼公益制度。进一步明确环境公益诉讼的主体，防止权力的滥用。除此之外，还应该解决当前存在的环境公益诉讼费过高的问题，可以采取一些措施来降低公民参与环境保护的门槛，如适当下调公益诉讼费，或者对于特殊群体可以完全减免，为公民创造更多的途径使其参与到环境保护的行动中来，从而增强大家对于环境保护的积极性。

(8) 改善生产工艺工程

这是一种要求改造传统的生产工艺或者引进一种新的工艺过程来防治污染物的方法。从20世纪90年代开始，人们就已经将改善工艺视为一种防治大气污染物的有效方法。汽车行业中的油漆作业是一种对环境危害极大的作业方式，作业过程中会释放大量挥发性有机化合物和有害空气污染物，进入到空气中后会对人体健康造成很大的危害。自1990年美国《清洁空气法》通过以来，采取了许多措施来改善油漆作业的工艺过程，如许多作业中都要用到的油基涂料被替换成水性较低HAP（有害空气污染物）的涂料，可以有效地减少VOCs的排放。另外，一些作业操作也已经实施了电沉积、浸水罐和粉末涂层等技术来控制污染物的产生。工艺改造是控制空气污染的常用技术，许多行业都可以通过努力完善工艺以减少污染物的排放。如最近一种新型的制造设备正在被开发用来减少玻璃生产过程中臭氧的排放。工业生产过程中减少原材料和燃料的使用也可以有效缓解大气污染物的大量排放。如电力公司可以通过积极宣传推广节能灯的使用，减少用户电力的需求，从而减少发电厂的燃料使用和排放的空气污染物。除此之外，风能、地热能、水电和太阳能的使用增加也有助于缓解空气污染。防治环境污染物的产生比采取措施来控制污染物的扩散往往更加简单有效，所以污染源是环境污染防治的重点，要将污染物灭杀在“摇篮”中。

6.3 大气污染物的处理方法及存在的问题

6.3.1 大气污染物的处理技术和方法

大气中的污染物治理一直都是环境治理中的难题，如何有效地防治大气中的污染物困扰着世界各国。目前，由于大气污染物的类别很多，每种污染物本身的物理、化学性质又各不相同，所以治理它们的方法也是五花八门。一般按照这些传统方法的应用原理不同，大致分为物理方法和化学方法两类，如冷凝、燃烧、吸附、吸收、催化转化。近年来，随着国内外科学治污技术的不断发展，又出现了一些控制污染物的新技术，如气体生物净化法、膜分离法、常温氧化技术以及正在开发但未得到商业推广应用的等离子体法。

6.3.1.1 冷凝法

冷凝即利用气态污染物中各种污染物成分在不同温度下具有不同的饱和蒸气压这一物理性质，通过降低温度或加大压力的方法，使气态污染物凝结并从废气中分离出来的过程。利用这一方法在不同的冷凝温度条件下可以实现污染物各组分的分离，从而达到废气净化和回收的目的。这种方法主要适用于常温、高温、高浓度的场合，尤其适合处理高浓度有机蒸气和高沸点无机气体的净化回收或预处理。冷凝法的冷却方式可以分为直接冷却和间接冷却两种。以下简单介绍这两种冷却方法。

(1) 直接冷却

直接冷却即让冷却介质与废气污染物直接接触进行热交换从而凝结废气中的污染物。直接冷却冷凝效果较好，所用冷凝设备简单。但这种方法必须要求冷却介质不与废气中的污染物互溶，也不能发生化学反应，因为冷却介质一旦与废气污染物组分互溶或发生化学反应，那么废气污染物反应后可能就会转变成其他污染物或难以从冷却介质中分离出来加以回收利用，冷凝法即失效。直接冷却用的冷却设备较为简单，一般常用的是喷淋塔。喷淋塔结构如图 6-3 所示。

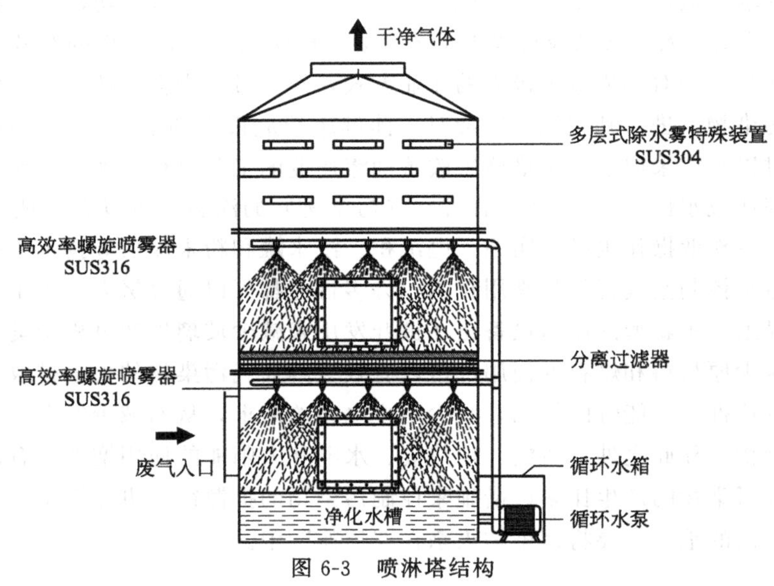

图 6-3 喷淋塔结构

(2) 间接冷却

间接冷却即让冷却介质不与废气污染物直接接触，采用冷凝器将两者分隔在内外两侧，然后再利用物理热交换的方法凝结废气中的污染物各成分。由于间接冷却时冷却介质不与废气直接接触，所以两者不会互相影响，也就对冷却介质的要求没直接冷却时那么严格，但是冷却设备比直接冷却要稍微复杂一点。同时，为了保证冷却效率，冷却介质的用量要加大。另外，还必须要求废气中不能含有颗粒物，否则废气中的固体物质会沉积在热交换表面而影响热交换效率。由于间接交换对冷却介质的要求比较宽泛，所以间接交换可以用的冷却介质有很多种，如冷却水、冷冻盐水、空气、乙二醇溶液、氟利昂等。根据冷凝设备的不同而选用不同的冷却介质。一般用管式冷凝器时，冷却介质为水或氟利昂；用管式或翅片式冷凝器时则选用风冷介质。

在这些冷却设备中，管式冷凝器是使用最为广泛的冷凝设备。冷凝器工作时，被冷却废气污染物在壳内（管外）流动，冷却介质在管内流动。一般为了增强冷凝效果，可以将管道长度加长或增加挡板，让冷却介质在冷凝器内的停留时间更长。管壳式冷凝器的结构如图 6-4 所示。

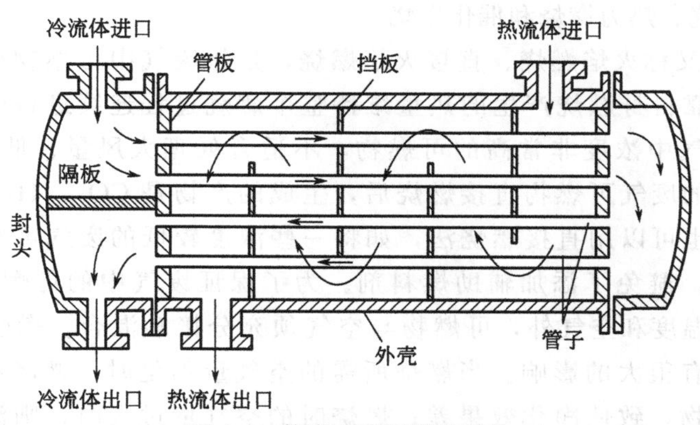

图 6-4　管壳式冷凝器的结构

根据冷凝温度的不同，冷凝工艺可以分为三种类型，即常温冷却、冷冻冷却、深度冷却。其中常温冷却使用最为广泛。

6.3.1.2　燃烧法

许多大气污染是由于燃料未充分燃烧就排向大气中而造成的，如少数无机物（CO）和大部分有机物都是未充分燃烧形成的，所以用燃烧的方法来处理它们具有可行性。燃烧法即利用一些废气污染物具有易燃烧的物理性质，通过燃烧将其转化为无害物或便于下一步处理的中间产物的方法。一般纯烃类的废气，通过燃烧即转化为 CO_2 和 H_2O。由于燃烧法具有对废气污染物净化效率高、燃烧设备不复杂、回收余热利用价值高等优点，所以特别适用于难以回收利用或回收价值不大的挥发性有机污染物（VOCs）。根据废气污染物浓度的不同，燃烧后可以利用的回收余热也不一样，燃烧废气浓度较大时可以回收利用的余热量也就较大，燃烧废气浓度较小时，为了提高其可燃性，应该添加辅助燃料助燃。另外，燃烧后的热能具有很大的经济利用价值，应该注意回收利用的问题。目前，常用的热能回收器是蓄热式热力焚化炉（regenerative thermal oxidizer，RTO），该燃烧器具有快速加热、节能等优点，因而得到了广泛的应用。

(1) 燃烧过程分析

整个废气的燃烧过程主要包括可燃性废气与氧化剂混合、着火、废气燃烧及其燃烧后反应四个部分。首先，氧化剂与可燃废气充分接触，混合均匀后开始逐渐发生氧化反应，这一过程属于缓慢氧化阶段，产生的热量很少。随着可燃气体和氧化剂之间的氧化反应的不断进行，点火后高温火焰的热量迅速传递，致使设备内温度不断攀升，直到温度达到着火点后，设备内可燃废气开始燃烧，这个着火点即是可燃气体燃烧的着火温度，也是可燃气体在一定条件（压力、压强）下开始燃烧的最低温度，这一阶段称为着火阶段，温度升高，产生的热量变多。燃烧反应开始后，反应器内的燃烧反应迅速加快，温度骤增，产生的热量更多，可燃废气浓度即反应物浓度不断减少，这一阶段称为燃烧阶段。燃烧反应刚开始阶段，燃烧放热，温度升高，反应平衡左移，反应物未充分反应。燃烧后期，反应物浓度降低，反应剧烈程度下降，温度降低，反应平衡右移，燃烧反应正向进行再次加快，反应趋于平衡后，可燃物充分反应燃烧。

(2) 燃烧分类

一般根据废气中可燃气浓度的大小以及是否需要添加辅助燃料剂或催化剂将燃烧过程分为三类，即直接燃烧、热力燃烧和催化燃烧。

① 直接燃烧。又称火焰燃烧、直接火焰燃烧，是指废气中可燃物浓度很高，不需借助辅助燃料便可以靠自身燃烧产生的热量维持整个燃烧过程连续进行的燃烧方式。这种燃烧适用于处理废气中浓度非常高的可燃物，不适合处理大风量、低浓度的有机废气。对于一般的含烃类的废气可燃物直接燃烧后，生成的产物是 CO_2、H_2O。也有一些浓度较低的废气可燃物也可以用直接燃烧法，如将一些浓度较低的废气可燃物冲入锅炉室代替燃烧所需的空气，避免了添加辅助燃料剂。为了保证废气中的可燃物可以充分燃烧，除了具备足够高的温度和空气外，可燃物与空气须充分接触混合。燃烧所需的空气量对废气可燃物的净化有很大的影响。当燃烧所需的空气量不足时，燃烧不充分，废气中仍然有未燃尽的污染物，致使净化效果差；燃烧时的空气量过大时，则温度降低，燃烧同样不充分或者低于着火温度而熄灭。废气可燃物的浓度同样影响着燃烧反应的进行，可燃物的浓度必须在着火范围内，同时还要保证可燃物浓度处于爆炸范围界限外，防止燃烧过程中发生爆炸，确保安全。

② 热力燃烧。指废气中 VOCs 可燃物浓度极低时，不足以达到着火温度或依靠自身燃烧产生的热量维持自身燃烧过程进行下去，必须借助辅助燃料产生的热量来维持反应进行的燃烧方式。热力燃烧的过程分为三个阶段：a. 辅助燃料与部分废气混合燃烧，产生大量热量和高温气体；b. 大部分废气与高温气体混合，达到反应温度；c. 高温下，废气与可燃污染物反应足够的时间，使废气中可燃的有害组分氧化分解，转化为无害物质排放。为了保证废气污染物的净化效率，必须要有足够的氧气、反应温度和反应时间，所以改善这三个废气净化条件中的任意一个都可以增加反应效率，降低反应的时间和成本。

③ 催化燃烧。指利用合适的催化剂，使废气中的污染物可以在较低的温度下实现氧化分解的方法，也属于热力燃烧。催化燃烧的催化剂一般采用固体催化剂而且主要是载体催化剂，即将催化剂的活性组分沉积于陶瓷或金属载体上，而且大多数以陶瓷材料作为载体且载体可以做成颗粒、圆柱等各种形状。催化燃烧有机废气的催化剂分为三类，即贵金属（钯、铂）催化剂、过渡金属氧化物（铜、铬、锰、钴等氧化物）催化剂和稀土金属氧化物催化剂。一般情况下，为了保护催化剂，在催化燃烧的过程中可燃废气的温度未达到着火温度前，不应放入催化剂，否则会损坏降低催化剂的使用功效和使用寿命。催化燃烧结束后，要用新鲜空气吹扫吸附在催化剂表面的残留污染物，这样可以延长催化剂的使用寿命。

(3) 燃烧设备

① 直接燃烧所用的燃烧设备有燃烧炉、窑、火炬等，在炼油及石油化工厂中火炬是最为常见的燃烧设备。火炬是一种敞开式的燃烧器，石油炼制厂或石油化工厂所产生的有机废气通常排放到火炬燃烧器中直接燃烧，不仅浪费资源，而且会产生大量有害气体、烟尘以及热辐射。

② 热力燃烧所用的燃烧设备是专用的热力燃烧炉，热力燃烧炉主要包括两部分：a. 辅助燃烧器，使辅助燃料转变为高温气体；b. 燃烧设备，使高温燃气与旁通废气湍流混合达

到反应温度，并使废气在其中的停留时间达到要求。当燃烧室内温度达到足够高时，将可燃废气引入燃烧炉中进行燃烧、氧化分解，然后将燃烧转化的无害物质排放出去。一般常用的热力燃烧炉由于构造简单、制造成本低、简单易操作，特别是可以处理大多数的挥发性有机污染物（VOCs）等众多优点而得到了广泛的应用。

6.3.1.3　吸附法

吸附法指利用多孔吸附剂表面的微孔将挥发性有机物（VOCs）废气中的有机物分子捕集在吸附剂表面，从而实现污染物的分离，达到净化废气的目的。吸附法是一种常用的废气污染物净化的方法，具有吸附作用的物质称为吸附剂，被吸附在吸附剂表面的物质称为吸附质。常用的吸附剂活性炭由于比表面积大、孔径大、孔隙率高等优点，具有很好的吸附效果，故在废气吸附净化中得到了广泛的应用。吸附的机理是吸附质与吸附剂之间的相互作用力如范德华力、化学键、静电引力等在吸附过程中起的作用。根据废气污染物吸附原理的不同，可以将吸附分为物理吸附和化学吸附两种。

(1) 物理吸附和化学吸附

① 物理吸附主要是利用分子间的作用力来吸附废气污染物，发生的变化是污染物从气相到固相的转移。物理吸附时要求废气温度不能太高，即低温进行。物理吸附过程是一个气态凝结的物理过程，且吸附过程的吸附热值不高。吸附剂和吸附质之间结合不牢靠，而且是一个可逆的过程，所以吸附剂在升高温度等条件下很容易就可以从吸附剂表面脱附出来。由于物理吸附有很多的优点如吸附过程简单、吸附质的回收容易、吸附剂来源广、对吸附质的要求低等，所以物理吸附在废气净化应用中比较简便易行。

② 化学吸附，即吸附剂通过化学反应与吸附质结合起来的吸附过程。化学吸附的热效应强，吸附热值高，所以吸附作用比较强，污染物吸附质不容易从吸附剂表面脱附出去，特别适合于吸附毒性较强的毒性污染物。与物理吸附相比，化学吸附对吸附质的要求较高，即只对几种特定的污染物具有吸附作用，是一种有选择性的吸附。

在实际情况中，吸附过程不可能仅仅只包含简单的一种，物理吸附和化学吸附在很多时候是相伴发生或交替发生的。如 Ni 对氢气（H_2）的吸附，低温时以物理吸附为主，随着温度逐渐升高，化学吸附反应速率加快，吸附开始变为以化学吸附为主导的吸附。

(2) 吸附剂

常用的吸附剂有活性炭、沸石、硅胶、活性氧化铝、硅藻土等，由于活性炭的比表面积大、孔径大、孔隙率高等优点，具有很好的吸附效果，故在废气吸附净化中得到了广泛的应用。

① 活性炭，一种应用较广的优良疏水性吸附剂，是由碳含量丰富的生物质在不高于773K 的温度下碳化，通水蒸气活化制成。其具有比表面积大、孔径大和孔隙率高等优点，吸附性能非常优良，主要用于有机废气、氮氧化物和二氧化硫等污染物的吸附。

目前，已经研制出来了一种新型的活性炭吸附材料——纤维活性炭，由黏胶或酚醛原纤维在 1200K 以上碳化，再经水蒸气活化后制得。其具有比表面积大、微孔多、密度小、易于加工等优点。与一般的颗粒活性炭相比，纤维活性炭吸附量最大且吸附速率和脱附速率也最快。

② 硅胶，也称硅酸凝胶，是一种具有高活性、强亲水性的吸附材料。其主要成分是二氧化硅（SiO_2），硅胶是用硅酸钠溶液酸化后，在 398～403K 温度下经水洗后脱水形成的。

其吸附性能与其含水量有较大的关系，一般当硅胶含水量较大时，其吸附废气污染物的能力会大大下降，因而硅胶含有较低的含水量（5%～7%）是其具有很强吸附能力的前提。

③ 活性氧化铝，一种常用的除氟吸附剂，由含有结晶水的氧化铝在高温下脱水而成。氧化铝结晶水的含量对它的吸附能力有很大的影响，一旦失去全部的结晶水，活性氧化铝的吸附性能将会完全消失。

(3) 吸附设备

一般利用吸附法吸附净化废气污染物对吸附设备有很高的要求，吸附器必须保证：①有较大的废气容量以及较长的废气停留净化时间；②能够预先除去污染吸附剂的杂质；③吸附器吸附过程必须经济可行；④吸附器可以对吸附过程中的反应环境如温度、压强进行调节；⑤便于对吸附剂进行更换。

常用的吸附器包括固定床吸附器、回转床吸附器和流化床吸附器等。

6.3.1.4 吸收法

利用废气污染物中各组分在吸收剂中溶解度的不同，从而分离出污染物中各组分的操作称为吸收。由于吸收法对废气污染物净化效率高、吸收设备简单易操作且成本低等优点，被广泛应用于许多大气污染物的处理中，如二氧化硫（SO_2）、硫化氢（H_2S）、氢氟酸（HF）、氮氧化物（NO_x）等大气污染物。

与吸附法类似，吸收法根据吸收原理的不同也可以分为物理吸收和化学吸收两种。物理吸收主要是根据废气污染物的各组分在吸收剂中的溶解度的不同来吸收废气的，即发生的主要是溶解反应，当然该过程中可能也会有少量的弱化学反应存在。物理吸收过程可逆即吸收质可以容易地从吸收剂中解吸出来，而且物理吸收热效应较低。所以物理吸收是一种不太理想的吸收方式。

化学吸收是一种通过吸收剂和吸收质之间发生化学反应来分离污染物的吸收方式。化学吸收过程中有明显的化学反应发生，而且该反应属于不可逆反应即吸收质解吸不易，整个反应的热效应较高。与物理吸收相比，化学吸收过程中的吸收容量和吸收速率都很高。因此化学吸收在废气污染物吸收的应用中具有很高的应用价值。

(1) 吸收剂

吸收过程中吸收剂的选择对吸收过程有着重要的影响，通常吸收剂应该满足的要求是：①对吸收质溶解度大，保证有较高的吸收率；②吸收剂蒸发量小，减少吸收剂的损失，避免二次污染；③无毒性、无腐蚀性、难燃烧、化学性质稳定；④成本低，来源广；⑤沸点高，熔点低，易于解吸再生即二次利用。

物理吸收对吸收剂首要的要求是必须能够使吸收质在吸收剂中有较大的溶解度，所以再结合上述吸收剂的要求去选择吸收剂。

化学吸收首先要考虑的是能与污染物起化学反应的吸收剂，最好是能够与吸收质快速反应的吸收剂。一般情况下，大多数废气污染物是显酸性的如二氧化硫（SO_2）、氮氧化物（NO_x）、硫化氢（H_2S）等，所以就可以用碱性的溶液来吸收。另外要注意吸收反应后的产物是否会造成二次污染等。

由于吸收剂对吸收质的吸收容量有限，故吸收剂使用一定时间后要经常更换，而吸收剂解吸再生可以让吸收剂二次使用。对于物理吸收来说，解吸再生的方法有降低压强和升高温度等；而对于化学吸收来说，一般是一个不可逆的过程，所以得采用一些特殊的方法如化学反应吸附、离子交换、电解等。

(2) 吸收器

废气污染物吸收净化过程中，吸收质被吸收后从气相转移到液相是在吸收设备中进行的，吸收设备内的气液反应接触面积越大，吸收净化的效率就越高。通常按照吸收设备内气液反应界面的不同可以将吸收设备分为三大类，即液膜表面吸收器（鼓泡吸收塔）、气泡表面吸收器（筛板塔）、液滴表面吸收器（喷雾塔）。

6.3.1.5　催化转化法

催化转化法是利用催化剂将废气中的污染物通过催化反应转化为无害物质或容易处理和回收利用的物质的方法。根据化学反应氧化还原反应分类可以将催化转化反应分为催化氧化和催化还原两类。催化转化法与其他吸附、吸收法相比具有很多优点，如对不同浓度的污染物都有较高的转化率、操作过程简单且避免了产生二次污染。所以催化转化法在废气污染物净化控制方面已经得到了广泛的应用，如将未燃烧充分的烃类（CH）催化转化为二氧化碳（CO_2）和水（H_2O），氮氧化物（NO_x）催化转化成便于回收利用的物质，汽车尾气催化净化为非污染物后再排放。

(1) 催化剂

催化剂是指加入化学反应中后能够改变反应速率，但其本身的化学性质和数量在化学反应前后不发生变化的物质，常见的催化剂有贵金属、活性氧化铝等，一般催化剂的形状多为圆柱多孔状、球状或粉末状。

催化剂的主要成分是主活性物质、载体和助催化剂三部分，助催化剂和主活性物质负载于载体上。催化剂中载体的作用是：①巨大的比表面积为主活性物质和助催化剂提供位置支撑。②载体作为催化剂的骨架结构可以增大催化剂本身的机械强度及抗热抗冲击能力。催化剂中的助催化剂本身并无催化能力，但它的少量添加确实可以提高主活性物质的催化性能。主活性物质是催化剂的核心成分，本身具有催化性能，可以对化学反应进行催化，一般用于气体催化剂的主活性物质是金属和金属盐。

一般根据影响催化剂性能的三个指标（活性、选择性、稳定性）来选择催化转化反应的催化剂。催化剂的活性是直接反映催化剂催化性能大小的决定因素。催化剂的选择性是指所选的催化剂只能对催化转化过程中的某个特定的反应的一个反应方向进行加速或减慢作用，选择性强的催化剂可以减少不必要的原料和能源消耗，提高主反应的反应速率。催化剂的稳定性包括热稳定性、机械强度稳定性、抗毒性等。稳定性是一种催化剂寿命的重要反映指标。因此，应该选择活性强、选择性强、稳定性好的催化剂。

(2) 反应器

目前，在废气污染物治理工程中得到广泛应用的催化转化反应器主要有固定床反应器和流化床反应器两类。其中固定床反应器因体积小、催化剂磨损小、催化反应效率高等优点而应用最广。根据反应器是否与外界有热量交换，可以将固定床反应器分为绝热式和换热式两大类。绝热式反应器根据结构的不同，又可分为单段式和多段式两种。单段式绝热反应器又称单层式绝热反应器，结构简单，适用于热效应小的催化转化反应，反应时不与外界进行热量交换。多段式绝热反应器可以看成是由多个单段式反应器串联而成的，功能上基本与单段式反应器相同，不同之处是多段式反应器在段间加入了换热器，可以在一定程度上控制调节各段的反应温度。换热式反应器主要是管式换热反应器，管式换热反应器包括列管式换热反应器和多管式换热反应器两种。列管式换热反应器工作时，管间装入催化剂，管内是流动的水或其他介质的热载体；多管式换热反应器工作时，管内装入催化剂，管间流动的是热载体或冷却剂。管式反应器进行催化转化反应时，与外界有热交换，适用于热效应大的反应，传热效果很好，但是管式反应器中加入催化剂非常困难。绝热式反应器如图 6-5 所示。

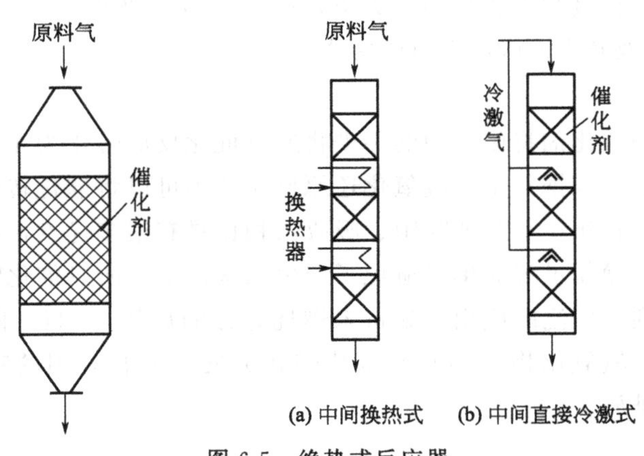

图 6-5　绝热式反应器

6.3.1.6　生物净化法

生物净化法是一种利用微生物的生命活动过程，将废气污染物转化为像二氧化碳、水这样的非污染物质的处理方法。与其他传统的净化法相比，生物净化法属于一种新型的废气污染物净化工艺，几乎可以处理所有的有机或无机废气污染物，而且所用设备简单、成本低、经济性好，生物法处理后的废气污染物基本可以达到无害化，很少产生二次污染，特别是生物法净化浓度较低的废气污染物时优势更加突出。

废气污染物的生物处理与所用微生物的新陈代谢过程息息相关，微生物的生命活动需要营养物质的维持，微生物通过吸收废气中的有机组分作为营养物质或能源，通过生命活动的新陈代谢将废气污染物降解转化为二氧化碳（CO_2）和水（H_2O）。通常利用生物法氧化分解废气的基本步骤为：①将废气污染物通入水中，与水接触后并溶解于水中，实现污染物由气相到液相中的转变；②废气中的污染物溶解于水中后，在浓度差的推动下进一步扩散到生物膜上，然后被其中的微生物捕获并吸收；③微生物体通过自身的新陈代谢将吸收的污染物作为能源和营养物质进行分解，代谢产生的物质一部分留在液相中，其余的气态物质如二氧化碳（CO_2）排放到大气中。也就是说，废气中的污染物是通过吸收剂溶解和微生物降解两个过程来处理的。

目前，废气生物净化设备按照它们内部液相的不同以及所用微生物的群落状态可以分为三类，即生物滴滤器、生物洗涤器和生物过滤器。

(1) 生物过滤器

生物过滤器又称生物滤池，是一种研究和应用最早的废气净化工艺设备。生物过滤器一般是由打开或闭合的容器中一层层的多孔填料床组成的，填料即过滤材料通常是堆肥、土壤、树枝、木片等天然有机材料，也可以是多种材料按比例混合填充，还可以在里面填充一些其他材料如颗粒性活性炭等来提高废气净化效果。过滤介质内部的水分是由内部的增湿器来提供的，所以要求过滤介质必须有良好的通水性和通气性。过滤器内微生物生长所需的营养物质是由所用的过滤介质来提供的。生物过滤器净化气态污染物的流程如图 6-6 所示。

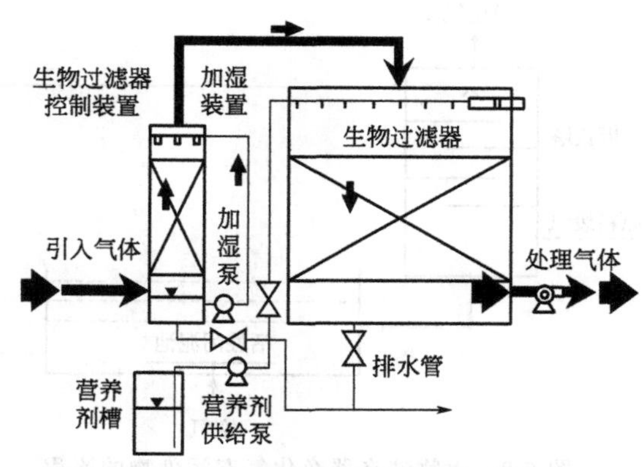

图 6-6　生物过滤器净化气态污染物的流程

生物过滤器正常工作时，废气污染物首先经过滤介质除去其中的颗粒污染物，然后再经过增湿器调节水分后，从过滤器底部进入，接着开始从下往上升浮。当经过过滤介质时，被附着在上面的微生物吸收降解为无害的气体再排放到大气中。在过滤器中填料内的液相是静止的，液相内的微生物自由分布其中。

目前，生物过滤器已经是一种应用相对成熟的工艺设备，操作比较简单，价格和运行成本都比较低，特别适合用于处理低浓度的废气污染物。但随着使用时间的变长，过滤介质即填料内部的营养物质被消耗变少以及微生物不断代谢积累下来的反应产物污染液相，长此以往，过滤器的净化效果会越来越差，所以每隔一段时间就需要更换过滤器内的填料和调节液相的 pH 值。

（2）生物滴滤器

生物滴滤器是当前最具研究前景的一种生物净化装置，它是在原生物过滤器的基础上改造研发出来的一种新设备，所以其基本结构与生物过滤器大致相似。相比较于生物过滤器而言，生物滴滤器顶部多了一个喷淋装置，不但可以进行循环喷淋控制填料层内部湿度，而且喷淋液中也可以加入一些促进微生物生长的营养物质和 pH 值缓冲液来调节液相酸碱性。生物滴滤器内部所用的填料也不再是天然有机材料，而是换成了不含生物质的惰性材料，这样的填充材料由于一般不会被微生物分解利用，所以也不需要经常进行更换。

生物滴滤器工作时，废气污染物由过滤器底部进入，喷淋装置从顶部开始喷淋营养物质，废气污染物向上经过填料时，附着在填料上的微生物将废气中的污染物吸收，被微生物吸收的有机污染物在微生物的代谢作用下被利用分解成无害物质排出。多余的营养液则从塔底排出，进行下一次喷淋，一直往复循环。通过营养液的不断循环流动，可以促进整个净化过程的持续有效进行，防止反应器内部堵塞。生物滴滤器净化气态污染物的流程如图 6-7 所示。

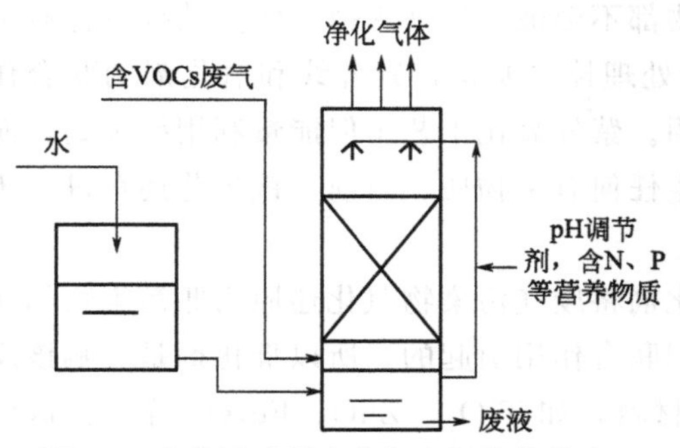

图 6-7　生物滴滤器净化气态污染物的流程

目前有关用生物喷淋法来净化废气污染物的研究和开发是国内外研究的热点。生物滴滤器内部的反应条件比较容易控制，如通过调节生物滴滤器内喷淋装置的喷淋液的 pH 值和温度，就可以很好地控制反应器内微生物生长的 pH 值和温度，另外在喷淋液中加入一些营养物质和 pH 值缓冲液还可以更好地促进微生物的繁殖和生长，从而有利于废气污染物的净化。

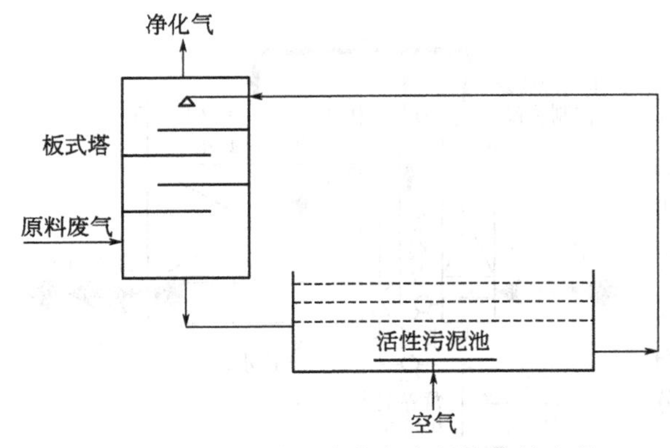

图 6-8　生物洗涤器净化气态污染物的流程

(3) 生物洗涤器

生物洗涤器又称生物洗涤塔，是一种与生物滴滤器结构非常相似的废气污染物净化装置。与生物滴滤器和生物过滤器不同，生物洗涤器内部不再需要填料，因此生物洗涤器中的微生物主要存在于反应器中的液相中。一般生物洗涤器装置分为两部分，即吸收部分和净化部分。生物洗涤器净化气态污染物的流程如图 6-8 所示。

两个反应器互连互通，一个反应器负责将废气污染物和液相接触混合，使得废气污染物由气相转移到液相，另一个反应器则专门负责将废气污染物进行降解。

生物洗涤器工作时，废气污染物首先从反应器底部进入，接触到喷淋装置喷出的喷淋液时溶于液相中，随后再流动进入第二个净化反应器中，污染物被微生物吸收、利用、降解为非污染物排出，流出液继续循环往复流动，不断将废气污染物带入反应器中净化。

6.3.1.7　常温氧化法、膜分离技术和等离子技术

常温氧化法，顾名思义即是利用光能、催化剂或两者结合使废气污染物在常温下发生氧化而转化成非污染物的方法。与其他燃烧和催化燃烧不同，常温氧化法是在常温下进行的，不需要太高或太低的温度加持，故所需的燃料能耗较少，比较经济环保。按照氧化时所用的催化工艺不同可以将常温氧化法分为紫外氧化和光催化氧化两种技术。

紫外氧化法：是利用大气中所发生的光化学反应机理将有机废气污染物氧化为二氧化碳（CO_2）和水（H_2O）的处理工艺。紫外线照射废气污染物，各种氧化剂如臭氧、过氧自由基、羟基自由基等通过对废气污染物的氧化作用来破坏废气有机物，从而达到对废气污染物的净化作用。通常要根据所要处理的废气污染物类型去选择合适的紫外线波长，以求达到最佳的净化效果。废气污染物处理过程中，必须要保证废气可以在紫外线下受到较长的照射时间。通常在紫外线的照射下，大部分的废气污染物都不会被直接处理掉，大多数挥发性有机物（VOCs）在紫外线照射下只会被激活，被完全处理掉主要是在紫外线和氧化剂的联合作用下，其中氧化剂在这个过程中起到了主要的作用。紫外氧化工艺不但能量利用率很高，而且该过程在常温下进行，能耗低，反应也不会产生任何有害物质。目前，该工艺还在进一步的研究开发阶段之中。

光催化氧化法：是在紫外线的照射下用光催化剂将废气污染物氧化还原为非污染物的净化方法。这种方法中的氧化还原反应是光和催化剂联合作用引起的，所以催化剂是影响该反应的主要因素。一般常用的光催化剂都是半导体材料，如 TiO_2、ZnO、Fe_2O_3 等。在这些光催化剂中二氧化钛（TiO_2）性能比较稳定，成本低，原料来源广，且基本上无毒无害，所以现在基本上应用最广的是二氧化钛（TiO_2）光催化剂。

影响光催化反应的因素主要是催化剂二氧化钛（TiO_2）的晶型和一些其他的影响因素，如光催化氧化所用的光源、反应温度、二氧化钛（TiO_2）添加量、反应液中盐类、溶液 pH 值和外加氧化剂等。除此之外，还可以利用改性催化剂的方法来提高反应催化效果，如用金

属离子掺杂、贵金属表面沉积、复合半导体法、半导体的光敏化等方法来对光催化剂改性。

膜分离技术是指利用混合废气中各组分在压力的推动下透过膜的传递速率的不同而将废气中的污染物分离出来的方法。所以膜分离技术中所用的膜对废气污染物的分离至关重要，采用不同结构的膜对气体通过膜的传递扩散速率有很大的影响。膜的性能主要取决于制膜的材料和制膜的工艺。目前，制膜工艺已经发展得比较完善，而制膜材料方面一直未有很大的变革。所以制膜材料已经影响和制约着膜分离技术的发展，未来关于膜材料方面的研究应该是实现膜分离技术发展的关键。

目前，废气污染物的膜分离技术的工作过程大致是：首先，废气污染物经过预处理（除尘、除油）后，再经加压，进入冷凝器后冷凝分离，然后再过膜气相分离。分离后被净化的气体可以利用起来或者直接向外排放，污染物成分则返回到进气口重新进行一次处理或直接催化燃烧掉。也可以用一些吸附剂如活性炭来吸附处理膜分离出来的污染物。

膜分离过程属于一个简单的物理过程，所以无二次污染，且净化效率很高、操作方便，特别适用于处理浓度较大的废气污染物和应用于一些不适合用固体吸附剂的场合。

等离子技术是将废气污染物置于高能电子射线照射下，进而使废气中各组分激活、电离、裂解，废气污染物通过氧化等一系列复杂化学反应转化为非污染物的方法。

高能电子射线可以同时处理废气中的多种污染物，所以具有很好的废气净化效果。而且该工艺原理简单，操作方便，在未来的废气净化方面具有很好的研究前景。

6.3.2　各方法主要存在的问题

(1) 冷凝法主要存在的问题

冷凝法虽然具有回收挥发性有机污染物（VOCs）技术简单，受外界压力、温度影响小，回收效果稳定，安全性好，无二次污染等优点，但由于受限于冷凝温度、废气中污染物浓度、冷凝压强等因素的影响，致使出现净化率不高（30%～50%)、经济成本高、设备能耗大等缺点。

(2) 燃烧法主要存在的问题

目前，与其他净化气体的方法相比，燃烧法是净化回收可燃性废气污染物最有效的方式。其具有废气净化效率高、所用设备简单、回收经济性好等优势。但是近年来随着社会能源结构的调整，即能源危机的来临，燃烧法处理废气的主要目标也发生了转变，如何提高废气被焚烧后的热交换效率以及考虑整个过程的经济性成为了主要的矛盾。燃烧技术的提高有望日后进一步完善燃烧法的优势。

(3) 催化燃烧法主要存在的问题

虽然催化燃烧法与非催化燃烧法相比具有反应温度低、产生的氮氧化物少、转化操作简单经济等优点，但是废气污染物浓度较低时，需要补充大量外加的辅助燃料，产生足够热量才能维持催化反应的正常进行，所以催化燃烧法不适用于低浓度废气，而且催化燃烧的废气中含有的固体颗粒必须少，不能含有使催化剂中毒、抑制催化活性的物质等。另外，使用催化剂的成本高和使用更换次数频繁也限制了它的应用。

(4) 吸附法主要存在的问题

利用吸附法净化废气污染物的工艺比较成熟，净化过程中能源消耗低，且污染物净化率高，吸附过程简单易操作。但是吸附法净化废气也有很多问题存在，如废气污染物中杂质较多时影响吸附效率，吸附剂吸附容量有限，设备成本高、占地大，吸附剂价格高，会产生二次污染等。目前，一般将废气吸附净化和催化燃烧两种工艺结合起来用于废气污染物的治理。

（5）吸收法主要存在的问题

吸收法使用的设备简单，成本低，但是废气净化率低，特别是处理化学性质稳定且难溶于水的废气污染物，一般在80%以下。随着治理废气技术的不断发展和废物排放标准越来越严格，吸收法的应用前途不容乐观。

（6）催化转化法主要存在的问题

催化转化法主要存在的问题是催化剂成本高、更换频繁，催化反应条件要求比较高（如高温度、高压强）。

（7）生物净化法主要存在的问题

虽然生物净化法在处理中低浓度的废气时效率高、成本低、设备简单且无二次污染，但生物净化法的局限性在于不能回收污染物质，只适用于污染物浓度很低的情况。填料、营养物质、微生物种类又是影响微生物法处理的重要因素。

（8）光催化氧化技术主要存在的问题

光催化氧化技术虽然可以在常温下进行，且能耗较小、操作简单、所用催化剂成本低等，但本身还存在许多局限性，如回收困难、光源利用率低、催化效果不高等。以后该工艺的使用尚有许多可以改进的地方，比如：可以研究开发有效的固定相二氧化钛（TiO_2），提高催化剂的合理回收和利用率；进行催化剂的改良，提高催化剂的活性来促进反应速率；尝试进行氧化剂的各种组合来找出最佳的组合和添加量等。

6.3.3 国内外大气污染处理方法对比

6.3.3.1 国外大气污染治理方法

（1）美国：制定法律法规，区域联防联控

20世纪40年代初，美国大气污染情况十分严重，发生了很多起十分恶劣的大气污染事件，如多诺拉烟雾事件、洛杉矶的光化学烟雾事件等。这些事件发生后，对当地人民的身体健康和生活造成了十分恶劣的影响，同时也引起了美国政府对大气污染治理的重视。1955年，美国联邦政府出台了第一部大气污染法——《空气污染控制法》，随后又相继制定了《清洁空气法》《空气质量法》《机动车空气污染控制法》等多部法律法规。因为大气环境污染情况一直在不断地变化，所以此后数十年间，《清洁空气法》又经过了数次修改，对其内容进行了补充和完善，如开始将 $PM_{2.5}$ 纳入到了环境检测范围内，针对臭氧污染的变化也做出了调整等。最终经过多次修改的《清洁空气法》成为了全美空气质量标准制定的依据。同时美国还成立了一个独立的环境部门——美国环境保护署（EPA），划定了全美十多个环境控制治理区，明确了各个州之间所拥有的环境方面的权利和义务。各个环境管理区域间可以进行协商，联合控制环境污染。各个环境管理区内对一些违法企业进行了罚款，开始增设环境保护方面的税务如硫税和二氧化碳税等等，实时检测环境污染状况并进行数据公布和报告，还积极到群众中去了解信息，广泛收集群众的意见，鼓励大家积极投入到环境保护的行动中去。

经过美国联邦政府和各个州的共同努力，大气污染得到了有效的遏制，美国各个城市的空气质量都得到了好转。

(2) 英国：制定法律法规，调整能源结构

英国是第一次工业革命的发源地，也是最早开始进行工业革命的国家。进行快速工业革命的过程中，使用的燃料能源主要是以煤炭为主，大量的煤炭燃烧直接产生了许多有害气体和颗粒物，这些污染物未经处理就直接排放到了大气中，久而久之，大量有害气体和颗粒物的排放极大地破坏了大气环境，使英国伦敦变成了世界有名的“雾都”。1952 年，英国伦敦出现了史上污染最为严重的一次——“伦敦烟雾事件”，导致了 4000 多人因呼吸道疾病死亡，10 万人致病。之后大气环境污染终于引起了英国政府的重视，开始采取措施来治理大气污染。

1956 年，英国政府制定了世界上第一部环境空气污染防治法案——《清洁空气法》，该法规定关闭伦敦市所有的燃煤发电厂，不准使用任何产生烟雾的燃料，鼓励重工业和发电厂进行搬迁改造，冬季进行集中供暖，不准使用传统炉灶进行取暖等。经过几十年的不断治理，环境大气质量在慢慢好转。一直到 20 世纪 90 年代，英国政府又对环境空气质量发展进行了规划，要求各个城市必须进行空气质量评价，对一些环境大气质量不达标的区域特殊照顾，要求在规定时间内必须达到标准。进入 21 世纪后，英国政府又出台了《能源法》《公共卫生法》等法案，并对 $PM_{2.5}$ 进行了硬性规定，要在 2020 年达到 $0.025mg/m^2$ 的标准。这些法律法规的制定实施为英国以后的环境大气保护提供了切实可行的保障。

英国伦敦大规模的雾霾天气出现是大量烧煤造成的，限于当时的能源结构不够丰富，所以政府进行的能源调整力度不是太大，主要是采取从污染源头进行防控的办法，如：统一供暖，改造或取缔传统炉灶；对煤炭进行洗选，降低煤炭中硫含量；大力使用清洁能源，对一些重工业企业进行搬迁或改造。

20 世纪 80 年代开始，英国汽车保有量逐渐增加，致使汽车尾气成为了伦敦市主要的污染源。英国政府采取了很多措施来防治尾气污染，如：要求机动车必须安装尾气净化装置，尽量减少氮氧化物的排放；通过提高停车费和增收购车税来限制汽车保有量的增加；建设自行车专用车道，推进新能源汽车，改善公共交通基础设施，提倡人们绿色出行，大力控制汽车尾气的排放，从而改善大气环境质量。

英国政府还积极推行绿化政策。绿化不但可以净化空气污染物，而且可以美化城市。目前，伦敦市已经是世界上绿化程度最高的城市之一，平均人均绿化面积高达 $24m^2$，已经形成了十分良好的城市绿化空间布局，如今的伦敦已经不再是 20 世纪的那个“雾都”了。

(3) 日本：法律与绿化并行，强化污染的治理

日本是一个在第二次世界大战后迅速崛起的国家，在快速推进国家经济发展的同时，不可避免地造成了许多环境方面的污染。大气污染问题十分突出，东京城内雾霾重重。对此日本政府高度重视，采取了很多措施来改善环境空气质量。

首先，日本政府相继出台了《大气污染控制法》和《烟尘控制法》，用法律的手段来为以后的环境治理提供了保障条件。

日本政府要求重型污染企业必须配备脱硫和脱硝设备，小型企业则必须安装电除尘设备，对所有企业进行严格监督和管理，保证企业污染得到有效控制和治理。另外，汽车出厂前必须加装尾气净化装置，要求出租车全部采用天然气作为燃料，基本上从污染源头控制了环境的污染排放。

扩大绿化面积也是日本政府采取的控制大气污染物的方法。日本东京政府规定新建大楼前和楼顶必须配备足够的绿化面积，提倡和鼓励人们多种树。目前，日本已经成为了人均绿化面积最大的国家之一。

6.3.3.2 国内大气污染治理方法

随着我国经济的快速发展，环境问题日益突出，其中大气污染就是一个比较严重的问题。我国政府也已经意识到了治理环境的紧迫性，为了进一步防止环境恶化，保护公民的健康安全和遏制环境不断恶化的趋势，加大了对大气环境的治理力度，近几年来投入了大量的资金、人力和技术来整治大气环境污染问题，如分别于2005年和2011年实施了燃煤发电厂的脱硫和选择性催化还原（SCR）系统的安装，采取了汽车燃料升级和禁止旧污染汽车进入市区等有效措施。经过我国政府和人民的不懈努力，环境问题得到了有效的遏制，但是总体情况仍然不容乐观。现就我国大气污染治理的主要方法列举以下几点。

(1) 法律法规方面的措施

1987年，我国制定了第一部大气污染控制法——《中华人民共和国大气污染防治法》。该法主要是以工业污染废气作为主要污染源头来进行治理，将烟尘作为本阶段主要控制的大气污染物，并将采取一系列的除尘措施如对煤炭进行洗选、改造锅炉等来进行大气防控。

1989年，我国政府又召开了第三次全国环境保护会议，对大气环境质量标准进行了规定，要求实施城市大气环境检测，并对检测的环境数据进行上报和公示。

20世纪90年代后，我国大气环境中主要的污染物发生了很大变化，大气中的二氧化硫（SO_2）直线上升，以及由此带来的酸雨天气破坏极大。随后出台了《燃煤电厂大气污染物排放标准》，规定了要对二氧化硫（SO_2）总量进行控制，此时我国大气污染物控制开始由浓度控制转变到了总量控制。

进入21世纪以后，我国的环境状况变得更加不容乐观。针对这种情况，我国政府又重新修订了《环境空气质量标准》，新增了对臭氧（O_3）和$PM_{2.5}$的控制标准，对PM_{10}和NO_2的控制标准又进行了严格修订。根据我国第十二个五年计划（2011～2015年），政府计划到2015年实现在2010年的环境污染物水平上减少8%的二氧化硫（SO_2）和10%的二氧化氮（NO_2）排放量，并减少16%的能源消耗和17%的二氧化碳强度。同时，我国政府又于2013年9月10日颁布了“空气污染防治行动计划”，旨在通过长期的努力来极大地减少重污染天数和显著改善国家的空气质量。随后，政府又颁布了新的《中华人民共和国环境保护法》，这部法律是在1989年12月26日第七届全国人民代表大会常务委员会第十一次会议上通过的，并在2014年4月24日第十二届全国人民代表大会常务委员会第八次会议上修订，于2015年1月1日起开始实施。新环境保护法的颁布为保护和改善环境、防治污染和其他公害、保障公众健康、推进生态文明建设、促进我国经济社会可持续发展提供了坚实而强有力的保障，是我国保护环境基本国策的具体实施，在我国环境保护的历史上具有里程碑式的意义。在“十二五”期间，国家环境保护部联合国家质量监督检验总局颁布了《环境空气质量标准》(CAAQS)，首次将$PM_{2.5}$和O_3纳入了环境空气质量标准中。此外，中国还于2012年发布了《环境空气质量技术规范》，采用空气质量指数（air quality index，AQI）取代空气污染指数（air pollution index，API）。AQI可以被用于向公众传达空气污染的严重程度，并指导敏感人群（儿童、老年人和患有心脏病或呼吸道疾病的人）规划他们的户外活动。

经过几年来对大气污染物排放的有效控制，2015 年的中国环境公报显示，在 2015 年的气象条件对污染物的扩散相较于 2014 年来说更为不利的条件下，大气治理工作仍然取得了显著的成就，数据表明大气污染物 SO_2 和 NO_x 的年平均排放量分别下降了 5.8%和 10.9%，空气质量有了很大的改善。相信随着我国法律法规的不断完善，我国的环境建设将会取得更加辉煌的成就。

(2) 其他方面的治理办法

我国大气环境治理奉行的一贯原则是“预防为主，防治结合”“谁污染谁治理”和加强监督管理，通过限期整治制度来整治超标污染企业和调整不合理的工业结构、布局，最终消除危害性极大的工业污染源。

目前，我国的大气污染物控制已经转变到以控制污染物总量为目的的防治，要采取一定的措施在规定的时间内将一个区域内的大气污染物总量控制在一个标准值范围内。各个区域的环境污染物控制总量是根据其实际发展水平来确定的。另外，我国还提出了一些经济措施通过市场调节来控制污染物的总量，如排污许可证和排污收费制度。同时，环保部从 2013 年开始通过建立国家空气质量监测站（National Air Quality Monitoring Sites，NAQMS）来收集大气中一些主要污染物的数据，如 $PM_{2.5}$、PM_{10}、O_3、NO_2、SO_2 和 CO 等。随后在第十三个五年计划中提出建立 NAQMS 网络。经过近几年的发展，截止到 2016 年我国 367 个城市中已经建立 1467 个 NAQMS，全国环境监测网络数据库已经初具规模。目前，国家生态环境部网站每年的环境状况公报对大气状况予以公告，网上实时显示城市地区的空气质量情况。

目前，我国政府出台的大气环境法律法规已经十分健全，并且每年都在不断地更新和完善中。但是由于这些规章制度缺乏统一的规定，环保部门监督力度不够大，工厂企业环保意识差，责任落实不到位，企业和个人都缺乏控制污染物排放和环境保护的积极主动性等原因，致使我国的大气污染物状况虽然得到了遏制，但总体环保形势仍然不容乐观。

国外几十年的大气污染物治理经验和许多成功的案例对我们国家的环境治理有很大的参考价值，启示我们大气污染治理工作不是一朝一夕就可以完成的，需要我们不断地去努力和探索新的方法技术去面对众多未知可能出现的大气污染物。大气污染治理要以法律法规制度为前提，以能源产业结构调整为首要，以治污控污技术为手段，主要瞄准机动车污染物，各区域间联防联控才能达到最终理想的整体治理效果。

6.3.4 处理大气污染物的案例

6.3.4.1 国外典型大气污染治理案例

(1) 伦敦烟雾事件

20 世纪的英国是最早进行工业革命的国家，通过工业革命带动了本国经济的快速发展，但同时也遭受到了严重的大气污染侵害。以其首都伦敦为例，每年几乎有 1/4 的时间沉浸在烟雾中，由此得来“雾都”的美名。最终在 1952 年发生了震惊世界的伦敦烟雾事件，当时伦敦市上空由于受到了反气旋、逆温的影响，大量工厂排出的烟雾废气和冬季居民燃煤取暖排出的废气难以扩散，积聚在城市上方，厚重的烟雾积聚在城市上空持续了多天而不散去，整个伦敦市变成了一个毒气室，人们的生活完全陷入了瘫痪状态，严重的烟雾危害致使约4000人因呼吸道疾病等原因而死亡，10万人致病。

经过这件事后英国政府痛下决心开始治理大气污染，针对大气污染主要采取了以下四项措施：①通过立法提高监测标准；②加强重点区域的机动车管理；③大力发展建设公共交通基础设施，提倡绿色出行；④提高城市绿化面积，科学规划城市发展。通过各方面的努力，伦敦市的大气环境治理取得了显著的成效，如今已不再是原来那个“雾都”城市了。

(2) 美国洛杉矶光化学烟雾事件

洛杉矶地处美国西南海岸一个盆地之中，西面临海，三面环山，是一个阳光明媚、风景宜人的地方，早期各种自然矿产资源如金矿、石油和运河等的开发大大促进了它的经济发展，再加上它天然优越的地理位置，使得洛杉矶很快成为了一个商业和旅游业都十分发达的现代化大都市，城市的逐渐繁荣引起了人口的剧增，随之城市机动车的保有量也达到了百万之多。城市里如此庞大的汽车数量，每天不光要消耗数千吨的汽油，而且要排放出成千吨的烃类化合物（C_xH_y）以及数百吨的氮氧化物（NO_x）、一氧化碳（CO）。再加上城市里大量工厂排放的废气污染物，可以说每天洛杉矶排放的大气污染物数量是十分惊人的。洛杉矶三面环山，每天城市里排出的污染物都无法及时地扩散出去，再加上当地经常要受到逆温的影响，更加使得城市污染物聚集在了洛杉矶本地。汽车尾气中的烃类和氮氧化物与空气中的其他成分如氧气发生化学反应产生有毒气体如二氧化氮（NO_2），在阳光的照射下，有毒气体二氧化氮又会裂解出氧自由基，氧自由基可以和空气中的氧气发生反应生成臭氧（O_3），也可以将进入大气中的烃类化合物氧化为各种醛和酮等。废气污染物进入大气后在阳光的照射下发生的一系列反应称为光化学反应，这些反应产物均为含有剧毒的光化学烟雾。这种烟雾可以使人眼睛发红、咽喉疼痛、头晕恶心等，严重时可以致人死亡。洛杉矶自20世纪40年代开始就不断受到光化学烟雾的侵袭，1943年，洛杉矶就已经出现了大规模的市民流泪、打喷嚏、咳嗽等现象。中毒严重的市民呼吸不畅，眼睛疼痛，头晕恶心，有的失去了生命。随后几年的时间里，这种现象持续加重，一直到1955年，洛杉矶爆发了史上最为严重的一次光化学烟雾污染事件，因呼吸衰竭而死亡的65岁以上人数骤然超过了400人。

面对如此“猖獗”的光化学烟雾带来的威胁和挑战，洛杉矶政府采取了许多措施来防控大气污染，主要包括以下几个方面：①政府主导，成立专门的机构——“南海岸空气质量管理区”，下设各个部门，主要是负责对当地的法律法规的制定和修改进行建议，对本地区的产业规划、工程施工监督和管理等，还有对外公布工作议事的各项内容等。②市场调节，引入市场处罚管理模式制度，按照区域将各个废气污染物排放工厂分为若干个单元，统一规定各个单元的废气排放量，以后每年逐渐减少其排放量。实行“污染物排放交易制度”，鼓励企业改进生产技术设备，实现环保的经济生产效益。③制定法律法规，美国政府已经出台了很多法律来为环境保护保驾护航，如《空气污染控制法》《机动车空气污染控制法》《空气质量法》《清洁空气法》等，规定了大多数的大气污染物的排放标准，并扩大了监控对象的范围。④积极发动群众，向广大群众及时了解和征询环境污染信息，接受民众投诉和监督。⑤用科技手段来服务于环境保护，加强清洁能源的开发和利用，研制开发清洁能源汽车，从大气污染源头遏制污染问题。

(3) 日本四日市环境空气公害事件

1961年，日本四日市发生了严重的环境污染公害事件，“四日市哮喘”事件是因为当地石油冶炼和工业燃油产生的废气严重污染了当地的空气所造成的。据了解，四日市自 1955 年以来，新增了十几家大型石油化工企业和一百余家中小企业。就是因为这些企业往大气中不断地排放废气污染物，致使当地大气环境遭到了极大的破坏，最终在 1961 年爆发了大规模的哮喘病。

严重的环境污染引起了民愤，迫于民众压力，日本政府不得不采取措施来控制大气环境污染。1967 年，日本政府制定了《公害对策基本法》，随后又相继出台了《大气污染防治法》和 14 部公害法案，很快便形成了较为完整的基本法律框架。同时，四日市污染企业被处以巨额的罚款，并对受害群众进行了赔偿。日本政府一系列强有力的措施迫使当地的工厂企业不得不做出整改，开始重视污染防治。经过几年的不断努力，大气中的二氧化硫（SO_2）、氮氧化物（NO_x）等污染物显著减少，空气质量得到了极大的改善。

(4) 德国鲁尔区空气污染治理

德国的鲁尔工业区位于德国中西部，形成于 19 世纪中叶，地处欧洲的交通要道，地理位置十分优越。20 世纪的德国鲁尔区的工业是德国发动两次世界大战的物质基础，加之鲁尔区的地理位置，水运、陆运的便利，让这里成为了欧洲经济最发达的金三角。战后又在联邦德国经济恢复和经济起飞中发挥过重大的作用，工业产值占全国的 40%。

鲁尔工业区属于典型的传统工业地域，以煤炭、钢铁起家，大力发展工业，带动了当地经济的发展。但发展煤炭工业的同时也产生了大量的烟尘、CO_2、SO_2 等大气污染物，造成了严重的大气污染。鲁尔区的工厂每年要向大气中排放 CO_2、SO_2 等污染物大约 4000t，其中 600t 的大气污染物聚集在城市上空。当时鲁尔工业区的大气污染已经严重到了影响城市交通的情形，空气质量更是让人们无法呼吸。据资料记载，当时整个鲁尔区白天如同黑夜，甚至连树木都被染成了黑色。

1962 年发生的鲁尔工业区雾霾事件造成了 156 人死亡。当地政府在人民的呼吁下终于意识到了污染问题的严重性，开始着手治理大气污染：①首先颁布了环境保护法律法规，如《雾霾法令》《联邦污染防治法》等。②随后又采取了大气治理措施，比如在鲁尔工业区内建立了烟囱自动报警系统，各个工厂都建立了回收有害气体以及烟尘的装置，使大气污染得到了有效的遏制。③改造传统行业，限制污染物的排放。如关停污染源、在污染比较严重的地方限制汽车行驶、禁止露天焚烧垃圾等。④积极促进能源转型，促进清洁能源开发。州政府出台了优惠的扶持政策，包括环保资助、研究与发展补助、投资补贴等政策。⑤减少对传统能源的依赖，促进产业转型。将极具发展潜力的高新技术产业和文化产业作为发展的重点，以此来提高区域产业的竞争力。

鲁尔工业区通过制定严格的法律法规，采取有效的技术措施，将污染治理真正落到了实处。大气污染治理很快就收到了显著的效果，整个工业区以往浓烟漫天、黑尘遍地的现象早已不在，取而代之的是蔚蓝的天空，真正实现了鲁尔工业区的“焕然一新”。

6.3.4.2 中国大气污染治理案例

自 1978 年改革开放以来，中国经济迅猛发展，经济增长率接近 9%，取得了许多显著的经济成就。然而，经济快速发展的同时，我国的环境问题也变得日益突出，许多在发达国家工业化进程中出现过的环境问题开始在我国陆续发生，给我国人民的健康和生命财产安全带来了极大的威胁。其中环境事故一直是一个困扰着我国的最大的环境难题。

目前，我国的大气污染现状非常严重，主要可以分为工业大气污染和生活大气污染两个方面。随着人们生活质量的提高，汽车成了主要的代步工具。截至目前，我国的机动车保有量已经达到了3.25亿辆。大量汽车尾气的排放严重污染了我国的大气环境，因此也造成了近些年来全国各处雾霾天气以及酸雨天气的频繁出现。很多地区片面追求经济的高速发展，大力发展重污染工业，严重地破坏了大气生态环境的平衡，从而导致了非常恶劣的环境气候的出现。与国外的大气环境污染事件相比，我国的大气污染案例也是屡见不鲜，甚至“青出于蓝”。

“烟雾”，顾名思义即是烟和雾同时存在的意思，是烟和雾这两个词组合而来的，是一种固液共存的混合态气溶胶。“烟雾”一词最早是由外国的Henry博士在1905年举行的公共卫生大会的一次会议上提出的，从提出以来一直被专门用来描述工业化国家城市的空气污染事件。这个词最先得到广泛的关注是起源于20世纪伦敦市频发的严重烟雾污染事件，而后在20世纪中期美国洛杉矶频发的光化学烟雾事件后，烟雾和光化学烟雾等大气污染问题成为了全球关注的焦点。

21世纪初，经过60年努力治理大气后，西方许多发达国家的大气污染都得到了很好的控制，大气质量有了显著的改善，空气能见度也大大提高，以前的“雾都”伦敦和光化学烟雾频发的美国洛杉矶也因为空气质量大好而逐渐不再被人们关注。然而，西方国家的烟雾污染问题刚刚平息，东方许多国家的城市却因为频繁发生严重的烟雾污染开始登上新闻报道的头条。报道中的这些大气污染比较严重的城市大多是21世纪依赖重工业发展起来的一些新型城市，如北京、上海、德里和一些印度的其他城市等。它们和20世纪的西方发达国家一样，同样是只顾发展经济而忽视了本地区的环境保护，没有吸取以前美国、英国等国家发展中的教训，却重新走了它们的老路，而且可能走得比它们更糟糕。

有污染事件指出氯气的泄漏还严重地破坏了生态环境。附近的大气环境、土壤环境以及地表水和地下水均遭到了不同程度的严重污染，空气中的氯气被检出严重超标，水体中pH值超标，土壤也受到了轻微的污染。总之，由化学危险物品运输管理不当引起的严重环境污染事件造成的严重破坏后果实属罕见。

参照国外治理大气污染的案例和经验，我国在治理大气污染时不宜完全照搬，需要结合本国的国情来进行长远的规划，考虑到一切可能的影响因素，调动全方位的力量来治理大气污染。综合国内外多个典型污染事件的处理办法，我们可以从以下几个方面来采取措施进行大气治理。

(1) 完善立法机制，加强环境立法

大气环境的污染是人为因素造成的，而法律是约束人最好的手段，国家生活的方方面面都离不开法律的参与。同样，环境保护方面也不例外。治理环境污染要有法可依，只有逐步制定并落实环境法律法规，才能够保证环境治理的长治久安；国有法而不依等于无法，明确环保机构的具体职责，授予它们更多的执法权力以及为其提供更多的资金和技术方面的支持可以帮助它们更好地实施监督，保证环境法律法规的认真落实与实施。各个企业之间还可以互相监督，形成良性竞争体制，更好地发挥监督的作用。

(2) 调整产业结构布局，促进产业快速转型

企业是国家经济的推动者，又是环境污染的主要制造者。所以进行我国产业结构的大调整显得极为重要。降低第二类高能耗高污染产业的比例，促进新型无污染企业形成和发展。同时，要提高第三类服务产业在国民生产总值方面的贡献比例，从而保证国家经济和环境保护平稳发展；在产业结构布局方面，要尽量将高污染企业迁出人口密集的生活区或污染严重的地方，最好将工厂安排至下风场地区或高海拔的地区，这样可以有利于污染物的扩散沉降，最大化地减少对环境的危害。

(3) 从污染物源头进行控制

霾污染形成的原因主要是污染物 SO_2、NO_x、CO 和 VOCs 的排放，所以进行霾污染的控制应该从这些主要污染物着手。产生 SO_2 的污染源主要是燃煤工业和燃煤电厂，NO_x、CO 的控制重点主要是机动车尾气和燃煤电厂，而 VOCs 的产生源主要是机动车、工业和一些生活类的污染物排放。针对不同污染物的污染源头进行严格的控制可以很好地起到防止大气污染的效果。另外，污染物的防治还应该分时间段进行。冬天的北方由于要进行大规模的燃煤供暖，所以这个时候大气中的污染物 SO_2、NO_x、CO 等含量也会达到一年内的最高值，因此在冬季供暖时要加强对大气中污染物的监测和控制。

(4) 大气污染治理需要全民参与

一个人对环境的破坏也许微不足道，但是我国近 14 亿人口的环境破坏能力将是十分可怕的。因此，保护环境是每一个公民的责任和义务，只有提高全民的环保意识，每一个人从自我做起，从每一件保护环境的小事做起，使公众参与到环境保护的过程中来，才能保障我们有更好的生活环境。

第7章 水体中污染物的控制

7.1 水体污染

7.1.1 水体污染概况

水体在水污染环境中定义为江、河、湖、海、地下水、冰川等储水体的总称，水体中不仅包括水，水中所溶解的胶体物质、悬浮物质、底泥以及水生生物等也是水体的重要组成部分。水体污染是指污染物进入到水体中，超出水体的环境容量或水体自净范围造成水体损害、破坏水体本身功能及价值的现象，污染原因分为两种，即自然污染和人为污染。自然环境下由于火山喷发、岩石的自然风化水解、绿色植物在地球化学循环中释放物质、大气干湿沉降、水土流失等原因造成水体污染。相比于自然污染，人为污染对水体的危害要严重得多，因此通常提到的水体污染是由人类活动所引起的。

大量污染物的存在给水体生态系统造成了严重的危害，使得环境污染日趋严重，水体污染已经成为国内外亟须解决的环境问题。中国首次严重的水体污染出现在1983年的京杭运河的杭州段，不同文献的报道和研究显示中国七大水系（珠江水系、长江水系、太湖水系、淮河水系、黄河水系、海河水系、松辽水系）都不同程度地受到了污染。总的来说，中国的水污染情况已经非常严重。国外水污染现状也很不乐观。由于采矿和冶炼废物，波兰大约50%的地表水不符合水质。可以看出，水污染已成为全球环境污染问题。同时，不应低估水体中污染物的危害性。一旦污染物进入水生生态系统，它们将影响水生植物和动物，并通过食物链富集，引起人体病理变化，危害人类健康。对植物的主要不利影响是：抑制水生植物的光合作用和呼吸作用，并抑制酶的活性，从而引起核酸组成的变化，导致水生植物细胞的收缩和生长的抑制。此外，一些污染物也具有致癌、致畸、致突变的作用，可能通过食物链直接或间接影响人类健康。根据联合国世界卫生组织的统计，由于全球工业污染，世界上约80%的饮用水无法达到健康标准。在已知的人类疾病中70%～80%与水污染有关。

由于中国经济的快速发展，大量的工业废水和生活污水被汇入河流和湖泊，导致水体被污染。造成污染的原因主要有：

① 工业和农业中使用的水源。许多重金属、漂白染料、农药、化肥和其他污染源的污染物直接排入河流而未经处理。

② 水的二次污染。目前饮用水的处理方法是添加氯、氟和石灰以控制细菌的生长，同时使水被化学污染。

③ 水体人为加压和储存。巨大的压力破坏了水分子的结构，将一小部分水分子粉碎成大量的水分子，从而大大降低了水的自然清洁能力。

④ 水的全球性循环过程。受污染的水影响世界各地的蒸发、降水、地表和地下水流。

⑤ 地下水过度开采。过度开采地下水不仅会造成地面沉降，还会导致地下水位急剧下降，形成漏斗。

水环境是一个开放和动态的系统，其中生物和非生物环境相互关联和相互作用。水中的污染物具有稳定、耐火、亲脂、持久和高度有害的特性。人类活动造成的水污染数量和类型急剧增加，造成严重的生态系统问题。因此，针对水污染问题，政府已采取相应措施进行处理和修复。

7.1.1.1 产生水体污染的原因

造成我国水污染的原因主要有以下几个方面：

① 工业废水污染。诸如食品、塑料、石油化工、冶金、制药等各种轻重工业排放的工业废水，其中含有大量的有机物和无机物，严重影响水源状况。

② 生活污水污染。生活污水也被称作城市污水，一部分来源于家庭厨房、浴室和厕所，另一部分为部分的工业用水。生活污水含有大量的有机物、病原菌、寄生虫等，还包含了许多含氮、含磷以及含硫高的无机盐，这也是水质恶化的主要原因。

③ 农业废水污染。农业活动中使用的农药、化肥等，经地表水或地下水的流动与渗透而进入水体，从而污染水环境。此外，畜牧过程中的大量动物排泄物，如未经处理即予以排放，同样会有大量的病菌和有机物进入水体，造成污染，并进入到地表水和地下水参与到水循环之中，因此诱发了水污染。

④ 飞尘、废气被雨水吸收。飞尘和废气的产生引起了大气污染，又随着雨水参与到了水循环的过程中，引起了水环境的恶化。

⑤ 垃圾渗滤液。垃圾处理不当时，因含有较高浓度的有机质，渗滤液会渗入地下水或地表水中，从而污染水体。

7.1.1.2 水体污染的特点

① 水污染影响的广泛性。不同于其他的公共资源，水资源具有流动性的特点，任何点源的水污染都会导致其下游的水质污染，引起区域性污染事件。除此之外，水资源利用广泛，居民日常的生活、农业的灌溉、工业的生产等都离不开水，一旦某一区域的水资源受到污染和破坏，很可能会给整个流域带来严重影响。而且河流湖泊直接参与到水循环之中，因此整个水循环中只要一个部分受到污染，整个水循环过程都会被污染，这也就使得水污染的治理工程量巨大，覆盖面要求范围广。

② 地理条件的复杂性。我国的地形复杂多样，河流湖泊成分繁杂，加上我国南北跨度大，气候条件差异明显，不同流域之间区别也很大，如南方多个流域的防洪抗洪压力较大，北方许多流域支流会出现断流，都会加大水污染治理的难度。

7.1.1.3 水体污染的水质指标及测定方法

水质指标可分为物理指标、化学指标和生物指标。水质指标是水本身的理化性质，是监测、评估、利用和控制水体污染的主要依据。污水水质指标包括生化需氧量、化学需氧量、总需氧量、悬浮物、总有机碳、有机氮、pH 值、有毒物质、细菌总数、大肠菌群数、溶解氧等。

(1) 化学需氧量 (COD)

化学需氧量（COD）是指在一定条件下用某种强氧化剂处理水样时所消耗的氧化剂量，是水中存在还原性物质含量的指标。水中的还原性物质包括各种有机物质、亚硝酸盐、硫化物、亚铁盐等，但主要的还原性物质是有机物。因此化学需氧量通常用作衡量水中有机物含量的指标。通常情况下化学需氧量越大，水被有机物污染得越严重。

COD 的测定因水样中还原性物质的测定和测量方法而异，目前最常见的是酸性高锰酸钾氧化法和重铬酸钾氧化法。高锰酸钾（$KMnO_4$）法虽然氧化速率较慢，但是相对简单，并且可以在确定水样中有机物含量的相对比较值时使用。重铬酸钾（$K_2Cr_2O_7$）法具有高氧化速率和良好的再现性，在测定水体中有机物总量时适用。

(2) 生化需氧量 (BOD)

由于微生物在有氧条件下的作用，当在水中可分解的有机物质被完全氧化分解时消耗的氧气量被称为生化需氧量。它表示在一定温度（如 20℃）下一定时间溶解在密闭容器中的溶解氧的量（mg/L）。当温度为 20℃时，一般有机物需要大约 20 天才能完成氧化分解过程，然而如此长的时间已经失去了实际生产控制的实用价值，因此，目前规定在 5℃下培养 5 天是测量生化需氧量的标准，此时测量的生化需氧量称为 5 日生化需氧量，用 BOD_5 表示。如果污水中有机物的含量和成分相对稳定，则两者之间可能存在一定的比例关系，可以相互计算。

(3) 总需氧量 (TOD)

有机物中含 C、H、N、S 等元素，当所有有机物质被氧化时，这些元素被完全氧化为氧化产物，此时的需氧量称为总需氧量（TOD）。

总需氧量的测定过程是将一定量的水注入到以铂钢作为催化剂的燃烧管中，在 900℃的高温下燃烧，水样中的有机物被燃烧以消耗载气中的氧气。用电极测量剩余的氧气并用自动记录仪记录，用载气的原始氧含量减去水样燃烧后剩余的氧气量即为总需氧量。总需氧量的测量比 BOD 和 COD 的测定更快更容易，并且结果比 COD 更接近理论需氧量。

(4) 悬浮物 (SS)

悬浮物是指不能通过过滤器（滤纸或过滤器）的固体物质。污水中的固体物质包括悬浮固体和溶解固体。悬浮固体是悬浮在水中的固体物质。悬浮固体也称为悬浮物或悬浮液，通常用 SS 表示。悬浮物透光性差，使水浑浊，影响水生生物的生长，大量悬浮物可导致河道堵塞。实验室通常采用烘干法测定水中悬浮物含量。

(5) 总有机碳 (TOC)

总有机碳表明了水中所有有机污染物的总碳含量，是评价水中有机污染物的综合参数。它是一种综合测量指标，用于通过燃烧法测定水样中的有机碳总量，以反映水中有机物的总量。

(6) 有机氮

有机氮反映了水中含氮有机化合物如蛋白质、氨基酸和尿素的总量。如果有机氮在有氧条件下生物氧化，它可以逐渐分解成 NH_3、NH_4^+、NO_2^-、NO_3^- 等形式，NH_3 和 NH_4^+ 称为氨氮，NO_2^- 称为亚硝态氮，NO_3^- 称为硝态氮。这些形式的含量可用作水质指标，代表有机氮转化为无机物质的不同阶段。总氮（TN）则是有机氮、氨氮、亚硝态氮、硝态氮的总和。

(7) pH 值

pH 值是表示水的酸度的重要指标，并且在数值上等于氢离子浓度的负对数。pH 值通常根据电化学原理通过玻璃电极法确定，也可以使用比色法，但准确度不高。pH 值可以代表水的最基本属性，它对水质变化和水处理效果有一定的影响。pH 值的测定和控制对保护水生生物的生长和水体的自净功能具有重要的现实意义。如果污水的 pH 值过高或过低，都会影响生化处理。通常，处理过的污水的 pH 值为 6～9。

(8) 细菌总数

细菌总数是指 1mL 水中含有的细菌总数，是反映水的细菌污染程度的指标。在水质分析中，将一定量的水接种在琼脂培养基上并在 37℃下培养 24h，计算生长的细菌菌落数，然后计算每毫升水中的细菌数。

(9) 溶解氧 (DO)

溶解氧意味着溶解在水中的游离氧存在于水生生物中，是有机污染的重要指标。污水污染越严重，污水中的溶解氧就越少。

① 地下水：因为不接触大气，故地下水中溶解氧含量很少。

② 地表水：在溪流中，从大气溶解来的溶解氧量很多。

③ 贫营养湖：溶解氧可以在一年内达到全层饱和相的状态。

④ 富营养湖：在停滞期表面水层饱和或过饱和，而深水层缺乏溶解氧。

⑤ 海水：地表水层接近饱和，因为盐浓度高，因此溶解氧含量低于淡水。

(10) 大肠菌群数

大肠菌群的数量是指 1L 水中含有的大肠杆菌的数量。虽然大肠杆菌本身不是致病菌，但外部环境中大肠菌群的存活条件与肠道传染病相似。此外，大肠杆菌的数量相对较大且相对容易测试，因此大肠杆菌的数量被用作生物污染指标，更常见的病原微生物是肝炎病毒、腺病毒等，也存在一些寄生虫。

(11) 温度

水温是常用的物理指标之一。由于水温对污水的物理、化学和生物处理有影响，因此通常必须确定。生活污水的水温年变化在 10～25℃之间；工业废水的温度与生产过程有关，差异很大。大量高温工业废水直接排入水体，影响水生生物的正常生活。

(12) 色度

污水经常因为含有各种杂质而显示不同的颜色。当带有颜色的污水进入环境后会对环境造成明显的污染。有色污水排入水体时，会削弱水体的透光率，影响水生生物的生长。色度是感官观察到的污水颜色的程度。人们通常可以从污水的颜色来判断水质。

(13) 浊度

水中含有悬浮物，如泥、淤泥、细有机物、无机物、浮游生物和胶体等，会使水体变浑浊，呈现一定的浑浊度。在水质分析中，以能通过 0.1μm 或 0.2μm 孔径滤膜的纯净水作为零浊度水，以 1L 水中加入 1mg SiO_2 所形成的浊度为标准浊度单位，称为 1 度。

(14) 电导率

电导是电阻的倒数，每单位距离的电导称为电导率。电导率表示水中离子化物质的总数，间接表示了水中溶解盐的含量。电导率与溶解在水中的物质的浓度、活性和温度有关。

7.1.2 水体污染物的危害

水污染不仅会导致鱼类、鸟类以及某些植物的死亡甚至灭绝，而且影响经济发展及社会进步，影响人类的生活质量，进而威胁人类的健康甚至生命安全。水污染已成为不亚于洪灾、旱灾，甚至是更为严重的灾害。水污染的危害具体表现在如下几个方面：

(1) 工业生产方面

工业生产造成的经济损失主要体现在两个方面：一方面是由于工业用水水质下降，工业用水的处理成本增加；另一方面，工业生产过程中排放大量废水，则增加污染源治理投资，从而增加生产成本。

(2) 农业生产方面

水污染对农业生产的影响主要是由于农业生产用水基本上直接取自大江大河，因此导致农产品的质量、产量都明显下降，从而直接影响农产品的价格和总收入。尤其近年来，随着人们环保意识的不断增强，绿色食品已进入百姓生活中，水污染对农产品价格的影响更为显著。不同农业产品由于其生产过程中与水的密切程度不同，水污染对其品质的影响程度也不同。调查结果表明，水污染对农产品品质影响程度的大小依次是水产品、粮食、蔬菜和水果等，在经济发达地区这种产品质量差价更加明显。据《2005 年中国环境状况公报》报道，仅 2005 年一年，我国全海域因污染而发生赤潮 82 次，累计发生面积约 27070km^2，大面积赤潮集中在浙江中部海域、长江口外海域、渤海湾和海州湾等，赤潮主要对沿岸鱼类和藻类养殖造成影响，因赤潮而对沿岸鱼类和藻类养殖造成的直接经济损失逾 6900 万元。另据不完全统计，2005 年全国共发生海洋渔业水域污染事故 91 次，污染面积约 4.7 万公顷，造成直接经济损失约 4 亿元。

(3) 生活用水方面

水污染还会造成人为缺水或停水。水污染在某些地方造成间歇性缺水和长期缺水，有些地方守着水却没有水喝，有些地方守着河水喝脏水，有些城市因为水污染大面积停水。

污染水源对人的身体健康造成了很大的危害。如水源中检出可能致癌、致畸和致突变的有机化合物就多达百余种。

水污染还导致城市供水成本增加、城市污水处理厂投资建设和运行费用增加，同时也加速了设备的折旧。其中城市污水处理厂投资建设和运行费用增加，中国环境统计年鉴中有较为详细的资料。对于城市供水，水环境污染主要增加供水的水质净化和处理成本。近年来，全国各地自来水价格不断上涨，其中自来水污水处理成本增加是一个重要原因。

7.1.2.1 化学污染物

(1) 农药

在河中检测到严重超标的“六六六”和“DDT”，有时还有用于防止蚊子幼虫的敌敌畏、敌百虫和其他杀虫剂。为了消除渠道、水库和湖泊中的杂草，在水中使用水生除草剂和其他农药，以致大量的鱼虾水生动物死亡。在一些液体制备点还有许多小瓶和其他包装材料，降雨后将产生径流污染。水中的农药主要来自土壤，土壤中的农药随水流移动，农药厂的废水排入水体。在 20 世纪 60 年代的美国、英国、日本和其他国家，使用有机氯农药 10

年后，所有主要河流都受到污染。中国也有类似的情况，由于各种水体的物理和化学性质不同，农药污染程度也不同。根据日本农药对水体中有机氯的检测结果，污染的顺序为雨水＞河水＞海水＞自来水＞地下水。

① 水体中农药对人体的危害。农药主要通过三种方式进入人体：一是意外接触大量食物，如意外进食；二是长期接触一定数量的农药，如农药工人、周围居民和农民使用农药；三是日常接触环境和食品、化妆品中的残留农药。环境中的大量残留农药可以通过食物链进行生物累积。农药最终进入人体主要表现为三种形式，即急性中毒、慢性危害和“三致毒性”。

a. 急性中毒。农药通过口腔、吸入或接触进入人体，在短时间内表现出的急性病理反应是急性中毒。急性中毒导致神经麻痹甚至死亡，甚至导致大规模死亡，成为最明显的农药危害。

b. 慢性危害。长期接触含有农药残留的食品会导致农药在体内积聚，对人体健康构成潜在威胁，即长期中毒。它可以影响神经系统、破坏肝功能、引起生理障碍、影响生殖系统、产生畸形，并导致癌症。

三种主要农药的潜在危害：

ⅰ. 有机磷农药：作为一种神经毒性物质，它可引起神经功能障碍、震颤、混乱和语言问题。

ⅱ. 拟除虫菊酯农药：通常，它具有高毒性并且可积累，中毒的症状是神经症状和皮肤刺激。

ⅲ. 有机氯农药：通过食物途径进入人体后，有机氯农药主要积聚在脂肪中，其次是肝、肾、脾和脑，通过人乳传染给胎儿，引起下一代病变。有机氯农药已被欧盟禁止使用 30 年，而德国大学则在法兰克福和慕尼黑等城市检查了 262 名儿童，其中 17 名新生儿体内查出多氯联苯，最高可达 1.6mg/kg。1975 年，美国研究所随机选择了每个州的 150 家医院，并收集了 1436 份牛奶样本，其中大多数经过测试，测出含有狄氏剂和环氧七氯。1983 年，中国哈尔滨市医疗部门对 70 名 30 岁以下的哺乳期妇女进行了调查，发现她们的乳汁中含有“六六六”和滴滴涕。虽然农药在短时间内不会引起明显的急性中毒症状，但它们会在人体内积聚，造成慢性伤害。例如，有机磷和氨基甲酸酯类农药可以抑制胆碱酯酶活性并破坏正常的神经系统特征。美国科学家已经证明滴滴涕可以干扰人体内激素的平衡并影响男性的生育能力。在加拿大，儿童因受到被杀虫剂污染的鱼类和猎物影响而表现出免疫缺陷，如脑膜炎的发病率比美国儿童高 30 倍。虽然农药的慢性危害不能直接危害人的生命，但它可以降低人体免疫力，从而影响人体健康，增加其他疾病的流行和死亡率。

c. 致癌、致畸、致突变。根据动物实验，国际癌症研究机构证实，18 种广泛使用的杀虫剂具有显著的致癌性，16 种具有潜在的癌症风险。据估计，美国癌症相关患者的数量约占癌症患者总数的 10%。在越南战争期间，美国军方在越南喷洒了大量植物脱叶剂，导致许多美国士兵和越南平民与脱叶剂接触，从而得癌症、遗传缺陷和其他疾病。根据最近的报道，越南有 5 万名畸形儿童。1989～1990 年，匈牙利西南部的林雅村只有 456 人，在 15 个活产婴儿中，11 个是先天性畸形，占 73.3%，主要原因是孕妇在怀孕期间吃含有敌百虫的鱼。目前，虽然中国已经发布了五批农药安全标准，但也禁止在农业中使用 10 种农药。然而，在利益的影响下，滥用农药的现象更为严重。其中，二溴氯丙烷可引起男性不育，对动物具有致癌性和致突变性，二溴乙烷可引起人和动物的致畸性和致突变性。

② 农药对其他生物的危害。使用大量杀虫剂，杀死害虫的同时也杀死了其他有益的昆虫和野兽，大大减少了有益鸟类和野兽，从而破坏了生态平衡。另外，农药的频繁使用使害虫产生抗药性，导致药物数量和药物用量增加，增加了环境污染和生态破坏，形成了农药滥用的恶性循环。还有一个鲜为人知的事实是，农药的使用不仅不能完全去除害虫，还会加速害虫的进化，增强其抗性，甚至产生杀虫剂无法消除的害虫。通过排水或雨水进入水体的农药影响水生生物的生长，对淡水渔业水域和近海水域的水质造成损害，影响鱼卵的胚胎发育，导致孵化缓慢，在成鱼中积累使其不可食用并导致生殖衰退。随着剂量的增加，渔业水质恶化，渔业污染事故发生，渔业生产受到严重威胁，往往导致渔业大幅减少和直接经济损失。化合物的毒性是一种可能对人类（或动物）造成伤害的内在特性。化合物的危害是其毒性的函数，即其在特定环境条件下暴露于化合物的程度。

a. 直接杀戮。在杀虫剂的使用过程中，必然杀伤大量非靶标生物，导致害虫天敌和其他有益动物死亡。环境中的大量农药也会导致生物体的急性中毒，导致生物群体迅速死亡。鸟类是杀虫剂的最大受害者之一。

b. 慢性危害。低剂量农药会对生物体造成慢性损害，影响其生存和发育。一方面，农药可以驱使生物改变原有的栖息地，影响生命的内在规律，影响其生命活动；另一方面，生物体长期处于含有农药的环境中，通过喂养、呼吸和其他生命活动，农药在体内积聚，最终造成伤害，主要是降低免疫力、生育能力和抗压力。农药的生物累积是间接伤害生物的最严重的形式。植物中的农药可以通过食物链运输和积累，对人类和动物构成潜在威胁并影响生态系统。农药的生物累积在水生生物中尤为明显。例如，小球藻可以将环境中 1×10^{-6} 的滴滴涕浓缩至 220 倍，水蛭可以将 0.5×10^{-6} 的滴滴涕浓缩至 100000 倍。美国明湖使用滴滴涕来控制蚊子，湖水中含有 0.02×10^{-6} 的 DDT。小球藻含有 5.0×10^{-6} 的 DDT，是水中的 265 倍。最后，食肉鱼体内含量高达 1700×10^{-6}，浓缩至 85000 倍。

③ 破坏生态平衡。农田环境中有许多害虫和天敌。在自然环境条件下，它们相互制约，处于相对平衡的状态。使用大量农药，不分青红皂白地杀死大量害虫天敌，严重破坏了农田的生态平衡，增强了害虫的抗逆性。中国的抗药性害虫已经遍布粮食、棉花、水果和茶叶等作物。在冀、鲁、豫棉区，棉铃虫对溴氰菊酯的抗性为 100～1000 倍，棉蚜的抗性高达 3200 倍。昆虫抗性的不断提高已成为病虫害爆发的内在原因。半个多世纪以来，全世界农药的使用量增加了近 10 倍，而有害生物引起的谷物减产仍然很高。有害生物迫使农民增加使用的药物数量，严重污染生态环境，破坏自然生态平衡。

(2) 重金属及其分解产物

① 汞。能够影响水体污染物的重金属有很多，其中汞污染不可忽视。汞污染所引起的汞中毒多为慢性汞中毒，其又可分为慢性轻度汞中毒、慢性中毒汞中毒、慢性重度汞中毒，主要表现为神经系统症状，严重者可致死亡，目前世界上已有环境汞污染所致汞中毒病例的报告。其中在 1960～1980 年，我国松花江流域发生的汞中毒事件就是由化工企业排放的含高浓度的汞乙醛生产废水引起的。人们通过饮用受汞及其化合物污染的饮用水或使用受污染的水生动、植物发生汞中毒。汞中毒可分为无机汞和有机汞（如甲基汞），其中无机汞机理可解释如下：在微生物的转化作用下，无机汞能转变为有机汞，有机汞会在水生生物体内进一步富集、积累，人类食用了富含有机汞的水生生物后发生汞中毒事件。总的来说，汞被水

生生物吸收后，汞污染物不仅危害这些生物自身的生长繁殖，而且可以通过食物链进入人体，进一步危害到人类的健康。

例如发生在日本的著名大规模汞中毒事件“水俣病”就是人们食用了体内富集了汞的鱼类导致的，在此之前这种病是不为人们所知的。20 世纪 60 年代水俣病成为世界著名的公害事件后，各国开始注意本国境内水域被汞污染的状况，颁布法令防止汞污染扩散和预防汞中毒。但至今人们对于水环境中汞污染的问题认识仍不一致。有机汞（以甲基汞举例）的危险性质是由其顽固的化学特性和生物学特性所决定的。在化学特性上，甲基汞有高度的化学稳定性，各种加工、烹调方法都不能将其除掉，并且甲基汞具有一定的亲脂性，易溶于脂肪和类脂中。甲基汞的碳汞键很牢固，在体内不易断裂，在细胞中能保持原型，医学上称为原型积蓄。在生物学特性上，甲基汞极易被肠道黏膜所吸收，吸收率可达 80%以上，再加上甲基汞具有高神经毒性，被吸收之后进入机体，在体内代谢、降解非常缓慢，容易在体内积蓄。甲基汞虽然在脑细胞中的积蓄程度不如其他器官，但一旦进入脑组织后衰减却特别缓慢，并有选择性地对脑细胞产生损害。病人的脑损伤是不可逆的，因而症状不能消失，目前尚没有特效的治疗方法治疗，因此患者往往遗患终生，重症者死亡。甲基汞还能通过胎盘进入胎儿循环，损害胎儿。

② 镉。镉是锌冶炼行业的副产品。由于镉的耐腐蚀性和耐摩擦性，它是生产不锈钢、电镀、制造雷达和电视屏幕等原材料以及制造核反应堆控制棒的材料之一。随着电池工业的发展，镍镉电池因其优异的性能而被广泛使用。水中镉主要来自铅锌矿、有色金属冶炼、电镀、玻璃、油漆颜料、纺织印染、摄影、陶瓷和以镉为原料的化工厂的排水。20 世纪 80 年代中后期，镍镉电池的生产迅速增长，镉的年产量增加。镉废物也会造成环境污染，如废镍镉电池。镉在水体方面的污染也较为严重。据有关资料显示，制备硫酸或磷酸盐排出的污水中磷化氢含量较高，每升废水中的镉含量可达数十至数百微克。此外，通过冶炼、燃烧和焚烧大气中铅锌矿石和其他有色金属的塑料产品形成的镉颗粒也可能进入水中，污染水源。研究发现，如果水源中的镉含量达到 0.57～3.88mg/L，下游水体中的鱼类将受到严重污染。如果水中氯化镉的含量为 0.001mg/L，鱿鱼可在 8～18h 内死亡。此外，以镉为原料的材料，如催化剂、颜料、塑料稳定剂、合成橡胶硫化剂和杀菌剂，也可能对水体造成污染，导致饮用水中镉含量显著增加。除了汞与镉污染外，铅、铬、铜等污染也相当严重。

未达标的废水排放到天然水体中，可能导致污染物浓度超过环境容量，从而破坏水体的生态功能，造成水污染。水体中的污染物主要来自两方面，即自然源和人为源。天然来源主要是岩石衍生的碎片产品，通过自然途径进入水体。人为污染源主要包括采矿、金属冶炼和加工、化学生产废水、化石燃料燃烧、农药和化肥、生活垃圾等。其中，人为污染源使污染物意外排放，这是对水体造成的最严重的破坏，其特征在于稳定性、耐火性、亲脂性、持久性和在水中的高度危险性。

（3）石油及其分解产物

石油及其分解产物会影响水体性质，从而对渔业、水生植物、水生动物以及人体都造成危害。石油进入河流、湖泊或地下水，其含量超过水体的自净能力，改变水质和沉积物的物理、化学性质或生物群落组成，从而降低水体的使用价值和使用功能。

进入水体后，石油污染物会在水面上形成不同厚度的油膜。每滴油可以在水的表面上形成 $0.25m^2$ 的油膜，并且每吨油可以覆盖 $5\times10^6m^2$ 的水表面。油膜将水面与大气隔开，使水中的溶解氧减少，从而影响水体的自清洁效果，使水变黑、有气味。油膜和油滴也可黏附在水或水生生物中的颗粒上，扩散和下沉。它将延伸到水体的表面和深度，污染将扩大，破坏水体的正常生态环境。另外，在水面上形成的油膜（覆盖水面的油膜）阻碍水的蒸发，并影响大气与水体之间的热交换。散落在水面上的油会增加太阳反射，改变水面的反射率，减少进入水中的太阳辐射，它将对当地的水文气象条件产生一定的影响。同时，石油膜可以提高海水温度，尤其是海洋表面的温度。

石油污染会破坏渔业，污染渔网、养殖设备和渔获物。当海水中的油含量为 0.01mg/L 时，鱼、虾和贝类可在 24h 内产生异味。当人们食用源自石油烃类的致癌物质，特别是那些被多环芳烃污染的致癌物质时，这些致癌物质通过食物链传播，危害人类健康和安全；有毒海洋生物的幼虫对油污非常敏感，因为它们的神经中枢和呼吸器非常靠近它们的表皮并且表皮非常薄，有毒物质很容易侵入体内。

石油精炼油中燃料油的健康风险包括麻醉和窒息、化学性肺炎和皮炎。如汽油是麻醉毒药，急性中毒会对中枢神经系统和呼吸系统造成损害；短期内吸入大量柴油液滴会导致化学性肺炎。例如，地下油罐和石油管道腐蚀及污染土壤和地下水源，不仅造成土壤盐渍化和中毒，还造成土壤破坏。而且，有毒物质可以通过农作物和地下水进入食物链系统，最终直接危害人类。特别是，在石油进入海洋后，最终会通过食物链富集在人体内，对人类健康造成严重危害。

（4）水中营养物质与水体富营养化

水中的碳、氮、磷、氧以及促进动、植物生长发育的微量元素是湖泊等水体的必需元素，属于水体中的营养元素。但营养物质过多也会造成藻类及其他浮游生物迅速繁殖，水体溶解氧量下降、水质恶化，即水体富营养化。

7.1.2.2 物理污染物

（1）热污染

热污染指从火力发电厂、核电站和钢铁厂冷却系统排出的热水，以及从石油、化工和造纸等工业设备排出的生产废水含有大量的废热。热污染主要影响水体中的水生生物。废热排放到地表水体中之后，水温可以升高，并且水生生物在高温下处于高代谢状态，消耗的氧气量增加。然而，由于温度的升高，水中的溶解氧含量降低，水体处于缺氧状态，导致一些水生生物在热效应下不会再生或死亡。此外，水温的上升为某些病原微生物创造了人工温床，使它们繁殖和泛滥，影响环境和生态，引起疾病流行并危害人类健康。某些毒物的毒性增加，破坏了水生环境，导致水质恶化。

（2）放射性污染

放射性核素可通过水运输稀释并迁移到水中进行生物积累，使一些水生生物中放射性核素的浓度比水中高出许多倍。例如，牡蛎肉中锌同位素^{65}Zn的浓度可以达到周围海水浓度的 100000 倍。水中的放射性核素可以多种方式进入人体，导致人体受到辐射伤害（最近的影响：脱发、头痛、头晕、食欲不振、白内障、睡眠障碍等；远期效应：出现肿瘤、白血病、遗传障碍等）。

7.1.2.3 生物污染物

水中的生物污染物主要指水中的微生物，包括细菌、病毒、寄生螨等。水污染物会造成许多危害，包括：

① 引起水体传染病。病原体进入水体，带有人体粪便污水和其他污染物，引起细菌、病毒和寄生虫污染，导致水污染疾病的传播和流行。进入水环境后，一些有害物质如铜、锌、氰化物等会使水中的微生物中毒，从而阻碍水中有机物的无机化过程，影响水体的自净能力，降低水的感官特性。水污染还可以改变水生生物的种群优势，甚至导致一些水生生物灭绝。

② 导致急性中毒。如果水中氰化物含量过高，饮用后会引起急性中毒；当甲醇过高时，饮用后会导致失明。即使水环境污染较少，对人体的长期重复影响也会降低人体的抵抗力和整体健康，导致慢性病的发病率和死亡率增加。

③“三致”作用。水中最常见的诱变物质是甲基氯、甲基溴、溴仿、氯乙烯、四氯乙烯等。致癌物包括四氯化碳、氯仿、狄氏剂和苯醌。水中的致畸物质包括甲基汞甲萘威、双嘧达莫和次氯酸钠，这些物质可致畸胎、死胎、流产等。

7.2 水体中主要污染物的控制

7.2.1 水体污染物的概况

未经达标处理的废水排入自然水体中，可导致污染物浓度超过其环境容量，进而破坏水体生态功能，造成水环境污染。水体中的污染物主要来自两部分，即自然源和人为源。自然源主要是岩石风化的碎屑产物通过自然途径进入水体中。人为污染源主要包括矿山开采、金属冶炼加工及化工生产废水、化石燃料的燃烧、施用农药化肥和生活垃圾等人为污染源。其中人为污染源使得污染物事故性的排放，对水体的危害最为严重。水体中的污染物具有稳定性、难降解性、亲脂性、持久性和高度危害性等特点，并且随着人类的活动，水体污染物的数量和种类急剧增多，引起了严重的生态系统问题。

《2017 年中国环境状况公报》数据显示，“2017 年，全国地表水 1940 个水质断面中，Ⅰ～Ⅲ类水质断面 1317 个，占 67.9%；Ⅳ、Ⅴ类 462 个，占 23.8%；劣Ⅴ类 161 个，占 8.3%。与 2016 年相比，Ⅰ～Ⅲ类水质断面（点位）比例上升 0.1 个百分点，劣Ⅴ类下降 0.3 个百分点。2017 年，长江、黄河、珠江、松花江、淮河、海河、辽河七大流域和浙闽片河流、西北诸河、西南诸河的 1617 个水质断面中，Ⅰ类水质断面 35 个，占 2.2%；Ⅱ类 594 个，占 36.7%；Ⅲ类 532 个，占 32.9%；Ⅳ类 236 个，占 14.6%；Ⅴ类 84 个，占 5.2%；劣Ⅴ类 136 个，占 8.4%。与 2016 年相比，Ⅰ类水质断面比例上升 0.1 个百分点，Ⅱ类下降 5.1 个百分点，Ⅲ类上升 5.6 个百分点，Ⅳ类上升 1.2 个百分点，Ⅴ类下降 1.1 个百分点，劣Ⅴ类下降 0.7 个百分点”，总体呈上升趋势，如图 7-1 所示。图 7-2 为 2017 年七大流域和浙闽片河流、西北诸河、西南诸河的水质状况。

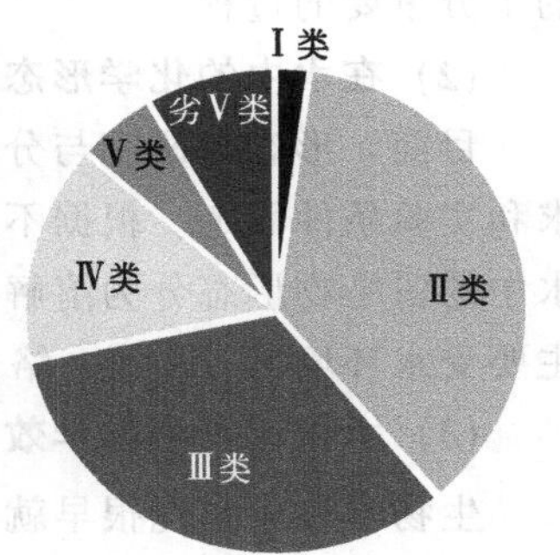

图 7-1 2017 年七大水系水质类别比例分布

水质监测有化学需氧量、总磷含量、五日生化需氧量、高锰酸盐指数和石油类这五个主要的衡量指标。其中南水北调的水资源质量较好，特别是东线、中线工程输水干线所有断面检测点显示水质全部达到或优于Ⅲ类标准。在对 329 个含地级以

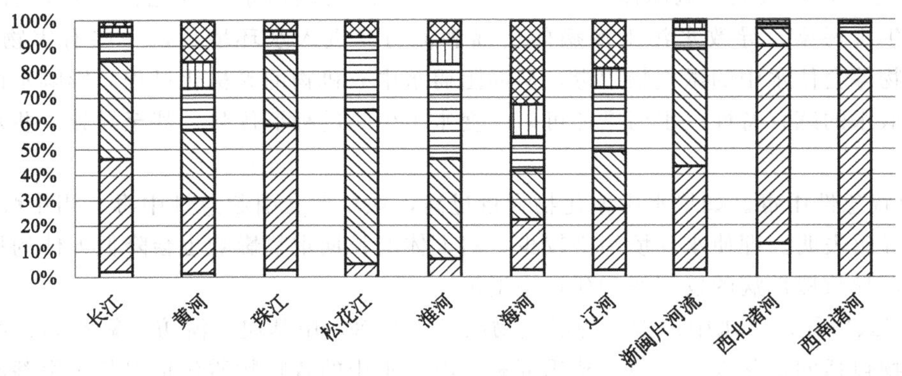

图 7-2 2017 年七大流域和浙闽片河流、西北诸河、西南诸河的水质状况

上城市进行的集中式饮用水水源地水质监测中，取水的总量达到了 332.55 亿吨，其中达标水量有 319.89 亿吨，占总取水量的 96.2%，这也表明我国饮用水水源质量大体上还能使人满意。但是在 4896 个地下水监测点位中，依然暴露出了水资源质量的严重问题，水质达到优良级的和良好级的监测点比例为 36.7%，较好级的监测点比例较低为 1.8%，但是较差级的和极差的监测点比例分别为 45.4%、16.1%，总计达到了 61.5%，这个数据十分惊人，直接指出了我国现如今的地下水质量污染极为严重。在废水排放的主要污染物中，《2017 年中国环境状况公报》显示：2017 年全国废水排放中，化学需氧量的排放来自农业源的废水排放为 1102.4 万吨，占所有废水排放的 48.04%，而在氨氮的排放中，农业源 138.1 万吨的排放也占到了 57.9%。如此高的数据足以显示出农业废水排放的严重程度，正是因为农业生产需要大量的水资源。2017 年化学需氧量的排放总量为 2294.6 万吨，氨氮排放总量为 238.5 万吨。从调查数据来看，我国的水污染状况依然严峻，污染指标中的这些污染的处理难度也十分大，对水污染治理的进程产生了阻碍。

目前水体污染的研究现状主要为以下几个方面：

（1）在水中的迁移转化研究

污染物进入水体中后，主要通过沉淀溶解、氧化还原、配位络合、胶体形成、吸附解吸等一系列化学作用迁移转化，参与和干扰各种环境化学过程和物质循环，最终以一种或多种形态长期存留在环境中，造成永久性的潜在危害。其中吸附解吸是污染物在水体中迁移转化的十分重要的过程。

（2）在水中的化学形态研究

目前，形态的研究与分析方法还没有统一的划分标准和分析程序，常根据研究的具体要求和实验条件而定。根据不同形态的粒径大小，以能否通过 0.45μm 孔径滤膜为标准将天然水中的污染物形态分为溶解态和颗粒态。不同形态的污染物，其生物毒性和环境行为不同，主要受水环境的 pH 值、络合剂含量、氧化还原等条件控制。

（3）水体污染生物学效应和生态效应

生物学效应研究很早就已经广泛展开。水体中污染物 Cr^{6+} 对水生动植物的毒性要远远大于 Cr^{3+} 的毒性；研究 Cu 对藻类的毒性时发现，Cu 的毒性主要由 Cu^{2+}、$CuOH^{+}$ 和 $Cu(OH)_2$ 引起。另外人们已经研究发现有机汞（如甲基汞）等物质有非常大的危害性，如

1953～1961 年期间影响日本南部水俣湾周围渔民的神经性疾病——水俣病就是由水体中的甲基汞引发的。污染物在水中积累到一定程度就会对水体-植物-动物系统产生危害，并通过食物链的放大作用影响人类健康。生物体内污染物积累到一定程度后就会出现受害症状，如生理受阻、发育停滞甚至死亡，整个生态系统的结构、功能崩溃，这就是水体污染的生态效应。

(4) 水体污染的指示指标

该方面的研究包括两个基本内容：一是水体受到污染的指示研究；二是造成水体污染程度大小的指示研究。人们习惯以污染物在水体中的绝对含量多少表示水体受污染的程度，目前越来越多的人建议使用一些植物和水体微生物数量及活性变化特征作为其对水体造成污染大小的指示。

7.2.2 水体污染物的来源

水体污染物是指由污染源排放出的污染物进入自然水体后，造成自然水体理化指标处于非正常状态的污染物。水体污染物的来源可以根据污染物进入水体形成水体污染的方式和排放污染物进入水体的污染源种类两种方式来划分。

7.2.2.1 污染物进入水体形成污染

以污染物进入水体形成水体污染物的方式而言，大致分为水体汇流、大气沉降与降水、土壤渗流、人为抛洒。

(1) 水体汇流

水体汇流主要指的是由于水体具有较强的流动性，两个以上的水体在河口、湖口、污水处理厂排放口等位置混合后形成混合水体，导致水体污染物混合进入新的混合水体的过程。水体汇流包含了径流汇流、地下汇流、海水汇流等方式。

水体汇流作为水体污染物的来源是相对较直观的方式，我国境内河流水系较为复杂，大小河流、湖泊、湿地交互较多，尤其是东部地区，黄淮海冲积平原与长江流域、钱塘江流域空间相近，加之这一地区历史上一直是我国经济文化活动较为繁盛的地区，水网繁密，河流相互交连，水体汇流使得污染物能在很大的区域内流动，因此必须加强河流管理建设，进行河流管理模式创新。

(2) 大气沉降与降水

大气沉降与降水指的是大气中的污染物由于颗粒沉降恰落入水面，被水溶解进入水体，或在形成降水的过程中，由于水汽凝结核的本质是空气气溶胶中的微核，本身就具有较大的比表面积，吸附性较强，吸附空气中的污染物，形成雨滴或形成地表径流进入水体，通过地下渗流进入水体等。

(3) 土壤渗流

土壤渗流主要指地表水与地下水，在土壤溶液的相互补充作用中，使原本并不处于水体中的污染物被带入水体。地表水体与土壤具有较大的接触面积，土壤本身是由固、液、气三相组成的复杂体系，随着土壤扩散传质模型的建立，土壤与水体存在着多种平衡关系，污染物通过土壤渗流进入水体的方式开始受到重视。

(4) 人为抛洒

人为抛洒是指污染物通过人直接抛洒或丢弃至水体中，这里包括无组织与有组织抛洒以及有意识抛洒与无意识抛洒，主要形态是固态与液态污染物。人为抛洒中最难降解的塑料现在已经成为学者关注的热点话题，水体中塑料与微塑料污染是当下研究的热点话题。

7.2.2.2 污染源种类

根据污染源的种类，水体污染物可以分为工业源水体污染物、农业源水体污染物、生活源水体污染物、市政源水体污染物、自然源水体污染物。

(1) 工业源水体污染物

工业源水体污染物是指工业生产中产生的污染物通过一定的途径进入水体中，主要包括工业排放的废水及废液、工业废渣的渗液，其中含有随水流失的工业生产用料、中间产物、副产品以及生产过程中产生的污染物。工业废水按其中所含主要污染物的化学性质分类，以含无机污染物为主的为无机废水，以含有机污染物为主的为有机废水。

(2) 农业源水体污染物

农业源水体污染物是指农作物栽培、牲畜饲养、农产品加工等过程中排出的影响人体健康和环境质量的污水或液态物质。其来源主要有农田径流、饲养场污水、农产品加工污水以及农业废渣的滤液。污水中含有各种病原体、悬浮物、化肥、农药、不溶解固体物和盐分等，被雨水冲刷随地表径流进入水体。

(3) 生活源水体污染物

生活源水体污染物主要是指在日常生活中产生的污水或其他污染物通过一些途径通过下水管道收集到的所有排水，由城市排水管网汇集并输送到污水处理厂进行处理。这部分污染物称为生活源水体污染物。

(4) 市政源水体污染物

市政源水体污染物是在市政工作中产生的水体污染物，这部分水体污染物主体不同于日常生产生活，这部分水体污染物是在市政工程中产生的，因此主体是地方政府。这部分水体污染物有垃圾填埋场、危废处置场等产生的渗滤液，污水处理厂处理后仍然超标的污染物等。

(5) 自然源水体污染物

自然源水体污染物指自然中由于某些特殊的地形构造而含有丰富矿藏的地区，在地质扰动下，原有的稳定地层地块状态被破坏，使得部分矿物中的物质与水体接触而进入水体，或者水体在自然条件下本就具有的污染物，这部分水体污染物称为自然源水体污染物。

7.2.2.3 污染物分类

以环境化学常用的污染物分类方法可以将污染源分为初生水体污染物和次生水体污染物。

(1) 初生水体污染物

初生水体污染物又称水体一次污染物，主要是指直接排放进入水体，化学结构没有发生变化的水体污染物，其来源可以认为是直接污染源。

(2) 次生水体污染物

次生水体污染物指的是水体中已有的物质（既可以是污染物，也可以是水体中常见的物质）在水体中的一定条件下生成的污染物质，此类污染物可能是由于自然原因产生的，如光化学反应、生化反应等，也可能是由于人为扰动而形成的，在形成的过程中为这类反应提供的条件的扰动可以认为是间接污染源。这类污染源在水体污染物中的贡献同样不容小觑。

电厂排放的过热废水中并不含有污染物，排放出的水在化学性质上甚至能达到纯净水的标准，只是提供了热这种能量导致污染物的产生，这里产生的污染物就是次生污染物，水体污染物的来源就属于次生污染源，而过热废水就是直接污染物，水体污染物的来源就是直接污染源。

7.2.3　水体污染物的防治方法

要使目前严抓的水污染状况得到明显改善，就必须采取和坚持末端治理与源头管理并重的方针。在水污染的治理方面，除了需要加大资金投入，多建、扩建或改造污水处理厂外，需要集中力量，加强环境保护的科研工作，以提高水处理技术的水平，降低处理成本。当前的防治重点是：①抓紧高浓度有机废水处理技术的攻关研究，特别是草浆造纸、制药、食品和制革等特殊行业的废水治理技术；②解决与水源污染相关的治理技术，开发人畜粪便固化、加工技术；③加速环保产品和产业的发展，提高水污染防治设施的产品标准化、成套化和自动控制性能，大力开发城市污水和工业废水成套处理技术。具体治理水污染的几种方法如下：

(1) 物理方法治理污染

① 截污分流与引水冲淤。进行河道疏浚，将河水引入城市，实施配水工程，推动城市河流水网络流通。静水变为动态水，提高了河流的自净能力，增加了河道清洁的可操作性。拦截和分流可以减少水体中的污染物数量，但会增加污水的污染负荷。

同时，由于水温的大变化和影响，原水体会对生态系统造成破坏，降低水体的自净能力。

② 疏浚河床，清除底泥。控制外部污染源后，影响河流水质的一个重要因素是沉积物对河流的二次污染。沉积物中的有机物在细菌的作用下易于好氧和厌氧分解，不仅降低了水中的溶解氧水平，此外，产生诸如二氧化碳、甲烷和硫化氢的气体以使水体变黑和发臭。疏浚河床和清理沉积物是最常用的河流治理方法之一，并且快速有效。河流沉积物由灰色和黑色浅层、黑色富集层、自然沉积的灰黄色和深黄色泥层组成，污染物含量高。疏浚应去除黑色富集层，以完全消除其影响，但是疏浚河道成本过高。

③ 增氧曝气。河水曝气和再氧化即水体被引导到河流中进行人工复氧，曝空气或纯氧，包括移动氧合、固定氧合和管道氧合。

(2) 化学治水方法

化学处理方法主要是使用各种化学试剂，如添加化学试剂杀藻、加石灰脱氮。常用的化学除藻剂主要包括易溶的铜化合物或螯合铜物质，这些物质会对鱼类、水生植物和其他生物造成伤害，甚至导致死亡。大部分化学试剂具有致癌作用，还可能产生不可预测的不良后遗症。使用化学试剂或絮凝剂杀死浮游藻类并絮凝和沉淀，虽然它可以暂时降低水中浮游藻类的密度，提高水的透明度，但是水体中的藻类残留物未被去除，加速了矿化物的淤积和分解，并形成无机营养盐以促进水中浮游植物的繁殖。虽然化学控制方法可以暂时改善水质，但很容易造成二次污染。

(3) 生物防治措施

生长控制措施，如放养和控制藻类生物、构建人工湿地和水生植物以及开发水体生物修复技术，是当前水环境管理中研究和开发的热点。

① 栽种挺水植物。常用的水草包括芦苇、水洋葱、蔺草、香蒲、苜蓿、藤草、莎草、伞草、苔草、水生美人蕉等。芦苇床处理系统是人工种植芦苇的湿地污水处理方法，主要利用发达的芦苇根和优异的水清交换能力，污染物与其茎接触，产生沉淀效应。芦苇的根和茎可以吸收某些污染物，附着在茎上的微生物可以吸附和分解污染物。污水通过带有芦苇的土壤或砾石床进行自然净化。芦苇对水中的悬浮颗粒物、COD 和 BOD 有很强的影响，但去除氮和磷的能力很弱，这需要其他水生植物的联合作用。例如，芦苇和香蒲能吸收利用水体中的氮、磷，并通过光合作用释放氧气，两者在水中的生长能降低水流速度，能有效吸收和降解水中的氮、磷等营养物质，还可以在根区形成不同的微环境与微生物协同降解氮、磷等元素，因此，芦苇和香蒲的联合作用对氮、磷有很强的去除效果。

② 栽种浮叶植物。常用的浮叶植物包括凤眼莲、睡莲、慈姑、浮萍等。浮叶植物在浅水体中具有良好的净水效果。一些漂浮植物（在浮力支持后加上水培植物）是良好的观赏植物和食用植物。它可以在一定条件下组合使用，不仅具有净化水质的效果，而且具有经济效益、环境效益和观赏效益。生物浮床技术是建造浮床，在其上种植经过特殊筛选和栽培植物，净化水和美化景观。目前种植的植物主要包括美人蕉、菠菜、水竹、水蛭草、韭菜、水芹和苜蓿。

③ 底栖生物。蜗牛和蟑螂等底栖动物可过滤悬浮物并摄取生物塑料，其分泌物也有絮凝作用。蜗牛具有刮藻的功能，虾和一些鱼可以吃藻类、碎片和浮游动物。这些动物作为健康水生生态系统的补充成分，也发挥着重要作用。

④ 微生物。在自然界中，水生植物附近有多种细菌群落，比自由水体中更丰富。漂浮植物具有直接吸收养分的作用，更重要的是与它们共生的细菌，它们可以快速提高水的透明度，改善水质。漂浮植物作为细菌的载体，受气候条件的影响，在某些季节很难发挥作用。因此，开发人工载体并且优选高效细菌群是非常重要的。优化的人工载体用于培养优化的氮循环细菌，并释放到天然水体中，天然生物载体、其他人工载体和沉积物用作二级载体。在水中的悬浮液是第三载体，其将好氧-厌氧、硝化-反硝化条件扩展到表面并增强细菌浓度，从而增强系统的净化能力。鹅卵石接触氧化法利用鹅卵石表面的生物膜吸附胶体有机物或用溶解的有机物氧化分解，净化污水。卵石接触氧化工艺具有高处理效率，其有机负荷高，接触时间短，占地面积小，节省投资。此外，在运行管理过程中没有污泥膨胀和污泥回流，并且耐冲击负荷。

对于水污染的控制，主要依靠的是技术和管理。在技术方面，要加强生产技术改造，开发能耗低、原料利用率高、污染小的清洁生产技术和设备。除了原料和水资源的循环利用技术外，还研究了化肥的氮磷控制技术和农药的低残留、易降解技术。加强新产品（无废品）的开发和发展，取代传统产品，开展清洁生产，发展绿色产业，是减少水污染的根本途径。在管理方面，主要应从以下几个方面实施：

① 做好环境评估工作，严格建设污水处理厂，检查好项目审批情况。社会的进步、经济的发展以及人们需求的增加导致了新项目的激增，这给水环境带来了一定的挑战。因此，对于新项目，无论其规模大小，除了进行必要的可行性评估外，还必须进行生态评估，特别是对水污染状况的评估。对于严重影响水资源、造成严重污染的企业，企业自身也无法解决，坚决避免此类项目。企业要有自己的抗污染和污染控制能力，还必须严格审查其污染防治、污染控制设施和治理水平及其建设过程。

② 加强宣传工作，提高人们的环保意识和节约用水。减少生活污水量，如用盆接水洗菜代替直接冲洗，不用淋浴洗澡等。同时，要求人们不要乱倒垃圾，以减少垃圾对水的污染。

③ 调整产业结构，加强清洁生产审核，禁止、关闭或淘汰生产工艺落后、设备陈旧、污染严重的企业。

7.2.4 水体污染跨界治理难点

由于水体的流动性，水污染的边界往往与行政区的边界不一致，造成跨界水污染。《水污染防治法》规定的跨界水污染纠纷，由当地人民政府协商解决，或通过污染相关的上级政府进行谈判和解决，但通过历史经验来看，它无法有效实施，跨界水污染难以控制的原因主要有以下两点。

(1) 自然地理因素

① 水污染影响的广泛性。不同于其他的公共资源，水资源具有流动性的特点，任何点源的水污染都会导致其下游的水质污染，引起区域性污染事件。除此之外，水资源利用广泛，居民日常的生活、农业的灌溉、工业的生产等等都离不开水，一旦某一个区域的水资源受到污染和破坏，很可能会给整个流域带来严重影响。而且河流湖泊直接参与到水循环之中，因此整个水循环中只要一部分受到污染，整个水循环过程都会被污染，这也就使得水污染的治理工程量巨大，覆盖面要求范围广。

② 地理条件的复杂性。我国的地形复杂多样，河流湖泊繁杂，加上我国南北跨度大，气候条件差异明显，不同流域之间区别也很大，如南方多个流域的防洪抗洪压力较大，北方许多流域支流却出现断流，都会加大水污染治理的难度。

(2) 社会经济因素

① 地方保护主义。分税制的实行是致使地方保护主义滋生的一个重要因素，从 1994 年实行分税制以来，行政性分权和财政包干改革给予了地方政府官员极大的财政与经济激励，考核地方政府官员政绩的标准由纯政治指标变成地方 GDP 和财政收入两个指标。在这种不全面的制度的要求下以及地方政府领导人的流动，导致了利益行政化、集团化、资源垄断化和行为短期化。因此，在这种情况下，地方政府不得不忽视对自然环境的保护而偏向重视经济发展，在这一点上，地方政府和当地的企业达成了一致，这也就意味着地方政府对于企业污染的限制要求就变得宽松，不仅不会阻止当地企业的排污行为，反而会为他们隐瞒污染的事实。而当跨界水污染问题发生的时候，各地区的政府之所以争执不下，正是因为都在尽可能地为自己所在的地区谋求最大利益而忽视其他相邻地区的经济社会发展，最终的结果就是导致跨界水污染问题加剧，而且区域经济一体化成为空谈。

② 水环境管理体制因素。现如今的水环境管理体制造成了跨界水污染治理被分割成各个独立的部分，政府只对本地的水资源环境负责，当跨界水污染发生时，并不能得到及时有效的治理。而法律规定跨界水污染的治理主体由水利、环保部门以及当地政府共同解决，这也就变成了多个部门共同管理但是缺少一个统一并且权威的管理部门，被称作“多龙治水、多龙管水”。作为派出机构的流域管理局受水利部和生态环境部的双重领导，但是在跨界水污染治理中缺乏权威性，无法约束流域各地区政府部门的行为。

③ 法律制度的缺失。近年来，我国政府颁布了包括《水污染防治法》《重大水污染事件

报告暂行办法》在内的多部法律法规，也有具体到诸如淮河、太湖等具体水域的排放污染物许可的管理办法，但是目前并没有综合性的跨界环境管理方面的法律法规，《水污染防治法》中也缺少对跨界水污染治理的规定。此外，宪法规定了各行政区域政府的工作权限，但是并没有规定跨行政区域间各政府如何建立合作的机制，如何划分各自的水资源使用权利和水污染责任等许多问题。

虽然在我国的七大流域都建立了流域管理机构，但是它们都不是权力机构，无法插手地方的行政与经济事务。以长三角地区的太湖流域跨界水污染治理为例，在整个太湖流域的管理工作中，水利部设立了派出机构太湖流域管理局，该机构主要负责太湖流域地区的水资源的使用功能规划和调度以及具有部分监管职能。太湖流域管理局在接受水利部门领导的同时，也要受到生态环境部的领导。但是由于管理局的职能单一，无法管理太湖流域跨界水污染的其他方面，同时该局权限小、权威性弱，无法对太湖流域的地方政府进行约束和监督，随之而来的结果就是流域各地方政府对太湖流域水污染治理缺乏统一性，制定的政策也难以成功施行。

在跨界水污染治理的过程中，我国许多流域的地方政府之间缺乏有效的水污染信息共享，在整个流域的水质监测中，不同部门各自有自己不同的监测方案，淮河大致有 5 个监测方案，即国家级常规监测、淮委进行的常规监测、地方和省环境保护局的常规监测、淮河水利委员会进行的污染联防监测、各水文站的动态监测方案（即饮用水源地取水口的水质监测）。但是由于各类监测站之间没有进行事先的协调工作，也就导致了监测的时间无法同步，也使得监测获得的数据不能同时使用。除此之外，由于各监测站隶属不同的部门，无法私下进行共享，这也就导致了数据资源的分散，一旦水污染事故发生，难以及时制定应对方案。

跨界水污染的治理及其涉及的利益相关者范围十分广，特别是在整个治理过程中牵扯到政府、企业、公众、环保组织机构等多个方面，这几方的背后又有各自追求的利益价值，因此如何平衡不同群体的利益冲突也是跨界水污染治理中不得不考虑的问题。

7.2.5 国外处理跨界水体污染的方法经验

7.2.5.1 美国

（1）五大湖跨界水污染治理

五大湖是世界上最大的淡水湖群，总蓄水量占全世界淡水湖总量的 1/5，其跨越了加拿大和美国两个国家的边界的十个州，因此五大湖的生态环境状况与其周边州的经济发展、生活条件等联系在了一起，但是在 20 世纪初期，五大湖的水资源环境被美国和加拿大两国正在飞速发展的传统制造业所带来的工业生产污染破坏。

因此，美国和加拿大共同签署了《1909 年边界水域条约》（The Boundary Waters Treaty），旨在共同合作保护五大湖的水资源环境，同时解决五大湖边界水域利用争论的问题，该条约包含了水资源保护、水质的恢复、水量储存利用以及与此相关的五大湖生态系统保护等条目。由五大湖流域的州政府组成的管理共同体确立了“国际联合委员会”（The International Joint Commission）和“五大湖州长理事会”（The Council of Great Lakes Governors），要求各州、省按照相关法律的规定来保护五大湖的水资源，此外还成立美国第一个跨州界的环保基金组织——大湖区保护基金会来提供资金支持。在两国政府的不断努力下，五大湖的水资源环境得到了极大程度的改善。在五大湖水资源环境治理的整个过程中，社区、地方团体等非政府组织也发挥着重要的作用，公众个体也将关注点放到了五大湖的水污染治理上，具有极高的积极性和主动性，纷纷出谋划策，提供了强有力的社会支持。

(2) 科罗拉多流域跨界水污染治理

科罗拉多河发源于美国科罗拉多州的落基山脉，流经怀俄明、科罗拉多、犹他、亚利桑那、内华达、新墨西哥以及加利福尼亚七个州，从墨西哥北部注入加利福尼亚湾，由于流域大部分地区气候干旱，所以科罗拉多河被称为“美国西部的生命线”。但是随着下游地区人口数量激增以及城市用水的需求量日益增大，流域各州产生了水资源分配的矛盾，同时由农业用水和城市污水排放带来的污染物也威胁着科罗拉多流域的生态环境，水质问题日益突出。

为解决科罗拉多河日益严重的水资源冲突，1922年，流域七州共同签署了《科罗拉多协议》(The Colorado River Compact)，将流域分为上下两部分并重新分配各自的水权。为保障该协议的顺利实施，联邦政府又在1928年推出了博尔德峡谷项目（Boulder Canyon Project Act)，对科罗拉多流域各州之间的水权分配进行了细化，还授权建设了包括胡佛大坝和全美运河在内的一系列下游水利工程。1944年，美国同墨西哥签署了科罗拉多河首条国际水权分配条约——《美国和墨西哥关于利用科罗拉多河协议》，自此科罗拉多流域逐步建立起了基于利益补偿的水权交易机制、各州分水协议、水权分配等水资源分配重要原则，形成了较丰富的跨界水资源开发管理的法律体系。

(3) 美国的水污染管理体制

1948以前，联邦政府将水污染控制的责任赋予了州和地方政府，只保留了管制河流航道障碍，尽管1965年颁布的《水质法案》允许州政府制定跨州界河流的水质标准、污染物最大排放量标准，州政府拥有监督权，但是由于各个州没有较高的积极性对污染进行控制，法案并没有取得预计效果。于是自1972年起，联邦政府将水污染治理政策的制定、执行和监督的权力从州政府转移到自己的手中，同年的《清洁水法》规定了推行国家污染物排放消除制度，该制度的实施由联邦环保署（USEPA）负责，该机构在美国各地用于十个分署负责各州环境保护的工作监督，可以制定相关的法律法规，培训专业人才，提供信息技术指导，同时也授予州和地方政府一部分管理职权，并对其进行监督。

7.2.5.2　英国

发源于英国西部，流经伦敦的泰晤士河现如今被称为世界上流经首都最干净的河流，但是曾经的泰晤士河却因污染给英国带来惨痛的打击。进入20世纪以后，伦敦的人口迅速增长，同时泰晤士河又是许多工厂的排污处，加上合成洗涤剂的大量使用，导致了泰晤士河的水质急剧恶化，引发了严重的传染性疾病——瘟疫。

针对这些问题，英国政府立即做出了决定，将原来不合理分布的182个污水处理厂大幅削减到10个，但是分布范围较之前有了更为合理的规划布局，新的污水处理厂也在不断进行处理污水技术的更新，并取得了明显的成效。到了1974年，英国成立了以泰晤士水务局为首的十个流域水务局，负责管理泰晤士河的水资源利用、航运管制、排洪、控污治污等工作。1985年，英国宣布水产业私有化，但是由于资金问题，直到1989年才终于实现了将这10个流域水务局转化为10家新的私有公司，并成功实现了在伦敦股票交易所上市。私有化成功以后，英国政府继续加强对泰晤士河流域的水质状况的监督、分析以及管理，还在此之外设立了水务署，负责收集用户的投诉，监督10个水务公司的财务状况以及服务执行标准。除了政府和企业的努力外，民众和相关专家对于参与水污染的治理也有着较高的积极性。

7.2.5.3 多瑙河流域

多瑙河是欧洲第二长河，发源于德国，途径13个国家，在罗马尼亚注入黑海。多瑙河流域水量丰富，水能资源充沛，一直被用作可饮用水，但是随着流域各国工业的发展，使得多瑙河被严重污染，饮用水供给也被迫停止。

于是多瑙河流域的13个国家共同成立了多瑙河流域管理委员会，针对水污染的问题实行双边跨界流域、多边子流域和流域这三个层次的合作，流域各国在多瑙河流域管理委员会的带领下，就多瑙河的水质监测、分析和评价标准等达成一致。多瑙河流域管理委员会设有流域管理专家小组，包括：①生态专家小组；②排放专家小组；③防汛专家小组；④检测实验及信息管理专家小组；⑤突发事件预防和控制专家小组；⑥战略专家小组。除此之外，还特别建立经济问题小组和跨界管理小组，建立了加强多瑙河流域水污染治理的合作机制。此外，流域国家还与联合国开发计划署、全球环境基金等国际组织共同落实多瑙河的水资源保护和可持续利用工作。经过各方的不懈努力，多瑙河的水污染状况终于得到了控制，基本恢复到了之前的水质水平。

7.2.5.4 莱茵河流域和欧盟

次于多瑙河的是发源于瑞士的莱茵河，流经法国、荷兰等9个国家，为流域各国约2000万的居民提供饮用水资源，因此对莱茵河的水质状况的保护是流域各国尤其是处于其下游的国家特别关注的。随着工业革命的到来，莱茵河流域各国的人口迅速增长，越来越多的污染物被排放到河道中，特别是第二次世界大战以后，百废待兴，使得莱茵河的水质污染越来越严重。水质的恶化也带来了一系列的问题，莱茵河沿岸的旅游业、农业、葡萄酒业等产业受到了严重打击，洪灾也频繁发生，威胁着沿岸居民的生命财产安全。

1950年，在荷兰的倡议下，法国、德国、瑞士和卢森堡在内的数个国家共同商讨并成立了保护莱茵河国际委员会（ICPR），目的是综合处理莱茵河流域水资源环境保护问题。1963年，莱茵河流域各国与欧洲共同体代表签署了关于莱茵河国际委员会的框架性协议，即《伯尔尼公约》。1976年，欧洲共同体加入这个协定，使保护莱茵河国际委员会在欧洲更具广泛性。除此之外，委员会规定了整个莱茵河流域的污染物排放总量，并且根据人口比例折合成了人口当量分配至流域各国，还共同改善提高污水处理技术，加强对工业废水、生活污水和饮用水的处理。对莱茵河的水资源净化，流域各国每年提供大量的资金，兴建了一大批水质自动监测站。这些措施都取得了显著的效果，莱茵河也恢复到了最初的洁净。

在莱茵河水污染治理的过程中，欧盟也起到了许多积极的作用，既推动欧盟内部跨界流域管理工作的开展，也作为监督方督促欧盟的法律在跨界水污染治理过程中得到落实，当流域各国出现纠纷的时候，欧盟也可以作为仲裁者来化解纠纷。此外，欧盟还建立了完善的跨界流域管理机制，这也避免了流域各国之间重复的工作，减少了对资金的浪费，并提高了效率。欧盟还通过许多渠道来向莱茵河的治理工程提供资金，支持流域各国参与到跨界水污染的治理工作中去。

7.2.5.5 意大利

波河是意大利最大的河流，流经意大利北部六个区域和一个省，是意大利工商业的大动脉，也是全国高产量的农业灌溉渠，同样是意大利人口最为集中的地区，所以波河被称为意大利的国家之河。与其他河流一样，波河在意大利经济发展的过程中也遭到了严重的水污染，因此意大利不得不采取措施治理波河的水污染。

意大利颁布的《国土保育法》把整个意大利划分成国家流域、区际流域以及区域流域三个等级部分，国家流域是最高级，在里面设置流域委员会，所以在波河流域设立了波河流域委员会，负责统筹整个波河流域的水资源管理。在整个波河流域管理的过程中，委员会一致扮演着协调波河各流域的参与主体的角色。委员会内部设置了包括机构委员会、技术委员会、秘书长和技术运作秘书处在内的多个行政管理机构，负责不同的职能。在波河流域委员会的指导下，各流域的水污染整治工作效率得到了显著的提升，大大降低了治理成本，波河的水质也得到了成功的改善。

7.3 水体污染物的处理方法

7.3.1 水体污染物处理的技术和方法

一般来说，以下两种基本方法用于修复和控制水污染：一是降低水体的迁移能力和生物利用度；二是将污染物完全从污染水域中移除。目前，常用的废水净化处理技术主要有三种，即物理化学方法、化学方法和生物方法。

7.3.1.1 物理化学方法

(1) 传统物理方法

传统的物理方法包括蒸发、水交换和稀释。蒸发方法的原理是通过蒸发水来浓缩废水。水交换方法是去除污染的水体并用干净水代替。稀释方法是将污染的水混合到未污染的水中以降低污染物的浓度，此法适于轻度污染水体的治理。这三种物理处理方法都有其局限性，并且在处理当今的水污染方面逐渐被否定。

(2) 离子交换法和吸附法

离子交换法和吸附法是目前物理化学方法中的新方法。

离子交换法是指离子交换剂与污水中的物质交换并从水体中交换以进行处理。吸附法是通过固体吸附剂将废水中的金属吸附剂吸附在其表面上的方法，离子的去除效果主要与吸附剂的结构有关。

(3) 溶剂萃取法

溶剂萃取法是利用离子在水和萃取剂中的溶解度差异来浓缩萃取剂的方法。传统的溶剂萃取法连续操作性强，分离效果好，但消耗大量萃取剂。诸如麻烦的剥离过程之类的问题使其在工业应用中受到限制。

(4) 膜分离法

膜分离法使用具有选择渗透性的半透膜，在给予外部能量的情况下，溶液中的溶剂和溶质将被分离以达到去污的目的。

7.3.1.2 化学方法

化学方法包括化学沉淀法、氧化还原法、电解修复法、电絮凝-凝聚法和微电解法。

(1) 化学沉淀法

化学沉淀法可分为中和混凝沉淀法、硫化物沉淀法、钡盐沉淀法、铁素体共沉淀法等。

近年来，有报道称使用修复剂来稳定水体，其中黏土矿物基修复材料可以吸收各种材料，它具有成本低、易于获取、环境友好等特点，已广泛应用于水污染控制。

(2) 氧化还原法

氧化还原法是将还原剂添加到废水中以引起其中离子的价态变化并形成沉淀物的方法，多用于处理含 Cr^{6+}、Cd^{2+} 和 Hg^{2+} 的废水。该方法操作简便、运行稳定、效果可靠、运行成本低。但是，该法需要加入大量还原剂，形成的沉淀物体积大，处理后的污水呈碱性，直接排放会导致土壤碱化，造成环境的二次污染。

(3) 电解修复法

电解修复法是在电解过程中可以从相对高浓度的溶液中分离金属离子的方法。它主要用于电镀废水的处理。近年来，异位处理技术即泵处理技术已被国内外广泛用于修复受污染的地下水。该技术在许多国家被广泛使用并且具有很高的成熟度。

(4) 电絮凝-凝聚法

电絮凝法产生小的絮凝物颗粒，絮凝物均匀分散，阴极电解产生的氢气可以产生良好的气浮效果。丁春生等在某些条件下发现，电絮凝法可以在短时间内实现相对稳定的去除效果。电凝的最新研究方向是脉冲信号的电凝聚，具有周期性换向、高压脉冲电凝的优点，由于两极都是可溶的，因此更有利于金属离子和胶体之间的絮凝，防止电极钝化。

(5) 微电解法

微电解法基于电极表面的化学反应，向电解槽中加入一定量的活性填料，废水是电解质。活性填料形成原电池，进而将水体中的离子有效地去除。微电解技术使用活性填料作为一次电池，金属废水作为电解质。它还具有氧化还原、絮凝吸附和置换的作用，操作简单，污染物去除效率高。电解-微电解联合电解技术是微电解的发展方向之一。

7.3.1.3 生物方法

生物方法主要是指通过使用水生植物、水生动物等来修复水体中污染物的方法。

研究表明，大量水生植物对 Zn、Cd、Pb、Cr、Ni、Cu、Fe 等具有较强的吸收和积累能力。在水生植物的生长过程中，由于根部的氧分泌，在根际周围形成氧化物层，并且一些还原态物质被氧化并沉积在根表面上形成氧化膜，从而影响根际的迁移和转化。Cd 的去除率最高可达 620mg/kg，菖蒲的吸收能力明显高于芦苇，长香蒲的地方也可以积累高浓度的 Cd。许多研究还表明，与其他生命型植物相比，沉水植物对水体污染物具有更好的吸附和富集作用，沉水植物更多地依靠它们的茎和叶来吸收水分。香蒲对钼的毒性和去除率高于芦苇，这是钼废水回收的最佳选择。还有生物学方法，如水生底栖动物的富集、微生物絮凝和生物吸附。其中，微生物藻类修复方法主要利用水体中的微生物或补充驯化的高效微生物来对水体进行固定和形态转化。

7.3.1.4 水体污染修复技术

(1) 人工湿地修复技术

人工建造和控制人工湿地修复技术，使用土壤、人造媒介、植物和微生物进行水体修复。其作用机制包括吸附、保留、过滤、氧化还原、沉淀、微生物分解、转化、植物遮蔽和残留物积累等。人工湿地一般由三部分组成，即氧化池、生化段和沉淀池。Croza 使用实验室湿地处理含铀废水，80d 后，水中铀的质量浓度从 8mg/L 降至 0.4mg/L，铀的去除率高达 95%。

(2) 植物固定修复技术

修复技术是利用绿色植物来转移、容纳或转化污染物使其对环境无害。植物修复的对象是重金属、有机物或放射性元素污染的土壤及水体。研究表明，通过植物的吸收、挥发、根滤、降解、稳定等作用，可以净化土壤或水体中的污染物，达到净化环境的目的，因而植物修复是一种很有潜力、正在发展的清除环境污染的绿色技术。在中国，大多数具有重要价值的植物是水生杂草，最典型的是空心莲子草和凤眼莲。此外，利用分子生物学和基因工程技术培育出良好的遗传形态、大量生物量、适应不同水污染的新植物品种将成为未来植物修复的研究方向。

(3) 超声降解水体污染物

超声波降解水中的有机污染物，尤其是难降解的有机污染物，是近年来刚刚出现的一种新型水处理技术。它指的是利用超声辐射产生的空化效应将溶解在水中的有机大分子化合物化学分解成环境可接受的小分子化合物。目前，实验室小型间歇声化学反应器降解了水中的一系列有机污染物，表明超声波降解在技术上是可行的。然而，为了使其工业化，仍然存在诸如高成本和低降解效率（特别是对于亲水性和难以挥发的有机污染物）的限制。为此，最近的研究已经转向将该技术与其他水处理技术和催化剂的使用相结合。

处理废水时有多种方法，这些方法有自己的优点，同时也有缺点。因此，在废水处理中，为了满足日益严格的环境要求，有必要根据实际情况选择合适的处理方法，还可以组合几种方法来处理废水，并利用各种方法的优点以获得更好的处理结果。简言之，水污染日益严重已引起全世界各国的关注。现在，除了严格控制各种污水的排放外，另一项重要任务是采取有效措施对污染水体进行处理和修复，实现污水的再利用。一方面，政府应该努力调整产业结构，尽量减少工业生产中污染物的产生，其次要促进清洁生产，严格控制污染物排放，改善污染物对人体健康和生态的危害。另一方面，每个人都要知道水污染的危害。

7.3.2 处理水体污染物的案例

7.3.2.1 工业废水处理案例

我国工业废水排放行业多分布在电力、石化、纺织、造纸和冶金领域，其废水的特点是量大、组成复杂，难以处理、降解和纯化，并且有害。

① 重金属污染。重金属能破坏人体消化系统、泌尿系统，严重影响身体功能。重金属难以降解。

② 酸碱类污染。这类废水腐蚀性较强，进入水体，干扰水体自净、破坏水生物生态系统，造成鱼类和其他水中生物死亡。

以下列举部分案例：

(1) 某大型石化企业涉及精炼乙烯、烯烃链和芳烃链等各种项目

炼油乙烯项目产生的石化废水浓度最高，因此对炼油乙烯项目产生的废水进行了专门处理。而且根据其废水的特征实施三级处理流程，即预处理、二次处理和深度回用，可以完成炼油乙烯项目产生的废水的系统化和分级处理。炼油厂和乙烯项目废水的预处理采取了消除污染、再利用和再利用处理的措施。

① 含油废水。首先，使用重力式旋转斜盘拒油油水分离器从水体中除去粒径 60μm 以

上的颗粒。其次，使用加压溶解气体对一些细油颗粒进行气浮分离，然后加入一些无机凝结剂以除去废水中存在的分散的油。油分离和气浮后，得到的水中石油浓度将小于 30mg/L。最后，生化处理后可以达到排放标准。

② 含硫废水。炼油乙烯项目产生更多含硫废水。通常，采用蒸汽汽提方法，并且在使用蒸汽之后，可以降低含硫物质的气相分压，也可以将废水中的一些油性物质从液相转移到气相中，继而可以使含硫废水得到净化。

(2) 盐城水污染

2009 年 2 月 20 日上午 6 点 20 分左右，江苏省盐城市的许多市民在喝自来水时闻到了辛辣的农药味。盐城市盐都区和亭湖区两个主要城区的一些地区停了水，远处的新区也停了。由于生活上的不便，许多市民排队在超市购买矿泉水和纯净水供临时使用。上午 10 点，当地广播、电视和网站开始发布政府紧急信息：早上 6 点 20 分，城西水厂和粤河水厂发现工厂水有异味，并经过初步测试得出城西水厂的源水被酚类化合物污染，产生的水不适合饮用。

污染原因：进水口的上游靠近河边的许多化工厂，在城西水厂取水口上游 12km 处至少堆放了 5 座大小化工厂。根据盐城市政府的官方报告，这起污染事件是由魏松河上游某化工厂的污水引起的。

治理措施：事件发生后，盐城市政府根据突发环境事件应急预案启动应急响应系统；市政府有关部门采取了各种应急措施，启动通榆河水源作为替代水源提高城东水厂的生产能力。同时，限制特殊行业的一些工业用水，并启动深水井以保护市民的基本生活用水。根据江苏省水利厅的说法，上午 11 点，盐城市水利局迅速打开信阳港闸门，污染的水源尽快排入大海。与此同时，临时应急指挥部下令将信阳港镇作为盐城区信阳港下游的水源，密切关注水质变化，避免污染的原水进入水处理系统，以确保安全的饮用水。

7.3.2.2 农村生活污水处理案例

生活污水包括从厨房、卫生间等排出的污水，从厕所排出的粪便污水以及由公共机构排放的污水。生活污水中的污染物主要是有机质和大量病原微生物，特点是数量多、繁殖快、分布广、难以消除。生活中常用的大多数洗涤灵都是石油化工产品，难以降解，不仅污染水体，而且严重危害人体健康。

农田施用化肥、农药及水土流失造成氮、磷等污染，我国又是世界上使用化肥强度最高的国家，含磷污水进入湖泊之后造成水体富营养化。污水通过污染土壤、影响植物、破坏海洋环境，还有多种因素造成的复合污染，产生了严重的环境问题，直接或间接对人体造成严重危害。以下是两个污水处理案例：

(1) 项目名称：南县茂草街镇污水处理工程

项目概况：南县茂草街镇污水处理项目位于湖南省益阳市南县茂草街镇中心镇七里江工业区。该项目采用 SATBR 网络综合污水处理工艺，一期设计处理能力为 $2500m^3/d$，长期设计处理能力为 $5000m^3/d$。出水水质为《城镇污水处理厂污染物排放标准》（GB 18918—2002）的一级 B 标准。工程占地面积 5 亩（1 亩＝$666.7m^2$）。湖南平安环保有限公司是项目建设单位，北京安利斯环保科技有限公司是该项目的设备供应商。

处理工艺：污水处理采用基于 BR 自曝气生物转轮的 SATBR（自曝气三相生物膜反应器）工艺＋斜管沉降工艺。处理后的尾水经紫外线灭菌。污泥处理后通过污泥储罐输送到污泥脱水机房进行脱水处理和外部输送。

(2) 项目名称：湖南省长沙县 18 个乡镇污水处理项目

项目概况：湖南省长沙县 18 个乡镇污水处理项目是长沙市环境保护三年行动计划的标志性项目之一，也是长沙县社会主义新农村建设的重点项目。捆绑项目包括长沙县 16 个乡镇污水处理厂的投资、建设、运营（BOT）、转让（BT）和官方网站等配套建设项目的建设。并且两个污水处理厂（OM）的原始运行，总处理能力为 29400t/d，工艺采用 Sander SMART-HRBC 高效生物转盘。该项目系统解决了长沙县地区分散乡镇污水处理项目及其配套设施建设、日常管理运营和资金瓶颈等问题。

处理工艺：Sander SMART-HRBC 高效生物转盘工艺由五个单元组成，即 PST 预处理系统、HRBC 生物转盘、WSS 泥浆水分离系统、UV 紫外线消毒、SD 污泥处理系统。其中，HRBC 生物转盘、MFT 微滤、MSD 活动污泥处理设备是该工艺的核心设备，出水符合国家污染物排放标准的一级 B 标准。

第8章 土壤中污染物的控制

8.1 土壤污染

8.1.1 土壤污染概况

《土壤质量 词汇》(GB/T 18834—2002)对土壤的定义为：由矿物质、有机质、水、空气及生物有机体组成的地球陆地表面能生长植物的疏松层。土壤是环境要素的重要组成之一，作为调节物质循环和能量循环的载体，土壤与人类的生存发展息息相关。一般来说，土壤是由固相、液相和气相组成的三维系统，每一个系统的数量取决于其组分的丰富程度及其在复杂反应系列中的动力学作用，从而导致土壤形成。

土壤为植物的生长提供有机质、氮、磷、钾等营养物质的同时协调温度、水分等环境条件，是植物生长过程中重要的影响因素之一。在农业方面，土壤能保证最基本的农业生产，人类依赖土壤产出的粮食和瓜果蔬菜而生存和发展；在环境方面，土壤由于本身结构复杂，且具有吸附、中和、降解等性质使其有一定的自净能力。污染物质进入土壤后，通过土壤自身的作用，发生一系列物理、化学和生物反应，使污染物在土壤环境中的数量、浓度或形态发生变化，使其活性、毒性降低。但土壤的自净能力是有限的，近年来，由于人口大幅增长，工、农业的急速发展，大量工业废弃物排放到土壤中，加上农药与化肥的大量使用导致土壤质量日益恶化，造成土壤污染进而影响作物的生长。某些污染物还会通过土壤-植物系统进入人体，在人体中富集，危害人体健康。

我国不同部门对土壤污染有不同的定义，本书采用我国国家生态环境部对土壤污染的定义：当人为活动产生的污染进入土壤并累积到一定程度，引起土壤环境质量恶化，并进而造成农作物中某些指标超过国家标准的现象，称为土壤污染。

8.1.1.1 土壤污染的特点

土壤是环境四大要素之一，因其多介质、多界面、多组分以及非均一性和复杂多变的特点而不同于大气污染与水体污染，土壤污染的特点主要表现在以下四个方面：

(1) 土壤污染具有隐蔽性及滞后性

大气污染、水污染和固体废物污染一般从表面通过感官就可以较为直接地识别出来，而土壤污染并不易被发现，污染物进入土壤后与土壤结合从而隐藏在土壤中，通常需要对土壤样品进行分析化验、农作物的残留检测，甚至对动物及人类的健康状况进行观察，才能确定土壤的状况。因此，土壤污染有很强的隐蔽性及滞后性，这种隐蔽性的特点导致土壤污染后对人的健康影响通常在不知不觉中发生，从而导致当我们发现土壤污染的现状时，污染所造成的伤害已经较为严重并持续很长时间了。如 1931～1972 年发生的日本“骨痛病”事件就是一个典型的例子。

(2) 土壤污染具有累积性与地域性

因为土壤介质本身结构复杂且具有吸附特性，因此大气和水体中的污染物通常比土壤环境中的污染物更容易迁移，并且一般随着气流和水流的流动，污染物进行长距离迁移。土壤环境中的污染物不像大气和水中的那样容易扩散和稀释，因此污染物容易在土壤环境中积累并达到高浓度进而超标，同时也使得土壤环境污染具有较强的地域性。

(3) 土壤污染不可逆性

许多对于土壤有较大危害的物质，尤其是重金属对土壤的污染基本上是一个不可逆转的过程，主要因为重金属在进入土壤之后，很难通过自然过程得以从土壤环境中消失或稀释，并且其对生物的危害和对土壤生态系统结构与功能的影响很不容易恢复。许多有机化学物质的污染也需要较长的时间才能降解，如聚乙烯、农药等。如农药 DDT 虽然已经被停用多年，但至今依旧可以在土壤和农产品甚至年轻人的组织和孕妇的乳汁中检测出来。

(4) 土壤污染治理难、成本高且周期长

通常情况下，大气环境与水环境受到污染后，切断污染源之后通过稀释作用和自净作用就可能使污染问题逆转，但是积累在污染土壤环境中的难降解污染物则很难靠稀释作用和自净作用来消除，所以一旦污染发生，仅仅依靠切断污染源的方法往往很难恢复，一般需要换土、淋洗、投加改良剂和抑制剂或种植植物等方法进行污染土壤的修复与治理。这也造成了土壤污染治理成本较高、周期较长的特点。

8.1.1.2 土壤污染的分类

土壤污染的类型很多，根据污染物的不同，可以将土壤污染分为四大类，即化学污染、物理污染、生物污染、放射性污染。

(1) 化学污染

化学污染是指由于过量化学物质（化学品）进入土壤造成土壤环境恶化。化学污染占土壤污染的绝大部分，也是土壤污染的主要原因，化学污染大多是由人类活动或人工制造的产品产生的，也有二次污染物造成的污染。

化学污染物根据其化学组成可分为有机污染物和无机污染物，有机污染物可分为天然有机污染物和人工合成有机污染物，本书主要指后者，其主要包括石油烃类污染物、酚类化合物、多氯联苯和二噁英类物质、硝基芳烃和芳胺、邻苯二甲酸酯等。以上这些化学污染物主要由污水、废气、固体废物、农药和化肥带进土壤并积累起来。

① 有机污染。有机农药占土壤有机污染的主要部分，农药因其高效、速效而被大量应用到农业生产中。农药是一种泛指的术语，包括杀虫剂、杀菌剂、除草剂以及动植物生长调节剂等。我国是农药生产和使用最多的国家，且不少是毒性大、易残留、难降解的。有些已被禁止的农药依然会在土壤或瓜果中检测出来，危害人体健康。近年来，由于农业的快速发展，农药被使用以控制病虫草害，但不合理的使用已经对人体健康造成损害，是目前使用量最大、施用面积最大、毒性最强的污染物。而农药发展过程中许多农药已经被证实为持久性

有机污染物，具有持久性强、生物蓄积性强、“三致”毒性大的特点。如曾被用作杀虫剂而被广泛传播的“DDT”“六六六”等。

② 无机污染。无机污染物主要包括重金属及其化合物和包含有害元素的氧化物、酸碱盐等。重金属及其化合物对环境有着极大的危害，主要原因是重金属不会被生物、微生物降解但会在生物体内富集，并且某些重金属会转化为毒性更强的有机金属化合物。在环境中，重金属是指对生物有显著毒性的元素，如汞、铅、铜、铬、镉、锌、镍、钴、钡、锑等，从毒性角度来说，通常把砷、铍、锂、硒、硼、铝等也包括在内。这些重金属在土壤中富集使土壤退化的同时对植物的生长和人类身体健康有着极大的影响。土壤中重金属的自然浓度主要取决于土壤来源以及化学性质。然而，人为输入导致土壤中重金属浓度远远超过自然来源的浓度。

(2) 物理污染

物理污染是指来自工厂、矿山的固体废物如尾矿、废石、粉煤灰等所造成的污染，这些废弃物通常集中堆积在一起形成排土场，排土场下方土壤直接受到污染，自然条件下的二次扩散会形成更大范围的污染。不仅如此，由于排土场由尾矿、废石等临时堆积而成，容易成为新的垃圾堆积地，造成化学污染、生物污染双重作用。此外，排土场结构疏松，有一定的安全隐患。

(3) 生物污染

土壤生物污染是指一个或多个有害的生物种群从外界侵入土壤后大量繁殖，破坏土壤原有的生态平衡，减少有益生物数量，增加有害生物数量，从而造成土壤质量下降并威胁到人体健康的现象。

土壤环境中，生物污染物众多，使土壤质量下降或对人体有毒害作用的动物、植物、微生物都属于生物污染物。从其对人体的危害程度来看，土壤中致病微生物以及病原体最为重要。大量致病微生物、病原体以及虫卵进入土壤后，引起植物体各种细菌性病原体病害，进而引起人体患有各种细菌性和病毒性的疾病，威胁人类生存。特别需要警惕的是，随着分子生物学的发展和技术进步，越来越多的基因将被引入植物、动物和微生物中，这些新的基因将有部分进入土壤，它们对土著微生物的影响还很难预料。

生物污染与物理污染、化学污染的最大不同之处在于：生物是活的、有生命的，外来生物能够逐步适应新环境，不断繁殖并占据优势，从而危及本地物种的安全。

(4) 放射性污染

放射性污染是指土壤表面或者内部出现超过国家标准的放射性物质或者射线。放射性污染物主要来自核工业、核爆炸、核设施泄漏等，因此在核原料开采、大气层核爆炸地区居多，以锶和铯等在土壤中生存期长的放射性元素为主。

放射性物质与重金属一样不能被微生物分解而残留在土壤中造成潜在威胁，这类污染对土壤理化性质没有太大的影响，但土壤被放射性物质污染后，通过放射性衰变，能产生 α、β、γ 射线。这些射线能够穿透动植物以及人体组织，损害细胞或造成外照射损伤，或通过呼吸系统或食物链进入动物以及人类体内，造成内照射损伤，对该土壤周边生长的动植物及人类造成非常大的伤害。

8.1.1.3 影响土壤污染的环境因素

影响土壤污染的因素可以分为内部因素和外界因素。

(1) 内部因素

影响土壤污染的内部因素即土壤的理化性质，包括土壤孔性、土壤黏粒矿物、土壤阳离子交换量、氧化还原电位、土壤有机质含量、土壤含水率、土壤酸碱度等。

① 土壤孔性。土壤孔性是土壤孔隙的特征，它是土壤孔隙率、大小孔隙搭配比例及其在土层中分布情况的综合反映。土壤孔性是衡量土壤结构质量的重要指标之一，可以通过调节土壤孔性来改变土壤的通气性、透水性和保水性，进而影响生物活动性，从而影响土壤中污染物的迁移转化。

土壤孔隙本身对进入土壤的污染物的迁移也有重要的影响。当土壤密实、孔隙率较小时，可有效地对进入土壤的污染物进行截留。但同时透气性差会导致生物活动性不强，对有机物的降解能力减弱，因此对有机物引起的污染处理较差。孔隙率较大的疏松土壤，透气性较好，微生物活动强烈，有机污染物的分解速度较快。但污染物在土壤中的迁移速率会加快，很容易使污染物向土壤深处迁移，对于防治重金属等污染不利。

② 土壤黏粒矿物。国际制和美国农业部制土粒分级标准中，将粒径小于 2pm 的土壤颗粒称为土壤黏粒。土壤黏粒矿物可显著影响污染物吸附-解吸行为并降低毒性，使污染物阻留在土壤表层，如：农药被黏粒矿物吸附后，毒性大大降低，降低农药的迁移速率，减缓化学分解速率，防止其转化为毒性更大的污染物；黏粒矿物的强吸附作用还可以对重金属等污染物起到固定或暂时失活的减毒效应，在重金属浓度较低时，土壤黏粒矿物可大幅度降低其生物毒性。常见的土壤黏粒矿物包括高岭土、蒙脱石、伊利石等。

此外，土壤黏粒可以保持水分和养分，含黏粒较多的土壤适合植物和微生物生长，促进生物活动性以加快对污染物的分解。当土壤黏粒含量较低时，土壤吸附作用就减弱，使污染物向土壤深处转移；而当黏粒含量很高时，土壤透气性降低，抑制土壤中好氧微生物的活动。

③ 土壤阳离子交换量。土壤环境下，污染物通过吸附-解吸、溶解-沉淀两个平衡过程来迁移转化。当吸附和沉淀占据主导地位时，污染物活性降低，进而使其迁移能力降低被固定在土壤中；当解吸和溶解占据主导地位时，那么污染物活动能力增强，污染物迁移能力提高，向更深层的土壤中迁移。

在土壤 pH 值为 7 时，每千克土壤中所含有的全部交换性阳离子的物质的量即为土壤阳离子交换量。阳离子交换量是表征土壤阳离子交换能力大小的量度，对土壤中养分的保持和供应起着重要作用，是土壤肥力和保肥能力的重要体现。阳离子交换量的大小与土壤黏粒矿物和有机质含量紧密相关。通常情况下，土壤胶体中黏粒矿物与有机质的含量越大，土壤的阳离子交换量就越大，这是因为黏粒矿物与有机质通常带有较多的负电荷，因此，在考虑阳离子交换量对污染物的影响时应同时考虑黏粒矿物与有机质的作用。通常在阳离子交换量较高的土壤中，重金属更容易被土壤吸附。

④ 氧化还原电位。土壤氧化还原电位是指土壤中的氧化剂和还原剂在氧化还原电极上所建立的平衡电位。它是反映土壤氧化还原能力、决定化学物质活动强度的重要指标。土壤氧化还原条件控制着污染物的存在状态，它对金属元素的价态和活性具有显著影响。如：在氧化环境下，铬以毒性较高的六价形式存在，砷为五价，铜、铁呈现低毒性的高价稳定态；在还原条件下，铬呈现低毒性的三价态，砷呈现三价，铜和铁表现为活性较强的低价态，当土壤还原性更强时，H_2S 大量产生，铁离子则会转化成 FeS 沉淀，迁移能力降低。

⑤ 土壤有机质含量。土壤有机质可以定义为土壤中含碳有机物的总和，一般占土壤总质量的10%左右，性质相对活泼，可以被微生物分解成比较简单的小分子有机物（如氨基酸、脂肪酸等），同时也可以同重金属络（螯）合生成稳定形态，也可以同农药、化肥等发生反应而转化。

有机质对土壤有很多影响，比如有机质可以保持土壤养分、形成良好结构、调节酸碱性、消除或降低污染物毒性等。原理是有机质与目标物质（如金属离子或其氧化物、氢氧化物、矿物质等）发生化学反应，这些生成物不尽相同，或溶于水，或不溶于水，但往往有着不同的化学和生物学稳定性。而有机质反应的目标物质中，重金属是受关注最多的。土壤有机质含量能够影响土壤重金属的有效性和主要形态，人们对这方面的关注甚至大于了其对重金属积累的影响。有机质之所以能够使重金属的形态有所变化，是因为有机质与土壤中的重金属络合，形成对应的络合物，使土壤中的重金属在形态上有一定的移动性，甚至可以改变重金属对生物的有效性。

通常来说，有机质含量与重金属吸附能力成正比，但同时，溶解有机质相对于其他有机质会对重金属的吸附产生抑制作用，而且这种抑制作用与土壤类型和溶解有机质种类有关。有机质中的腐殖质因为其含有重要的络合官能团和螯合基团，例如羧基（$—CO_2H$）、酚羟基（$Ph—OH$）、羰基（$C═O$）、氨基（$—NH_2$）、烯醇基（$R_2C═CR—O—$）、偶氮基（$—N_2$）、醚基（$—O—$）、磺酸基（$—SO_2OH$）、磷酸基［$—PO(OH)_2$］和巯基（$Ph—SH$），使其具有较强的络（螯）合能力，对重金属的影响较大。除重金属外，土壤有机质也可与进入土壤的农药、化肥等反应，改变其本来的形态。

⑥ 土壤酸碱度。土壤酸碱度是土壤化学性质的又一重要指标，它与土壤化学元素的状态密切相关，酸碱度的改变可以引起化学物质的剧烈变化。当pH降低时，土壤中稳定盐金属离子能够以离子形式释放，土壤胶体吸附的金属离子能够被氢离子取代而释放，进而土壤可溶态金属离子浓度会增加，金属对植物危害的可能性随之增大。

（2）外界因素

影响土壤污染的外界因素主要有气候和人为活动。

① 气候。土壤污染通常会受到气候因素的影响，尤其是气温与降水，这两个因素与土壤的温度与湿度息息相关，即气温与降水升高时，土壤的温度与湿度也会随之升高。

土壤温度是土壤热状况的表征，是土壤化学反应以及生物活性的重要控制因素之一，温度对土壤中有机物质的分解、微生物的种类和数量、水盐运移以及水、气运动都有重要影响。随着温度的升高，化学反应速率、生物活性都升高，进而加快对土壤中有机污染物的分解，温度对土壤对重金属的吸附性也有影响。

土壤湿度过大时，土壤中孔隙率则会减小，透气性减弱；而土壤湿度过小时，植物生长受到制约。同时，土壤湿度大时，土壤溶液中污染物溶解量会提高，增强污染物对植物的毒害作用。此外，土壤湿度对有机污染物的降解有所影响，如土壤湿度对土壤中石油的降解有显著影响。

② 人为活动。人为活动是造成环境污染的主要原因，人们对土壤进行改造时对土壤环境造成了极大的损害。石油开采产生大量的含油污泥；大量矿山尾矿造成大面积土壤重金属污染；工业污水回排进土壤；滥用农药化肥，造成土壤板结、退化；核泄漏导致土壤中放射性污染物对生物造成辐射，人类活动对土壤的危害是巨大的。

综上所述，影响土壤污染的因素多种多样，多种因素共同影响着土壤中污染物的活动。因此，对土壤污染的研究要做到具体情况具体分析，实现对症防治。

8.1.2　土壤污染的危害

土壤受到污染后，不仅会影响植物的生长，还会对整个生态环境造成损伤，如影响土壤内部生物群落的变化以及物质的交换，一些污染较为严重的土壤导致表面植物生长抑制甚至枯萎死亡，严重阻碍了人类社会的可持续发展。土壤污染对环境的危害主要有以下五点。

8.1.2.1　土壤污染导致严重的经济损失

对于土壤污染所造成的直接或间接经济损失，我国目前并没有详细的相关资料。但已有资料显示，至 2015 年全国土壤污染超标率达 16.1%。2014 年《全国土壤污染状况调查公报》显示，全国耕地退化面积比例超过 40%，七～十等的劣质耕地比例达到 27.9%，耕地土壤点位污染超标率达到 19.4%，耕地质量整体表现为“四成退化、三成劣质、二成污染”的“四三二”状态。

土壤污染造成的经济损失主要是由于当污染物浓度达到一定水平时农作物就会遭受毒害，导致农作物大量减产甚至死亡。农田污染直接影响植物生长和人类健康与生存质量，以重金属污染为例，铜等重金属被植物吸收后集中在植物的根部，很少向植物地上部分转移，致使植物根部重金属浓度过高，植物还没有成熟就已经被毒害、枯萎甚至死亡。全国每年因重金属污染而减产的粮食可达 1000 多万吨，被重金属污染而无法食用的粮食每年也多达 1200 万吨，合计经济损失至少 300 亿元。对于有机污染物、生物污染物、放射性污染物等对土壤造成的经济影响目前尚未有明确的数据。而农药、化肥的过度使用虽然可以在短时间内使农作物有所增产，但其后续对土壤环境造成的伤害会造成更大的损失。

8.1.2.2　土壤污染导致其他环境问题

因为土壤是由矿物质、有机质、水、空气及生物有机体组成的多介质体系，具有复杂的化学和生物性能。而污染物在进入土壤之后进行了一系列复杂的物理化学过程，一部分被土壤吸附固定，一部分转化成其他物质，一部分迁移到其他介质中去，实现跨越圈层界限的多介质迁移转化循环，从而造成对其他两介质的二次污染。

(1) 土壤污染导致大气环境的二次污染

土壤结构复杂，污染物进入土壤后发生一系列物理化学变化，从而迁移、扩散至别处或转化为其他物质。一些污染物会随着土壤中水分的蒸发作用挥发成气体进入大气环境中；一些污染物被植物吸收后由于植物蒸腾作用进入大气中；有些污染物虽自身难以挥发，但会在土壤中转化成其他易挥发物质，从而进入大气，如汞进入土壤后，在微生物的作用下，金属汞和二价汞离子等无机汞会转化成易挥发且毒性更强的甲基汞和二甲基汞。土壤中污染物进入大气环境，造成大气污染和生态系统退化等次生环境问题。

(2) 土壤污染导致水体环境的二次污染

土壤中污染物通过地表径流、下渗等作用进入地表水或地下水，导致地表水及地下水污染。除去土壤中的污染物，土壤中的 N、P 等营养物质随地表径流、淋溶等方式进入水体中，造成水体富营养化，成为水体污染的祸患。

8.1.2.3　土壤污染导致生物品质不断下降

土壤具有隐秘性的特点，因此用肉眼直接观察很难发现土壤污染，一般只有当土壤表面生长的植物表现出污染现状后，人们才会去追溯土壤污染。由此可见，土壤污染会在表面生长的植物上有所体现。而土壤被污染后，污染物通过植物根系吸收、富集在植物体内，通过食物链被人体与动物吸收，从而危害人体及动物健康。

此外，农药的大量使用不仅造成土壤污染，同时带来的还有农作物的农药残留。2000年的调查显示，农药超标率可达25.3%，部分城市超标率超过50%。

8.1.2.4 土壤污染对动植物造成危害

当土壤中重金属含量超过其自净能力后，土壤的理化性质和土壤中的微生物群落结构会受到不良影响。土壤中的重金属污染物通过根系吸收进入植物体，诱导其体内产生对代谢系统具有毒害作用的物质，间接影响植物生长。如镉与含巯基氨基酸和蛋白质的结合引起氨基酸蛋白质的失活，对催化酶的伤害引起酶催化代谢的紊乱。另外，镉胁迫下 H_2O_2 会在植物体内过量积累，影响体内氧化还原系统的正常运转，诱发细胞的防御机制崩溃或者细胞死亡，表现出叶片绿色减退、生长缓慢、植株矮小、产量下降甚至死亡。有些植物必需或非必需重金属元素在低浓度时对植物生长有促进作用，但当其超过一定浓度后就会抑制植物生长甚至对植物产生毒害作用。相关专家张晓薇等利用原子吸收分光光度法来测定不同质量浓度的Pb对植物生长的影响，结果显示：当Pb的质量浓度在0～500mg/kg的范围内时，玉米的发芽率、生物量和其长势都随Pb质量分数的升高而增大；但当Pb的质量浓度大于500mg/kg时，玉米的发芽率、生物量及长势都随着Pb的质量浓度的升高而降低。

土壤的污染程度直接影响粮食和蔬菜的产量和品质，特别是重金属。采用 $CdCl_2$ 稀溶液浇灌花生植株，花生产量均表现出先增后减的趋势。李波等对沪宁高速公路两侧土壤和小麦重金属污染状况进行了研究，土壤中铅的最大污染指数为3.26，小麦籽粒中铅含量超标率达99%以上，最大超标倍数达1.73倍。国内大城市的蔬菜也存在不同程度的重金属污染，如天津市郊蔬菜等食品中的镉污染，沈阳市郊蔬菜等食品中的镉、汞污染，长春市郊蔬菜等食品中铅污染等都存在严重超标现象。

8.1.2.5 土壤污染对人体造成危害

土壤污染对人体的伤害是巨大的，土壤中的重金属污染物有可能通过食物链的传递到达人体，在人体内的某些器官中富集，和蛋白质、酶等物质相互作用，使其失去活性，造成人体急性或者慢性中毒。日本发生的水俣病和骨痛病等公害事件就是重金属污染引起的。

常见的公路路域土壤铅污染是一种严重的环境毒和神经毒，土壤中的铅能够通过皮肤接触和食物进入人体内与多种器官亲和，对儿童的威胁尤其突出，主要表现为心血管、神经和泌尿等系统的损伤。铅中毒不仅使中毒者本人受害，而且影响后代，铅进入孕妇体内会通过胎盘屏障，影响胎儿发育，造成胎儿畸形等。安徽怀宁、浙江德清和台州、广州紫金等地近千人血液中铅含量超标，这些“血铅事件”表明铅污染已经严重威胁到人们的生命健康。镉是一种人体的非必需元素，具有免疫系统毒性、肾脏毒性、骨骼系统毒性、神经系统毒性、心血管系统毒性、生殖系统毒性，甚至遗传毒性，对人体的危害相当严重。砷是一种生物毒性显著的类金属元素，可与细胞内巯基酶结合而使其失去活性；砷还有致癌作用，能引起皮肤癌，潜伏期可达几十年之久。皮肤接触含铬物质可引起过敏性皮炎或湿疹，进入呼吸道则引起咽炎、支气管炎。另外，铜、锌是人体健康不可缺少的微量元素，但在体内积累过多也会使人出现恶心、呕吐、腹泻、腹部疼痛、贫血、抽搐等中毒现象。

8.1.3　典型土壤污染物的危害

8.1.3.1　化学污染物的危害

(1) 有机污染物

① 石油。石油在经济发展中起到重要作用，但随着开采量的增加、化工企业的发展，石油所造成的污染已经不可忽视，石油污染已成为世界性的污染难题。据统计，现在每年石油产量在 3×10^{10}t 左右，随之产生的石油污染物可达 800 万吨，这些污染物进入环境中对环境造成危害。石油污染在大气、水体、土壤皆有体现。石油进入土壤后，会产生三方面的危害：改变土壤的理化性质，破坏土壤自身结构，使土壤质量下降；某些挥发性较强的石油烃类化合物会向空气中挥发、扩散、转移，造成大气污染；被石油污染过的土壤，会随雨水进入地表水，污染水体，当石油浓度较高时，会造成石油下渗，进入更深层的土壤甚至进入地下水，造成地下水污染。

石油进入土壤后，会改变土壤的理化性质，造成以下危害：

a. 造成土壤孔隙的堵塞，使土壤的通气性和透水性降低；

b. 由于石油中疏水性油类的存在，降低土壤含水率；

c. 使土壤的氧化还原电位显著降低，从而影响重金属污染物在土壤中的形态；

d. 石油污染物在土壤中降解时会产生一些羧酸，会使土壤 pH 值降低；

e. 与土壤无机营养物质（氮、磷）结合，改变土壤氮磷比和碳氮比，引起土壤有机物质组成变化，同时石油本身为有机物，会加大有机质含量，使植物生长受到影响；

f. 破坏土壤微生物的生存环境，引起土壤微生物群落结构发生变化；

g. 石油污染物中的多环芳烃会在植物中大量富集，通过食物链传导，进入动物或人体内，多环芳烃具有“三致”毒性，对人体危害极大。

② 农药。农药进入土壤后，会使土壤性质、成分和性状发生变化。它会抑制土壤微生物活性，使农药不断在土壤中累积，破坏土壤的自然动态平衡；导致土壤自然功能失调、土壤质量恶化，从而影响植物的生长发育，导致农产品的产量和质量下降，并通过食物链伤害人类，甚至形成超地方性疾病。例如：某些杀虫剂会影响敏感植物，如豆类、小麦和大麦，阻碍其根系发育和抑制种子萌发；用“六六六”喷洒的蔬菜和水果，化学物质通过植物的根或块茎吸收，或渗透到核心，不能被去除；以各种方式施用的农药通过土壤保留在生物体中，随着食物链的递进而不断积累，生物数量越多，食物链越靠近顶端，浓缩因子就越大，人类是生物体的最高形式，因此将不可避免地通过食物链伤害人类。

有机氯农药难以降解并会积累，直接影响生物的神经系统。如 DDT 主要影响人的中枢神经系统，除了急性效应外，还具有长期作用，使人们健忘、失眠、做噩梦和疯狂。尽管有机磷农药容易降解并且残留时间短，不易在生物体内积累，但它们具有高毒性，且具有烷基化作用，可能引起致癌和致突变作用。有机磷农药以一种特殊的方式作用于生物体，破坏酶并损害机体的神经系统。氨基甲酸酯类农药在土壤中的残留时间很短，并且会因微生物作用而降解，但研究表明它含有少量的氧醌杂质，是一种强效的致畸剂。

农药进入土壤后，被土壤胶体吸附，被土壤微生物降解。但是，如果农药的用量超过土壤容量，就会对居住在土壤中的微生物造成危害，会减少土壤微生物的类型和数量。而农药对微生物的影响分为直接和间接的，直接影响如杀虫剂会影响微生物固定或刺激其机体本身和代谢过程，农药对土壤微生物的间接影响是直接影响的结果。

此外，农药致使许多益虫也被消灭。虽然喷洒杀虫剂会大大减少有害昆虫的数量，但由于昆虫会通过物竞天择迅速适应环境，演变成更强壮、更具抗性的新物种。如果要摆脱这些害虫，就需增加剂量或使用更致命的新药。然而，药剂的有效性不能无限增加，以免影响更高的生命形式，并且还存在所有农药无能为力的威胁。但由于农药的广泛使用，自然界的微妙平衡被破坏，影响了土壤的代谢活动和生产力。简言之，在使用杀虫剂时，不仅要考虑杀虫剂杀灭昆虫、治疗疾病和杀草的良好效果，还要考虑农药造成的环境污染以及通过食物链对人类健康的影响。理想的杀虫剂是毒性足够长以控制目标生物，其毒性对非目标生物没有持续影响，并且没有环境污染。即便如此，由于农药的潜在危害，致畸、诱变致癌作用不像急性中毒那样明显，因此，在使用农药时必须谨慎。

目前，我国农药年用量为 80 万～100 万吨，居世界首位。平均每天我们吃进 5～7g 农药。近 40%的恶性肿瘤与过量的农药残留有关。其中，高毒性有机磷的年使用量约占 70%，当农药残留量在人体内达到一定量并且不会被人体分解时，将不可避免地引起人体的病变。

③ 多氯联苯及二噁英类物质。二噁英类物质已被公认为是毒性最强的污染物，因此其在生物体和人体中的含量及分布特征、在生物链中富集放大以及在全球范围内的迁移分配等的研究，已经成为环境领域的研究热点。1881 年，德国的 Schmidt 和 Schults 首次合成了多氯联苯。按氯原子取代位置及数量的不同，多氯联苯共拥有 209 种单体。多氯联苯的电导率非常低，且物理化学性和反应活性均极为稳定，具有阻燃、抗热解、抗氧化的作用，因为这些优点，1929 年在美国被 Monsanto 公司工业化生产的多氯联苯，其在 20 世纪 30 年代开始，就已经被很广泛地应用于变压器绝缘液、电容器、油墨添加剂以及增塑剂等。全世界的多氯联苯产量在 60 年代中期达到了鼎盛，其全球年产量达到 10 万吨。

多氯联苯的合成为人类带来了便利，但同时也威胁着人类的健康。多氯联苯是一类亲脂性化合物，其极难溶于水而易溶于脂肪和有机溶剂，并且因为其稳定的化学性质而极难分解，因此，一旦多氯联苯进入了土壤，就会被土壤中的有机质紧紧吸附，大量富集难以处理，土壤即被多氯联苯污染。众所周知，土壤为粮食与植物供给养分，土壤的污染不仅会导致农作物减产、被污染，更严重的是，粮食与植物吸收了土壤中的多氯联苯，必将进一步给需要食物的人类带来危害。

国外有很多关于土壤的多氯联苯污染的报道，通过相关报道可以总结出：在未受多氯联苯直接污染的土壤中，每克土壤中多氯联苯的含量为几毫克到十几毫克；在工业污染区，每克土壤中多氯联苯的含量可达到几十毫克；更有甚者，在某些电器元件工厂的附近，每克土壤中多氯联苯的含量可达到上百毫克。城市污水处理厂处理污水后，消化污泥含有大量的 N、P 等农作物所需的营养元素，因此某些国家曾将其用作农田肥料，殊不知，这不仅造成了土壤重金属污染，亦给土壤带来了多氯联苯这样的有机污染物。早在 1968 年，相关人员 Jones 等就研究了污泥对土壤中多氯联苯含量的影响以及其含量的变化趋势，发现未使用污泥前的 1917 年，土壤中并未检出多氯联苯，而在使用了污泥后的 1918 年，检测到土壤中多氯联苯的浓度为 137mg/g，到 1972 年时，增加为 229mg/g。因此，学者们持续关注着多氯联苯为土壤带来的污染，并尽可能找到有效的解决方案。

(2) 无机污染物——化肥

如今在农业生产过程中，化肥已经成为了必不可少的组成之一，但化肥的不合理使用会对土壤造成很大的伤害，如：

① 短期内大量施用化肥，或连续施用单一品种化肥时会造成土壤的酸度发生变化，土壤酸化之后会释放有毒物质，增强有毒物质的毒性，更会溶解土壤中的营养物质，使营养成分流失，对作物的生长产生不良影响；

② 过量使用化肥会造成土壤板结，导致土壤表层缺乏有机质，结构不良，在雨水等外因作用下破坏结构，化肥无法补偿有机物的缺乏，土地肥力下降，影响微生物的生存；

③ 生产化肥的过程中，所使用的原料中含有多种重金属、放射性物质以及其他有害成分，会随着化肥的施加而进入土壤中。

8.1.3.2 物理污染物的危害

(1) 地膜

随着地膜覆盖栽培年限的延长，残留地膜回收率低，土壤中残膜量逐步增加，极易造成地膜污染。残留的地膜会影响土壤物理性状，抑制作物生长发育。由于土壤中残膜碎片能够改变或切断土壤孔隙连续性，使重力水移动时产生较大的阻力，使重力水向下移动速度变慢，从而使水分渗透量因农膜残留量增加而减少，土壤含水量下降，削弱了耕地的抗旱能力，甚至导致地下水难以下渗，引起土壤次生盐碱化等严重后果。

此外，由于地膜材料的主要成分是高分子化合物，在自然条件下，这些高聚物难以分解，若长期滞留在土地里，会影响土壤的透气性，阻碍土壤水肥的运移，影响土壤微生物活动和正常土壤结构形成，最终降低土壤肥力水平，影响农作物根系的生长发育，导致作物减产。

(2) 放射性污染物

放射性污染物质中常见的放射性元素有镭、铀、钴、钋、氚、氪、氙、碘、锶、钷等。它们最开始是散发在大气、沉降于水源中，最后进入土壤（另有部分直接进入土壤），而放射性元素半衰期长，其污染物进入土壤后，危及生态系统的稳定，进入植物（包括粮食作物、蔬菜、果树），通过食物链进入人体，最终威胁到人类的生命健康和其他生物的生存。

8.2 土壤中主要污染物的控制

8.2.1 土壤污染物的污染现状

改革开放以来，我国经济文化飞快进步，然而随之带来的却是对自然无休止的索取，对人类赖以生存的自然环境造成极大的伤害。我国土壤污染问题也愈加凸显。20 世纪 80 年代后期，土壤污染率低于 5%，轻度、中度和重度污染点的比例分别为 11.2%、2.3%、1.5%。其中无机污染占绝大多数，有机污染居第二位，复合污染占比较小，无机污染占总污染的 82.8%。其中，镉、汞、砷、铜、铅、铬、锌、镍等 8 种无机污染物的超标率分别为 7.0%、1.6%、2.7%、2.1%、1.5%、1.1%、0.9%、4.8%。根据中国的土壤污染状况报道，目前，受镉、砷、铬和铅等重金属污染的耕地面积近 2000 万公顷，约占总量的 1/5。其中，工业“三废”污染的耕地可达 1000 万公顷，其中 330 万公顷的耕地已被治理。

土壤污染可导致严重的直接经济损失，导致各种疾病，并导致食品质量下降。

据国家生态环境部的调查，目前我国一些地区土壤污染严重，对生态环境、食品安全和农业发展都构成威胁。据不完全统计，目前全国受污染的耕地已达1000万公顷，约占耕地总面积的20%以上，每年因为土壤污染造成的经济损失达200亿元，其中每年因重金属污染的粮食达1200万吨。资料显示，我国的耕地和大多数城市近郊农田都受到了不同程度的污染，如北京市通惠河灌区土壤铅含量近年来有所升高，凉水河灌区的锌、镉、汞也有明显上升，一些位点的汞、锌已超过国家标准GB 15618—2018的极限值。长期的污水灌溉已经引起了土壤以及稻米、小麦等粮食作物中镉等重金属元素的积累。国内蔬菜重金属污染调查显示，我国菜地土壤重金属污染形势更为严峻。珠三角地区近40%的菜地重金属污染超标，其中10%属于严重超标。重庆蔬菜重金属污染中镉污染＞铅污染＞汞污染，近郊蔬菜基地土壤重金属Hg和Cd出现超标，超标率分别为6.7%和36.7%。广州市蔬菜地铅污染最为普遍，砷污染次之。保定市污灌区土壤Pb、Cd、Cu和Zn的检出超标率分别为50.0%、87.5%、27.5%和100.0%，蔬菜中Cd的检出超标率为89.3%。天津市土壤重金属污染已经形成环境问题，东丽、西青和津南菜田土壤的重金属污染均为3级，属于轻度污染，北辰菜田土壤的重金属污染达到了中度污染。此外，在重庆、广西、香港、福建、贵州、河北、海南、珠江三角洲、北方河套地区等许多省、市、地区都发现了不同程度的Hg、Cd、Pb、Cr、As、Cu、Zn、Ni污染。我国的一些主要水域如淮河、长江流域、太湖流域、胶州湾等也发现了重金属污染。我国土壤污染除Cd、Hg污染外，Pb、As、Cr和Cu的污染也比较严重。

我国农田土壤也受到了污染，目前我国农药、重金属等污染的土壤面积已达上千万公顷，污染的耕地约0.1亿公顷，占耕地总面积的10%以上，多数集中在经济较发达的地区。全国每年受重金属污染的粮食多达1200万吨，因重金属污染而导致粮食减产高达1000多万吨，合计经济损失至少200亿元。华南地区部分城市有50%的农地遭受Cd、As、Hg等重金属污染。广州近郊因污水灌溉而污染农田2700hm^2，因施用污染底泥造成1333hm^2土壤被污染，污染面积占郊区耕地面积的46%。上海农田耕层土壤Hg、Cd含量增加了50%，天津近郊因污水灌溉导致2.3万公顷农田受重金属污染，沈阳张士灌区重金属污染面积达2500hm^2。

我国农田土壤的污染率从20世纪80年代后期的不到5%增加到今天的近20%。特别令人震惊的是，一些经济发达地区的农田污染问题非常突出。轻度污染的耕地占耕地总面积的77%，污染严重的耕地约占耕地总面积的12%。

8.2.2 土壤污染物的来源

8.2.2.1 直接污染

(1) 有机污染物

① 石油烃类污染物。石油作为经济发展的重要资源之一，得到了大量的开采。石油的主要化学成分为碳和氢构成的烃类化合物，主要包括烷烃、环烷烃、烯烃以及芳香烃等。随着石油工业的发展，石油的开采量随之增加，石油污染物引起的土壤烃类污染比例日益增加，逐渐发展成环保治理的要点对象。

石油烃类污染物皆来自石油的生产、加工、冶炼及运输，具体包括：石油在钻井开采及储运过程中的井喷、洗井或漏失；油罐车运输过程中发生交通事故；工业场所有机溶剂的排放或泄漏；煤的不适当储藏；含油废水超标排放、储油罐的清洗、大气沉降等。这些都导致了土壤的污染。这些污染源导致我国每年会产生百万吨石油污泥。

② 多氯联苯和二噁英类物质 化学工业生产中，氯代芳香族化合物有很多，例如氯酚、氯苯、多氯联苯等，这些被广泛地应用在杀虫剂、杀菌剂、防腐剂等方面，其生产过程中分子通过脱氢重排、缩合可以生成二噁英。二噁英是由 2 个或 1 个氧原子连接 2 个被氯取代的苯环组合成的三环芳香族亲脂性固体有机化合物，其性质非常稳定，其来源分为两种，即工业来源和非工业来源。其中，工业来源包括有机氯化学品的生产与纸浆氯气漂白过程、固体废物焚烧、热电以及金属生产等。此外，研究表明，氯碱工业、纸浆和织物漂白、饮水消毒等使用涉及氯及含氯化学品都会形成少量二噁英随废水、废气、废渣污泥而进入环境。而非工业来源包括汽油、家庭固体燃料（木材和煤）以及木制品和家庭废物等的不完全燃烧、光化学反应和生化反应等，而且在一定环境条件下，二噁英可在微生物对氯代酚的降解作用过程中形成（如堆肥）。另一类与二噁英相关的化学品是多氯联苯。据统计，世界各国总计生产过多氯联苯 120 万吨以上，主要用作一些电器设备的冷却剂、润滑剂和某些油漆、塑料、黏合剂、树脂、油墨的添加剂等。除此之外，环境中多氯代二苯并二噁英和多氯代二苯并呋喃的来源不同于多氯联苯，前者主要是人类生产过程中的副产品，而后者则是人类曾经广泛使用的一种工业产品。目前，科学家们认为多氯代二苯并二噁英和多氯代二苯并呋喃主要有两条产生途径：一是工业生产过程的副产物；二是在焚烧过程中形成，例如市政府固体废物焚烧炉、医疗废物焚烧炉和工业废物焚烧炉被认为是西方国家环境中二噁英残留的最主要污染释放源。

③ 酚类化合物。酚类化合物的基本结构是一个苯环连接一个或多个羟基，还可能带有各种类型的取代基，其来源主要分为人工合成和自然界产生。早在 1904 年，人们就从煤焦油中分离出最简单的酚，即苯酚，从此，很长时间内从煤焦油中分离酚一直是制取酚的唯一途径。而后用化学法合成酚使其产量逐年递增。直到 1930 年，用化学法合成酚的产量已经超过天然酚的提取量。至今，人们利用的酚都是使用化学合成法得到的。

酚类化合物在动植物体内分布也比较多。这类化合物在分类中按羟基的数量可以分为一元酚、二元酚、多元酚。其中一元酚有阿魏酸、肉桂酸、对羟基苯甲酸等，而二元酚或多元酚则主要是单宁，也被称作多酚，这些酚类物质一般来源于植物体内。通过其他官能团可分为酚酸、卤酚等。酚酸中的酸是指在芳香环上连接羧基的有机化合物，例如苯甲酸，这种物质一般和酚类统称为酚酸类物质。酚酸类物质在工业生产和生物体内均有分布；而卤酚类化合物以氯酚为例，它是一类非常重要的工业原料，在动植物内较少，在工业生产中较多。它们一般会在加氯的水体、氯化芳烃的泄漏以及含氯有机物焚烧中出现。酚的分类还有很多，例如：一般沸点在 230℃以上的酚称为不挥发性酚；在 230℃以下的酚称为挥发性酚。按酚类化合物的物理性质则可分为复合态酚和水溶性酚。总而言之，酚类在自然界范围内于植物中分布较多，因为酚类物质是其重要的代谢物质之一。在自然状况下，酚类物质在生态系统中有四种来源，即植物向体外释放、雨雾从植物表面淋溶、植物根部分泌以及残体或凋零物分解。

④ 多环芳烃。多环芳烃是指由两个或两个以上苯环以稠环或非稠环方式连接而成的一

类疏水性化合物。多环芳烃是一种重要的致癌物质，一般是由含碳颗粒在高温缺氧条件下不充分燃烧产生的，这也是产生环境污染的重要来源，引起土壤多环芳烃污染的燃料成分主要为汽油、草、木材、煤炭、生物质等。

⑤ 酞酸酯。酞酸酯又名邻苯二甲酸酯，是邻苯二甲酸所形成的酯的统称，一般所成酯的醇由 4～15 个碳组成，其中邻苯二甲酸二辛酯是最重要的品种。其多为无色油状黏稠液体，难挥发，密度与水接近，凝固点较低，易溶于有机溶剂和类脂。这类化合物含有较弱的雌激素成分，影响生物体内分泌，导致突变、致畸和癌细胞增殖，是一类环境激素。酞酸酯是环境激素类有机化合物。其作为一种塑料改性添加剂，可以增大塑料的可塑性和提高塑料的强度，其含量可达最终产品的 20%～60%，但是其作为改性添加剂并未真正参与聚合，进入环境中后会逐渐释放从而污染环境并给人体带来危害。

土壤中酞酸酯的主要来源有很多，例如农用化学品、污水灌溉和大气沉降。农用薄膜、肥料和农药、污泥堆肥等农业生产资料也是我国农田土壤酞酸酯的重要来源。在自然条件下，酞酸酯因为其官能团，有着比较强的反应活性，较易被自然降解，且酞酸酯水溶性低而脂溶性高。但是，由于土壤理化性质不同，这种差异可以导致酞酸酯在土壤中呈现特殊的环境行为。又因为土壤结构体系独特，长期应用污水灌溉会使污水中的酞酸酯与土壤有机质相结合，导致大量的酞酸酯滞留在土壤中，因此使酞酸酯在土壤中富集，加剧了土壤酞酸酯污染，酞酸酯也可以附着在大气颗粒物上后通过沉降作用进入土壤，并进一步影响土壤环境质量和农产品质量，这也是导致我国城郊和工业区土壤酞酸酯污染的重要原因。

酞酸酯能通过一系列环境地球化学过程进入不同的环境介质，例如土壤中的酞酸酯可以通过挥发、淋溶、植物吸收等途径进入大气、水体、植物等自然介质中，从而威胁环境安全，引起环境污染和人类的健康风险。总而言之，酞酸酯已经成为自然环境中最普遍存在的污染物。土壤中酞酸酯的来源具有一定的复杂性和广泛性，但总结起来为酞酸酯由塑料转移到外环境，最后富集于土壤。

（2）无机污染物

① 重金属。重金属的自然来源为大气干湿沉降。伴随社会的迅速发展，大量燃烧石油和煤炭，以及汽车等排放的尾气等等，这些燃烧后的气体排入大气，破坏了大气的正常组分，使空气中含有大量的重金属元素，这些重金属元素既可直接沉降到土壤中被土壤吸附，也可被植物吸收后，过植物传输到土壤而引起土壤重金属污染。

尾气的排放、汽车轮胎和其他零部件老化和磨损、机油和燃油的泄漏、路面磨蚀和货物抛洒以及刹车里衬机械磨损产生的粉末等是重金属的主要交通污染源。含 Pb 汽油的燃烧是城市 Pb 污染的重要来源。Pb、Zn、Cd、Cr、Cu 等为道路两侧土壤中的主要污染物。我国环境界专家对公路旁土壤重金属污染做了研究，结果表明 Cu、Pb、Zn 污染与机动车尾气排放有关。国外环保专家研究了尼日利亚某市公路旁土壤中 Pb、Cd、Cu、Ni 和 Zn 的分布规律，得出重金属含量与距公路距离呈负相关的结论。

轮胎中添加的 Zn、发动机及车体部件使用的 Cu，都会对交通道路两侧的土壤造成污染。交通运输对土壤形成的污染带大多集中分布在道路沿线两侧 70m 以内，当在道路两侧种植行道树和绿化带时，对于路旁土壤 Pb、Cd、Cu 和 Zn 重金属污染有显著的防护效应。

a. 工业污染。有色重金属矿床的开发冶炼是向环境中排放重金属的最主要的工业污染源。工业生产造成土壤重金属污染的环境问题日益严重。包头市重金属 Cu、Zn 含量分别为全国土壤几何均值的 1.85 倍和 2.26 倍。云南省某选冶矿厂周边由于长期工业生产使该区域受到 Pb、Cd、Cr 和 Zn 等重金属污染严重。大型综合城市成都城郊土壤重金属含量中以 Cu、Pb、Zn 最为突出，在东郊热电厂附近为 Hg、Cd、As 的高值区。

化石燃料的燃烧是产生重金属污染的另一重要途径，存在于煤和石油中的一些微量元素，如镉、锌、砷、锑、硒、钡、铜、锰和钒等，经过燃烧，以飘尘、灰、颗粒物或气体形式释放。此外，一些金属，如硒、碲、铅、钼和锂等，被加入到燃料或润滑剂中以改善其性质，都是加剧土壤重金属污染的因素。

金属经过酸性物质处理后流出的污水以及电镀工业使用的金属盐溶液等的排放也是重金属污染源。此外，电子工业因为金属用于半导体、导线、开关、焊料和电池的原料和生产，电镀工业（镉、镍、铅、汞、硒和锑等）、颜料和油漆工业（涉及的重金属有铅、铬、砷、锑、硒、钼、镉、钴、钡和锌等）、塑料工业（聚合体稳定剂如镉、锌、锡和铅等）以及化工工业常常用一些金属作为催化剂和电极（如汞、铂、钌、钼、镍、钐、锑、钯和锇等）也造成金属工业污染。

工业粉尘及垃圾焚烧的沉降也带来了土壤重金属污染。金属冶炼工业排放出大量含有重金属的粉尘，沉降于冶炼厂下风向的土壤表面，导致下风向的植被群落极度退化，最终退化为裸地。重金属粉尘随着主导风向飘移进入土壤生态环境，是造成矿场周围土壤重金属污染的主要原因，并且发现靠近矿区附近的土壤生物量明显低于远离矿区的土壤。垃圾焚烧过程中会产生大约 2%～3%的飞灰，而飞灰中富含部分重金属，环境方面的专家采用原子荧光光谱仪和 X 射线衍射仪发现在熔融飞灰中有 Cr、Mn、Cu、Pb、Ba、As 等重金属元素。电子垃圾的不当处置也是引起土壤重金属污染的一个原因。电子废物一般含有 Pb、Cd、Hg、六价铬、聚氯乙烯、溴化阻燃剂等有害物质。通过对电子废物焚烧活动造成的重金属污染进行测定，发现污染区的土壤微生物系统中无论微生物生物量碳还是土壤呼吸与对照区相比均受到显著影响。

b. 农业生产来源。由于现代农业生产大量使用化肥、农药，化肥在促进生物生长及农药在杀灭虫害、杂草的同时既会造成土壤和农作物污染（化肥中含有的镉、铀等污染物已经成为了土壤重金属污染的重要来源），也会带入一些重金属。由于重金属元素的累积作用，导致土壤中重金属元素的含量不断上升，从而引起污染。而在一些污水处理普及率高的地区，污水处理后污泥常施用于农田作为农作物生长的肥沃土，但由于工业污泥成分复杂，里面不同程度地含有重金属及其他有害物质，由此而引发的危害也难以估计。

土壤重金属污染还来自于污水农用灌溉，由于中国水量分布的不均匀性，导致部分地区水资源的匮乏，加上部分工业废水未经处理直接排入河流，使得这些污水成为农业灌溉用水的主要组成部分之一。污水灌溉属于面源污染，一旦污染，受污染的面积将很大，而含重金属浓度较高的污染表土易在降水的作用下进入水体中，从而再次引发水体污染，如此往复，恶性循环。由此可见，污水灌溉引起的土壤重金属污染危害性已对农业及日常生活、生产产生了很大的不良影响。

c. 居民生活生产。在居民的生活和生产方面，污染主要包括金属的腐蚀、垃圾处理等。

金属的腐蚀：例如，屋顶和水管中的铜、铅，不锈钢中的铬、镍、钴，钢表面防止生锈覆盖层中的镉、锌，铜制配件中的铜、锌，以及喷漆表面退化释放的铬、铅等都会造成土壤污染。

垃圾处理：城市生活垃圾中常常含有各种金属，如废旧电池中含有汞，增加了土壤重金属污染的可能。

d. 其他来源。土壤中重金属的其他来源如含重金属固体废弃物堆积、金属矿山酸性废水的污染等，甚至在饲料添加剂中的高含量 Cu 和 Zn，在其作为肥料施入农田后也会对土壤造成危害。我国的固体废弃物不仅来自国内，还来自国外。

环境保护部、商务部、国家发展和改革委员会、海关总署、国家质量监督检验检疫总局联合发布《固体废物进口管理办法》。环境保护部有关负责人表示，《固体废物进口管理办法》的实施将促进废物进口和利用企业进一步提高环境保护意识和水平，规范我国固体废物进口管理工作，防止境外废物非法进境，维护我国环境安全。我国废纸、废塑料、废五金、废钢铁、铝废碎料、铜废碎料等可用作原料的固体废物实际进口达 4000 多万吨，而这些进口垃圾也造成了土壤重度重金属的污染。

② 非金属化合物

a. 氰化物。氰化物是一类含有氰基（—CN）的化合物的总称。氰基的稳定性非常高，因此它在一般化学反应中存在于一个通用反应中。研究表明，土壤中的氰化物主要以复合状态存在，主要是铁氰化物络合物，土壤中基本上没有简单的氰化物。铁氰化物是一种具有高稳定性的强复合物，其化学性质在常温常压下非常稳定。此外，铁氰化物配合物易被土壤矿物胶体吸附，不利于其降解和去除，因而易发生氰化物污染土壤的现象。

b. 砷化物。砷是土壤中的有毒有害元素之一，如其含量超标，对人体的危害极大。土壤中砷的来源包括自然因素以及人为因素，因为人为因素导致大量的砷进入土壤中，故一般只考虑人类活动所引起的砷污染。砷污染的来源主要来自工业和农业。农业方面主要由于在农田中施加含砷农药，全球砷污染场地有上万个，而农业方面的砷污染场地高于工业，需加大整治力度。

8.2.2.2 二次污染

二次污染主要来自于大气干湿沉降。

8.2.2.3 农田土壤中的主要污染物和污染物进入农田路径

(1) 农田土壤中的主要污染物质

农田土壤污染有化学污染、物理污染和生物污染。对农产品安全和质量的主要影响是化学污染。因此，目前关注的主要是化学污染和化学污染物。

化学污染物质可分为无机污染物和有机污染物两大类。无机污染物包括对生物有害的元素和化合物，主要指重金属元素，如汞（Hg）、镉（Cd）、砷（As）、铅（Pb）、铬（Cr）、铜（Cu）、镍（Ni）、锌（Zn）、钴（Co）等。有机污染物包括有机氯、有机磷、氨基甲酸酯、苯氧基羧酸、苯甲酰胺等，主要来自化工厂排放物和化学农药。

(2) 污染物质进入农田的主要路径

众所周知，土壤中的污染物主要来自工矿废弃物（废水、废气、废渣）、汽车尾气排放，以及生活垃圾、污泥、化肥、农药和农用薄膜。但这些污染物质是怎么进入农田中的？概括起来主要有以下 3 种路径：

① 大气沉降　工矿企业每天向大气排放大量粉尘和废气，火电厂、餐饮企业和家庭每天向大气排放大量烟雾。机动车每天都会向大气中排放大量的废气，强风将有害的灰尘吹向天空。机动车辆在行驶期间将灰尘从路面抛向天空。可以说每天都有大量的灰尘和废气排放

到大气中，这些物质以降尘的形式返回地面，或伴有降水，进入农田并污染土壤。大气沉降材料包括重金属，如 Hg、Pb、Cd 和 Zn，以及二氧化硫、氟化物、氯化氮、碳氢化合物等；在一些地方，大气沉降甚至是农田土壤污染物的主要来源，如天津郊区农田重金属来源分析。农田土壤中 Cd 和 Pb 的 90%来自于大气沉降。大气污染物沉积引起的土壤污染具有广域和外部污染的特点。在某一地区，即使没有使用污染物，也可能受到周围空气污染的影响，通过大气污染物造成土壤污染。酸雨是典型的大气沉降污染。

② 洪水冲积　在采矿区，经常看到山区矿渣倾倒场或大型尾矿池；在一些工矿企业周边星状分布着大大小小的渣山或废水塘。这些尾矿、废物和废水含有大量有害物质，通常只会伤害当地的水体和土壤，但一旦遭遇大雨和洪水，大量有害物质将涌入周围和下游地区的农田，污染水体和土壤。例如，2001 年 6 月，广西壮族自治区环江毛南族自治县遭受暴雨袭击，环江上游三家选矿企业的尾矿池被拦截。洛阳镇大安乡和西恩镇 $600hm^2$ 农田被尾矿和废渣淹没，大面积作物死亡。在第二年，田间作物不长，严重的地寸草不生。土壤测试结果表明，农田土壤酸度过大，Pb、Zn、As 等元素超标。由于大洪水引起的矿区尾矿库水淹，或工业和矿业企业因暴雨引起的洪水泛滥，造成大规模农田土壤污染和灌溉水源污染。

③ 农业生产　农业生产过程，包括灌溉、肥料、药物和地膜覆盖，已成为污染物进入农田土壤的主要途径。

a. 污水灌溉。在北方的干旱地区和南部的旱季，人们使用未经处理或未完全处理的生活污水和工业废水来灌溉田地，以保护农产品的产量；广泛的灌溉区也包括人们不知道灌溉水被污染，含有污染物的水无意中倒入农田，造成土壤污染。白银市污灌区调查分析结果表明，Cd 污染严重，大部分地区 Hg、As、Ni、Pb、Cu、Zn 等污染程度较轻，个别区域为重度污染。西安市西北郊回回运河灌区调查分析结果表明，农田土壤中 Cd、Hg、Cr、Cu、Zn 五种元素在长期污水灌溉过程中表现出不同程度的污染，其中 Cd 和 Hg 污染尤为严重。使用污水灌溉农田是造成土壤污染的主要原因。环境保护部和国土资源部进行的第一次土壤污染调查结果显示，55 个污水灌溉区中有 39 个（71%）存在土壤污染问题。在 1378 个土壤点中，超标点占 26.4%，主要污染物为镉、砷和多环芳烃。

b. 不合理地使用农药。不合理使用农药主要体现在 3 个方面：一是违规使用高毒、高残留农药；二是过量使用农药；三是在不适宜的时间使用农药。农药在增加农业生产中发挥了重要作用，但农药使用不当造成的土壤污染问题日益突出。

c. 不合理地使用肥料。关于肥料造成的土壤污染问题，人们一般只关注化肥，很少关注有机肥。事实上，肥料不仅会污染土壤，而且有机肥料也会污染土壤。

化肥污染包括 3 个方面：第一，与化肥生产中使用的一些原材料相关的天然重金属材料在肥料生产过程中尚未完全去除，导致肥料中的重金属污染土壤。这种现象存在于一些磷肥中。第二，化肥的过量使用以及化肥和有机肥的不平衡导致土壤结构恶化和土壤微生物环境的变化。或者由于土壤环境的变化而加剧土壤中有害重金属的活化，危害作物。第三，由于过量使用化学肥料，未被作物吸收的化学成分进入水体（包括地下水和地表水）并污染水环境。

有机肥污染主要是指有机肥中有毒有害物质对土壤的污染。农民自己的农家肥料，其中一些含有大量有害污染物，有些因为有毒家庭垃圾（包括电子产品废物，各种化学试剂）的掺入，有些因与含重金属的池塘泥或含有重金属污泥的污水处理厂混合，有些是牲畜粪便本身含有致病菌、重金属、激素、抗生素和其他有机污染物。此外，许多商业有机肥料还含有重金属等有害物质。例如，刘荣乐等人分析了162个商业有机肥样品，结果表明：根据现行的有机-无机复混肥国家标准（GB 18877—2002），162个试验样品中有1个样品Cr超标、2个样品Pb超标、9个样品Cd超标；根据德国堆肥的部分重金属限量标准，162个样品中的110个超标、73个Ni超标、31个Zn超标。

d. 不合理使用地膜。2012年，我国塑料薄膜覆盖率为1758万公顷。覆膜在全国各地的广泛使用，大大延长了寒冷地区的作物种植季节，扩大了某些作物的种植面积，增加了农产品的产量。但与此同时，大量废弃残膜也给农田带来了白色污染问题。

8.2.3 土壤污染的防治措施

污染物进入土壤的方式多种多样，防治土壤污染的根本在于控制及消除污染源，即减少由污染源进入土壤的污染物的数量及速度以降低环境污染。一般来说土壤污染的防治措施包括以下几方面：

(1) 减少工业“三废”的排放

在工业方面，应大力推广清洁生产以减少工业生产的污染源，在生产中不使用或少使用在土壤中易积累的化合物；采取排污管终端治理方法，控制废水、废气中污染物的浓度，避免造成土壤中重金属和持久性有机污染物的积累；对于已产生的“三废”应妥善处理以防造成二次污染；提出针对受污染的土壤的监测方案，作为风险管理的依据。

(2) 合理施用农药及化肥

减少农药、化肥等投入品的过量使用，减少土壤污染，优化土壤环境，从源头上阻断农药、化肥的进入；推进农业生产废弃物综合治理和资源化利用，变废为宝。归根到底，就是把土壤资源过高的利用强度缓下来、土壤污染加重的趋势降下来，推动我国土地形成绿色发展方式，走上可持续发展道路。

(3) 提高土壤环境容量

土壤环境的静容量反映了污染物生态效应所容许的最大容纳量，但尚未考虑和涉及土壤环境的自净作用与缓冲性能，即外源污染物进入土壤后的累积过程中还要受土壤环境的化学背景与迁移转化过程的影响和制约，如污染物的输入与输出、吸附与解吸、固定与溶解、累积与降解等等，这些过程都处于动态变化中，其结果都能影响污染物在土壤环境中的最大容纳量。目前的环境学界认为，土壤环境容量应是静容量加上这部分土壤的净化量，才是土壤的全部环境容量，提高土壤环境容量要在充分了解污染物输入与输出、吸附与解吸等的基础上进行。

8.2.4 农田土壤污染的防治措施

农田土壤污染具有隐蔽性、滞后性以及积累和治理的难度。因此，必须加强污染防治，控制污染物进入农田土壤。当前最为迫切的工作有以下6个方面。

① 严格控制工矿企业排放三种废物（废水、废气、废渣），加强垃圾场和尾矿库的防渗（防渗漏）、防刮（防风）和抗冲击（防洪）能力。防止污染物进入水体、大气和农田。

强化灌溉水源质量监控工作。一旦发现水源受到污染，将及时通知相关灌区，未经处理和处理的污水灌溉农田未受到严格控制。

② 严格控制高毒、高残留农药的使用，加强农药使用知识的宣传，实现科学用药。

加强化肥质量控制，特别是加强对磷肥中重金属的监测，严格控制超标准重金属进口市场。并加强对科学施肥技术的推广，使化肥用量适宜、化肥施用时机和频率合适、化肥与有机肥的比例合理。加强对商品有机肥中重金属等有害物质的监测，严格控制重金属超标的有机肥进入市场。

对农村农家肥料质量进行抽查和检查，加大宣传力度，使农民认识到有毒生活垃圾等有害物质对作物的危害。加强农家肥无害化处理技术的研发和推广，针对农家自有农家肥料中的重金属污染问题，为安全生产和使用有机肥料采取特殊措施。

③ 科学使用地膜，广泛推广可降解地膜或可回收地膜，严格控制地膜覆盖污染。

由于形势的原因，综合治理之路应首先加强对土壤污染状况的调查。包括污染物的类型，污染物的来源，污染程度和污染区域的水热环境。不同于土壤环境，以及不同作物对各种污染物的响应机制，不同区域和不同类型污染土壤的不同处理路径。

④ 改善土壤环境，促进有害重金属的养护，减少对作物的危害。重金属是自然界中的客观微量元素，并且在土壤中也普遍存在。重金属产生危害是需要一定条件的，一个是含量超过一定标准，另一个是有适宜的环境条件。例如，重金属 Cd 在 pH 值为 4.5～5.5 时最容易被米吸收。通过添加有机肥和向土壤中添加化学试剂，使土壤 pH 值升至 5.5 以上，土壤中的黏土矿物和氧化物与重金属形成络合物或螯合物，趋于稳定，大米对镉的吸收将大大减少。

⑤ 调整粮食作物的结构，避免重金属污染。不同作物品种对重金属的吸附能力不同。例如，籼米对重金属 Cd 的吸收比粳米少得多。

a. 暂时退出可食用作物的生产并重新种植非食用植物。一些受污染的农田不能继续用于粮食、蔬菜、水果等食用农产品的种植，但可以种植绿色植物或其他非食用工业原料。当然，在选择不可食用的工业原料时，也必须考虑将来对人类造成伤害的可能性。

b. 暂时性退耕，进行修复。对于不能再种植的受污染农田，将退出农作物种植，采用生物修复、化学修复和农业生态修复等修复技术修复受污染的土壤。

c. 退耕还林，禁止农产品生产。污染严重，难以修复的污染农田，被指定为农产品禁止生产区，不进行农业生产。应该指出的是，必须加强对污染物的控制，以防止污染物扩散到周围地区。

⑥ 重金属污染物通过食物链传递到达人体，在人体内的某些器官中富集，和蛋白质、酶等物质相互作用，使其失去活性，造成人体急性或者慢性中毒，日本发生的水俣病和骨痛病等公害事件就是重金属污染引起的。

常见的公路路域土壤铅污染是一种严重的环境毒和神经毒，土壤中的铅能够通过皮肤接触和食物进入人体内与多种器官亲和，对儿童的威胁尤其突出，主要表现为心血管、神经和泌尿等系统的损伤。铅中毒不仅使中毒者本人受害，而且影响后代，铅进入孕妇体内会通过胎盘屏障，影响胎儿发育，造成畸形等。镉是一种人体的非必需元素，具有免疫系统毒性、肾脏毒性、骨骼系统毒性、神经系统毒性、心血管系统毒性、生殖系统毒性，甚至遗传毒性，对人体危害相当严重。砷是一种生物毒性显著的类金属元素，可与细胞内巯基酶结合而使其失去活性，砷还有致癌作用，能引起皮肤癌，潜伏期可达几十年之久。皮肤接触含铬物质可引起过敏性皮炎或湿疹，进入呼吸道则引起咽炎、支气管炎。另外，铜、锌是人体健康不可缺少的微量元素，但在体内积累过多也会出现恶心、呕吐、腹泻、腹部疼痛、贫血、抽搐等中毒现象。

未经处理的工业与生活废水经污灌或任意排放进入土壤后，大量的重金属元素可在土壤中富集，从而进入食物链，对人体健康造成影响。据调查发现，成都、沈阳张士污灌区常见病发生率明显高于对照地区，其中张士污灌区居民癌症死亡率达 0.117%，尿镉质量浓度也高达 3.83μg/L，明显高于对照区。不仅如此，在一些地区重金属镉的污染甚至已发展到生产“镉米”的程度；在汞污染严重的污灌区，生产出的稻草平均含汞量高达 1.24mg/kg，超过背景值 27 倍。

由于重金属无法被生物降解，土壤一旦被污染通常需要很长时间才可恢复，重金属元素的难迁移性，使污染元素的停留时间很久，且治理成本较高、治理周期较长。

重金属无色无味，很难被人的感觉器官察觉，在一定时期内在环境可承载范围内不会表现出对环境的危害，而一旦其含量超过环境承载范围，或者环境条件变化时，可能引起重金属的活化，从而引发生态污染，导致严重的生态危害。

在土壤环境中，单个重金属污染物通过食物链不断地在生物体内富集，甚至可转化为毒害性更大的甲基化合物，由此而引发的污染时有发生，但更多表现为多种金属元素及其转化的化合物同时产生作用，即多种污染物一起形成联合污染，联合污染中包括协同污染和拮抗污染。

据国家环保总局的调查，目前我国一些地区土壤污染严重，对生态环境、食品安全和农业发展都构成威胁。据不完全统计，目前全同受污染的耕地已达 1000 万公顷，约占耕地总面积 20 以上，每年因为土壤污染造成的经济损失达 200 亿元，其中每年因重金属污染的粮食达 1200 万吨。而目前我国受 Cd、As、Cr、Pb 等重金属污染的耕地面积近 2000 万公顷，约占总耕地面积的 1/5。据资料显示我国的耕地和大多数城市近郊农田都受到了不同程度的污染，如北京市通惠河灌区土壤铅含量近年来有所升高，凉水河灌区的锌、镉、汞也有明显上升；一些位点的汞、锌已超过国家土壤环境质量标准（GB15618—1995）的极限值。长期的污水灌溉已经引起了土壤以及稻米、小麦等粮食作物中镉等重金属元素的积累，国内蔬菜重金属污染调查显示，我国菜地土壤重金属污染形势更为严峻。珠三角地区近 40% 的菜地重金属污染超标，其中 10%属于“严重”超标。重庆蔬菜重金属污染程度为 Cd>Pb>Hg，近郊蔬菜基地土壤重金属 Hg 和 Cd 出现超标，超标率分别为 6.7%和 36.7%。广州市蔬菜地铅污染最为普遍，砷污染次之。保定市污灌区土壤 Pb、Cd、Cu 和 Zn 的检出超标率分别为 50.0%、87.5%、27.5%和 100.0%，蔬菜中 Cd 的检出超标率为 89.3%。天津市土壤重金属污染已经形成环境问题，东丽、西青和津南菜田土壤的重金属污染均为 3 级，属于轻度污染，北辰菜田土壤的重金属污染，达到了中度污染。此外，在重庆、香港、贵州、福建、河北、广西、汀西、海南、珠江三角洲、北方河套地区等许多省市地区都发现了不同程度 Hg、Cd、Pb、Cr、As、Cu、Zn、Ni 污染。我国的一些主要水域如淮河、长江流域、太湖流域、胶州湾等也发现了重金属污染。我国土壤污染除 Cd、Hg 污染外，Pb、As、Cr 和 Cu 的污染也比较严重。

我国农田也受到了重金属严重的污染，目前我国农药、重金属等污染的土壤面积已达上千万公顷，污染的耕地约 0.1 亿公顷，占耕地总面积的 10%以上，多数集中在经济较发达的地区。全国每年受重金属污染的粮食多达 1200 万吨，因重金属污染而导致粮食减产高达 1000 多万吨，合计经济损失至少 200 亿元。华南地区部分城市有 50%的农地遭受 Cd、As、Hg 等重金属污染。广州近郊因污水灌溉而污染农田 $2700hm^2$，因施用污染底泥造成 $1333hm^2$ 土壤被污染，污染面积占郊区耕地面积的 46%。上海农田耕层土壤 Hg、Cd 含量增加了 50%，天津近郊因污水灌溉导致 2.3 万公顷农田受重金属污染，沈阳张士灌区重金属污染面积多达 $2500hm^2$。

随着工业的发展和人们的物质需求日益增长，由此带来的土壤重金属污染越来越严重，已严重影响到粮食安全和人类健康。众多研究人员对重金属污染土壤的修复技术进行了大量卓有成效的研究，并不断找到新技术、新方法和新材料。目前生物技术一直是专家们研究的较为普遍的一种修复重金属污染土壤的技术，也一直是国际上的难点和热点研究课题。下面就对生物修复技术的原理、优点及应用前景进行系统的综述。

8.3　土壤污染物的处理方法及存在的问题

8.3.1　土壤污染物处理技术和方法

土壤本身具有一定的自净能力，但当大量污染物进入土壤，超出土壤本身的自净能力之后，会对土壤造成伤害，虽然土壤具有一定的自净作用，但土壤的自净能力和速率通常难以缓解污染所造成的压力，此时就需要通过技术手段，促使污染的土壤恢复其基本功能和重建生产力，这一过程就被称为土壤修复。土壤修复种类很多，按照修复原理可以分为物理修复、化学修复以及生物修复三大类。物理修复主要以物理手段为主；而化学修复主要是以控制化学反应来治理污染；生物修复也分为广义和狭义两种。广义上以任何生物为主体解决环境问题的技术手段都属于生物修复，包括动物修复、植物修复和微生物修复；而狭义的生物修复则是指在微生物的作用下达到污染降低的过程。

8.3.1.1　化学修复技术

（1）原位化学淋洗

化学淋洗技术是指借助能促进土壤环境中污染物溶解或迁移作用的溶剂，通过水力压头推动清洗液，将其注入到被污染土壤层中，然后再把含有污染物的液体从土层中抽提出来，进行分离和污水处理的技术。清洗液可以是清水，也可以是包含冲洗助剂的溶液。

原位化学淋洗技术在处理污染土壤方面具有许多优点，例如长效、易操作、高渗透性和成本效益（取决于所用的漂洗剂），并且适合治理的污染物范围很广。与其他修复技术一样，原位化学淋洗技术不是对所有污染土壤都适用，但是它却是许多土壤清洁技术中比较好的一种类型。

原位化学漂洗修复过程是在土壤中使用漂洗剂，使其能够向下渗透，通过受污染的土壤并与污染物相互作用。在这种相互作用过程中，漂洗剂或“化学助剂”从土壤中去除污染物并与污染物结合。迁移状态最终通过物理或化学作用形成，例如洗脱液的解吸、螯合、溶解或络合。含有污染物的溶液可以在梯度井中收集、储存和进一步处理，或者用于处理污染的土壤。

对于地下水位以上的污染区域，通过喷淋或滴灌设备将洗脱液或土壤活化剂喷洒到土壤表面，然后将洗脱液从土壤基质中洗去，并将含有溶解的污染物的浸出液转移到收集系统中。收集系统通常是缓冲器或截止排水管，其排出泵控制提取井附近的渗滤液。

土壤浸出和修复技术最适用于重金属、挥发性卤化有机物和非卤化有机物污染土壤的处理和修复。在有机污染物中，具有低辛烷/水分配系数的化合物更适合该技术。此外，羟基化合物、低分子量乙醇和羧酸污染物也可以通过化学浸出技术从土壤中除去以进行修复。其中，土壤淋洗技术也是唯一费用节省、准备大规模推广的技术，它能够处理地下水位以下、植物修复不能达到的较深层次的重金属污染。图 8-1 为原位化学浸出技术的流程。

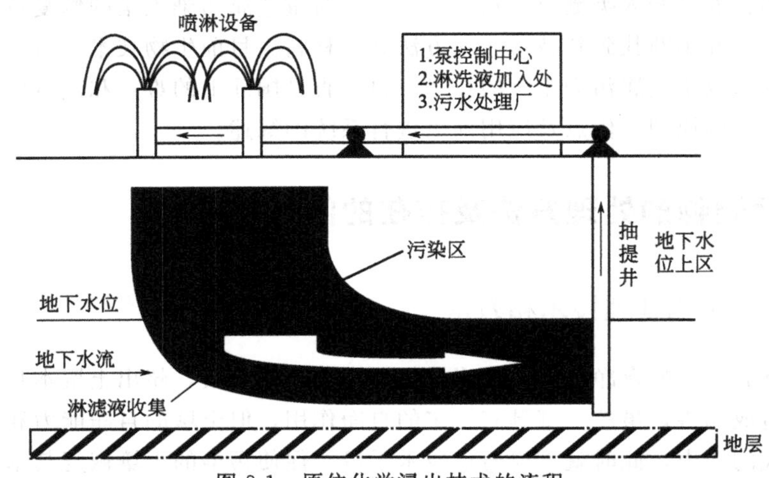

图 8-1 原位化学浸出技术的流程

(2) 溶剂浸提

溶剂浸提技术（solvent extraction technology）也被称为化学浸提技术（chemical extraction technology），是一种使用溶剂从污染土壤中提取或去除有害化学物质的技术。土壤中一些难溶于水且倾向于吸附或黏附到难以处理的土壤、沉积物或污泥中的污染物质如 PCBs、油等，在土壤中只用常规的物理修复技术难以去除，就采用溶剂浸提技术去除。图 8-2 为溶剂浸提技术的流程。

采用溶剂浸提技术处理污染土壤时，需要先将污染土壤挖掘出来，并去除大块杂质如岩石、垃圾等。然后，将污染土壤放置在提取箱内（图 8-2），通入化学溶剂使其在提取箱中进行溶剂与污染物的离子交换等化学反应过程，溶剂的类型与浸泡时间根据污染物和土壤的理化性质进行选择。

洁净的浸提溶剂从溶剂储存罐运送到提取箱内，溶剂必须漫浸土壤介质，使土壤中的污染物与溶剂全面接触。当土壤中的污染物基本完全溶解于浸提的溶剂中时，用泵将浸出液排出提取箱，并引导到溶剂恢复系统中。按照这种方式重复提取过程，直到目标土壤中污染物水平降低到预期标准。通常，要对处理过的土壤和浸提液多次采样分析，以判断浸提过程的进展情况。土壤中污染物的浓度是否达标，要经过实验室内气相色谱的分析确定。同时，要对处理后的土壤引入活性微生物群落和富营养介质，快速降解残留的浸提液，处理过的土壤可就地回填。

土壤黏粒含量低于 15%、相对湿度低于 20% 的土壤，适合采用溶剂浸提技术。如果黏粒含量较高，循环提取次数就要相应增加，因此也会事先采用物理手段降低黏粒聚集度。土

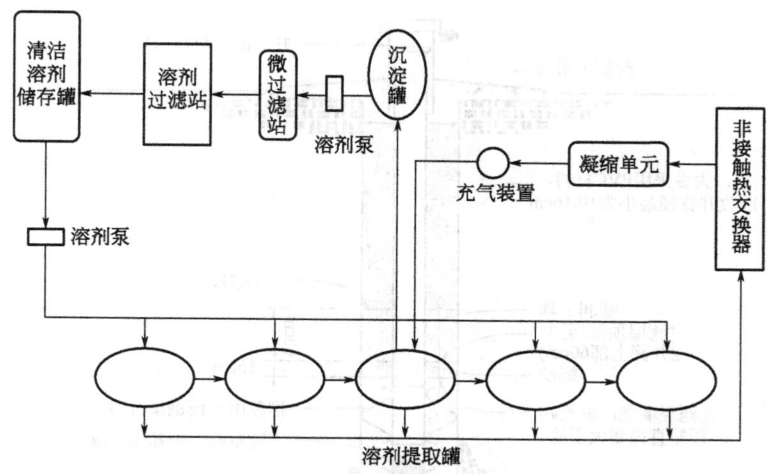

图 8-2　溶剂浸提技术的流程

壤湿度比较大的时候则需要土壤风干和溶剂蒸馏，以此降低溶剂中水分的累积，防止水分稀释提取液，降低污染物溶解度和迁移效率。如果土壤污染物是易挥发态的，那么土壤就要在密闭容器中进行干燥。

（3）化学氧化修复

化学氧化修复技术主要是通过向土壤中投加化学氧化剂与污染物发生氧化反应，使污染物降解或转化为低毒、低迁移性产物的一项污染土壤修复技术。化学氧化技术不需要将污染土壤全部挖掘出来，只需要在污染区的不同深度钻井，然后通过井中的泵将氧化剂注入土壤中。氧化剂与污染物的混合、反应使污染物降解或导致形态发生变化。为了提高修复效率，通常会打两个井，一个井注入氧化剂，另一个井将反应后的氧化剂废液抽提出来。含有氧化剂的废液可以循环再利用，通常被抽提出来后再次投加到含有氧化剂的井中重复利用。图 8-3 为化学氧化修复技术示意图。

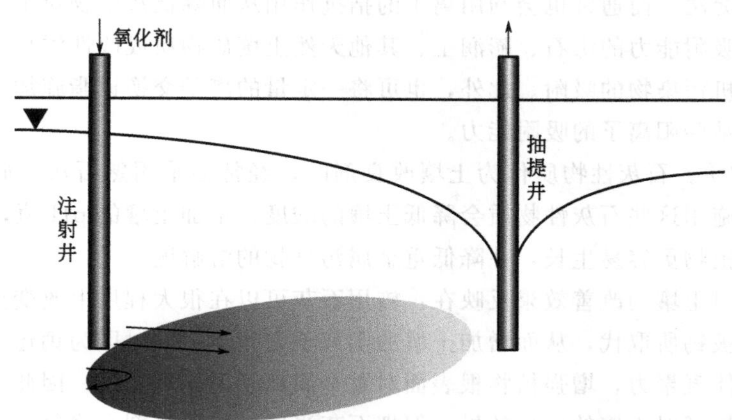

图 8-3　化学氧化修复技术示意图

事实上，在采用化学氧化修复技术之前必须要经过准确的勘测，否则很难确定污染物所在位置及土壤污染面积。图 8-4 为修复井的一般构造示意图。

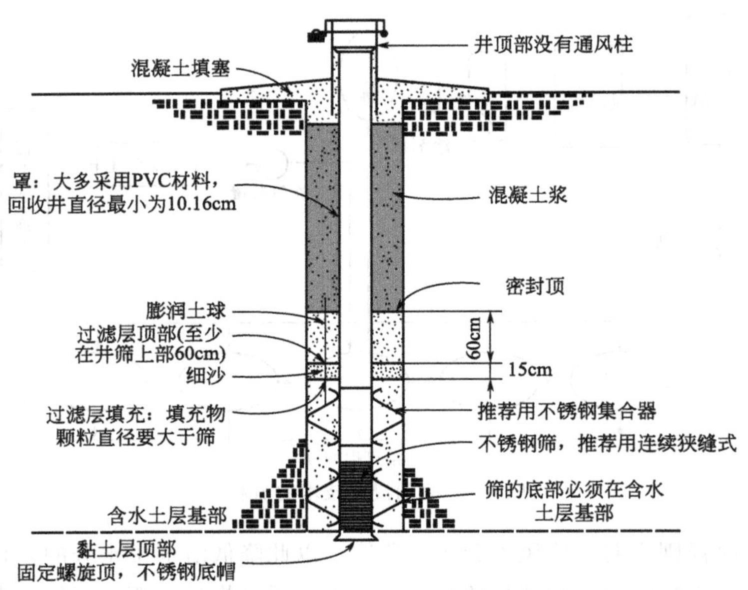

图 8-4　修复井的一般构造示意图

(4) 土壤改良技术

一般来说，对于污染较少的土壤，可以根据土壤中污染物种类的不同对土壤的影响不同，从而在土壤中施用不同改性剂，如石灰、磷酸盐、硫黄、高炉矿渣、铁盐等，以修复被污染的土壤。

不同的改良剂所起的作用不同，如：石灰类物质作为重金属污染的土壤改良剂可以增加土壤 pH 值，促进重金属（如镉、铜、锌）形成氢氧化物沉淀，便于污染物质从土壤中移除并减少植物对重金属的吸收；硫黄及某些还原性有机化合物可以使重金属成为硫化物沉淀；易溶的磷酸盐与重金属反应生成难溶的磷酸盐。这些改良剂起到的作用是将污染物变成沉淀物，即常说的沉淀法。而通常也会利用离子的拮抗作用从而降低污染物对土壤作用，如可以通过添加具有高吸附能力的沸石、膨润土、其他天然土壤矿物质或改性添加剂的方法来增加土壤对有机和无机污染物的吸附。此外，也可将一定量的离子交换树脂施加到土壤中以增加土壤对重金属和某些阳离子的吸附能力。

① 石灰性物质。石灰性物质作为土壤改良剂时，经常会采用熟石灰、硅酸钙、硅酸镁钙和碳酸钙等。施用这些石灰性物质会降低土壤的酸度，增加土壤的 pH 值，使土壤更趋近于中性状态，使植物更容易生长，并降低重金属污染物的溶解度。

石灰性物质对土壤的改善效果反映在：施用石灰可以在很大程度上改变土壤固相中的阳离子含量，使氢被钙所取代，从而增加土壤的阳离子交换量，同时因为钙还可以改善土壤结构，增加土壤胶体凝聚力，增强植物根表面对重金属离子的拮抗作用。因此钙质物质在重金属污染土壤中发挥了对土壤的保护效果。但把石灰当成土壤改良剂来修复土壤并不是普遍适用的技术，事实上这种方式还是比较有限的。例如，向土壤施加石灰后可能会导致某些植物营养元素的缺乏，此时还要考虑向土壤施加植物微肥。

② 有机质及黏土矿物。在土壤中施用有机质和黏土矿物质可以提高土壤肥力，同时增加土壤对重金属离子和有机物的吸附能力，通过有机质与重金属的络合和螯合作用、黏土矿

物对重金属离子和有机污染物的强烈的物理和化学吸附作用，使污染物失去活性，以减少土壤污染对植物和生态环境的破坏。能够与金属氧化物反应的有机质中的含氧官能团，例如羧基、羰基和酚羟基等，与金属的不同形态形成具有不同化学和生物稳定性的金属-有机配合物。

土壤黏土矿物含量及其成分是决定土壤自身解毒效果的重要因素。由于有机质和黏土矿物能够形成重金属和有机污染物的强吸附区，且有机黏土矿物价格低廉、易于使用，因此可以作为一种简单、有效和经济的土壤修复工具。有机质中通常含有一定的微生物，可加速植物残体的矿化过程，并丰富土壤的微生物群落。

有机质对重金属污染的缓冲和净化机制主要表现在：a. 参与土壤离子的交换反应；b. 稳定土壤结构，提供微生物活性物质，为土壤微生物活动提供基质能量，间接影响土壤中重金属的行为；c. 重金属的螯合剂。有机质主要通过离子交换和与重金属的络合作用降低重金属对植物的毒性，改良污染土壤的性能。

此外，有机黏土矿物的吸附作用可用于修复受有机污染物污染的土壤。有机黏土矿物对有机化合物的吸附取决于表面上形成的孔的大小和吸附的有机阳离子的大小。由于黏土矿物的表面是疏水的或表面上存在烷基有机相，因此主要用于除去非离子有机化合物。模拟试验结果表明，利用土壤和含水层的黏土再次注入季铵盐阳离子表面活性剂十六烷基三甲基铵，可以造成天然黏土矿物的改性并增加离子交换后黏土矿物层的间距，表面从亲水性变为亲脂性。因此，改性黏土矿物在土壤中原位形成有效的吸附区，以控制有机化合物的迁移。

在化学上相似的元素之间，由于对植物根部中相同吸收点的竞争，可能发生离子拮抗作用。因此，当修复被重金属污染的土壤时，可以利用金属元素之间的拮抗作用以减少重金属对植物的影响。例如，锌和镉在化学上是相似的，为了减少镉对作物的毒性作用，一个便利的改良方式就是以合适的锌镉浓度比施入植物中，成为化学肥料。

磷酸盐化合物很容易与重金属形成不溶性沉淀产物，因此可以利用这种化学反应改善受铅、铁、锰、镉、锌和铬污染的土壤。一方面，施用磷酸盐化合物到土壤中可以改善土壤缺磷状况，增加土壤肥力；另一方面，它也可以用作化学沉淀剂来降低重金属的溶解度并降低毒性。因此，它是一种双管齐下的方法。磷在土壤中的施用效果随磷酸盐的类型而变化。

土壤中重金属的环境行为与土壤的氧化还原电位（E_h）密切相关，通过调整土壤氧化还原电位可以控制重金属的迁移，因为土壤含水量与土壤氧化还原的潜力密切相关。调节土壤水分在一定程度上相当于调节土壤氧化还原电位。通过将被汞或砷污染的稻田改为旱地，将铬污染的旱地改为稻田等，土壤的 E_h 值相应地改变，以达到降低挥发性金属元素的生理毒性的目的。

例如铬，铬在土壤中通常以重铬酸盐（$Cr_2O_4^{2-}$）、铬酸盐（$HCrO_4^-$）这些阴离子的形式存在，也可以和不同物质结合形成配位体而存在，如铬可与羟基、腐殖酸、磷酸等紧密结合，形成有机-无机复合体，或以 $FeCr_2O_4$ 的形式取代磁铁矿中的两个铁原子，也可以代替黏土矿物中的八面体铝。因为 Cr^{6+} 的毒性高、环境危害性高，因此通常会将土壤中的 Cr^{6+} 转化为 Cr^{3+}。在处理被铬污染的土地时，需要考虑到 Cr^{6+} 与 Cr^{3+} 各自的环境行为，调节 E_h 以达到降低铬的毒性的目的。

8.3.1.2　物理修复技术

土壤的物理修复技术是指用物理的方法修复被污染的土壤，主要包括物理分离和修复技术、蒸气浸提技术、固定/稳定化修复技术、玻璃化修复技术、低温冷冻修复技术、热力学修复技术和电动力学修复技术。

(1) 物理分离和修复技术

污染土壤的物理分离和修复技术是一种通过物理手段从土壤胶体中分离重金属颗粒的技术，工艺简单，成本低。它包括很多分离方法，如粒径分离、水动力学分离、重力分离、脱水分离、泡沫浮选分离、磁分离等，但这些分离方法通常不具有高选择性。物理分离技术一般被用作初步分类以减少待处理土壤的体积并优化随后的序列处理。只通过物理分离技术很难满足土壤修复要求。

大多数受污染土壤的物理分离和修复主要根据土壤介质和污染物的物理特性，采用不同的操作方法：根据粒径的不同，通过过滤或微滤分离；根据分布、密度的不同，使用沉淀或离心方法分离；根据被污染土壤是否有磁性或磁性的不同，采用磁分离法分离。

(2) 蒸气浸提技术

土壤蒸气浸提技术是指使用物理方法将土壤中的污染物转化为蒸气形式并将其从非饱和土壤中去除的技术方法。土壤蒸气浸提技术首先由 Terravaic 公司在美国于 1984 年研究并获得专利，利用物理方法去除不饱和土壤中挥发性有机组分（VOCs）污染的一种修复技术，该技术适用于高挥发性化学污染土壤的修复，如汽油、苯和四氯乙烯等污染的土壤。

其基本原理是在污染土壤中通入清洁的驱动空气以产生驱动力，从而使污染物在土壤的固相、液相和气相之间产生浓度梯度，降低气压将污染物转换为气体，排出土壤的过程。土壤蒸气浸提技术通过真空泵产生负压，该负压驱动空气通过污染的土壤孔隙以解吸，将有机组分夹带到提取井中并最终到达土壤表面。为了增加压力梯度和空气流速，在许多情况下，在污染土壤中会安装多个空气注入井。

土壤蒸气浸提技术的显著特点是可操作性高、污染物范围广、标准设备操作、不会破坏土壤结构和回收废物的潜在价值很大等。

(3) 固化/稳定化修复技术

固化/稳定化修复技术是指一套防止或减少有害化学物质从污染土壤中释放的修复技术。它通常用于重金属和放射性物质污染土壤的无害化处理。固化/稳定化修复技术既可以取出污染土壤，将其在地面上混合后，放入合适形状的模具中或放置在开放空间中稳定化处理，也可以在被污染土地原位稳定处理。

事实上，固化/稳定化修复技术包含两个概念。其中，固化是指将污染物包裹为颗粒或块状，使得污染物处于相对稳定的状态。在正常情况下，它主要是将污染土壤转化为固态形式的过程，即将污染物包封在结构完整的固体材料中。固化不涉及固化产物或固化污染物之间的化学反应，而是对结构完整的固体材料的机械限制。通过密封含有污染物的土壤或通过显著减少暴露于污染物的表面积从而达到控制污染物迁移的目的。稳定化是指将污染物转化为具有低溶解度、低迁移率或低毒性的状态和形式，即通过降低污染物的生物有效性，使其无害或降低其对生态系统的风险，稳定化不一定改变污染物及其污染土壤的物理和化学特性。如磷酸盐、硫化物和碳酸盐通常作为污染物稳定化处理的反应物。在许多情况下，稳定化过程不同于固化过程，这导致污染土壤中污染物的泄漏减少，并且降低了浸出的风险。

在实践中，固化是将受污染的土壤和水泥混合，使土壤硬化和干燥。该混合物形成稳定的固体，可以留在原位或运输到别处。化学污染物固化后，它们不溶于雨水或溶解于地表径流或其他水中进入周围环境。固化过程不需去除有害化学物质，只需将它们封闭在特定的小环境中即可。稳定化将危险化学品转化为毒性较小或液体较少的物质，如石灰或水泥与金属污染的土壤混合。当这些修复材料与金属反应形成低溶解度金属化合物时，金属污染物的迁移大大减少。然而，由于这两种技术的共性，即固化污染物使之失活，通常不破坏化学物质，只是阻止这些物质进入环境危害人体健康，它们经常被放在一起讨论研究。

在固化/稳定化过程之前，需要预处理某些类型的污染物和现有形式，特别注意氧化还原状态和金属的溶解度。例如，六价铬具有高溶解度，并且其在环境中迁移的能力高于三价铬，毒性也很强。因此，我们需要改变铬的化合价，以便将铬从六价还原为三价。

固化/稳定化技术具有以下特点：

① 需要污染土壤和固化剂/稳定剂的原位或异位混合。与其他固定技术相比，不需要破坏无机物质，但可能会改变有机物质的性质。

② 稳定化可与其他固定技术如包装相结合，并会增加污染物的总量。

③ 固化/稳定化处理后的污染土壤应有利于后续处理。

④ 现场应用需要安装以下全部或部分设施，包括现场维修所需的螺旋钻孔和混合设备、集尘系统、挥发性污染物控制系统、大型储存罐。

(4) 玻璃化修复技术

玻璃化修复技术包括原位玻璃化和异位玻璃化修复技术。原位玻璃化修复技术是在污染土壤中加入电极，使土壤温度达到 1600～2000℃，从而降低有机污染物和一些有机化合物的浓度。图 8-5 为土壤原位玻璃化修复技术。

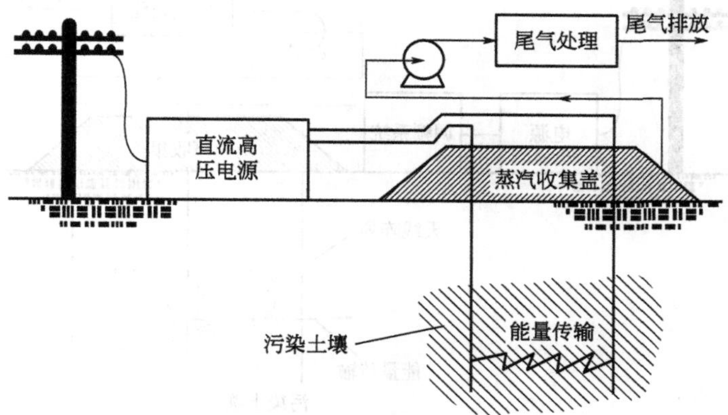

图 8-5 土壤原位玻璃化修复技术

异位玻璃化修复技术是用等离子体、电流或其他热源在 1600～2000℃的温度下去除污染物。有机污染物在高温下热解或蒸发，无机离子无害地固定，所产生的挥发物和热解产物通过气体收集系统进一步处理，被污染的熔融（或残留）土壤冷却后形成坚硬的玻璃体。图 8-6 为土壤异位玻璃化修复技术。

(5) 热力学修复技术

污染土壤的热力学修复技术是使用热传递或辐射来实现污染土壤的修复，包括高温原位加热修复技术（＞100℃）、低温原位加热修复技术（＜100℃）、原位电磁波加热修复技术。与玻璃化修复技术的不同点在于即使高温情况下，温度也比玻璃化修复技术低很多。

① 高温原位加热修复技术。高温原位加热类似于标准的土壤蒸气提取过程。蒸气井和

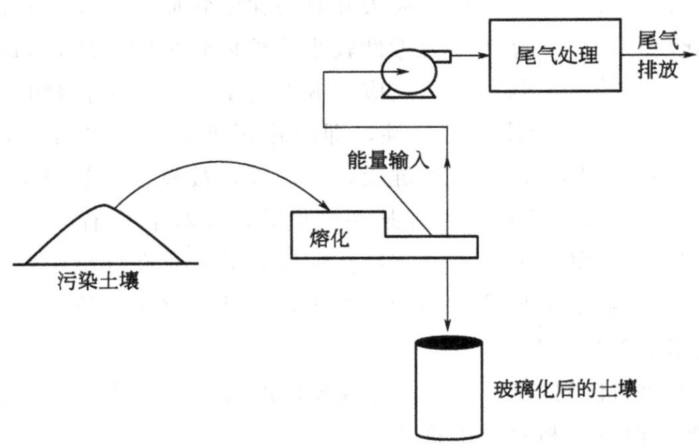

图 8-6　土壤异位玻璃化修复技术

鼓风机（用于高温条件）用于收集水蒸气和污染物。热传导加热可以通过加热毯从表面加热（加热深度可以达到地下约 1m），也可以通过安装在加热井中的加热装置进行处理，以处理深层地下土壤的污染。在土壤不饱和层中使用各种加热装置甚至可以将土壤温度提高到 1000℃以达到降低污染、修复土壤的目的。如果系统温度足够高，地下水流量低，输入热量足以将进水加热到沸腾，即使在土壤饱和层中也可以实现这种高温。图 8-7 为土壤高温原位加热修复过程。

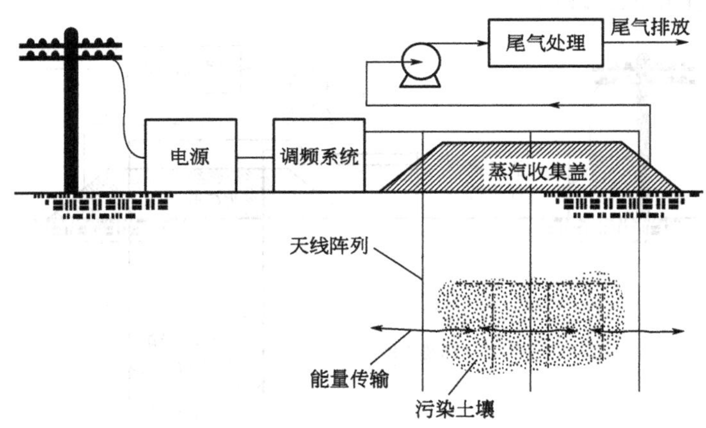

图 8-7　土壤高温原位加热修复过程

② 低温原位加热修复技术。蒸汽注入钻头、热水浸泡或依靠电阻来产生蒸汽加热，土壤可加热到 100℃。蒸汽注入加热可以使用夹具，也可以使用带钻井装置的移动系统进行。固定系统将低湿度蒸汽注入垂直井中以加热土壤，从而蒸发污染物并使非水液体进入提取井，并且通过潜水泵收集流体，真空泵收集气体并将其送至处理设备。

③ 原位电磁波加热修复技术。原位电磁波加热修复技术属于高温原位加热技术，利用高频电压产生的电磁波能量加热现场土壤。利用热量加强土壤蒸气提取技术，使污染物在土壤颗粒中解吸，达到修复污染土壤的目的。该技术的设计用以加快 VOCs 的去除速率，或去除标准土壤蒸气提取技术中较难处理的所谓“半挥发性有机组分”。原位除去污染物并通过气体收集系统收集。电磁波频率加热是通过电介质（缘介质）加热实现的，同时也伴有部

分导体加热。

无线电波加热主要利用无线电波中的电磁能进行加热，该过程不需要从土壤中传热。能量由埋在井眼中的电极引导到土壤介质，加热机制类似于微波加热。经过改造的无线电发射器作为能量来源，发射器在工业、科研和医疗用波段内选择可用频率，需要对污染范围、土壤介质的介电性质进行评价考察之后才能确定具体的操作频率。完全可操作的完整无线电加热系统由以下四个子系统组成：a. 无线电能量辐射布置系统；b. 无线电能量产生、传播和监测系统；c. 污染物蒸汽屏障包容系统；d. 污染物蒸汽回收处理系统。

(6) 电动力学修复技术

几十年来，电动力学修复技术已被成熟用于石油开采工业和土壤脱水。电动原位土壤修复是从饱和土壤层、非饱和土壤层、污泥和沉积物中提取重金属和有机污染物的过程。电动修复技术主要用于低渗透性土壤，适用于大多数无机污染物，也可用于处理放射性物质和吸附力强的有机物质。大量的测试结果表明，电动修复技术是高效的。土壤中的重金属污染物包括铬、汞、锡、铅、锌、锰等，有机污染物如苯酚、乙酸、六氯苯、三氯乙烯和一些石油类污染物可以通过电动修复技术进行修复，最高去除率可达90%以上。在实践中，表面活性剂和其他试剂通常用于增强污染物的溶解度以改善污染物的移动，还可以在电极附近添加合适的试剂以加速污染物去除速率。

去除电极附近的污染物的方法有很多，包括电镀、电沉积、泵送处理、离子交换树脂处理等。还有一种方法是吸附，相较于其他方法，吸附法更为可行。一些离子的价态在电极附近发生变化（取决于土壤pH值），使其更容易吸附。污染物的数量和移动方向与污染物浓度、电荷特性、电荷量及土壤类型、结构、孔隙水流量、密度等因素有关。为了使电动修复起作用，土壤含水量必须高于一定的最小值。初步测试表明，最低值低于土壤水饱和度值，可能在10%～20%之间。测试表明，电迁移率高度依赖于孔隙水中的电流密度。土壤渗透率对电迁移效率的影响不如孔隙水的电导率和土壤中的迁移距离。这些特征是土壤含水量的函数。在电动力学修复过程中，通过压裂技术引入氧化剂溶液，并且化学氧化修复过程也可以在土壤中发生。

8.3.1.3 生物修复技术

(1) 植物修复

1983年，美国科学家Chaney首先提出了使用能够富集重金属以去除土壤中重金属污染的植物的想法，这就是植物修复技术。它主要依靠植物吸收土壤中的污染物，污染物被运输和储存在植物的地上部分，通过种植和收获植物达到从土壤中去除污染物的目的。植物修复可分为两种方式：首先，土壤中的污染物通过植物根部分泌的特定物质的作用转化为挥发性物质；其次，植物将污染物从土壤吸收到体内，并将其转化为释放到大气中的气态物质。植物稳定性是指通过生化过程降低植物的生物利用度，降低污染基质中污染物的流动性。植物降解是一种生化过程，通过植物根系分泌物和根际微生物的共同作用降解污染物。目前，植物修复技术的应用较少，更广泛的是处理土壤重金属污染。

土壤重金属污染的植物修复可分为植物提取技术、植物固化技术、根际生物修复技术和植物挥发修复技术。

① 植物提取技术。植物提取也称为植物萃取，是使用积累金属的植物或积累金属的植物从土壤中提取金属，转移和富集可收获部分（例如植物根部和叶子）以将金属离子从土壤

中转移到植物中的过程。

植物提取修复重金属污染土壤的过程和机制包括根系的吸收、根系向枝条的转移以及枝条的积累。整个过程共分为四个部分：

a. 土壤中重金属的释放。交换状态的重金属具有更高的溶解度，并且比其他形式更容易被植物吸收。

b. 根对金属离子的吸收。在重金属污染的土壤中，由于环境浓度的巨大差异，植物对重金属的吸收为被动吸收。但有研究发现，超富集植物种植在重金属污染的土壤上，当土壤溶液中 Zn 的浓度很大时，增加土壤溶液中 Zn 的浓度不会增加植物对 Zn 的吸收。这表明超富集植物可能对土壤溶液中的重金属离子具有主动吸收过程。

c. 金属离子从根到地上部的运输。在金属离子被根吸收后，它们受到根膜的限制，并且需要其他有机物质如柠檬酸、苹果酸等作为选择体进入根部。根膜的外表面，选择体与土壤中的溶液水合镍离子相结合，然后选择体-Ni 复合选择通过通入根膜内表面，与转运体结合成三键复合物。该转运蛋白很可能是氧的供体。进入木质部后，三键复合物释放出 Ni 然后断裂，选择体返回根部重复该过程。这一理论认为：对植物有毒的水合镍离子不在植物中形成，并且镍在植物中以复合状态存在。

d. 芽中金属离子的累积。使用耐受且能够积累重金属的植物来吸收土壤环境中的金属，运输它们并将它们储存在植物的地上部分，通过种植和收获植物从土壤中去除重金属。这些植物有两大类，即超富集植物和诱导的积累植物。前者指的是具有强吸收重金属能力并将其运输到地上部位的植物；后者指的是没有超积累特性但可以通过某些过程诱导过度积累的植物。

超富集植物是能够过度吸收重金属并将其运输到枝条上的植物，植物地上部分的重金属达到一定量；植物的枝条中的重金属含量高于根。目前，有 500 多种超富集植物，如对于铜、镉、镍、铅等，其中约 73%是镍的超富集植物。植物提取的益处取决于植物地上部分的重金属含量和生物量，但是大多数目前已知的超富集植物生长缓慢且具有低生物量，且为连作生长，机械作业难。因此，寻找和培育生物量大、生长速度快、生长周期短的超富集植物是提高植物提取技术效率的长期策略。超富集植物由于其强大的吸收和积累重金属的能力，具有很大的重金属污染土壤修复潜力。其对某些重金属的累积量比普通植物高 10～500 倍。

诱导的植物积累是指不具有超积累特性但可通过某些过程诱导重金属过量积累的植物。目前，具有可用于诱导植物提取物的高生物量的植物包括印度芥菜、玉米和向日葵。研究最多的螯合剂是乙二胺四乙酸（EDTA）、羟乙基乙烯二胺三乙酸（HEDTA）、次氮基三乙酸（NTA）、二乙基三胺五乙酸（DTPA）和乙二醇二乙醚二胺四乙酸（EGTA），它们可以促进土壤固相中重金属的释放，提高植物提取和修复的效率。然而，螯合剂的应用可能对地下水造成二次污染，产生新的环境问题，并经常影响植物生长甚至使其死亡。因此，螯合剂的应用必须科学合理以避免生态安全问题，并且在实际应用中，螯合剂昂贵，该技术可能在经济上不可行。植物提取和修复技术是目前应用最广泛，最有前景的土壤重金属污染植物修复技术。

② 植物固化技术。植物固化技术也称为植物灭活技术，是一种固体固化技术。该技术首先使用土壤改良剂诱导土壤中的污染物形成不溶性化合物，这降低了它们的迁移活化性

质。重新利用种植在受污染土壤表面的重金属植物，形成绿色覆盖层，以减少污染物在土壤剖面中的淋溶，从而减少了重金属被浸出到地下水中或被空气载体扩散进一步污染的可能性。植物固化技术不能去除土壤中的污染物，只能控制污染物的迁移和扩散。同时，该技术受 pH 值、土壤性质、土壤养分、有毒金属离子含量、土壤添加剂和气候条件等因素的影响。

植物固化的作用：一是通过根部积累、沉淀、转化重金属，或通过根表面吸附固定重金属；二是保护受污染的土壤免受风蚀和水蚀，减少重金属泄漏、污染地下水、迁移到周围环境。例如，植物可通过将磷酸盐和铅结合成不溶性磷酸盐来降低铅的毒性。植物可将高毒性的 Cr^{6+} 转化为基本上无毒的 Cr^{3+}。这类植物一般具有两个特征：首先，它可以在高水平的重金属污染土壤上生长；其次，根系发达，分泌物可以吸附、沉淀或减少重金属。值得注意的是，植物的稳定恢复不能从土壤中去除重金属，而是暂时修复它们。因此，重金属污染问题尚未完全解决。

植物在这个过程中有两个主要功能：a. 保护受污染的土壤免受侵蚀，减少土壤渗漏，防止金属污染物浸出。重金属污染的土壤往往缺乏植被，荒芜的土壤更容易受到侵蚀，使污染物扩散到周围环境中。稳定污染物的最简单方法是种植抗金属植物以回收受污染的土壤。b. 通过积累和沉积金属或根来吸收金属，加强土壤中污染物的固定。

③ 根际生物修复技术。根际生物修复是通过植物根际分泌物和根际分离的作用刺激细菌和真菌生长的过程，并使污染物矿化。该技术可以增加土壤中有机碳、细菌和真菌的含量，有利于土壤中有机质的降解。

④ 植物挥发修复技术。植物挥发修复是植物将挥发性金属释放到大气中以恢复重金属污染土壤的目的。该技术可去除土壤中的硒、汞和砷。该技术没有必要收获和处理含有污染物的植物体，这是一种潜在的植物修复技术。

（2）植物修复前景展望

植物修复作为一项新兴的高效修复技术，具有应用范围广、成本低、生态综合效益好等优点，但该技术研究和应用时间较短，在理论体系、修复机理及技术方面仍需进一步完善，以下两个方面的研究仍有待加强：关于植物重金属转运蛋白已有不少研究，细胞内多种重金属转运蛋白基因的转录水平与重金属离子积累间的联系已被揭示，但植物重金属转运蛋白的基因片组段尚未完全破解；转运不同重金属的蛋白间的相关研究、不同植物间的重金属转运蛋白间表达或修饰的变化、通过基因转移来培育能转运多种重金属的植物等问题将是当前研究的热点。

重金属离子进入植物体细胞是在重金属转运蛋白的参与下完成的。重金属转运蛋白包括吸收蛋白和排除蛋白两大类，其中吸收蛋白主要有 YSL 蛋白家族、锌铁蛋白家族、天然抗性巨噬细胞蛋白家族等，排除蛋白包括 Plb 型、ATPases、CDF 蛋白家族等。不同重金属在植物体中的积累量呈现出很大的差异，如 Cs、Pb、Cu、Zn、As 在水稻植株各组织中含量分别为根≥茎叶＞籽实。

我国植物资源十分丰富，进行超富集植物资源调查，了解其分布，收集并建立超富集植物的数据库；通过重金属胁迫条件来筛选、培育吸收能力强，同时能吸收多种重金属元素，且生物量大的植物；利用育种方法培育超富集植物，或者通过分子生物技术培育超富集植物。

具有 Cu、Zn、Pb、Cd、Cr、As 等重金属元素超富集性能的部分常见植物（对应相应重金属元素地上部分富集量大于地下部分富集量）见表 8-1。超富集植物处理重金属污染的土壤具有投资少、效益高、对环境扰动小的特点。超富集植物的分布具有时空差异的特点，在空间分布上，超富集植物一般只生长在矿山区、成矿作用带或者有富含某种化学元素的岩石风化而成的地表土壤上，常构成一个独立的“生态学岛屿”。

表 8-1 常见重金属超富集植物

富集元素	超富集植物名称	发现国
Zn	黑麦草	中国
	东南景天	中国
	凤眼莲	中国
Cd	遏蓝菜属	美国
	东南景天	中国
	宝山堇菜	中国
	香蒲属	英国
Pb	遏蓝菜属	英国
	蜈蚣草	德国
	鬼针草	中国
Cr	李氏木	中国
Cu	海州香薷	中国
	鸭趾草	中国
As	大叶井口边草	中国
	蜈蚣草	中国

目前研究利用超富集重金属植物修复重金属污染下的土壤已经取得了很好的效果，以后可以着重研究开发这种技术在实际中的应用。针对已知的绝大多数超富集植物生物量小、生长缓慢和修复率低等特点，以我国丰富的杂草资源为对象进行筛选，将会取得一定的突破。还应该加强排异植物的筛选，如果将重金属排异基因转移到作物体内，则排异作物便可以在重金属污染土壤上正常生长，既保护了环境又开发利用了污染土壤，一举两得。

植物修复法，这种方法成本低、效果好，还具有提高绿化面积、涵养水源的作用，但是耗时长，一般都要十几年才能对重金属污染比较严重的地方修复好，目前国内外已有多个实践的例子，总的来说，这是一种很有前途的技术，如果与传统的物理化学治理技术相结合，应该会有更好的前景。

解决土壤重金属的污染应加强重金属元素土壤生态化学行为和修复技术的研究，特别是应用前景大的植物技术和微生物技术，寻求多种修复技术的综合运用。运用基因重组技术培育超高量富集植物处理污染土壤是值得探讨的有效途径之一。同时加强环境保护力度，避免含重金属元素的废水进入环境，注意重金属尾矿的处置防止重金属淋溶进入土壤环境，从源头上消除重金属元素对土壤的污染，积极推进生态农业和绿色食品的发展进程。

采用生物修复技术治理土壤污染是当前环境科学研究的重要领域之一。生物修复是一种治理效率高、治理费用低和现场可操作性强的方法。目前世界各国对土壤重金属污染修复技术进行了广泛的研究，取得了可喜的进展。但在如何将植物修复、生物修复、物理修复和化学修复科学地结合起来方面，目前缺乏深入的研究。对植物修复中涉及的如何避免二次污染、有关植物收获后如何处理的报道，目前很少见到。另外，植物修复尚处于实验室和大田的试验、示范阶段，缺乏污染土壤的修复实践，与污染土壤修复产业化的形成相距甚远。在修复措施方面，应积极寻找、筛选对重金属具有超富集能力的植物，进行超富集植物资源调查，了解其分布规律、生长特点、生长环境，收集并建立超富集植物的数据库。

要进一步推广生物修复技术以防治土壤重金属污染，我们必须加快植物修复的商业化与产业化的推进步伐；加强修复材料资源化研究；加强农业、环境、生态和化学等相关学科的结合，实现多学科的交叉应用，合理配置科研资源和人才；促进国际间学术交流和合作，积极引导国内外高等院校、科研机构间进行多学科、多角度、多层次的合作，最终推动我国生物修复研究达到世界领先水平。

(3) 动物修复

动物修复技术主要是通过土壤动物修复污染的土壤，分为直接影响：吸收、转化和分解；间接作用：改善土壤理化性质，增加土壤肥力，促进植物和微生物的生长。动物修复技术包括两个方面：首先喂养动物，用在污染土壤上生长的植物，并通过研究动物的生化变化研究土壤的污染状况；其次，利用直接在污染土壤中的蟑螂和线虫进行研究。目前，这项技术更多地用于石油污染。

动物修复是利用土壤中的某些低等动物（如蚯蚓）能吸收土壤中的重金属这一特性，通过习居的土壤动物或投放高富集动物对土壤重金属吸收、降解、转移，以去除重金属或抑制其毒性。动物修复的生理基础包括：a. 生物体内普遍存在一种金属硫蛋白，能与重金属结合形成低毒或无毒的络合物；b. 生物体代谢产生一些富含—SH 的多肽（如 Pc）。能与重金属螯合，从而改变其存在状态；c. 生物体内存在多种编码金属转运蛋白的基因（最早克隆的 Zn 转运蛋白基因和 Fe 转运蛋白基因），这些基因编码的转运蛋白能提高生物对金属的抗性。

动物修复在国外有较长的研究史，国内研究则处于摸索阶段。蚯蚓消化道组织提取液中有蛋白酶、纤维素酶、淀粉酶和脂肪酶等。在种植黑麦草的土壤中引入蚯蚓，结果发现转化酶、淀粉酶、磷酸酶等活性升高，磷酸酶活性升高被认为是蚯蚓对磷活化作用的主要原因。需要指出的是，大多数土壤动物对土壤酶活性的影响是通过微生物实现的，尤其是对真菌的取食过程释放的多种酶。我国相关专家戈峰等研究表明，饲养在牛粪和生活垃圾中的蚯蚓对硒和铜元素的富集能力很强，且富集铜的能力比富集硒的能力强，其最高富集硒和铜量分别为 332.5mg/kg 和 1376mg/kg。蚯蚓也能通过提高土壤重金属的活性使得植物吸收重金属的效率增加。俞协治等通过模拟土壤污染试验发现蚯蚓活动能明显提高红壤 Cu 的生物有效性，使得红壤中 DTPA（二乙烯三胺五乙酸）提取态 Cu 的含量明显增加，从而提高植物对重金属的吸收和富积效率。当土壤中 Pb 的质量浓度为 170～180mg/kg 时，蚯蚓的富集系数为 0.36。在被 Pb 污染的土壤中投放蚯蚓，待其富集重金属后，采用电击、灌水等方法驱除蚯蚓，集中处理，对于治理被 Pb 污染的土壤也有一定的效果。

动物修复技术还包括将生长在污染土壤上的植物体、果实等饲喂动物，通过研究动物的生化变异来研究土壤污染状况，或者直接将土壤动物，如蟑螂、线虫饲养在污染土壤中进行有关研究。这种途径虽能在一定程度上减少土壤中重金属含量，但低等动物吸收重金属后可能再次释放到土壤中造成二次污染。

(4) 植物修复和动物修复实例

据查阅资料和调查研究发现，国内外已有部分地区把生物修复土壤重金属技术应用到实际生活中，现举几个实例来说明。

实例一，1991 年由纽约的一位艺术家 MelChin 在环境科学家 Chaney、Homer 和 Brown 的协助下，进行了为期 3 年的“雕刻”大作，即在明尼苏达州圣保罗遭受 Cd 污染的大地上，成功地塑造了一个巨大的“环境艺术品”。该艺术品由 5 种植物组成：遏蓝菜属、麦瓶草属、长叶莴苣、Cd 富集型玉米和 Zn、Cd 抗性紫洋芋。利用这件艺术品为工具“剔除”了土壤中 Cd 的毒性，将一片光秃秃的死地转变为生机盎然的活土。据研究表明，在含 Cd 为 19mg/kg 的工业污染土壤中种植天蓝遏蓝菜 6 次，可使土壤中 Cd 下降到 3mg/kg。

实例二，1994 年，龙育堂进行了苎麻对稻田土壤汞净化效果的研究。水稻田改种苎麻后，总汞残留系数由 0.94 降到 0.59。种植苎麻有以下好处：受 Hg 污染的土壤恢复到背景值的水平所需的时间极大地缩短了，在土壤 Hg 含量为 82mg/kg 时，水田要 86 年而旱地只要 10 年；在土壤 Hg 含量在 49mg/kg 时，水田要 78 年而旱地只要 9.2 年；在土壤 Hg 含量 24.6mg/kg 时，水田要 67 年而旱地只要 8.0 年。切断了食物链对人体的伤害；有可观的经济收益，苎麻价值在正常情况下比水稻高 50%。苎麻是耐汞植物，土壤 Hg 在 70mg/kg 以下时苎麻产量不受影响。Heaton 等利用一种转基因植物——盐蒿和陆生植物拟南芥、烟草去除土壤中无机汞和甲基汞，这些植物携有经修饰的细菌汞还原酶基因，可将根系吸收的 Hg^{2+} 转化成低毒的 Hg，从植物中挥发出来，而转入能表达细菌有机汞裂解酶基因的植物可以将根系所吸收的甲基汞转化成结合态 Hg^{2+}，拥有这两种基因的植物可有效地将离子态汞和甲基汞转化为 Hg 而通过植物挥发释放入大气中。

实例三，我国专家陈同斌等通过初步筛选后，以室内盆栽试验最终确定 As 的超富集植物，成功找到三种 As 的超富集植物。其中无蜈蚣草叶片富集 As 达 0.5%，为普通植物的数十万倍；能够生长在含 As 为 0.15%～3%的污染土壤和矿渣上，具极强的耐砷毒能力；其地上部与根的含砷比率为 5∶1，显示其具有超常的从土壤中吸收富集砷的能力。目前盆栽试验又发现蜈蚣草施用高浓度磷后，植株在吸收大量磷的同时，对砷的吸收能力也显著增强，P 和 As之间并不表现为拮抗作用，而是一种协同作用。因为 P 是植物生长所必需、对植物生长有利的大量营养元素，而 As 确是植物不需要、对其产生毒害作用的痕量元素。过去一直认为，植物中 P 和 As 通过同一系统进行吸收和转运，两者之间表现为拮抗作用。即植物对 P 吸收增加就会抑制 As 的吸收；同样，吸收 As 的增加，对 P 的吸收就会减少，因此施磷肥往往减少植物对 As 的吸收。一些科学家还推测，As 毒害植物的机理也许是由于 As 取代能量代谢物质三磷酸腺苷中的 P，从而干扰了植物的能量代谢。陈同斌的研究结果表明，施磷肥有助于蜈蚣草对 As 的吸收和累积，但并没有导致 As 对植物的毒性增加，因此施磷肥可以提高蜈蚣草的 As 含量和总吸 As 量。这表明：在植物修复技术应用中，可以通过施磷肥大幅度提高蜈蚣草对 As 的吸收量和除 As 的效果，从而提高其修复 As 污染土壤的效率。因此，可通过进一步研究，将 P 物质制成提高植物超量富集土壤中 As 的特制添加剂。

实例四，近些年来，中国科学院上海生命科学研究院植物生理生态研究所和美国南卡罗来纳州大学的科学家经过 3 年合作努力，培育出世界上首次具有明显食 Hg 效果的转基因烟草。他们的转基因烟草“吃”汞，不仅效率高，而且本身不留残毒。科学家先从微生物中分离出一种可将无机 Hg 转化为气态 Hg 的基因，经过序列改造，再将其转入烟草，这种烟草即可“吞食”土壤和水中的 Hg，转化为气态 Hg 后，再释放到大气中。选择烟草治 Hg 污染的原因是烟草具有植株大、生长快、吸附性强、种植范围广、基因易转移等特点。试验表明，这种转基因烟草还可吸收 Au 和 Ag，因此具有多种推广价值。此外，中国科学院南京土壤研究所吴龙华博士等研究了印度芥菜对土壤中 Cu 的修复效果，得出施用 EDTA 3mmol/kg 可显著或极显著地增加芥菜各组织 Cu 含量、芥菜叶和根对 Cu 的吸收量，从而极显著地增加了芥菜的 Cu 总吸收量。低量氮肥配施高量磷肥可获得最高的 Cu 吸收总量和最大植物修复效率。

(5) 微生物修复

土壤中的一些微生物具有沉淀、吸收、氧化和还原一种或多种污染物的作用。使用此操作可减少土壤中重金属的吸收，修复受污染的土壤并降解复杂的有机物质。影响土壤微生物修复的因素很多，如温度、湿度、pH 值和氧气。每种微生物对生物因子具有一定的耐受范围，并且在相同的环境中，多种微生物具有比一种微生物更宽的耐受范围。如果环境条件超过所有沉降微生物的耐受范围，则微生物修复将停止。

微生物在被污染的土壤环境去毒方面具有独特作用，已被用于进行土壤生物改造或土壤生物改良，高效降解活性微生物可就地净化污染土壤。受到重金属污染的土壤，往往富集多种耐重金属的真菌和细菌，微生物可通过多种作用方式影响土壤重金属的毒性。可用于重金属修复的微生物主要是土著的真菌（酵母）和细菌。不同类型微生物对重金属污染的耐性也不同，通常为真菌 > 细菌 > 放线菌。

微生物对重金属的生物吸附机理有三种，主要表现在：a. 胞外络合作用，一些微生物能够产生胞外聚合物如多糖、糖蛋白、脂多糖等，具有大量的阴离子基团，与金属离子结合；某些微生物产生的代谢产物如柠檬酸是一种有效的金属螯合剂，草酸则与金属形成不溶性草酸盐沉淀。b. 胞外沉淀作用，在厌氧条件下硫酸盐还原菌及其他微生物产生的硫化氢与金属离子作用，形成不溶性的硫化物沉淀。c. 胞内积累作用，重金属进入细胞后，通过“区域化作用”分布在细胞内的不同部位，可将有毒金属离子封闭或转变成为低毒的形式。由于微生物对重金属具有很强的亲和吸附性能，有毒金属离子可以沉积在细胞的不同部位或结合到胞外基质上，或被轻度螯合在可溶性或不溶性生物多聚物上。

微生物能够通过自身的代谢活动作用于重金属元素是因其体内携带重金属抗性基因。重金属抗性基因是微生物在自然条件或人工诱导下产生的抗重金属毒性的遗传因子，可以激活和编码金属硫蛋白、操纵子、金属运输酶和透性酶等，通过利用这些物质与重金属结合、形成失活晶体或促进重金属排出体外等机制对重金属进行解毒。研究显示，重金属抗性基因很可能位于细菌质粒上。如丁香假单胞菌和大肠杆菌均含抗 Cu 基因，芽孢杆菌和葡萄球菌含有抗 Cd 和抗 Zn 基因，产碱菌含抗 Cd、抗 Ni 及抗 Cr 基因，革兰氏阳性和革兰氏阴性菌中含抗 As 和抗 Sb 基因。

微生物对重金属离子的溶解和沉淀。在土壤环境中，微生物能够利用有效的营养和能源，在土壤滤沥过程中通过分泌有机酸络合并溶解重金属。微生物对土壤重金属离子的溶解方式主要是通过各种代谢活动直接或间接地进行，其代谢作用能产生多种低分子量的有机酸，如甲酸、乙酸、丙酸和丁酸等。国外专家研究发现，在营养充分的条件下，微生物可以促进 Cd 的淋溶，从土壤中溶解出来的 Cd 主要和低分子量的有机酸结合在一起；在比较不同碳源条件下微生物对重金属的溶解时，发现以土壤有机质或土壤有机质加麦秆作为微生物碳源均可促进重金属的溶解。

微生物对重金属离子的生物吸附和富集。土壤微生物可通过带电荷的细胞表面吸附重金属离子，或通过摄取必要的营养元素主动吸收重金属离子，并将重金属离子富集在细胞表面或内部。类产碱单胞菌和藤黄微球菌对 Cu^{2+} 、Pb^{2+} 的吸附受 pH 值影响，当 pH 值为 5～6 时吸附 Cu^{2+} 、Pb^{2+} 最为适宜，pH 值过高或过低均不利于对以上元素的吸附。

微生物对重金属离子的氧化还原。土壤中的一些重金属元素可以多种价位形态存在，它们以高价离子化合物存在时溶解度通常较小，不易发生迁移，而呈低价离子化合物存在时溶解度较大，较易发生迁移。烟草头孢酶 F_2 在含有 200mg/L $HgCl_2$ 的液体培养基中生长 16h 后发现，汞量减少 90%，$HgCl_2$ 能被还原成汞元素，约有 12%的汞挥发到大气中，7%的汞被菌体吸附，其余以元素汞的形式沉积在培养液底部。微生物还能将环境中一些重金属元素氧化，某些自养细菌如硫－铁杆菌类能氧化 As^{3+} 、Cu^{+} 、Mo^{4+} 、Fe^{2+} 等，通过氧化作用使这些金属离子的活性降低。

微生物可以提高重金属的生物有效性，从而有利于植物的吸收。土壤中有些微生物可以通过分泌有机酸降低土壤的 pH，从而提高土壤重金属的生物有效性。有研究指出，土壤中重金属的生物有效性低是植物修复的主要限制因素。重金属的生物有效性越高，越有利于植物吸收重金属，从而降低土壤重金属含量。在土壤中接种根际微生物和外生菌根真菌，能提高土壤中重金属的有效态浓度。此外，微生物还能够通过自身代谢降低重金属的毒性。

（6）植物修复和微生物修复存在的问题

虽然生物修复技术有成本低、修复效果好等优点，但在修复土壤重金属污染的过程中仍存在着相应的问题，例如二次污染、处理成本高等，下面就着重阐述植物修复和微生物修复存在的问题。

重金属是一类价值昂贵的金属，如何将超富集植物中的重金属提纯、回收利用是需要加强研究的一面。研究当中发现有些植物虽然具有富集重金属的能力，但重金属富集的部位往往在地面以下——根部，这种富集对于重金属的提取和利用都比较困难，因此并没有在真正意义上去除土壤重金属；修复植物受季节变化等环境因素的限制，难以在世界范围内引种；修复植物生长周期较长，难以满足快速修复污染土壤的需求；重金属在地面以上部分的富集是去除土壤重金属的有效手段，但对于地面以上植物体重金属的提取及回收利用的报道比较少，通常采取的方法是收集地面以上的植物残体进行焚烧、填埋，这也往往会造成重金属的二次污染和资源浪费。

金属超富集植物农作和植保技术没有形成，需要实践经验积累逐渐发现问题和解决问题。重金属在植物体内的存在形式、植物对重金属超量吸收和积累及解毒机制、超富集植物与根际微生物共存体系的作用以及根际土壤环境条件对重金属的生物有效性制约机理等一系列基础理论问题，有待于进一步探索。超富集植物体内重金属的回收再利用方面应加强研究，对于收获物的处理研究较少，目前仅对灰分中重金属质量分数为 10%～40%的植物采用冶炼回收，对于不能回收利用的收获物如何避免二次污染，还需进一步探索。

微生物修复技术多元，可进行原位修复、异位修复及原位-异位联合修复。原位修复操作简单，对原有的土壤环境破坏程度低。然而，加入到污染环境中的微生物可能由于种间竞争或难以适应环境导致目标微生物或其代谢活性的丧失，其田间试验效果不理想。同时微生物修复受各种环境因素的影响较大，pH、温度、氧气、水分等均可影响微生物活性从而影响修复效果。因此，为降解菌提供适宜条件以促进其生长繁殖至关重要。

为解决上述问题，近年来微生物修复研究工作着重于筛选和驯化特异性高效降解微生物菌株，提高功能微生物在土壤中的活性、寿命和安全性，修复过程参数的优化和养分、温度、湿度等关键因子的调控等方面，以实现针对性强、高效快捷、成本低廉的微生物修复技术的工程化应用。某些微生物可在极端环境条件下生存，若通过基因技术使其具有高效降解能力，则对治理极端环境条件下的污染有利。通过添加菌剂和优化作用条件发展起来的污染土壤原位、异位微生物修复技术有：生物堆沤技术、生物预制床技术、生物通风技术和生物耕作技术等。

随着生物修复技术中的生物工程技术，如基因工程、酶工程、细胞工程等的广泛运用，生物修复的处理效率得到很大提高，可行性与有效性逐渐增强，处理成本进一步降低，被广泛接受和采纳。然而，该项技术还未到达成熟阶段，尚存在技术瓶颈有待突破，我国的研究水平与国际水平间还存在较大差距。例如，我国筛选出超富集植物数量少，全世界已鉴定到的超富集植物有 400 多种，其中由我国发现的还不到 10 种；目前所发现的大多数超富集植物存在生物量少、生长速度慢、适应性弱等特点，限制了对超富集植物的规模利用；我国的研究方向以追踪国际前沿为主，自主创新性不足，研究成果影响因子低；植物修复的产业化和商业化与国际水平有较大差距，对植物修复材料的处理及资源化利用研究较少。

随着人们对土壤中重金属污染危害严重性的认识，大批的学者持续不断对被重金属污染土壤的修复进行反复的研究，不断地有新方法、新技术产生，参考徐良将、张明礼、杨浩的关于土壤重金属污染修复方法的研究进展，认为未来的重点和难点包括选育重金属污染土壤修复的植物、生物工程技术和基因工程技术的应用、多种修复技术的综合应用、建立监管体系和过程量化数学模型以及制定、完善法规，强化防治意识。

8.3.2　主要存在的问题

无论是化学修复、植物修复，还是微生物修复，对应用范围都有一定的限制，并且或多或少存在其他问题，主要体现在：①修复剂或微生物酶制剂引起的二次污染问题，对土壤结构、土壤肥力等自然生态过程产生不可逆转的影响。②添加到修复场所土壤环境中的微生物的效果通常与测试结果有很大差异，特别是由于其抗性差和难以快速适应，在土壤环境中的运动性能较差，易受污染物毒性作用的抑制，导致效果显著下降。③土壤异质性不仅对技术本身的稳定性和有效性构成威胁，而且对技术性能的有效监测也有重要影响。④大多数富集或超富集植物吸收和积累污染物的过程非常缓慢。修复通常需要几个生长季节，而且在温度较低的地区，它们会受到时间的限制。对富含大量污染物的高浓缩植物进行再处理也是一个非常困难的问题。⑤许多原位修复技术在土壤污染物（特别是重金属）处理后重新激活了污染物及其降解产物。而对不同的修复方法，主要存在的问题如下：

(1) 化学修复法

① 原位化学淋洗：昂贵且需要大量的漂洗助剂，漂洗助剂本身可能对生物体有毒并且对环境有害。

② 溶剂浸提：对于含水量高的土壤，土壤和溶剂不能完全接触，土壤需要干燥，从而增加了处理成本；所用的有机溶剂在处理过的土壤中有一定的残留，因此有必要预先检查所

用溶剂的生态毒性。

③ 聚合化学修复：在实际应用中调节起来比较困难，采用这种方法的成本也非常高。

④ 化学脱氯：高浓度的污染物（5%）、高含水量（15%）、低土壤 pH 值和碱性活性金属的存在是限制乙二醇处理效果的因素；分散在油中的金属钠与水反应，限制了土壤修复的应用；在 10～20℃的温度范围内对污染物进行热解吸会导致土壤有机质的破坏；化学脱氯修复过程受到土壤水溶液反应速率的极大不利影响，并且在实际应用中涉及极其复杂的操作过程。

⑤ 使用氧化还原工艺进行化学修复：通过添加化学还原剂或氧化剂，同时降低土壤污染物的毒性，可能形成毒性更大的副产物，降低土壤有机质的含量。

⑥ 土壤性能改良：土壤修复剂如石灰可能具有临时固定效果，需要在一定时间内重复施用，以确保土壤 pH 值在适当的范围内。添加这些物质会对土壤的自然过程产生影响。例如：添加石灰材料具有固定营养素的作用，这降低了土壤的微生物活性；有机物质的添加增加了硝酸盐向环境中的浸出。土壤性质的改善、过程的相应可逆反应和化学改性剂的农业栽培将影响该方法的有效性，并带来诸如土壤侵蚀的副作用。

（2）微生物修复

微生物修复技术多种多样，可用于原位修复、异位修复和原位异位关节修复。原位修复操作简单，对原始土壤环境的破坏程度较低。然而，添加到污染环境中的微生物可能由于种间竞争或难以适应环境而失去目标微生物或其代谢活性，并且现场测试结果并不令人满意。同时，微生物修复受到各种环境因素的极大影响。因此，重要的是为降解细菌提供合适的条件以促进其生长和繁殖。

为了解决上述问题，近年来，微生物修复研究工作集中于筛选和驯化特定和高效的微生物菌株，以提高土壤中功能性微生物的活性、寿命和安全性；进行工艺参数的优化和养分、温度、湿度等关键因素的调控，实现有针对性、高效、快速、低成本的微生物修复技术的工程应用。某些微生物可以在极端环境条件下存活，如果它们经过基因工程改造以高效降解，则它们有利于在极端环境条件下控制污染。通过添加微生物制剂和优化条件开发的污染土壤的原位和异位微生物修复技术是生物堆沤技术、生物预制床技术、生物通风技术和生物耕作技术。

随着生物工程技术在基因工程、酶工程和细胞工程等生物修复技术中的广泛应用，生物修复的效率得到了极大的提高，可行性和有效性逐步提高，加工成本进一步降低，并被广泛接受和采用。但是，这项技术还没有达到成熟阶段，仍然存在技术瓶颈。例如，中国的超富集植物较少，世界上已发现超过 500 种超富集植物，其中不到 10 种在中国；到目前为止，大多数超富集植物具有生物量低、生长缓慢、适应性弱的特点，限制了超富集植物的规模利用；中国的研究方向主要是追踪国际前沿，缺乏自主创新，研究成果影响因子低；微生物修复的工业化和商业化与国际水平之间存在很大差距，关于微生物修复材料的处理和资源利用的研究很少。

（3）植物修复

虽然植物修复具有很大的潜在益处，但这项技术并非灵丹妙药，它只是生物修复技术之一。也就是说，作为生物修复技术，植物修复本身具有局限性。例如，植物修复仅适用于修复低于一定污染水平的土壤，因为如果修复的土壤中的污染物浓度过高，即使发现高浓度或超富集植物，它们的积累和富集能力也是有限的。如果污染程度太高，将限制植物的正常生长。在这种情况下，必须匹配其他技术以实现所需的修复效果。其次，植物修复需要相对较长的时间，因为修复过程与植物生长直接相关，因此不利的气候因素或不良的土壤条件会影响植物的良好生长条件，将间接影响植物修复的效果。作为研究和开发中的生物修复技术，植物修复仍存在许多不足。最值得考虑的问题有以下几点：在建立规章条例方面存在障碍；从小型实验到实验测试，再到实际的处理系统放大过程，都存在运行管理问题；确定开发时间和运营成本存在标准问题。

每个处理点的污染条件和水平各不相同。在决定使用哪种生物处理技术之前，应进行必要的现场评估和污染分析。为了科学地评价处理结果，污染土壤的可处理性应与土壤和地下水的解毒相结合。有些人使用 Ames 测试来研究 PAHs 浓度和致畸性之间的相关性。有人推荐用 ArilES 试验来衡量 PAHs 污染土壤的脱毒。将实地调查结果与可管理性测试结果相结合，将有助于为特定污染点处理方法和处理技术做出科学选择。这反过来导致经济和有效的治疗和修复结果，满足期望的目标。

(4) 物理修复

① 蒸气浸提：一般只适用于挥发性和半挥发性有机污染物的修复。修复是否成功取决于土壤的渗透性和含水量。当土壤渗透率低且含水量高时，采用该方法修复污染土壤，降低处理效率，减少污染物处理范围，依靠污染物从厌氧区扩散到好氧区增加了处理时间。由于其对土壤污染物的强吸附，有机物质也会降低其修复效率。

② 玻璃化修复：土壤中有机污染物的最大允许浓度为5%～10%；土壤含水量的增加极大地增加了其成本；污染土壤修复区的坡度应小于 5%；处理深度在 6m 以内；土壤中存在的金属会导致电极短路，这是这一技术的主要缺点。

③ 水泥/石灰固化修复：含有高浓度有机物质（5%～10%）或极低有害有机物质含量的土壤会影响该技术的实施。高含量的烃类会干扰水泥的水合作用。在水泥水化过程中，土壤温度可升至 30～40℃，导致挥发性有机污染物和金属汞挥发。基于石灰的固化和修复系统，无论在各种环境因素的影响下是否具有长期稳定性，都是值得怀疑的，尤其是其抵抗酸腐蚀的能力。

8.3.3　典型的处理土壤污染物的案例

8.3.3.1　土壤有机污染修复案例

随着大量工业用地的迁移和重建，土壤的有机污染问题逐渐浮出水面，有机污染土壤的修复也成为一个问题。针对有机污染土壤，国内外的处理方法包括化学浸出技术、热解吸技术、生物堆沤技术、原位生物修复技术、热解焚烧技术等。当农田受到重金属污染时，往往伴随着非常严重的有机污染。施用农药后，如使用 30%～40%的农药，只有 0.1%的目标生物实际起作用。大多数进入环境的农药会对土壤造成严重污染，直接导致粮食产量下降。杀虫剂极难降解，可长时间留在土壤中。以有机氯农药为例，虽然中国自 1985 年以来一直禁止有机氯农药的施用，但由于其早期使用和难处理性质，仍留在土壤中。自 20 世纪 90 年代以来，茶叶和水果中六六六和 DDT 的检出率已达到 100%。同样，对于残留在土壤中的有机磷农药，鞍山市蔬菜中有机磷农药的超标率为 60%，而在厦门海域经常检测到敌敌畏、硫代磷嗪、甲拌磷、乐果等。根据 2000 年广东珠江三角洲地区 63 种不同使用类型土壤样本的调查，发现耕地特别是稻田，DDT、HCH 的残留量分别达到 68.5ng/g 和 16.2ng/g。可以看出，对于农田土壤污染，有机污染物和重金属复合污染经常共存，有机污染物、不同浓度的重金属污染物和污染组合可产生不同的环境行为和环境影响。开展重金属-有机复合污染控制研究，对解决我国土壤污染治理和处置面临的问题、完善重金属-有机复合污染控制技术体系具有重要意义。以下列举部分有机污染案例：

(1) 中加合作示范项目“土壤热相分离技术（TPS）工程化应用”——吴江市生态文明建设重点项目“污染土壤修复与综合治理试点”

项目地点位于江苏吴江市桃源镇文明村，工程量较大，工程总面积达到 1.6hm^2，其中重污染地区达到 9930m^2，污染物主要是有机污染物，如石油烃和苯系列。该项目由吴江市政府直属监督，南京环境科学研究所、环境保护部、环境管理与污染控制国家重点实验室、加拿大菲斯环境技术有限公司四方联合进行实时工作，项目投资隶属财政拨款支出，自 2012 年起为期两年，于 2014 年全面竣工。该项目所应用的修复技术主要是物理热相分离技术，具体操作是将 8000 多立方米的重度污染的土壤挖掘出来，经分类清理后封存进行热相分离处理。

(2) 炼焦化学厂土壤修复项目

项目地点位于北京，主要处理的有机污染物为酚、硫化物和多环芳烃。由北京市规委和市国土局监督实施施工单位北京建工环境修复有限责任公司，工期从 2008 年 6 月开始。该项目处理修复污染土壤 2047m^3，约 2746t，修复技术为物理技术——固废填埋处理。

(3) PAHs 污染场地的土壤修复项目

高浓度的多环芳烃通常由人类活动产生。江苏某地 PAHs 污染源主要来自二手机油和电气产品的废油，燃烧源主要来自木材、有机高分子化合物、纸张和其他含烃化合物等在还原气氛中通过不完全燃烧或热分解产生的物质，因此当地的 PAHs 污染较严重，PAHs 的总浓度为 262.6～3420.2ng/g。北京建工环境修复有限责任公司实施该项目工期为 440d，修复土方量 24.7 万立方米。应用的物理修复技术为常温解吸、热脱附/解吸技术。

8.3.3.2 土壤重金属污染修复案例

重金属污染在世界范围内受到了极大的关注。以下列举重金属污染修复案例：

(1) 选矿企业尾矿库土壤污染修复项目

项目地点位于广西壮族自治区环江县，要处理的主要污染物为重金属（包括 As、Cd 等），项目的施工单位是中科院地理所环境修复中心，耗资 2450 万元，该工程于 2005 年投入实施，2012 年底完成了面积 85hm^2 的污染土壤修复。该项目主要应用的修复技术为植物-物化固定联合修复技术。根据当地地质环境性质以及重金属的污染现状，对广西矿区重金属污染源分布进行了全面分析，总结了当前矿区重金属污染的治理措施和存在的问题，制定了以蜈蚣草、东南景天为主的修复方法，提供了今后在重金属污染方面调查和治理的发展模式，为进一步研究广西矿区重金属污染治理提供参考。

(2) 农田重金属土壤修复项目

2015 年投入实施的重金属污染治理项目，位于广东省清远市龙塘镇。该项目在镇政府的监督配合下，由广州瀚潮环保科技有限公司实施，耗资约 380 万元，项目中应用的生物修复技术是植物修复，也就是说，利用生物的生命代谢活动来减少或使土壤环境中的重金属浓度降低，从而治理污染土壤。项目应用的物理方法为深井翻土。项目应用的化学方法为土壤浸出，是对污染土壤进行清洗，从土壤层中提取含有重金属的液体，然后进行深层固定，将固化剂加入污染土壤中，当它们混合时，变成低渗透性固体混合物，并且固化体中重金属的迁移率降低，从而减少对植物的危害。向土壤中添加化学物质，包括改性剂、抑制剂等，以改变重金属的价态，通过固定钝化降低重金属的水溶性、扩散性和生物利用度，以进一步处理污染物。虽然化学方法不是一种完整的修复措施，只会改变土壤中重金属的存在形态，降低其生物利用度，且金属元素保留在土壤中，并且在不断变化的土壤条件下很容易重新激活危害植物，但是，该项目采用三种修复方法的组合来达到修复的目的。

（3）固体废物拆解土壤污染整治工程项目

施工场地位于浙江省温岭市文桥镇通山村小分拆点集中区，同样是重金属（Cd、Cu、Pb、Hg）的土壤修复项目。该项目由温岭市环保局以及浙江建经投资咨询有限公司联合监督与实施，施工期为 45d，有效实现了 $187m^2$ 的地下水和 $217.8m^3$ 土方恢复的目的。修复技术是一种化学还原技术，通过增加生物环境介质中重金属的流动性及其污染风险的性质，从而降低土壤的环境功能，达到去除污染物的目的。

8.3.3.3　重金属和有机物复合污染修复案例

一般来说，在没有外界干扰的情况下，有机污染物进入土壤主要依靠微生物活动来完成降解。有机污染物的性质可直接影响土壤的吸附。土壤中有机污染物的吸附主要与有机质的疏水性、土壤的有机碳含量、土壤有机质的结构特征和其他性质有关。极性有机污染物的土壤吸附性能低于非极性有机污染物。在有机污染物-重金属复合污染物的存在下，两者之间的相互作用将对土壤生物过程产生复杂的影响。以下是重金属和有机物复合污染修复治理的案例：

（1）化工三厂土壤修复

建设单位为北京市规划委员会，项目承办单位为北京金隅红树林环保科技有限公司。该项目受污染的土壤处理量为 $65000m^3$。运用的修复技术，分别为物理修复技术——阻隔填埋处理，化学修复技术——水泥窑焚烧固化处理。目前，重金属-有机复合污染土壤联合修复技术包括物理、化学、植物、微生物及其联合修复。在有机污染物和重金属的综合污染系统中，每种污染物的行为必然受到其他污染物的影响，进而影响土壤修复的效率。因此，面对由有机污染物和重金属组成的复合污染修复体系，寻找一种高效、环保、低成本的修复技术具有重要的现实意义。

（2）广东大宝山矿周围土壤修复

由于常规物理和化学修复技术成本高，所以受重金属和有机物污染的农业土壤的恢复通常基于植物和微生物的修复，佐以化学、物理方法，使用以植物与微生物修复相结合为核心，低成本、环保的重金属和有机物复合污染土壤复合修复方法。微生物生态标志的变化表明：在广东省项目中应用红麻预修饰改良剂可显著提高土壤微生物活性；有机肥和石灰石的结合可以刺激根部分泌碳源，如 L-丝氨酸，大大提高了胺和氨基酸碳源的利用率，它有助于重金属污染土壤的生态恢复。可以看出，联合修复技术是重金属和有机物复合污染农田土壤修复最经济、最环保的修复方法。由于不同来源和类型的生物炭性质不同，如果将不同的生物炭组合，它们可以发挥各自的优势。

第9章 固体废物污染及控制

9.1 固体废物

9.1.1 固体废物的定义

固体废物，也称固体废弃物或固废，是指人类在生产、生活活动中产生的固态、半固态和置于容器中的气态物品、物质以及法律、行政法规规定纳入固体废物管理的物品、物质。也指来自住宅区、商业、工业、采矿和农业活动中任何不需要的或废弃的材料，这些造成环境问题的物质被称为固体废物。

固体废物是一个相对的概念，从它的原生产或生活过程来说，它已经丧失了原有的利用价值，成为失去原生产或生活过程中可以利用的有效成分的废弃物。但从某种角度来看，这些固体废物尚存在着一定的利用价值，通过特有的技术转化可以将其变废为宝，成为另一生产或生活过程中的原料继续循环使用。因此，固体废物其实是一种最廉价的原料。

9.1.2 固体废物的来源

固体废物产生自人类生活的各个方面，是人类在进行物质生产和消费过程中不可避免的代谢产物。由于人类活动中的许多环节中都会有各种不同的固体废物产生，因此废弃物的来源十分广泛。常见的废弃物来源主要包括以下几类：

① 日常生活：餐厨垃圾、废旧家具、电器、废纸、废衣废布、塑料和玻璃制品等。

② 工业生产：a. 化学工业，金属填料、陶瓷、沥青、化学试剂等；b. 冶金工业，金属、矿渣、模具、陶瓷、塑料等；c. 煤炭工业，煤炭、粉煤灰、炉渣等；d. 建筑材料工业，瓦、灰、石等；e. 矿业，废石、尾矿、金属等；f. 纺织工业，棉、毛、纤维等；g. 电器仪表工业，绝缘材料、金属、陶瓷、玻璃等；h. 核工业，含放射性废物、化学药物等；i. 食品加工工业，油脂、果蔬、五谷等。

③ 农业生产：农作物秸秆、农药、塑料薄膜等。以上主要固体废物的来源列于表 9-1。

表 9-1　主要固体废物来源

来源	主要固体废物
矿业	废石、尾矿、金属、废木、砖瓦和水泥、砂石等
冶金、金属结构、交通、机械	金属、渣、砂石、模型、芯、陶瓷、涂料、管道、绝热和绝缘材料、黏结剂、污垢、废木、塑料、橡胶、纸、各种建筑材料等
建筑材料工业	金属、水泥、黏土、陶瓷、石膏、石棉、砂、石、纸、纤维等
食品加工业	肉、谷物、蔬菜、硬壳果、水果、烟草等
橡胶、皮革、塑料等工业	橡胶、塑料、皮革、布、线、纤维、染料、金属等
石油化工工业	化学药剂、金属、塑料、橡胶、陶瓷、沥青、污泥油毡、石棉等
电器、仪器仪表等工业	金属、玻璃、木、橡胶、塑料、化学药剂、研磨料、绝缘材料等
纺织服装工业	布头、纤维、金属、橡胶、塑料等
造林、林业、印刷等工业	刨花、锯末、碎木、化学药剂、金属填料、塑料等
居民生活	食物、纸、木、布、庭院植物修剪物、金属、玻璃、塑料、陶瓷、灰渣、脏土、碎砖瓦、废器具、粪便、杂品等
商业、机关	管道、碎砌体、沥青、汽车、废电器、废家具等
市政维护、管理部门	脏土、碎砖瓦、树叶、死禽畜、金属、锅炉灰渣、污泥等
农业	秸秆、蔬菜、水果、果树枝条、糠秕、人和禽畜粪便、农药等
核工业和放射性医疗单位	金属、含放射性废渣、粉尘、污泥、器具和建筑材料等

注：引自《中国大百科全书》环境科学卷。

固体废物的产生、变化与人类社会的发展息息相关，受到人口增长、经济发展和人民生活水平的影响。目前，固体废物已成为当今世界关注的热点，但最早的固体废物可以追溯到原始时代，那时的生产力落后，基本不存在任何的工业废弃物，所以主要的废弃物就是人们日常生活中产生的粪便和食物残渣。在 17～18 世纪工业革命产生时代，主要依靠蒸汽动力进行一些简单的工业生产，多为机械加工，属于物质的物理变化过程，产生的废弃物是一些原料残渣、木屑等。进入 20 世纪以后，人类社会的工业体系发生了巨大的变化，种类和规模都得到了空前的扩大，化学、冶金、煤炭等新型重工业的兴起，成为了现代社会发展的主要工业。工业产品的多样化产生了更多有毒有害的新固体废物，如大量的重金属汞、铅、砷、有机污染物和放射性废物等。人类社会物质极大丰富的同时，固体废物的种类和数量也在不断增加，因此，如何有效对固体废物进行处理以及资源化利用成为亟须解决的问题。

9.1.3　固体废物的分类

由于固体废物种类繁多，对其进行分类的方法也很多。目前，许多研究主要从固体废物的形态、性质、来源和危害状况进行分类。按照固体废物性质分为有机废物和无机废物；按照固体废物形态可以分为固体与半固体固体废物（泥状）；按照其危害状况分为有害废物和一般废物，其中有害废物是指在生产建设、日常生活和其他活动中产生的污染环境的有害物质、废弃物质；按照固体废物来源来进行分类时常是按行业分，各个国家之间也没有统一的标准，常见的有五类，分别是工业固体废物、城市固体废物（城市垃圾）、农业固体废物和放射性固体废物。

（1）工业固体废物

所有工矿企业在工业生产、加工过程中产生的一切固体废物，包括废渣、粉尘、污泥等统称为工业固体废物。一般常见的工业固体废物有化学工业生产中排出的工业废渣如电石渣、碱渣、磷渣、盐泥、铬渣、废催化剂、绝缘材料和油泥等；建材工业生产中排出的水泥、黏土、玻璃废渣、砂石、陶瓷和纤维废渣等；食品工业制造出的水果、蔬菜和肉类等；矿业生产中的废石和尾矿；轻纺工业的布头、纤维和染料等；机械工业的金属切削物、型砂等。工业固体废物按照危害程度可以分为危险工业固体废物和一般工业固体废物两种。危险工业固体废物大多是带有毒性、放射性、强腐蚀性、易燃易爆的物质，例如含有氟、汞、砷、铬、镉、铅、氰、酚及其化合物的化学废弃物、医疗废弃物以及核废弃物。一般工业废弃物主要是一些常规化的废弃物，如粉煤灰、冶炼废渣、硫酸渣和工业粉尘等。

工业固体废物产生于工业过程，主要分布在城市边缘的农村中，通过不同的途径进入到环境中去。有毒的工业固体废物不仅影响环境卫生、占用土地资源，而且也会污染到土壤、大气和水体，严重的甚至会引发火灾、爆炸等事件，直接对人类健康和安全构成威胁。除此之外，一些有害废物和放射性物质还可以通过皮肤、食物、呼吸等途径进入人体，从而导致人体死亡。

(2) 城市固体废物（城市垃圾）

城市固体废物主要是指日常生活中或为日常生活提供服务的活动中所产生的固体废物，主要包括居民日常生活垃圾、商业活动垃圾、市政建设等过程中产生的废弃物等，如食物残渣、废纸、煤灰、废电池和废塑料、污泥、水泥和脏土等。根据城市固体废物的来源和危害性，一般将其分为生活类固体废物、工业类固体废物和具有危险性的固体类物三类。生活类固体废物包括餐厨垃圾、废旧生活用品和塑料包装等。生活类固体废物数量惊人，是城市垃圾处理的主要部分。工业类固体废物主要是在城市工业生产中产生的废弃物，这类废弃物占地面积大，含有一定的化学有毒成分，所以也是城市固体废物中首先要考虑处理的一部分垃圾。城市危险性固体废物是指能够对环境直接造成危害的一类废弃物，而且符合国家危险废物鉴定标准，例如有色金属垃圾等。危险性固体废物垃圾危害性较大，对城市生态环境的破坏性较为严重。城市固体废物与人们的生活环境有紧密关系，具体的垃圾种类和数量还与居民物质生活水平、习惯、气候等因素有关，城市每人每天的垃圾量为1～2kg。因此，处理好城市固体废物对于维护整个城市的正常运行具有重大意义。

(3) 农业固体废物

农业固体废物，就是与农业生产有关的固体废物，即农、林、牧、副、渔各业生产活动中排放出的固体废物。一般包括农作物秸秆、畜禽类粪便、塑料残膜以及废旧农机具等。农业固体废物按照来源大致可以分为四类，分别是农村居民的生活垃圾（粪便、日常生活废弃物）、畜禽类垃圾（畜禽粪便、畜禽垫料和饲料）、农副产品加工固体废物（动物毛皮、饼渣、木屑）和农业生产固体废物（秸秆、果壳、枯枝落叶）。农业固体废物中的主要元素成分是C、H、O，占比为65%～90%。此外，农业固体废物中还包括一些微量的金属元素Mg、K、Ca、Na和非金属元素S、N、P、Si等。农业固体废物的化学成分主要是由纤维素、半纤维素、木质素、淀粉等天然高分子聚合物，以及一些小分子化合物氨基酸、抗生素、单糖等组成。

我国是一个农业大国，同时也是农业固体废物产量最多的国家。据不完全统计，目前我国每年的农业固体废物总量在50亿吨左右，其中稻草、玉米秸秆、杂粮作物秸秆、蔬菜废弃物等农作物废弃物有11亿吨；牛粪、猪粪、羊粪、家禽类粪便达到了2.9亿吨，农村居民的生活废弃物 3.5 亿吨，一些有机废弃物约 9.2 亿吨等，预计到 2025 年将达到 60 亿吨/年。农业固体废物产量巨大，具有很大的资源利用空间。虽然我国的农作物秸秆数量庞大，但是实际的农业资源化利用率却很低。以 2009 年为例，我国农作物秸秆总产量为 7000 万吨左右，而中国常年燃烧的秸秆量约为 900 万～1200 万吨，约占秸秆总产量的 13%～17%。大多数秸秆是采用随处堆放或就地焚烧的方式进行销毁，几十亿吨的农业废弃物直接焚烧不仅浪费资源，还会对环境造成巨大的危害。目前农村已经禁止露天焚烧秸秆，但是随处堆放的秸秆资源仍然得不到高效的利用，这会对生态环境造成负面影响。因此，农业固体废物资源化利用和无害化处理是控制农业污染、实现农业废弃物资源循环化利用的有效途径之一。

近年来，土地中由于化肥的大量施用已经出现了土壤板结、土地肥力下降等问题，而且化肥中的营养元素种类单一，大多为 N、P 元素，长期施用化肥将会导致土壤营养不均衡、微量元素匮乏，进而导致农产品质量下降。此外，农业中化肥的大量施用，经雨水冲刷进入水体后导致水体富营养化，间接危害人体健康。农业固体废物属于有机固体废物中的重要组成部分，其中含有大量的有机物质、营养元素，将农业固体废物进行堆肥化处理后得到的有机肥施用于农田后将会有助于增强土壤透气与透水功能，有效改善土壤结构。如使用有机肥的小白菜的产量要明显高于同等条件下施加化肥的小白菜产量，由此可知，有机肥的肥力要比化肥高很多。而且有机肥中微量营养元素众多，长期施用有利于土地营养均衡，提高作物产量。实际生产中由于大多数农作物生长周期短，成熟速度快，而有机肥肥效较为缓慢，与实际生产需求不匹配。因此，在实际农业生产中，一般将有机肥和无机肥相结合制备成复合肥，施加到土壤中后既可以满足农作物的养分需求，又可以达到加快作物生长的目的。农业固体废物虽然是一种对作物生长极为有利的肥料，但也存在一些对人体有害的物质，盲目使用无疑会对农作物生长和人体健康造成潜在的危害。猪粪在进行为期两个月的堆积以后，其中的有害物质如锌元素会下降，而重金属元素如残渣态的铜增加等。因此，有必要在利用有机固体废物之前先对其进行预处理，如高温杀菌、加入一些添加剂来去除有害物质等。

(4) 放射性固体废物

放射性废物是指含有放射性核素或被放射性核素污染，其浓度或者活度大于国家确定的清洁解控水平，预计不再使用的废弃物。放射性废物的固体部分被称为放射性固体废物，即核燃料生产、加工、同位素应用、核电站、核研究机构、医疗单位、放射性废物处理设施等产生的废物。一般包括尾矿、污染的废旧设备、仪器、防护用品、废树脂等。放射性固体废弃物中一般含有较高水平的放射性，对这些废物综合利用时必须严格按照国家放射性管理和辐射防护的有关要求进行。在我国绝大部分省份都建有用来贮存本地区放射性废物的废物库，可以对这些放射性固体废物进行集中处理，这将十分有利于解决放射性固体废物产生的放射性污染问题。

9.2 固体废物的危害

固体废物是一大类以固态形式存在的废弃物总称，其中既有可以被人们所回收利用的部分，也存在对环境有毒有害的成分。对于有害废弃物，如果不能进行很好的归置，其有可能通过环境介质如土壤、大气和水体等间接影响人体健康。目前，固体废物对环境造成的危害主要集中在土壤、大气和水体三部分。

9.2.1 占用土地

由于固体废物通常是以固态、半固态的形式存在，所以必然会占用一定的土地空间。据估计，每堆积1万吨固体废物，就需要占用1亩（1亩＝666.7m^2）的土地。截至1993年，我国工矿业固体废物历年累计堆存量达59.7亿吨，占地52052公顷；到2006年，我国固体废物堆存量累计已近80亿吨，占用和损毁土地200万亩以上。进入21世纪以来，我国已经成为世界第二大经济体，人民生活质量不断提高，物质生活得到了极大丰富。与此同时，人为产生的固体废物数量也在急剧增加，如果大量的固体废物得不能到及时有效的处理，就会占用大量宝贵的土地资源，甚至会对大量的农田和森林造成破坏。

9.2.2 污染土壤

土壤既是植物赖以生存的基础，也是细菌、真菌等微生物聚居的场所。植物和微生物作为土壤生态系统中的重要组成部分，对于维护土壤的生态功效发挥着重要作用。大量堆积的固体废物不仅占用了土地资源，而且固体废物中的有毒成分经过雨雪淋溶、地表径流、风化等作用可以迁移渗透到土壤中，使土质发生酸化、碱化、毒化、硬化等恶化现象，进而改变土壤结构，杀死土壤中微生物，降低土壤腐蚀分解能力，导致土壤质量下降，最终影响植物在土壤中的生长发育。目前土壤污染主要分为有机物和重金属污染两种。

重金属一般指密度大于4.5g/cm^3的金属，约有45种，如铜、铅、锌、铁、钴、镍、锰、镉、汞、钨、钼、金、银等。而重金属作为天然的金属元素，主要污染来源于自然环境和人为活动。自然源重金属污染主要是指母源材料的风化产生的浓度为微量级的重金属，人为源是重金属污染的主要来源，人为源产生的重金属除了数量上占绝对优势外，它的毒性和迁移性更强，进而打破并加速了自然界重金属污染物循环。常见的人类活动如工业生产、采矿和废弃物处置是产生重金属的主要来源，如在欧洲，金属加工和采矿所产生的污染物占到了工业部门总污染物排放总量的48%。另外，农业生产施用的农药和化肥中还包含铜（Cu）、汞（Hg）、锰（Mn）、铅（Pb）、锌（Zn）、砷（As）及其化合物，这些产品的长期大量施用导致这些重金属在农业土壤中大量积累。人为条件重金属的产生速率快于自然条件，而且来自人为源的重金属具有更强的生物可利用性，污染物的生物可利用性越高，它的流动性越强，这就使得环境中的重金属更容易被生物体所吸收，从而参与到有机体内的生命代谢活动中。

虽然重金属是自然条件下产生的，并且Cu、Zn等还可以作为人体所必需的微量元素，但是人为大量排放的污染物使其在自然环境中的浓度达到危险水平。一般来说，非必需重金属元素和高浓度的必需重金属对于生物体是有毒的，而且重金属的形态对于重金属在环境中的持久性有着重要影响，例如六价铬的毒性比三价铬高，甲基汞的毒性远远大于其他汞化合物的毒性等。迁移性强的重金属更容易泄漏，通过不同媒介传播后其生物可利用性增强，从而更容易被生物体吸收。

除了具有很强的毒性、迁移性外，重金属由于不可降解，所以极易在生物体内富集。污染物的生物富集通常是通过食物链中不同营养级进行，营养级越高的生物群落，体内积累的污染物浓度就会越高。作为食物链金字塔顶端的人类，体内的重金属浓度最高，受到的危害也最大。

重金属的分布不仅与污染物排放源的位置有关，而且还取决于评估的对象。空气、土壤和河水底泥中的重金属含量各不相同，但由于空气中的污染物最终归宿是土壤，所以土壤和河水底泥是污染控制的重点。例如，一般在有色金属冶炼厂附近的土壤里，铅含量为正常土壤中含量的 10～40 倍，铜含量为 5～200 倍，锌含量为 5～50 倍。通过调查，将土壤和河水中的重金属背景浓度列于表 9-2。

表 9-2　土壤和河水中重金属的背景浓度

重金属	上地壳①/(mg/kg)	表层土壤①/(mg/kg)	河水/(μg/L)
砷	1.80	4.70	0.13～2.71
镉	0.10	0.41	0.06×10^{-2}～0.61
铬	35.0	42.0	0.29～11.5
铜	14.0	14.0	0.23～2.59
铅	15.0	25.0	0.007～308
汞	0.07	0.07	—
镍	19.0	18.0	0.35～5.06
锌	52.0	62.0	0.27～27.0

①当参考文献之间的背景浓度不一致时，选择最低值作为一种保守的方法来评估污染地点。

除重金属污染外，持久性有机物污染也是固体废物对土壤造成污染的另一重要原因。持久性有机物是指能够持久存在于环境中，具有长距离迁移能力，通过食物链（网）累积，并且对生物和人体具有毒性效应的一类有机化学品。

化合物化学结构的复杂度与其毒性、稳定性成正相关关系，如多环芳烃是脂肪族和芳香烃组成的混合物，结构较为复杂，所以其毒性和稳定性都较高。从原油泄漏/溢出产生的多环芳烃由于不易被降解，可以在环境中存在较长时间，使其毒性不断在环境中积累放大，从而会对暴露在毒性环境下的生物产生不利影响。

土壤作为直接或间接维持所有生物生命的重要环境基质，同时也是环境中各种固体废物的最终汇聚地，但由于长期以来一直被忽视，使其对土壤的质量产生了严重的影响。固体废物随意丢弃最终进入土壤中，有毒成分对土壤产生毒害作用，并使土壤理化性质发生改变。农药、抗生素和多环芳烃等是土壤中常见的有机污染物，因具有较大的毒性，使这些污染物对土壤中的微生物和其他生命体产生毒害作用。多环芳烃作为土壤中最典型的持久性有机污染物，它的存在对土壤团粒结构、孔隙度和持水能力都有重要影响，而且土壤的这些理化性质也是决定微生物数量和丰度的关键因素。此外，受固体废物污染的土壤，其持水能力、肥力等显著下降直接导致土质不断恶化。

9.2.3　污染水体

水体中的固体废物大量累积会造成河道阻塞，情况严重还会破坏当地的水利工程，给当地的农田造成危害。固体废物中通常含有一定的有毒有害成分，经过雨水的冲刷或地表水的浸泡就会被释放到水体中，使水体发生酸化、碱化、富营养化、矿化等恶性变化。水质的下降会直接导致大量水生生物和植物的生长受到影响，甚至死亡。水生态圈平衡一旦受到固体污染物的干扰，就会有源源不断的污染物通过食物链进入到陆地生态系统中。最终，人类的健康也受到威胁。

畜禽粪便是农业固体废物的一种，它能够通过地表径流和土壤渗透方式进入到地表水和湖泊中，使这些介质中的水质下降或发生水体富营养化。由畜禽粪便产生的畜禽污水排入到河流中后还会对水生生物造成危害，使其体内的毒物物质慢慢累积致其死亡。进入水体中的固体粪便中含有丰富的有机物质，这些有机物质的出现为水中的微生物提供了充足的营养物质，微生物分解这些营养物质为自身的生命活动提供代谢能量。但在这个过程中会消耗水中大量的溶解氧，再加上水体富营养化过程中产生的大量水生植物残体的生物降解也会消耗水中的溶解氧，从而导致水中的溶解氧不足，进而造成水体变黑变臭，整个水生态系统遭到严重破坏。

生活垃圾也是造成水体污染的一个重要因素，未经无害化处理的生活固体废物随天然降水或地表径流进入河流、湖泊、地下水中，其有害成分造成严重的水体污染。据估计，我国一些城市的垃圾场附近地下水的浓度、色度、总细菌数、重金属含量等污染指标严重超标。比如，1kg的生活垃圾在氧化状态下经淋溶分解，产生 492mg 硝酸盐、1607mg 硫酸盐、860mg 氯化物和 9016mg 的矿物质，且溶出的钙镁物质可以使 1t 水的硬度升高半度。而且由计算可知，1t 城市固体废物氧化分解产生的硫酸盐需要 31t 清洁土壤自净、115t 河水稀释。综上所述，城市固体废物对环境造成的危害越来越大，严重危害到了市民的健康，已经成为了不可忽视的环境问题。随着城市化进程的加速，这些问题将会更加的突出，如何对城市固体废物进行整治将是未来环保工作的重中之重。

9.2.4 污染大气

固体废物对大气造成的污染主要表现在以下两个方面：

① 固体废物在生产、运输和堆放过程中，一些细颗粒成分随风扩散到大气中，增加大气中的粉尘含量，形成颗粒污染物。如沙尘和粉煤灰在遇到大风时，空气中到处是这些颗粒物，人体吸入这些颗粒物后会对人体健康造成很大危害。同时，随风飘散的粉尘也会污染城市中的建筑和花草树木，破坏市容。

② 固体废物长期堆积过程中容易被微生物分解，放出有害气体如硫化氢、氨气、甲烷等，进入到空气中后会对空气造成污染。

目前，固体废物的处理方法主要是焚烧，焚烧后会产生底灰和飞灰两种形式的灰渣，底灰占总量的 80%～90%，其中的成分主要是重金属、陶瓷、玻璃等不可燃物质；飞灰占 10%～20%，主要化学成分为 CaO、SiO_2、Al_2O_3 等。此外，焚烧的飞灰常含有高浓度的重金属，如 Hg、Pb、Cd、Cu、Cr 及 Zn 等，这些重金属主要以气溶胶小颗粒和富集于飞灰颗粒表面的形式存在；同时在焚烧的飞灰中还含有少量的二噁英和呋喃，因此焚烧飞灰其具有很强的潜在危害性。因此，城市垃圾焚烧会产生大量的有害物质，对生物和人体健康产生危害，甚至影响生态环境安全。除了焚烧产生重金属外，固体废物燃烧产生的有毒气体二噁英，会对人体的免疫系统、呼吸系统和皮肤系统产生危害，并且会增加患癌症的概率。

9.2.5 其他危害

除对土壤、大气和水体产生污染外，固体废物还会对环境产生一些其他的污染问题。

(1) 影响环境卫生

城市垃圾是城市居民生活产生的主要固体废物，大量垃圾长期堆积而得不到及时有效的运输和处理，不仅破坏城市形象，而且还会严重影响居住环境。一个养 10 万头猪的猪场，每天可向大气排放菌体 360 亿个、氨气 381.6kg、粉尘 621.6kg，污染半径可达 4.5～5km。养殖场附近畜禽粪便堆积会产生大量氨、硫化氢等有毒恶臭气体，严重影响周边环境空气质量，对周围居民的健康造成严重威胁。

(2) 传播和诱发疾病

城市中堆放的生活垃圾大多有机质成分含量较高，所以在适宜的温度和湿度条件下非常容易发酵腐化，产生恶臭，滋生一些传染性的细菌和病毒，特别是对于医院周围的垃圾更为特殊。此外，垃圾场是老鼠、苍蝇等有害动物经常聚集的场所，这些身上携带有病毒和细菌的动物有极大的危害性，因为它们可以直接将细菌和病毒带到人群居住环境中，甚至直接与人接触，严重威胁人体健康。

(3) 产生火灾隐患

固体生活垃圾在堆放过程中容易发酵而产生沼气，沼气遇明火会发生火灾、爆炸。此外，煤矸石堆积也会发生自燃，从而引起火灾。固体废物大量堆积是一个严重的火灾隐患，近些年来关于垃圾堆发生火灾爆炸的事件屡见不鲜，给人民生命财产造成了极大的损失。

(4) 造成海洋污染

由放射性固体废物造成的海洋污染也是一个需要关注的污染问题，例如原子反应堆产生的废渣、核爆炸产生的散落物以及向海洋投放的放射性废物等都污染了海洋，致使海洋生物资源遭到了极大破坏。原子能工业中核燃料的产生、使用和回收各个阶段都会有废弃物的产生，因此这将不可避免的会对环境产生污染，尤其是水体受到的污染会更加严重。

9.3 固体废物污染控制

固体废物的控制应该从两方面入手，第一是源头方面，即从源头上对固体废物进行管控，最大限度地减少固体废物的排放量，努力实现固体废物零排放的目标。第二是重点关注危险固体废物的产生和排放，避免其造成环境污染。常见的固体废物污染控制方向包括三个方面。

9.3.1 农业固体废物控制

农业固体废物是指在农、林、牧、副、渔等各类生产生活中被丢弃的有机固体废物，主要包括农作物秸秆、农副产品加工废弃物、畜禽排泄物等。目前，中国已经成为了世界上农业固体废物产出量最大的国家，年产量在 50 多亿吨左右，农作物秸秆占 11 亿吨，其中稻草 3 亿吨、玉米秸秆 3 亿吨、杂粮作物秸秆 2.8 亿吨、蔬菜废弃物 2.1 亿吨；畜禽粪便量为 26.9 亿吨，其中牛粪 13 亿吨、猪粪 4.8 亿吨、羊粪 5.6 亿吨、家禽粪 3.5 亿吨；农村居民生活废弃物 3.5 亿吨；而其他有机废弃物约有 9.2 亿吨。近年来，我国平均每年秸秆产量达 6 亿吨，农业固体废物年均增量速度在 10%，按照这个速度，预计到 2050 年，我国农业固体废物生产量将达到 60 亿吨左右。

虽然我国农业固体废物资源总量大，但大多数农业废弃物资源并没有被开发利用，随意丢弃和焚烧是农业固体废物常见的处理方式，这与我国制定的废弃物“资源化、无害化、减量化”处理基本原则相违背，而且对农村居民的生活环境质量和身心健康造成了不利影响。近年来，随着人们生活水平的提高，废弃物的处理水平虽有所提高，但与日本、德国、美国等发达国家相比差距很大。日本是农业废弃物转化利用理论与实践发展最早兴起的国家，早在 20 世纪 80 年代就开始采取农业废弃物向肥料转化，合理轮作等措施来实现农业废弃物的高效转化利用，并且一直将农业废弃物的利用定位在战略高度。除此之外，为了促进农业固体废物的转化利用，日本政府还创立了一套完善的法律体系来保障农业产业的持续健康发展；积极采取经济与行政等宏观调控手段为农业固体废物的转化利用提供政策支持；并采取多种扶持措施来鼓励民众对农业固体废物进行投资，调动农民积极参与到农业固体废物的利用中并创造经济效益。

德国也是一个农业固体废物转化利用理论和实践发展水平较高的国家，其农业废弃物的循环转化利用起源于垃圾处理，并逐渐扩展至其他行业，以政府、企业和农户为主体的发展模式使得农业废弃物的转化利用与其他产业的发展关系变得密不可分。同时政府为了促进生态农业的可持续发展和保障综合农业发展模式的健康运行，建立了一整套农业固体废物转化利用的法律体系和奖惩措施，遵循清洁生产的理论模式，旨在从源头上控制农业固体废物的产生。美国是世界上农业发展强国之一，其农业发展特点是“高效可持续”，实行节水农业和精准农业相结合的发展模式。美国生态农业的发展是高端农业科学技术对农业紧缺资源和生产资料的集约化与替代化，其核心就是在生态农业发展过程中实现高效、低投入和低环境污染。这种农业发展理念与其农业固体废物转化利用理论相一致，促进了农业废弃物转化利用实践的进一步发展。从国外发达农业国家处理农业固体废物的经验中可以得到很多启发，我国要解决现在农业固体废物循环利用中存在的难题可以从以下几个方面着手：

(1) 加强宣传教育，提升公众意识

长期以来，我国民众对农业固体废物的潜力认识不清，资源化利用意识淡薄，往往只看重眼前利益，不能充分认识到农业固体废物的真正价值，而不愿对废弃物资源进行深度利用。对农田里的农业固体废物如作物秸秆、杂草和树枝等多采用就地焚烧的方法进行处理，这样不仅是对耕地、淡水和其他农业投入品资源的浪费，而且也会对环境造成污染。因此，必须针对农民对农业固体废物认识不足问题开展科普宣传活动，提高他们对农业固体废物的利用水平和环保意识，从思想上认识到农业固体废物是一种潜力巨大的资源。农民是农业废弃物资源化利用的主要实施者，只有调动其积极性，让他们积极主动参与到农业固体废物的资源化利用中，才能创造出宝贵财富。

(2) 提高资源化技术水平，推动清洁生产方式

农业固体废物种类繁多，主要包括农作物秸秆、畜禽粪便和农用塑料等。农业固体废物中含有大量的 N、P、K 等营养物质，可以作为营养丰富的有机质使用。目前农业固体废物资源化利用技术主要有肥料化、饲料化、能源化和原料化四个方面。

农业固体废物肥料化处理方式是一种非常传统的技术手段，可以分为直接利用和间接利用两种途径。直接利用就是将秸秆或粪便直接还田，经过微生物的缓慢分解后释放出来的矿物质、有机质和腐殖质等养分可以被土壤中的微生物及其他生物所利用，从而提高土壤肥力，增加农作物产量。但直接利用由于完全是在自然条件下发生的，所以分解速度慢，影响植物生长速度。间接肥料化利用是将农作物秸秆和畜禽粪便中丰富的有机质通过堆肥制作成高效生物菌肥和有机无机复合肥并还田使用，这样不仅可以增加土壤肥力，改良土壤理化性质，还可以补充土壤中的 N、P、K 等营养物质，对于增加土壤中营养元素具有重要意义。但是间接利用方式也存在堆放腐解时间长、占据空间大等弊端，还存在农业废弃物总量与环境承载能力不匹配的矛盾。近年来，随着科技水平的提高，将传统的发酵工艺与现代化设备相结合，极大地促进了农业固体废物资源肥料化利用的机械化、规模化和专业化。废弃物制备出的有机肥产品具有产量高、周期短、肥效高、污染小、运输简单、能耗和成本低等优点。

农业废弃物的饲料化处理主要包括农作物饲料化和畜禽粪便饲料化。农作物秸秆中的碳水化合物、脂类、纤维类物质和少量蛋白质等都可以利用机械加工粉碎、氨化、氧化、青贮、发酵、酶解等方法进行复合处理，把动物难以高效吸收利用的秸秆类物质进行深加工，提高饲料利用率和营养价值。畜禽粪便中含有未消化的粗蛋白、消化蛋白、粗纤维、脂肪和矿物质等，这些物质可以经过热喷、发酵和干燥等方法加工处理后掺入饲料中，作为营养丰富的复合饲料使用。目前，动物性废弃物的饲料化技术尚存在诸多弊端，不是饲料化利用的主要方向。

农业废弃物能源化处理是实现农业固体废物资源化利用的另一种有效方式，目前应用中最为普遍的能源化处理方式就是生活中常见的将作物秸秆等废弃物厌氧发酵制备成沼气。当然也可以利用生物液体燃料技术将生物质转化为燃料乙醇和生物柴油等燃料供能源使用，例如利用甘蔗渣制备生物乙醇，然后以一定比例与汽油混合后制成的燃料广泛应用于交通运输等行业。此外，除传统的这些能源化处理方式外，最近还出现了许多新型的先进技术如微生物制氢技术，这种技术主要是利用异养型的厌氧菌或固氮菌来分解小分子的有机物制氢的过程，具有微生物比产氢速率高、不受光照时间限制、原料有机物范围广以及操作简单等优点。但目前该技术还处在研发阶段，尚不能大规模使用。

农业废弃物原料化处理技术是以农作物秸秆中丰富的纤维素和半纤维素为原料，运用先进的秸秆炭化技术和秸秆制纸质地膜、纤维密度板等生物技术将农作物变废为宝，生产出许多价值高的原料。如利用植物纤维性废弃物可生产出人造纤维板、纸板、轻质建材板等建筑装饰和包装复合材料；以石膏为基体材料，纤维性废弃物为增强材料，可生产出具有吸音、隔热透气、装饰等特性的植物纤维增强石板膏；以棉秸秆、棉花壳为原料制成吸收重金属的聚合阳离子交换树脂等。

一直以来，我国因为资金问题使得农业废弃物资源化技术水平长期处于落后状态，拥有自主知识产权的技术非常少。而且农业固体废物转化产品种类单一，产生的效益差，导致了农业废弃物整个产业进程落后于发达国家水平。针对现在存在的资源化利用问题，必须加大对资金和人力投入，鼓励和扶持一批农业固体废物资源化综合利用发展好的企业，将小型化、分散化的农业废弃物利用方式向工厂化、规模化的大型企业发展，最终实现农业固体废物资源化和无害化利用的产业化目标，创建成熟稳定的农业固体废物资源化利用产业结构。

(3) 建立健全的农业固体废物利用的政策法规

目前，由于我国的农业固体废物资源化利用水平不高，相关的政策法规和服务体系尚未完善，行业内制订的农业废弃物资源化的标准或技术准则不规范，没有形成统一的农业固体废物管理模式，所以无法有力推动农业废弃物资源化利用的快速发展。农业废弃物资源化利用需要国家政策的引导，制定废弃物资源化利用的相应政策，明确废弃物资源化方向，建立并健全相应的政策法规，加大资金和人才的投入，制定行业内农业废弃物产品标准，依靠完善的技术和管理制度实现农业固体废物资源化利用的良性发展。

9.3.2 工业固体废物控制

工业作为第二大产业，为国家的经济发展做出了较大的贡献，但与此同时也不可避免的产生了许多工业固体废物，如采矿石、煤矸石、粉煤灰、炉渣、尾矿、脱硫石膏、燃料使用未完全的废屑、废渣、粉尘和污泥等工业垃圾。目前，我国的工业固体废物主要分布在一些西部不发达地区以及内蒙古、四川、山西等地，这些地区的工业固体废物产量高、利用率低，既造成巨大的资源浪费，又对环境产生了严重污染。近年来，我国东部一些发达地区对固体废物的利用率已经高达95%，西部地区的工业固体废物的生产总量要高出东部很多，但固体废物利用率却远远低于东部，这也是东西部经济发展不均衡导致的差别现象。

工业固体废物的控制既要从源头上减少其产生量，又要利用一切有效可行的办法来控制其污染，可采取的措施主要从技术工艺、管理、过程控制、制度等几个方面进行。

(1) 优化、改进生产工艺，采用无废或少废技术和设备减少工业固体废物的生成量

首先可以使用精料来提高产品质量，延长使用寿命。例如使用品位更高的铁矿石为原料用于工艺生产可以大大减少生产过程中高炉渣的排放量，而且产品质量提高后其使用寿命也会大大延长，不容易被损耗成为固体废物。改进生产工艺，减少固体废物的排放量；同时发展物质循环利用工艺，优化传统工艺，实现产品的循环往复使用。即生产第一种产品后剩余的废物可以作为另一种产品的原料，而第二种产品制造后的剩余物又可以作为第一种或其他产品的原料使用，经过多次反复利用后使得最终剩下的废物最少，从而实现物质最大化利用和经济效益最大化。

(2) 加强固体废物管理队伍和能力建设，强化固体废物管理的基础性工作

针对我国固体废物管理起步晚、基础工作薄弱的现状，需要进一步加强固体废物管理和相关问题的研究，并对全国工业固体废物进行全面深入调查研究。把固体废物纳入资源管理范围，制订固体废物资源化方针和鼓励利用固体废物的政策，建立固体废物资源化体系。在此基础上，建立需重点关注区域、工业固体废物管理数据库及信息系统方便查询相关数据，将有明确用途的废物纳入资源分配计划，暂时不能利用或可利用价值较少的废物作为后备资源储藏起来，为加强固体废物综合利用管理提供基础性数据支撑。

(3) 加大立法和执法力度，提高行政部门对相关企业的监管能力和监管效率

目前，我国在固体废物行政司法能力这一方面还有许多不足之处，各项制度法规需要进一步进行完善和修正。环保部门应该根据国家法律、法规并结合当地实际情况制定出具体的有关固体废物处置、回收、资源利用等地方法规，充分利用行政许可、行政收费、行政处罚等手段来进一步规范从事工业固体废物产生、处理及处置企业行为，强化对工业固体废物的监督检查。同时还需切实执行工业固体废物申报制度，对新建企业进行认证登记，保证工业固体废物来源的真实性。加强监督和制裁力度，对任意乱排放废弃物的工矿企业单位和个人进行严肃处理，大力遏制违法违章、污染环境的恶劣行为，减少固体废物的环境危害。

(4) 优化产业结构，调整工业布局

我国产生工业固体废物的行业主要有冶金、钢铁、化工、机械、建材、电力、纺织、制药和煤矿等大型工业行业，产生的主要工业固体废物有粉煤灰、煤矸石、炉渣、脱硫石膏和尾矿等。以 2009 年兰州市产生的工业固体废物为例，共产生工业固体废物 391.1t（不包括危险废物），其中粉煤灰 202.0 万吨，占产生总量的 52%；炉渣 59.9 万吨，占产生总量的 15%；冶炼废渣 66.6 万吨，占产生总量的 17%；尾矿 40.2 万吨，占固体废物总量的 10%；煤矸石 8.23 万吨，占产生总量的 2.1%；其他废物 14.2 万吨，占产生总量的 3.9%。工业城市要尽快加强传统产业的改造和提升，打造煤、电、铝、水泥联产联营循环经济产业链，大力发展现代建材、食品加工、装备制造、医药、旅游等新型产业，将新型产业培育发展成节约环保型产业，加快资源型城市经济转型。

9.3.3　城市固体废物控制

城市固体废物是在城市生活中或者为其提供服务的生产活动中所产生的固体废物，其主要包括医疗废弃物、建筑废弃物和生活废物等。近年来，随着我国城市人口规模和经济发展水平不断提高的同时，城市中固体废物的数量也在呈快速上升的趋势，国内很多大中型城市垃圾的增长速度已经远远超过了处理速度。据不完全统计，中国每年产生近 1.5 亿吨城市垃圾，已有 2/3 的城市陷入垃圾的包围之中。环保部统计的数据显示 2015 年全国 246 个大、中城市的生活垃圾产生量总计约为 1.86 亿吨。中国城市环境卫生协会统计数据显示 2010 年生活垃圾产生量约达 4 亿吨，而且这个数字还在以每年 5%～8%的速度递增。巨大量的固体废物排放不仅会污染城市环境，影响人们的健康生活，而且还会给城市经济的发展造成巨大的阻碍。例如，中国城市生活垃圾堆放量占土地总面积已达 5 亿平方米，折合约 5 万公顷耕地，而且中国城市生活垃圾堆积量在逐年递增，用来堆积固体废物的土地后续基本不能使用。与其他发达国家的城市固体废物处理系统相比，我国固体废物处理方法的研究起步较晚，城市固体废物处理方面能力也较欠缺，并且废弃物的再利用程度较差，处理固体废物的方式一直较单一，主要是填埋和焚烧两种。因此，无法有效处理的城市固体废物会对当地的土壤生态体系造成破坏，同时还会污染城市的大气环境、地下水源等。城市固体废物的处理需要借鉴国内外的处理技术来进行研究，针对我国各地的基本情况采取有效措施解决固体废物的堆放问题，努力推进城市固体废物早日实现资源化利用。

(1) 加大固体废物环保宣传力度，提高公众环保意识

城市的主体是公民，其环保意识决定了城市固体废物的利用水平。所以必须强化全社会的环保宣传教育力度，努力提升城市公民的环境保护意识，只有让大家认识到固体废物处理的重要性，才有可能让城市固体废物的处理变得更加科学规范。增强市民的固体废物环境污染意识，积极鼓励公众参与到环境保护活动中去，只有实现了全民环保才能够实现固体废物的有效治理。城市固体废物环保宣传不能只争一朝一夕，而是应该将其看为一场持久战，要更加广泛、深入和持久地开展全民环境宣传教育和环境法制教育，普及固体废物污染环境防治法规和基本知识。比如，在学校教育中加入固体废物污染防治课程，使大家真正意识到防治固体废物污染的重要性。做好固体废物污染控制工作是每个公民的责任，需要大家共同努力，因为这关系到国家、社会的未来健康发展，不能因为自己的利益而给社会造成不必要的损失。此外，各级领导干部和党员先锋要充分发挥模范带头作用，认真切实履行自身职责，把固体废物污染防治工作视为一项重要任务来完成，不能敷衍了事。固体废物环保工作的宣传应该做到贴近实际、贴近生活、贴近人民群众，这样才能起到很好的宣传效果。只有将市民们对固体废物的传统理念转变过来，培养出良好的生活习惯，才能营造出更好的固体废物处置氛围。

(2) 增强技术研究开发，完善固体废物管理制度

目前，城市固体废物的处理方法主要是填埋和焚烧两种，形式较为单一，且存在废弃物转化利用率不高、污染大的问题，不能够满足当前“减量化、无害化、资源化”的废弃物处理原则。因此，政府必须加大资金和技术方面投入，发展综合固体废物处理技术来提高废弃物资源转化率，减少废弃物的环境污染。例如生物处理技术是一种新型的废弃物资源化利用的有效技术方法，可以将有机固体废物转化为能源、饲料和肥料，从废品和废渣中提取金属。现在应用较为广泛的生物处理技术主要有堆肥、厌氧发酵制沼气、废纤维素糖化技术、废纤维素饲料化和细菌浸出。相对于焚烧和填埋来说，生物处理技术成本低、应用也较为广泛，但处理过程所需时间较长，处理效率不够稳定，如果可以进一步加强生物处理技术的开发研究，使其更加成熟，那么将会极大地改善城市固体废物的处理现状。

此外，改善城市固体废物的管理系统对于控制城市固体废物的污染问题也是至关重要。目前，我国城市固体废物分类收集工作还处在初期阶段，整体进展缓慢，这与固体废物分类收集政策尚不健全有关，而且某些现行规定相对滞后，具体固体废物分类方式缺乏明确的细节规定，导致实质性和可操作性的内容较少。同时，城市固体废物无害化、资源化处理水平与经济发展水平之间差距很大，无法形成同步关系，全国性的固体废物处理系统建设和运行体系尚未形成，需要不断完善固体废物的管理制度。

我国地方政府要根据当地的固体废物污染特点制定适合本地的法律、法规，并且要根据实际情况变化不断调整和完善，使之更加适应市场经济，更加符合“无害化、减量化、资源化”的基本处理原则，规范固体废物的处理标准和相关单位的处理行为，使之更加符合管理标准。国家政府还要努力完善固体废物管理信息网，不断提高有关从业人员的监督管理水平，在保证基本人身安全的基础上控制固体废物在收集、运输和处理过程中产生的环境危害。此外，有关固体废物处理部门在做好固体废物的处理工作的同时还要认真督促招标企业完成自身任务，定期组织专家对企业的报告和处理方案进行评估。各地环保部门要负责好所辖范围内的固体废物收集和处理工作，对废弃物防治工作要进行不定期检查，不断加强和落实废弃物的申报登记，严厉惩处违规处理固体废物的违法行为。

(3) 鼓励城市固体废物的再利用，建立完善的城市生活垃圾处理系统

城市固体废物是放错位置的宝贵资源，如果对其进行回收再利用不但可以有效降低固体废物的数量，而且符合我国一直实行的可持续发展基本国情。如果每个城市都能够创建资源回收系统，实现城市固体废物的资源化利用，政府加大对固体废物处理工作的资金投入，鼓励城市民众积极学习环境保护法规和参与到环境保护中来，那么将会创造出巨大的社会效益和经济效益。此外，国内相关城市还需要根据自身的城市地理条件和发展水平来建立相对完善的运行体系，保证城市固体废物得以妥善处理的基础上，不断完善固体废物的处理方式，降低处理成本，控制固体废物造成的环境危害。

9.4 固体废物的处理方法及存在问题

固体废物的处理是指利用物理、化学、生物方法把固体废物转化为适于运输、贮存、利用或最终处置的过程，以实现废物减量化、资源化和无害化处理目标的一种手段。目前常用的固体废物处理方法主要有以下几类。

9.4.1　物理处理

物理处理是一种回收固体废物中有用物质的重要手段，主要是通过压缩、破碎、分选、萃取和脱水等物理方法来改变固体废物结构，从而使其成为便于运输、贮存和利用的形态的一个处理过程。目前，关于固体废物常用的物理处理手段主要有以下几类。

（1）压实

压实是指利用外界压力对固体废物进行挤压，从而减小废物体积，增加固体废物聚集程度，以达到便于装卸、运输、贮存和填埋目的的一种物理处理方法。通常一些松散或易变形的固体废物如易拉罐、塑料瓶、纸箱和农作物秸秆等首先要进行压实处理，然后再进行下一步处置。但某些不能挤压的液体废物如污泥、焦油等则不可以用压实的方法来进行处理。

（2）破碎

破碎是利用外力克服固体废物质点间的内聚力而使大块固体废物分裂成小块的过程。通常是在一定的温度和水分条件下用破碎设备进行。破碎后的固体废物由于变得更加紧实，故体积减小，容重增加，尺寸和质地大小均匀，方便装卸、运输、贮存和填埋，从而提高了处理效率，降低了处理成本，有利于后续填埋、焚烧等进一步处置。目前固体废物破碎主要包括冲击破碎、剪切破碎、挤压破碎、摩擦破碎等。

（3）分选

分选是指根据物质的粒度、密度、磁性、电性、光电性、摩擦性、弹性、表面润滑性等性质的不同将其分开，以实现固体废物减量化、资源化的重要手段。通过对固体废物进行分选可以将有害成分或不利于后续处理和可回收的部分分离出来。目前常用的分选方法主要包括手工拣选、筛选、重力分选、磁力分选、涡电流分选、光电分选等。

（4）脱水

脱水是指借助外力去除固体废物中的间隙水，缩小体积和质量，以利于包装、运输和资源化利用的一种处理方法。固体废物的脱水方法主要分为浓缩脱水和机械脱水两种。

（5）萃取

萃取法又称溶剂浸出法，是指利用适当的溶剂与固体废物作用来将废物中的某些有效组分溶出到溶剂中的一个提取过程。萃取的主要目的是要使想要得到的那部分有害或有用部分可以最大限度地从固相中转移到液相中，从而方便后续利用。萃取后的溶液要进行净化处理，一般常用的净化方法主要有化学沉淀法、置换法和离子交换法。

9.4.2　化学处理

化学处理是一种利用固体废物的化学性质，通过采用化学方法如氧化还原、酸碱中和、化学沉淀和化学溶出等方式破坏固体废物中的有害成分或将其转变为适于进一步处理的形态，最终实现固体废物无害化处置。但由于化学反应所需条件往往比较复杂，受到的影响因素较多，故化学法处理固体废物的限制比较多，一般只能用于处理成分单一或相似的固体废物。而且有些固体废物经过化学处理后可能转变为有毒的残渣，所以化学处理的剩余物也必须进行合理的归置。

9.4.3 热处理

热处理是通过将固体废物置于高温条件下来破坏并改变其组成和结构，从而缩小废物体积、分解有毒物质且实现能源转化的一种综合利用手段。常用的热处理方法主要包括焚烧和热解两种。

(1) 焚烧

焚烧法是处理固体废物的另一种有效方法，这种方法主要是利用锅炉等设备对固体废物进行燃烧处理，指的是在800～1000℃的高温下，固体废物中的可燃性组分会与氧气发生化学反应，同时释放大量热量，固体废物高温分解和深度氧化后转化为惰性残渣的一个过程。固体废物经过焚烧后其容积变为原来的5%左右，甚至更少，同时质量也会大幅减少（下降75%～80%）。焚烧法不仅可以对固体废物减容减重，而且也可以破坏其组成结构、杀灭废物中存在的病原菌，特别是对医院的带菌性固体废物处理非常有效。除此之外，由于固体废物中有机物含量较高，所以热值较高，利用焚烧产生的热量可以用来供热供电，为城市建设提供能源，促进城市发展。如日本及瑞士等国家每年把超过65%的城市生活垃圾进行焚烧用于能源使用，这对于缓解全球能源危机发挥了很大作用。2006年，我国城市固体废物焚烧处理能力已经达到近4万吨/d，是2001年的6倍多，同期我国焚烧设备的数量也几乎翻了一番。2006年有超过1100万吨的城市固体废物被焚烧处理，占了固体废物安全处理总量的14.5%。固体废物焚烧处理方式的迅速兴起首先归功于政府的鼓励和扶持，其次是焚烧技术已经十分成熟，固体废物焚烧既可以极大地减少填埋的数量，又能够变废为宝，转化为能源。而且，焚烧不需要任何的预处理，操作可行性大。

由于固体废物的组成较为复杂，故其焚烧过程相对于普通燃料燃烧来说也会稍有不同。一般认为燃烧过程主要是由温度、时间和燃料与空气混合程度这三个因素控制，但由于不同固体废物组成、热值、形状和燃烧状态都会随着时间与燃烧区域的不同而有所变化，直接导致燃烧所产生的产物也会发生改变。因此在使用焚烧法处理固态垃圾时要求所用的燃烧设备要有足够适应性，能根据不同的固体废物燃烧要求而进行适当改变，尽量满足各种废物的燃烧条件。目前。垃圾焚烧主要包括四大部分：给料部分、燃烧部分、能量回收部分和烟气净化部分。

焚烧法处理固体废物可以将有害固体废物分解而转变为无害物质，整个燃烧过程中所形成的热量是可以进行二次利用。同时焚烧法占地少、处理量大、在保护环境和缓解能源危机方面发挥着巨大的作用。但是这种方法也存在着明显的限制和缺陷，如燃烧总会产生大量有害气体（氮氧化物、二氧化硫）、粉尘和烟尘等，特别是燃烧产生的二噁英污染物，毒性是氰化物的1000倍，危害极大。首先，焚烧法存在二次污染，对环境不太友好。其次，固体废物燃烧需要一定的条件，即要求其热值至少要大于4000kJ/kg。但对于大多数固体废物来说往往达不到这个标准，特别是城市垃圾几乎都达不到要求，所以焚烧法普遍性不高。最后，从成本考虑来看，焚烧所需的投资及运行管理费用高，要配备较为复杂的仪器仪表，设备使用后锈蚀现象严重，不利于大规模推广。

(2) 热解

热解是将有机物在无氧或限氧条件下高温（500～1000℃）加热，使之分解为固、液、气三类产物的一个热化学过程。一般根据热解条件不同可分为慢速热解、中速热解、快速热解三种热解类型，快速热解要求反应温度为 450～600℃，反应停留时间不超过 2s，反应产物中有 75%为液体。由于整个过程发生在极短的时间内，所以影响因素如最高加热速率、热重传递、动力学等对生产效率和产量起着决定性作用，常用于生物燃料的制备，产碳量低。慢速热解相对快速热解是一个相反的过程，一般炭化时间 5～30min，过程慢速、低温、反应停留时间长，并且是在一个低加热速率下进行，所以固态和液态产物都可以从这个过程中获得。中速热解温度在 300～500℃，中速热解液体产物黏度低，焦油收率低，整个过程类似于慢速热解。

农作物秸秆、城市垃圾、动物粪便和湖泊污泥等有机废弃物在高温限氧条件下可以热解转化为固体产物生物炭，气态产物 CO_2、CO 和液态产物生物油。生物炭是一种富含碳元素的高度芳香化固态碳材料，因其具有比表面积大、孔隙发达、含氧官能团丰富以及稳定性强等优良理化性质而受到了国内外研究人员广泛关注，目前已经在增加土壤碳汇、减少温室气体排放、修复污染土壤、缓解秸秆焚烧等方面彰显出巨大潜力，已经成为土壤环境研究领域的热点。生物油是迄今为止从木质纤维素材料热解中提炼出来的最复杂和廉价的原生油，其成分主要是由水（15%～30%）、含氧化合物（8%～26%）、单酚（2%～7%）、木质素中的难溶性低聚物（15%～25%）、水溶性分子（10%～30%）五大部分组成。液态产物生物油可以被用来生产甲醇、乙酸和丙酮等化工原料，同时还可以作为工业锅炉的燃料使用。采用热解法可以将固体废物转化为燃料气、燃料油和炭黑为主的贮存能源二次使用，而且这种方法由于是在无氧或限氧条件下分解，所以 NO_x 排放较少，废物中的硫、重金属等有害成分大部分被固定在炭黑中，一些有毒重金属形态也不会发生转化。与焚烧法相比，热解是一个完全不同的过程，焚烧放热，而热解吸热；焚烧产物主要是 CO_2 和 H_2O，而热解产物固、液、气三种都有，相对来说是一种低污染的处理和资源化利用技术。

9.4.4　固化处理

固化处理是危险废物安全填埋前的一项预处理操作，主要是将固化剂如水泥、沥青、塑料、石灰、玻璃等和危险废物加以混合进行固化或包覆，使得固体废物中所含的有害物质被封闭在固化剂内，填埋后不会浸出到土壤中，从而减少其对环境的危害。固化后形成的固化体一般要有足够的机械强度、抗浸出性、抗干湿性、抗冻融性、抗渗透性、增容比小等特点，保证填埋后在土壤中具有很强的稳定性，有害物质不会被释放出来。固化法特别适用于处理有害的液体或半液体废物，或容易浸出有害成分的固体废物，固化对象主要是有害废物和放射性废物。根据所用固化剂的不同可以将固化处理分为以下几种：

(1) 水泥固化法

水泥固化即是以水泥为固化剂进行处理固体废物的一种操作。主要是利用水泥和水混合后会发生水化反应，然后混合物逐渐凝结僵化的特性，用固体废物和水的混合物代替水加入水泥中，使其凝固在水泥体中。水泥固化法处理危险固体废物具有操作简单、成本低等优点，而且由于形成的固化混合体强度高、稳定性长久，耐高温且对风化有一定抵抗力，故实际应用价值较高。

虽然水泥固化法较为经济，但实际应用中也存在许多不足之处，如固化后形成的混合固化体由于孔隙较大、有害成分浸出率较高，需要做涂覆处理或对固体废物进行预处理保证固化质量，无形中增加了处理成本。

(2) 塑料固化法

塑料也是处理固体废物常用的一种固化剂。通常按照塑料性质的不同可以将固化过程分为热塑性塑料固化和热固性塑料固化两类。热塑性塑料是指塑料加工固化冷却后，再次加热仍能达到流动性，并可以再次对其进行加工成型，也就是说具有良好的再加工性和再回收利用性。常见的热塑性塑料主要包括聚乙烯、聚氯乙烯树脂等；热固性塑料有脲醛树脂和不饱和聚酯等，表示的是经过一次加热成型固化后，其形状就因为分子链内部进行铰链而使形状达到稳定，再次对其加热也不能让其再次达到黏流态，也就是说热固性塑料不具有再次加工性和再回收利用性，但热固性塑料固化速度快，无论常温或加热条件下固化能力都较强，而且固化有害废物后形成的固化体具有较好的耐水性、耐热性及耐腐蚀性。使用塑料固化有害废物不但可以保证基本的固化质量，而且固化后的固化体还可以拿来作为农业或建筑材料加以利用。塑料固化法的主要缺点是塑料固化体耐老化性能差、强度不高，不如水泥固化法，且容易破裂后使得包覆的有害物质泄漏到环境中去。因此塑料固化后须做包装处理，故总成本增加。

(3) 水玻璃固化法

硅酸钠，俗称泡花碱，是一种水溶性硅酸盐，其水溶液被称为水玻璃。水玻璃黏结力强，强度较高，耐酸性、耐热性好，用作固化剂时与有害废物按一定的配料比混合，发生中和反应后形成凝胶体，凝胶体将有害废物包覆，逐渐硬化后变成固化体。水玻璃固化法操作简单、成本低，固化体综合理化性质好、有害成分浸出率低，但此法尚不成熟，还在试验阶段。

(4) 沥青固化法

沥青固化法是一种与水泥固化法十分相似的固化处理方法，但与水泥固化相比，其又有许多的独特优点，如固化处理生成的固化体性质稳定，空隙小、致密度高、难于被水渗透，有害物浸出率低。最重要的是沥青固化体硬化时间短，远远低于水泥 20～30d 的硬化时间。另外，由于沥青导热性不好，且具有可燃性，故沥青过热时会引起危险。

9.4.5 生物处理

固体废物生物处理是指利用微生物（细菌、真菌和放线菌）或动物（蚯蚓）分解固体废物中可降解的有机物并将其转化为肥料、沼气或其他化学转化品，从而达到固体废物无害化和综合化利用的目的。固体废物经过生物处理后在容积、形态和组成等方面均会发生重大变化，故对后续运输、贮存利用和处置极为有利。固体废物生物处理是一种经济效益较好的处理技术，其成本低、应用广，尤其适用于当前废物排放量大且普遍存在的资源和能源短缺的情况。但从实际应用情况来看，堆肥处理所需时间较长且处理效果不太稳定，对现有的生物处理进行方法改进具有深远的意义。现在应用较为广泛的生物处理技术主要有以下几种。

(1) 堆肥化

堆肥化就是利用环境中的细菌、放线菌和真菌等微生物以及蚯蚓等动物来促进可以被生物降解的有机物向稳定的腐殖质转化的生物化学过程。在微生物分解有机物的过程中，不但生成大量可被植物利用的有效态 N、P、K 化合物，而且还可以合成新的高分子有机物—腐殖质。固体废物中可用来堆肥的有机物废弃物原料主要有农作物秸秆、农林废物、粪便、厨余垃圾、污泥等有机废物。固体废物经过堆肥化处理可以将其最终转化为类似腐殖质土壤的物质，称为堆肥。堆肥中的有机碳组分占总碳的20%，8%是以碳酸盐形式存在，其余71%为残渣碳，但其中可能包含有机碳组分。此外，在堆肥中发现的大部分腐殖质成分是腐殖酸，腐殖酸与黄腐酸的比例为3.55∶1。一般认为腐殖酸比黄腐酸更加稳定且与增加土壤缓冲能力密切相关。

目前随着有机农业逐渐兴起，堆肥因可以满足农业作物对N元素和有机质的需求而被作为一种土壤改良剂和肥料正逐渐被应用于农业领域。固体废物堆肥中的有机成分对土壤的改良效果主要体现在生物、物理和化学性质三方面。

① 物理方面：堆肥因其有机质含量较高而具有较强的保水能力，进而施加到土壤中后可以提高土壤的保水能力。此外，有研究报道当堆肥以20mg/hm^{2}和80mg/hm^{2}的比例施用到土壤中时，堆肥中腐殖酸的主要结构单元会被纳入土壤腐殖酸中。持续施用堆肥可以不断增加土壤中有机质和C/N比，并且远远高于未改良土壤中的有机质和C/N比。而当堆肥施用比例为30mg/hm^{2}和60mg/hm^{2}时，由于阳离子桥的形成而增加了土壤的团聚能力，进而改善了土壤结构。

② 生物方面：一般认为土壤微生物对土壤环境变化最为敏感，它们的特性和土壤环境息息相关。以前的研究已经发现对土壤施加堆肥后土壤中微生物量N、C、S在一个月内均呈现上升趋势，而微生物量P在5个月内不断增加。同时长期试验还发现多次添加20和80mg/hm^{2}的堆肥可增加土壤中的微生物量C，且在施用8年之内仍一直保持这种增长趋势。土壤基础呼吸速率是监测微生物活性的一个参数，与施用8年后的对照组相比，使用垃圾堆肥的土壤基础呼吸速率也有所增加。衡量土壤微生物健康的另一项指标是土壤酶在主要养分转化过程中的活性。施用75mg/hm^{2}堆肥后磷酸二酯酶、碱性磷酸酯酶、芳基磺酸酶、脱氨基酶、尿素酶和蛋白酶的活性均增加。这可能是由于堆肥可以促进有机磷向无机磷和有效态的转化，进而增强了土壤中酶的活性。

③ 化学方面：堆肥对土壤化学性质的影响主要体现在pH、电导率和营养元素方面。堆肥添加后通过引进碱性阳离子如K^+、Ca^{2+}、Mg^{2+}等导致配体交换增加，产生了OH^-以及促进碳的矿化，从而增加土壤pH，而且pH增加量与施用堆肥量成正比，可以用于酸性土壤改良。

此外，微量营养元素和金属离子由于在酸性条件下大多数是可以被植物所吸收利用的溶解态和有效态，因此可以通过调控堆肥pH来改变土壤中的重金属形态，进而影响植物生长。

土壤溶液的电导率与土壤中可溶性有机质含量密切相关，常常被用来评估土壤中盐含量。一般来说，农田土壤EC范围是0～4dS/m，明显低于堆肥的电导率（3.69～7.49dS/m）。当堆肥施加量为40～120mg/hm^{2}时会提高土壤电导率，但施加堆肥后的土壤电导率并不会一直增加，其值会随着时间而逐渐减少，可能是与土壤中农作物移除以及渗漏有关。农业环境中存在大量的有机污染物如农药等，土壤中施加堆肥后由于增加了有机质含量，导致对农药的吸附量增加，这可能是由于土壤中污染物吸附位点增加的缘故。但同时有机质对吸附在其上的农药有微生物保护作用，从而延长了污染物在土壤中的存在时间，一定程度上增加了环境风险。

有机固体废物堆肥化既可以减少固态废物的填埋量，又以低成本制造出了适合用于农业用途的产品（堆肥），因此利用堆肥化处理农业固体废物将是实现废物无害化和资源化利用的有效途径。目前农业固体废物堆肥技术中应用较广的是蚯蚓堆肥技术，该技术是利用蚯蚓虫身体转化、消化道分解、酶降解等过程来实现对固体废物的逐步降解，并获得稳定性较高的堆体来实现农业固体废物资源化利用的增值化。蚯蚓堆肥是一个蚯蚓虫体与微生物之间相互作用来降解有机物的过程，整个过程主要分为两个阶段：在第一阶段，主要是通过蚯蚓虫体将固体废物基质转化为易于利用的营养物质，起到加速堆肥腐熟的作用；第二个阶段是类腐熟期，微生物在这一过程中发挥主要作用，对固体废物进一步降解，逐渐将有机废弃物中重要的营养物质如 N、P、K 等转变为比原固体废物更容易溶解、吸收的物质。蚯蚓堆肥的腐熟程度与有机物料中的蛋白质、脂肪、C/H 含量有关，而且单位体积物料中蚯蚓投放密度以及堆积环境中的温度和湿度也是影响堆肥效果的重要因素。

综合堆肥技术是相对于传统堆肥技术来说的一种新型堆肥方式。传统堆肥是在粪便处理过程中添加稻草、树叶等容易分解的材料作为调理剂或膨胀剂，再经堆制腐解而成有机肥料。近年来，由于我国农业固体废物总量不断增加，且种类成分更加复杂，传统堆肥技术由于存在体积庞大、养分含量低、生产应用受限制等缺点而已经无法满足对现有固体废物处理效率的需求，所以必须将现有的堆肥技术进行创新，发展形式更加多变、灵活、综合的堆肥方法来解决现在面临的作物秸秆和畜禽粪便等农业固体废物处理难题。综合堆肥技术正是在这样的环境背景下诞生的，它基于“减量化、无害化和资源化”的综合治理原则，将不同的技术有机结合起来而融合成多元化堆肥方法。如传统高温快速堆肥技术因堆肥时间短而存在着堆肥产物腐熟度不足的问题，如果与蚯蚓堆肥技术相结合就可以缩短反应时间，进一步提高腐熟度。发展综合性堆肥技术是未来堆肥的趋势，这不仅可以解决堆肥时间和堆肥效率之间的矛盾，而且也是实现减量化、无害化和资源化目标的有效途径。堆肥工艺中的影响因素列于表 9-3 中。

表 9-3 堆肥工艺中的影响因素

因素	合理范围	建议范围
C/N	20∶1～40∶1	25∶1～30∶1
水分/%	40～75	50～60
氧气浓度/%	大于 5	远大于 5
粒度/μm	3～12	适当调整
pH	5.5～9.0	6.5～8.0
温度/℃	50～65	55～60

有机固体废物堆肥后得到的有机肥中含有丰富的营养物质和微量元素，施用到农田后有助于增强土壤肥力，促进农作物生长。土地长期施用有机肥不仅可以节约肥料成本，还能够有效改善土壤的结构，增强土壤透气与透水的功能。此外，有机固体废物中的腐殖质还具有很强的吸附作用，能够避免土壤中的营养物质流失，从而提高肥料利用率。有机固体废物堆肥是一种废物资源化利用的有效手段，既可以减少有机固体废物对环境的污染，又促进了废物循环利用经济可持续化发展。

(2) 沼气化

沼气化又称为厌氧发酵，是固体废物中的碳水化合物、蛋白质、脂肪等有机物在人为控制的温度、湿度、酸碱度的厌氧环境中经多种微生物的作用生成可燃气体的过程。该技术的原理是利用农作物秸秆、畜禽粪便等农作物固体废物为原材料，当干物质的浓度达到 20%

以上时，通过厌氧菌分解农作物废弃物为二氧化碳和甲烷的一种发酵技术。

能源作物、残渣和废弃物的厌氧发酵正在逐渐成为一种减少温室气体排放和促进能源可持续化利用的有效手段。厌氧发酵产生的沼气是一种新型的可再生能源，其主要成分可燃性气体甲烷可以被用作热能和发电中使用的化石燃料替代品。沼气的生产工艺主要分为干发酵和湿发酵两种类型，最常用的是湿发酵方法。与其他的能源生产方式相比，厌氧发酵不仅能源产率更高、环境友好，而且可以代替化石燃料，显著减少温室气体排放。厌氧发酵残渣还可以用作有机肥还田，减少化学肥料的使用。

沼气干发酵又称固体厌氧发酵，是以禽畜粪便、秸秆等有机固体废物为原料，在干物质浓度为 20%以上的条件下，利用厌氧菌将废弃物分解为 CH_4、CO_2 等气体的发酵技术。农业固体废物中的主要化学成分纤维素、半纤维素和木质素在自然条件下很难被降解，因此在沼气干发酵之前需要对原料进行适当的预处理，如破碎、热处理等来提高沼气产率和利用率。一般沼气干发酵的最佳 C/N 是 20∶1～30∶1，但是实际情况中由于发酵原料不同，最佳发酵浓度也会略有差异，需要根据以往实践经验来不断进行调整，找到最佳的发酵实验条件。适宜温度和合适的 pH 是影响产气效果的重要因素，由以往的实验结果可知中温（30～45℃）和中性条件下是厌氧菌和各种酶生存的最适宜环境，可以保证较高的沼气产率。此外，在沼气过程中进行适当的混合搅拌可以使微生物与底物之间充分有效接触，进而提高产气效率。

我国是世界上农业废弃物产出量最大的国家，每年农业固体废物的产量是 40 多亿吨。其中农作物秸秆约占 7 亿吨，牲畜粪便约为 26.1 亿吨，蔬菜废弃物 1 亿吨。农业固体废物是生物质能源的主要来源，生物质可通过厌氧发酵工艺转化为液体和气体燃料，直接代替常用的化石燃料。所以，利用沼气化技术可以有效地缓解农业固体废物的污染和资源浪费问题。但是由于我国工业化程度低，沼气化工程并没有完全实现，所以与德国、瑞典等发达国家的大规模沼气工程相比较小，而且供气不稳定，利润空间不足，导致了发展速度相对缓慢。另外，在畜禽粪便的堆肥处理过程中，当通气不良而导致堆肥内部出现嫌气环境时，因有机物分解不彻底就会产生大量的低级脂肪酸和含硫化合物等臭气物质，污染空气质量。所以在堆肥过程中要尽量保持堆肥内部处于良好的通气状态，实行强制通风以保证良好的空气环境。

(3) 细菌浸出

细菌浸出又称细菌选矿，是指利用细菌的生物氧化作用，从矿石中浸出某些有用金属的湿法冶金工艺过程。细菌浸出技术中常用的细菌有氧化硫杆菌和氧化铁硫杆菌，这几种细菌可以利用空气中的 CO_2 和水中的微量元素来生长，并且还可以在较高金属离子和氢离子浓度下存活，生存能力强。氧化铁硫杆菌在铀的细菌浸出中应用较为广泛，在浸出铀的过程中主要起间接催化作用，能促进黄铁矿和硫酸亚铁的氧化，而且细菌浸出铀可降低酸耗，不需要氧化剂，铀浸出率较高。细菌浸出一般用于处理如铜的硫化物和一般氧化物为主的铜矿和铀矿废石，用于回收铜和铀金属，很多稀有金属也可采用此法进行提取。近年来，细菌浸出技术作为一种新型固体废物资源化利用技术受到了广泛欢迎，已经在国内外得到大规模应用。

(4) 生物液体燃料生产技术

生物液体燃料是一种以动植物为来源的燃料，属于可代替化石能源的可再生资源，具有环境污染小、可再生等诸多优点。目前产业化运作的液体燃料主要包括生物乙醇和生物柴油。生物液体燃料的主要原料来自于农作物，常用来制取燃料乙醇的能源作物主要有甜高粱、木薯、甘蔗和甘薯等。生物液体燃料生产传统上以淀粉和糖类为生物质原料经过化学发酵而生产生物乙醇，或以油料作物和树种为原料生产生物柴油的技术称为第一代生物燃料技术。目前，正在逐渐开发中的以纤维素为基本原料生成生物乙醇以及以海藻为原料提取生物柴油的生产计划一般称为第二代生物燃料技术。第二代生物燃料技术生产乙醇主要分为两步：首先，木质纤维素和半纤维素要被分解为糖类，然后，将其发酵得到乙醇。纤维素和半纤维素分解为糖类的过程在技术上存在难点，虽然已经研发出了相对高效和低成本的方法来完成这一过程，但是离实际大规模商业生产还有很大的差距。我国农业固体废物总量庞大，仅农作物秸秆一项年产量就达到了上亿吨，如果可以利用二代生物燃料技术将其全部转化为液体生物燃料，那么一定能够有效缓解世界能源危机。近年来，国家相继出台了很多新的政策来推动生物燃料乙醇产业的快速发展，2016 年 12 月国家发展和改革委员会、国家能源局正式公布了《能源生产和消费革命战略（2016～2030）》，提出要积极研发生物液体燃料替代技术；2017 年 9 月，国家发展和改革委员会、国家能源局等 15 部门联合印发的《关于扩大生物燃料乙醇生产和推广使用车用乙醇汽油的实施方案》，提出到 2020 年全国范围内基本实现车用乙醇汽油全覆盖使用。到 2025 年，实现纤维素乙醇规模化生产，技术装备和产业整体达到国际领先水平，形成更加完善的市场运行机制。此外，国内近年来原料供应量的增加为生物燃料乙醇产业发展提供了物质基础。我国近年来玉米产量猛增，2014～2015 年度的临储玉米累计收购量达 7611 万吨，而且每年超期储存的问题粮食总量超过 2000 万吨，急需寻找处理方法。再加上我国巨大农业固体废物产量，基本可以满足生物燃料乙醇大规模生产的物质需求。未来只要实现生物液体燃料技术上的瓶颈突破，降低生产成本，那么将会大大缓解世界各国一直以来面临的能源危机。

9.4.6 其他处理方式

固体废物经过上述几种物理、化学和生物方法处理后总还会有部分残渣存在，这些残渣态的废弃物中往往会含有大量的有毒有害成分，很难再加以利用。此外，还有很多废弃物无法通过上述几种方法被处理掉，而如果一旦丢弃到环境中又会对环境产生不利影响。所以针对这些潜在的有害环境污染物必须要对其进行最终处置，最大限度减轻它们的环境危害。目前常用的处理这些有毒有害废弃物的方法主要有海洋倾倒、远洋焚烧、土地填埋、土地耕作和深井灌注等处理方法。

(1) 海洋倾倒和远洋焚烧

海洋倾倒和远洋焚烧是常见的海上处理固体废物的两种方法。前者是利用船舶、航空器、平台等载运工具，将固体废物投入距离和深度适宜的海洋区域，利用海洋的容量和自净能力处理固体废物的方法；而后者是利用焚烧船在远海对废弃物进行焚烧，再将焚烧残渣和冷凝液直接排入海洋的固体废物处置方法。由于固体废物种类繁多，所以海洋处置并不是适用于所有的废弃物，一些废弃物中有害物质的含量较高，排入海洋环境后对海洋的危害程度较大，所以被禁止向海洋中倾倒。禁止海洋倾倒的有害废物主要包括生物化学制剂、放射性废物、可能冲蚀海岸的永久性惰性漂浮物质等，如有机卤素、汞、镉及其化合物和原油、石油炼制品、漂浮油脂类物质等。还有一些废弃物经过特殊许可后才可以倾倒，如有机硅化合物、无机工艺废料、有机工艺废料、某些重金属及其化合物等。远洋焚烧主要应用于处理处置各种含氯的有机废物，特点是焚烧气体的净化工艺相对简单，焚烧气体冷凝后的残渣直接入海不会对海水中的氯平衡和酸度产生破坏。远洋焚烧要求焚烧温度为1250℃以上，燃烧过程中避免有黑烟或者火焰蔓延。近年来，由于社会和公众环境保护意识的提高，海洋倾倒和远洋焚烧两种处理方法由于对海洋生态环境危害较大，故已被国际公约禁止。

(2) 土地填埋

填埋法是指将固体废物进行分层机械压缩以减小废物体积，然后填充到天然形成或人工挖成并做好防渗处理的场地中，再进行土层覆盖，并压实，经过填埋处理后使之不会对公众健康及安全造成危害的一种处置方法。土地填埋处置具有工艺简单、成本较低、适于处理多种类型固体废物的优点，是目前主要的处理固体废物的方法。一般来说，土地填埋法按照要处置的固体废物有害程度可以分为卫生土地填埋和安全土地填埋两种。

卫生土地填埋适用于处理城市固体废物和工业一般固体废物，即危害性和毒性相对来说不是特别强的固体废物。卫生土地填埋是一种对公众健康或安全不产生妨碍和危害的垃圾处置方法，它采用的工程原理是将垃圾限制在尽可能小的区域内，压实到尽可能小的体积，分层堆叠，每层压实废物上都要用土料覆盖。卫生处理固体废物的方法因具有操作简单，施工方便以及成本低等优点而被广泛采用。但在进行卫生填埋场地选择、设计、建造、操作和封场过程中应该着重考虑防止浸出液的渗漏、降解气体的释出控制、臭味和病原菌的消除以及场地的开发利用等问题。

安全土地填埋是卫生土地填埋升级改造后的一种新方法，主要用于处置工业有害固体废物，即危害性和毒性更强，卫生土地填埋无法解决的固体废物。安全土地填埋场的选址和设计标准要求更高，场地必须设置人造或天然衬里；最下层的土地填埋物要位于地下水位之上；要采取适当的措施控制和引出地表水；要配备渗滤液收集、处理系统，采用覆盖材料或衬里控制可能产生的气体等措施来保证这些有毒固体废物进入土壤后不会对地下水、土壤和大气环境造成危害。

土地填埋虽然具有操作容易、处理量大的优点，但是这种方法占地面积大，浪费土地资源，而且还有可能发生泄漏后污染环境，造成二次污染。此外，从“无害化、减量化、资源化”的角度来看，土地填埋并没有实现其中任何一项，只是对废弃物简单的物理处理，而且所需成本较大，又无任何收益。

(3) 土地耕作

土地耕作是将固体废物当作肥料或土壤改良剂直接施加在土地或者混入土壤表层，利用表层土壤的离子交换、吸附、微生物降解以渗滤水浸出、降解产物的挥发等综合作用机制处置固体废物的一种方法。该方法主要针对含有易于生物降解的有机物且不含有毒成分的固体废物，如处理后的城市垃圾、污水处理厂污泥、石油废物、有机化工和制药业废物等。该方法具有操作简单、成本低、环境污染小等优点，且能够明显改善土壤结构，增长肥效。目前已经成为处理固体废物的主要方法，如污泥和粉煤灰可以用来肥田，改善土壤结构和增加作物产量。

(4) 深井灌注

深井灌注方法是将固体废物强行注入地下与饮用水和矿脉层隔开的可渗透岩层中的方法。该技术主要用来处理那些难以破坏、难以转化或者采用其他方法费用较为昂贵的一些固体废物。深井灌注前首先需使废物液化，形成真溶液或乳浊液，然后将液体污染物（灌注液）注入地下多孔的岩石或土壤地层。该技术将污染物废液排放到地下饮用水资源下面一段距离的深地质层，由于有岩石层隔离，灌注液不会污染地下饮用水层。该技术是一种新的污水处理技术，与土地填埋等技术相比，具有污染风险小、处理成本低等优点。但是该技术在使用过程中并不能完全避免灌注废弃物环境污染的风险，仍然需要加强和完善相关立法对该项技术进行引导和规范，规避存在的潜在风险。

9.5 固体废物管理

固体废物是一种既具有污染性，又可以在一定技术和条件下资源化利用的废弃物。《中华人民共和国固体废物污染环境防治法》中明确规定固体废物，是指在生产、生活和其他活动中产生的丧失原有利用价值或者虽未丧失利用价值但被抛弃或者放弃的固态、半固态和置于容器中的气态物品、物质以及法律、行政法规规定纳入固体废物管理的物品、物质。固体废物的资源性在于其可以转换为有价值的资源，如废铜、废铁和废钢铁等金属废物资源性较为明显，可以再生利用。此外，暴露在环境中的固体废物因具有隐蔽性和流动性的特点，从而难以准确把握其在收集、分类、转移、利用和处置等多个阶段中的具体信息。而且，加之我国传统的固体废物管理体制存在很多问题，如相关法律法规、排放与治理标准不完善，信息化管理水平不高等。总之，现有的传统管理手段已经不利于固体废物的环境防控和资源化利用，因此，在借鉴国外管理化程度较高的发达国家的基础上，再结合实际的国情制定出符合我国特色的固体废物处理方案显得尤为重要。

我国是世界上固体废物产量最大的国家之一，根据国家工信部的数据来看，我国每年主要电子产品报废量超过 2 亿台，重量超过 500 万吨，是世界上第一大电子垃圾产生国。同时，由于近年来我国城市经济和人口的迅速增长，城市固体废物的数量也是急剧增加。2016 年我国大、中城市一般固体废物产生量为 19.1 亿吨，工业危险废物产生量为 2801.8 万吨，生活垃圾为 18564.0 万吨。相较于固体废物产生量而言，我国固体废物综合利用量为 11.8 亿吨，一般工业固体废物综合利用量占利用处置总量的 60.2%。目前，从 2014 年到 2016 年的数据显示来看，我国固体废物产生总量虽有所减少，但基本不太显著，其中一般工业固体废物、工业危险废物产生量均有所减少，而生活垃圾产生量却是呈逐年升高的趋势。工业发展的速度和工业固体废物的产生速度呈正比，但是却与其治理速度呈反比。提高固体废物的治理能力是控制固体废物数量的有效手段，但由于固体废物的种类日益增多、复杂化。所以单一的治理模式已经运作十分困难，需要发展固体废物综合利用方法来解决这些问题，固体废物的综合利用虽然是废弃物处理的最好途径，但是综合利用的过程中依然存在管理疏漏，如固体废物中的生活垃圾虽然危害性小，但排放总量却很大，对环境产生的不良影响不容小觑，而现行的法律法规中对生活垃圾的要求却并不太高，反而对一些看似危害很大但实际中很少排放的废物大力监管，这样不合理的操作将不利于固体废物的管理。

9.5.1 固体废物管理中存在的问题

(1) 固体废物管理体制及相关法律法规不完善、不健全

我国在固体废物管理体制建立方面起步较晚，但是经过多年来的不断努力和发展，到目前为止，我国已经制定了一系列相关环保法律法规，逐步建立起了基本管理体系，但在处理和资源化方面，还缺乏具体细则，没有强有力的、长期的管理措施，亟待进一步修改和完善。

为了减小固体废物对环境和人类健康的消极影响，防治固体废物污染环境，保障人体健康，维护生态安全，促进经济社会可持续发展。从 1980 年开始中国政府已经陆续出台了许多城市固体废物政策来应对城市固体废物问题。例如 1995 年 10 月 30 日第八届全国人民代表大会常务委员会第十六次会议通过，自 1996 年 4 月 1 日起施行的《中华人民共和国固体废物污染环境防治法》（以下简称《固体废物污染环境防治法》），这部法律是我国关于固体废物仅有的一部法律，也是固体废物管理和污染控制的主要立法，其内容涉及了固体废物管理原则、固体废物污染环境的防治措施及相关法律责任等。并于 2004 年 12 月 29 日第十届全国人民代表大会常务委员会第十三次会议予以第一次修订通过，自 2005 年 4 月 1 日起施行。这次修订中最重大的改变是通过扩大生产责任制来强调产品消费和处置的整个周期，将其作为城市固体废物管理的关键原则和整合固体废物管理系统的法律基础。所有行政和部级的关于城市固体废物的规章制度都要以这部法规为依据，不能与其基本内容相违背。2013 年 6 月 29 日第十二届全国人民代表大会常务委员会第三次会议通过对《固体废物污染环境防治法》作出第二次修改，将第四十四条第二款修改为：建设生活垃圾处置的设施、场所，必须符合国务院环境保护行政主管部门和国务院建设行政主管部门规定的环境保护和环境卫生标准。禁止擅自关闭、闲置或者拆除生活垃圾处置的设施、场所；确有必要关闭、闲置或者拆除的，必须经所在地的市、县人民政府环境卫生行政主管部门和环境保护行政主管部门核准，并采取措施，防治污染环境。2015 年 4 月 24 日第十二届全国人民代表大会常务委员会第十四次会议对《固体废物污染环境防治法》作出第三次修改，将第二十五条第一款和第二款中的“自动许可进口”修改为“非限制进口”，删去第三款中“进口列入自动许可进口目录的固体废物，应当依法办理自动许可手续”。2016 年 11 月 7 日第十二届全国人民代表大会常务委员会第二十四次会议对《固体废物污染环境防治法》作出第四次修改，将第五十九条第一款修改为：“转移危险废物的，必须按照国家有关规定填写危险废物转移联单。跨省、自治区、直辖市转移危险废物的，应当向危险废物移出地省、自治区、直辖市人民政府环境保护行政主管部门申请。移出地省、自治区、直辖市人民政府环境保护行政主管部门应当商经接受地省、自治区、直辖市人民政府环境保护行政主管部门同意后，方可批准转移该危险废物。未经批准的，不得转移”。目前，我国已经出台的相关的主要法律、法规、标准如下所示：

1996 年《进口废物环境保护控制标准》；

1998 年《防治船舶垃圾和沿岸固体废物污染长江水域管理规定》；

1999 年《危险废物转移联单管理方法》；

2001 年《畜禽养殖污染防治管理办法》；

2002 年《中华人民共和国清洁生产促进法》《危险化学品安全管理条例》《危险化学品登记管理办法》；

2003 年《中华人民共和国放射性污染防治法》《医疗卫生机构医疗废物管理办法》；

2006 年《全国城市生活垃圾无害化处理设施建设“十一五”规划》；

2007 年《城市生活垃圾管理办法》；

2009 年《中华人民共和国循环经济促进法》。

以上法律法规充分体现出了我国固体废物的管理程度，从中可以看出我国固体废物综合治理还处于摸索阶段，管理起步晚，各项管理体系尚待完善，与发达国家相比差距很大。

德国是一个在城市固体废物管理方面一直处于世界领先地位的国家，其拥有完善的废弃物管理法律法规，曾经先后颁布并实施过《固体废物规划法》《固体废物代理人法》《固体废物处理企业的专业资质证条例》《包装废弃物处理法》和《循环经济和废物处置法》等法规或规定，并将这些法律法规延伸到了德国固体废物处理、管理、运营和相关经济领域，为固体废物的成功治理提供了制度保障。目前，德国已经基本实现了由单纯污染治理到废物循环再生的战略转变，固体废物资源再循环已经成为废物治理的主要目标。在结合本国具体实践方面，德国还实行了一套独特的生活垃圾处理双轨制，创立“双向回收体系”的协会，鼓励市民垃圾分类，保护环境，并由此推动了城市生活垃圾废弃物的高效回收利用和健康稳定发展。

日本由于国土面积小，资源相对匮乏，因此十分重视固体废物的循环利用。日本对固体废物实施“3R”政策，即减量（Reduce）、物质再循环（Recycle）和再使用（Reuse）。一般城市生活垃圾中的有机固体废物要经过粉碎、发酵、脱水后加工成便于贮存和运输的绿色有机肥；垃圾填埋场中要铺设通气管道，采取措施促进垃圾降解转化，降低垃圾渗出废液的毒性。此外，日本政府还向公民积极宣传相关危险固体废物的危害性以及处理办法，积极呼呼公众参与到环境保护中来。针对企业，积极地鼓励他们将环境保护看作是自己的一种责任，主动地去进行技术改革创新才能够获得自身的长远发展。固体废物管理收费制度也是日本采取的最为重要的一种管理方式，实行从量制和定额制两种形式。同时，日本还是发达国家中循环经济立法最全面的国家，其早在 2000 年就颁布了《促进建设循环型社会基本法》《促进资源有效利用法》《食品回收利用法》《建材回收利用法》《修订的废弃物处理法》和《绿色采购法》等六项有关回收利用的法案以及具有宪法性质的《促进建设循环型社会基本法》。这些法律与之前颁布的《容器包装回收利用法》和《家电回收利用法》共同构成了日本固体废物循环式发展的法律保障体系。

除了德国和日本外，荷兰也是一个在固体废物立法管理和综合治理回收方面做得很好的国家。荷兰在固体废物管理基础上，逐步建立健全了相关立法体系，实施依法管理，而且还依据垃圾废物治理的实际需求制定了切实可行的废物综合治理政策。荷兰固体废物管理立法的主要时间段是 1988～1991 年，同样在 1995 年出台了一部综合性的《环境管理法》，它是目前世界上除法国的《环境法典》之外综合性最强的一部环境法。这部法律规定了荷兰政府的有关管理机构的环境管理职能，环境规划的制定、环境功能区划、环境质量标准、环境影响评价制度、许可证的颁发与更新、废弃物的回收处理、化学品的使用和管理、产品的包装和标识、环境保护项目的财政支持以及环境污染破坏的法律责任等方面的规定。此外，荷兰还根据不同的环境法律法规确定出了一系列环境法律制度，如许可证制度、环境影响评价制度等，逐渐使环境立法和固体废物立法体系更加完善，从而为荷兰固体废物综合治理提供了强有力的法律保障和支撑。

目前，我国在城市固体废物的管理方面也已经有了相对较多的法律法规作保障，而且还制定了一系列的技术规程和标准来完善管理体系，对各类具体的固体废物处理专门制定了单独的法律法规来进行规范，总体上对固体废物的污染起到了一定的遏制作用。但是从上述国外的管理方法和实践经验来看，我国在固体废物处理和处置上仍然存在很多不足之处，如收费制度和固体废物循环利用市场混乱，分类回收和立法管理执行成本大等。有关法律法规不健全和监管不到位是导致上述问题的主要原因，其次高效的管理制度和管理方法的缺失也是阻碍固体废物行业快速发展的重要因素，这些方面都需要进一步加强。所以，针对这些问题，要尽快健全和完善相关固体废物管理体制，实现固体废物综合利用。

(2) 固体废物处置方式存在问题及挑战

填埋、焚烧和堆肥是处理固体废物的三种主要方法，我国目前固体废物的处置方式是以填埋为主，其次是焚烧和堆肥，但近几年来采用焚烧来处理固体废物的数量逐渐增多，呈现出明显的上升趋势。而堆肥由于具有稳定化和无害化等优势而逐渐成为了处理固体废物的一项重要技术，未来生物处理技术可能具有更大的发展潜力。比如，以我国重庆市 1999 年报道的数据来看，重庆市大约 6.9％的城市固体废物是通过焚烧处理，1.8％的固体废物是通过堆肥方式处理，而填埋占到了 91％。固体废物循环利用管理首先面临的一个重要问题是将不同的固体废物进行分类，例如，不同固体废物可以被分为金属材料、建筑材料、餐厨垃圾等，或者根据是否可以生物发酵、堆肥分为有机废弃物和无机废弃物两大类。首先，只有做好固体废弃物的详细分类工作，才能针对不同固体废物实施不同的循环利用管理措施，大大提高固体废物管理的效率和效益。其次，要明确固体废物管理目的，并且以无害化、资源化、减量化原则来进行处置。固体废物污染的产生需要从源头上减少，并且要尽量避免在污染产生后才开始处理，只有从根源上解决才能最大程度上缓解固体废物带来的污染问题。

截至 2006 年，我国生活垃圾填埋场总数为 324 个，可接收生活垃圾总量达 6410 万吨，占安全处置总量的 81.4％。同时，我国在 2003～2008 年间城市生活固体废物的处理能力在不断增加，但是处理总量却增幅不大，这说明目前现有的垃圾填埋场仍然难以应对固体废物的增长速度，需要进一步改进垃圾填埋场运营管理模式和增加填埋场的数量以提高处理总量。此外，从 2004 年开始我国的城市固体废物总量就已经居世界之首。

由于卫生填埋具有成本低，可以处理混合固体废物，不需分离等优点而成为了城市固体废物的主要处理方式。目前，简单填埋处理方法是我国大多数城市广泛采用的固体废物处理方法。这种处理方法环境友好性差，废弃物经常要暴露在空气中，所以容易露天燃烧，再加上垃圾场污染控制设备简陋，渗滤液得不到处理，因此特别容易给当地造成严重的环境问题。

因为固体废物的简单填埋会造成很大的环境危害，所以建造功能更加强大的大型垃圾填埋场不仅可以满足固体废物基本处理要求，同时还配备有更好的污染控制设备，这样可以降低土地要求成本和环境评估费用，而且还能够提高废弃物资源转化效率。例如，上海老港固体废物处理基地作为上海垃圾处理系统中末端处置的主要基地，是亚洲最大的垃圾填埋场，肩负着上海市 70％的生活垃圾处置任务，日处理量为 4900t，估计使用服务年限为 45 年。该基地配备有先进的渗滤液处理和填埋气收集设备，除了垃圾焚烧所产生的能源，老港基地内还有沼气发电，风力发电等，每年可输送 4 亿度电，是我国重要的立体绿色能源基地。重庆市长生桥卫生填埋场也是国内一座大型垃圾填埋站，其总投资为 4.8 亿元人命币，占地 $68hm^2$，日处理量为 1500t，设计使用服务年限为 20 年，可以为重庆市大部分地区提供生活垃圾处理服务。国内这些大型垃圾处理场的建立很大程度上缓解了周边地区固体废物造成的土地、水和空气污染，从而降低了环境健康风险。在人地矛盾日益紧张的今天，修建大型垃圾处理场占地面积极大，无疑是加剧了这一矛盾的发展，故如何将以前使用的简易垃圾处理场地进行整合或功能升级，使其更好地为城市服务将是未来人们面临的一大固体废物管理挑战。填埋作为我国目前处理固体废物的最主要方法，对于解决城市生活垃圾发挥着重要的作用。

处理固体废物常用的第二种方法就是焚烧，将无法直接回收利用的固体废物焚烧后可以将其转化为能源使用，虽然很多可燃物是可以回收利用的，但是使用焚烧法处理后获得的总价值会高于回收利用。固体废物是否适合焚烧处理与其理化性质有很大关系，比如，重庆市固体废物的人均日产量是1.08kg，其中食物类废弃物占总固体废物总量的59%。与中国其他城市相比，重庆市固体废物中通常有更高的含水量和较低的热值（3728kJ/kg），这对于用焚烧方式来处理固体废物来说无疑是一个巨大的阻碍因素。国外许多国家都很重视垃圾废弃物的能源化，比如，荷兰政府在全国建设了大批固体废物焚烧设施，主要用来处理城市固体废物、工业废物、污水污泥、危险废物和医疗废物等。荷兰法律禁止对生活垃圾和商业垃圾直接焚烧，并且对危险废物的处理还做了特别规定，垃圾焚烧设施的排放标准达到了世界最严格水平。与国外相比，我国在固体废物焚烧处置方式方面的发展也十分迅速，在2006年，全国固体废物焚烧处理能力已达到4万吨/d，是2001年固体废物处理量的6倍。固体废物焚烧处理能力增加必然是由焚烧设施数量增加所致，与2001年相比，2006年焚烧设备翻倍增加，直接促进了固体废物的焚烧总量，使得2006年焚烧总量超过1100万吨，占到了安全处置总量的14.5%。分析固体废物焚烧总量增加的原因无非是与政府政策鼓励、私有企业投资积极性增高有关，再加上焚烧技术日渐成熟，操作简单，成本低，被越来越多人所认可，所以得到了广泛应用。未来用焚烧法处理危险固体废物必将会更加普遍，焚烧设备和焚烧技术的不断改进将会大大缩短这一进程化发展。目前，在小城市和欠发达城市用焚烧法处理低热值的固体废物效率不高，因此不便采用；而大城市中的城市固体废物无论是数量还是热值，都大大高于平均水平，因此修建大型焚烧厂在大城市将会非常盛行。

与焚烧不同，用堆肥处理固体废物的方法在我国并不是十分普及。由2001年到2006年的数据可知，2006年堆肥处理固体废物量下降到了9000t/d，仅仅只是2001年处理固体废物量的37%。虽然固体废物中的有机废弃物占比很高，但是仅仅只有很少一部分用于堆肥，2006年堆肥处理量只有290万吨。分析造成上述现象原因可知，不断下降的堆肥市场需求是阻碍固体废物堆肥发展的主要因素，导致堆肥需求降低的原因主要可以归纳为以下四个方面：①固体废物中的有机部分如食物残渣分离过程困难，堆肥工艺复杂、设备昂贵，整体成本较高，竞争力不如无机化肥；②堆肥产品公众认可度低，再加上利润低，对投资者没有什么吸引力，因此大多数农民对此有抵触心理；③堆肥的使用有很大限制，比如，仅仅只适合用于种植非粮食产品，如公共绿化草地，而且肥效也不如化学肥料；④相关防范堆肥造成二次污染的法律法规匮乏，使用后环境风险大。堆肥法是处理可生物降解垃圾的一种有效手段，将有机废弃物通过这种生物方法处理后可以达到无害化和综合利用的目的，这样既实现了废弃物的循环化利用，又在一定程度上缓解了固体废物的堆积。目前，由于各种条件因素的限制，堆肥法在我国使用并不是十分广泛，未来走势不太乐观。同时，许多处理有机废弃物的新型生物技术异军突起，比如废纤维素糖化技术、废纤维素饲料化以及细菌浸出等技术，可能会成为以后人们关注的重点。

(3) 固体废物管理信息化程度不高，存在“不透明、不可追溯”问题

固体废物种类繁多、成分复杂，对其的相关管理工作也是十分繁琐。显然，在固体废物数量日益增多和种类愈发复杂的情况下，运用传统的固体废物管理方式已经无法满足当代固体废物管理工作的需要。21 世纪是计算机信息化高度发达的时代，大数据和云计算等新技术层出不穷，利用信息化技术来推动国家固体废物管理是未来发展的趋势，国外已有基于大数据的固体废物管理模式，将大数据与固体废物管理更好地结合应用于当前固体废物管理工作之中将是我国目前要完成的主要任务之一。

发达国家对于城市固体废物的管理通常是建立在信息化管理系统之上，将信息化与固体废物管理相结合，采用固体废物物流、信息流以及资金流共同融入的发展模式，所有的固体废物均在信息平台上进行交易，这样平台机构就能够记录所有固体废物的种类、数量等管理所需的基础信息，从而保证固体废物的来源和去向的透明性和可追溯性。如果一旦系统中登记过的固体废物发生污染环境的行为，那么有关环保部门通过信息平台就可以很容易地查询到详细的环境事故信息，从而作出最快的处理。例如，美国就是这样一个采用信息化商业模式来管理本国固体废物的国家。早在 1985 年之前，为了解决固体废物管理难题，美国颁布和建立了本国的危险废物数据管理系统。通过这个系统可以详细查询到一个完整产业链上的各个部分信息，即危险废物的产生、处理和处置过程中所有的详细资料。除美国以外，欧盟也已建成了属于本组织区域内完备的固体废物管理系统，欧盟各成员国电子废弃物回收和处理体系是建立在生产者延伸责任的基础上。生产者是主要建立方，建立一个“信息交流机构”，即是一个中间信息交互平台。生产者、收集者、使用者和运输者通过这个平台直接参与到电子废弃物的交易活动中来，各方可以自由选择自己要进行交易的对象进行合作，但是在这个电子废弃物模式中，从事电子废弃物交易的各方除了要遵守相应的规章制度外还必须要首先注册自身信息，当成为本平台会员后才能从事相关交易活动。

我国在固体废物信息化管理方面起步较晚，从 20 世纪 90 年代起才开始了危险废物的信息化管理工作，并研发了固体废物管理系统。但是初期的固体废物管理系统存在许多弊端，比如，首先是固体废物源头信息缺失或不完整，其次是中间运行环节数据无法全面掌握，进而最终导致固体废物走向不明，一旦发生环境污染行为将无从调查，使得这个管理系统如同虚设，监管体制也无法发挥其真正作用；针对这些现象，分析调查原因可知主要是因为：①固体废物管理相关的法律法规不完善，各部门管理职责不明确，管理效果不明显，常常因为监管不力而导致固体废物污染环境事故发生。我国现有的固体废物管理制度主要是采用申报登记制度，这种管理制度存在很多弊端，如审批周期长、效率低、工作量大，数据的完整性、可靠性和真实性难以考证等。危险废物转移管理工作压力大，完成整个转移过程涉及的审批和确认周期长、效率低，特别是跨市、跨省转移需要更多的审批手续，这样极大地增加了企业的时间成本和管理部门的工作压力，不利于管理工作的高效运行。②固体废物处理一直是当地政府一手包揽，机制体系死板，运行和操作滞后，主体力量如企业和公众参与积极性不高，无法形成像国外的固体废物商业运转模式，固体废物市场化、产业化体系尚未建立。基础支撑数据不足，现有的信息系统中采集的主要是各级管理部门汇总上报的申报登记数据，包括一些年报或季报数据等，这样就存在由于种种原因而漏报的数据，从而造成基础数据在数量、时间等维度方面不足以支撑起大数据分析所需要条件。③我国固体废物管理是属于多部门监管，例如，建设部负责监督和管理城市固体废物的清理、收集、储存、运输和最终处置；环保部则负责管理和监督有害废弃物收集、处理和最终处置，废弃物贸易，城市固体废物处理和处置设备操作产生的二次污染。各个部门之间信息交流不到位，经常处于封闭状态，管理系统没有实现互联互通，固体废物从产生到最终处置的各个环节信息不公开，无法查询和追溯，这样就容易形成“信息孤岛”和“数据烟囱”，不利于固体废物管理系统平台的建设。

参考和借鉴发达国家在固体废物管理方面已经取得的一些成就和成熟的管理模式，并且结合我国现在的实际情况来探索一条创新性固体废物处理道路至关重要。建立适合本国的固体废物管理体制关系到政府、企业和公众三者之间共同的利益，由于种种原因导致固体废物监管中仍存在诸多问题尚待解决，与我国固体废物管理体制配套统一的信息化交易平台建设也仍未完成，这使得固体废物从产生到最终无害化处置的各个环节无法得到监管。2012 年，环保部固体废物管理中心研究建设了固体废物管理大数据平台，该平台目前已建成并投入使用。应用该平台可采取建立统一的标准规范、开放数据接口等方式接入全国数十万家固体废物企业的真实数据，并通过数据模型进行动态跟踪、汇总分析和预警预报等大数据应用，从而极大地促进固体废物智慧管理。

9.5.2 提高固体废物管理的有效对策

(1) 健全相关固体废物管理法律法规，形成良好的社会行为规范

完善的固体废物管理制度是后续工作的基本保障，只有首先积极践行有效的管理措施才能够提高固体废物管理体系的运行效果。国外发达国家之所以在固体废物管理工作中取得了那么多优异的成绩就是因为他们都具备完备而翔实的固体废物管理战略政策。目前，虽然我国已经出台了一系列的固体废物法律法规和相关的政策，但是到现在为止仍然未形成一个具体而又全面的基本法律框架，很多技术标准和法规制度不够完善。因此，我国当前的主要任务就是根据工作需要来制定科学合理的法律法规体系政策，特别是在固体废物法律监管层面上的相关规定较为匮乏，亟待弥补。《中华人民共和国固体废物污染环境防治法》是我国固体废物工作依据的基本大法，我们要在遵守根本大法的基础上，尽快改进相关法律法规，同时制定相应的子法，让管理工作有章可循、有法可依。在完善的法律法规制度基础上还要提高有关部门的法律执行能力，能够依法对违法行为进行管理，尽快建立起高效的固体废物管理体制，实现固体废物减量化、无害化和资源化的三大目标，走固体废物绿色回收资源化可持续发展道路。

进入 21 世纪以来，世界经济快速发展，我国社会在快速向前的过程中，城市化进程也在不断加快，大量农村人口涌入城市后使得城市人口暴增。同时，城市经济有了长足的发展后，人们的生活水平和生活质量也逐渐提高，生活水平和生活质量的提高增加的不仅仅只有人民的幸福感，更多的是深刻影响和改变了人们的生活和消费习惯，使得人们的生活方式正在逐渐从传统的节约型理念转变为物质享受型和资源浪费型，这样也就导致了城市固体废物的数量在逐年增多，种类也更加复杂，相应的处理难度也不断变大。长此以往，城市环境以及城市发展会受到不小的阻碍。因此，为了加强城市固体废物的管理以及形成良好的社会行为规范，我们需要在城市中加强宣传工作，通过向城市居民宣传从而让他们意识到固体废物污染处置不当就会给城市环境带来巨大的危害。同时，我们还要提高市民的环保意识，引导他们认识到固体废物资源化循环利用的重要性，鼓励大家积极主动地参与到固体废物分类处理的过程中去。固体废物管理行为规范，即是要培养人们养成环境保护和资源节约的个人习惯，这种行为规范包括垃圾源头分类后回收，禁止乱扔垃圾，不浪费资源等文明环保行为。市民们良好的个人行为规范的形成不是一朝一夕就能够完成的，需要一个较长的好习惯养成过程，但是这些良好习惯一旦形成就会潜移默化地改变整个社会价值观，从而积极促进城市固体废物的良性发展，这对于固体废物管理工作具有十分重要的意义。因此，我们要通过各种方式来积极提高市民们对固体废物的管理意识，比如，在学校开设一些相关课程，或以成人教育等方式来宣传这些理念。

(2) 提高固体废物处理技术，强化清洁生产

有效的处理技术可以极大地降低固体废物管理压力，减少固体废物的排放量，从而提高资源利用率，从源头上控制固体废物的产生量。近年来，我国很多企业都在积极推行和发展“清洁生产技术”，这种技术就是旨在从源头上减少城市固体废物的产生，摒弃了传统的海洋处理、深海焚烧、填埋以及堆肥等被动处置方式，实现固体废物的综合利用。除此之外，还要推广具有广阔市场应用前景的技术，使其更好地服务于清洁生产。清洁生产是指要科学合理地利用能源和资源，尽量保证节省更多资源与能源，最终达到保护资源和能源的目的。实现企业的清洁生产可以在一定程度上为固体废物的管理工作提供保障，从而进一步实现物料无害化、减量化使用。除此之外，还可以通过产业组合和补充，促进结构调整优化，提高资源和能源利用率，从源头上最大限度地减少污染物的产生和排放。目前，“清洁生产”工作得到了政府和科技部门的大力支持，正在不断发展，这对于城市未来的发展具有积极的推动作用。

(3) 加快固体废物管理信息化建设

现有的固体废物信息系统还存在“信息孤岛”和“数据烟囱”的现象，使得各业务系统的数据无法实现开放和共享，不利于固体废物管理大数据平台建设，所以要尽快建立与我国固体废物管理体制相一致的高效公共交易平台，通过各部门之间的互联互通和信息共享，强化固体废物流通的市场化力度，增强固体废物全过程流通的透明度，保证各地区的固体废物在产生、回收和处置过程中的信息和数据实现共享、透明和流通，对可回收的固体废物做到科学合理的分配利用，确保整个固体废物回收利用产业的健康有序发展。除此之外，还要加强对危险废物的监控管理，基于大数据和物联网技术建成危险废物动态管理系统，由环保部门和交通运输部门共享危险废物运输数据。如果危险固体废物在运输转移途中发生突发事件，那么环保部门和交通运输部门就可以很快根据信息系统来快速确定运输车辆的位置、车型和号牌等信息，然后迅速对危险固体废物做出处理，避免造成更大的伤害。固体废物管理系统的建设离不开大数据的支撑，目前管理系统仍然存在数据支撑不足的问题，因此要通过对固体废物全生命周期进行数据实时采集和动态分析，用大数据来服务于社会、服务于管理，同时，还能整合应急资源，随时为环境应急做准备。总之，固体废物网络信息化管理系统是一种主动式的智能化管理模式，可以更好地为固体废物管理工作服务，通过对数据的有效开发和利用将会为各方参与者创造更大更多的财富和价值。

9.5.3　固体废物管理展望

在过去的十年里，中国为在城市生活垃圾管理方面取得显著进展而作出了巨大努力。主要表现在废弃物服务和废弃物处理两个方面，特别是在大城市中，废弃物处理在质量和能力方面均有所提高，城市中新垃圾填埋厂按照更高建设标准修建，能够将废弃物转化为能源的焚烧手段也已经成为了一种较为广泛的废弃物处理方式。然而，不同地区的城市固体废物管理方面还面临着很多不同的挑战。例如，在中部地区面临的主要问题是资源和技术方面的匮乏；而在安全处置率较高的沿海地区应该侧重于鼓励废弃物的再循环和资源化利用。虽然不同地区存在的固体废物问题是高度多元化的，但通常主要的废弃物管理问题大致是：处理和安全处置能力缺乏，不同地区的政策执行和技术可行性，废物规划的基准调查和公众咨询，可回收物的市场发展。任何单一的政策或利益攸关方都无法单独克服所有这些障碍，因此应采取更综合的办法。

2018 年，我国大中城市一般固体废物产生量为 15.5 亿吨，面对大量固体废物带来的压力，中国政府付出了许多的努力来进行治理。根据智研咨询发布的《2020—2026 年中国固废处置处理行业运营模式分析及未来前景规划报告》数据显示：2013 年我国固体废物处置处理总量约 41.42 亿吨，到 2019 年增长到了 48.61 亿吨。虽然我们已经在提高城市固体废物管理方面做出了很多努力，但是城市固体废物管理中仍存在着很多的挑战和阻碍。首先是城市固体废物的安全处理率不高，自 20 世纪 90 年代末开始安全处理率就一直保持相对不变，尤其是欠发达的中部内陆地区急需增强处理能力。与相对发达的沿海地区相比，这些地区的财政资源更加有限，常用的环境保护基础设施的容量和质量显得更小更差。其次，中国城市之间的地方条件差别很大，因此“一刀切”的解决方案无法对所有城市奏效。在一些地区实施很成功的政策运用在其他基础设施薄弱的地区可能就会无效或效率低下。例如，我国自 1990 年开始尝试对垃圾处置实行收费政策，到 1993 年，在一些城市这种收费效率相对低下，甚至不足以支付城市固体废物管理的开支，而在另一些城市这种情况却没有发生。此外，不同地区应该根据当地的废弃物组成来选择适合自己的废弃物处理方法。例如，在小城市和欠发达城市用焚烧法处理低热值的固体废物效率不高，因此不便采用；而大城市中经常产出的城市固体废物具有更高的热值，往往高于平均水平，因此修建大型燃烧厂在这些地方非常盛行。再次，关于废弃物产生和废物性质的调查和研究不充足，同时在废物规划方面的公众咨询也很欠缺。可靠的数据如废弃物的产生和组成，以及它的物理和化学性质（如湿度和热值）对于制定废弃物管理计划十分重要。此外，统一的废弃物取样和分类标准更有利于城市之间的比较。

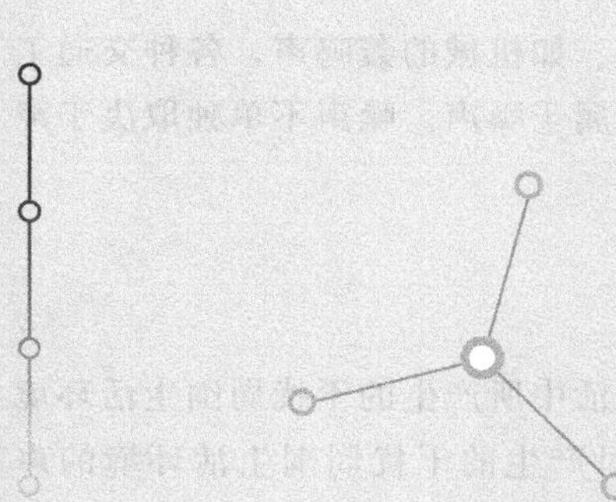

第10章 噪声污染及控制

10.1 噪声污染

随着我国城市化建设的进程加快，城市的发展速度更是日新月异。在给人们带来崭新的城市面貌同时，不可避免的会带来环境的污染。随着社会的发展，人们对环境的要求越来越高，环保的意识也越来越强，对噪声污染更是越来越重视。环境的噪声污染主要来自于生活噪声、工业噪声、交通噪声、建筑工地噪声等。

进入 21 世纪以来，我国各方面全面快速发展，环境污染的种种问题被各级政府重视，以及各阶层群众关注，以至于环境质量管理的工作压力日益增加。软、硬实力的全面提升，使环境基础设施建设水平得以明显改善，但部分地方仍以牺牲环境与资源的代价来换取经济发展，环境质量却有所下降。噪声污染成为了一种必然的趋势，因此噪声污染的防治工作应该得到相应的重视，一些噪声是与公共利益相联系的，噪声污染的危害和范围程度广泛，应该引起人们的重视。2011 年，环保部联合其他十部委共同发布了《关于加强环境噪声污染防治工作改善城乡声环境质量的指导意见》。

水污染、空气污染、固体废物污染、噪声污染是城市四大环境污染源，水污染、空气污染、固体废物污染都容易直接对人造成伤害，甚至是致命。因此，容易得到社会的极大关注和人们的高度重视。然而，噪声除了对人的听力会直接造成损伤外，对人的其他伤害基本是间接的，噪声的危害是一个积累的过程，因此人们对其危害重视不够。噪声污染是一个社会发展中凸显的困扰，由于噪声振动污染的物理特征最为直观且易感，与大众的日常工作生活息息相关，随着人民生活水平的提高和“以人为本”的环境保护意识不断增强，人们通过投诉、申告等各种方式，对噪声管理提出了更高的要求。

10.1.1 噪声污染的定义

物理学角度来讲：噪声是发声体做无规则振动时发出的声音。从这个角度噪声分为：气体动力噪声、机械噪声、电磁性噪声，如通风机、鼓风机、压缩机、发动机等的噪声。生理学角度来讲：从宏观的意义上说，影响到人们的日常生活的声音和人们日常工作中不相匹配的声音都能统称为噪声；从微观的角度来说，超过了声音的规定限制和污染防治法中的相关规定，对人们的日常生活和日常工作产生影响的都称为噪声。如机械的轰鸣声，各种交通工具的马达声、鸣笛声，人的嘈杂声及各种突发的响声等，均属于噪声。噪声不单独取决于声音的物理性质，而且和人类的生活状态、主观感受等有关。

10.1.2 噪声污染源

噪声主要指在工业生产、建筑施工、交通运输和社会生活中所产生的干扰周围生活环境的声音。工业噪声是指在工业生产活动中使用固定的设备时产生的干扰周围生活环境的声音。比如发动机的运转声，通风机吸气或排气声，材料的锯割、冲压、切削声等；交通运输噪声是指机动车辆、铁路机车、机动船舶、航空器等交通运输工具在运行时所产生的干扰周围生活环境的声音；建筑施工噪声是指在建筑施工过程中产生的干扰周围生活环境的声音；社会生活噪声是指人为活动所产生的除工业噪声、建筑施工噪声和交通运输噪声之外的干扰周围生活环境的声音。在城市中，噪声的主要来源一般为以下几个方面：

10.1.2.1 工业生产噪声

当前，我国在制定工业噪声的允许标准时仍以听力损害为依据，以保护听力为目的，强调企业作业环境达到职业危害因素标准限值的要求，而美国、日本等发达国家则更加侧重于从作业过程中的人机工效学出发，在保护劳动者生理、心理健康的同时，提升其工作效率和工作能力。随着科技进步、工艺革新、经济增长方式的转变，我国未来工业噪声危害预防控制的重点也将发生改变。

（1）机械噪声

机械噪声是指机械设备在作业时，由于机械零件之间相互碰撞和摩擦，从而使得机械内部或外部振动产生噪声。随着我国科技水平的不断提高、机械化程度不断加深，机械设备的应用逐渐广泛，因此，机械产生的噪声日益增加，对作业的工作人员和周边居民产生了严重的不良影响，增加了我国治理环境污染的难度。

（2）电磁噪声

电磁噪声是指在供电系统运行时，电磁场发生变化，导致供电设备振动发出的声音。随着我国经济的不断发展，城市化的进程不断加快，电力资源已经是我国生产和生活中的重要能源，但是由于供电系统中发电机、变压器等设备在电磁场的作用下产生噪声和辐射，周边的居住人群产生了严重的不良影响。

（3）气流噪声

气流噪声是指气流在固体介质相互作用下产生的噪声，气流噪声的主要类型是风机噪声、喷气式发动机噪声等。飞机的发动机通过改变气流压力和气流速度，从而产生噪声，危害人们的健康。

随着我国经济水平的提高、工业技术的发展，在未来，噪声风险分级以及针对噪声进行及时准确的健康监管是一条行之有效的减小噪声危害的路径。美国、日本、英国在制定噪声标准的同时也制定了详细的听力保护计划及配套的听力保障措施。这种对职业危害因素进行风险分级的方法，一方面可以使员工得到及时且具有针对性的保护；另一方面，对于低水平噪声，企业只需采取相应的监测、评估等简单措施，因此也降低了企业成本。我国的工业噪声标准中尚未明确提出风险分级的概念，也未针对限值制定相应的听力保护计划及规定后续的管理方案，在实施的过程中，可操作性较差。建议我国工业噪声标准参考国外成熟的职业卫生监管经验，针对工业噪声提出风险分级管理的理念，对不同声级的噪声，制定相应的听力保护计划，为工人提供更好的工作环境，保障工人的身心健康。

10.1.2.2 交通运输噪声

随着现代人们生活水平的提升，更加追求出行的便捷性，汽车的普及率越来越高，然而交通工具出行也会给城市环境带来噪声污染。尤其是人员密集的大都市，每天早晚高峰时导致汽车拥堵会造成喇叭的使用频率增多。而且，众多汽车发动机的轰鸣声也会使路上的行人和司机不舒服从而导致心情烦躁。目前，全国城市中大约有10%的人口（约6000万人）生活在交通干线、次干线附近，大约100万人以上生活在铁路两侧50m范围之内。按照我国东、西、南、北不同的地理位置，抽取了北京、天津、南京、广州、哈尔滨、厦门、乌鲁木齐和成都8个大中型城市一年的功能区噪声监测数据进行分析，4类功能区数值基本都高于我国的功能区标准值，反映出我国大城市中交通干线两侧区域是噪声污染较严重的区域。监测数据表明，目前我国一些主要交通干线的交通噪声已超过70dB(A)的国家标准，且昼夜差距不大，有的路段甚至夜间噪声超过昼间。大型货车和客车通过的瞬时噪声值超过90dB(A)，有些公交车刹车时超过100dB(A)，列车鸣笛时在距其30m处测得声级可达107dB(A)。噪声是高速铁路运营期一个严重的环境问题，也日益成为城市和人群密集地区制约高速铁路进一步发展的重要影响因素，我国新近建设的几条高速铁路都出现了噪声扰民的严重问题，不得不在有些路段采取降速等措施。将上述城市全年的功能区噪声监测数据，按照1～4类功能区类别分别计算各类功能区的年均值，并把2类功能区属商业区的监测数据单独进行计算，将计算结果与我国功能区标准（日昼夜标准）进行比较，结果见表10-1。

表10-1 8个城市功能区监测点位噪声年均值状况 单位：dB（A）

城市编号	1类		2类		3类		4类		商业区	
	昼间	夜间	昼间	夜间	昼间	夜间	昼间	夜间	昼间	夜间
1	53.4	44.5	56.0	47.3	56.3	52.6	76.2	74.3	—	—
2	56.0	47.0	57.1	47.8	60.8	56.7	69.3	64.3	64.5	55.7
3	53.3	44.8	53.9	48.9	47.8	40.5	68.6	65.5	64.7	61.3
4	50.2	41.8	57.6	53.3	60.5	54.6	75.3	72.7	71.8	62.9
5	55.7	48.6	56.7	49.4	58.9	51.6	73.8	68.9	60.5	54.7
6	51.5	43.8	53.0	47.7	60.0	54.8	71.7	66.3	—	—
7	51.1	44.5	—	—	55.4	48.9	70.9	67.5	70.5	66.2
8	54.0	47.6	63.0	54.7	56.7	50.3	70.3	63.9	63.0	54.7
功能区标准	55.0	45.0	60.0	50.0	65.0	55.0	70.0	55.0	60.0	50.0

注：1类，指居住、文教区为主的区域；2类，指居住、商业、工业混杂区；3类，指工业区；4类，指交通干线两侧区域。

10.1.2.3 建筑施工噪声

近年来，我国建筑业迅猛发展。而在施工中，噪声是最常见的污染问题之一，也是继尘肺病之后危险排名第二位的职业健康重要危害因素。据国家统计局发布的有关噪声污染情况报告指出，噪声已严重影响了人们正常的生活，且污染情况从2000年到2018年逐年加剧。其中城市施工建设产生的噪声污染已成为最主要的污染源之一，直接或间接影响了中国35%人口的工作和生活，所以研究噪声防治具有时代意义。我国2018年投资治理噪声项目的资金高达12863万元，并呈逐年上升趋势，这表明国家对噪声污染防治的重视。

据统计，2017年全国范围内患有职业性耳鼻喉口腔疾病的病例高达1608例，占各类职业病新病例的6.01%，而职业性噪声聋是职业性耳鼻喉口腔疾病中最严重的疾病（见表10-2和表10-3）。

表10-2 不同性别噪声作业工人双耳高频率平均听阈结果

性别	受检人数/例	<40dB(A)人数/例	≥40dB(A)人数/例	异常检出率/%
男	2842	2564	278	9.78
女	587	575	12	2.04
合计	3429	3139	290	8.45

表10-3 不同企业性质噪声作业工人双耳高频平均听阈结果

企业性质	受检人数/例	<40dB(A)人数/例	≥40dB(A)人数/例	异常检出率/%
国有企业	2666	2626	40	1.50
私有企业	708	621	87	12.3
其他	55	55	0	0.00
合计	3429	3302	127	8.45

建筑施工过程中产生的主要噪声源有：施工机械，打桩机、推土机、挖掘机、装载机、混凝土搅拌机、混凝土输送泵、空气压缩机、吊车、升降机等；电动工具，木工电锯、电刨、切割机、混凝土振捣棒、混凝土振捣器等；模板的支拆、修复与清理及非标准设备制作，这些噪声源主要发生在钢筋加工阶段、模板支设阶段、混凝土施工阶段及防水施工阶段，然而在这几个阶段中混凝土浇筑施工阶段是主要的危害阶段。

10.1.2.4 城市生活噪声

城市生活噪声主要是来自大型的商场、游乐园和各类集会的场所或者是家庭中电器使用中发出的噪声等。在噪声的监测中，有将近70%的噪声大于80dB(A)，在这些噪声中生活噪声的占比最大。随着居民生活水平的不断提高，以及对生活环境质量重视程度增加，加之当前餐饮业经营者对噪声污染防治的意识不够、治理能力不足，对很多城市居民正常休息生活造成不良影响，因此防治城市生活噪声污染具有重大的现实意义。人们对声音的感知有一定的限制。研究显示，超过85dB(A)的声音可以损伤人类听觉细胞，造成心理不适；持续暴露于过量的声音，将直接损害人类听觉系统，并导致记忆丧失、精神挫伤和其他严重问题。随着城市噪声污染日益严重，对人们的生活产生了巨大的影响，尤其是社会生活中的噪声污染无处不在，因此控制社会生活中的噪声污染已刻不容缓。

营业性文化娱乐场所通常以夜间为营业高峰时段，营业经济活动中夜市也极常见。夜间噪声对环境的不利影响更加明显。以城区某一超市为例，该超市为一栋三层楼建筑，其西、南两边紧临多层楼的居民小区。超市中央空调的一组冷却塔置于三楼屋顶，西、南墙上设有排风口，露天卸货场与西侧住宅小区仅一墙之隔。营业后，其设备噪声和卸货场噪声严重影响周边居民的生活，尤其是卸货场运作时间在每天凌晨三四点，正是人们深睡眠时间。

某KTV酒吧营业时吧厅内（编号1）、大门口外5m处（编号2）、某餐馆厨房引风机出风口（编号3）、某宾馆二层裙楼屋顶热泵机组相邻居民公寓窗外（编号4，距机组23m）和室内（编号5，关窗）噪声的频谱特性的实测结果见表10-4。由表10-4可见，这些固定设备噪声对环境的污染是比较严重的。对照《社会生活环境噪声排放标准》可知，宾馆热泵机组辐射到相距23m处户外的声级超标10dB(A)，而室内的中心频率为63Hz、125Hz、250Hz和500Hz的三个倍频带的声压级均超标，超标量约10～20dB(A)。

表10-4 典型的社会生活噪声监测结果

测点编号	位置	倍频带声压级/dB(A)					LA/dB(A)
		31.5Hz	63Hz	125Hz	250Hz	500Hz	
1	酒吧内	82.4	115.7	106.8	99.8	99.5	101.6
2	酒吧门口	64.2	66.0	69.3	56.0	52.8	56.3
3	风机口	85.1	77.9	78.0	81.1	83.0	80.4
4	住户窗外	53.4	62.7	63.7	60.1	55.5	60.2
5	住户室内	48.3	52.0	51.3	46.2	41.2	45.3
	A类房间标准	72.0	55.0	43.0	35.0	29.0	35.0
	B类房间标准	76.0	59.0	48.0	39.0	34.0	40.0

城市噪声污染会影响人们的正常生活，甚至危害人们的身心健康。防止噪声污染，要从合理规划城市建设、完善噪声污染防治立法，到加强噪声污染防止管理等，为人们营造一个良好的城市生活环境。

10.2 噪声污染的危害

工业的快速发展在一定程度上改善了人们的生活，但生产中产生的噪声对人们生活所造成的负面影响逐步体现出来，转变为人体健康的主要影响因子，社会对其的关注度也在不断提升。人们生活、工作以及学习等都需要良好的环境作为基础，安静的环境能使人保持宁静的心理状态，帮助注意力集中，从而达到提升工作以及学习效率的目的。出于对人们健康、工作以及生活等各个方面的考虑，噪声污染必须得到有效控制，满足人们对于生活环境的需求。

噪声有强有弱，噪声的分贝值越高，噪声环境的持续时间越长，带来的危害就越严重。分贝是声压级单位，记为dB(A)。用于表示声音的大小。1dB(A)大约是人刚刚能感觉到的声音。适宜的生活环境不应超过45dB(A)，不应低于15dB(A)。按普通人的听觉：0～20dB(A)，很静、几乎感觉不到；20～40dB(A)，安静、犹如轻声细语；40～60dB(A)，一般普通室内谈话；60～70dB(A)，吵闹、有损神经；70～90dB(A)，很吵、神经细胞受到破坏；90～100dB(A)，吵闹加剧、听力受损。

10.2.1 噪声对人类日常生活学习与工作的影响

如果城市环境噪声污染长期存在，受到影响最大的将会是人们的生理和心理健康。噪声首先损害的是人们的听力系统，当人们长期处于这种噪声污染的环境中，会表现出来很多的症状，比如说耳朵难受和听力下降等问题，但是这些症状的存在是伴随着环境噪声污染的存在，如果人们突然远离这种环境后，虽然说听力系统的症状不会立刻消退，但是会随着时间的延长慢慢褪去，以上所说主要是生理上的影响。其次便是人们心理上的影响，如果长期处于城市环境噪声污染当中，人们很容易出现烦躁、容易发怒的情绪和出现注意力无法集中、学习能力和工作的能力不断下降等问题，进一步引发更多心理上的症状。噪声干扰人的正常生活和工作，吵闹的环境容易干扰人的思维，使注意力很难集中并产生烦躁的感觉，影响工作效率。当人受到突然而至的噪声一次干扰，就会丧失 4s 的思想集中。噪声还会使劳动生产率降低 10%～50%，随着噪声的增加，差错率上升。噪声妨碍睡眠和休息，人即使在睡眠中，听觉也要承受噪声的刺激。噪声会导致多梦、易惊醒、睡眠质量下降等。突然的噪声对睡眠的影响更为突出。持续的噪声能够消耗人们精力，使人注意力得不到集中，容易引起急躁和暴躁情绪，严重影响学习和工作的质量。同时，在日常生活过程中噪声也可能影响人们睡眠质量，在长期噪声作用下人们的精神状态也会有一定程度的损害。

10.2.2 噪声会引发人及动物的各种疾病

长期处于嘈杂的环境中会加快心跳和呼吸，增加血压波动，引起心律失常、传导阻滞、外周血流量变化等；增加心脏负担，加速心脏衰老，增加心肌梗死的发生率。此外，突然的噪声会增加心脏病患者心血管事件的风险。如果人体的中枢神经系统长时间受到噪声的影响，它将引起大脑皮层的兴奋性并抑制神经紊乱。典型的神经衰弱症状，如头晕、失眠、心悸、烦躁、记忆力减退、疲劳和注意力不集中；同时，它会引起脑电图慢波增加，自主神经紊乱，甚至引起精神错乱。除了对心血管、神经、内分泌和消化系统产生不同程度的损伤外，噪声直接、严重的影响是对工人听力的损伤，尤其是长期处在高噪声环境中工作，长时间在嘈杂的环境中工作而没有维护措施，由于耳朵受体的持续刺激会发生器质性病变，严重时就会导致职业性耳聋，甚至永远地丧失听觉。

受到噪声污染的影响大部分人会产生“不舒服”“不适应”的感觉，会造成正常生活的被打扰，在严重一些的噪声污染影响下就会产生一种生活的压力。因此，噪声污染不只是环境上的污染，也是对人类健康的威胁，对人们健康造成的威胁是长久性的。噪声污染对人们产生的影响也包括心理方面，这种噪声污染虽不能够直接达到身体上的损害，但是产生心理上的影响是巨大的，这种长久性的心理影响会对人的健康造成危害，减少人们的健康寿命。

长时间处于城市环境噪声污染之下，不仅人类的生理和心理产生严重的影响，也会对动物的身体健康产生影响，动物的健康随着生存的环境噪声污染的程度增加受到的影响越来越大。动物和人类在生理上的影响有所不同，如果动物长期处于噪声污染的环境当中，那么动物的消化系统和中枢神经系统将会受到十分严重的危害，严重的情况下动物的分泌系统也会受到十分严重的损害，进一步导致动物的生育能力下降或者导致动物死亡。根据调查表明，如果养鸡场建在机场附近，众所周知机场附近的噪声污染程度相当大，鸡长期处于这样的环境当中会对生殖系统造成严重损害，长久下去，很有可能不再下蛋。噪声对植物的生理也有一定程度的影响，长期处于噪声环境下的植物花期比较短，生长形态也有异常。

10.2.3 其他方面的影响和危害

噪声影响人们的睡眠和休息。在 40～45dB(A) 的噪声刺激下，人睡眠的脑电波会出现觉醒反应；60dB(A) 的噪声可使 70%的人从睡眠中警醒，可见噪声对人的睡眠影响非常大。噪声会干扰语言沟通。在噪声的干扰下，人们在谈话、听广播、打电话、开会、上课等，都会受到不同程度的影响。噪声还会降低劳动生产率，在强噪声环境工作，会使人心情烦躁、脾气暴躁、注意力不集中，使工作效率和工作质量都有降低。噪声对建筑物和仪器设备有危害，当大型喷气式飞机低空飞行时，会使地面建筑物受到损坏；另外，在强噪声刺激下，一些灵敏的自动遥控精密仪器会失灵。特强噪声会对仪器设备和建筑物结构造成危害。噪声对仪器设备的影响与噪声强度、频率以及仪器设备本身的结构和安装方式等因素有关。当噪声级超过 150dB(A) 时，会严重损坏电阻、电容、晶体管等元件。一般的噪声对建筑物几乎没有影响，但是噪声级超过 140dB(A) 时，对轻型建筑开始有破坏作用。例如，当超音速飞机在低空掠过时，会形成N形冲击波，作用于建筑物会使其受到不同程度的破坏，如出现门窗损伤、玻璃破碎、墙壁开裂等。

如果要为现代化的社会创造出来较大的经济价值，就需要人们具有较强的工作能力然后辛勤地投入到工作当中，但是做好这一项工作的前提是人们必须处于一个合适的环境当中。如果长期处于环境噪声污染中将会严重影响这项工作开展的效率，这是因为在这样的环境之下人们很难将自身的注意力集中到工作当中，容易产生烦躁和发怒的情绪，如果将这种情绪带入到工作当中会大大降低工作开展的效率，不仅仅给企业带来巨大的经济损失还将严重阻碍社会的建设与发展。城市环境噪声污染除了对人类和动物产生影响之外，其实还会对进行精密测量的仪器产生一些影响，出现测量误差和设备失灵的可能性大大增加，进一步影响生产工作的效率，最终阻碍整个现代化社会的建设和发展。另外建筑物如果长期处于严重的噪声污染之下很有可能出现墙体开裂或者建筑坍塌等现象，不仅将会给相应企业带来很大的经济损失，也会阻碍社会的建设和发展。

城市环境中噪声污染无处不在，环境噪声污染属于能量污染，虽然其在单位时间内发出的能量较小，但由于噪声长期存在于环境中对人类身心的影响具有较长持续性。居民在噪声污染的环境中工作、生活，会对其听力系统、中枢神经系统、消化系统等造成损害。因此相关部门利用环境噪声监测技术，对区域范围内的噪声分贝、声波频率等进行测定，对噪声超过标准的区域触发警报，可以有效实现噪声污染的控制与治理。

10.3 控制噪声的主要途径和方法

10.3.1 噪声控制的主要途径

构成噪声污染的三个要素是声源、传播途径和接受者，三者缺一不可。因此，控制噪声污染要从这三个方面来着手，即消除噪声源、阻断传播途径、做好个人防护。

10.3.1.1 控制和消除噪声源

噪声源一般指的是振动的物体，既可能是固体，也有可能是液体。首先，噪声污染的治理工作要从源头抓起，控制并消除噪声源是解决噪声问题最根本、最有效的方法。通常降低噪声源强度的方法主要是分为管理和技术两个方面，要掌握各种声源的特点后才能制定出合理的控制方法。生活中，我们经常被家用电器的噪声问题所困扰，冰箱、彩电、洗衣机、钟表、电风扇、老式缝纫机和油烟机等机械电子产品都是产生噪声问题的来源。据报道，我国机电产品的噪声与国外同类产品比较平均高出 5～10dB(A)。因此，对于这些常用的家用电器产品的噪声问题，应该从改革机电产品的结构和提高零件的加工精度和装配技术方面入手，提高家用电器加工制作工艺，合理改进发声处部件，将机械式的电器改为电动智能式控制操作，室内安装消噪降噪等设备、装饰吸声材料来减少噪声。生活中室外的社会噪声往往比室内更加严重，特别是生活在闹区的居民面临的最严重生活问题便是噪声污染。社会生活中最为常见的噪声就是广场舞和一些艺术团队在进行歌舞表演过程中所使用的高分贝音响，还有一些临街商铺在向路人推销产品时也会使用扩音喇叭来反复宣传自己的产品，这些商业性的噪声为了吸引顾客而大肆传播，造成了严重的噪声污染。面对这样的社会噪声污染问题，相关执法单位要利用严格的法律法规对制造噪声严重的生产商家进行管理，对屡教不改或社会影响极为恶劣者应当加强执法力度，绝不姑息；同时负责单位还要时常对人民群众进行宣传教育，科普噪声污染在生活中的危害，防患于未然。

交通噪声问题也是一个主要的噪声污染源，随着现代生活节奏的加快，几乎家家户户都有汽车、摩托、电动车等出行工具，汽车等交通工具的增加自然而然地便会引起交通堵塞问题，随之而来的便是汽车喇叭的长鸣和嘈杂的人车噪声，这样不仅影响周围居民的正常工作、学习和生活，而且还会对长期处于这种环境中的人们产生健康危害。据了解，交通噪声污染在城市各类环境中占比为 33%以上，已经成为主要的环境问题之一。针对交通噪声问题，从噪声源控制的操作有：①国家相关部门应加大汽车噪声控制技术以及复合声学材料研发投入，大力推广噪声小、污染小的交通工具，比如，电动汽车和电动公交。②道路交通主管部门应该严格制定噪声污染防治规定，禁止机动车在敏感路段鸣笛；禁止拖拉机和大型货车进城；大型货车限速、限时、限路行驶；修复受损路面；内燃机排气管上加装消声器；采用低噪声汽车喇叭和新型汽车消声器；快慢车道分开；建过街天桥、地下通道；机动车在设置鸣笛装置时应降低噪声标准；提高发动机减振技术水平；机动车年审中实行噪声标准检测。③有些交通噪声的产生是路面问题造成的，所以道路施工单位在建设路面时在普通的沥青、水泥路面结构上铺设孔隙率 15%～30%的沥青混合料，减轻轮胎与路面的摩擦，进而降低因车辆起步时驱动力产生的噪声，这样可比传统路面降噪 3～6dB(A)。此外，各地区道路管理部门要加强负责路面的定期维护工作，及时处理道路受损问题，避免因道路问题产生噪声污染。

施工噪声也是需要规避和注意的一类主要噪声源。近年来，城市人口急剧增加，因此需要大量的住房来容纳不断增加的人口，在城市现代化建设过程中，城市建筑施工时时刻刻都在进行，而且一般来说，建筑施工的周期都比较长，任务繁重且施工范围较广，因此相应带来的噪声问题也越来越严重。施工单位在施工过程中要做好噪声处理工作，比如可以对施工设备进行优化，要求施工单位必须优先使用噪声较小时机器设备，传统施工过程中所用的机械设备噪声较大，距离建筑施工机械设备 10m 处，打桩机为 88dB(A)，刮土机为 91dB(A)，这都严重影响了周围居民的生活和休息。因此，不仅要对施工场地中所用的机械设备进行合理的优化和降噪处理，还要将噪声较大的声源设备尽量安置在距离居民区较远的地方，避免扰民；虽然很多建筑工程浩大，要求按期或提前完工，但还是要避免夜间休息期间使用噪声较大的机械设备，尤其是距离居民区较近的施工场地，最好不要在居民休息时间施工，以免造成不必要的麻烦和纠纷。施工单位要严格按照施工条例进行工程建设，如果施工过程中出现了紧急的特殊突发情况，应该及时向有关部门反映，征得部门同意，向人民群众公示后才可以继续进行施工，保证在不扰民的前提下完成自己的工作。

除了以上三种噪声需要特别防护外，目前对工业噪声的控制也十分重要。工业噪声的来源十分普遍，工厂企业中大型机器，比如机械制造厂使用机器设备产生的工业噪声在 80～120dB(A) 左右，发电厂使用高压锅炉、大型鼓风机和空压机时附近的噪声级别高达 110～

150dB(A)，这对周围居民的生活、学习和工作影响很大，因此更需要加强噪声控制和防护工作。一般常用的控制和消除工业噪声源的措施主要是改进生产工艺，比如用液压代替高噪声的锻压，焊接代替铆接；改进生产所用的机械设备，主要是提高设备中关键发声部件的加工精度和装配质量，避免机械部件因撞击、摩擦和振动而发出刺耳的噪声；减少运转部件或工作整机的振动加速度，尽量提高其运转的均匀性；将机械设备中齿轮传动方式改为皮带传动或把普通齿轮改为有弹性轴套的齿轮，这样就可以减少噪声的产生，大大节省在传播途径方面采取其他措施带来的成本。此外，政府相关部门还要加强对重点噪声污染严重的企业进行督导和整顿，如将一些噪声污染超标工厂迁到城外郊区。

10.3.1.2　阻断和控制传播途径

从实际情况来看，大多数机电设备的噪声强度往往都很难从技术层面来进行控制，又或者是所需的成本会很高，所以还需要在噪声传播途径上采取控制措施降低噪声污染。城市交通噪声传播途径控制方法如下：

(1) 加强城市合理规划布局

城市在建设初始就要合理设计好居民区、商业区、工业区、交通路段等布局，城市交通主、次干线应合理布置，密度适中，尽量减少城市交通运输量，道路要与居民住宅、学校和医院等敏感建筑物之间保持较大的距离，通常为 15～20m 为宜，这样就可以保证噪声在空气介质传播过程中发生足够大的衰减，不至于对周围居民构成威胁。城市闹市街区周围居民住宅的交通道路也要根据当地的居民需求进行相应的扩宽，避免交通噪声传播过程中干扰到居民的正常生活。在城市建筑设计方面可以多采用隔声建筑设计，住宅户型、位置朝向等各方面的设计都要从降低噪声方面改善，居民区、学校、医院和办公大楼应该修建在噪声源上风向；大噪声源的位置要远离需要安静环境的学校、医院、居民区、政府机构和办公大楼等区域，比如集市、娱乐场所等需要进行合理布局，尽量远离敏感建筑物区域。此外，由于噪声的传播具有指向性，所以可以通过控制噪声的传播方向来规避噪声带来的危害。

(2) 增大城市绿化面积

研究表明植物可以有效吸收环境中的噪声，且不同绿色植被之间降噪效果也有很大不同。乔灌木结合配置的绿化带比单一结构植被群落具有更好的降噪效果，采用 30cm 宽绿化林带的降噪效果可以达到 3～5dB(A)。根据不同区域的噪声污染情况，可以种植具有不同吸收效果的绿化植被，一般在马路两侧多种植枝繁叶茂的高大树木，再根据道路情况增加绿化林的宽度，从而提高降噪量。城市绿化植被不仅可以减小噪声污染，而且还可以起到美化城市、吸附灰尘和净化空气的作用，对维护城市良好卫生具有重要作用。

(3) 声屏障技术

声屏障降噪是根据声屏障材料对声波具有吸收、反射的物理反应的原理来实现降噪，而且根据降噪方式的不同，可以分为吸收型降噪和反射型降噪两种。通常由于声屏障材料类型各不相同，所以表现出的降噪效果也会有很大差异，一般常用的声屏障类型主要有透明板、吸声混凝土和篱笆墙等。在选择声屏障的时候要根据其成本价格、能够达到的降噪的效果以及所要设置地方的周边环境和交通噪声情况来选择合适的声屏障类型。一般 3m 以上的直立式声屏障降噪量约 8～10dB(A)；半封闭式声屏障降噪量 10～15dB(A)；全封闭式声屏障降噪量在 20dB(A) 以上。由于考虑到城市景观的整体风貌和建筑的安全性要求，一般要将声屏障的高度控制在 6m 以下，所以声屏障技术只适合 6m 以下的楼层用于噪声防护。目前，已经有相关研究表明声屏障技术的降噪效果显著，可降低 5～12dB(A) 的噪声。室内装设隔声窗是常用的声屏障技术，也是现在主要的降噪声方法之一，使用隔声窗可以大幅度降低噪声对居民生活的干扰。因此，噪声污染比较严重的小区需要安装隔声窗来进行防护。

10.3.1.3 做好个人防护

当在声源处和传播途径中都无法采取有效措施来降低噪声污染时，可以通过个人自我防护的方式来规避噪声污染风险，比如佩戴耳塞、耳罩和防声头盔等护耳器。一般佩戴护耳器的效果是可以使耳内噪声降低 10～40dB(A)，长期性职业性噪声暴露的工人可以戴护耳器进行自我防护。除了佩戴护耳器外，还可以通过减少在噪声中的暴露时间或者增大与噪声源的距离，定期到医院进行听力检测或者保养等方式来保持自声的身体健康。室内噪声防护还可以通过安装一些隔声墙板、地板以及隔声门来降低噪声的干扰。

10.3.1.4 政府监管，法律保障

面对噪声污染我们不但要学会防护，还要有足够的能力去进行治理。首先，政府相关部门要做好噪声污染的相关立法工作，尽快完成《环境噪声污染防治法》的修订，明确各部门的具体职责；其次，还要根据不同区域的实际情况来制定出符合当地噪声污染治理条件的规章制度，确保各个区域防噪工作顺利开展。除了有法可依外，相关执行部门还要做到有法必依、违法必究，保证各项法律法规可以真正落实执行。环保部门是环境执法中的带头人，承担着重要的行政责任，处于环境执法过程中的主导地位。目前，许多地方政府仍然只追求当地经济发展而忽视了环境保护，不能够意识到绿色可持续发展的重要意义，从而干预环保部门的有关环境执法行为，导致环境保护法不能够得到彻底执行，让环境破坏者逍遥法外，得不到应有的惩罚。长此以往，环境保护良性体系便无法顺利运行，致使更多的环境问题出现。城市噪声控制是一项复杂的庞大工程，不仅仅需要各部门之间紧密配合，还要依靠群众的力量来进行监督，鼓励居民积极举报生活中的噪声污染行为，设立奖惩机制来促进污染治理良性发展，树立全社会的防治意识。一直以来，环境噪声污染都不被视作重点治理对象来对待，重视程度远不如大气、水和土壤污染的治理，因此治理效果也不尽如人意。我们必须要深刻认识到我国噪声污染程度正在不断扩大，随之而来的危害性也愈加凸显，如果再不加以重视，未来将有可能会成为最为严重的污染问题。社会相关部门都应该各司其职，加强合作，联合执法，建立起相关的工作管理体系和管理制度，加强对噪声污染治理的重视程度，认真追查噪声污染违法行为，真正做到执法如山才能取得噪声污染防治的最终胜利。

10.3.2 噪声控制技术

噪声污染已经是继水污染、固体废物污染和大气污染之后在世界范围内影响比较广泛的一类环境污染问题，而且随着城市人口越来越多，社会交通、工业、商业等各方面发展速度越来越快，噪声污染已经对人们的生活和健康造成了很大的危害，因而必须采取有效的技术手段对噪声污染进行治理。由于噪声的来源是多方面的，所以针对不同的噪声产生环境可以采取不同的措施来进行消除，空气传播噪声可采用声屏障、隔声、消声、吸声等有效方法来消除，而固体传播噪声多用减振和隔振技术来解决。以下是目前噪声控制的几种主要技术方法。

10.3.2.1 吸声

吸声是指当声波入射到物体表面时，部分入射声波可以被物体表面吸收而转化为其他能

量，从而降低反射声能的一种现象。在室内墙壁、天花板上装上优良的吸声材料后，当声波透过吸声材料的表面进入到内部孔隙后，能引起内部孔隙中的空气和吸声材料的细小纤维发生振动，由于空气和纤维材料之间的摩擦作用，产生热能，从而使得入射进来的声能发生衰减，起到很好的吸声效果。经过研究发现，室内的吸收材料可以将室内的噪声降低 3～8dB(A)，并且吸声材料性能越好、面积越大，室内降噪效果越佳。

多孔性吸声材料对高频声波有很好的吸声效果，一般按照吸声材料的材质不同可以将其分为三种类型，分别是纤维型、泡沫型和颗粒型。纤维型吸声材料有玻璃纤维、矿渣棉、毛毡、岩棉、玻璃棉、甘蔗纤维、木丝板等；泡沫型吸声材料有聚氨基甲酸酯泡沫塑料、脲醛泡沫塑料等；颗粒型吸声材料则包括膨胀珍珠岩和微孔吸声砖等。吸声材料按照吸声机理的不同可以分为两种类型，一种是靠从表面至内部许多细小的敞开孔道使声波衰减的多孔材料，以吸收中高频声波为主，包括有纤维状聚集组织的各种有机或无机纤维及其制品以及多孔结构的开孔型泡沫塑料和膨胀珍珠岩制品；另一种是靠共振作用吸声的柔性材料、膜状材料、板状材料和穿孔板，主要有闭孔型泡沫塑料、塑料膜或布、帆布、人造革、漆布、胶合板、硬质纤维板、石棉水泥板和石膏板、带孔的板状材料。多孔型吸声材料内部一般均具有大量的微孔和间隙，微孔要保证尽可能细小并且是均匀分布，孔与孔之间要保持相互贯通，而且要与外界连通，单独的微孔或不与外界连通都起不到吸声作用，只有保持微孔向外敞开，吸收进外来声波后利用内部复杂结构将一部分以热能的形式消耗掉才能达到降噪的效果。

由于吸声材料仅仅只对高频声波的吸收效果较好，而且吸声性能还要受到吸声材料的流阻、孔隙率、结构因子、厚度、堆密度和材料背后的空气层等的影响。因此为了弥补吸声材料本身存在的这些不足，需要设计一些吸声结构来进一步增强吸声降噪方面的能力。目前，常用的吸声结构主要有穿孔板共振吸声结构、薄膜吸声结构、薄板吸声结构和一些特殊吸声结构。

穿孔板共振吸声结构是由穿孔板、吸声材料和空气层组成的一种吸声装置，其上有许多单孔共振腔，穿孔板的穿孔均匀地分布在板面上，穿孔孔径为 3～8mm。穿孔板吸声结构吸声频率较窄，范围通常是几十赫兹到 200Hz，因此对频率的选择性较强，只有在共振频率时才具有最大的吸声性能，适合中频吸收。常用的穿孔板共振吸声结构主要有带穿孔的石棉水泥、石膏板、硬质纤维板、胶合板以及钢板、铝板等。在普通穿孔板的基础上改进而来的微孔板具有更好的灵活性，其拥有的吸声性能可以根据实际需要进行设计，微孔板上的微孔大小要求小于 1mm，整体穿孔率为 1%～3%，微孔的大小和间距、板的构造和它的空腔深度决定微孔板的吸声频率。

薄膜吸声结构一般包括皮革、人造革、塑料薄膜等材料，具有不透气、柔软、受张拉时有弹性等特点。薄膜吸声结构的共振频率在 200～1000Hz 范围内，适合吸收中频范围的声波。

薄板吸声结构将不穿孔的金属板、胶合板、石膏板、硬质纤维板、石棉水泥板和塑料板等薄板固定，并且在其背后留下一定厚度的空气层，就可以构成薄板共振吸声结构。薄板共振吸声结构对低频声波有很好的吸收效果，共振频率范围是 80～300Hz，当声波作用于薄板表面时，交变作用引起薄板弯曲振动，从而使薄板内部产生摩擦消耗，将一部分振动的动能转化为热能，致使声波能发生衰减，起到降噪的效果。另外，当薄板入射声波频率与薄板振动系统的固有频率一致时，发生共振现象，振幅为最大，声波能消耗也将是最大。决定薄板吸声结构吸声性能的主要因素有：薄板质量、背后空气层厚度和板后龙骨构造及板的安装方式。

特殊吸声结构。①空间吸声体：是指具有一定形状的吸声材料或吸声结构，一般是分散悬挂在室内顶棚下面的特定吸声构件，形状为板状、圆柱状、球形和圆锥形的空间立方体。空间吸声体可以多面吸收声波，与一般的吸声材料相比，在投影面积相同的情况下，具有更大的吸声面积和边缘效应，从而大大增加了吸声体实际的吸声效果。在实际运用过程中要根据不同的使用地点和使用要求来设计合适的吸声体，方能达到最佳的吸收效果。②帘幕也是一种较为特殊的空间吸声体，由于其本身具有多孔材料的吸声特性，当将其离开墙面或窗洞一定距离安装时，恰恰正如多孔材料背后设置了空气层，因而具有一定的吸声效果，特别适合吸收中高频率的入射声波。

实际生活中要将多孔型吸声材料和共振吸声结构结合起来运用，这样才能产生良好的吸收效果。此外，室内还可以摆放一些木质家具，因为木质家具多孔，凹凸效果有吸声作用，所以可以起到一定消除噪声的效果。家庭墙壁光滑则回声大，所以房间墙壁尽量要做成粗糙美观性的，这样吸声效果好。

10.3.2.2 隔声

隔声就是将噪声封闭在一个密闭的空间或用隔声屏障，如隔声墙、隔声间、隔声罩、隔声门和隔声窗等阻挡声音，减弱噪声在空气中的传播，从而降低噪声危害的技术。隔声是噪声控制工程中常用的技术措施之一，采取适当的隔声措施可以将噪声降低 20～50dB(A)。按照噪声的传播方式，一般可将其分为空气传声和固体传声两种，隔声是阻断声音在空气中传播的一种方式，所以不会阻隔声音在固体中的传播。对于噪声在空气中传播的情况，可以利用墙体、各种板材及其构件等隔声屏障将噪声阻断，这样可以极大地减少噪声对环境的影响。

10.3.2.3 消声

消声是让声音通过消声器后有效降低声波能的一种技术。消声主要用于空气动力性噪声的降低，消声器按照消声机理的不同可以分为阻性消声器、抗性消声器、微穿孔板式消声器、阻抗复合式消声器、小孔式消声器和有源式消声器。阻性消声器主要是利用多孔吸声材料来降低噪声，其构成是把吸声材料固定在气流通道的内壁上或按照一定方式在管道中排列。当空气中的入射声波进入阻性消声器时，一部分声能在多孔材料的孔隙中因摩擦而转化为热能被耗散掉，从而使得通过消声器后的声波大幅减弱，可以起到很好的降噪效果。阻性消声器适合用于中高频声波消声，对低频声波消声效果较差。抗性消声器是由突变界面的管和室组合而成，功能类似于一个声学滤波器，当外界包含有多种频率成分的入射声波进入到抗性消声器中时，只有少部分与网孔固有频率接近的声波才可以通过，而剩下与固有频率不同的声波则不可能通过网孔，只能在小室中来回反射。因此对于抗性消声器来说，只要选取适当的管和室组合来改变其结构，就可以过滤掉某些频率成分的噪声，从而达到消声降噪的目的。与阻性消声器相比，抗性消声器不需要使用吸声材料，而是利用不同形状的管道和腔室进行适当组合，过滤掉频率不同的一些声波，选择性较强，对中低频噪声有很好的吸声效果。阻抗复合式消声器是将阻性结构和抗性结构按照一定的方式组合起来构成的，适合于宽频带噪声的消声，常见类型有阻-抗复合式、阻-共振腔复合式和阻-共-扩张式消声器。微穿孔板式消声器，也称为损耗型消声器，一般是用厚度小于 1mm 的纯金属薄板制作，在其上开孔径小于 1mm 的微孔，保证穿孔率一般为 1%～3%，穿孔板后留有一定深度的空腔，根据选择不同板厚的空腔，再结合不同穿孔率，就可以大致控制消声器的频谱性能，使其在需要的频率范围内获得良好的消声效果。微穿孔板式消声器也是一种特殊的消声器，适用于特定的场合，比如在高温、潮湿、腐蚀性、高速气流等场合均适用。小孔式消声器的消声原理是以喷气噪声的频谱为依据，将一个大的排气孔用许多小孔来代替，当气流通过小孔时，噪声频率就会由低频向高频或超高频等人耳不敏感的频率范围转移，使得人耳可接收到的分贝明显降低，从而达到减少噪声带来的干扰和伤害。有源式消声器的原理是利用不同声波之间可以相互抵消的原理来起到降噪的效果，具体操作是在原来的声场中，利用电子设备再产生一个与原来的声压大小相等、相位相反的声波，使其与原来的声场相抵消，从而达到降低声波向外辐射的目的。这种消声器设备一般是由传声器、放大器、相移装置、功率放大器和扬声器几大部件组成。

10.3.2.4　减振与阻尼

隔振是减弱声音在固体中传播的一种有效手段。声音在固体中是以弹性波的形式通过地板、墙壁等构件向外传播，以固体向外传播的声音被称为固体声，固体声传播性能较强，但其强度会随着距离的增加而逐渐减弱。隔振技术一般是通过采用弹簧、隔振器以及隔振阻尼材料来进行隔振处理，目的是防止振动的机械与其他刚性结构直接连接，从而降低振动的传递而减弱噪声。同时采用隔振技术必须要求隔振系统的固有频率远远低于机械振动系统的频率，避免发生共振作用而使噪声危害变大。

阻尼是另一种抑制结构振动，降低噪声的有效措施，也称为阻尼减振。对金属结构的阻尼处理通常分为两种方式：一种是将强黏滞性的高分子材料涂于需要减震的构件上，形成自由阻尼涂层，使构件弯曲振动能量转换为热能而损失掉；另一种方法是在金属板上先粘贴一层阻尼材料，再在其外覆盖一层金属板（约束层），金属构件振动时带动阻尼层和约束层一起振动，原构件受到外层金属板的约束而实现约束阻尼减振。常用典型阻尼材料如表 10-5 所示。

表 10-5　常用典型阻尼材料

名称	成分和质量份
厚白漆软阻尼材料	厚白漆 20、光油 13、生石膏 23、松香木 4、水 27
沥青阻尼材料	沥青 57、胺焦油 23.5、熟桐油 4、蓖麻油 1.5、石棉绒 14、汽油适量
橡胶-蛭石阻尼材料	氯丁橡胶 42、酚醛树脂 15、蛭石 15、石棉绒 1.5、磷酸二苯酯 2.5、三硫化钼 15
沥青-石棉阻尼材料	沥青 35、石棉 50、桐油或亚麻油 15

10.4　噪声污染控制执行标准

环境噪声标准是指为保护人群健康和生存环境，对噪声容许范围所作的规定，是基于大量实验基础上进行统计分析得到的，主要是以保护人的听力、正常睡眠休息和交谈思考等为依据制定。同时噪声控制标准还要保证先进性、科学性和现实性三个基本条件。我国的环境噪声标准具体规定大都参考国际标准化组织（ISO）推荐的基数，再结合本国和地方的具体实际情况制定出来的。环境噪声标准的制定始终要遵循以人为本、促进社会经济和谐发展为指导思想，将保护人民身体健康和利益作为首要目标，确保制定的标准能够得到实施，最终有利于化解社会矛盾，防治噪声污染和促进社会稳定。

噪声标准一般分为两类：噪声测量的方法标准和噪声的控制标准，本节只介绍噪声的控制标准。根据《中华人民共和国环境保护法》制定的《声环境质量标准》(GB 3096—2008) 相关指标如表 10-6 所示；根据《工业企业厂界环境噪声排放标准》(GB 12348—2008)，工业企业厂界环境噪声标准列于表 10-7；根据我国《声学　低噪声工作场所设计指南噪声控制规划》(GB/T 17249.1—1998)，各种工作场所背景噪声级稳态 A 声级列于表 10-8；根据《民用建筑隔声设计规范》(GB 50118—2010) 室内安静程度的要求即民用建筑室内允许噪声级列于表 10-9。

表 10-6　环境噪声显示　　单位：dB (A)

声环境功能区类别		时段	
		昼间	夜间
0 类		50	40
1 类		55	45
2 类		60	50
3 类		65	55
4 类	4a 类	70	55
	4b 类	70	60

表 10-7　工业企业厂界环境噪声标准　　单位：dB (A)

类别	区域	白天	夜晚
Ⅰ	居住、文教机关为主的区域	50	40
Ⅱ	居住、商业、工业混杂区及商业中心区	55	45
Ⅲ	工业区	60	50
Ⅳ	城市中的道路交通干线道路两侧区域	70	55

注：夜间频繁突发的噪声（如排气噪声），其峰值不准超过标准值 10dB(A)；夜间偶然突发的噪声（如短促笛声），其峰值不准超过 15dB(A)。

表 10-8　各种工作场所背景噪声级稳态 A 声级

房间类型	噪声/dB(A)	备注
会议室	30～35	背景噪声是指室内设备(如通风系统)引起的噪声或者是室外传来的噪声，此时对工业性工作场所而言生产用机器设备没有开动。适用范围：本标准适用于新建或已有工作场所噪声问题的规划，适用于装设有机器的各种工作场所
教室	30～40	
个人办公室	30～40	
多人办公室	35～45	
工业实验室	35～50	
工业控制室	35～55	
工业性工作场所	65～70	

表 10-9　民用建筑室内允许噪声级　　单位：dB (A)

建筑类别	房间名称	时间	允许噪声级
住宅	卧室	白天	≤45
		夜间	≤37
	起居室	白天	≤45
		夜间	—

续表

建筑类别	房间名称	时间	允许噪声级
学校	普通教室		≤45
	阅览室		≤40
	休息室		≤45
医院	病房、医护人员休息室	白天	≤40
		夜间	≤35
	门诊室		≤40
	手术室		≤40
旅馆	客房	白天	≤35
		夜间	≤30
	会议室		≤40
	办公室		≤45
	餐厅、宴会厅		≤45

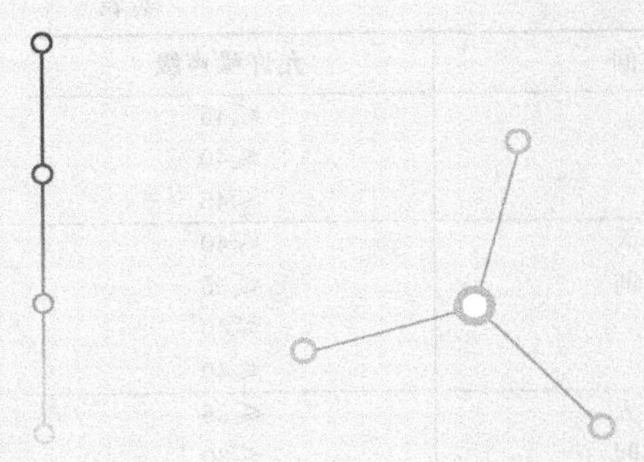

第11章 辐射污染及防护

1820 年，丹麦物理学家奥斯特意外发现载流导线的电流会作用于磁针，使磁针改变方向，由此揭示了电流的磁效应。1822 年，法国物理学家阿拉果通过实验发现磁针附近的金属物对磁针的振动有阻尼作用，而旋转的铜盘则能带动附近的磁针转动，证实了电磁阻尼和电磁驱动现象的存在。1831 年，英国物理学家、化学家法拉第在奥斯特和阿拉果等人研究的基础上仔细分析了电流的磁效应等现象，产生了一个大胆的想法，认为既然电能够产生磁，那么反过来，磁应该也能产生电。于是经过近 10 年的反复实验，终于发现一个通电线圈的磁力虽然不能在另一个线圈中引起电流，但是当通电线圈的电流刚接通或中断的时候，另一个线圈中的电流计指针有微小偏转，证实了当磁作用力发生变化时，另一个线圈就会有电流产生，即变化的电场会产生变化的磁场，变化的磁场周围又会产生变化的电场，电磁波是由加速运动的电荷所产生的一种能量，电磁波产生的过程叫做电磁辐射。

法拉第电磁感应定律揭示了电、磁现象之间彼此的联系，根据实验，法拉第发明了世界上第一台发电机（圆盘发电机），从此揭开了电磁辐射应用的序幕，人类进入了电气化序幕。从世界上第一座发电站的建立，人类开始的首次全球通信，一直到如今的移动通信大范围普及时代，各种各样的电气与电子设备在工业生产、科学研究和医疗卫生等各个领域都得到了广泛而又深入的应用。与此同时，人们的生活当中也出现了越来越多的电磁设备，比如，电视机、微波炉、手机和电脑等，给我们的现代生活带来了巨大的便利。而且随着人们需求的增加，这些电磁设备的数量和功率都在不断增强，相应地产生的电磁辐射强度也会大幅增加。已经有研究表明电磁辐射会对人体身心健康和环境产生负面影响，比如，电磁辐射会对树木植物造成单侧损伤，使设备灵敏度下降，会对人体产生热效应、非热效应、累积效应以及使人出现行为或心理异常等。电磁辐射污染作为世界上第四大环境污染源，对于环境产生的严重污染问题应该引起人们的重视，并对其来源、危害和预防措施进行探究与应用，做好电磁辐射污染的预防工作，减少电磁辐射对于环境的污染。

11.1 电磁辐射定义

电磁辐射由振荡的电磁波产生，是电磁能量以电磁波形式由振源发射到空间的现象或能量以电磁波形式在空间传播且不再返回的现象。生活中常见的变电站、通信基站发射塔、高压线或者是家里用的电脑、电视机、电磁炉，甚至还有贴身携带的手机等在工作时都会发射不同波长频率的电磁波，形成电磁辐射。电磁波是由变化的电场和磁场向系统周围的空间传播形成的，按照频率不同可以分为长波、中波、短波、超短波和微波。长波是指频率为 100～300kHz，相应波长为 3～1km 范围内的电磁波。中波是指频率为 0.3～3MHz，相应波长是 1000～100m 范围内的电磁波。短波是指频率为 3～30MHz，相应波长是 100～10m 范围内的电磁波。超短波是指频率为 30～300MHz，相应波长为 10～1m 范围内的电磁波。微波是指频率在 300～300000MHz，相应波长是 1000～1m 范围内的电磁波。混合波是指长波、中波、短波、超短波和微波中有两种或两种以上波段混合在一起的电磁波。一般来讲，长波对人体的影响最小，而波长越短则频率越高，对人体的影响也就最强，按照对人体危害程度从小到大排序是：长波＜中波＜短波＜超短波＜微波。微波对人体的危害影响最为突出，其主要是因为：①微波频率最高，高频电磁波可以直接穿过生物表层对内部组织产生“加热”作用，而机体内散热慢，特别容易“烧伤”内部组织，而且由热效应引起的机体升温会直接影响到人体器官的正常工作，对心血管系统、视觉系统、消化系统和生育系统都会产生不利影响；②微波对人体的危害具有累积效应，当电磁辐射产生的热效应对生物体造成损伤后，机体尚未恢复前如果再次受到电磁辐射作用时，新的伤害就会和旧伤害发生累积而共同作用于生物体，从而对人体造成更大的伤害，伤害累积严重时会危及人的生命。

我们时时刻刻生活在电磁波的环境中，比如，自然界中的电闪雷鸣，太阳黑子活动等产生电磁波；日常生活中的手机、电脑、电视机等也会产生电磁波。这些不同来源的电磁波又会产生大大小小的电磁辐射，因此，我们是生活在一个与电磁波、电磁辐射息息相关的环境中。电磁波产生的电磁辐射是由光电子组成的，其能量大小取决于频率。通常来说，频率与波长呈负相关，电磁强度与频率呈正相关。即频率越小，波长越大，相应的电磁强度就越小；频率越大，波长越小，电磁强度也就越大。电磁辐射按照波长分为电离辐射和非电离辐射，波长小于 100nm 的电磁辐射称为电离辐射，大于 100nm 的称为非电离辐射。电离辐射是核设施、放射性同位素以及各类放射性废物等产生的辐射，而非电离辐射频段又可以分为工频辐射（50～60Hz）、射频辐射（3kHz～300MHz）以及微波辐射（300MHz～300GHz）三类。电离辐射和非电离辐射对人的伤害不相同，一般来说，电离辐射的能量水平高，通过电离作用可以严重伤害机体，而非电离辐射的能量水平较低，基本上不会对机体造成影响。根据电磁辐射波形的特点，又可以把电磁辐射波形分为连续波和脉冲波两大类，通过脉冲调至所产生的超短波称为脉冲波；以连续振荡所产生的超短波称为连续波。电磁辐射是一种以能量形式存在的磁场，虽然看不见、摸不着，但是在生活中却无处不在。天然产生的电磁辐射对我们的影响很小，几乎可以忽略不计，但是在日常生活中只要有电气设备使用，就会产生电磁波频率和强度不同的电磁辐射，电磁辐射频率不同，对人体的影响也就会不同。

11.2 电磁辐射来源

生活中我们受到的电磁辐射根据来源不同主要分为天然电磁辐射和人工电磁辐射两类。

天然电磁辐射主要是由自然界中的自然现象引起的，包括电闪雷鸣、台风、火山喷发、地震和太阳黑子活动和耀斑等，还有一些宇宙电磁场源如新星爆发、宇宙射线等。我们生活在地球上，时时刻刻都会受到来自地球、太阳以及其他星球的电磁辐射的影响，所以这是无法避免的。天然电磁辐射污染中最常见且影响最大的是大气中由于电荷的积累而产生的雷电现象，其不仅会对电气设备、飞机、建筑物等造成直接影响，而且还会在广大范围内产生严重电磁干扰，特别是对短波通信干扰最为严重。天然电磁辐射一般都在人类的可承受安全阈值范围内，人类对其有一定抵抗力，所以不必担心，而且相对于人为电磁辐射来说，几乎可以忽略不计。

人为电磁辐射是指由于人类生产活动而产生的电磁辐射，主要是指人工制造出的各种电子系统、电气和电子设备产生的电磁辐射，包括各种电磁发射系统、工频电磁系统、变压器和电机，还包括一些医疗设备、工业生产和科研设备。我们日常生活中接触到最多的就是小家电设备产生的辐射，包括电视、电脑、冰箱、微波炉、电磁炉和手机等。通常来说，我们使用的电子设备都会产生一定量的电磁辐射，这些设备主要是将电能转换为了电磁能量，电能转换为电磁能的过程中，由于电流和电荷的变换就会产生一定的电磁辐射，电磁辐射能与电流强度和电力变化的频率有关，理论上电流或者电荷的强度越大、变化频率就越快，就越容易产生电磁辐射危害。比如，电视机中的电子显像管是产生电磁辐射的主要部位，在电视机成像过程中，电子显像管会产生能量比较高的电子束、X 射线以及其他电磁波，人体若长期处于这种辐射环境中，对我们的眼睛会有较大的损害作用。除了电视机外，电磁炉也是常用的电器，其工作原理是利用电磁感应产生涡流来将电能转化为热能，提供热量，电磁炉是大功率用电器，所以其产生的电磁辐射也比其他电器强，必要时应该采取适当的防护措施，减小对人体健康的危害。电磁辐射的五大来源是：①电磁发射设施（如广播、电视发射塔，广播转播台站等）；②无线通信发射设施（如人造卫星通信系统的地面站、雷达系统的雷电站、移动通信塔、手机基站等）；③各种工业、科学和医疗用高频电磁设备（如高频热和机、高频淬火机、高频焊接机、高频烘干机、高频冶炼炉、家用微波炉等）；④交通设备（如电气化铁道、电车、磁悬浮列车等）；⑤高压送变电系统（如高压电线路、变电站等）。这些电磁技术在给我们的生活提供巨大便利条件的同时，也破坏了地球上电磁生态环境的平衡。所以我们在日常生活中合理且高效运用电磁设备为我们服务时，还要做好电磁辐射防护，减小电磁辐射对我们人体造成的危害。人为电磁辐射污染源的分类见表 11-1。

表 11-1　人为电磁辐射污染源分类

分类	设备名称	污染来源与部件
放电所致场源	电力线(送配电线)	由于高电压、大电流而引起静电感应、电磁感应，大地漏泄电流所造成
工频交流电磁场源	放电管	白炽灯、高压水银灯及其他放电管
	开关、电气铁道、放电管	点火系统、发电机、整流装置等
	电气设备、发动机、冷藏车、汽车	整流器、发电机、放电管、点火系统
	大功率输电线、电气设备、电气铁道、无线电发射机、雷达等	污染来自高电压、大电流的电力线场，电气设备，广播、电视与通风设备的振荡与发射系统
射频辐射场源	高频加热设备、热合机、微波干燥机等	工业用射频利用设备的工作电路与振荡系统
	理疗机、治疗机	医学用射频利用设备的工作电路与振荡系统
建筑物反射	高层楼群以及大的金属构件	墙壁、钢筋、吊车等

11.3 电磁辐射污染

电磁辐射污染是指超过人体所能承受或仪器设备所能接受的最大限度，即超过国家安全卫生标准限值的那部分电磁辐射强度。电磁辐射污染和电磁辐射之间的区别是量的不同导致的，电磁辐射在正常情况下是不会产生电磁辐射污染的，但是超过国家安全标准的电磁辐射对人体是有害的，会对身体健康造成伤害和对电气设备正常工作造成不良影响。国家规定将环境电磁波容许辐射强度标准分为一级标准和二级标准，一级标准为安全区，指在该环境电磁波强度下可以长期居住；二级标准为中间区，指在该环境电磁波强度下长期居住、工作和生活的一切人群（包括婴儿、孕妇和老弱病残者）可能引起潜在性不良反应的区域，在此区域内可以建立工厂和机关，但是居民住宅、学校、医院和养老院等场所必须采取适当的防护措施。超过二级标准的区域是不适合人类生存的地区，对人体的健康会带来危害，但在此区域内可以种植农作物或铺设绿化带，禁止建造居民住宅和人群经常活动的一切公共设施，包括商店、电影院和政府机关等，对已经存在的不允许建筑要采取适当的防护措施或限制接受辐射时间。人们常说的电磁辐射污染主要是指人工电磁辐射形成的污染，会造成生物体身体的不适和影响电气设备正常使用。电磁辐射污染是一种隐形的能量流污染，同电磁辐射一样，看不见、摸不着，但却实实在在存在于我们生活的每一个空间角落里。电磁设备产生的电磁辐射穿透力强、危害大，电磁辐射污染与电磁波的特性、功率、密度以及频率等有很大关系。一般来说，电磁波频率越高，波长越短，危害越大；电磁波辐射功率越大，危害也越大；距离越近，辐射时间越长，对人体的危害也会越大。不同波长的电磁波会造成人体细胞损伤，从而使人体健康受到危害。

11.4 电磁辐射污染危害

随着我国科学技术和社会经济的不断快速向前发展，电磁波开始被应用到了越来越多的生产和日常领域，给我们的工作和生活带来了极大的便利。但是在大规模运用电磁技术和大范围使用大功率电磁设备的过程中也增加了周围环境中的电磁辐射强度，甚至一些地区受到的电磁辐射强度已经超出了人体、动植物和其他设备的承受极限，这样就会严重影响人们的身体健康和其他设备正常生产运行，以及周围环境中动植物的正常生长。由于地球本身就是一个大磁场，人体受到的电磁辐射无处不在，时时刻刻都会有电磁辐射影响，所以电磁辐射只要不超过一定的强度，那么就不会对人体产生太大的伤害。国家环境保护局发布的《电磁辐射防护规定》中规定环境中电场强度如果低于 40V/m 就是安全的，即使超过了 40V/m 也不一定会产生多大的危害，具体危害程度还要视个人身体抵抗力和受辐射时间、距离而定。电磁波是一把“双刃剑”，既给我们的生活带来了便利，又会产生电磁辐射污染，所以我们不必过度恐慌，只要合理利用、正确对待、适当防护，那么这些不利的一面都可以大大降低，不会对我们产生严重的影响。以下将分几部分来具体阐述电磁辐射污染带来的环境影响。

11.4.1 电磁辐射对人体的危害

电磁辐射对人体健康影响的主要形式有热效应、非热效应、累积效应和自由基连锁效应。

（1）热效应

人体内的水分含量占到了70%，而且还含有各种组织、细胞、体液等，人体中的极性分子和非极性分子受到外界环境中电磁辐射后会开始出现极化和磁化现象，极性分子在电场作用下，正、负电荷向相反的方向运动而极化，非极性分子在磁场中发生磁化。由于射频电磁场方向变化极快，因此当我们长时间待在电磁辐射较严重的环境中时，体内极性分子在交变极化和取向的过程中都会由于与周围分子发生碰撞和摩擦而产生大量的热量，电磁辐射的强度越大或者振动变化频率越大，就会加大人体产热作用，再加上产生的热量来不及消散开来，从而影响到体内器官的正常工作，所以就会对人体造成不同程度的损伤。热效应主要是受高频电磁辐射影响，作用在人体内，电磁辐射对人体伤害不严重时，不易从机体外表看出，一旦损伤严重时就可以从机体内看出。

（2）非热效应

非热效应是区别于热效应的一种电磁辐射损伤人体方式，即是指人体组织或系统受到电磁波辐射后，产生的与直接热作用无关的变化。人体的器官和组织中都存在微弱的电磁场，机体内保持着稳定和有序的状态，可是如果一旦受到长时间强度的低频电磁辐射时，处于稳定和平衡状态的微弱电磁场环境就会被打破，从而失去原有的平衡，这时虽然人体的温度没有明显的升高，但是会引起人体细胞膜共振，出现膜电位改变，使得细胞活动能力受限，以及引发血液、淋巴和细胞发生变化，这也被称为“谐振”效应。非热效应主要受低频电磁辐射影响，一般可以分为物理非热效应和化学非热效应，化学非热效应比物理非热效应对生物体的危害严重。常见的由非热效应引发的疾病与体内细胞中的脱氧核糖核酸受损、基因突变有关，可能导致的疾病有婴幼儿畸形、肿瘤和白血病等。

（3）累积效应

累积效应主要是指当人体遭受到电磁辐射热效应或非热效应后，发生机体损伤，但是在损伤尚未修复之前，当再次受到电磁辐射时，便会受到二次损伤，这样不断累积自身伤害程度的过程视为累积效应。累积效应是一个不断累积伤害的过程，久而久之就会产生量变到质变的效果，也就是发生永久性病变，严重时可能会致命。如广东省电力试验研究所研究了高压变电站对周边居民生活环境的影响，研究结果显示，如果人体长时间处在一个强磁场的环境中，就会影响其神经系统的正常功能，导致做噩梦、幻觉和神经紊乱。累积效应具有叠加性和长期性，因此，即使是手机这样功率很小、频率很低的电磁设备长期辐射人体也会诱发重大疾病，所以应该警惕身边的辐射源。

（4）自由基连锁效应

过长时间、过量的电磁辐射会使人体产生大量的自由基，自由基会损坏正常细胞，损伤的正常细胞又会产生新的自由基，新自由基又再去破坏正常细胞产生新的自由基，如此恶性循环往复，形成自由基连锁反应，最终对人体的正常细胞、组织和器官造成大规模损害，这一破坏过程也称为氧化应激或氧化损伤。

热效应、非热效应、累积效应和自由基连锁效应是目前已知的电磁辐射对人体健康的四种主要损伤方式，许多医学研究都已经证明电磁辐射对人体免疫系统、心脑血管系统、消化系统、循环系统、呼吸系统、神经系统和生殖系统等都会造成直接伤害，可以引起人体很多疾病，比如心血管病、糖尿病、癌症等以及孕妇流产、不育、畸形胎儿等，还可能引起未成年人视力、记忆力下降，影响青少年身体和骨骼发育。有医学研究表明，儿童如果生活在电磁波为 0.3T 的房间里，那么他患上白血病的可能性将比一般儿童高 4 倍；而如果生活在电磁波为 0.2T 的地方，他患白血病的可能性也比正常儿童高 3 倍。除了儿童外，女性和胎儿也是非常容易受到电磁辐射伤害的对象，有调查表明：1～3 个月为胚胎期，受到强电辐射可能造成肢体缺陷或畸形；4～5 个月为胎儿成形期，受到电磁辐射可能引起智力发育不全，甚至造成痴呆；6～10 个月为胎儿成长期，受到电磁辐射可导致免疫功能下降，出生后体质弱，抵抗力差。电磁辐射对人体的危害见表 11-2 和表 11-3。

表 11-2 不同频率的电磁波对人体的危害

名称	频率波段/MHz	危害人体的主要部位	辐射的主要来源
低频	0.003～0.3	主要是躯干部位	发电机、输电设备
中频	0.3～3	颈部、腿部	工频加热器等
高频	3～30	全身吸收热量	高频感应加热器
超高频	30～300	某些部位局部有共振	无线电通信设备、电视
特高频	300～3000	头部有共振现象	电视、雷达、无线电、手机、微波炉

表 11-3 电磁辐射对人体危害的具体表现

人体部位	危害
胚胎组织	电脑荧光屏幕等辐射源所产生的低频辐射能渗透进人体并伤害女性的染色体，触发胎儿畸形发育、低智能、自发性流产以外，亦可导致不孕症
生殖系统	电磁辐射对男性生殖系统的不利影响表现为性功能下降，阳痿早泄，加剧性器官萎缩衰老，精子黏稠、减少或坏死，绝精；对女性生殖系统的不利影响表现为加剧女性卵巢衰老，月经紊乱，增加乳腺癌发病率，流产和遗传因子损伤导致胎儿畸形，胎儿智力残缺等
视觉系统	主要表现为晶状体的损伤。射频辐射还对眼睛的其他部位如结膜、角膜、虹膜、眼底等造成伤害，包括易疲劳，视力下降，结膜充血，角膜损害，视网膜黄斑区出现灰褐色斑，黄斑区陈旧性病变，对光反应弱，眼底小血管痉挛、出血，视网膜细小出血点等
皮肤系统	电磁辐射会产生正电荷，刺激皮肤长出呈红色的皮革疹及色素沉积而产生的色斑，加速皮肤老化
呼吸系统	辐射源产生的正离子会把周围的负离子除去，并会夹杂灰尘、细菌等，对人体的呼吸系统造成危害
中枢神经系统	电磁辐射影响人体中枢神经系统，易造成意识、思维、情感、行为及记忆等障碍，记忆力减退和神经衰弱是电磁场高暴露人群的常见症状
内分泌系统	电磁辐射会导致内分泌紊乱，对垂体、甲状腺和肾上腺等内分泌器官的激素分泌有一定影响，可使人头疼、心情烦躁，是多种癌症的诱因之一
心血管系统	对心血管系统的影响主要为自主神经系统功能紊乱，以副交感神经兴奋为主，心律不齐、心动过速，低血压、心搏过缓或心搏过速、心脏传导系统异常和心脏功能性改变。常对职业暴露人群心血管系统的影响主要表现为心血管指标出现异常或循环系统症状加重，相关疾病发生率增加，对部分女性表现为心悸、失眠、内分泌紊乱、心动过缓、心搏血量减少、窦性心律不齐
免疫系统	射频辐射的免疫效应与功率密度和暴露时间有关，功率密度较大时，短期暴露可刺激机体的免疫功能，长期暴露则抑制免疫功能；功率密度较低时，产生免疫刺激则需要较长时间的暴露；另外，射频辐射对机体免疫功能的影响还存在累积效应，包括白细胞数量、血中白细胞介素的活性剂相应受体表达、血清免疫球蛋白活性等的改变

一般来说，电磁辐射对人体健康的影响与很多因素有关，主要包括以下几点：①辐射时

间，辐射时间越长，对人体危害越大；②辐射强度，辐射强度越强，影响越大；③辐射距离，一般来说，电磁辐射强度与距离平方成正比，即电磁辐射距离增加，电磁辐射强度减弱；距离辐射源越近，则受到的辐射越强；④电磁辐射波频段，一般是高频电磁辐射对人体伤害较大，并随着频率的升高而增加；⑤个体差异，不同年龄、性别、生理状态、遗传特性、营养状态以及健康状况的人对电磁辐射抵抗性不同，一般来说，老人、儿童和孕妇属于电磁辐射敏感人群；⑥人体器官，人体各器官对电磁辐射的敏感程度不同，一般来说，大脑和眼球是对电磁辐射较为敏感的区域，过高的电磁辐射强度会对视觉系统造成影响，引起视力下降和白内障。

11.4.2 电磁辐射对动植物的危害

由于动植物和人同属生物体，所以电磁辐射对动植物的危害与人的情况较为类似，唯一不同之处是电磁辐射对动植物的危害会产生连锁反应，比如，高强度电磁辐射对鱼虾产生影响后，鱼虾体内发生病变，成为病原体，如果接下来被人类捕食，进入人体，人体则会产生一些疾病。食物链或食物网的任一处受到电磁辐射污染，那么最终将会影响整条食物链的平衡。因此，防范电磁辐射污染不仅要从源头遏制，还要关注携带辐射污染的中间者。一些资料研究显示，很多大型发射系统发射出的电磁波不仅对周围居民产生了严重的电磁辐射污染，而且影响到了周围环境中的绿化植物，情况严重的已经导致了大面积植物死亡，一些动物为了自身的防护也进行大规模迁移，使得当地的食物链结构发生了变化，最终可能会影响到一个区域的生态平衡。例如，北京航空航天大学航空科学与工程学院杜奔新教授在调查景区峨眉山的微波辐射污染时，发现山坡面向微波辐射一侧上的松树植被消失，而在山坡相反面上的植被却郁郁葱葱，山坡两面形成鲜明对比，说明了电磁辐射污染对植物的生长有很大抑制作用，不利于其生长。同样的研究还有一些关于电磁辐射对动物的实验，比如，兰州大学伍国芬用手机作为电磁辐射源，以一定剂量的电磁辐射对鸡胚胎进行电磁照射，观察一定强度的电磁辐射对鸡胚胎的影响，实验结果发现电磁辐射会造成鸡胚视顶盖形态学改变和DNA损伤，抑制细胞增殖和迁移，促进凋亡的发生，并参与神经发生过程中多条信号通路的传导；电磁辐射对老鼠的影响实验中发现用不同频率的微波（196MHz、2.45GHz、96Hz）照射老鼠会使其约有4%～12%的精原细胞形成染色体缺失，后代老鼠中也伴随有父代的这种染色体缺失现象，表现为智力减低、平均寿命缩短的症状。除了这些已经报道过的电磁辐射对动物有害的研究外，还发现18000MHz电磁辐射对不同成熟度小鼠脑组织影响不同，对发育相对成熟的脑组织有促进神经细胞增殖作用，而对发育相对成熟的脑组织却无明显影响。

11.4.3 电磁辐射污染对电气设备的危害以及影响正常生产活动

生活中电磁辐射对电子设备的电磁干扰现象时有发生。比如，电视机信号会受到电磁辐射的干扰，造成电视画面的正常播出受到影响，并在数字系统进行数据输送时造成传送数据的丢失；手机通信发射的电磁波会干扰飞机航空电子装置使用的电磁波，引发航空事故，所以在过去航空技术还不发达的年代，飞机上手机不关机或打电话是十分危险的操作；医院里也贴有禁止使用移动电话的提示语，这也是为了避免对敏感医疗设备的电磁干扰。电磁辐射对电子设备的干扰与频率有关，一般来说，当一种电磁辐射的频率与被干扰设备的频率接近时，那么受干扰设备的被干扰程度将会加大。除了电磁频率外，电磁辐射干扰还与电磁波振幅、辐射持续时间等有关，干扰磁场对电气设备的影响首先是影响设备性能，然后是导致电子设备精度不足、信息不准确或出现延迟等状况，最后是引起事故发生。现在许多能够产生电磁辐射的设备在建设和布局的过程中都存在规划布置不合理的问题，这样就有可能对周围设备产生十分危险的电磁干扰。比如，计算机导弹人造卫星被电磁干扰后就有可能出现失控的现象，从而导致坠毁；在一些爆破任务中，一旦爆破装置被电磁干扰后就有可能引起爆炸的提前或推后，从而造成不必要的人员伤亡和财产损失；飞机飞行过程中如果频率遇到周围电磁信号的干扰，就会导致飞机在空中"耳聋"甚至"失明"，可能会致使其在空中与另一架飞机相撞，造成空难。此外，电磁辐射还对易燃、易爆危险品有很大的影响。比如，加油站中的空气分子中混杂着不少的汽油分子，挥发到空气中会和空气分子紧密结合，如果出现火花就会燃烧，我们平时使用的手机时时刻刻都在释放着电磁波，当接打电话以及日常使用网络的时候释放的电磁波会突然加强，电磁波容易和空气中的离子发生碰撞而产生火花，从而点燃空气中的汽油分子，造成严重火灾。此外，高压电路下产生的电晕在导线及其金属表面空气中的电晕放电，绝缘子承受高电位梯度区域中放电并产生火花，连接松动或接触不良产生的间歇火花放电的电磁辐射对诸如武器弹药、燃油等易燃、易爆物质会产生潜在的危险，一旦发生高压电电磁辐射引发爆炸事故，那么将会危及到人们的生命和财产安全。

11.5 电磁辐射防护措施

目前，电磁辐射已经成为继水、气、噪声和固体废物之后的第五大公害，可见其危害程度已经不容小觑，因此加强电磁辐射污染控制已经刻不容缓。电磁辐射污染控制与其他类型污染控制一样，同样要采取综合防治的方法来进行防护，不能仅仅只从某一方面出发，全面综合防护才能取得最佳的防护效果。对于电磁污染防护，首先，要采取措施屏蔽辐射源，使电磁辐射泄漏量降到最低，使其从源头上得到有效控制；其次，要对各种电子设备和电磁辐射源进行合理规划布局，避免相互之间产生干扰，远离周围工作区和居民区，设置安全隔离带等措施来减少电磁辐射对环境的污染；最后还要加强个人防护，特殊职业工作人员或因为工作需要进入高强度辐射区的必须采取个人防护措施。日常生活中我们还可以通过加强体育锻炼，合理规划饮食等方式来增强自身免疫力，从而提升自身对电磁辐射的抵抗能力。下面介绍几种主要的电磁辐射防护方法。

11.5.1 距离防护

电磁波从发射源向外传播过程中强度会逐渐降低，其自身的传播强度与传播距离成反比，即电磁波传播距离越远，则本身的辐射强度就越弱。我们经常使用的手机在不同状态下辐射值是不一样的，一般是开机和接通电话瞬间的辐射最大，分别为 7.65V/m 和 26.84V/m。因此，在拿手机拨打电话时要尽量离头部远一点或者使用耳机接打电话，增大手机与人体的距离，减少手机电磁辐射对人体健康的影响。电脑的各个部位也都会产生电磁辐射但各个部位的辐射强度并不相同，其中阴极射线管（CRT）显示器产生的电磁辐射最大为1.00μT，而如果使用液晶显示器则可以降低到0.11μT，或者必须要用阴极射线管显示器的话，一定要保持人体和显示器距离在30cm以上。另外，电磁炉附近的电磁辐射最高为19.74μT，而当把检测仪移动到距离电磁炉20cm处时，辐射强度就会下降至5.94μT，检测仪再移动到距离电磁炉40cm时又会下降到0.32μT，因此控制好人体与辐射源的距离可以大大减少电磁辐射的影响。为了减少电磁辐射带来的不利影响，可以采取远离辐射源的方法来进行有效控制，所以人体应该与各种电器保持一定的安全距离，比如说，人体与彩电的距离应在2.5m以外，与日光灯管距离应在2～3m，微波炉在开启之后要离开至少1m的距离。

11.5.2 屏蔽防护

屏蔽防护技术是指利用能抑制电磁辐射扩散的材料（屏蔽材料）实现对电磁波的反射和吸收，削减部分电磁辐射，将电磁场源与环境隔离开来，从而使得产生出来的电磁波被限制在一定范围内防止辐射被扩散的过程。即使透过屏蔽，电磁场强度也会大幅度衰减，降低了电磁波可能对人与环境产生的危害，最终达到防止电磁辐射污染的目的。电磁屏蔽的机理是电磁感应，主要就是通过电磁感应来对电磁辐射进行屏蔽，在外界交变磁场的作用下会产生一定的感应现象，进而使得电磁屏蔽壳体之间会产生与外界电磁场相反的磁场，从而抵消掉外部磁场的辐射，进而达到电磁屏蔽的效果。用于电磁屏蔽的屏蔽壳体还要通过高频接地的方式将通过感应产生的射频电流导入大地，目的是不让屏蔽部件或屏蔽体再次成为射频的辐射源，提高屏蔽效率。一般高频接地线以及地极的材料采用铜材质，在接地井里埋设地极，并且电阻不能过大。

电磁屏蔽适用于一些高频设备和精密仪器的电磁波辐射防护，比如通信设备、电子计算机等。屏蔽技术按照辐射源和屏蔽体的相对位置不同可以将其分为主动屏蔽和被动屏蔽两种。主动屏蔽是将辐射源产生的电磁辐射用屏蔽壳体包围起来，使其限定在一定范围内，从而不会对范围之外环境中的生物体或电磁设备造成影响的一种屏蔽方法。屏蔽壳体要保持良好接地，避免产生二次辐射污染。被动屏蔽是将需要保护的区域用屏蔽壳体包围起来，用隔离场源的方法来使限定范围内生物体和电子仪器设备不受场源电磁辐射的干扰。

除了采用电磁屏蔽和高频接地技术外，还可以使用滤波技术对电磁干扰进行较好的抑制。线路滤波就是为了实现对电磁辐射的过滤，通常是将有用的电磁信息释放出来，无用的信号进行拦截和阻挡，目的就是减少电磁辐射污染和提高电磁波的利用效率。

由于不同电磁波的频率和强度有所区别，所以人们要选择适用性强的屏蔽材料，保证通过屏蔽材料后的电磁波强度可以被极大地削弱，也可以对屏蔽材料进行改进，将电磁辐射转化为射频电流，从而将产生的电磁辐射有效地引入大地，避免二次辐射污染的产生。屏蔽材料可用钢、铁、铝、铜等金属或者涂有导电涂料和金属镀层的绝缘材料，一般来说，电场屏蔽选用铜材料为主，磁场屏蔽则选用铁材料为宜。此外，根据屏蔽对象和要求不同，还可以采取不同的屏蔽装置和屏蔽形式，比如，小型仪器或设备的屏蔽最好选用屏蔽罩；大型机组或控制室的电磁屏蔽则应该用屏蔽室；适合于个人在强电磁环境下的屏蔽防护则主要有屏蔽衣、屏蔽头盔、屏蔽眼罩等。

11.5.3 个体防护

从自身防护角度来看，我们可以通过加强体育锻炼、合理规划饮食的方式来提升自身免疫力，从而有效防止电磁辐射对身体的危害。日常生活中建议多食用蛋白质、维生素 A、维生素 C 含量高的食物。比如，银杏类制品中含有的多元酚类物质对防治和减少辐射伤害有显著效果，经常饮用银杏叶茶有助于增强造血机能和升高白细胞数量；螺旋类食品中含有丰富植物蛋白、微量元素、氨基酸、维生素和生物活性物质等，长期食用螺旋类食品可以增强人体免疫力，具有较强的抗辐射作用；绿茶因含有茶多酚而可以有效清除体内自由基，具有一定的抗辐射能力；番茄红素的抗氧化和辐射的能力都比较强，经常食用红葡萄、番茄和番木瓜等水果可以补充体内番茄红素。另外，在电子产品的使用上应该注意购买有质量保证的产品，使用手机、电脑等电子产品时要注意保持一定的距离和尽量减少一次性使用时间。家用电器在家里不要集中摆放，相对分散放置可以减少电磁辐射强度。由于植物有吸收电磁波能量的作用，可以在电视、电脑旁边摆放绿色植物吸收电磁辐射。特殊职业工作者或者因工作需要必须要进入微波辐射源区域的人员要加强自身电磁防护，穿防护服，戴防护头盔和防护眼罩等。

11.5.4 合理管理

(1) 严格执行相关电磁辐射法规

做好电磁辐射防护工作的第一步就是要有法可依，建立和健全电磁辐射污染防治的相关法律法规是电磁辐射防护控制的基本前提。第二步要确保相关污染管理部门强化对电磁辐射设施运作的审批和监督力度，对公共场所的电磁污染进行检测，做到有法必依。在实际中，相关部门要认真学习领会相关政策法规，对电磁波辐射污染的评定等级、使用许可、管理明细进行细致的划分和总结。执法人员在实际检测管理中要贯彻国家最新的政策标准，按照新的法规对电测辐射进行合理的监测并细致统计，层层上报；尤其是针对电磁辐射污染最为严重的地区更要加强整治力度，消灭电磁辐射源头，切断电磁辐射传播路径，实地调查后制定行之有效的解决方案，自觉有效做好电磁辐射污染的防护工作。

(2) 对电磁辐射源的合理规划和监管

在电磁辐射源的选址问题上，要注意避免饱和区域，避开发展早、电磁辐射源多、居住人口密集的地区，尤其是学校和医院这种人多的地方；建立通信基站时要合理布局天线位置，避免主瓣直接指向有人员出现的地方，将其调整至人口稀疏的位置；利用植物可以吸收电磁能量的特质来降低电磁辐射给人体带来的伤害，在周围增设绿化带，植树造林；利用覆盖类建筑材料的反射性能和电磁波吸收的特性来降低电磁波强度，可以通过将金属材质或钢筋混凝土等建筑材料覆盖建筑物，从而减少电磁辐射。

(3) 加大电磁辐射污染的知识宣传

电磁辐射由于具有潜在性和隐蔽性而鲜为人知，得不到人们足够的重视，经常处于被公众遗忘和忽略的状态，是人们生活中的“隐形杀手”。同时，许多人都对电磁辐射所知甚少，这可能会引起对电磁辐射的误解和造成不必要的恐慌。所以，一旦出现电磁辐射污染事件就很容易对社会公众造成极大的生命和财产损失。因此，相关部门和有关从业人员应该与新闻媒体及网络媒体进行合作，共同加强对电磁辐射的相关教育和宣传工作，帮助公众树立正确的电磁防护观念，学会一些基础的电磁辐射防范措施，在日常生活中能够对自身进行有效保护，免受电磁辐射的困扰。此外，政府部门还要建立和充分贯彻公众参与和监督制度，鼓励大家积极揭发和举报电磁辐射污染环境的行为，只有每个人都重视电磁辐射带来的环境污染，才能够共同创建良好的城市电磁辐射环境。

参考文献

[1] 杨忠芳，等. 现代环境地球化学 [M]. 北京：地质出版社，1999.

[2] 周启星，黄国宏. 环境生物地球化学及全球环境变化 [M]. 北京：科学出版社，2001.

[3] 戴树桂. 环境化学 [M]. 北京：高等教育出版社，1997.

[4] 王焕校. 污染生态学 [M]. 北京：高等教育出版社，2000.

[5] 毕润成. 生态学 [M]. 北京：科学出版社，2012：83-86.

[6] 张希衡. 水污染控制工程 [M]. 北京：冶金工业出版社，2006.

[7] 将文举，宁平. 大气污染控制工程 [M]. 成都：四川大学出版社，2005.

[8] 鲁纯养. 农业生物环境原理 [M]. 北京：农业出版社，1994.

[9] 梁妙云，方亮彤. 有机污染修复技术简述 [J]. 广东化工，2018 (15)：180.

[10] Novak J M, Busscher W J, Laird D L, et al. Impact of Biochar Amendment on Fertility of a Southeastern Coastal Plain Soil [J]. Soil Science, 2009, 174 (2): 105-112.

[11] Chen W, Duan L, Wang L, et al. Adsorption of Hydroxyl-Substituted and Amino-Substituted Aromatics to Carbon Nanotubes [J]. Environmental Science & Technology, 2008, 42 (18): 6862-6868.

[12] Chen J, Chen W, Zhu D. Adsorption of Nonionic Aromatic Compounds to Single-Walled Carbon Nanotubes: Effects of Aqueous Solution Chemistry [J]. Environmental Science & Technology, 2008, 42 (19): 7225-7230.

[13] Gotovac S, Honda H, Hattori Y, et al. Effect of nanoscale curvature of single-walled carbon nanotubes on adsorption of polycyclic aromatic hydrocarbons [J]. Nano Letters, 2007, 7 (3): 583-587.

[14] Chen J Y, Zhu D Q, Sun C. Effect of heavy metals on the sorption of hydrophobic organic compounds to wood charcoal [J]. Environmental Science & Technology, 2007, 41: 2536-2541.

[15] Keiluweit M, Kleber M. Molecular-level interactions in soils and sediments: The role of aromatic π-systems [J]. Environmental Science & Technology, 2009, 43: 3421-3429.

[16] Arnaldi S. Exploring imaginative geographies of nanotechnologies in news media images of Italian nanoscientists [J]. Technology in Society, 2014, 37: 49-58.

[17] Chen G C, Shan X Q, Pei Z G, et al. Adsorption of diuron and dichlobenil on multiwalled carbon nanotubes as affected by lead [J]. Journal of Hazardous Materials, 2011, 188 (1-2): 156-163.

[18] Chen G C, Shan X Q, Wang Y S, et al. Effects of copper, lead, and cadmium on the sorption and desorption of atrazine onto and from carbon nanotubes [J]. Environmental Science & Technology, 2008, 42 (22): 8297-8302.

[19] Chen J, Chen W, Zhu D Q. Adsorption of nonionic aromatic compounds to single-walled carbon nanotubes: Effects of aqueous solution chemistry [J]. Environmental Science & Technology, 2008, 42 (19): 7225-7230.

[20] Delgado-Ramos G C. Nanotechnology in Mexico: Global trends and national implications for policy and regulatory issues [J]. Technology in Society, 2014, 37: 4-15.

[21] Gwinn M R, Vallyathan V, Nriagu J O. Nanotechnology: human safety issues, research gaps and potential beneficial opportunities [J]. Encyclopedia of Environmental Health. Burlington, Elsevier, 2011: 24-32.

[22] Ji L, Chen W, Bi J, et al. Adsorption of tetracycline on single-walled and multi-walled carbon nanotubes as affected by aqueous solution chemistry [J]. Environmental Toxicology and Chemistry, 2010, 29 (12): 2713-2719.

[23] Li X, Zhao H, Quan X, et al. Adsorption of ionizable organic contaminants on multi-walled carbon nanotubes with different oxygen contents [J]. Journal of Hazardous Materials, 2011, 186 (1): 407-415.

[24] Lin D H, Xing B S. Adsorption of phenolic compounds by carbon nanotubes: Role of aromaticity and substitution of hydroxyl groups [J]. Environmental Science & Technology, 2008, 42 (19): 7254-7259.

[25] Mackay A A, Vasudevan D. Polyfunctional ionogenic compound sorption: Challenges and new approaches to advance predictive models [J]. Environmental Science & Technology, 2012, 46 (17): 9209-9223.

[26] Pan B, Zhang D, Li H, et al. Increased adsorption of sulfamethoxazole on suspended carbon nanotubes by dissolved

humic acid [J]. Environmental Science & Technology, 2013, 47 (14): 7722-7728.

[27] Peng H B, Li H, Wang C, et al. Sorption and solubility of ofloxacin and norfloxacin In water-methanol cosolvent [J]. Chemosphere, 2014, 103 (0): 322-328.

[28] Peng H B, Pan B, Wu M, et al. Adsorption of ofloxacin on carbon nanotubes: Solubility, pH and cosolvent effects [J]. Journal of Hazardous Materials, 2012, 211-212 (0): 342-348.

[29] Peng H B, Pan B, Wu M, et al. Adsorption of ofloxacin and norfloxacin on carbon nanotubes: Hydrophobicity- and structure-controlled process [J]. Journal of Hazardous Materials, 2012, 233-234 (0): 89-96.

[30] Van Wieren E M, Seymour M D, Peterson J W. Interaction of the fluoroquinolone antibiotic, ofloxacin, with titanium oxide nanoparticles in water: Adsorption and breakdown [J]. Science of The Total Environment, 2012, 441 (0): 1-9.

[31] Wang Y, Shu L, Jegatheesan V, et al. Removal and adsorption of diuron through nanofiltration membrane: The effects of ionic environment and operating pressures [J]. Separation and Purification Technology , 2010, 74 (2): 236-241.

[32] Yang W, Lu Y, Zheng F, et al. Adsorption behavior and mechanisms of norfloxacin onto porous resins and carbon nanotube [J]. Chemical Engineering Journal, 2012, 179 (0): 112-118.

[33] Figueroa-Diva R A, Vasudevan D, MacKay A A. Trends in soil sorption coefficients within common antimicrobial families [J]. Chemosphere, 2010, 79: 786-793.

[34] Zhang D, Pan B, Zhang H P, et al. Contribution of Different Sulfamethoxazole Species to Their Overall Adsorption on Functionalized Carbon Nanotubes [J]. Environmental Science & Technology, 2010, 44: 3806-3811.

[35] Pan B, Lin D H, Mashayekhi H, et al. Adsorption and hysteresis of bisphenol A and 17 alpha-ethinyl estradiol on carbon nanomaterials [J]. Environmental Science & Technology, 2008, 42: 5480-5485.

[36] Boonsaner M, Hawker D W. Accumulation of oxytetracycline and norfloxacin from saline soil by soybeans [J]. Science of the Total Environment, 2010, 408 (7): 1731-1737.

[37] Zorita S, Martensson L, Mathiasson L. Occurrence and removal of pharmaceuticals in a municipal sewage treatment system in the south of Sweden [J]. Science of the Total Environment, 2009, 407: 2760-2770.

[38] Miller G P, Kintigh J, Kim E, et al. Hydrogenation of single-wall carbon nanotubes using polyamine reagents: Combined experimental and theoretical study [J]. Journal of the American Chemical Society, 2008, 130: 2296-2303.

[39] Shvedova A A, Kisin E R, Porter D, et al. Mechanisms of pulmonary toxicity and medical applications of carbon nanotubes: Two faces of Janus? [J]. Pharmacology & Therapeutics, 2009, 121: 192-204.

[40] Wang F, Yao J, Sun K, et al. Adsorption of dialkyl phthalate esters on carbon nanotubes [J]. Environmental Science & Technology, 2010, 44: 6985-6991.

[41] Manya J J. Pyrolysis for Biochar Purposes: A review to establish current knowledge gaps and research needs [J]. Environmental Science & Technology, 2012, 46 (15): 7939-7954.

[42] Rajapaksha A U, Chen S S, Tsang D C W, et al. Engineered/designer biochar for contaminant removal/immobilization from soil and water: Potential and implication of biochar modification [J]. Chemosphere, 2016, 148: 276-291.

[43] Zhao L, Zheng W, Masek O, et al. Roles of phosphoric acid in biochar formation: Synchronously improving carbon retention and sorption capacity [J]. Journal of Environmental Quality, 2017, 46 (2): 393-401.

[44] Yang G X, Jiang H. Amino modification of biochar for enhanced adsorption of copper ions from synthetic wastewater [J]. Water Research, 2014, 48: 396-405.

[45] Doumer M E, Rigol A, Vidal M, et al. Removal of Cd, Cu, Pb, and Zn from aqueous solutions by biochars [J]. Environmental Science and Pollution Research, 2016, 23 (3): 2684-2692.

[46] Mohan D, Sarswat A, Ok Y S, et al. Organic and inorganic contaminants removal from water with biochar, a renewable, low cost and sustainable adsorbent-A critical review [J]. Bioresource Technology, 2014, 160: 191-202.

[47] Ahmad M, Rajapaksha A U, Lim J E, et al. Biochar as a sorbent for contaminant management in soil and water: A review [J]. Chemosphere, 2014, 99: 19-33.

[48] Keiluweit M, Nico P S, Johnson M G, et al. Dynamic molecular structure of plant biomass-derived black carbon (Biochar) [J]. Environmental Science & Technology, 2010, 44 (4): 1247-1253.

[49] Zheng W, Guo M, Chow T, et al. Sorption properties of greenwaste biochar for two triazine pesticides [J]. Journal of Hazardous Materials, 2010, 181 (1-3): 121-126.

[50] Mohan D, Kumar H, Sarswat A, et al. Cadmium and lead remediation using magnetic oak wood and oak bark fast pyrolysis bio-chars [J]. Chemical Engineering Journal, 2014, 236: 513-528.

[51] Wang Z, Liu G, Zheng H, et al. Investigating the mechanisms of biochar's removal of lead from solution [J]. Bioresource Technology, 2015, 177: 308-317.

[52] Akhavan O. Bacteriorhodopsin as a superior substitute for hydrazine in chemical reduction of single-layer graphene oxide sheets [J]. Carbon, 2015, 81: 158-166.

[53] Chen Z, Xiao X, Chen B, et al. Quantification of chemical states, dissociation constants and contents of oxygen-containing groups on the surface of biochars produced at different temperatures [J]. Environmental Science & Technology, 2015, 49 (1): 309-317.

[54] Sun J, Lian F, Liu Z, et al. Biochars derived from various crop straws: Characterization and Cd (Ⅱ) removal potential [J]. Ecotoxicology and Environmental Safety, 2014, 106: 226-231.

[55] Pisani O, Haddix M L, Conant R T, et al. Molecular composition of soil organic matter with land-use change along a bi-continental mean annual temperature gradient [J]. Science of the Total Environment, 2016, 573: 470-480.

[56] Lajtha K, Townsend K L, Kramer M G, et al. Changes to particulate versus mineral-associated soil carbon after 50 years of litter manipulation in forest and prairie experimental ecosystems [J]. Biogeochemistry, 2014, 119 (1-3): 341-360.

[57] Lalonde K, Mucci A, Ouellet A, et al. Preservation of organic matter in sediments promoted by iron [J]. Nature, 2012, 483 (7388): 198-200.

[58] Sanderman J, Maddern T, Baldock J. Similar composition but differential stability of mineral retained organic matter across four classes of clay minerals [J]. Biogeochemistry, 2014, 121 (2): 409-424.

[59] Gildemeister D, Metreveli G, Spielvogel S, et al. Stabilisation of precipitates of pedogenic dissolved organic matter by multivalent cations [J]. Journal of Soils and Sediments, 2015, 15 (1): 1-12.

[60] Gao J, Pedersen J A. Sorption of sulfonamide antimicrobial agents to humic acid-clay complexes [J]. Journal of Environmental Quality, 2010, 39 (1): 228-235.

[61] Kang S, Xing B. Humic Acid Fractionation upon Sequential Adsorption onto Goethite [J]. Langmuir, 2008, 24: 2525-2531.

[62] Wang X, Lu J, Xu M, et al. Sorption of pyrene by regular and nanoscaled metal oxide particles: Influence of adsorbed organic matter [J]. Environmental Science & Technology, 2008, 42: 7267-7272.

[63] Zhang G, Liu X, Sun K, et al. Interactions of simazine, metsulfuron-methyl, and tetracycline with biochars and soil as a function of molecular structure [J]. Journal of Soils and Sediments, 2013, 13 (9): 1600-1610.

[64] Nason J A, Mcdowell S A, Callahan T W. Effects of natural organic matter type and concentration on the aggregation of citrate-stabilized gold nanoparticles [J]. Journal of Environmental Monitoring, 2012, 14 (7): 1885.

[65] 熊毅，陈家坊. 土壤胶体 [M]. 北京：科学出版社：1990.

[66] Tisdall J M, Oades J M. Organic matter and water-stable aggregates in soils [J]. European Journal of Soil Science, 2010, 33 (2): 141-163.

[67] Hung P C, Shu H C, Kai H C, et al. Degradation of gaseous dioxin-like compounds with dielectric barrier discharges [J]. Journal of Hazardous Materials, 2010, 182 (1-3): 246-251.

[68] 高文立，王骁，李中坚，等. 介质阻挡放电技术再生 Pd/AC 催化剂的机理探讨 [J]. 化工学报，2013，64 (1):

297-302.

[69] Ge L K，Chen J W，Qiao X L，et al. Light-source-dependent effects of main water constituents on photodegradation of phenicol antibiotics：mechanism and kinetics [J]. Environmental Science & Technology，2009，43（9）：3101-3107.

[70] Chakma S，Moholkar V S. Mechanistic analysis of sono-photolysis degradation of carmoisine [J]. Journal of Industrial and Engineering Chemistry，2016，33：276-287.

[71] Singh R K，Philip L，Ramanujam S. Rapid degradation，mineralization and detoxification of pharmaceutically active compounds in aqueous solution during pulsed corona discharge treatment [J]. Water Research，2017，121：20-36.

[72] Ren D，Huang B，Bi T，et al. Effects of pH and dissolved oxygen on the photodegradation of 17-ethynylestradiol in dissolved humic acid solution [J]. Environ Sci Process Impacts. 2016，18（1）：78-86.

[73] Peng J，Wang G，Zhang D，et al. Photodegradation of nonylphenol in aqueous solution by simulated solar UV-irradiation：The comprehensive effect of nitrate，ferric ion and bicarbonate [J]. Journal of Photochemistry and Photobiology A：Chemistry，2016，326：9-15.

[74] Wang L，Zhang J，Duan Z，et al. Fe（Ⅲ）and Fe（Ⅱ）induced photodegradation of nonylphenol polyethoxylate（NPEO）oligomer in aqueous solution and toxicity evaluation of the irradiated solution [J]. Ecotoxicol and Environmental Safety，2017，140：89-95.

[75] 陈景文，全燮. 环境化学 [M]. 辽宁：大连理工大学出版社，2009.

[76] 叶常明，王春霞. 21 世纪的环境化学 [M]. 北京：化学工业出版社，2004.

[77] 张敏英. 土壤中汞的赋存形态与其生物有效性的关系研究 [D]. 北京：北京化工大学，2014.

[78] 潘鲁生. 土壤中砷的迁移转化以及对农作物的影响 [J]. 安徽农业科学，2014，24（24）：8150-8151.

[79] 孔晓华. 化学农药与土壤污染 [J]. 现代农业，2010（3）：34-35.

[80] 林长城，吴滨，陈彬彬，等. 海峡西岸海陆风特征及对大气污染物浓度影响 [J]. 环境科学与技术，2015，38：56-99.

[81] 马世娜. 土壤中不同赋存形态汞的生物有效性研究 [D]. 北京：北京化工大学，2016.

[82] 段昌群. 环境生物学 [M]. 北京：科学出版社，2010.

[83] Liu R，Tan R，Li B，et al. Overview of POPs and heavy metals in Liao River Basin [J]. Environmental Earth Sciences，2015，73（9）：5007-5017.

[84] Ma J，Qiu X，Zhang J，et al. State of polybrominated diphenyl ethers in China：an overview [J]. Chemosphere，2012，88（7）：769-778.

[85] 夏北成. 环境污染物生物降解 [M]. 北京：化学工业出版社，2002.

[86] Selin N E. Global Biogeochemical Cycling of Mercury：A Review [J]. Annual Review of Environment and Resources，2009，34（1）：43-63.

[87] Didier L，Bertin P N，Marie-Claire L. Arsenic in contaminated waters：biogeochemical cycle，microbial metabolism and biotreatment processes [J]. Biochimie，2009，91（10）：1229-1237.

[88] Imtiaz M，Rizwan M S，Xiong S，et al. Vanadium，recent advancements and research prospects：A review [J]. Environment International，2015，80：79-88.

[89] Sheng Jiujiang，Wang Xiaoping，Gong Ping，et al. Monsoon-driven transport of organochlorine pesticides and polychlorinated biphenyls to the Tibetan Plateau：three year atmospheric monitoring study [J]. Environmental Science & Technology，2013，47（7）：3199-3208.

[90] 李建政. 环境毒理学 [M]. 北京：化学工业出版社，2006.

[91] 孟紫强. 环境毒理学基础 [M]. 北京：高等教育出版社，2003.

[92] 王镜岩，朱圣庚，徐长法. 生物化学 [M]. 北京：高等教育出版社，2006.

[93] Michael C M. 生态毒理学原理 [M]. 赵园，王太平，译. 北京：化学工业出版社，2007.

[94] 金志刚，张彤，朱怀兰. 污染物生物降解 [M]. 上海：华东理工大学出版社，1997.

[95] 王连生.有机污染化学 [M].北京：高等教育出版社，2004.

[96] Arnot J A，Gobas F A. A food web bioaccumulation model for organic chemicals in aquatic ecosystems [J]. Environmental Toxicology & Chemistry，2010，23 (10)：2343-2355.

[97] Munthe J B R，Branfireun B A，Driscoll C T，et al. Recovery of mercury-contaminated fisheries [J]. Ambio，2007，36：33-44.

[98] 蒋展鹏.环境工程学 [M].北京：高等教育出版社，2005.

[99] 郝吉明.酸沉降临界负荷及其应用 [M].北京：清华大学出版社，2001.

[100] 张小燕.沉积物/土壤吸附 PAHs 的行为对 SOM 溶出的响应及其机理 [D].西安：西北工业大学，2015.

[101] 任娇蓉.多环芳烃跨膜分配作用及致毒分子机制研究 [D].上海：华东师范大学，2007.

[102] 李欣.水环境信息学 [M].哈尔滨：哈尔滨工业大学出版社，2004.

[103] 李鹏斌，董贝.水泥窑协同处置技术二噁英污染的防治与监测 [J].新世纪水泥导报，2013，19 (5)：1-5.

[104] 黄科.稻田土壤砷甲基化细菌的筛选、鉴定、甲基化机制及应用研究 [D].南京：南京农业大学，2016.

[105] 王海青.铅锌汞三种重金属对莜麦生理毒性的研究 [D].太原：山西大学，2014.

[106] 陈璋，陶雪琴，谢莹莹，等.土壤中多环芳烃微生物降解活性定量构效关系 [J].科学技术与工程，2017 (27)：333-337.

[107] 徐萌.持久性有机卤素化合物对生产源区人体暴露影响的研究 [D].北京：中央民族大学，2015.

[108] 唐敏.砷污染土壤萃取修复技术研究 [D].北京：中国地质大学，2011.

[109] 关雪.土壤缓冲容量对土壤重金属植物有效性的影响 [D].沈阳：沈阳大学，2014.

[110] 王晶晶，华莹，朱雪琼.水通道蛋白 1 在胎盘和胎膜中的表达及临床意义 [J].医学研究杂志，2013，15 (3)：757-759.

[111] 刘翔军.食品微生物检测新技术及发展趋势 [J].广东化工，2013，40 (1)：75-76.

[112] 王雪莉，高宏.持久性有机污染物在陆生食物链中的生物积累放大模拟研究进展 [J].生态与农村环境学报，2016，32 (4)：531-538.

[113] 刘娴.应用基线效应判别剩余毒性：生物富集的影响 [D].长春：东北师范大学，2014.

[114] 钱瑜.环境影响评价 [M].南京：南京大学出版社，2009.

[115] 刘圣勇，袁超，蒋国良，等.全球性大气污染的现状及对策 [J].河南农业大学学报，2003，37 (1)：74-77.

[116] Chen X，Zhang L，Huang J，et al. Long-term exposure to urban air pollution and lung cancer mortality：A 12-year cohort study in Northern China [J]. Science of the Total Environment，2016：855-861.

[117] Zhou M，Liu Y，Wang L，et al. Particulate air pollution and mortality in a cohort of Chinese men [J]. Environmental Pollution，2014，186：1-6.

[118] Wu Y，Zhang S，Hao J，et al. On-road vehicle emissions and their control in China：A review and outlook [J]. Science of the Total Environment，2017，574：332-349.

[119] Madrigano J，Kloog I，Goldberg R，et al. Long-term Exposure to $PM_{2.5}$ and Incidence of Acute Myocardial Infarction [J]. Environmental Health Perspectives，2013，121 (2)：192-196.

[120] 赵毅，李守信.有害气体控制工程 [M].北京：化学工业出版社，2001.

[121] Ishihara N. History of ignorance of methylmercury toxicity and intoxication in Japan in relation to Minamata disease [J]. Nihonseigaku Zasshi，2014，69 (1)：75-79.

[122] Ren L，Yang W，Bai Z. Characteristics of Major Air Pollutants in China [J]. Advances in Experimental Medicine and Biology，2017，1017：7-26.

[123] Chen Y，Du W，Zhuo S，et al. Stack and fugitive emissions of major air pollutants from typical brick kilns in China [J]. Environment Pollution，2017，224：421-429.

[124] Bhat M S，Afeefa Q S，Ashok K P，et al. Brick kiln emissions and its environmental impact：A Review [J]. Journal of Ecology and the Natural Environment，2014，6 (1)：1-11.

[125] 唐孝炎.大气环境化学 [M].北京：高等教育出版社，1990.

[126] Li S, Williams G, Guo Y. Health benefits from improved outdoor air quality and intervention in China [J]. Environmental Pollution, 2016, 214 (16): 17-25.

[127] Xue P L, Zeng W H. Policy issues on the control of environmental accident hazards in China and their implementation [J]. Procedia Environmental Sciences, 2010, 2 (1): 440-445.

[128] 陈素红. 玉米秸秆的改性及其对六价铬离子吸附性能的研究 [D]. 济南: 山东大学, 2012.

[129] 崔开岩, 邓运成. 负载型 Pd/Al_2O_3 催化剂改性研究 [J]. 山东工业技术, 2013 (7): 65-66.

[130] Shevchenko T F, Klochenko P D, Bilous O P. Response of Epiphytic Algae to Heavy Pollution of Water Bodies [J]. Water Environment Research, 2018, 90 (8): 706-718.

[131] Doumpos M, Cohen S. Applying data envelopment analysis on accounting data to assess and optimize the efficiency of Greek local governments [J]. Omega, 2014, (46): 74-85.

[132] Feng L Z, Pei G X, Lue X G, et al. Risk assessment and genetic characteristics of water pollution of the yellow river at huhhot, China [J]. Journal of Agro-Environment Science, 2015 (07): 21-25.

[133] 幸良淑. 在我国水体污染控制中地下水污染及防治措施 [J]. 节能, 2018, 37 (08): 78-79.

[134] Ouardighi F E, Kogan K, Gnecco G, et al. Transboundary pollution control and environmental absorption efficiency management [J]. Annals of Operations Research, 2018 (2): 1-29.

[135] Rico A, Sabater C, Castillo M Á. Lethal and sub-lethal effects of five pesticides used in rice farming on the earthworm Eisenia fetida [J]. Ecotoxicology & Environmental Safety, 2016, 127: 222-229.

[136] Baciocchi R, Aprile L D, Innocenti I, et al. Development of technical guidelines for the application of in-situ chemical oxidation to groundwater remediation [J]. Journal of Cleaner Production, 2014, 77: 47-55.

[137] Qian Y, Zhou X, Zhang Y, et al. Performance and properties of nanoscale calcium peroxide for toluene removal [J]. Chemosphere, 2013, 91 (5): 717-723.

[138] Mishra V K, Upadhyay A R, Pandey S K, et al. Concentrations of heavy metals and aquatic macrophytes of Govind Ballabh Pant Sagar an anthropogenic lake affected by coal mining effluent [J]. Environmental Monitoring and Assessment, 2008, 141 (1-3): 49-58.

[139] Mishra V K, Tripathi B D. Concurrent removal and accumulation of heavy metals by the three aquatic macrophytes [J]. Bioresour Technol, 2008, 99 (15): 7091-7097.

[140] 刘伟才, 丁锋. 我国农业污水处理技术的现状与处理方式 [J]. 湖南生态科学学报, 2015, 2 (04): 40-45.

[141] 井柳新, 孙愿平, 刘伟江, 等. 农业源水污染物削减技术探讨 [J]. 环境污染与防治, 2015, 37 (03): 45-47.

[142] 熊林鹏, 苏群, 郭林. 土壤污染及其生物修复研究进展 [J]. 安徽农学通报, 2011, 17 (15): 155-156.

[143] 曹心德, 魏晓欣, 代革联, 等. 土壤重金属复合污染及其化学钝化修复技术研究进展 [J]. 环境工程学报, 2011, 5 (7): 1441-1453.

[144] Su Y G, Huan G, Lin Y J, et al. No synergistic effects of water and nitrogen addition on soil microbial communities and soil respiration in a temperate desert [J]. Catena, 2016, 142: 126-133.

[145] Bacchetti D G T, Aldred N, Clare A S, et al. Improvement of phylum and class specific primers for realtime PCR quantification of bacterialtaxa [J]. Journal of Microbiological Methods, 2011, 86 (3): 351-356.

[146] He Y M, Duan X G, Liu Y S. Enhanced bioremediation of oily sludge using co-culture of specific bacterial and yeast strains [J]. J Chem Technol Biotechnol, 2015, 89 (11): 1785-1792.

[147] Mao J, Guan W. Fungal degradation of polycyclic aromatic hydrocarbons (PAHs) by and its application in bioremediation of PAH-contaminated soil [J]. Acta Agriculturae Scandinavica, 2016, 66 (5): 1-7.

[148] Koshlaf E, Shahsavari E, Aburtomedina A, et al. Bioremediation potential of diesel-contaminated Libyan soil [J]. Ecotoxicology & Environmental Safety, 2016, 133: 297-305.

[149] Wang S Y, Kuo Y C, Hong A, et al. Bioremediation of diesel and lubricant oil-contaminated soils using enhanced landfarming system [J]. Chemosphere, 2016, 164: 558-567.

[150] Errington I, King C K, Wilkins D, et al. Ecosystem effects and themanagement of petroleum-contaminated soils on

subantarctic islands [J]. Chemosphere, 2017, 194: 200.

[151] Ammami M T, Benamar A, Wang H, et al. Simultaneous electrokinetic removal of polycyclic aromatic hydrocarbons and metals from a sediment using mixed enhancing agents [J]. International Journal of Environmental Science & Technology, 2014, 11 (7): 1801-1816.

[152] 黄益宗，郝晓伟，雷鸣，等. 重金属污染土壤修复技术及其修复实践 [J]. 农业环境科学学报，2013，32 (03)：409-417.

[153] 郑喜珅，鲁安怀，高翔，等. 土壤中重金属污染现状与防治方法 [J]. 土壤与环境，2002 (01)：79-84.

[154] Alloway B J. Sources of Heavy Metals and Metalloids in Soils [M]. Dordrecht: Springer Netherlands, 2013.

[155] Chen W, Meng J, Han X, et al. Past, present, and future of biochar [J]. Biochar, 2019, 1 (1): 75-87.

[156] Chu Z, Wu B, He Z, et al. The policy-making trend analysis of municipal solid waste in China 1980-2015 [J]. Waste Management & Research, 2019, 37 (6): 601-610.

[157] Jong A D, Wardekker J A, Sluijs J P. Assumptions in quantitative analyses of health risks of overhead power lines [J]. Environmental Science & Policy, 2012, 16: 114-121.

[158] Iisa K, Johansson A C, Pettersson E, et al. Chemical and physical characterization of aerosols from fast pyrolysis of biomass [J]. Journal of Analytical and Applied Pyrolysis, 2019, 142: 104606.

[159] Makarenko N, Budak O. Waste management in Ukraine: Municipal solid waste landfills and their impact on rural areas [J]. Annals of Agrarian Science, 2017, 15 (1): 80-87.

[160] Oteng-Ababio M, Melara Arguello J E, Gabbay O. Solid waste management in African cities: Sorting the facts from the fads in Accra, Ghana [J]. Habitat International, 2013, 39: 96-104.

[161] Panagos P, Van Liedekerke M, Yigini Y, et al. Contaminated sites in Europe: review of the current situation based on data collected through a European network [J]. Industrially Contaminated Sites and Health, 2013, 11.

[162] Pinheiro Pires A P, Jesus A, Isabel F, et al. Challenges and opportunities for bio-oil refining: A review [J]. Energy & Fuels, 2019, 33 (6): 4683-4720.

[163] Sakshi S K S, Haritash A K. Technology polycyclic aromatic hydrocarbons: soil pollution and remediation [J]. International Journal of Environmental Science and Technology, 2019: 1-24.

[164] Sinha N K, Choudhary B K, Shree S. Solid waste management with emphasis on environmental aspect [C]. International Conference on Methods & Mod, 2011.

[165] Vareda J P, Valente A J M, Durães L. Heavy metals in Iberian soils: Removal by current adsorbents/amendments and prospective for aerogels [J]. Advances in Colloid and Interface Science, 2016, 237: 28-42.

[166] Waldmannselsam C, La Puente A B, Breunig H, et al. Radiofrequency radiation injures trees around mobile phone base stations [J]. Science of the Total Environment, 2016, 572: 554-569.

[167] Wang J, Wang S. Preparation, modification and environmental application of biochar: A review [J]. Journal of Cleaner Production, 2019, 227: 1002-1022.

[168] Wen X, Luo Q, Hu H, et al. Comparison research on waste classification between China and the EU, Japan, and the USA [J]. Journal of Material Cycles and Waste Management, 2014, 16 (2): 321-334.

[169] Yaashikaa P R, Senthil Kumar P, Varjani S J, et al. Advances in production and application of biochar from lignocellulosic feedstocks for remediation of environmental pollutants [J]. Bioresour Technol, 2019, 292: 122030.

[170] Yang Y, Heaven S, Venetsaneas N, et al. Slow pyrolysis of organic fraction of municipal solid waste (OFMSW): Characterisation of products and screening of the aqueous liquid product for anaerobic digestion [J]. Applied Energy, 2018, 213: 158-168.

[171] Zhang H, Voroney R P, Price G W. Effects of temperature and processing conditions on biochar chemical properties and their influence on soil C and N transformations [J]. Soil Biology and Biochemistry, 2015, 83: 19-28.

[172] Zhang Z, Li W, Zhang G, et al. Impact of pretreatment on solid state anaerobic digestion of yard waste for biogas production [J]. World Journal of Microbiology & Biotechnology, 2014, 30 (2): 547-554.

[173] Zheng L, Song J, Li C, et al. Preferential policies promote municipal solid waste (MSW) to energy in China: Current status and prospects [J]. Renewable and Sustainable Energy Reviews, 2014, 36: 135-148.

[174] 常铖.家居环境中电磁辐射源分析及对人体健康影响和预防措施 [J].电脑知识与技术.2016, 12 (32): 216-217.

[175] 陈浩.探究电磁辐射污染的环境监测和预防措施 [J].资源节约与环保, 2018 (6): 56.

[176] 成昆.声污染治理问题与控制技术的探讨 [J].资源节约与环保, 2019 (6): 91-95.

[177] 崔开放, 史波芬.城市固体废弃物处理技术的研究进展 [J].节能, 2019, 38 (4): 165-166.

[178] 崔炜.固体废弃物污染及其防治与处理 [J].科技创新导报, 2018, 15 (21): 142-144.

[179] 高文彬.大数据在固体废物管理中的应用 [J].科技与创新, 2017 (4): 111.

[180] 顾文辉, 王姗姗.关于固体废弃物处理的现状及对策探究 [J].环境与发展, 2019 (6): 44-45.

[181] 胡乔木.道路交通噪声污染的防治对策及其效果 [J].能源与环境, 2019 (2): 86-87.

[182] 娇旭东, 杜欢政.我国城市废弃物处理现状、问题及管理对策研究 [J].再生资源与循环经济, 2019, 12 (1): 18-22.

[183] 黎昌金, 余洁.电磁辐射污染在国内外研究综述 [J].内江师范学院学报, 2019, 34 (4): 59-64.

[184] 李薇.我国城市固体废弃物处理现状及发展路径 [J].资源节约与环保, 2019 (5).

[185] 梁海晶.关于城市环境噪声污染与监测技术的研究 [J].卷宗, 2019, 9 (8): 248.

[186] 刘秋莲.浅谈城市环境噪声现状及噪声污染 [J].中国科技投资, 2019 (18): 205.

[187] 马志军.城市道路交通噪声污染现状及防治对策 [J].技术与市场, 2019, 26 (7): 197-198.

[188] 毛佳伟, 宋欣译, 陈晋, 等.某建筑施工场所噪声测量与防治研究 [J].中国环保产业, 2019 (10): 72-78.

[189] 潘长魏.中等城市道路交通噪声污染状况及对策研究 [J].大众科技, 2019, 21 (8): 26-27.

[190] 彭靓, 高子清.国内外工业噪声标准体系研究及启示 [J].噪声与振动控制, 2019, 39 (4): 167-172.

[191] 施利红.城市环境噪声污染与监测技术 [J].低碳世界, 2019, 9 (2): 14-15.

[192] 石玲丽.工业固体废弃物管理中的困难及对策建议 [J].中国资源综合利用, 2019, 37 (4): 131-133.

[193] 宋丹.噪声污染的危害及治理措施 [J].科技资讯, 2019, 17 (21): 62-63.

[194] 索金梅.固体废弃物对农业环境污染及其防治措施 [J].农业工程技术, 2018, 38 (23): 40-42.

[195] 陶艺源.城市环境噪声污染的控制途径 [J].化工管理, 2019 (12): 49-50.

[196] 王金龙.工业固体废物管理中的困难及对策 [J].科技创新导报, 2018, 15 (3): 118, 120.

[197] 吴萌霖.城市环境中噪声的污染与控制措施 [J].区域治理, 2019 (35): 108-110.

[198] 许艺.城市固体废弃物污染治理分析 [J].中国资源综合利用, 2019, 37 (3): 136-138.

[199] 叶国洪.电磁辐射职业危害与防护措施分析 [J].节能, 2019, 38 (11): 163-165.

[200] 张静林.城市环境噪声污染与监测技术分析 [J].资源节约与环保, 2019 (10): 74.

[201] 张修宇.城市环境噪声污染与监测技术探讨 [J].民营科技, 2018 (11): 113.

[202] 郑裕俊.城市环境噪声污染与监测技术 [J].资源节约与环保, 2019 (8): 75-76.

[203] 周俊海, 丁霞, 张花玲.2017 年湘潭市噪声作业人员职业健康监护现状 [J].职业与健康, 2019, 35 (7): 888-890, 895.